환경실험실 현장평가 가이드

최 성 헌 지음

자유아카데미

일러두기

PREFACE

환경 시험·검사기관에 대한 능력 평가제도는 1983년에 UNEP, WHO 등에서 운영하던 GEMS/WATER, 즉 수질분야의 지구환경모니터링 시스템(Global Environmental Monitoring System)이 우리나라에서도 적용되면서 도입된 것이다. 당시 GEMS/WATER 운영기구에서 AQC(Analytical Quality Control)라는 이름으로 표준시료를 참여 국가에 제공하면서 우리나라에도 지금의 숙련도 시험이 시작되었으며 환경 시험·검사 측면에서도 마땅히 사용할 용어가 없어 숙련도 시험을 통상 AQC라고 하였다.

그러다가 2000년에 「환경기술 개발 및 지원에 관한 법률」에 처음으로 '정도관리'라는 용어가 도입되었지만 그 내용은 숙련도 시험에 국한되었으며, 2005년에 동 법률이 개정되면서 실험실의 능력은 표준시료의 시험·검사 능력뿐만 아니라 국제표준화기구(ISO)에서 규정한 품질시스템의 유지를 필요로 한다는 인식하에 숙련도 시험과 현장평가로 세분화되어 지금에 이르고 있다.

ISO/IEC 17025(시험기관의 자격에 대한 일반 요구사항) 또는 '환경시험·기관에 대한 요구사항'에 따라 평가위원들이 해당 실험실의 품질시스템을 평가한다. 하지만 평가위원마다 그 수준과 평가 방향이 달라 평가가 평준화되지 못하고 그로 인해 해당 실험실에서 불평이 발생할 수 있는데, 이는 개선되어야 할 부분이다.

또한 각 실험실에서는 품질시스템을 유지하기 위해 품질문서를 만들고 이를 이행하고자 하나 이에 대한 지식의 부족 등으로 올바른 품질시스템을 유지하지 못하고 현장평가에서도 많은 미흡사항이 발생하는 것이 현실이다.

따라서 본 가이드를 활용함으로써 평가위원들의 평가 방향을 동일하게 유지하고, 평가 수준이 상향평준화되는 데 도움을 주고, 각 환경 시험·검사기관에서 품질시스템을 보다 정상적으로 운영함으로써 생산되는 시험·검사 결과에 신뢰성을 보장받는 데 도움이 되기를 바란다.

미흡한 면은 앞으로 계속 보완해 나갈 계획이며, 출간 후에라도 수정사항이 있을 경우에는 자유아카데미의 홈페이지(www.freeaca.com) 자료실에 제공할 예정이다.

2018년 6월 저자

차 례

CONTENTS

차 례

CONTENTS

01 장

품질시스템

1 개요

환경시험 · 검사에서의 정도관리는 QC, AQC, QA / QC 등으로 불려왔다. 그러나 2005년 7월부터의 정도관리는 엄밀한 의미에서는 QC, AQC, QA / QC와는 다른 의미를 가지며 품질관리와 매우 흡사하다고 볼 수 있다. 2005년 7월 이전의 정도관리란 표준시료를 공급하고 그 표준시료를 분석한 결과가 표준시료가 갖는 값과 얼마나 차이가 있는지를 확인하는 QC 개념에 근거를 두고 있다고 볼 수 있으나 2005년 7월부터의 정도관리는 ISO / IEC 17025의 개념을 바탕으로 하고 있다. ISO / IEC 17025, 즉 실험실이 갖추어야 하는 기본요건을 얼마나 만족하는지를 확인하는 것을 정도관리라고 보는 것이다.

그런 의미에서 본다면 환경 시험 · 검사에서의 정도관리는 공산품에서의 품질관리와 같은 의미를 갖는다. 때문에 정도관리의 향후 발전 방향을 가늠하기 위해서는 품질관리의 변화 내용을 이해하는 것이 중요하다.

품질관리의 역사는 인간의 역사와 같다고 할 수 있으나, 실질적인 품질관리는 산업혁명 후 공산품의 대량 생산체제로 전환되면서 시작되었다고 봐야 할 것이다. 이에 대해 A.V. Feigenbaum은 품질관리의 발달과정을 다음 5단계로 설명하고 있다.

① **작업자 품질관리(operator quality control)**: 1800년 말까지는 몇 명의 작업자들이 제품생산 전 과정을 도맡았으므로 작업자들이 품질관리 업무를 담당한 셈이다.

② **조장 품질관리(foreman quality control)**: 1900년대에 들어서면서 규모가 큰 공장이 생겨나고 그에 따라 작업자들이 조(팀)를 이루어 제품을 생산하게 되었다. 따라서 조장이 생산과 함께 품질에 대한 책임을 지고 있었다.

③ **검사품질관리(inspection quality control)**: 제1차 세계대전 경에 생산 시스템은 더욱 복잡해져서 생산과 품질을 분리할 필요가 있었다.

④ **통계적 품질관리(statistical quality control)**: 1930년대에 전수검사를 실시하던 종전의 품질검사가 많은 비용이 들어감에 따라 통계적 기법을 적용하여 표본을 임의 추출하여 검사하는 방법이 도입되었다. Bell 연구소의 W.A. Shewart는 관리도(control chart)를 개발하여 효과적인 품질공정 관리가 가능하도록 하였다.

⑤ **통합적 품질관리(total quality control)**: 1960년대에 A.V. Feigenbaum은 제품의 설계단계부터 원자재 구입, 생산공정 설계 및 설비, 생산, 출하 및 판매, A / S까지 전 단계에 걸쳐 품질에 영향을 주는 모든 부서의 노력이 결집된 회사 전체적인 품질관리를 주장하였다.

초기의 QC는 전체 제품에 대해 치수 · 중량 · 체적이나 재료의 화학적 성분 등을 측정하고, 그것을 미리 정해 놓은 품질표준과 비교하여 적합 여부를 판정하는 방법이 취해졌다. 이 경우 측정은 과학성이 낮으며 또 전품검사(全品檢査)이기 때문에 비용면에서도 부담이 컸다. 이와 같은 결점을 극복하고자 1920년대에 벨 전화연구소의 W.A. Shewart 등이 통계학을 QC에 응용하였다. 이로써 근대적 QC로서 통계적 품질관리(SQC, Statistical Quality Control)가 성립되었다.

현재의 품질관리는 품질수준의 유지 · 향상을 도모하는 SQC만으로는 불충분하므로, 넓은 뜻의 개념으로서 앞에 밝힌 바와 같은 활동까지도 QC 속에 포함시켜야 한다는 주장이 있어, 그 경우를 SQC에 비교하여 통합적 품질관리 또는 TQC(total quality control)라고 하며 미국의 A.V. Feigenbaum가 제안하였다. 이는 1956년 11월 호~12월호 '하버드 비즈니스 리뷰'에 실은 기고문을 통해 처음으로 소개되었으며, 그 다음에는 1961년에 단행본으로 낸 'TQC, 설계와 경영(Total Quality Control, Engineering & Management, McGraw Hill)'을 통해 세상에 알려지기 시작했다.

A.V. Feigenbaum의 정의에 의하면 TQC란 '고객을 충분히 만족시킬 수 있도록 아주 경제적인 품질수준의 제품을 생산하고 판매하기 위하여 다음의 10개 기능이 하나가 되어 효과적인 기능을 발휘하게끔 하는 종합적인 시스템'이다.

㈎ 신제품 설계에 대한 품질계획
㈏ 제품 및 공정의 품질계획
㈐ 구매품의 품질계획, 평가 및 통제
㈑ 공정품질의 평가와 통제
㈒ 제품품질의 평가와 통제
㈓ 품질정보 시스템의 설계
㈔ 종업원의 질적 능력 개발
㈕ 판매후의 품질 서비스
㈖ 품질관리직능의 종합적 관리
㈗ 품질에 대한 특별조사

다시 말해, 원료구입에서부터 생산, 판매, 애프터서비스에 이르기까지의 모든 과정을 관리하는 것이 TQC이며, 이를 시험 · 검사에 적용하면 시료채취, 운송, 보관, 전처리, 분석, 보고에 이르는 모든 과정에 대한 관리를 TQC라고 할 수 있다. 즉, 예전엔 분석과정에서의 재현성에 중점을 두었는데 이제는 시료채취부터 보고에 이르는 모든 과정을 만족하여야 참된 품질관리라고 보는 것이다.

다시 품질관리체계로 살펴본다면, QC란 측정결과의 재현성을 유지하기 위한 모든 기법으로서 협의의 정도관리이며 여기에 QA(정도보증)과 QAs(정도평가)가 함께 어우러진 Quality Management가 요구된다고 할 수 있다. 그러나 품질관리가 어떤 품질 목표를 설정하고 그것을 달성하기 위해 강구하는 모든 수단체계라고 정의되듯이 이러한 수단을 체계화하는 것이 중요하다. 그것이 곧 Quality System이다. 따라서 품질관리의 궁극적 목표는 Quality System이므로 모든 시험 · 검사과정을 ISO / IEC 17025에 따라 시스템화하는 것이 중요하다.

2 정도관리와 품질관리

품질시스템(Quality System) 또는 품질경영시스템(Quality Management System)이란 품질에 관하여 조직을 지휘하고 관리하는 경영시스템이라고 ISO 9001에 규정되어 있다. ISO 9001은 일련의 품질경영시스템 표준시리즈의 하나로서 기업이 고객만족을 달성하고자 할 때 도움을 주는 하나의 경영시스템이다. 다양한 고객으로 인해 그리고 고객이 시대에 따라 요구하는 요구사항과 기대가 변하기 때문에 이를 항상 만족시키기 위하여 품질경영시스템의 도움을 받는다.

품질관리 측면에서 볼 때, 예전에는 결과적으로 좋은 제품만 생산하면 되는 것으로 생각하였으나 좋은 원료와 좋은 기술이 있어야 좋은 제품이 나올 수 있는 것으로 생각이 변화되었을 것이다. 또한 좋은 제품을 만들더라도 고객이 만족해야만 기업이 성장할 수 있다는 것을 인식하였을 것이다. 그런 면에서 볼 때 생산된 제품만 좋아야 하는 것이 아니고 좋은 제품을 생산하고 고객을 만족시키기 위한 제반 환경까지도 기업경영에 반영하게 된다.

환경 시험 · 검사 분야 측면에서 본다면 예전에는 시험 · 검사 능력을 바탕으로 정확한 데이터가 생산되는 것에만 관심이 있었다. 동일한 시료를 시험하였을 때 거의 동일한 값을 얻을 수 있느냐가 중요하였다. 그러나 세계 시험 · 검사시장이 급속도로 성장하고 동일한 결과를 얻을 수 있는 능력만 요구하는 것이 아니라 그러한 결과를 얻을 수 있는 시험기관의 운영시스템으로 관심이 집중됨에 따라 시험기관도 품질시스템의 도입에 무관심할 수 없었다. 예를 들어 미국 환경청(EPA)에서도 환경 데이터의 수집, 생산 및 이용을 위해 품질시스템을 사용하고 있다. EPA 품질시스템의 첫 번째 목표는 환경데이터가 의도된 목적에 사용하기에 충분한 양과 품질로 제공되는 것을 보증하는 것이다. 따라서 EPA 품질시스템 아래에서 EPA 조직이 발전되고 품질시스템을 위한 권한이 주어지고 있는 것이다.

우리나라 환경분야에서는 품질시스템이란 용어를 사용하지 않고 정도관리란 용어를 사용한다. 2000년도에 「환경기술개발 및 지원에 관한 법률」이 개정되면서 처음으로 정도관리라는 용어가 사용되었다.

2005년 이전까지의 정도관리라고 하면 어떤 특정값을 갖는 시료를 시험기관에 공급하고 시험기관은 그 시료의 분석값을 제시함으로써 특정값과의 비교를 통하여 얼마나 큰 오차를 갖는지를 확인하는 것으로 실제적으로는 숙련도 시험이라고 할 수 있었다. NELAC(National Environmental Laboratory Accreditation Conference)에서 숙련도 시험을 하면서 각 항목별로 기준값에 대한 허용한계 농도를 규정하고 있는 것과 마찬가지로 각 항목별로 허용오차율을 정해 놓고 그것으로 적합 여부를 판정하였다.

2005년 7월에 「환경기술개발 및 지원에 관한 법률」이 개정되면서 ISO / IEC 17025에 근거한 시험실 품질시스템의 운영을 도입되었다. 환경부가 실험실에 대해 품질시스템의 운영을 평가하는 것은 사실상 '인정제도'의 도입이다. 그러나 인정제도라는 명칭은 인정기구가 있어야 가능하며, 환경부는 이미 '정도관리제도'를 운영하고 있었기 때문에 인정제도라는 명칭을 도입할 필요는 없었다. 따라서 지금까지 계속 정도관리제도란 용어를 사용하고 있다.

그 후 「환경기술개발 및 지원에 관한 법률」에서 시험검사에 대한 내용들을 발췌하여 「환경분야 시험 · 검사 등에 관한 법률」이 제정되었고, 이 법률 제18조의2에 따라 정도관리를 하고 있으나 역시 ISO / IEC 17025를 바탕으로 하고 있기 때문에 표준시료의 분석능력에 대한 숙련도 시험과 시험 · 검사기관에 대한 현장평가로 구분하여 운영되는 것에는 변화가 없다.

「환경분야 시험 검사 등에 관한 법률」에 의하면 정도관리란 시험 · 검사 등에 필요한 능력과 시험 · 검사 등을 한 자료의 검증 행위 등을 말하며 그 방법으로는 기술인력 · 시설 · 장비 및 운영 등에 대한 측정 · 분석능력의 평가와 이와 관련된 자료를 검증하는 것이라고 명시되어 있다.

그러나 보편적으로는 분석 및 분석 전후의 모든 과정과 그에 관여하는 인력, 장비, 환경 등의 요소들을 잘 관리하여 오류의 원인을 조기에 감지하고, 예방하며 오류가 검사 결과에 미치는 영향을 최소화하여 신뢰성 있는 자료를 만들고자 하는 모든 노력을 정도관리라고 하며, 공산품의 생산에서는 품질경영(Quality Management)이라고 한다.

장비가 오염된 것을 사용할 수도 있으며, 바르게 교정되지 않은 것을 사용하기도 할 것이다. 이러한 사항과 또 여러 다른 요소들은 모니터링 결과에 변화를 줄 수 있다. 정밀도, 정확도, 대표성, 완전함, 유사성과 민감도의 시험 · 검사는 측정결과의 차이와 에러의 원인을 평가하는 데 도움을 주며 그로 인하여 우리가 측정한 데이터의 신뢰도를 향상시키는 것이 정도관리의 목적이다.

정도관리는 시험 · 검사에서 중요한 위치를 차지하고 있으며 다음과 같은 6개의 목적을 위하여 운용된다.

- 시험·검사의 정밀도 유지
- 시험·검사의 정확도 유지
- 정밀도 상실의 조기 감지 및 원인 제거
- 기구 및 장비의 시험·검사 수행 능력 추적
- 시험·검사 방법 및 장비의 비교 선택
- 분석자의 시험·검사 능력에 대한 지침 제공

02장

환경실험실 현장평가 기법

1 개요

한국인정기구(KOLAS)에서는 「시험기관 및 교정기관의 자격에 대한 일반 요구사항」(KS Q ISO / IEC 17025 : 2005)의 만족 여부를 평가하기 위해 품질문서를 작성하도록 하고 평가사를 통하여 이의 이행 여부를 확인한다.

KOLAS는 「공인기관 인정제도 운영요령」, 「국가교정기관 지정제도 운영요령」, 「공인메디컬 시험기관 인정제도 운영요령」, 「표준물질 생산기관 인정제도 운영요령」 및 「숙련도시험 운영기관 인정제도 운영요령」에서 규정하고 있는 시험기관, 검사기관, 교정기관, 메디컬 시험기관, 표준물질 생산기관 및 숙련도시험 운영기관의 인정신청 및 평가 등에 대한 기준과 절차에 대하여 적용하기 위해 「공인기관 인정신청 및 평가수행 절차에 관한 규정」(KOLAS－R－004 : 2015)을 적용하고 있다

「공인기관 인정신청 및 평가수행 절차에 관한 규정」에 따르면 평가업무는 '시작회의－현장순회－평가실시－종료회의 준비－종료회의'로 진행된다.

그에 비해 환경 분야는 별도의 독자적인 인정기구를 운영하고 있지 않으며 그렇다고 한국인정기구를 통하여 인정활동을 하는 것도 아니다. 또한 환경부에서 KOLAS를 인정기구로 지정하고 있지 않기 때문에 한국인정기구의 규정에 따라 실험실을 운영하도록 하지 않고 독자적인 운영기준을 마련하고 있다[1]. 즉, 환경부는 「환경분야 시험 · 검사 등에 관한 법률」을 근거로 독자적인 인정제도인 정도관리 제도를 운영하고 있으며 세부 내용은 「환경시험 · 검사기관 정도관리 운영 등에 관한 규정」(국립환경과학원 고시 제2017－56호, 2017. 12. 22)으로 정하고 있다. 이 규정은 ISO / IEC 17025를 바탕으로 하기 때문에 본질적으로는 KS Q ISO / IEC 17025와 큰 차이점을 갖고 있지는 않지만 기본법령, 적용대상 등에서 차이점을 갖고 있다.

「환경시험 · 검사기관 정도관리 운영 등에 관한 규정」 제30조에 의하면 평가업무는 '시작회의－시험실 순회－중간회의－정도관리 문서 평가－시험성적서 확인－주요직원 면담－시험분야별 평가－현장평가보고서 작성－종료회의'로 이루어진다.

[1] 국가표준기본법 시행령 제16조제1항은 "관련 중앙행정기관의 장은 법 제23조제2항에 따라 시험 · 검사기관 인정제도의 확립을 위한 인정기구 및 운영기관을 지정 · 운영하려는 경우에는 이를 심의회에 보고하여야 한다"고 규정되어 있으며 제2항은 "관련 중앙행정기관의 장은 국가기술표준원을 제1항에 따른 인정기구로 지정할 수 있다"고 규정되어 있다.

ISO / IEC 17025는 경영요건 15개 항과 기술요건 10개 항으로 구분되며 각각의 항은 서로 연관성이 있다.

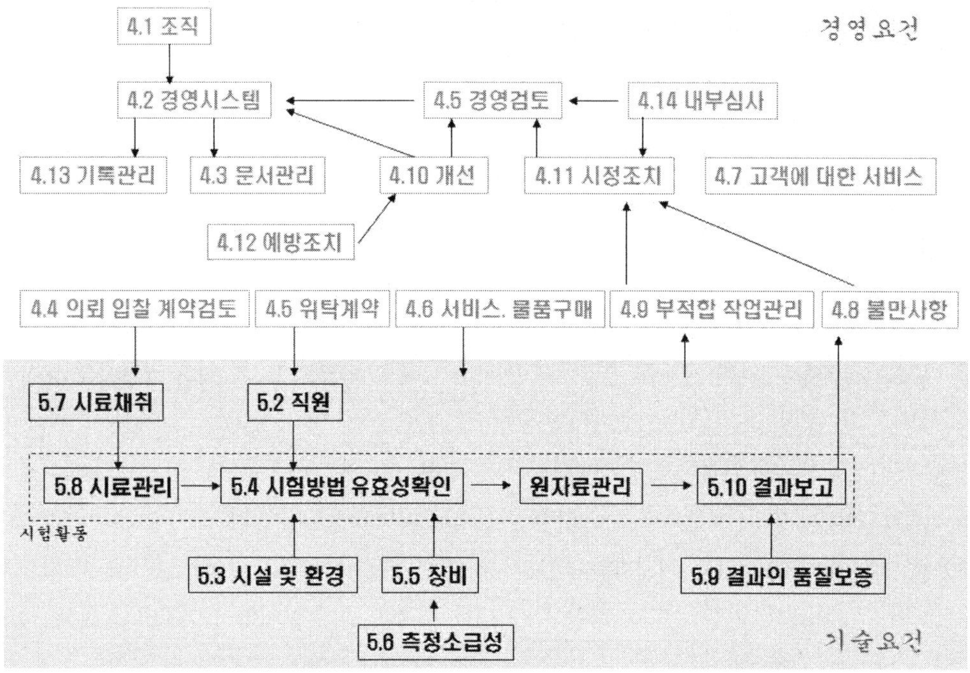

그림 1. ISO / IEC 17025 구성도

정도관리제도의 현장평가는 점검표에 따라 평가하게 되며 점검표는 표 1에 제시된 바와 같이 총 9개 분야로 나뉘어져 있다.

표 1. 시험분야별 분석능력점검표 구성

1. 대기분야 •대기 - 1(공통사항: 기록 및 환경관리 등) •대기 - 2(배출가스 중 무기물질: 굴뚝먼지) •대기 - 3(배출가스 중 휘발성 유기화합물: 벤젠, 사염화탄소, 클로로폼 등) •대기 - 4(환경대기 중 무기물질: 아황산가스(파라로자닐린법)) •대기 - 5(환경대기 중 무기물질: 미세먼지) •대기 - 6(환경대기 중 무기물질: 석면) •대기 - 7(환경대기 및 배출가스 중 금속: Cu, Cr, Cd, As, Pb, Hg 등)

2. 수질분야
- 수질 - 1(공통사항: 시료채취, 기록 및 환경관리 등)
- 수질 - 2(일반항목: COD, BOD)
- 수질 - 3(일반항목: SS)
- 수질 - 4(일반항목: 노말헥산 추출물질)
- 수질 - 5(영양염류: TN, TP 등)
- 수질 - 6(금속류: Cd, Pb, Hg, As, Cr 등)
- 수질 - 7(일반항목: 시안, 페놀 등)
- 수실 - 8(휘발성 유기화합물: 클로로폼, 벤젠 등)
- 수질 - 9(미생물: 총대장균군, 분원성 대장균군)
- 수질 - 10(생태독성: 물벼룩을 이용한 급성독성시험법)

3. 먹는물
- 먹는물 - 1(공통사항: 시료채취, 기록 및 환경관리 등)
- 먹는물 - 2(금속류: Cu, Pb, Hg, As, Mn 등)
- 먹는물 - 3(일반항목: 시안, 페놀, NH_3-N, F, NO_3-N 등)
- 먹는물 - 4(미생물: 일반세균, 총대장균군, 분원성 대장균군 등)
- 먹는물 - 5(유기물질: 파라티온, 벤젠 등)
- 먹는물 - 6(소독부산물: 클로로폼, 폼알데하이드 등)

4. 폐기물분야
- 폐기물 - 1(공통사항: 시료채취, 기록 및 환경관리 등)
- 폐기물 - 2(금속류: Pb, Cr, Cu, As 등)
- 폐기물 - 3(유기물질: 휘발성 저급염소화 탄화수소류)
- 폐기물 - 4(유기물질: 할로겐화 유기물질)
- 폐기물 - 5(절연유 중 PCBs: PCBs)

5. 토양분야
- 토양 - 1(공통사항: 시료채취, 기록 및 환경관리 등)
- 토양 - 2(금속류: Cu, Pb, Cd, Zn, Ni 등)
- 토양 - 3(유기물질: BTEX 등)
- 토양 - 4(유기물질: TPH, 벤조(a)피렌 등)

6. 실내공기질분야
- 실내공기질 - 1(공통사항: 기록 및 환경관리 등)
- 실내공기질 - 2(일반항목: 미세먼지)
- 실내공기질 - 3(유기물질: 폼알데하이드)
- 실내공기질 - 4(유기물질: BTEX 등 휘발성유기화합물질)
- 실내공기질 - 5(기타: 석면(위상차현미경))

7. 악취분야
- 악취-1(공통사항: 기록 및 환경관리 등)
- 악취-2(복합악취: 복합악취)
- 악취-3(지정악취 물질: 암모니아)
- 악취-4(지정악취물질: 알데하이드류(아세트알데하이드, 뷰틸알데하이드 등))
- 악취-5(지정악취물질: 황화합물(메틸머캅탄, 황화수소, 다이메틸설파이드 등))
- 악취-6(지정악취물질: VOCs(톨루엔, 자일렌, 스타이렌, 메틸에틸케톤 등))

8. 잔류성유기오염물질분야
- POPs-1(다이옥신류: 배출가스 및 환경대기 중 다이옥신, 퓨란)

9. 환경유해인자분야
- 환경유해인자-1(어린이 활동공간: 도료, 마감재(Pb, Cd, Hg, Cr^{6+})
- 환경유해인자-2(어린이 활동공간: 목재(크레오소트유))
- 환경유해인자-3(어린이 활동공간: 목재(Cr, Cu, As 등))
- 환경유해인자-4(어린이 활동공간: 바닥재(폼알데하이드류))
- 환경유해인자-5(어린이 활동공간: 위생적관리(기생충란))
- 환경유해인자-6(어린이 활동공간: 모래 등(Pb, Cd, Hg, As 등)

2 현장평가

현장평가는 시작회의로 시작하고 종료회의로 마치게 되며 일반적인 순서는 다음과 같다.

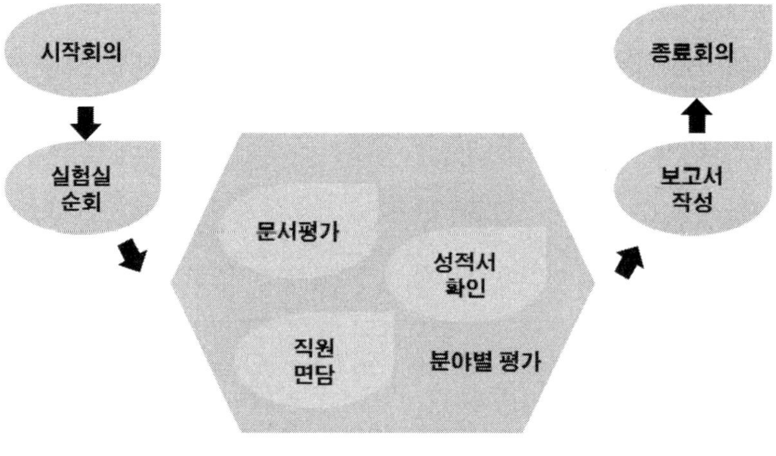

그림 2. 현장평가 진행과정

가. 시작회의

반드시 현장평가 대상기관의 최고경영자와 품질책임자 및 기술책임자가 참석하며, 각자의 역할은 다음과 같다.

구 분	역 할
현장평가팀 (팀장)	•현장평가의 목적, 대상, 방법 등 설명 •대상기관과의 공식 의사전달체계를 수립 •종료회의 날짜와 시간 운영계획을 공지
대상기관 (대표자)	•대상기관 참석자의 담당업무 및 업무현황 설명 •실험실 순회, 문서 평가 및 시험분야별 평가를 담당하는 직원 지정 •현장평가에 필요한 문서를 제출하고, 평가위원들이 장비(컴퓨터 등), 시설(평가위원 회의실 등) 등을 사용할 수 있도록 조치

또한 시작회의에 대한 시나리오는 대략 다음과 같다[2].

 # 대상기관 / 현장평가실

현장평가에 대한 목적, 기간 등 개요 설명

별도로 마련된 평가실에 평가위원들과 평가대상기관 기관장과 직원들이 서로 마주보고 있다. 평가실은 평가기간 동안 불필요한 인력의 출입을 제한하는 안내문이 게재되어 있다. 평가위원 앞에서 PC 또는 노트북, 프린터가 놓여 있고 PC 또는 노트북은 인터넷이 가능하도록 설정되어 있다.

팀장: 안녕하세요? 반갑습니다. 지금부터 「환경분야 시험검사 등에 관한 법률」 제18조의2 및 같은 법 시행령 제13조의2에 의해 '한국환경연구소'에 대한 현장평가를 시작하겠습니다.

금번 현장평가는 2018년 2월 12일부터 13일까지 실시되며, 분야는 대기, 수질, 먹는물, 실내공기질 등 4개 분야입니다. 정도관리 현장평가를 하는 목적은 여러분 연구소에서 생산되는 시험검사결과에 대해 신뢰성을 확보하도록 지원하고 이로서 타 시험기관에 비해 국내외적 경쟁력을 확보하도록 기술지도 함에 있으며, 인력, 시설, 장비, 실험실 운영 및 시험검사 등을 한 자료의 검증 등을 통하여 현장평가를 하게 됩니다.

평가를 통하여 획득한 한국환경연구소의 정보와 기밀에 대한 내용은 일체 발설하지 않을 것을 약속드리며, 종료회의는 2월 13일 16시로 계획하고 있습니다.

맡은 업무가 있어 여러 가지로 바쁘겠지만 금번 현장평가에 많은 지원과 협조를 부탁드립니다.

---

2 현장평가 진행방법은 부록으로 제공한 「공인기관 인정신청 및 평가수행 절차에 관한 규정」(국가기술표준원 고시 제2015-275호)을 참조하는 것도 좋다.

현장평가위원 소개

팀장: 그럼, 금번 평가를 담당할 평가위원을 소개하겠습니다. 저는 팀장 역할을 하고 운영 및 기술요건을 평가할 홍길동입니다. 제 오른쪽에는 대기 분야를 평가할 박문수 위원입니다. 두 번째 오른쪽은 수질 분야를 평가할 김선달 위원입니다. 왼쪽은 먹는물 분야를 평가할 이태평 위원입니다. 그 왼쪽은 실내공기질 분야를 평가할 진지한 위원입니다.

혹시 금번 평가위원 중 이해관계 또는 기밀 유지 등을 이유로 평가위원으로 적합하지 않다고 생각되는 분이 있습니까? 예, 없다면 평가를 진행하도록 하겠습니다.

연구소장님, 직원들 소개와 기관 현황 소개를 부탁드리겠습니다.

평가대상기관 현황 및 직원 소개 등

기관장: 안녕하세요? 한국환경연구소장 장충찬입니다. 저희 연구소의 분석팀을 소개합니다.

(기술책임자, 품질책임자 및 모든 분석 인력을 업무와 함께 소개한다)

필요한 연락은 내선 전화 ****로 하거나 여기 계신 김정호씨에게 말씀해 주시면 되겠습니다. 그럼 분석실장이 저희 연구소 현황을 소개해 드리겠습니다.

(분석실장이 현황을 소개한다)

팀장: 자세한 설명에 감사드립니다. 혹시 평가위원들께서는 질문이 있습니까? 질문이 없다면 실험실 순회를 하도록 하겠습니다. 안내를 부탁드립니다.

나. 실험실 순회

평가위원은 대상기관의 담당자와 함께 아래 구역을 포함한 시설, 장비 및 실험실 환경 등을 순회하면서 전반적인 상황을 점검한다.

- 시료접수창구, 시료보관실 및 자료보관실
- 실험실, 저울실 및 증류수 공급시설
- 시약보관실, 가스저장시설
- 시료 전처리실, 분석실

실험실 순회과정에서 궁금한 점을 질문할 수 있으나 실험실 순회과정에서 이미 평가를 완료한 것 같은 인상을 주는 언행은 하지 않도록 한다.

다. 문서평가

평가팀장은 '운영 및 기술 점검표'에 따라 다음의 내용을 포함한 대상기관의 품질문서 및 기록물 등을 검토한다.

- 품질문서의 적절성(ISO / IEC17025 내용과의 부합성)
- 품질시스템 이행의 적절성(품질문서 내용과 실무의 부합성)
- 조직도(인력현황, 인력의 적정성 등)
- 업무분장서
- 분석인력에 대한 분석역량 확인 기록
- 장비관리대장 및 교정 관련 기록
- 표준물질 및 표준용액, 시약의 관리
- 시료채취 및 시료관리

또한 숙련도 시험의 부정행위, 시험성적서의 거짓 기재 및 허위 발급 여부 등에 대해 확인한다. 동일한 조직(회사) 내에 다양한 법률에 의해 각각의 실험실을 운영하는 경우(예; 측정대행업, 먹는물 검사기관, 공공하수도 관리대행업 등)는 등록 · 지정받은 범위(인력, 시설, 장비) 내에서만 활동하는지 확인해야 한다.

평가위원은 '시험분야별 분석능력 점검표'에 따라 평가한다. 시험분야별 평가는 분석 관련 각종 기록물과 분석 담당자와의 질의응답을 통해 진행한다.

- 실험실 환경조건
- 실험방법 및 관련 작업지시서의 적절성
- 표준물질 및 시약의 관리현황
- 필요 시, 분석업무의 관찰 및 분석결과의 정확성
- 장비의 교정 및 관리
- 숙련도 시험 결과 및 그 결과 산출의 적절성

다. 점검표의 작성

평가위원은 고시 별지8호 및 9호 서식의 점검표에 따라 평가를 하며, 각 점검표의 점검내용이 갖는 의미를 명확히 알고 평가에 임하여야 한다. 별지8호 서식은 ISO / IEC 17025의 내용을 충분히 숙지하여야 하며, 별지9호 서식은 각 분야별로 어떤 시험방법을 기준으로 마련되었는지를 명확히 알고 그 시험방법에 국한하여 평가해야 한다.

운영 및 기술분야를 제외한 분석 분야별 점검표는 총 9개 분야 50개 점검표로 구성되어 있으며 만약 평가를 받는 시험기관이 특정 점검표에 해당하는 항목을 분석하지 않는다면 그 점검표에 대해서는 평가하지 않아도 된다. 그러나 다른 분야와 공통되는 사항이 있을 수 있는데 이런 경우는 수시로 또는 중간 점검회의 때 상호 확인할 수 있도록 한다. 특히 시료채취와 시료관리, 표준물질의 관리 등은 운영 및 기술분야와 여타 분야별 점검표와 중복되는 요소가 많으므로 반드시 확인하는 것이 좋다. 간단한 평가내용으로서 미흡으로 지적받은 것은 별도의 시정조치를 하지 않고 현장에서 시정조치하도록 하고 미흡사항 보완조치 시에는 "현장에서 보완조치 함"이라고 기록하여도 좋다.

현장평가를 할 때 평가를 받는 시험기관에서 토로하는 불만은 동일한 평가요소에 대해서도 평가위원에 따라 평가기준이 달라진다는 것이다. 평가위원이 평가요소를 충분히 숙지하고 있으면 상관이 없으나 그렇지 않은 경우는 평가위원마다 평가방향과 그 깊이가 달라서 불만을 갖게 되는 것이다. 때문에 평가 시 주의할 점과 가장 논란이 많이 되는 사항에 대한 평가기준을 제시하였다.

평가 시 주의할 점

- 평가팀장은 적어도 현장평가 3일 전에 평가대상기관과 시작 시각을 협의하고 모든 평가위원은 그 시각을 준수하도록 한다.
- 평가는 감사가 아니므로 강압적인 자세를 취하지 않도록 하고, 평가요소에 대해 상호 의견이 상충되어 합의되지 못하는 경우는 정도관리 심의위원회에서 최종 판단토록 한다.
- 평가는 관련 법령이나 환경오염공정시험기준 등에 준하여 평가하여야 하며, 자신의 경험이나 자신이 소속된 시험기관의 것을 평가의 기준으로 삼아서는 안 된다.
- 평가 중에 대상기관의 불법 또는 위법, 거짓사항이 발견되었거나 의혹이 있는 경우는 관련 자료를 충분히 수집하여 명확한 판단을 할 수 있도록 하되 평가는 정상적으로 진행한다. 다만, 현장평가보고서를 국립환경과학원에 제출할 때 그 내용도 함께 제출하고 필요하다면 그 내용에 대해 확인서를 받아두었다가 제출하는 것이 좋다.
- 불법, 위법 등으로 인해 평가를 완료하여도 명확히 '부적합' 판정을 받을 것이라 판단되어도 중간에 평가를 종료하지 않아야 하며 정상적으로 진행하여야 한다. 이 경우는 평가 종료 후에 대상기관이 불이익을 받을 것이 명확해지면 이의제기를 하거나 소송을 하는 경우가 있으므로 불법, 위법 또는 중대한 미흡사항에 대해서는 확인서를 받거나 복사, 촬영 등을 하여 증거자료로 남겨두는 것이 좋다.

만약, 현장평가 중간에 평가를 종료한 상황에서 대상기관이 이의제기 등을 하면 그 사실 확인을 위하여 재차 대상기관을 방문하게 되나 대상기관은 중대한 미흡사항에 대해 보완조치를 해 놓았을 수도 있기 때문에 초기 현장평가 때와는 다른 상황이 될 수 있다. 때문에 중대한 문제점이 발견된 경우에도 평가를 종료하지 않고 정상적으로 진행하며, 문제점에 대해서는 충분한 증거자료를 확보하여야 한다.

평가기준이 다른 평가요소에 대한 설명

- 품질책임자 및 기술책임자의 적격성:

「환경시험 · 검사기관 정도관리 운영 등에 관한 규정」(국립환경과학원 고시 제2017-56호)에 품질책임자와 기술책임자의 자격요건을 규정하고 있지 않으므로 각 시험기관의 형편에 맞게 임명하면 된다[3]. 그러나 동 고시 별표1 환경시험 · 검사기관에 대한 요구사항 '2.1 조직'항 [비고]1에 "측정대행업체는 등록된 기술인력에 국한하여 기술책임자 및 기술부책임자를 지정하여야 하며"라고 규정하고 있으므로 기술책임자는 기술인력 중에서 선임하여야 한다.

따라서 기술책임자가 기술인력 중에서 임명되었다면 이 평가요소는 적합한 것으로 평가한다.

- 품질책임 전담조직 또는 책임부서의 유무:

품질시스템을 관리하는 조직은 상설조직으로 운영되지 않아도 상관없다. 평상시에 품질시스템을 관리하고, 계획에 따라 내부감사 또는 경영검토 등을 운영하기 위해 일시적으로 테스크포스(task force) 등의 임시조직을 만들어 운영하는 것으로 규정되어 있어도 적합한 것으로 평가한다.

- 시험의 위탁:

환경관련 법령에 의해 등록 · 지정 · 인정받은 시험기관은 해당 법률에서 시험을 위탁할 수 있다고 허용하지 않는 한 시험을 위탁할 수 없다. 그러나 ISO / IEC 17025와 점검표에 시험의 위탁에 대한 요소가 있으므로 그에 따라 시험의 위탁에 대한 품질문서를 만들 수 있으나 이는 법률에 의해 등록 · 지정 · 인정받은 범위를 벗어난 업무에 적용되어야 한다.

따라서 위탁을 하지 않는 경우는 이에 대한 품질문서를 만들지 않거나, 품질문서에 위탁에 대한 세밀한 규정을 만들지 않고 "우리 기관은 고객이 의뢰한 분석업무에 대해 위탁하지 아니한다"고 규정하여도 적합한 것으로 평가한다.

- 문서 및 기록관리 절차의 효율성:

품질문서의 기록방법에 대한 논란은 없으나 검정곡선, 분석과정에서 발생한 크로마토그램의 보관에 대해 인쇄물로 보관하여야 하느냐에 대해서는 일부 논란이 일고 있다. 결론적으로 말하면 기록은 하드카피 및 전자파일 등 어떠한 방식으로 작성 · 보관되어도 상관없다[4].

---

[3] KS Q ISO / IEC 17025 해설서에 의하면 품질책임자는 경영시스템을 수립하고 유지 발전시키며, 자원의 산정 및 배분 등에 대한 업무를 하므로 이런 업무를 원활이 추진하기 위하여 KOLAS 평가사 또는 KS Q ISO 9000 인증심사원 교육을 이수하는 것이 좋다.

[4] ISO / IEC 17025 '4.13 기록의 관리'에 의하면 "기록은 하드 카피 및 전자적 매체 같은 어떠한 방식으로도 가능하다"고 규정하고 있다.

- **내부정도관리평가**:

「환경시험 · 검사기관 정도관리 운영등에 관한 규정」(국립환경과학원 고시 제2017-56호) 별표1 환경시험 · 검사기관에 대한 요구사항 '2.10 내부정도관리 평가(경영검토 및 내부심사)' [비고]1에 내부정도관리평가를 위하여 고려할 사항이 언급되고 있으나 이는 ISO / IEC 17025 '4.14 내부심사'[5]와 '4.15 경영검토'[6]에서 고려되어야 하는 사항을 일괄적으로 제시한 것이다. 그러나 품질목표의 달성도, 주어진 임무의 수행 만족도, 품질시스템에서 규정한 절차의 준수, 시험결과의 품질에 대해서는 내부심사 때 검토하여야 하는 사항이며, 나머지는 경영검토 때 보고되어야 하는 사항이다.

또한 [비고]3에 "내부정도관리평가는 정도관리 평가위원, KOLAS 평가사 및 ISO / IEC 17025 등의 교육을 이수하였거나 환경측정분석사 자격을 갖춘 직원이 실시하여야 하며 현장평가에 준하여 실시한다."고 규정되어 있으나 이러한 자격요건은 내부심사를 위한 내부심사자에 국한하여 적용되어야 하며, 경영검토는 일종의 '회의체'이므로 이러한 자격요건이 필요하지 않다.

아울러 [비고]3에서 "...현장평가에 준하여 실시한다."고 한 사항도 내부심사에 국한되는 것으로 현장평가를 하듯이 심사자가 심사대상 실험실에 대해 품질시스템을 잘 준수하고 있는지 등을 심사하라는 의미로 받아들여져야 한다.

그러므로 내부정도관리평가는 내부심사와 경영검토로 구분하여 이행하는 것이 합당하다. 그리고 국립환경과학원 등에서 운영하는 외부숙련도 시험 참가와 외부기관에 의한 현장평가를 내부감사로 대신하여서는 안 된다.

- **직원에 대한 주기적인 숙련도 시험**:

직원의 분석능력 확인은 시험기관의 목표를 달성하기 위한 요건이기도 하며, 고객이 분석을 의뢰할 때면 그 직원이 임시직이든 정규직이든 모든 분석자의 능력이 충분한 것으로 인식하고 있기 때문에 고객에 대한 만족을 위하여도 필요한 것이다.

신규 직원이든 기존 직원이든 시험기관이 갖는 분석능력을 확보하기 위해서는 주기적으로 표준물질을 통한 숙련도 시험이 필요하며, 이를 위해 신규 직원은 분석업무를 담당하기 전에, 기존 직원은 연 1회 이상의 주기로 능력을 평가해야 한다.

능력평가는 통상 숙련도 시험을 통해 진행되므로 숙련도 시험의 절차와 판정기준을 마련하고 이행하는 것이 합당하다. 많은 시험기관에서는 숙련도 시험의 판정기준을 마련하지 않고 있으며, 판정기준을 적용하는 경우에도 품질문서에서 그것이 규정되지 않은 상태에서 임의적인 판정기준을 적용하고 있으므로 평가 시에 숙련도 시험 절차와 판정기준이 마련된 상태에서 이행하는지를 확인하여야 한다. 나아가 판정기준으로 Z값을 적용하는 경우도 있는데 이는 통계적 측면에서 문제가 있으므로 일반적으

[5] 내부심사기법에 대해서는 부록에 수록된 「내부심사지침」(KOLAS-G-007: 2015)을 참고하는 것이 좋다.

[6] 경영검토기법에 대해서는 부록에 수록된 「경영검토지침」(KOLAS-G-008: 2015)을 참고하는 것이 좋다.

로 오차율로 판정하거나 환경오염공정시험기준 각 항목별 시험방법의 정확도, 정밀도 및 방법검출한계를 판정의 기준으로 삼아도 좋다.

– 환기시설의 설치 및 정상 가동 여부:

환기는 수단으로 구분하면 자연적 환기와 기계적 환기로 구분된다. 때문에 환기는 별도의 환기시설을 설치하지 않더라도 자연적 환기를 통하여 실험실 내에 유해물질이 배출되도록 한다면 환기시설을 설치한 것으로 보아야 한다. 그러나 자연적 환기만으로 유해물질의 배출이 원활하지 않아 실험실 내에 시약 냄새가 난다면 기계적으로 환기하여야 하며, 기계적 환기를 하든 하지 않든 간에 실험실 내에서 시약 냄새 등이 난다면 정상적으로 가동되지 않는 것으로 보아야 한다.

일부 평가위원은 반드시 환풍기 등의 최소한의 환기시설을 갖추도록 하고 있는데 이는 잘못된 판단으로 보인다. 만약 기계적 환기를 한다면 24시간 연속적으로 가동되는 것이 가장 이상적이며, 그렇지 않고 실험을 하는 중에만 가동한다고 하여도 시간당 8회~10회 정도 환기되어야 적절하다.

– 적정 온·습도의 유지:

환기와 마찬가지로 논란이 많은 부분이다. 일부 평가위원은 적정 온·습도의 유지를 위해 항온항습기를 설치하라고 하나 국가적으로는 에너지 절약 정책을 추진하고 있는데 항온항습기를 설치하고 실험을 하지 않는 상태에서도 가동하여야 하는 것은 생각할 필요가 있다.

우선 왜 적정 온·습도의 유지가 필요한지를 알아야 한다. 일반적으로는 분석장비의 정상적인 가동을 위해서인데 분석장비가 없는 곳에는 굳이 적정 온·습도의 유지보다는 일반적인 실내환경으로서의 온·습도만 유지하여도 될 것이다. 또한 적정 온·습도의 유지에 온·냉풍기를 사용하여도 아무런 문제가 없다. 그러나 분석장비와 저울 등을 사용할 때는 환경오염공정시험기준에서 규정하고 있는 온·습도 등의 환경조건을 어떠한 방법으로라도 유지하여야 한다.

– 시약 및 표준물질 사용에 대한 기록:

시약과 표준물질은 그 유효기간 내에 사용함으로써 분석결과에 부정적인 영향을 미치지 않도록 해야 한다. 때문에 시약과 표준물질의 구입과 사용에 대한 기록을 남겨야 한다.

이들 물질에 대한 기록은 너무 세세히 작성하면 목적하는 바를 벗어나서 '일을 위한 일'이 되므로 매 분석 시마다의 사용량으로 기록하지 않고 포장 용기(병) 단위로 기록하여도 무방할 것이다. 그러나 일부 감독기관에서는 매 분석 시 사용되는 양을 기록하도록 하고 있으므로 어떤 기준으로 기록을 할 것인지는 시험기관의 판단에 맡기는 것이 바람직하다.

- **분석장비의 주기적 점검(교정)**:

교정에는 내부교정과 외부교정이 있으며, 「국가교정기관 지정제도 운영요령」 제40조에 따르면 교정은 교정대상 및 적용범위를 자체규정으로 정하여 운용할 수 있도록 하고 있으며, 제41조에 의하면 측정기를 보유 또는 사용하는 자가 국가측정표준에 소급된 상위표준기 또는 표준물질을 이용하여 자체교정을 실시하는 경우에도 적합한 교정으로 간주한다고 규정되어 있으므로 내부교정이 기본이라고 볼 수 있다. 그러나 자체적으로 교정하지 않는 경우는 외부기관에 교정을 의뢰할 수 있다(제41조) [7].

그러므로 자체적으로 교정대상과 적용범위를 정하고, 국가측정표준에 소급된 상위표준기 또는 표준물질을 통하여 유효성이 검증된 교정방법에 따라 적법하게 교정한다면 당연히 교정한 것으로 보아야 한다.

또한 외부기관에 의뢰하여 교정을 하는 경우에도 고장 난 장비를 수리 후 재사용하기 전에 교정을 하여야 하며, 교정의 유효기간 내에 있다고 할지라도 상황에 따라 중간 교정이 필요한 경우가 있다. 또한 AAS, GC, GC / MS, HPLC, ICP, ICP / MS 등의 장비는 외부 교정기관에서도 교정을 하지 않으므로 교정절차와 판정기준을 별도로 마련하고 이행하여야 한다. 다만, pH미터는 특별한 교정주기를 언급하고 있지 않은데 이는 사용 시마다 표준용액을 이용하여 점검하여야 하기 때문이다.

아울러 장비의 점검을 위한 절차와 주기도 만들어 이행하여야 한다. 장비의 점검은 장비 제조사에서 마련한 것을 사용하여도 되며, '환경시험 · 검사 QA / QC 핸드북'의 내용을 참고하여 만들어도 된다.

라. 종료회의

종료회의는 대상기관의 최고경영자, 품질책임자, 기술책임자 등이 참석한 가운데 진행하며, 가능한 한 모든 직원이 참석한 가운데 진행하면 평가결과를 모두가 직접 경청하기 때문에 더 좋다.

종료회의는 모든 평가내용에 대해 대상기관의 책임자가 충분히 이해하고 합의한 후에 하는 것이 좋으며, 현장평가 중에 확인된 좋은 점과 발견된 미흡사항을 중심으로 설명한다. 설명이 완료된 후에는 이의사항에 대해서는 「환경시험 · 검사기관 정도관리 운영 등에 관한 규정」 제42조제3항에 따라서 평가 종료일부터 7일 이내에 이의신청을 할 수 있으며, 미흡사항 보완은 같은 규정 제44조제1항에 따라 평가 종료일부터 30일 내에 완료하여야 함과 함께 현장평가 동안 습득한 기밀에 대해 외부에 발설하지 않을 것을 다시 약속한다.

[7] 부록으로 수록된 「교정대상 및 주기설정을 위한 지침」(국가기술표준원 고시 제2015-499호)를 참조하라.

또한 종료회의에 대한 시나리오는 대략 다음과 같다.

모든 평가위원과 대상기관의 대표, 기술책임자, 품질책임자 및 분석관련자들이 함께 자리에 앉아 있다.

팀장: 종료회의를 시작하겠습니다.

지난 2일간 정도관리 현장평가에 많은 도움을 주신 소장님을 비롯한 모든 분석요원들에게 감사드리며, 금번 평가를 통해 알게 된 기밀사항은 누설하지 않을 것을 약속드립니다.

대체적으로 품질문서가 잘 작성되어 있었으며, 품질문서 내용에 따라 실험실이 적절하게 운영되고 있었습니다. 하지만 일부 사항에 있어서는 좀 더 개선하여야 할 부분이 있었습니다. 그러한 사항에 대해서는 미흡사항으로 지적하였으며, 평가 점검표에는 포함되지 않았지만 개선되면 더 좋은 실험실로 운영될 수 있는 부분이 있어 이를 권고사항으로 제안합니다.

(미흡사항과 권고사항에 대해 설명한다)

미흡사항에 대한 이의가 있습니까? 혹시 이후에라도 이의가 있으면 7일 이내에 과학원에 이의신청을 해 주시기 바랍니다. 또한 미흡사항에 대해서는 그 보완조치 결과를 평가종료일부터 30일 내에 제출해 주시기 바랍니다.

아무쪼록 금번 정도관리 현장평가를 통하여 분석결과에 대한 신뢰성을 확보하기 위해서 그리고 시험 · 검사 시장에서의 경쟁력 확보를 위하여 ISO 17025에 따른 실험실 운영이 반드시 필요함을 인식하고 현장평가를 통하여 자신의 부족함을 돌아보는 계기가 될 수 있기를 바랍니다. 다시 한 번 많은 도움을 주신 소장님을 비롯한 전직원에게 감사의 말씀을 드리며 현장평가를 마치도록 하겠습니다. 감사합니다.

현장평가 완료되는 시기에 평가점수가 산출되지만 평가점수는 공개하지 말아야 하며, 가능한 한 평가기준에의 적합 여부도 언질을 주지 말아야 한다.

현장평가 미흡사항보고서는 해당기관의 최고경영자와 품질책임자 및 기술책임자의 서명을 받아야 하는 것이므로 서명 후에 요구하는 경우는 복사본을 제공할 수 있으나 평가점수가 기록되어 있는 '현장평가보고서'는 복사본으로도 제공되어서는 안 된다.

미흡사항의 보완기간 30일은 보완한 내용에 대해 평가위원이 적절히 보완되었음을 확인하는 시점까지 포함하는 것이므로 이를 분명히 인식하도록 설명할 필요가 있다.

03장

환경실험실에 대한 요구사항

국제표준화기구에 의해 운영되는 ISO / IEC 17025를 통상적으로 '시험기관 및 교정기관의 자격에 대한 일반 요구사항'이라고 하며, 관련 법령에서 규정하고 있지 않은 경우는 이 규정에 따라 실험실을 인증한다.

환경분야 실험실에 대해서는 「환경분야 시험 · 검사 등에 관한 법률」 제18조의2에 정도관리를 할 수 있음을 규정하고 이를 숙련도 시험과 현장평가로 구분하고 있다. 아울러 같은 법 시행규칙 제17조의3제4항에 근거하여 정도관리를 위하여 필요한 세부적인 사항은 국립환경과학원장이 정하여 고시하도록 되어 있는데 그 고시가 「환경시험 · 검사기관 정도관리 운영 등에 관한 규정」이며 이 규정 별표1에 '환경시험 · 검사기관에 대한 요구사항'이 마련되어 있다. 따라서 모든 환경오염도 검사기관은 이 요구사항을 만족하여야 한다.

이 요구사항은 ISO / IEC 17025(2005) [8]의 내용과 대동소이하다. 즉, 거의 모든 경영요건과 기술요건이 동일하지만 ISO / IEC 17025는 특별한 법령에 의해 제한받지 않는 실험실에 대해 적용되며, 이 요구사항은 환경분야에서 오염도 검사를 하고자 하는 실험실에 적용되는 것으로서 관련 법령 및 규정에 의해 강제성을 갖고 있다.

따라서 ISO / IEC 17025를 환경분야 실험실에 온전히 적용할 수 없으며, 관련 법령에 따라 상대적으로 제한적으로 적용된다. 그 대표적인 예가 불확도의 적용이다. ISO / IEC 17025에서는 시험결과에 대해 반드시 불확도를 명기하도록 하고 있지만 환경기준, 배출허용기준 등 환경관련 법령에 의한 각종 기준은 불확도를 적용하는 경우 법률에서 정한 기준의 만족 여부를 판정하는 데 큰 논란을 야기한다. 더구나 그 불확도는 실험실마다 다르기 때문에 일률적인 기준을 바탕으로 운영되는 환경정책은 혼란 속에서 시험결과가 적법한지에 대한 법률적 논의에서 헤어나올 수 없게 된다.

「환경시험 · 검사기관 정도관리 운영 등에 관한 규정」(국립환경과학원 고시 제2017-56호) 별표1 '환경시험 · 검사기관에 대한 요구사항'은 다음과 같다.

---

[8] ISO / IEC 17025는 2017년에 개정되었다. 때문에 2005년판은 유효하지 않지만 '환경시험 · 검사기관에 대한 요구사항'은 2005년판을 기준으로 마련되었다. 그러므로 본 책자에서 언급하는 ISO / IEC 17025는 2005판을 의미한다. 2017판의 요건은 부록에 별도로 수록해 두었다.

환경시험 · 검사기관에 대한 요구사항(제2조 관련)

1 서문

시험 · 검사기관에 대한 기본적인 요구사항으로서 ISO / IEC 17025(시험기관 및 교정기관의 자격에 관한 일반요구사항) 및 ISO / IEC 17020(검사기관 운영에 대한 일반기준)을 바탕으로 하며 환경시험 · 검사기관의 국제적 적합성 확보와 시험 · 검사 결과의 신뢰도 향상을 목표로 한다.

해설

환경실험실에서 생산되는 모든 결과는 환경정책 및 관리의 기본 자료가 되기 때문에 신뢰성 있는 시험 · 검사 결과를 얻도록 하고, FTA 등에 대비하여 각 시험기관이 국제적 경쟁력을 확보하여 외국 기업과의 경쟁이 가능하도록 하기 위하여 2005년부터 ISO / IEC 17025를 바탕으로 하는 정도관리제도를 마련하여 환경분야 모든 실험실이 참여할 수 있게 법으로 규정하고 있다.
이에 비하여 KOLAS 인정제도도 KS Q ISO / IEC 17025:2005를 바탕으로 운영되고 있지만 이를 필요로 하는 시험기관의 신청에 의하여 이 규정에의 적합성 여부를 평가하고 있다.
본 요구사항에서는 ISO / IEC 17020도 본 요구사항의 기본근거로서 작용한다고 하였으나 KS Q 17020 해설서(KOLAS－G－010: 2012)에 의하면 크레인의 하중시험과 같은 기능시험은 검사기관 활동의 일반적인 부분이므로 ISO / IEC 17020을 적용하고, 화학이나 금속분석과 같은 분석시험은 시험기관의 활동으로서 ISO / IEC 17020에 범위 안에 속하지 않고 ISO / IEC 17025의 요건을 만족하여야 한다.

1.1 적용범위

「환경분야 시험 · 검사 등에 관한 법률」 제18조의2제2항, 동법 시행령 제13조의2제3항의 현장평가를 위한 기준으로 적용한다.

2 경영요건

2.1 조직

2.1.1 시험 · 검사기관은 해당기관의 임시 및 이동 시험 · 검사시설에서도 본 요구사항들을 만족하는 방법으로 운영하고 있다.

해설

현장평가 대상은 건축물 내에 고착되어 있는 시설과 장비뿐만 아니라 차량에 탑재되어 사용되는 굴뚝배출가스 측정기, 이동식 수질측정기(multi－probe) 등에 대해서도 품질시스템하에서 관리되어야 한다.

2.1.2 시험 · 검사업무의 품질에 영향을 미칠 수 있는 업무를 관리 · 수행 · 검증하는 직원의 책임 · 권한 · 상호관계를 업무 분장서에 명시하고 있다.

해설

환경실험실을 운영하는 최고경영자를 포함하여 각 부서장 나아가 일반 직원들까지도 품질시스템 내에서 활동하는 사람이기 때문에 이들 모두에 대해 책임과 권한을 품질문서에 명시하여 각자의 역할을 수행할 수 있도록 하여야 한다. 분석자에 대해서는 어떤 항목에 대해 분석 업무를 담당하는지 업무분장서에 추가적으로 서술할 수 있다.

최고경영자가 수행하여야 할 대표적인 업무는 다음과 같다.

– 운영방침을 수립하고 조직을 이끈다.
– 품질목표를 설정한다.
– 조직기구를 구성하고 자원을 확보한다.
– 현재의 성과를 지속적으로 개선하여 목표가 달성되는지 확인한다.

2.1.3 품질시스템의 이행을 총괄하는 품질책임자 및 기술적 업무를 총괄하는 기술책임자를 선임하고 각 책임자는 시험 · 검사기관의 최고 경영자로부터 필요한 권한과 자원을 위임받고 있다.

해설

최고경영자가 실험실의 모든 업무를 관리할 수 없는 경우는 경영방침 등을 제외한 품질시스템의 개선 및 향상과 기술적 사항에 대해서는 품질책임자와 기술책임자를 임명하고 권한을 위임할 수 있다.

품질책임자와 기술책임자의 이름을 품질문서에 명기하는 경우가 있는데 이런 경우는 인력의 변경 시마다 품질문서를 개정하여야 하는 불편이 있기 때문에 별도의 행정문서로 임명하는 것이 더 효율적이다.

2.1.4 품질책임자 및 기술책임자의 대리자를 임명하고 있다.

[비고] 1. 측정대행업체는 등록된 기술인력에 국한하여 기술책임자 및 기술부책임자를 지정하여야 하며, 품질책임자와 품질부책임자는 등록된 기술인력이 아니어도 시험 · 검사기관의 직원이면 상관없다.

2. 품질책임자가 기술책임자 또는 분석 실무자를 겸직할 수 없으며, 품질부책임자는 기술부책임자를 겸직할 수 있다.

해설

품질책임자와 기술책임자의 부재 시 그 임무를 수행할 부책임자를 임명하여야 한다.

본 요구사항에서는 “[비고]2. 품질책임자가 기술책임자 또는 분석 실무자를 겸직할 수 없으며 품질부책임자는 기술부책임자를 겸직할 수 있다”고 규정[주1)]하고 있으나 이는 ‘KOLAS 공인시험기관 운영을 위한 공지’(2013. 1. 21)에 의한 내용이며, 환경분야 측정대행업체의 경우 「환경분야 시험 · 검사 등에 관한 법률 시행규칙」 제14조제1항의 ‘측정대행업의 세부등록기준'에 따르면 대기분야, 수질분야 등의 일반적인 경우는 최소 기술인력의 수가 3명이므로 위 KOLAS 공지사항을 적용하는 것은 별로 바람직하지 않다.

주1) ISO / IEC 17025 '1. 적용범위'에 따르면 "비고(note)는 시험기관에 대한 요구사항이 아니며 원문의 설명, 실례 및 지침들을 제공하기 위한 것이다. 이러한 '비고'에는 요구사항이 포함되지 않으며 이 규격의 필수적인 부분은 아니다." 그러나 '환경시험 · 검사기관에 대한 요구사항'에서는 '비고'의 성격에 대해 정의를 내리지 않고 있기 때문에 '비고'의 설명을 반드시 지켜야 하는 요구사항으로 볼 것인지 아니면 ISO / IEC 17025에서와 같이 설명 등으로 이해하여야 할 것인지 논란이 있을 수 있다.

따라서 기술인력이 5명 이상인 경우는 KOLAS 공지사항을 적용하는 것이 좋으나 그렇지 못한 경우는 부득이 겸직을 하되 그 역할에 대해서는 충분히 구분하고 이행하도록 하여야 할 것이다.

'KOLAS 공인시험기관 운영을 위한 공지'에 따르면 기술부책임자가 기술책임자의 역할을 대행할 수 있으나 3개월을 초과해서는 안 되며, 직원의 겸직 가능범위는 아래에 그림으로 표현하였으므로 참고하기 바란다. 그러나 ISO / IEC 17025 해설서(KOLAS-G-009)에 의하면 소규모 시험기관의 경우, 기술책임자가 품질책임자 역할을 겸할 수 있는 것으로 되어 있다.

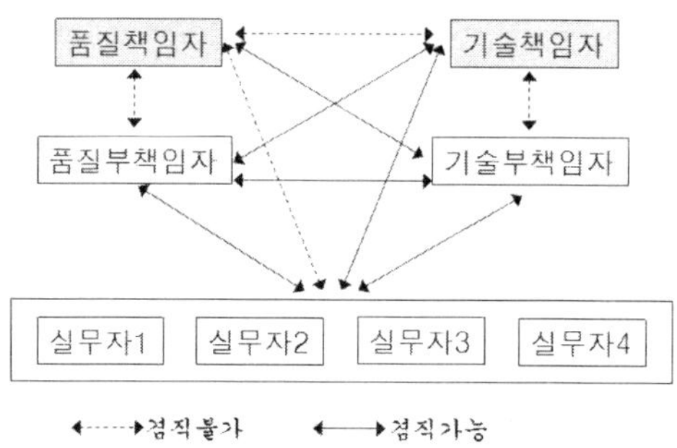

또한 「식품 · 의약품분야 시험검사기관 평가에 관한 규정」(식약처 고시 제2017-59호)'에 의하면 시험 · 검사 인원(운영책임자, 검사책임자, 품질보증책임자 포함)이 5명 이하의 소규모 시험 · 검사기관의 경우에는 운영책임자 등이 품질보증책임자를 겸직할 수 있다고 규정하고 있다.

2.1.5 모든 직원이 시험결과에 영향을 미칠 수 있는 부당한 내 · 외부의 명령과 개인적인 상업적 · 경제적, 기타 내부적 · 외부적 압력으로부터 자유롭도록 방침과 절차를 갖추며, 직원의 업무수행 · 공정성 · 판단 및 운영의 신뢰성을 저해할 수 있는 활동이 없도록 윤리 규정 방침과 서약서 절차 등을 마련하고 있다.

해설

시험자가 시험결과를 산출하는 과정에서 최고경영자, 재정관련 책임자, 인사권자 등이 개인적인 이익을 위하여 시험결과를 조작할 것을 요구할 수 있는데, 이를 방지하기 위하여 각 실험실에서는 윤리규정을 마련하여 내 · 외부의 압력으로부터 독립을 보장하여야 한다.

따라서 최고경영자는 이러한 압력으로부터 시험자가 자유롭도록 보장할 책임이 있으며 부당한 압력에 대해 대응할 수 있는 방침과 지시를 수립하여야 한다. 또한 시험결과에 영향을 미칠 수 있는 모든 직원은 공정하고 중립적이며 자주성을 보장하여 시험결과를 산출하겠다(산출하도록 하겠다)는 의지로서 서약서를 작성하고 서명하여야 한다.

2.2 품질시스템

2.2.1 시험 · 검사기관은 현재 업무의 형태 · 범위 · 업무량에 적합한 품질시스템을 수립 · 유지하며, 품질시스템 운영전반에 관한 문서를 관리하는 절차를 수립 · 유지하고 있다.

해설

최고경영자는 실험실 업무를 파악하여 품질목표를 설정하고 품질목표를 달성하기 위하여 품질방침을 마련한다. 그러므로 모든 업무는 품질방침에 따라 수행되어야 하며 품질방침은 최고경영자가 서명하여 의지를 반영하여야 한다. 품질방침을 포함한 시험 · 검사 기관의 품질시스템은 품질매뉴얼에 규정하고 필요에 따라 그 내용을 개정한다.
그리고 품질방침에는 다음과 같은 사항이 포함되어야 한다.

- 시험에 대한 품질과 공정하게 업무를 수행하고자 하는 최고경영자의 의지
- 시험기관의 서비스 수준에 대한 최고경영자의 선언
- 품질시스템의 목적
- 모든 직원이 품질시스템을 이해하고 업무 수행 시 이에 따라야 한다는 내용

품질매뉴얼을 포함한 품질문서를 제정 또는 개정하는 절차와 그 기록의 유지, 폐기된 품질문서의 관리, 현행 품질문서의 관리 등에 대한 절차를 마련하고 이행하여야 한다.
특히, 「품질경영시스템 문서화 지침」(KS Q ISO TR 10013: 2011)에 의하면 "조직이 품질매뉴얼에 품질방침을 포함할 것을 선택한 경우, 품질매뉴얼은 품질방침 및 품질목표에 대한 기술을 포함할 수 있다. 이들 목표를 충족시키기 위한 실제 품질세부목표(goal)는 조직의 결정에 따라 품질경영시스템 문서의 다른 부분에 명시될 수 있다"고 규정하고 있다.

2.2.2 시험 · 검사기관은 품질시스템을 유지하는 데 필요한 품질시스템 문서를 갖추고, 관련 직원은 품질시스템 문서를 충분히 이해하고 실행하며, 품질시스템 문서는 투명하고 알기 쉽게 작성하여 업무 수행의 효율성을 높이도록 하고 있다.

해설

품질문서는 기본적으로 품질매뉴얼, 품질절차서, 품질지시서의 3단계로 구성되며, 확대하는 경우 4단계로서 기술적 기록물이 추가되어진다.
모든 품질문서는 ISO / IEC 17025 또는 본 요구사항의 범주 내에서 작성되어야 하며, 작성된 품질문서는 실무에서 그대로 실행되어야 한다.
품질문서 내용과 실무 간에 차이가 있는 경우는 현장평가에서 대개 미흡사항으로 지적되며, 이는 관련 직원들이 품질문서에 대해 충분히 이해하지 못하고 있다고 판단할 수 있다.

또한 품질문서는 누구나 이해하기 쉽도록 작성되어야 하며 가능한 한 ISO / IEC 17025의 목차를 따르는 것이 좋다.

2.2.3 시험 · 검사기관은 품질시스템을 위한 문서들의 체계를 규정하고, 품질시스템의 모든 절차들을 개략적으로 기술하고, 최고 경영자의 권한하에 발행하고 있다.

해설

품질시스템은 최고경영자의 품질방침 등을 반영하여 문서화한 것이므로 최고경영자의 결재로 발행되어야 한다. 경우에 따라서는 최고경영자가 품질절차서 및 품질지시서의 개정에 대한 권한을 위임하는 경우가 있는데 그런 경우는 위임받은 자가 책임을 지고 역할을 수행하면 된다. 그러나 품질매뉴얼은 실험실의 품질목표, 품질방침 등이 수록되어 있으므로 반드시 최고경영자의 권한하에 발행되어야 한다.

2.3 문서 관리

2.3.1 문서 승인 및 발행

가. 품질시스템의 일부로서 구성되는 모든 문서는 발행 전에 권한이 있는 자에게 검토 · 승인을 받고 있다.

나. 시험 · 검사기관은 품질시스템 문서의 제 · 개정상태를 확인할 수 있는 문서관리대장 또는 유사한 문서관리 절차를 보유하고 있다.

해설

품질문서는 해당 문서의 관리를 위임하지 않는 경우, 통상 담당자가 작성하고 기술책임자 또는 품질책임자가 검토하며, 최고경영자가 승인하게 된다. 이런 과정에서의 서명은 자필로 하고 도장을 찍지 않도록 하며, 내용이 개정될 때마다 어떤 내용이 언제 개정되었는지를 총괄적으로 정리한 품질문서 관리대장(또는 품질문서 개정 이력)을 작성하여야 한다.

그리고 실험실에서 생산되는 모든 기술적 기록물은 품질시스템의 일부로서 작용하고 있기 때문에 담당책임자(기술책임자)의 검토 또는 승인이 필요하다.

2.3.2 문서관리 절차

가. 시험 · 검사기관의 필수적인 업무를 수행하는 모든 장소에서 관련 품질시스템 문서가 이용 가능하다.

나. 주기적으로 문서의 사용가능성(다른 문서와의 부합성, 변경사항 등)을 검토하고 필요한 경우, 본 요구사항과의 적합성을 보장하기 위해 수정하고 있다.

다. 유효하지 않은 문서들은 사용해서는 안 되며, 회수하여 폐기하고 있으며, 문서보존 및 관리를 위한 목적으로 폐기된 문서를 보관하는 경우에는 폐기된 문서임을 표기하고 있다.

라. 시험 · 검사기관에 의해 작성되는 품질시스템 문서는 발행일자, 개정번호, 페이지 번호 매김, 총 페이지 수 및 발행기관 (발행인) 등을 표시하고 있다.

해설

품질문서는 분석 업무 수행방법과 내용의 근본이므로 모든 업무를 수행할 때 언제든지 활용할 수 있어야 하며, 업무 수행방법이 개선되는 경우에는 품질문서도 개정되어야 한다. 품질문서는 연 1회 이상 주기적으로 그 내용을 검토하고 필요한 경우 개정하여야 하지만, 긴급히 개정할 필요기 있는 경우는 그에 따라 수시로 개정할 수도 있다.

현행본 품질문서가 아닌 구본(舊本)은 모두 회수하여 폐기하는 것이 원칙이지만 업무에 필요한 경우에는 구본임을 명확히 표기하여 활용할 수 있다. 또한 품질문서는 발행일, 개정번호, 페이지, 발행기관 등의 정보가 각 페이지마다 기록되어야 하며 일반적으로 다음 예와 같은 서식을 각 페이지 상단에 적용하고 있다.

<table>
<tr><td rowspan="4">○○○연구소</td><td rowspan="2">품질 매뉴얼</td><td>문서번호</td><td>QM－05</td></tr>
<tr><td>개정날짜</td><td>2018. 02. 24.</td></tr>
<tr><td rowspan="2">문 서 관 리</td><td>페 이 지</td><td>1 / 3</td></tr>
<tr><td>개정번호</td><td>Rev.02</td></tr>
</table>

2.3.3 문서 변경

가. 문서의 변경은 특별히 규정하지 않는 한, 동일한 문서 발행 및 승인 절차로 행하고 있다.

나. 문서의 변경 시 수정되거나 새로운 내용은 해당 문서 또는 첨부물에서 식별 가능하도록 표시하고 있다.

다. 문서의 수작업 수정에 대한 절차 및 권한을 규정하고 문서의 재발행 시 이에 따르고 있다.

라. 전자문서에 대한 변경 및 통제절차를 수립하고 이에 따르고 있다.

해설

품질문서의 변경은 규정된 바에 따라서 검토되고 승인되어야 한다.

품질문서는 관련 법령의 개정, 품질방침의 변경, 조직개편 및 외부평가와 내부심사 등을 통하여 개정의 필요성이 제기되며, 품질문서 내용의 일부 수정이나 전면적인 수정에서도 개정 전의 내용과 개정 후의 내용을 명확히 확인할 수 있어야 한다.

컴퓨터 시스템으로 문서를 개정하는 경우에도 그 절차와 방법을 규정하고 이행하는 것이 합당하다. 아울러 실수로 전자파일의 내용이 변경되거나 삭제되지 않도록 백업 및 보안시스템을 유지하도록 한다.

2.4 시험 의뢰 및 계약 시의 검토

2.4.1 시험 · 검사기관은 시험 의뢰 또는 계약 시, 다음 사항을 보장할 수 있는 방침과 절차를 수립하고 있다.

가. 시험방법을 포함한 의뢰자의 요구사항을 이해 가능하도록 작성하고 문서화

나. 고객의 요구사항을 만족시킬 수 있는 능력과 자원의 보유

다. 시험방법의 적절한 선택과 고객의 요구사항에 대한 만족한 대응

해설

고객이 분석을 의뢰할 때, 분석기관의 능력 밖의 내용을 의뢰하는 경우가 있다. 때문에 분석을 의뢰 받을 때는 자신이 속한 실험실의 능력을 충분히 이해하고 의뢰 받아야 하며, 능력 밖의 의뢰에 대해서는 고객에게 그 사실을 자세히 설명하여야 한다.

또한 고객은 자신이 필요로 한 서비스가 어떤 것인지를 모르고 의뢰하는 경우가 있다. 예로서 먹는물로서의 적합 여부를 확인하기 위해서는 먹는물 검사기관에서 발행한 성적서를 필요로 하나 고객은 그러한 사실을 모르고 먹는물 검사기관이 아닌 기관에 분석을 의뢰하거나 잘못된 시료채취 방법과 용기로 채취하여 분석을 의뢰할 수 있다. 이런 경우는 고객이 이해할 수 있도록 법률적인 내용을 포함하여 충분히 설명할 필요가 있으며, 그럼에도 불구하고 고객이 분석을 요구하는 경우는 그 내용을 문서화하여 서로 오해를 하거나 신뢰관계를 저해시키지 않도록 하여야 한다. 이는 시험방법의 선택에서도 동일하게 적용하여야 한다.

2.4.2 시험 · 검사기관은 이해관계의 상충, 법적 지정업무 수행 불가능 또는 능력 부족 등이 발견된 경우, 이를 고객에게 알리고 있다.

해설

고객이 분석을 의뢰하고자 하나 분석기관이 행정처분을 받아 분석을 할 수 없는 경우, 인력이나 장비 등의 문제로 인하여 분석을 할 수 없는 경우에는 고객에게 그 상황을 설명하고 분석업무를 의뢰받을 수 없음을 알려야 한다.

2.4.3 시험 · 검사기관은 계약 및 중대한 변경사항에 대한 검토가 이루어지고 이에 대한 기록을 유지하고 있으며 고객 및 관련되는 모든 직원에게 변경사항을 알리고 있다.

해설

고객과의 분석 계약이 완료된 이후에 행정처분으로 인한 분석업무 중지, 인력 또는 장비의 이상 등이 발생한 경우, 그 상황이 고객과의 계약조건을 충족시킬 수 있는지를 검토하여야 하며, 계약조건을 만족시킬 수 없는 때에는 고객과 모든 직원에게 그 사실을 알려야 한다.

그리고 분석기관은 계약변경 내용에 대한 검토내용과 계약내용의 변경 또는 계약해지 등에 대한 사항도 기록으로 남겨야 한다.

2.5 시험의 위탁

2.5.1 시험업무를 타 기관에게 위탁하는 경우, 시험 · 검사기관은 수탁기관이 해당시험을 수행할 수 있는 능력이 있음을 보장하고 있다.

해설

고객의 분석 의뢰 건수가 분석기관의 업무에 과도한 부담을 주거나 또는 인력이나 장비에 갑작스런 문제가 발생한 경우는 고객의 의뢰를 직접 처리하지 못하고 타 기관에 위탁할 수 있다. 이 경우 고객의 의뢰를 직접 수행하지 못함을 협의하여야 하며 고객이 동의한 경우에 한하여 위탁할 수 있다.

분석을 위탁하게 되는 경우는 적절한 수탁기관을 정하여 위탁하게 되는데, 수탁기관의 선정은 사전에 선정 절차와 조건을 규정하여야 하며, 일반적으로 사전에 계약관계를 유지하게 된다.

KOLAS인정기관은 동일한 자격을 가진 KOLAS인정기관에 위탁하도록 하고 있다. ISO / IEC 17025 '4.5 시험 및 교정의 위탁'에는 예기치 못한 상황 또는 지속적으로 위탁하여야 하는 경우에 위탁할 수 있도록 규정되어 있다.

그러나 환경분야에서는 법률로 위탁을 할 수 있도록 규정하고 있지 않으면 분석을 위탁할 수 없으며 법률에 위탁조건이 명시된 경우는 그에 맞게 위탁하여야 한다.

2.5.2 시험 · 검사기관은, 고객 또는 법적으로 위탁기관을 지정한 경우를 제외하고는 위탁기관의 업무에 대한 책임을 지고 있다.

해설

환경관련 법률에 따라 운영되는 실험실이 아니라면(예로서 KOLAS인정기관) 고객의 요구를 직접 수행할 수 없는 경우, 고객의 동의로 위탁을 하게 되며, 위탁기관이 수탁기관의 선정에 대한 절차와 조건 등에 만족하는 실험실을 수탁기관으로 지정하였기 때문에 수탁기관이 수행한 분석결과에 대해서도 위탁기관이 책임을 져야 한다.

그러나 법률적으로 수탁기관이 정하여져 있는 경우나 고객이 특별히 수탁기관을 정하여 분석을 의뢰하는 경우에는 분석결과에 대한 책임이 위탁기관에 있지 않다.

2.5.3 등록 · 지정 · 인정받은 시험 · 검사기관이 시험검사를 위탁하고자 할 때 관련 법률에 별도로 규정되어 있는 경우, 그 법률에 따른 위탁의 허용 범위를 벗어날 수 없다.

[비고] 1. 등록 · 지정 · 인정된 시험 · 검사기관의 경우 관련 법률에 대부분 위탁을 허용하고 있지 않다. 따라서 정도관리 (숙련도시험 또는 현장평가) 부적합 판정을 받은 경우에는 시료채취부터 성적서 발급까지 일련의 시험 업무를 할 수 없는 예기치 못한 상황에 해당되므로 이때에 한하여 위탁에 대한 방침을 규정하고 있어야 한다. 단, 이 경우에도 부적합 통보를 받기 전에 채취해온 시료에 대해서만 위탁할 수 있다.

2. 법정기관은 법정 업무를 수행하는 기관 간에 업무협약 등을 통하여 예기치 못한 상황에 대응할 수 있다.

해설

환경관련 법률에 따라 운영되는 실험실은 관련 법률에서 위탁을 허용하고 있는 경우를 제외하고는 담당 업무에 대해 위탁할 수 없다. 또한 위탁할 수 있는 경우에도 법률에서 정한 범위 내에서만 위탁할 수 있다.
따라서 [비고]1의 내용 중 "정도관리 부적합 판정을 받은 경우에 한하여 위탁방침을 규정하고 있어야 된다"고 설명하고 있으나 이는 어느 법률에도 규정된 내용은 아니며, [비고]2에서 "법정기관은 법정 업무를 수행하는 기관 간에 업무협약 등을 통하여 분석을 위탁할 수 있다"고 하나 이 역시 법률적 해석이 필요한 부분이다.
참고로 「환경분야 시험 · 검사 등에 관한 법률 시행규칙」 제17조제2항에 따른 측정대행업자의 준수사항에서는 "…시료채취 및 측정분석은 해당 분야에 등록된 기술인력이 수행하여야 한다"고 규정되어 있으며, 「먹는물관리법 시행규칙」 제36조의2에 따른 검사기관 준수사항에서는 "시료의 채취 및 검사는 검사기관의 기술인력이 직접 실시하여야 한다"고 규정되어 있다. 또한 「폐기물관리법 시행규칙」 제19조의4에 따른 폐기물분석전문기관의 준수사항에서는 "폐기물분석전문기관은 의뢰받은 폐기물 분석업무를 다른 폐기물분석전문기관이나 그 밖의 자에게 다시 의뢰하여서는 안 된다"고 규정되어 있다.

2.6 서비스 및 물품 구매

2.6.1 시험 · 검사기관은 시험결과에 영향을 미치는 서비스 및 물품의 선택 · 구매에 대한 문서화된 방침과 절차를 수립하고 있다.

가. 실험실의 기술적 운영에 필요한 소모품의 구입 · 수령 및 보관에 대한 문서화된 절차 수립

나. 환경시험 · 검사업무의 품질에 영향을 미치는 중요한 소모품 · 물품 및 서비스 공급자에 대한 기록 목록화

해설

분석에 소요되는 각종 장비, 시약 및 표준물질 등은 분석결과에 영향을 미칠 수 있기 때문에 이들 물품을 구매하는 경우, 사양, 구매방법, 수령, 보관방법, 검사방법 등을 포함한 내부 규정에 따라 합리적으로 구매하고 보관하여야 한다. 별도의 내부 규정이 없는 경우는 품질문서에 그것들을 명시할 수 있다.
구매한 물품은 요구한 사양에 적합한 것인지를 확인할 때까지는 사용하여서는 안 된다.

2.7 고객에 대한 서비스 및 불만사항

2.7.1 시험 · 검사기관은 다른 고객의 기밀을 보장할 수 있는 범위 내에서 해당 시험결과를 고객이 확인할 수 있도록 협조하고 있다.

해설

고객 자신이 의뢰한 시료의 분석과정이나 결과를 확인하고자 할 때, 실험실은 특별한 경우가 아니고는 이를 거부하여서는 안 되며, 다른 고객에 관련된 일체의 정보를 노출하지 않는 범위 내에서 확인할 수 있도록 그 절차를 규정하여야 한다.

2.7.2 시험 · 검사기관은 고객의 불만사항 해결 및 후속조치에 대한 기록을 유지 · 관리하고 있다.

해설

고객의 불만은 대개 다음과 같은 사항이 원인이 되어 발생한다. 즉, 장비의 고장 및 성능저하, 업무 수행절차의 부재 또는 미준수, 일정의 미준수, 열악한 분석환경, 불충분한 분석인력 및 분석 기자재, 분석자의 능력부족, 잘못된 시험방법의 적용.

실험실은 품질시스템을 운영하는 과정에서 발생된 고객의 불만과 잠재적인 불만을 파악하고 그 원인을 살펴 그러한 불만이 재발하지 않도록 하여야 한다. 이를 위하여 품질문서에 고객의 불만 접수, 잠재적인 불만의 도출 및 이들 불만에 대한 시정조치 내용을 명시하고 이행하여야 한다. 또한 이미 제기된 불만에 대해서는 어떻게 불만을 처리하였는지를 문서화하여 보관할 필요가 있다.

2.8 부적합 업무 관리 및 보완조치

2.8.1 시험 · 검사기관은 시험 업무 또는 시험 · 검사의 결과가 해당기관의 절차 또는 고객의 요구사항과 맞지 않을 때 이행되는 보완조치에 대한 방침과 절차를 보유하고 있다.

가. 부적합 업무 관리에 대한 책임자가 지정되어 있다.

나. 부적합 업무가 확인되었을 때의 조치사항이 규정되어 있으며 이행되고 있다.

다. 품질책임자에 의한 보완조치 결과에 대한 검토 절차가 명시되어 있다.

[비고] 1. 부적합 업무는 고객의 불만, 품질관리, 숙련도 시험 성적서, 장비교정, 내부심사, 외부심사(현장평가), 경영검토 등을 통해 발생될 수 있으며 숙련도 시험과 장비교정에서의 부적합 사항은 상대적으로 더 중요하다고 볼 수 있다.

2. 보완조치를 위한 방침과 절차에는 원인분석, 시정조치의 이행 및 내용에 대한 확인이 필요하다.

해설

부적합 업무란, 분석기관에서 규정한 분석에 대한 절차나 고객과 합의한 사항에 따라 이행하지 않은 상태에서 발생한 분석결과를 말한다. 부적합 업무가 발생하면 발견된 부적합 업무의 유형, 발생(조사) 시기, 조사방법, 보완조치 방법 및 결과 등에 대해 기록을 남겨야 한다.

또한 부적합 업무가 발생되면 다음과 같은 시정조치를 위한 방침과 절차를 수립하고 책임자를 지정하여야 한다.

- 원인분석: 원인이 명확한 경우도 있지만 그렇지 않은 경우는 시료, 시험방법 및 절차, 분석자의 자격 또는 훈련, 시약 등 소모품과 장비, 장비의 교정 등에 원인이 있을 수 있으므로 이들 요소에 대한 상세한 검토가 필요하다.
- 시정조치: 원인이 밝혀지면 그 문제점을 제거하고 재발을 방지하기 위한 조치를 이행하여야 한다.
- 시정조치에 대한 감독: 취해진 시정조치가 효과적임을 보장하기 위해 시정조치 결과를 감독하여야 한다.
- 추가적인 심사: 부적합 업무가 품질시스템에서 비롯된 것으로 여겨진다면 내부심사를 계획보다 앞당겨 시행하는 것이 좋으나, 일반적으로 추가적인 심사는 품질시스템에 심각한 문제점이 있다고 판단될 때에만 한다.

2.9 기록 관리

2.9.1 시험 · 검사기관은 기관마다의 특정한 상황과 관련법에 준하여 기록시스템을 유지 · 관리하고 있다. 이러한 기록시스템은 시험 · 검사기관의 모든 활동에 대해 명백하고 정확한 기록을 제공할 수 있으며, 품질기록 및 기술기록의 확인 · 수집 · 색인 · 접근 · 분류 · 보관 · 유지 및 폐기 등에 대한 절차를 수립하고 유지 · 관리하고 있다. 기록은 인쇄, 복사 또는 전자매체 등, 어떠한 방식으로도 가능하다.

해설

실험실에서 생산되는 기록에는 품질문서를 비롯하여 시료채취일지, 시험일지, 시험 원자료, 계약서, 시험성적서와 직원의 신원에 관한 기록, 나아가 내부심사 및 경영검토보고서까지 모두 포함되며 이들에 대한 관리 방안이 마련되어야 한다. 기록은 손으로 직접 작성한 것도 있고 컴퓨터에 의하여 기록된 것도 있다. 따라서 ISO / IEC 17025 '4.13 기록의 관리'에서는 "기록은 하드 카피 및 전자적 매체 같은 어떠한 방식으로도 가능하다"고 규정하고 있다.

실험실은 시료 및 원자료를 포함하여 그 시료에 대한 분석결과로서 발생되는 모든 보고서에 대해 추적성을 갖춘 기록시스템을 유지하여야 한다.

2.9.2 기록에 대한 기록보유기간을 수립하고 있다. 시험과 관련된 자료들은 최소 3년간 보관하고 있다.

해설

실험실에서 생산되는 모든 기록물은 관련 규정에 따라 보관기간이 달라진다. 별도의 규정이 없거나 특정 규정에 보관기간이 3년 이내인 경우에는 본 요구사항에 따라 그리고 「환경분야 시험 · 검사 업무처리규정」(환경부 고시 제2016-166호)에 따라 시료채취기록부, 시험기록부, 시험성적서 등을 3년간 보관하여야 한다.

측정대행업체는 「환경분야 시험 · 검사 등에 관한 법률 시행규칙」 제17조제2항에 따른 '측정대행업자의 준수사항'에 의거하여 시료채취기록부, 시험기록부, 분석일지 등을 3년간 보관하여야 하며, 먹는물 검사기관은 「먹는물관리법 시행규칙」 제36조의2에 따른 '검사기관의 준수사항'에 의거하여 시료채취기록부, 검사기록부 등을 3년간 보관하여야 한다. 참고로, KOLAS에서는 「공인기관 인정제도 운영요령」(KOLAS-R-002: 2016) 제22조에 발행한 성적서와 그와 관련된 기록은 4년 이상 보존하여야 하는 것으로 규정하고 있다.

2.9.3 시험 · 검사기관은 전자적으로 저장된 기록을 보호 및 백업(back－up)과 저장된 기록들의 수정 또는 무단 접근의 방지를 위한 절차를 갖추고 있다.

해설

각종 기록물을 컴퓨터로 작성하거나 기록하는 경우에는 조심하여 원자료의 내용과 다르지 않게 기록하여야 하며, 원자료를 전자적으로 보관하고자 하는 경우는 그림파일 또는 PDF파일로 만들어 보관함으로써 훼손되는 것을 방지할 수 있다.
이러한 전자파일에 대해 원 파일이 지워지거나 훼손되는 것을 방지하기 위하여 백업 파일을 만들어 두는 것이 좋으며, 이러한 파일에 접속하는 것이 대해 승인하는 시스템을 유지하여야 한다. 나아가 접속과 수정 등에 대한 이력관리를 할 수 있는 시스템이라면 더욱 권장할 만하다.
기록을 수정하는 경우, 잘못된 부분을 지우지 않고 그 부분 옆에 바르게 수정하여야 한다. 대개 수정하고자 하는 부분은 가운뎃줄을 긋고 새로운 내용을 기입하되 언제, 누가 수정하였는지를 표기하여야 한다. 그리고 기록물은 현장에서 직접 기록하여야 하며, 메모형태로 기록을 하였다가 정해진 서식에 옮겨 기록하는 일이 없어야 하고 모든 경우에 지워지지 않는 도구로 기록하여야 한다.

2.9.4 기록물은 읽기 쉽게 기록하고 있다.

2.10 내부 정도관리 평가(경영검토 및 내부심사)

2.10.1 품질책임자의 책임하에 정해진 일정 정해진 일정표와 절차에 따라 정기적인 내부 정도관리 평가(최소 연1회)를 실시하도록 규정하고 이를 실행하고 있다.

해설

우선 내부정도관리평가란 내부적으로 숙련도 시험과 현장평가를 하는 것에 국한되지 않는다는 것을 명심하여야 한다. 정확하게는 내부심사와 경영검토를 의미하며, 본 요구사항에 따라 적어도 각각 연 1회 이상 실시하여야 한다.
참고로, ISO / IEC 17025 '4.14 내부심사' 및 '4.15 경영검토'에서도 이들에 대해 연 1회 실시하도록 규정되어 있다.
내부심사 방법에 대해서는 내부심사지침(KOLAS-G-007 : 2015)을, 경영검토 방법에 대해서는 경영검토지침(KOLAS-G-008 : 2015)을 참조하라.

2.10.2 내부 정도관리 평가는 여건이 허락하는 한도 내에서 독립적이며, 적절한 훈련을 통해 자격을 갖춘 직원에 의해 실시되어야 한다.

해설

내부심사란 분석기관의 운영이 그 품질시스템의 요건에 지속적으로 부합한다는 것을 입증하기 위해 그 활동에 대해 심사하는 것이므로 품질시스템이 ISO / IEC 17025를 충족하고 있음을 점검하여야 한다.

내부심사에서 품질책임자는 심사에 대한 책임자로서 활동하며, 심사원은 심사 대상으로부터 독립적이어야 한다(이는 조직상의 독립성을 요구하는 것은 아니지만 자신의 활동에 대해 자신이 심사한다는 것은 적절하지 못하다). 심사원의 수는 조직의 규모에 따라 달라지며 분석기관의 인력이 적은 경우는 심사를 외부에 위탁할 수도 있다(국립환경과학원에서는 행정적으로 외부 심사원에 의한 내부심사를 제한하고 있다). 그러나 KOLAS에 의한 평가, 국립환경과학원에 의한 평가 등을 내부심사로 대신하여서는 안 된다.

내부심사자의 자격에 대해 KOLAS에서는 「공인기관 인정제도 운영요령」(KOLAS-R-002: 2016) 제34조에 "KOLAS 평가사 자격을 갖추거나 인정기구의 장이 지정한 교육기관에서 내부심사자 교육을 이수하고 소정의 시험에 합격하여야 한다"고 규정하고 있으나 국제규격에서는 별도로 자격요건을 정하지 않고 있다. 환경분야 정도관리제도에서는 내부 정도관리평가를 위한 심사원의 자격에 대해 본 요구사항 2.10.4항 [비고]3에 정도관리 평가위원, KOLAS평가사 및 ISO / IEC 17025 등의 교육을 이수하였거나 환경측정분석사 자격을 갖춘 직원이 실시하도록 규정하고 있다.[주1)]

주1) 본 요구사항에서는 '비고'의 성격에 대해 규정하고 있지 않기 때문에 '요구사항'으로 봐야 할지 아니면 부가적인 설명으로 봐야 할지에 대해서는 논란이 있을 수 있다. 참고로, ISO / IEC 17025 '1. 적용범위'에서는 "비고(note)는 원문의 설명, 실례 및 지침들을 제공하기 위한 것이다. 이러한 비고에는 요구사항이 포함되지 않으며, 이 규격의 필수적인 부분은 아니다"고 규정하고 있다.

경영검토는 내부심사와 다른 것이며, 품질시스템과 시험활동의 지속적인 적합성과 효과성을 보장하고 필요에 따라서는 개선 및 변경사항을 도입하기 위한 검토회의다. 그러므로 경영검토를 위한 자격은 있을 수 없으며, 경영검토에는 반드시 최고경영자가 참석하여야 하고 품질책임자, 기술책임자, 관련된 부서의 장 등이 참석할 수 있다.

2.10.3 내부 정도관리 평가 결과 및 이에 따른 시정조치를 기록하여야 한다.

2.10.4 내부 정도관리 평가에서는 취해진 시정조치의 이행 및 효과를 검증하고 기록하여야 한다.

해설

본 요구사항 '2.8 부적합 업무관리 및 보완조치'에 언급된 바와 같이 품질책임자는 내부심사 결과를 기록하고 발견된 미흡사항에 대해서는 부적합 및 시성소치 보고서를 직성하여야 한디.

경영검토는 품질시스템의 적합성 및 효율성 보장, 개선을 위해 시행하는 것이며 미흡사항의 발견 등을 목적으로 하지 않는다. 따라서 경영검토 결과가 보고서로 작성되고 그 보고서에 품질시스템의 개선 필요성 등에 대한 최고경영자의 의견을 포함하여야 한다.

[비고] 1. 내부 정도관리 평가는 다음 사항을 고려하여야 한다.

- 품질목표의 달성도
- 주어진 임무의 수행 만족도
- 품질시스템에서 규정한 절차의 준수
- 시험결과의 품질
- 품질방침과 절차의 적합성
- 최근에 실시한 내부심사의 결과
- 시정조치 및 예방조치
- 외부기관에 의한 평가
- 숙련도 시험 결과
- 고객의 피드백
- 불만사항
- 품질목표 달성을 위한 직원의 교육 및 훈련

해설

내부정도관리평가 시 고려되어야 하는 요소로 12개 사항이 열거되었으나 품질목표의 달성도, 품질목표의 달성도, 주어진 임무의 수행 만족도, 품질시스템에서 규정한 절차의 준수, 시험결과의 품질 등은 내부심사 시 고려되어야 하는 요소이며, 나머지는 경영검토 때 보고되어야 하는 사항이다.

2. 내부 정도관리 평가는 국립환경과학원이 3년마다 실시하는 정도관리 현장평가에 따른 미흡사항 보완에 따른 이행 및 효과의 검증을 포함하여야 한다.
3. 내부 정도관리 평가는 정도관리 평가위원, KOLAS 평가사 및 ISO/IEC 17025 등의 교육을 이수하였거나 환경측정분석사 자격을 갖춘 직원이 실시하여야 하며 현장평가에 준하여 실시한다.

3 기술요건

3.1 직원

3.1.1 환경분야 시험 · 검사 등에 관한 법률 등 시험 · 검사 관련 법률에 의해 등록 · 지정 · 인정받은 시험 · 검사기관은 그 법률에서 요구하는 기술인력 조건을 만족하고 있다.

해설

환경관련 법률에 의해 등록 · 지정 · 인정받은 분석기관은 그 법률에서 요구하는 기술인력을 보유하고 활용하여야 한다. 기술인력이 법적 요건을 벗어나는 경우, 해당 분석기관은 그 능력을 상실하였다고 판단하고 행정처분을 받게 된다. 예로서, 측정대행업체는 「환경분야 시험 · 검사 등에 관한 법률 시행규칙」 제14조제1항의 '측정대행업의 세부등록기준'에 따르면 대기분야는 대기분야 환경측정분석사 또는 대기환경기사 중 1명, 대기환경산업기사 1명, 분석요원 1명을 필요로 하며, 수질분야는 수질분야 환경측정분석사 또는 수질환경기사 중 1명, 수질환경산업기사 1명, 분석요원 1명이 요구된다.

3.1.2 시험 · 검사기관은 장비 운용, 시험업무, 결과 평가 및 서명을 하는 모든 직원들의 역량을 보장하고 있으며, 특정한 시험 · 검사업무인 경우 자격을 갖춘 직원이 수행하도록 하며, 훈련과정에 있는 직원을 고용하고 있을 경우 적절한 관리감독을 하고 있다.

해설

여기서 직원이란 분석에 관련되거나 영향을 미치는 모든 직원을 의미하므로 정규직뿐만 아니라 임시적으로 활동하는 직원도 포함된다.

모든 직원은 맡은 업무에 대한 전문적인 지식(능력)이 있음이 확인되어야 하며, 이 능력의 확인을 통해 실험실 내부적으로 자격을 부여할 수 있다. 여기서의 자격은 관련 법령에 의한 자격요건을 의미하지 않는다.

아직 숙련된 분석능력을 확보하지 못하였거나 임시적으로 활동하는 직원은 해당업무에 대해 독자적인 활동을 할 수 있는 역량을 갖추지 못하였다고 볼 수 있으므로 이들에 대해서는 기술책임자가 해당 업무에 대해 감독을 하는 규정을 마련하고 이행하여야 한다.

3.1.3 시험 · 검사기관은 직원의 교육 · 훈련의 필요성과 훈련 제공에 대한 방침과 절차를 보유하고 있다.

해설

신규로 채용된 직원의 능력을 확인한 결과 실험실에서 요구하는 수준에 미달될 때는 내부 또는 외부 교육(훈련)을 할 필요가 있으며, 기존 직원이라고 할지라도 새로운 기술이 도입되거나 현재의 기술에 대한 능력을 향상시키거나 또는 새로운 항목에 대한 시험능력을 보유하도록 하기 위해서는 그에 맞는 교육(훈련)계획을 수립하고 이행하여야 한다. 또한 현재의 실험실에서 요구하는 능력에 부합된다 할지라도 조직에서 운영 목표를 발전시키고자 하는 경우에 필요한 교육(훈련)을 하여야 한다.

그러므로 대개 전년도 말에 교육(훈련)의 필요성을 검토하고 익년도 교육계획을 수립하며, 그 외에도 필요하다고 판단되는 경우는 수시로 교육(훈련)계획을 수립하여 이행할 수 있다.
교육(훈련)을 마친 후에는 그 교육에 대한 유효성을 평가하기 위해 교육결과보고서가 작성되어 보고되어야 하며, 필요시 교육(훈련) 내용을 내부에 전파교육을 할 수도 있다(교육에 대한 유효성 평가는 교육과정에 대한 평가가 아니며, 교육을 받은 자가 필요한 지식이나 기량을 획득하였는지 또는 자신의 발전에 도움이 되었는지를 기록하는 것이다).

[비고] 1. 신규인력, 시험 항목이 변경된 인력 등에 대해서는 시험 · 검사기관이 자체적으로 규정한 숙련도 시험 평가내용 · 절차 · 판정기준에 따라 그 능력을 평가하고 판정기준에 만족하는 경우에만 시험 · 검사 업무를 맡길 수 있다.
2. 법률에 의하여 특별한 자격(자격증 등)을 요구하는 경우라도 시험 · 검사기관은 자체의 품질목표를 달성하기 위하여 별도의 시험 · 검사에 대한 자격 검정절차와 판정기준을 마련하여 활용할 수 있다.

3.1.4 시험 · 검사기관은 숙련도에 관한 목표와 계획을 설정하고, 주기적인 숙련도시험이나 실험실관리시료 분석을 통한 정밀도 및 정확도 확인을 통해 시험 · 검사능력을 검증하고 있다.

해설

실험실은 분석항목에 대한 품질목표를 수립하고 모든 직원들에 대해 그 목표를 달성할 수 있도록 지원하여야 한다. 이를 위해 신규 직원뿐만 아니라 기존 직원에 대해서도 주기적으로 숙련도 시험 등을 통하여 분석능력을 확인하여야 하므로 어떤 절차를 통해 확인해야 하는지, 그 적합 여부의 판단 기준은 어떠한지를 품질문서에 규정하고 이행하여야 한다.
이에 따라 신규 직원과 새로운 업무를 맡게 되는 직원은 업무를 분장하기 전에 내부숙련도시험을 하고, 업무의 변화가 없는 기존 직원은 책임자의 권한하에 매년 1회 이상 내부숙련도시험을 계획하고 시행하도록 한다. 일부 실험실에서는 내부 숙련도 시험을 수행하면서 1 ~ 2명의 분석자에 대해 Z-score로 평가한다고 규정하고 있는데 이는 통계적 관점에서 잘못된 것이며 정확도, 정밀도 또는 오차율 등으로 평가하는 것이 합당하다.
참고로, 「환경분야 시험 · 검사 등에 관한 법률 시행규칙」 제17조제2항의 '측정대행업자의 준수사항'에 따르면 모든 측정대행업자는 환경오염공정시험기준에 따른 '정도관리 수행기록철'을 작성하여 3년간 보관하도록 되어 있으므로, 측정대행업체는 각 직원들을 통하여 측정대행 전체 항목에 대해 각 분야별 공정시험기준에 따라 방법검출한계, 정량한계, 정밀도 및 정확도 등을 연 1회 이상 평가하여야 하며 그 결과는 공정시험기준에서 제시한 기준을 만족하여야 한다.
또한 실험실관리시료란 교정곡선을 비롯한 모든 QA / QC 수행과정에 사용하는 표준물질의 정확도를 평가하기 위한 시료로서, 반드시 교정곡선과 QA / QC 수행에 사용한 표준물질과 제조사가 다른 표준물질로서 교정곡선과 QA / QC 수행결과를 교차 확인하는데 사용된다. 따라서 실험실관리시료를 사용한 숙련도 시험을 통하여 직원의 분석능력을 확인하라는 것은 엄밀히는 잘못된 것이며, 일반적인 표준물질을 활용하여 분석능력을 확인하라는 의미로 받아들이는 것이 합당하다.

3.1.5 시험 · 검사기관은 기술직원에 대한 업무 · 자격 · 교육 · 훈련 · 기술 및 경험 등에 대한 기록을 유지 · 관리하고 있다.

[비고] 1. 기술직원에 대한 기록에는 품질시스템에서의 책임과 권한, 역량, 전문적 자격, 교육 · 훈련 이력, 내부적인 자격 등이 기록되어야 한다.

2. 기록 내용이 보완될 때마다 관련 책임자가 서명 확인하여야 한다.

해설

품질시스템에 따라 분석자에 대한 교육과 기술 경험 등에 대한 기록을 유지하는 규정을 마련하여야 한다. 이는 일반적은 인사기록카드와는 다른 것으로 '직무기술서'는 각 업무별로 위임전결, 업무처리 시 필요한 품질문서, 교육, 내 • 외부 자격요건 등을 상세히 기술한 개인별 업무지침서를 말한다.

아울러 교육(훈련) 이력은 교육(훈련) 수료 시마다 업데이트되어야 하며, 그 때마다 관련책임자가 확인 • 서명하도록 하여야 한다.

3.2 시설 및 환경조건

3.2.1 시험 · 검사기관은 시험업무에 영향을 미칠 수 있는 실험실 시설 및 환경조건에 대한 기술적 요구사항들을 문서화하고 있으며 시료채취, 현장분석 등 해당 실험실 이외의 장소에서 시험업무가 이루어진 경우 별도의 주의를 기울이고 있다.

가. 시험방법이나 법에서 특별한 환경조건을 유지 · 관리하도록 규정하고 있는 경우, 실험실 시설에 대한 요구사항을 만족시키고 이를 문서화하고 있다.

나. 교차오염 등을 방지하기 위해 시험결과에 영향을 미칠 수 있는 실험실 또는 통제구역의 출입제한이 적절하게 이루어지고 있다.

다. 실험실의 청결을 보장하고 실험실의 어떠한 오염도 시험결과에 영향을 미치지 않도록 하고 있다.

[비고] ISO 17025 등에서 일반적으로 요구하는 수준 이상으로 시설 및 환경조건을 법규로 정한 경우, 그 시설 및 환경조건이 시험결과에 영향을 미치지 않을지라도 관련 법규를 만족하여야 한다.

해설

실험실에 대한 환경조건은 통상적으로 온도와 습도를 말하지만 실제로는 조명, 환기, 전력공급, 진동 등도 포함되어야 하며 이러한 환경조건은 환경오염공정시험기준에 그 조건이 명시되어 있다.

실험실이 서로 인접되어 있으나 서로의 환경조건이 양립할 수 없는 경우는 완전히 격리하여 관리되어야 한다. 예로서 생물배양실과 생물(생태독성)실험실은 시약보관시설, 전처리 시설 등에서 발생되는 유해성 퓸(fume)에 의하여 그 결과가 영향을 받을 수 있기 때문에 완전히 분리되고 별도의 조건에서 관리되어야 한다.

그리고 실험실은 항상 쾌적한 상태에서 운용되어야 하며, 환경, 조명, 퓸 후드의 배기속도 등 실험실 운영에 대한 내용은 '환경실험실 운영관리 및 안전'(국립환경과학원)에서도 확인할 수 있다.

3.2.2 환경분야 시험 · 검사 등에 관한 법률 등 시험 · 검사 관련 법률에 의해 등록 · 지정 · 인정받은 시험 · 검사기관은 그 법률에서 요구하는 시설 조건을 만족하고 있다. 즉 시료접수, 시료보관, 시약보관, 폐기물처리 및 보관, 시험 · 검사결과처리 및 보관 등에 필요한 작업공간을 보유하고 있다.

[비고] 등록 · 지정 · 인정받은 시험 · 검사기관에 대해 실험실 면적 등을 별도로 규정하지 않은 경우에는 적용되지 않는다.

해설

실험실에서 필요한 공간은 시료를 접수하는 공간에서부터 시험 폐액을 처리하는 공간까지 다양하며, 실험실의 공간이 얼마나 넓어야 하느냐에 대한 규정은 일반적으로는 없다. 업무량에 따라 다르고 장비의 수와 종류에 따라 달라지기 때문이다.

「환경분야 시험 • 검사 등에 관한 법률」에서도 측정대행업체가 갖추어야 하는 실험실의 규모를 정하지 않고 있다. 그러나 관련 법령에 의하여 규정된 경우는 그에 따른 공간 면적을 필요로 하는데 통상적으로 지정 또는 인정에 의하여 실험실을 운영하는 경우가 그러하다.

참고로, 「환경측정분석전문기관의 인정 등에 관한 규정」(국립환경과학원 고시)에 의하면, 폐기물분석전문기관은 "총 면적이 120 m^2 이상으로, 항온 • 제습시설을 갖춘 기기실 40 m^2 이상, 후드시설을 갖춘 실험실 40 m^2 이상, 사무실 등으로 구분, 구획되어 있어야 한다"고 규정되어 있으며, 잔류성유기오염물질 측정기관은 "총면적이 200 m^2 이상으로, 시료채취장비보관을 위한 장비보관실 20 m^2 이상, 항온 • 제습시설을 갖춘 기체크로마토그래프 / 고분해능질량분석계(HRGC / HRMS)실 40 m^2 이상, 후드시설을 갖춘 전처리실 40 m^2 이상, 사무실 등으로 구분 • 구획되어야 한다"로, 매립지시설 침출수 측정기관은 "총 면적이 120 m^2 이상으로, 항온 • 제습시설을 갖춘 기기실 40 m^2 이상, 후드시설을 갖춘 실험실 40 m^2(산분해실과 별도 구획) 이상, 사무실 등으로 구분, 구획되어 있어야 한다"고 규정되어 있다.

또한 「먹는물 수질검사기관 원생동물분야 지정 등에 관한 규정」(국립환경과학원 고시)에는 "실험실과 사무실은 별도로 갖추어야 하며, 그 시설면적의 합계는 70 m^2 이상일 것", "원생동물 전처리실과 현미경실 시설면적의 합은 45 m^2 이상일 것"으로 규정되어 있다.

3.3 시험방법 및 유효성 확인

3.3.1 시험 · 검사기관은 해당하는 시험업무에 대해 적절한 방법과 절차를 사용하고 있다. 즉 시료채취, 시료취급, 시료운반, 시료보관, 전처리 및 결과분석 등의 시험과정에 대한 전반적인 절차를 포함하며, 품질지침서의 부재로 인해 시험결과에 영향을 미칠 수 있는 경우에 대비하여 장비의 사용과 조작 및 시료 전처리 등에 관한 품질지침서를 보유하고 있다.

해설

시료의 분석에 어떤 시험방법을 적용하느냐 하는 것을 품질문서에 규정하여야 하며, 시료채취 위치와 방법, 시료의 운송 및 보관방법, 장비의 조작방법, 데이터의 처리방법 등에 대한 절차가 문서로 마련되어야 한다. 환경 관련 법령에 의해 등록・지정・인정받은 실험실은 반드시 환경오염공정시험기준에 의거하여 분석하여야 하므로 일부 실험실에서는 품질문서에 "환경오염공정시험기준에 따라 시험한다"라고 규정한 경우가 있는데 공정시험기준에는 시료의 채취방법과 동일 항목의 분석방법도 다양하기 때문에 어떤 구체적인 방법을 선택하는지 명확히 밝혀야 한다.
이러한 절차는 품질지시서로 규정하거나 별도의 기술문서인 표준작업지침서(SOP)로 규정하여도 상관없다.

3.3.2 시험・검사기관은 환경오염공정시험기준을 우선적으로 사용하고 있으며, 최신판을 사용하고 있다.

해설

실험실의 분석에 관련된 모든 지침이나 규격 등은 최신본이어야 하며 직원들이 쉽게 이용 가능하여야 한다. 환경 관련 법령에 의해 등록・지정・인정받은 실험실은 반드시 환경오염공정시험기준에 의거하여 분석하여야 한다.
참고로, 「환경분야 시험・검사 등에 관한 법률 시행규칙」 제17조제2항에 관련된 '측정대행업자의 준수사항'에 따르면 "2. 환경오염공정시험기준에 따라 환경 오염도를 정확하고 엄정하게 측정・분석하여야 하며..."로 규정되어 있으며, 「먹는물관리법 시행규칙」 제36조의2에 관련된 '검사기관 준수사항'에 따르면 "2. 먹는물 수질검사는 「환경분야 시험・검사 등에 관한 법률」 제6조제1항제6호에 따른 먹는물수질공정시험기준에 따르고..."로 규정되어 있다.

[비고] 1. 환경오염공정시험기준 이외의 방법이라도 측정결과가 같거나 그 이상의 정확도가 있다고 국제 또는 국가 규격으로 공인한 방법은 이를 사용할 수 있다.
2. 환경오염공정시험기준 및 국제 또는 국가 규격으로 공인된 방법을 사용하는 경우에도 방법검출한계 등 공정시험기준 6.0 QA / QC에 제시된 내부정도관리 요소에 대한 시험을 연 1회 이상 실시하며, 분석자의 교체, 분석 장비의 수리 및 이동 등의 주요 변동사항이 생길 경우에는 다시 실시하여 유효성을 확인한다.

해설

[비고] 2에서 "분석자의 교체, 분석장비의 수리 및 이동 등의 주요 변동사항이 생길 경우에는 공정시험기준 '6.0 QA / QC'의 방법검출한계, 정확도, 정밀도 등을 다시 실시하여 유효성을 확인한다"라고 규정되어 있으나 이는 잘못된 것이다.
분석자가 교체된 경우는 분석자에 대한 분석역량을 평가하여야 하며, 장비의 수리나 주요 변동사항이 있으면 그 장비가 정상적으로 작동하는지를 평가하여야 하지만 '시험방법의 유효성'을 확인할 필요는 없다. 시험방법의 유효성 확인은 '표준이 아닌 시험방법'을 분석에 적용할 때 또는 표준인 시험방법이지만 이를 확장하거나 변경하여 사용할 때 이행

하는 것으로, 환경오염공정시험기준은 그 자체가 국가표준이고 이를 변경하여 사용하지 않는다면 분석자의 교체, 분석장비의 수리 및 이동 등이 있을지라도 유효성 확인이 요구되지 않는다.

참고로, ISO / IEC 17025 해설서 '5.4.5 방법의 유효성 확인'에 의하면 유효성 확인에 대해 다음에 같이 설명되어 있다.

'유효성 확인'이란 해당기관이 채택한 시험 / 교정 방법이 의도한 목적에 적합하다는 것을 시험, 평가 등 과학적 기법을 사용하여 이를 객관적으로 입증하는 행위로 해당기관이 다음의 방법을 채택하여 사용하고자 할 때 반드시 이행하여야 할 절차이다.

① 표준이 아닌 방법
② 교정기관이 설계 / 개발한 방법
③ 의도한 범위 외에 사용되는 표준방법
④ 표준방법의 확장 및 변경

3.3.3 시험 · 검사기관은 시험인력을 변경할 경우, 시험 이전에 시험방법을 정확히 운영할 수 있는지를 확인하고 있다.

해설

본 항은 '3.1 직원'항에 대한 내용으로서 '3.3 시험방법 및 유효성 확인'항에 포함되어야 하는 내용은 아니다.

3.3.4 시험 · 검사기관은 장비, 시설의 변화가 있을 경우 시험방법 운영 능력을 재확인하고 있다.

해설

본 항은 '3.4 시험장비 및 표준물질'항에 대한 내용으로서 '3.3 시험방법 및 유효성 확인'항에 포함되어야 하는 내용은 아니다.

3.4 시험장비 및 표준물질

3.4.1 환경분야 시험 · 검사 등에 관한 법률 등 시험 · 검사 관련 법률에 의해 등록 · 지정 · 인정받은 시험 · 검사기관은 그 법률에서 요구하는 시험장비를 갖추고 그 운영에 대해 다음 사항을 준수하고 있다.

가. 시험장비의 정상적 작동
나. 요구되는 정확도의 달성
다. 요구되는 사양의 만족
라. 사용 전 점검 및 교정

마. 권한을 부여받은 직원에 의한 운영

바. 장비의 운영과 유지관리에 대한 절차서 사용

해설

환경관련 법령에 의해 등록・지정・인정받은 시험기관은 기본적으로 법률에서 요구하는 인력과 장비를 확보하여야 한다. 이런 기본 요소가 충족되지 않는 경우는 시험을 할 수 있는 능력이 부족한 것으로 판단되어 행정처분을 받거나 최종적으로는 등록・지정・인정이 취소될 수 있다.

또한 이러한 시험기관은 준수사항을 만족하여야 하는데 준수사항 중에는 대개 "환경오염공정시험기준에 따라 정확하고 엄정하게 측정・분석하여야 한다"라는 조항이 있으므로 반드시 공정시험기준에서 적용하고자 하는 시험방법에 따른 장비를 확보하고 그 장비가 정상적으로 작동하되 제시된 방법검출한계 등을 만족할 수 있도록 제반 사항들을 관리하여야 한다.

3.4.2 시험결과에 중요한 영향을 미치는 시험장비에 대한 주기적인 정도검사, 교정 계획을 수립하며, 관련 법령 및 규정에 따라 정도검사 및 교정을 필요로 하는 장비들은 라벨 또는 코드를 부착하여 교정관리기록(교정일자와 추후 교정일자 등) 등을 쉽게 알아볼 수 있도록 하고 있다. 또한, 기기의 오작동・고장 및 수리에 관한 기록을 보유하여 결함 장비에 대한 관리절차를 확보하고 있다.

[비고] 1. 정도검사 대상장비: 환경분야 시험・검사 등에 관한 법률 시행규칙 제2조에 해당되는 환경측정기기

2. 교정대상 장비: 저울, 인큐베이터(미생물 및 BOD), 건조기(부유물질 또는 먼지 측정 여과지 건조에 사용되는 경우에 한함), 오토피펫 등이 해당된다.

3. 새로 구입한 장비, 고장 난 장비의 수리 후 재사용, 고장 나지 않은 장비지만 오랜 기간 동안 사용하지 않다가 재사용하는 장비에 대해서는 환경오염공정시험기준의 6.0 QA / QC에 따라 내부정도관리를 실시하고 규정된 내용・절차・판정기준에 따라 그 성능을 평가하고 판정기준에 만족하는 경우에만 시험・검사에 사용할 수 있다.

해설

시료채취장비를 포함한 모든 장비는 적용하고자 하는 시험방법을 정상적으로 수행할 수 있어야 하며, 자체적으로 보유하고 있는 장비뿐만 아니라 빌려 쓰는 장비와 계약에 의해 공동으로 사용하는 장비도 이 규정을 만족하여야 한다. 새롭게 구입하는 장비를 비롯하여 모든 장비는 사용하기 전에 시험기관이 요구하는 사양을 만족하여야 하며 이를 확인하기 위해 교정을 하거나 점검을 하여야 하고, 그 결과를 기록으로 남기되 필요한 경우 라벨링하여 장비에 부착한다. 「환경분야 시험・검사 등에 관한 법률 시행규칙」 제2조에 명시된 측정기는 「환경분야 시험・검사 등에 관한 법률」 제11조에 따라 주기적으로 정도검사를 받아야 하며, 그 외 일반적인 분석장비는 「국가교정기관 지정제도 운영요령」

제40조에 따라 주기적으로 교정하여야 한다.
「국가교정기관 지정제도 운영요령」 제40조에 따르면 교정은 교정대상 및 적용범위를 자체규정으로 정하여 운용할 수 있도록 하고 있으며, 그런 경우 교정주기는 측정기의 정밀정확도, 안정성, 사용목적, 환경 및 사용빈도 등을 감안하여 과학적이고 합리적으로 그 기준을 설정하도록 하고 있다. 다만, 자체적으로 교정주기를 과학적이고 합리적으로 정할 수 없을 경우에는 국가기술표준원장이 고시하는 교정주기를 준용하되, 이때에도 교정주기는 가장 보편적인 상황 하에서 측정기의 정확도가 유지될 수 있는 기간을 추정한 교정주기이기 때문에 요구되는 불확도, 측정기의 사용 빈도, 사용방법, 장비의 안정도 등을 감안하여 사용자가 최적의 교정주기를 설정하는 것이 기본이라고 규정하고 있다.
그리고 교정대상 장비는 저울, 인큐베이터, 건조기, 오토피펫 등에 국한되지 않고 시험결과에 영향을 미치는 모든 장비를 내싱으로 하며[주1)], [비고] 3에 서술된 바와 같이 "환경오염공정시험기준의 6.0 QA / QC에 따라 내부정도관리를 실시하고 규정된 내용・절차・판정기준에 따라 그 성능을 평가하고 판정기준에 만족하는 경우"에 그 장비를 사용할 수 있다는 것은 잘못된 것이다. '환경오염공정시험기준의 6.0 QA / QC'는 분석자의 능력, 장비의 능력, 실험환경의 조건 등 분석에 영향을 미치는 모든 요소가 관여된 상태에서 해당 시험방법의 정확도 및 정밀도, 방법검출한계 등을 규정한 것이다. 따라서 각 실험실은 자체적으로 장비의 교정 절차와 판정기준 및 주기를 문서화하고 이행하여야 한다.

주1) 「교정대상 및 주기설정을 위한 지침」(국가기술표준원고시 제2015-499호)에 의하면 "교정대상은 별표 2에 규정되어 있는 측정, 시험, 검사장비를 주요 대상으로 한다. 그러나, 사용 중인 측정, 시험, 검사장비가 별표 2의 목록에는 없는 장비일지라도 품질에 미치는 영향이 지대하다면 반드시 교정대상에 포함되어야 할 것이다. 특히, 제품시험 또는 검사의 합부 판정에 사용되는 장비, 안전기준 검사장비, 법정계량(벌금 또는 과태료 부과, 법적 증거 제출용)에 사용되는 장비는 반드시 교정대상이 되어야 한다."

3.4.3 주요 장비를 품질시스템에 만족하게 관리하기 위하여 장비관리대장(장비점검기록 등)을 작성하고 있다.

[비고] 장비관리대장을 작성하는 경우, 오작동・고장 및 수리에 대한 내용, 정도검사・교정 실시 여부, 자체 중간점검(점검항목, 판정기준 제시) 등도 기록하고 기술책임자의 확인 서명을 받아야 한다.

해설

장비에 대한 기록물로는 크게 장비관리카드, 장비관리대장, 장비사용대장으로 나눌 수 있으며, 장비관리카드는 '2.6 서비스 및 물품구매'에 따라 작성되고 장비관리대장은 본 항에 따라 작성된다.
'3.4 시험장비 및 표준물질' 중 '장비'는 분석에 사용되는 장비의 정확도가 실험실의 요구를 만족하는 것을 보장하기 위한 것으로 장비의 기능과 교정상태 등을 점검하여 어떠한 이유로든 장비가 실험실의 관리 범위를 벗어나지 않음을 입증하여야 하며, 이를 위해 장비관리대장을 작성하고 매 기록마다 기술책임자의 서명을 통하여 정상상태임을 보장받아야 한다.
참고로, 「환경분야 시험・검사 업무처리 규정」(환경부 고시 제2016-166호)에 의하면 장비관리대장의 기록사항은 다음과 같다.

구성	기록사항
가. 장비명	
나. 기본현황	모델명, 구입년도, 제작회사(국적포함)
다. 점검사항	장비 특성을 고려한 점검 항목을 선정하여 점검 항목별 점검주기 및 점검 결과 등을 기록
라. 고장·수리내역	고장사항, 수리내역(부품교체 사항 포함)
마. 기타 관리사항	정도검사, 교정검사 등 기타 관리사항
바. 관리자 확인	장비 담당자 및 부서장의 확인

3.4.4 시험·검사기관은 표준물질의 안전한 취급·운반·보관 및 사용 등에 대한 관리절차를 수립하고, 시약 및 표준용액에 관련된 기록(제조일자, 제조자, 유효기간, 표준원액 및 제조방법에 대한 언급)을 보유하고 있으며, 제조된 표준용액 용기에 유효일자, 제조자 등을 표시하고 있다.

[비고] 표준용액은 시판품 또는 제조하여 사용할 수 있으며 이에 대한 관련기록을 보유하고 있어야 한다.

해설

실험실의 표준물질은 결과의 정확성을 입증하는 중요한 요소가 된다. 때문에 일반적으로 표준물질은 인증표준물질에 대하여 소급성을 확보하여야 하며, 실험실에서는 표준물질로 표준용액을 제조하여 사용하게 된다. 이러한 표준물질과 표준용액은 항상 지정된 값을 유지하기 위하여 안전한 취급, 운반, 보관 및 사용에 대한 절차를 확보하여야 한다. 따라서 표준물질과 표준용액은 충분한 양이 실험실 내에 비치되어야 하며, 식별이 용이하도록 또한 표준물질과 표준용액에 대한 정보를 사용자가 확인할 수 있도록 '표준물질 사용대장'을 작성하고 각 표준물질과 용액에 라벨링을 하여야 한다. 라벨링은 물질명, 용도, 제조일, 유효기간, 제조자, 보관방법 등이 기록되는 것이 좋다.

아울러 저울에 사용되는 표준분동은 교정만을 위하여 사용되어야 하며, 표준분동의 교정은 소급성을 제공할 수 있는 기관에서만 교정되어야 한다.

3.5 시료채취

3.5.1 시험·검사기관이 시료채취를 하는 경우, 시료채취 계획 및 절차를 수립하고 수립된 계획 및 절차를 시료채취 현장에서 이용하고 있다. 또한 시료채취 절차에는 시험결과의 유효성을 보장하기 위해 관리되어야 할 요건들을 명시하고 있다.

해설

환경오염도 조사에서 시료채취 중에 발생하는 오차가 전체 오차의 대부분을 차지하므로 시료채취는 매우 중요하다. 따라서 시료채취에 있어서 먼저 그 계획을 수립하고 그에 따라 시료를 채취하여야 한다. 각 매질에 따라 그리고 시험대상물질에 따른 시료채취 방법이 환경오염공정시험기준에 기술되어 있으므로 그 중 실험실 형편에 맞는 방법을 품질지시서에 기술하여 실무자가 용이하게 적용하도록 한다.

시료채취는 그 값을 대표하는 곳에서 행해져야 하며, 가장 경제적인 방법을 적용하는 것이 좋다.

시료채취 계획에는 다음의 요소들이 포함되어야 한다.

– 현장확인(시료채취 지점과 위치 확인)
– 시료 구분(지하수, 음용수, 지표수 등)
– 시료의 양
– 조사 기간
– 시료채취 목적과 시험항목
– 시료채취 횟수(또는 주기)
– 시료채취 유형(단일시료, 혼합시료)
– 시료채취 방법
– 분석방법
– 현장 측정 항목
– 현장 QA / QC 요건
– 시료채취자

3.5.2 시험 · 검사기관은 시료채취와 관련된 데이터 및 운영에 대한 기록 절차를 보유하고 있으며, 시료채취 기록은 다음 사항을 포함하고 있다.

가. 시료명(또는 시료번호)
나. 사용된 시료채취 방법
다. 시료채취자
라. 환경조건(필요한 경우)
마. 시료채취 일시 및 장소
바. 시료채취량
사. 현장에서의 측정 내용

[비고] 시료채취기록부는 수기기록을 원칙으로 하며, 수기기록이 있는 상태에서 이를 전자기록물로 PDF 파일로 저장하여 사용할 수 있다. 다만, 현장에서 전자기록을 하는 경우 전자 파일의 생성일시가 변경되지 않아야 하며, 출력을 한 후 담당자와 기술책임자의 서명 확인이 요구된다.

해설

시료채취과정이 잘못되면 결과에 큰 영향을 미치므로 시료채취는 적절한 절차에 따라 행해져야 하며, 이를 보증하기 위하여 그리고 결과에 이상치가 발생한 경우에 그 원인을 파악하고자 시료채취기록부를 작성할 필요가 있다. 시료채취기록부는 단순히 정해놓은 양식에 기입하는 것이 아니라 시료채취 현장에서 확인한 다양한 정보를 함께 기록하여야 한다.

시료채취기록부는 적어도 시료명(별도의 고유번호를 부여할 수 있다), 시료채취 장소 및 위치, 시료채취 방법, 시료량, 시료채취 일시, 시료채취자, 기온・수온・pH 등의 현장 측정결과를 비롯한 현장의 환경조건을 기록하되 지워지지 않는 도구로 기록을 한다. 수정하여야 하는 부분이 있으면 '2.3.3 문서변경'에 따라야 하며, 시료채취기록부는 채취자의 서명과 기술책임자의 확인을 받아 관리한다.

참고로, 「환경분야 시험・검사 업무처리 규정」(환경부 고시 제2016-166호)에도 시료채취기록부에 대한 기록사항이 규정되어 있다.

3.6 시료관리

3.6.1 시험・검사기관은 시료의 운송・수령・취급・보호・보관・보류 및 폐기에 관한 절차를 보유하고 있으며, 시료접수기록부에 다음의 사항들을 포함하고 있다.

가. 시료명(실험실 시료 ID 번호)

나. 시료접수 일시

다. 시료 인계자 및 인수자

라. 현장 측정결과(필요한 경우)

마. 특이사항

해설

채취된 시료가 현장의 특성을 그대로 유지하도록 하기 위한 조치로 환경오염공정시험기준에 따라 시료를 관리하여야 한다. 하지만 환경오염공정시험기준에는 시료의 관리에 대해 자세히 규정되지 않은 부분이 있으므로 각 실험실은 그 형편에 맞게 보완하여야 하며, 채취된 시료가 해당기관에 도착하였다면 규정된 절차에 따라 분석팀으로 인계되어야 한다.

고객의 요구에 따라 시험해야 하는 시료는 반드시 시료접수실을 거쳐 접수된 후 해당 실험실로 인계되어야 하며 시료접수대장(또는 시료접수기록부)에는 시료명(시료 고유번호), 접수일시, 인계자 및 인수자의 서명과 함께 현장에서 기록한 시료채취기록부 사본도 함께 인계되어야 한다.

분석이 끝난 시료를 폐기할 경우에도 기술책임자의 확인하에 시료를 폐기하고 그 내용을 기록부로 남겨야 한다.

일부 고객은 시료관리의 절차와 그 중요성을 모르고 시료를 접수하는 경우가 있으므로 적절하지 않은 시료는 고객에게 그 내용을 상세히 설명하고 접수하지 않을 수 있으며, 그럼에도 불구하고 고객이 분석을 요구하는 경우는 접수되는 시료가 적절한 관리하에 있지 않았음을 서면으로 작성하고 고객의 날인을 받을 필요가 있다.

3.6.2 시험 · 검사기관은 분석항목별 식별에 필요한 시료확인 체계를 보유하고 있다. 또한 시료가 특정 환경조건하에서 운송 및 보관되어야 하는 경우, 이러한 조건을 유지 및 기록하고 있다.

해설

분석항목에 따라 시료를 달리 채취하여야 하는 경우가 있으면 그에 맞게 각각 채취하고, 시료의 종류를 확인할 수 있는 체계를 마련하여야 하며, 즉시 분석을 하지 못하는 경우에는 환경오염공정시험기준에 명시된 방법으로 보존 조치하고 보존 기한 내에 분석을 완료한다.

3.6.3 시료의 상태가 분석에 적합하지 않거나 일반적으로 시험방법에서 명시된 형상에서 많이 벗어나 있는 경우의 부적합한 시료는 폐기하고 분석과 관련된 기록은 시료접수대장 또는 시료인수인계서 및 시험성적서에 표시하고 있다. 또한, 시료, 폐액, 추출액 또는 시료전처리 용액의 폐기에 대한 품질지침서를 보유하고 있다.

해설

대개 분석기관이 직접 시료를 채취한 경우는 그렇지 않지만 고객이 시료를 직접 채취하여 분석을 의뢰하는 경우는 그 시료가 관련 규정에 적절하지 않는 경우가 있다. 이러한 것에 대비하여 품질문서를 만들되, 시료가 시험하고자 하는 본래의 성질을 잃어버렸다고 판단되는 경우 고객에게 그 내용을 상세히 설명하고 접수를 하지 않을 수 있으며, 그럼에도 불구하고 고객이 자신이 채취한 시료의 분석을 원하는 경우는 접수되는 시료가 적절한 관리하에 있지 않았음을 서면으로 작성하고 고객의 날인을 받은 후 시험하되 시험성적서에 '시험성적서가 원시료의 성질을 대표할 수 없음'이라고 하거나 '시료채취방법 또는 시료의 보관 · 운송이 규정에 적합하지 않아 참고용으로만 사용될 수 있음'이라고 하는 등의 표기를 하여야 한다.
또한 시험이 완료된 시료와 분석과정에서 발생된 폐액과 폐유기용제 등은 기술책임자의 확인하에 처분하는 절차를 품질문서로 작성하고 이행하여야 한다.

3.7 시험결과의 보증

3.7.1 시험 · 검사기관은 분석업무의 유효성을 주기적으로 점검할 수 있는 품질관리 절차를 보유하고 이행하며, 시험방법 또는 규제상의 품질관리 허용기준이 없는 경우 품질관리 기준 수립에 대한 절차를 보유하고 있다.

[비고] 1. 시험 · 검사기관은 국립환경과학원에서 운영하는 숙련도 시험 또는 국제적인 숙련도 시험 프로그램에 참여함으로써 시험결과에 대한 보증을 하고자 하는 경우, 「환경분야 시험 · 검사 등에 관한 법률 시행규칙」의 정도관리 판정기준에 적합하다는 판정을 받아야 한다.

2. 시험 · 검사기관이 운영하는 시험 항목 중 국립환경과학원에서 운영하는 숙련도 시험 항목에 포함되지 않는 항목에 대해서는 환경오염공정시험기준 각 시험방법의 "QA / QC"를 연 1회 이상 이행함으로써 시험결과를 보증할 수도 있다.
3. 그 외 ISO / IEC 17025 '5.9 시험 및 교정 결과의 품질보증'에 제기된 방법으로도 품질을 보증할 수 있다.

해설

실험실은 시료의 시험결과가 유효한지를 확인하기 위한 품질관리절차를 갖추어야 한다. 그러한 품질관리절차에 따른 결과는 통계적 방법을 적용하여야 하며, 인증표준물질을 사용한 내부숙련도시험, 실험실간 비교 시험 또는 숙련도시험에의 참여, 동일한 시험방법에 의한 반복 시험 등을 활용할 수 있다.
환경분야 실험실은 매년 숙련도시험에 참여하므로 여기서 적합 판정을 받은 항목에 대해서는 시험업무가 유효하다고 할 수 있으므로, 품질문서에는 국립환경과학원에서 시행하는 숙련도시험에 참여하든지 또는 국제 숙련도시험에 참여하여 적합판정을 받는 것으로 규정할 수 있을 것이다. 그리고 숙련도시험에 참여하지 못한 항목에 대해서는 별도의 품질보증 방안을 마련하여 이행하여야 한다.
ISO / IEC 17025 '5.9 시험 및 교정 결과의 품질보증'에 의하면 다음과 같은 방법을 통하여 품질보증을 할 수 있다.
a) 인증표준물질 또는 2차 표준물질을 사용한 내부품질관리
b) 시험기관간 비교 또는 숙련도시험 참가
c) 동일하거나 다른 방법을 사용한 반복 시험 또는 교정
d) 보관된 시료에 대한 재시험 또는 재교정
e) 어떤 항목의 다른 항목과의 특성에 대한 상관관계

3.8 결과보고

3.8.1 시험 · 검사기관은 시험결과를 시험방법이나 관련지침에 따라 정확하고 객관적으로 보고하고 있다.

해설

환경분야의 다양한 실험실은 해당 법령을 준수하여야 하므로 시험결과보고서를 별도의 서식으로 법령에 지정해 놓은 경우는 그에 따라 결과를 기록하여야 하며, 환경오염공정시험기준에 명시된 '시험결과의 표현방법'에 따라 표기하여야 한다. 만약 그러한 규정이 없는 경우에는 실험실 자체의 결과표기 및 보고 방법을 품질문서에 명시하여 사용할 수 있다. 그러나 이런 경우에도 시험성적서에 대한 오해나 오용의 소지를 최소화하기 위하여 서식을 규격화하여야 하며, 위탁하여 생산된 시험결과는 시험성적서에 위탁시험한 결과라는 것을 표시하여야 한다.
특히 국립환경과학원에서는 환경오염공정시험기준의 작성과 결과의 보고에 사용되는 모든 용어는 표준화된 용어를 사용하도록 하고 있으며(환경 시험 · 검사 용어집), 단위의 표기도 법령에서 규정된 경우를 제외하고는 국제단위계를 적용하도록 요구하고 있다(환경 시험 · 검사에서의 단위체계사용에 대한 지침서). 따라서 모든 품질문서와 시험결과보고서에는 표준화된 용어와 국제단위계를 적용할 필요가 있다.

3.8.2 시험 · 검사기관은 고객이 시험결과를 전화, 팩스, 전자매체 등을 통하여 전달받고자 하는 경우 비밀유지가 보장될 수 있는 절차에 따라 전달하고 있다.

해설

고객의 분석 의뢰 시에 계약하였던 방법으로 시험성적서를 통보하는 것이 합당하지만, 만약 고객이 서면이 아닌 방법으로 그 결과를 받고자 하는 경우에도 시험성적서에 대한 비밀이 유지되도록 하여야 한다. 이 비밀유지는 외부인뿐만 아니라 분석기관 직원에 대하여도 적용되도록 품질문서에 그 절차를 명시하고 이행하여야 한다.

3.8.3 시험 · 검사기관은 시험 성적서의 수정에 관련된 규정을 보유하고 있다.

해설

시험성적서는 기본적으로 수정될 수 없으며, 재발행되지 않는 것이 좋다. 그러나 시험성적서가 잘못 발행되어 그 내용이 수정되어야 하는 경우는 일부 내용만 수정하지 않고 품질책임자의 확인하에 시험성적서 전체를 새롭게 발행하여야 한다. 또한 새롭게 재발행된 시험성적서는 고유의 일련번호를 붙이는 것이 좋으며, 이러한 제반 사항에 대해 품질문서에 세밀히 규정하고 이행하여야 한다.

04장

환경실험실의 현장평가 점검내용 및 해설

1 서문

2 경영요건

조직

1.1 임시 또는 이동시설에 대한 정도관리 규정의 유무

해설

임시적으로 사용하는 장비나 차량에 장치하여 측정하고자 하는 장소로 이용하여 측정하는 장비도 품질시스템 내에서 관리되어야 하므로, 시험기관에서는 임시로 사용하는 장비나 차량에 탑재된 장비에 대해서도 품질문서에 따라 관리함을 품질문서에 규정하여야 한다.

1.2 임시 또는 이동시설에 대한 정도관리 규정의 적절성

해설

임시 또는 이동시설에 대해서도 품질시스템 내에서 관리하느냐를 확인할 수는 있지만 본 '조직'항에서 그러한 규정의 적절성을 확인하기엔 무리가 있다고 보인다. 그러나 '3.4 시험장비 및 표준물질'항에서는 다른 일반적인 장비와 마찬가지로 '장비관리대장'을 작성하고 교정도 함이 규정되어야 한다.

1.3 시험담당자, 정도관리 담당직원, 기술책임자 및 품질책임자 등 시험 · 검사 업무의 품질에 영향을 미치는 모든 직원의 책임 · 권한 · 상호관계에 대한 업무분장의 유무

해설

품질시스템은 임시직을 포함하는 모든 직원에 대해 적용되며, 시험담당자는 물론 품질시스템 담당자, 기술책임자, 품질책임자 나아가 행정부서에서도 시험 결과에 영향을 미칠 수 있다면 그들 모두에 대한 책임과 권한이 품질문서에 명시되어야 하며 최고경영자에 의해 그 임무가 부여되어야 한다.

1.4 시험담당자, 정도관리 담당직원, 기술책임자 및 품질책임자 등 시험 · 검사 업무의 품질에 영향을 미치는 모든 직원의 책임 · 권한에 대한 업무분장의 적절성

해설

시험기관은 모든 직원에 대해 그 자격이나 능력을 확인하고 그에 맞는 임무를 부여하여야 한다. 기술책임자는 그 담당분야의 분석에 대한 기술적 책임을 지도록 하고 품질책임자는 생산되는 데이터가 신뢰성을 확보할 수 있도록 실험실의 품질시스템 유지에 대한 책임을 부여하는 것이 통상적이다. 가능한 한 품질책임자는 별도의 부서, 예로서 정도관리팀에서 그 임무를 수행하는 것이 타당하나 통상적으로는 기술책임자의 상급자가 맡고 있는 실정이다.

그러나 현실적으로는 일부 시험기관의 경우, 인력이 부족하여 시험자가 기술책임자를 겸하고 그 상급자가 품질책임자로 지정되는 경우도 있다.

별표1의 요구사항에서는 "[비고]2. 품질책임자가 기술책임자 또는 분석실무자를 겸직할 수 없으며 품질부책임자는 기술부책임자를 겸직할 수 있다"고 규정하고 있으나[주1)] 이는 "KOLAS 공인시험기관 운영을 위한 공지'(2013. 1. 21)에 따르면"이라는 단서가 붙어야 된다.

[주1)] ISO / IEC 17025 '1. 적용범위'에 따르면 "비고(note)는 시험기관에 대한 요구사항이 아니며 원문의 설명, 실례 및 지침들을 제공하기 위한 것이다. 이러한 '비고'에는 요구사항이 포함되지 않으며 이 규격의 필수적인 부분은 아니다." 그러나 '환경시험 · 검사기관에 대한 요구사항'에서는 '비고'의 성격에 대해 정의를 내리지 않고 있기 때문에 '비고'의 설명을 반드시 지켜야 하는 요구사항으로 볼 것인지 아니면 ISO / IEC 17025에서와 같이 설명 등으로 이해하여야 할 것인지 논란이 있을 수 있다.

참고로, 「환경분야 시험 · 검사 등에 관한 법률 시행규칙」 제14조제1항의 '측정대행업의 세부등록기준'에 따라 대기분야, 수질분야 등은 기술인력이 최소 3명이 있어야 하며, 기술인력에 대표자도 포함되는 경우라면 기술책임자 겸 대표자, 기술부책임자. 분석담당자로 구성되고 행정담당이 품질책임자, 품질부책임자를 맡는 시스템으로 운영하게 된다. 또한 「식품 · 의약품분야 시험검사기관 평가에 관한 규정」(식약처 고시 제2017-59호)'에 의하면 시험 · 검사 인원(운영책임자, 검사책임자, 품질보증책임자 포함)이 5명 이하의 소규모 시험 · 검사기관의 경우에는 운영책임자 등이 품질보증책임자를 겸직할 수 있다고 규정하고 있다.

1.5 해당기관이 모조직의 일부인 경우, 시험 · 검사 활동에 참여 또는 영향을 미치는 모조직 내 주요 직원의 책임사항에 대한 규정의 유무

해설

본사에도 실험실이 있고 지사에도 실험실이 있는 경우는 품질시스템을 별도로 운영하는 것이 좋으며, 대개 실제로도 별도로 운영되고 있다.
그러나 지사에서 생산된 데이터가 본사의 직원에 의해 결재를 받아야 하는 경우라면, 본사 직원에 대한 책임과 권한도 규정을 하여야 한다.
참고로, 본사뿐만 아니라 동일 시험기관 내의 행정부서도 시험결과에 영향을 미치는 직원이 있다면 그 역시 책임과 권한을 규정하여야 한다.

1.6 해당기관이 모조직의 일부인 경우, 시험 · 검사 활동에 참여 또는 영향을 미치는 모조직 내 주요 직원의 책임사항에 대한 규정의 적절성

해설

1.5항의 내용과 같이 책임과 권한을 모든 직원에게 부여하되 그에 대한 규정이 적절하여야 한다.
일부 시험기관에서는 품질문서상의 책임과 실제적인 책임이 다른 경우가 있어 지적받고 있다. 예로서 경영책임자를 본사의 어느 직위를 갖는 직원이라고 품질문서에 규정하였지만 실제로는 지사장이 경영책임과 품질책임을 도맡아 운영하는 경우가 있기 때문에 이런 부분에 대해 세밀히 확인할 필요가 있다.

1.7 품질 · 기술책임자의 임명 여부

해설

품질책임자와 기술책임자는 일반적으로 최고경영자에 의해 임명되어야 한다.
일부 시험기관에서는 품질책임자와 기술책임자를 별도의 행정 명령으로 임명하지 않고 품질문서에 그 이름을 기록하고 품질문서를 최고경영자의 권한하에 발행함으로써 임명한 것과 같은 효과를 내는 경우도 있으나 이는 별로 효율적이지 못하다. 왜냐하면 해당 직원이 바뀌면 품질문서를 개정하여야 하기 때문이다.

1.8 임명된 품질 · 기술 책임자의 적격성

해설

「환경시험 · 검사기관 정도관리 운영 등에 관한 규정」(국립환경과학원 제2017-56호)에 따르면 품질책임자와 기술책임자의 자격요건에 대해서는 규정하고 있지 않다. 따라서 각 시험기관의 실정에 맞게 임명하면 된다.
하지만 일반적으로 기술책임자는 시험에 대한 원리와 실제 시험에 대한 충분한 지식을 갖고 있으면서 시험자의 작업에 대해 기술적 감독을 할 수 있어야 하며, 품질책임자는 품질문서의 작성에 직접적으로 관여하고 시험기관의 품질시스템 유지에 대한 원리와 방법 등에 대해 충분한 지식을 갖고 최고경영자의 의지를 반영할 수 있어야 하므로 품질책임자는

ISO / IEC 17025에 대한 이해가 있는 자, 정도관리 평가위원이나 그 교육을 이수한 자 또는 환경측정분석사 자격을 가진 자를 임명하기를 권장한다.
참고로, KOLAS에서는 품질책임자가 KOLAS평가사 또는 KS A 9000 인증심사원 교육을 이수하도록 권장하고 있다.

1.9 품질 · 기술책임자가 해당기관의 최고 경영자로부터 필요한 권한과 자원을 위임받고 있는지 여부

해설

품질문서에 기술책임자와 품질책임자는 최고경영자로부터 그에 맞는 권한을 부여받아야 하며, 실제적으로도 그 임무를 수행하고 있어야 한다. 또한 시험에 사용되는 물품의 구입과 사용 등에 대한 임무도 위임받아 실제로 그 임무를 수행하고 있어야 한다.

1.10 품질 · 기술책임자가 해당기관의 최고 경영자로부터 위임받은 필요한 권한과 자원의 적절성 여부

해설

일부 품질문서를 보면 기술책임자와 품질책임자의 권한이 중복되는 경우가 있는데 이는 적절하지 못하다. 대개 기술책임자는 시험 • 검사 업무에 대한 권한을 위임받게 되며, 품질책임자는 시험기관의 품질시스템을 수립하고 유지하며 발전시키기 위하여 필요한 권한을 위임받고 그에 따른 자원을 적절히 배분할 수 있어야 하며 최고경영자와 직접적인 접촉이 가능하여야 한다. 또한 시험에 대하여 대립이 발생하는 경우, 아무런 압력을 받지 않고 직원을 운용할 수 있도록 품질시스템에 대한 책임과 권한을 부여받아야 한다.

1.11 품질책임 전담조직 또는 책임부서의 유무

해설

시험기관에는 시험을 담당하는 조직은 기본적이지만 품질을 책임지는 조직도 있는 것이 좋다. 시험기관이 큰 경우는 별도의 품질을 책임지는 부서(정도관리 부서라고 할 수 있음)를 둘 수 있겠으나 대부분은 이런 부서를 두기 어려운 형편이다. 이런 경우는 상설 조직이 아니라 하더라도 품질 담당부서를 두어 품질시스템을 관리하거나 최고경영자의 지시에 따라 내부심사 등을 이행하는 것이 합당하다.

1.12 품질 · 기술책임자의 대리자 지명 및 적절성

해설

품질책임자와 기술책임자가 퇴직 등으로 부재하는 경우 해당 부책임자가 그 임무를 수행할 수 있도록 품질부책임자와 기술부책임자를 별도로 임명하여야 한다.

1.8항에서 언급한 바와 같이 책임자에 대한 자격요건을 정하지 않고 있는 것과 마찬가지로 부책임자에 대한 자격요건도 별도로 규정하고 있지 않으나 책임자와 마찬가지로 그에 합당한 능력을 보유하고 있는 자가 임명되는 것이 좋다. 참고로, 'KOLAS 공인시험기관 운영을 위한 공지'(2013. 1. 21)에 따르면 기술부책임자가 일시적으로 기술책임자의 업무를 대행할 수 있으나 3개월을 초과해서는 안 되며, 직원의 겸직가능범위는 아래에 그림으로 표현하였으므로 참고하기 바란다.

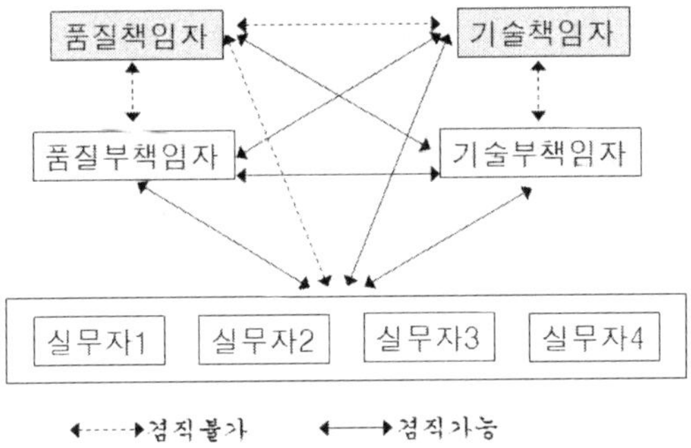

1.13 공정성 보장을 위한 윤리규정 방침 및 서약서의 적절성

해설

품질문서에 윤리규정방침을 두고 있으며 모든 직원들로부터 서약서를 받았는지를 확인한다.
모든 직원은 자신이 맡은 임무에 대해 내부 또는 외부의 부당한 압력으로부터 자유로워야 하므로 이를 보장하기 위해 시험기관은 윤리규정 방침과 서약서를 작성하게 되는데 작성 대상은 시험결과에 영향을 미치는 임시직을 포함한 모든 직원이다.
윤리규정방침은 최고경영자가 시험기관의 운영에 대한 정직성, 공정성 등을 보장하겠다는 내용으로서 품질매뉴얼에 마련하고, 서약서는 시험기관의 윤리규정을 준수하겠다는 내용으로 모든 직원은 서약서에 서명하고 그 서약서는 보관되어야 한다.

1.14 직원이 실시하는 시험 · 검사 업무를 책임자가 적절히 감독하는 절차를 문서화하고 이를 실행하는지 여부

해설

분석업무는 분석에 대한 능력이 탁월한 직원(통상 기술책임자)의 관리 감독하에 이루어져야 한다. 특히 연수 중인 직원, 임시 직원 등에 대해서는 반드시 기술책임자에 의해 감독되는 상태에서 업무에 임하도록 하여야 한다.
이를 위하여 분석업무에 대한 감독 절차를 문서화하고, 실제로 그 문서에 따라 감독되어야 한다.

품질시스템

2.1 시험 · 검사기관의 품질시스템이 현재 업무의 형태 · 범위 · 업무량 등에 대한 적합성

해설

품질시스템의 구축 목적은 시험기관의 기술적 능력을 개인의 역량에 의존하지 않고 내부에서 합리적으로 구축된 시스템에 의해 실행하기 위한 것이므로, 품질시스템을 구축하여 이를 문서화하고 실행하며 지속적으로 개선하여야 한다. 따라서 분석업무의 분야와 분석항목 및 업무량 등이 반영된 품질시스템을 구축하여야 한다.

2.2 시험 · 검사기관의 품질시스템 운영전반에 관한 문서를 관리하는 절차의 수립 · 유지

해설

품질문서는 기본적으로 품질매뉴얼, 품질절차서, 품질지시서의 3단계로 구성되며, 확대하는 경우 4단계로서 기술적 기록물이 추가되며, 품질문서를 누가 작성하고 검토하며 누가 승인하는지를 비롯하여 어떤 주기로 품질문서가 실무와 동일한지를 검토하는지 등에 대한 절차를 수립하고 이행하여야 한다. 일반적으로는 품질시스템의 개정은 모든 직원이 건의할 수 있으며 그 타당성을 확인한 후 위임 여부에 따라 품질책임자가 개정하거나 최고경영자가 개정하여야 한다.

현행본 품질문서가 아닌 구본(舊本)은 모두 회수하여 폐기하는 것이 원칙이지만 필요한 경우에는 구본임을 명확히 표시하고 보관할 수 있다. 또한 품질문서는 발행일, 개정번호, 페이지, 발행기관 등의 정보가 각 페이지마다 기록되어야 한다.

2.3 2개 이상의 시험 · 검사 분야가 있는 경우 각 분야별 특성에 맞는 품질시스템의 적합성

해설

본 항에 의하면 대기분야, 수질분야 업무를 수행하는 경우 각각의 품질문서를 따로 두게 하고 있으나, 실제로는 각 분야별 품질문서는 시료채취, 시료관리 등 일부 항목을 제외하고는 거의 동일하므로 통합된 품질문서를 활용하여도 문제가 없는 것으로 판단된다. 다만, 통합된 품질문서를 분야별 특성을 감안하여 세밀하게 규정하지 않고 포괄적인 표현으로 마련하는 것은 지양되어야 한다.

2.4 예상치 못한 업무량 증가에 대한 대책의 수립

해설

ISO / IEC 17025 '4.2 경영시스템'항에서는 예상치 못한 업무량 증가에 대한 대책을 수립하도록 하는 내용은 없다. 그러나 본 요구사항에는 규정되어 있으므로 직원의 부재, 장비의 고장, 분석업무의 갑작스런 과다 등의 상황에서는 위탁을 비롯한 그에 적절한 대책을 강구하는 규정을 마련할 필요가 있다.

2.5 품질시스템을 유지하는 데 필요한 단계별 품질문서에 대한 방침

해설

품질문서는 최고경영자의 품질방침 등을 반영하여 문서화한 것으로, 품질문서의 수준(level)에 따라 문서를 구분하고 그에 따라 작성되어야 하며 일반적으로 품질문서는 품질매뉴얼-품질절차서-품질지시서로 구분된다. 그러나 실제로는 품질문서가 4단계로 구성되며 기술적 기록물이 추가된다.

특히 품질매뉴얼은 품질방침 선언을 포함하여 품질관련 경영시스템 방침이 포함되어야 한다. 품질매뉴얼이 각 요건별로 따로 작성되는 경우는 각 요건의 운영 목적, 운영 방침이 포함되고 최고경영자에 의해 승인되는 것이 합당하다. 참고로, 품질매뉴얼, 품질절차서, 품질지시서는 문서(documents)라고 하며, 기술적 기록물은 기록물(records)이라고 한다. 문서는 현재 사용하고 있는 것으로 수정과 개정이 가능하나 기록물은 완료된 문서로서 수정은 가능하지만 개정은 될 수 없으며, 문서는 승인 후 배포하여 모든 직원이 사용하도록 하여야 하나 기록물은 열람은 가능해도 배포는 하지 않는다.

2.6 품질문서에 대한 관련 직원의 충분한 이해

해설

품질문서는 작성하고 승인한 직원만 이해해서는 안 되며, 모든 직원이 이해하고 이를 실행할 수 있어야 한다. 그러므로 품질문서 내용에 대해 교육을 받았는지 또는 충분히 이해하고 있는지를 확인하되, 품질문서에 규정된 바에 따라 이행하지 못함으로써 미흡사항이 발생한다면 품질문서에 대해 직원들이 충분히 이해하지 못하고 있다고 보아도 무방할 것이다.

2.7 관련 직원이 품질문서를 규정대로 실행하고 기록을 보유하는지 여부

해설

2.6항에서 언급한 바와 같이 모든 직원은 품질문서에 규정된 바에 따라 품질시스템을 유지하여야 한다. 따라서 모든 기록들이 품질문서에 규정된 내용과 서식에 따라 작성되고 있는지 확인하여야 한다. 이를 위해 서약서, 장비관리대장, 시료채취기록부, 직무기술서 등을 살펴보는 것도 좋을 것이다.

일부 실험실에서는 품질문서에 각종 서식을 규정하지 않고 필요에 따라 서식을 만들어 사용하는 경우가 있는데 이는 지양되어야 한다. 통상적으로 법률 시행규칙에 각종 서식을 두고 그에 따라 사용하는 것과 같이 품질절차서 또는 품질지시서에 각 요건에 필요한 서식을 미리 규정하고 사용하는 것이 합당하다.

2.8 품질문서들의 체계를 규정하고, 품질문서를 관리하는 절차 수립 및 유지 여부

해설

품질문서는 외적인 양식과 목차를 결정하는 것이 기본이다. 어떠한 서식으로 품질문서가 작성되며 어떠한 목차로 구성되는지를 미리 규정하고 이행하여야 한다.

참고로, 품질문서 작성은 「품질경영시스템 문서화 지침」(KS Q ISO TR 10013 : 2011)을 참조하는 것이 바람직하며, 목차는 가능한 한 ISO / IEC 17025의 목차를 준수하는 것이 바람직하다.

2.9 품질문서들이 최고경영자의 권한하에 발행되고 있는지 여부

해설

품질시스템은 최고경영자의 품질방침 등을 반영하여 문서화한 것이므로 최고경영자의 승인(결재)가 필요하다. 특히 품질매뉴얼은 경영목표와 경영방침이 포함되므로 반드시 최고경영자의 책임하에 발행되어야 하며, 품질매뉴얼에 규정된 책임과 권한에 따라(업무가 위임된 경우) 품질절차서와 품질지시서는 품질책임자 또는 기술책임자가 발행할 수도 있다.

문서관리

3.1 품질시스템의 일부로서 발행되는 모든 문서의 발행 전 담당책임자의 검토 · 승인 여부

해설

모든 품질문서는 품질문서로 인정받기 위한 절차가 있어야 한다. 중요한 문서는 통상 담당자가 작성하고 기술책임자와 품질책임자가 검토하며, 최고경영자가 승인하게 된다. 품질매뉴얼에 규정된 위임 사항에 따라 문서 발행의 권한을 위임받은 품질책임자나 기술책임자가 문서 발행을 승인할 수도 있다.

때문에 '책임과 권한' 또는 품질문서 내용에서 각 품질문서를 누구의 권한으로 발행하는지를 확인하고 실제로도 그러한 규정을 준수하는지 확인하여야 한다.

3.2 문서의 제 · 개정상태를 확인할 수 있는 문서관리대장 또는 유사한 문서관리 절차의 보유 여부

해설

품질문서의 각 항이 언제 제 · 개정되었으며 어느 부서로 배포되었는지를 일목요연하게 알 수 있도록 문서관리대장(또는 품질문서이력대장) 등이 작성되어야 한다.

이러한 기록물에 대한 특별히 규정된 것은 없으나 적어도 '개정일 – 개정항목 – 개정내용 – 승인자'에 대한 기록은 있어야 할 것이다.

3.3 업무를 수행하는 모든 장소에서 관련 품질시스템 문서의 사용 가능성 여부

해설

품질문서는 업무를 수행하는 동안에 지침으로 활용되므로 언제 어디서든 사용 가능하도록 각 사무실 또는 실험실에 비치되어야 하며, 그 문서는 현행본이어야 한다.

3.4 문서의 사용 가능성에 대한 주기적 검토의 명문화 및 적절성

해설

현재 사용하고 있는 품질문서라고 할지라도 업무가 개선됨에 따라 항상 개정되어야 한다. 때문에 업무 내용이나 시스템이 변경될 때마다 문서를 개정하고, 그렇지 않다고 할지라도 적어도 연 1회, 정기적으로 품질문서의 유효성을 검토하는 규정을 마련하고 이행하여야 한다.

3.5 유효하지 않은 문서는 회수 · 폐기하고, 폐지된 문서에 대한 사용방지의 적절성

해설

현재 시점에서 유효하지 않은 구본(舊本) 품질문서는 회수되어 폐기되어야 한다. 그러나 업무의 수행이 필요하여 구본을 사용하고자 하는 경우는 반드시 '구본'이라는 표시를 명확히 하여 참고적으로 사용하도록 규정하여야 한다.
참고로, 현 시점에서 유효한 문서를 '현행본' 또는 '유효본'이라고 한다.

3.6 품질시스템 문서는 발행일자, 개정번호, 페이지 번호 매김, 총 페이지 수 및 발행기관 (발행인) 등의 표시 여부

해설

품질문서는 특별한 방식으로 작성되어 그 문서가 어떤 항에 속하는 내용인지 등에 대한 정보를 확인할 수 있도록 규정되어야 한다.
통상 그 정보내용에는 발행일, 개정번호, 개정일, 총 페이지 수 및 현 페이지 번호, 발행기관 등이 포함되며 일반적으로 다음 예와 같은 서식을 각 페이지 상단에 적용하고 있다.

<table>
<tr><td rowspan="4">○○○연구소</td><td rowspan="2">품질 매뉴얼</td><td>문서번호</td><td>QM－05</td></tr>
<tr><td>개정날짜</td><td>2018. 02. 24.</td></tr>
<tr><td rowspan="2">문 서 관 리</td><td>페 이 지</td><td>1 / 3</td></tr>
<tr><td>개정번호</td><td>Rev.02</td></tr>
</table>

3.7 문서의 기존내용과 변경내용의 식별의 용이성

해설

품질문서는 관련 법령의 개정, 품질방침의 변경, 조직개편 및 외부평가와 내부심사 등을 통하여 개정의 필요성이 제기되며, 품질문서 내용의 일부 수정이나 전면적인 수정에서도 개정 전의 내용과 개정 후의 내용을 명확히 확인할 수 있는 규정이 있어야 한다.

참고로, 어떤 실험실에서는 이전 내용은 가운뎃줄을 긋고 새로운 내용은 밑줄을 그어 표시하기도 한다.

3.8 문서의 수작업 수정에 대한 절차 및 권한의 규정 수립 및 실행 여부

해설

품질문서가 정식으로 개정되기 전에 수작업을 통하여 수정되는 경우에도 수정방법에 대한 규정이 마련되고 이행되어야 한다.

수작업 수정은 쉽게 지워지지 않는 펜을 사용하여 기록하고 서명과 날짜를 기입하며, 수작업으로 수정한 것은 가급적 빠른 시일 내에 정식으로 개정작업을 하도록 규정한다.

3.9 전자 문서에 대한 변경 및 통제절차의 수립 및 실행 여부

해설

품질문서가 전자적으로 작성되고 보관되는 경우도 일반 하드카피와 동일하게 수정에 대한 절차를 마련하고 그에 따라 이행하여야 한다.

품질문서가 전자파일로 보관되는 경우는 원본 파일이 실수나 부주의 등으로 변경 또는 훼손되지 않도록 하기 위하여 열람 등을 할 때 개정 권한을 가진 자의 승인을 받는 시스템(보안시스템)을 규정하고 항상 그 내용을 백업(back-up)해 두어야 한다.

시험의뢰 및 계약 시의 검토

4.1 시험의뢰, 계약 검토를 위한 절차의 수립 및 효율성

해설

시험을 의뢰하는 고객은 시험방법과 그 결과에 대한 지식이 없는 경우가 많으므로 고객의 시험의뢰에 대해 설명해주고 시험기관의 능력[주1)]에 대해 스스로 검토한 후 고객과 계약을 해야 하므로 그러한 절차에 대해 규정을 하고 있는지 확인한다.

주1) 시험기관의 능력이란 물리적 자원, 인적 자원, 정보 자원을 보유하고 있으며 해당기관의 직원은 해당 시험에 필요한 기술과 지식을 갖추고 있음을 의미한다.

통상 시험의뢰, 입찰 및 계약에 대한 방침과 절차에서 보장하여야 하는 사항으로서 요구사항에 대한 문서화, 요구사항을 만족시킬 능력과 자원의 보유, 적합한 시험방법의 선정 등에 대해 품질문서에 명문화한다. 시험기관이 큰 경우는 대개 법률 또는 별도의 규정에 따른 계약절차를 갖고 그에 따라 이행하지만 그렇지 않은 경우는 별도의 계약절차를 품질문서에 명시한다.

4.2 시험 · 검사 업무량 과다 등의 사유로 업무를 수행하지 못할 경우에 대한 후속 절차 수립 및 적절성

해설

고객의 수탁기관을 정하여 시험의 위탁을 의뢰하거나 위탁기관의 형편에 의해 부득이 위탁해야 하는 경우에도 고객과의 계약에 포함되어야 하므로 이런 경우에 어떻게 계약할 것인지가 품질문서에 규정되어야 한다.

4.3 계약 변경 절차 및 기록의 명확성

해설

고객의 요구사항이 변경되는 경우와 실험실의 운영 상 문제점의 발생으로 초기 계약을 이행하기 어려운 경우는 초기 계약 내용의 변경에 대해 고객에게 설명하고 재계약하는 것이 합당하며, 분석을 담당하는 관련 직원에게도 상세히 전달되어야 하므로 이러한 절차를 품질문서에 규정하여야 한다(분석업무는 상당한 기술적 업무이며, 고객의 이익과 직결되므로 변경사항에 대한 검토 및 그의 기술적 평가를 기록으로 남겨야 한다).

시험의 위탁

5.1 예상치 못한 상황으로 또는 지속적으로 시험 · 검사업무를 위탁할 경우에 대비한 위탁 규정 명문화 및 적절성

해설

갑작스런 기기의 고장, 인력의 퇴직 및 입원, 과다한 시험의뢰 등으로 시험기관이 계약된 업무를 스스로 수행하지 못하거나 시험기관의 운영방침으로 인하여 항상 일부 시험에 대해 위탁하게 되는 경우는 위탁계약에 대한 절차와 수탁기관 선정기준 및 관리기준 등을 품질문서에 규정하고 있어야 한다.

KOLAS에서는 국내 · 외의 KOLAS 인정기관에 위탁하도록 하고 있으며, 환경분야에서는 관련 법률에서 위탁을 허용하는 경우가 아니면 위탁하지 않는 것이 적법하다. 법률에 의한 분석업무가 아닌 일반적인 분석업무라면 위탁이 가능하겠지만 위탁기관과 동일한 자격을 가진 시험기관에 위탁하는 것이 좋을 것이다.

5.2 위탁기관의 시험 · 검사 업무에 대한 책임 관계 명확성

해설

본 항의 '위탁기관'은 '수탁기관'으로 수정하는 것이 합당하다.
분석업무를 위탁하는 경우, 위탁기관에서 이미 정해 놓은 규정에 따라 능력과 자격이 있다고 판단되는 수탁기관을 선정하고 위탁하기 때문에 수탁기관에서 생산한 데이터에 대한 책임도 위탁기관에 있다는 내용으로 품질문서를 마련한다. 다만, 고객이 처음부터 수탁기관을 지정하여 위탁하도록 하는 경우는 고객에게 그 수탁기관에 직접 시험 의뢰를 하도록 종용하고, 고객이 시험기관에 시험의뢰 후 위탁을 요구하는 경우는 그 시험결과에 대해 위탁기관이 책임을 부담하지 않는다는 규정을 마련하고 그러한 내용을 바탕으로 계약하여야 한다.

서비스 및 물품구매

6.1 시험 · 검사 결과에 영향을 미치는 물품의 선택 · 구매에 대한 방침과 절차의 수립 및 적절성

해설

본 항은 분석업무의 효율성과 신뢰성을 확보하기 위한 목적으로 운영되므로, 분석결과에 영향을 미치는 장비, 시약, 표준물질, 유리기구 등을 선정하고 구매할 때의 방침과 구매절차를 품질문서로 규정하여야 한다. 일반적으로 이러한 물품의 공급업체 평가, 구매요구서 작성, 구매 발주, 구매 물품의 검증, 구매 물품의 수형과 보관 등에 대한 규정이 마련되어 있어야 한다.
또한 서비스 구매란 교정기관의 선정을 의미하며, 실험실에서 교정기관을 선정할 때, 교정의 범위와 능력을 고려하여 선정할 필요가 있으므로 이에 대해서도 품질문서로 규정하고 이행하여야 한다.

6.2 실험실의 기술적 운영에 필요한 소모품의 구입 · 수령 및 보관에 대한 문서화된 절차 수립

해설

분석업무에 소요되는 각종 장비, 시약 · 표준물질 등의 물품을 구매하는 경우에는 내부 규정에 따라 합리적으로 구매하고 보관하여야 한다. 별도의 내부 규정이 없는 경우는 품질문서에 규격(사양)이나 절차를 명시할 수 있다. 구매한 물품은 시험기관에서 요구한 사양에 적합한 것인지 확인할 때까지는 사용하지 않고 별도로 보관하여야 하는데 이러한 내용에 대해 품질문서에 규정되어 있어야 한다.

6.3 시험 · 검사 업무의 품질에 영향을 미치는 중요한 소모품 · 물품 및 서비스 공급자에 대한 기록의 목록화

해설

분석에 사용되는 물품과 서비스(예; 교정)의 공급자에 대해 6.1항과 6.2항에서 규정한 내용(자격, 규격(사양) 등)을 만족하는지 평가하고 그 적절성 등을 기록으로 유지하도록 문서를 마련하여야 한다.

고객에 대한 서비스 / 불만사항

7.1 고객이 원할 경우 기밀을 보장할 수 있는 범위 내에서 시험 과정을 공개할 수 있는 절차 및 방법의 확립

해설

고객은 자신이 의뢰한 시료의 분석과정을 관찰하고자 시험기관에 관찰을 요청할 수 있는데 이런 경우에는 관련 책임자의 승인으로 담당자와 동행하여 관련 장소에 출입시켜 관찰하도록 하고 고객의 출입사항을 '제한구역 출입관리대장'에 기록하는 규정을 두어야 한다. 다만, 다른 고객의 분석에 대한 기밀유지 및 안전 등에 문제가 발생할 소지가 있는 경우는 고객의 출입을 허가하지 않을 수 있다는 규정을 둘 수 있다.

7.2 고객 불만사항 해결을 위한 방침 및 절차의 구비

해설

시험기관은 품질시스템을 운영하는 과정에서 발생된 고객의 불만과 잠재적인 불만을 파악하고 그 원인을 살펴 그러한 불만이 재발되지 않도록 하는 규정을 갖고 있어야 한다. 불만은 대개 분석장비의 고장 및 부적합, 업무절차의 부재 또는 미준수, 직원의 교육훈련 부족, 부적합한 환경조건, 불충분한 인력 및 자원 등에 의해 발생된다.

이를 위하여 고객의 불만 접수, 잠재적인 불만의 도출 및 이들 불만에 대한 시정조치 방법 등을 품질문서에 명시하고 이행하여야 한다. 또한 이미 제기된 불만에 대해서는 어떻게 불만을 처리하였는지 등을 '서비스 및 불만처리 절차서'에 구체적으로 명시하되 적어도 불만의 유형, 불만의 조사방법, 불만처리, 불만처리절차, 조사결과의 개선방안 등을 포함하도록 한다.

또한 고객으로부터 긍정적인 면과 부정적인 면이 모두 포함된 피드백을 받아(설문조사) 품질시스템, 분석 활동 및 고객에 대한 서비스를 개선하는 데 활용되도록 하여야 한다.

부적합 업무 관리 및 보완조치

8.1 부적합 업무에 대한 보완조치 방침과 절차구비 및 그 이행 여부

해설

부적합 업무란, 분석업무가 품질문서에 규정된 분석절차나 지시대로 이행하지 않은 상태에서 발생한 분석결과를 말한다. 이런 부적합 업무는 통상적으로 분석 담당자가 발견하기 어려우며 고객의 불만, 장비의 점검, 내부감사, 외부평가 등에 의하여 발견되는데 부적합 업무의 유형, 발생(조사)시기, 조사방법, 보완조치 방법 및 그 결과 등에 대해 '부적합 업무 관리 절차서'에 문서화하고 이행하여야 한다.

특히, 숙련도 시험에서 불만족 평가를 받은 항목이 있다면 반드시 부적합 업무관리를 하였는지 확인할 필요가 있다(일부 시험기관은 ISO / IEC 17025에 따른 '사후관리 평가'에서 지적받은 사항에 대해서는 부적합 업무관리를 하여도 숙련도 시험에서 불만족 받은 항목에 대해서는 부적합 업무관리를 하지 않는 경우도 있다).

참고로, 부적합 업무의 발견으로 시험기관의 방침과 절차가 적합하지 않은 것으로 판단이 되면 '내부정도관리 평가' 항의 내부심사를 조속히 실시하도록 하며, 분석업무에 대한 심각한 문제 또는 위험이 있는 것으로 판단되면 추가적인 내부심사를 할 수도 있다.

8.2 부적합 업무 관리에 대한 책임자 지정 여부

해설

부적합 업무가 발견된 경우에 대비하여 시정조치를 위한 방침 및 절차를 수립하고 적절한 책임자를 지명한 품질문서를 마련하여야 한다.

부적합 업무에 대한 시정조치는 근본 원인을 파악하는 조사과정을 가장 먼저 하여야 하나 근본 원인이 명확하지 않은 경우가 대부분이며, 분석절차의 부재 및 미준수, 결과의 산출방법 잘못, 분석 장비의 고장 및 성능저하, 일정(기한)의 미준수, 열악한 분석 환경 등이 잠재적 원인으로 작용하므로 기술책임자가 그 책임자로 지정되는 것이 좋다.

기록 관리

9.1 품질기록 및 기술기록의 보유 · 확인 · 수집 · 색인 · 접근 · 분류 · 보관 · 유지 및 폐기 등에 대한 절차 수립 빛 이행

해설

시험기관에서 생산되는 기록에는 품질문서를 비롯하여 시료채취일지, 시험일지, 시험 원자료(raw data), 계약서, 시험성적서, 내부심사 보고서와 경영검토 보고서, 직무기술서까지 모두 포함된다. 이런 기록을 보유하고, 내용을 확인하며, 수집하고 필요 시 색인을 하고, 이용을 위하여 접근을 하는 방법과 여러 종류의 기록을 분류하고 보관하거나 유지하는 방법, 나아가 필요가 없는 기록물을 폐기하는 방법 등에 대한 규정이 마련되고 이행되어야 한다.

9.2 문서 및 기록 관리 절차의 효율성

해설

각종 문서나 기록은 손이나 컴퓨터 등으로 작성하게 되는데 이 경우에는 조심하여 원자료의 내용과 다르지 않게 기록하여야 하므로, 그 관리절차를 규정하여야 한다. 전자파일로 문서나 기록이 보존되는 경우는 적절한 보존기준이 마련되어야 한다.

예로서 시험결과보고서를 전자파일로 보존하는 경우는 관련 기록물로서 시료채취기록부, 시험일지, 검정곡선, 크로마토그램 등 기기의 출력물 등을 함께 보관하거나 그러한 기록물을 전자파일로 전환하여 링크(link)시키는 것이 좋다.

9.3 기록보관을 위한 환경시설의 적합성

해설

기록은 하드카피 및 전자파일 등 어떠한 방식으로 작성・보관되어도 좋다. 따라서 그러한 기록은 장기간 보관되어도 변질되지 않는 환경조건에서 보관되어야 하며, 별도의 자료보관실을 두어 관리하면 더 좋다. 다만, 창고 같은 곳에 함부로 보관하지 않는지 확인한다.

기록물은 관계자가 아닌 직원이 쉽게 접근하여 이용할 수 없도록 하고 전자기록물은 암호화하고 백업하여 원본이 손상되지 않도록 하는지 확인한다.

9.4 품질기록 및 기술기록 등 기록에 대한 보관기간 설정

해설

실험실에서 생산되는 모든 기록물은 관련 규정에 따라 보관기간이 달라진다. 별도의 규정이 없거나 특정 규정에 보관기간이 3년 이내인 경우에는 본 요구사항에 따라 그리고 「환경분야 시험・검사 업무처리규정」(환경부 고시 제2016-166호)에 따라 시료채취기록부, 시험기록부, 시험성적서 등을 3년간 보관하여야 한다.

측정대행업체는 「환경분야 시험・검사 등에 관한 법률 시행규칙」 제17조제2항에 따른 '측정대행업자의 준수사항'에 의거하여 시료채취기록부, 시험기록부, 분석일지 등을 3년간 보관하여야 하며, 먹는물 검사기관은 「먹는물관리법 시행규칙」 제36조의2에 따른 '검사기관의 준수사항'에 의거하여 시료채취기록부, 검사기록부 등을 3년간 보관하여야 한다.

참고로, KOLAS에서는 「공인기관 인정제도 운영요령」(KOLAS-R-002: 2016) 제22조에 발행한 성적서와 그와 관련된 기록은 4년 이상 보존하여야 하는 것으로 규정하고 있다.

9.5 전자기록을 포함한 기록 보안 절차의 수립

해설

하드카피와 달리 전자기록은 원파일이 지워지거나 훼손되기 쉬우므로 이를 방지하기 위하여 백업(back-up) 파일을 만들어두도록 한다. 또한 이런 파일에 접속하는 것에 대해 승인을 하는 시스템을 유지할 필요가 있으며, 접속과 수정 등에 대한 이력관리를 할 수 있는 시스템이라면 더욱 권장할 만하다.

9.6 전자기록을 포함한 기록 보안 절차의 적절성

해설

9.5항의 해설을 참조하라.

9.7 컴퓨터 원본 데이터의 손실 방지 및 변경 방지 조치 확립 여부

해설

9.5항, 9.6항과 같은 전자기록의 삭제 또는 훼손을 방지하는 시스템을 갖춘 경우에도 그 파일의 정상적인 보존 여부를 주기적으로 확인하는 절차를 확립하고 이행하여야 한다.

9.8 기록 수정 방법의 적절성 및 수정인의 서명 여부

해설

품질문서를 수정하는 경우는 하드카피와 전자문서 모두 이전의 잘못된 내용은 가운데 횡선을 긋고 새로운 내용은 추가 후 밑줄을 긋는 방법 등(전자문서에서는 새로운 추가 내용은 글자색·글자체 등으로 구분하기도 함)을 통해 기존의 내용과 새로운 내용의 차이를 명확히 구분하는지 확인한다. 또한 하드카피에서는 수정된 내용 옆에 언제, 누가 수정하였는지 기입하고 서명하여야 하며, 전자문서는 전자피일의 이력관리시스템을 통하여 자동적으로 기록이 남도록 하여야 한다.

내부 정도관리 평가

10.1 품질책임자의 책임하에 미리 정해진 일정표와 절차에 따른 정기적인 내부 정도관리 평가(최소 연 1회) 절차의 수립 및 그 이행.

해설

우선 내부정도관리평가란 내부적으로 숙련도 시험과 현장평가를 하는 것에 국한하지 않는다는 것을 명심하여야 한다. 정확하게는 내부심사와 경영검토를 의미하며, '환경시험 · 검사기관에 대한 요구사항'에 따라 적어도 각각 연 1회 이상 실시하여야 한다.

참고로, ISO / IEC 17025 '4.14 내부심사' 및 '4.15 경영검토'에서도 이들에 대해 연 1회 실시하도록 규정되어 있다. 내부심사 방법에 대해서는 내부심사지침(KOLAS-G-007 : 2015)를, 경영검토 방법에 대해서는 경영검토지침(KOLAS-G-008 : 2015)을 참조하라.

10.2 내부 정도관리 평가를 적절한 훈련을 통해 자격을 갖춘 직원이 독립적으로 실시하는지 여부

해설

내부심사란 시험기관의 운영이 그 품질시스템의 요건에 지속적으로 부합한다는 것을 입증하기 위해 그 활동에 대해 심사하는 것이므로 품질시스템이 ISO / IEC 17025를 충족하고 있음을 점검하고 기록으로 남겨야 한다.

내부심사에서 품질책임자는 심사에 대한 책임자로서 활동하며, 심사원은 심사 대상으로부터 독립적이어야 한다(이는 조직상의 독립성을 요구하는 것은 아니지만 자신의 활동에 대해 자신이 심사한다는 것은 적절하지 못하다). 심사원의 수는 조직의 규모에 따라 달라지며 분석기관의 인력이 적은 경우는 심사를 외부에 위탁할 수도 있다(국립환경과학원에서는 행정적으로 외부 심사원에 의한 내부심사를 제한하고 있다). 그러나 KOLAS에 의한 평가, 국립환경과학원에 의한 평가 등을 내부심사로 대신하여서는 안 된다.

내부심사자의 자격에 대해 KOLAS에서는 「공인기관 인정제도 운영요령」(KOLAS-R-002 : 2016) 제34조에 "KOLAS 평가사 자격을 갖추거나 인정기구의 장이 지정한 교육기관에서 내부심사자 교육을 이수하고 소정의 시험에 합격하여야 한다"고 규정하고 있다. 환경분야 정도관리제도에서는 내부정도관리평가를 위한 심사원의 자격에 대해 본 요구사항 2.10.4항 [비고]3에 정도관리 평가위원, KOLAS 평가사 및 ISO / IEC 17025 등의 교육을 이수하였거나 환경측정분석사 자격을 갖춘 직원이 실시하도록 규정하고 있다[주1].

주1) 본 요구사항에서는 '비고'의 성격에 대해 규정하고 있지 않기 때문에 '요구사항'으로 봐야 할지 아니면 부가적인 설명으로 봐야 할지에 대해서는 논란이 있을 수 있다. 참고로, ISO / IEC 17025 '1. 적용범위'에서는 "비고(note)는 원문의 설명, 실례 및 지침들을 제공하기 위한 것이다. 이러한 비고에는 요구사항이 포함되지 않으며, 이 규격의 필수적인 부분은 아니다"고 규정하고 있다.

경영검토는 내부심사와 다른 것이며, 품질시스템과 시험활동의 지속적인 적합성과 효과성을 보장하고 필요에 따라서는 개선 및 변경사항을 도입하기 위한 검토회의다. 그러므로 경영검토를 위한 자격은 있을 수 없으며, 경영검토에는 반드시 최고경영자가 참석하여야 하고 품질책임자, 기술책임자, 관련된 부서의 장 등이 참석할 수 있다. ISO / IEC 17025, APLAC TC 003에 의하면 경영검토에 참여하기 위한 자격은 규정되어 있지 않다.

10.3 내부 정도관리 평가 사항 · 결과 및 이에 따른 시정조치에 대한 기록 및 유지

해설

내부심사는 경영목표의 달성도, 주어진 임무의 수행 만족도, 품질시스템에 정한 절차의 준수, 품질 개선의 기회, 분석결과의 품질 등을 확인하기 위해 행해지는 적합성 확인방법이다.

'환경시험 · 검사기관에 대한 요구사항' 2.8에 언급된 바와 같이 내부심사에서 지적된 미흡사항에 대해 시정조치를 이행하고 그 결과를 기록하되, 심사 분야, 심사자, 심사 결과 등도 함께 기록하여야 한다.

경영검토는 품질시스템의 적합성 및 효율성 보장, 개선을 위해 시행하는 것이며 미흡사항의 발견 등을 목적으로 하지 않는다. 따라서 경영검토 결과가 보고서로 작성되고 그 보고서에 품질시스템의 개선 필요성 등에 대한 최고경영자의 의견을 포함하여야 하며 다음과 같은 사항이 포함된다.

- 품질방침과 절차의 적합성
- 경영 및 감독 직원의 보고서
- 최근 실시한 내부심사의 결과
- 시정조치 및 예방조치
- 외부 기관에 의한 평가결과
- 시험기관간 비교 시험 또는 숙련도 시험 결과
- 작업의 양 및 형태의 변경
- 고객의 피드백
- 불만사항
- 개선을 위한 권고사항
- 품질관리 사항, 자원 및 직원의 훈련과 같은 기타 사항

경영검토 결과 보고서에는 보고된 사항에 대한 최고경영자의 의견이 포함되어야 한다.

10.4 시정조치의 이행 및 결과를 검증하고 기록하는지 여부

해설

10.3항 해설을 참조하라.

3 기술요건

직원

1.1 등록 · 지정 · 인정받은 분야에 대해 관련 법률에서 요구하는 기술인력 조건의 만족 여부

해설

환경관련 법률에 의해 등록 · 지정 · 인정받은 분석기관은 그 법률에서 요구하는 기술인력을 보유하고 활용하여야 한다. 기술인력이 법적 요건을 벗어나는 경우, 해당 분석기관은 그 능력을 상실하였다고 판단하고 행정처분을 받게 된다. 「환경분야 시험 · 검사 등에 관한 법률」에서는 측정대행업을 하는 자는 규정된 기술인력을 보유하고 있어야 하며, 「먹는물관리법」에 의해 지정된 먹는물 검사기관에 종사하는 자도 규정된 기술자격을 보유하여야 한다. 「토양환경보전법」에 따른 토양관련전문기관도 규정된 기술자격을 보유한 인력이 업무에 종사하여야 한다.
예로서, 측정대행업체는 「환경분야 시험 · 검사 등에 관한 법률 시행규칙」 제14조제1항의 '측정대행업의 세부등록기준'에 따르면 대기분야는 대기분야 환경측정분석사 또는 대기환경기사 중 1명, 대기환경산업기사 1명, 분석요원 1명을 필요로 하며, 수질분야는 수질분야 환경측정분석사 또는 수질환경기사 중 1명, 수질환경산업기사 1명, 분석요원 1명이 요구된다.

1.2 신규인력, 시험 항목이 변경된 인력 등의 능력평가를 위한 평가내용 · 절차 · 판정기준이 마련되어 있으며 이에 대한 이행 여부

해설

위 1.1항에 서술된 바와 같이 직원이 관련 법령에 따른 자격을 보유하고 있을지라도 시험기관에서 맡게 될 분석항목에 대한 운영능력이 평가되어야 고객의 요구나 시험기관의 품질목표를 만족시킬 수 있다. 때문에 신규 직원과 기존 직원이 새로운 항목에 대한 분석업무를 수행할 경우에 대비해서 그 능력을 평가하는 절차와 판정기준을 품질문서에 규정하고 이행하여야 한다.
이에 따라 신규 직원과 새로운 업무를 맡게 되는 직원은 업무를 분장하기 전에 내부숙련도시험을 하고, 업무의 변화가 없는 기존 직원은 책임자의 권한하에 매년 1회 이상 내부숙련도시험을 계획하고 시행하도록 한다. 일부 실험실에서는 내부 숙련도 시험을 수행하면서 1 ~ 2명의 분석자에 대해 Z-score로 평가한다고 규정하고 있는데 이는 통계적 관점에서 잘못된 것이며 정확도, 정밀도 또는 오차율 등으로 평가하는 것이 합당하다(정성시험은 제외).
또한 측정대행업 등록 예정인 시험기관에서도 채용한 기술인력에 대해 본 항에 따라 업무를 분장하기 전에 능력평가를 이행하고 기록으로 남겨야 한다.

1.3 비정규직 또는 계약직을 고용하고 있을 경우 적절한 관리감독 및 교육에 대한 방침 및 실행 여부

해설

분석을 의뢰하는 고객의 입장에서는 정규직원, 임시직원의 구분 없이 항상 정확한 데이터를 산출할 능력이 있다고 믿고 의뢰하는 것이며 시험기관도 역시 이러한 인력요인에 의해 결과의 품질이 저하되어서는 안 된다.
그러므로 비정규직, 계약직 및 아직 숙련되지 못한 직원이나 임시적으로 활동하는 직원은 해당업무에 대해 독자적인 활동을 할 수 있는 역량을 갖추지 못하였다고 볼 수 있으므로 이들에 대해서는 기술책임자가 해당 업무에 대해 감독하는 규정을 마련하고 이행하여야 한다.

1.4 직원수 대비 과도한 업무량에 대한 방침 및 실행 여부

해설

본 항은 ISO / IEC 17025 '5.2 직원'항에서는 언급되지 않고 있다.
경영요건 중 5.1항 해설을 참조하라.

1.5 직원 교육, 훈련 및 기술에 대한 방침 및 계획 수립 등의 보유 및 실행 여부

해설

직원의 역량 강화 측면에서, 나아가 시험기관의 품질목표에 대한 개개 직원의 품질목표를 달성하기 위해 교육, 훈련 등에 대한 계획을 매년 수립하고 이행하도록 하는 규정이 품질문서에 있어야 한다. 또한 교육이나 훈련 후, 그 결과에 대해서도 상세히 기술하여 관련 책임자의 확인을 받도록 하는 규정이 있어야 한다. 이는 대개 '교육계획서' 작성으로 계획을 수립하며, 교육 후에는 '교육결과 보고서'로서 교육의 내용과 효과를 확인할 수 있어야 한다.
여기서의 교육 및 훈련은 내부적인 것과 함께 외부 기관에 의한 것도 포함된다. 특히 '교육결과보고서'는 일시, 장소, 강사, 교육내용(필요한 경우는 교육내용을 첨부), 교육참여자 및 교육효과가 기록될 수 있도록 하고 일반적인 교육은 기술책임자 또는 품질책임자의 확인서명이 요구된다(시험기관에 따라서는 해외연수 결과보고는 최고경영자의 확인서명을 요구하는 경우도 있다).
나아가 교육에 실기교육이 포함되어 평가받는 경우는 그 평가결과가 기준에 미흡한 직원에 대하여 재교육을 하도록 하는 규정이 있다면 더 좋을 것이며, 교육은 소양교육이 아니라 분석에 관련된 기술교육만 계획하고 그 결과를 기록하도록 한다(실험실 안전에 대한 교육도 포함될 수 있다).

1.6 직원의 시험 · 검사 업무 능력에 대한 주기적 검증을 위하여 표준물질(용액) 등의 시험을 통한 정밀도 및 정확도 확인 계획 수립 및 시행 여부

해설

분석 직원의 역량을 일정 수준 이상으로 지속시키거나 향상시키기 위해서는 표준물질(또는 표준용액) 등을 활용하여 분석능력을 확인하는 절차와 판정기준을 마련하고 주기적으로(연 1회 이상) 이행하여야 한다. 그 방법은 대개 숙련도 시험(정확도)이 적용되지만 정밀도를 적용할 수도 있다.

참고로, 「환경분야 시험 · 검사 등에 관한 법률 시행규칙」 제17조제2항의 '측정대행업자의 준수사항'에 따르면 모든 측정대행업자는 환경오염공정시험기준에 따른 '정도관리 수행기록철'을 작성하여 3년간 보관하게 되어 있으므로, 측정대행업체는 각 직원들을 통하여 측정대행 전체 항목에 대해 각 분야별 공정시험기준에 따라 방법검출한계, 정량한계, 정밀도 및 정확도 등을 연 1회 이상 평가하여야 하며 그 결과는 공정시험기준 '6.0 QA / QC'에서 제시한 기준을 만족하여야 한다.

1.7 자체 숙련도 시험 실시에 대한 방침 · 절차 · 평가기준의 수립 및 실행 여부

해설

위 1.2항 및 1.6항의 해설을 참조하라.

1.8 기술직원에 대한 업무 · 자격 · 교육 · 훈련 · 기술 및 경험 등에 대한 기록 유지 · 관리 여부

해설

직무기술서란 품질시스템에서 개개인의 담당업무와 연관된 규정 등을 종합하여 각 업무별로 위임전결 내용, 교육상황, 내 · 외부 자격요건 등을 상세히 기술한 개인별 업무지침서를 말한다.

시험기관은 분석업무에 직 · 간접적으로 관련된 모든 직원에 대해 권한사항, 전문적 자격, 교육 및 훈련 내용, 내부에서의 자격 부여 사항 등을 포함한 직무기술서를 개인별로 작성하여야 하며, 자격부여 발효의 유효성을 확인할 수 있도록 승인일자를 포함하여 관련 책임자의 서명이 있어야 한다.

직무기술서에는 기록 내용이 수시로 업데이트되고 관련 책임자의 확인서명이 필요하므로 초기에 작성한 그대로 방치하는 일이 없어야 한다. 또한 사무분장서, 직원이력관리대장 등과는 구분되어야 한다.

시설 및 환경조건

2.1 시험결과에 영향을 미칠 수 있는 실험실 시설, 환경조건 및 관리방안 등의 기술적 요구사항들의 문서화 및 적절성

해설

실험실에 대한 환경조건은 통상적으로 온도와 습도를 말하지만 실제로는 조명, 환기, 전력공급, 진동 등도 포함되어야 하며 이러한 사항은 환경오염공정시험기준에 그 조건이 명시되어 있다.

열악한 분석환경은 분석결과에 영향을 미칠 수 있으므로 환경관리조건을 제시하고 관리하여 그것을 기록으로 남기는 규정을 품질문서에 명시하고 이행하여야 한다.

모든 실험실은 (에너지 절약 시책을 감안할 때) 적어도 시험하는 동안에는 적정 온도와 적정 습도를 유지할 필요가 있으므로 이에 대한 규정을 두고 그 규정에 따라 주기적으로 확인하고 기록하여야 한다. 실험실뿐만 아니라 시료보관시설이 있는 경우도 역시 시료보관시설의 정상 가동 여부(온·습도)를 확인하고 기록하여야 한다.

2.2 해당 실험실 이외의 장소에서 시료 채취, 현장시험 등의 시험업무가 이루어질 경우에 대한 문서화 및 실행의 적절성

해설

본 항은 ISO / IEC 17025 '5.3 시설 및 환경조건'에 의하면 시료채취, 현장실험 등에 적용되는 것이 아니다. 고정된 시설이 아닌 다른 현장에서의 교정 서비스에 대한 내용으로, 다른 현장에서 교정이 행해지는 경우는 고정시설에서의 교정을 위한 방법과 달리해야 하며, 통상 현장교정지침을 준수해야 한다는 의미를 갖고 있다. 따라서 현장의 환경조건이 교정의 결과를 저해할 상황이 되면 작업을 중지하는 등의 절차를 수립하고 이행하여야 한다.

2.3 환경오염공정시험기준 등 시험방법이나 법에서 특별한 환경조건을 유지·관리하도록 규정하고 있는 경우에 대한 방침 및 실행의 적절성

해설

실험을 위한 환경조건이 법률이나 환경오염공정시험기준에 명시된 경우는 그 규정을 준수하도록 품질문서에 규정하고 이행하여야 한다.

참고로, ISO / IEC 17025에서는 모든 실험에 대한 일반적 요구사항을 규정하고 있기 때문에 세부적인 환경조건은 제시하지 않고 있지만, 분석결과에 부정적인 영향을 미치지 않도록 보장할 것을 요구하고 있다.

2.4 교차오염(cross contamination) 등의 방지를 위한 조치

해설

교차오염 방지를 위해 실험실을 적합하게 설치하고 운영하여야 하며, 분석에 상관없는 직원의 출입을 통한 오염방지를 위하여 모든 실험실을 통제구역으로 지정한다는 내용을 품질문서에 규정하고 있어야 한다.
필요 시, 실험실에서의 가운 착용, 에어 샤워(air shower) 채택, 동시 분석인력의 수 등 다양한 환경조건 관리시스템이 적용될 수 있다.

2.5 청결 유지 등 실험실 관리의 적절성

해설

실험실을 청결하게 유지하는 것도 교차오염의 방지를 위한 한 방편이 될 수 있을 것이다. 그러나 청결유지 등은 극히 주관적인 요소이기 때문에 그 적정성을 판단할 수 있는 기준은 없다.
다만, 실험실의 모든 기구 및 기기는 제자리에 정돈하여 두고 분석과정에서 발생된 폐액과 폐기물은 지정된 장소에 지정된 방법으로 보관 및 처리하는 규정을 품질문서에 규정하고 이행하는 것이 좋다.

2.6 시험업무에 적정한 넓이의 작업공간 보유 여부

해설

실험실에서 필요한 공간은 시료를 접수하는 공간에서 시험 폐액을 처리하는 공간까지 다양하며, 실험실의 공간은 얼마나 넓어야 한다는 규정은 일반적으로는 없다. 업무량에 따라 다르고 장비의 수와 종류에 따라 달라지기 때문이다. 「환경분야 시험・검사 등에 관한 법률」에서도 측정대행업체가 갖추어야 하는 실험실의 규모를 정하지 않고 있다. 그러나 관련 법령에 의하여 규정된 경우는 그에 따른 공간 면적을 필요로 하는데 통상적으로 지정 또는 인정에 의하여 실험실을 운영하는 경우가 그러하다.
참고로, 「환경측정분석전문기관의 인정 등에 관한 규정」(국립환경과학원 고시)에 의하면, 폐기물분석전문기관은 "총면적이 120 m^2 이상으로, 항온・제습시설을 갖춘 기기실 40 m^2 이상, 후드시설을 갖춘 실험실 40 m^2 이상, 사무실 등으로 구분, 구획되어 있어야 한다"고 규정되어 있으며, 잔류성유기오염물질 측정기관은 "총면적이 200 m^2 이상으로, 시료채취장비 보관을 위한 장비보관실 20 m^2 이상, 항온・제습시설을 갖춘 기체크로마토그래프 / 고분해능질량분석계(HRGC / HRMS)실 40 m^2 이상, 후드시설을 갖춘 전처리실 40 m^2 이상, 사무실 등으로 구분・구획되어야 한다"로, 매립지시설 침출수 측정기관은 "총면적이 120 m^2 이상으로, 항온・제습시설을 갖춘 기기실 40 m^2 이상, 후드시설을 갖춘 실험실 40 m^2(산분해실과 별도 구획) 이상, 사무실 등으로 구분, 구획되어 있어야 한다"고 규정되어 있다.
또한 「먹는물 수질검사기관 원생동물분야 지정 등에 관한 규정」(국립환경과학원 고시)에는 "실험실과 사무실은 별도로 갖추어야 하며, 그 시설면적의 합계는 70 m^2 이상일 것", "원생동물 전처리실과 현미경실 시설면적의 합은 45 m^2 이상일 것"으로 규정되어 있다.

2.7 시료접수, 시료보관, 시약보관, 폐기물처리 및 보관, 시험 · 검사결과 처리 및 보관 등에 필요한 작업공간 보유 여부

해설

위 2.6항의 해설을 참조하라. 다만, 이러한 시설은 법률에 의해 구분하도록 규정된 바는 없지만 일반적으로 그 목적에 맞게 따로 관리되는 것이 합당하다. 그러므로 시료접수실, 시료보관실(또는 시료보관시설), 시약보관실(또는 시약보관시설), 실험실 폐기물 보관시설, 전처리 시설, 분석시설 등은 별도로 구분되어야 할 것이다.

시험방법

3.1 시험 · 검사 업무에 대해 환경오염공정시험기준 사용 여부

해설

환경 관련 법령에 의해 등록 · 지정 · 인정받은 실험실은 반드시 환경오염공정시험기준에 의거하여 분석하여야 한다. 참고로, 「환경분야 시험 · 검사 등에 관한 법률 시행규칙」 제17조제2항에 관련된 '측정대행업자의 준수사항'에 따르면 "2. 환경오염공정시험기준에 따라 환경 오염도를 정확하고 엄정하게 측정 · 분석하여야 하며…"로 규정되어 있으며, 「먹는물관리법 시행규칙」 제36조의2에 관련된 '검사기관 준수사항'에 따르면 "2. 먹는물 수질검사는 「환경분야 시험 · 검사 등에 관한 법률」 제6조제1항제6호에 따른 먹는물수질공정시험기준에 따르고…"로 규정되어 있다.

3.2 최신본의 환경오염공정시험기준 사용 여부

해설

실험실의 분석에 관련된 모든 지침이나 규격 등은 최신본의 환경오염공정시험기준이어야 하며 직원들이 쉽게 이용할 수 있어야 한다. 시험방법은 수시로 개정되기 때문에 주기적으로 개정 여부를 확인하고 유효하지 않은 구본(舊本)을 적용하지 않도록 한다.

3.3 총칙에 따라 환경오염공정시험기준이 아닌 국내외 공인된 시험방법을 사용할 경우, 환경오염공정시험기준과 동등성 확보 여부를 검증하기 위한 유효성 검증 절차를 수행했는지 여부

해설

각 환경오염공정시험기준 총칙에는 "공정시험기준 이외의 방법이라도 측정결과가 같거나 그 이상의 정확도가 있다고 국내외에서 공인된 방법은 이를 사용할 수 있다."고 되어 있으나 개개 실험실에서 타 시험방법을 공정시험기준과의 동등성 여부를 검증하였다고 그것을 "공인된 시험방법"이라고 보기 힘들다.
또한 본 항에서는 국내외 공인된 시험방법의 동등성 확보 여부를 검증하기 위해 유효성 검증을 하여야 하는 것으로 표현되어 있으나, 유효성 검증으로 동등성을 확보할 수 없으며 공정시험기준 총칙에 의하면 동등성은 "측정결과가 같거나 그 이상의 정확도가 있어야" 한다. 아울러 국내외 공인된 시험방법은 이미 유효성이 확인된 시험방법이므로 개개 실험실에서 유효성 검증을 할 필요가 없다.

3.4 시험결과에 영향을 미칠 수 있는 요인들에 대하여 품질지침서 또는 기술문서의 보유 여부

해설

분석 장비의 이용 및 운영, 시료의 채취·취급·운반 및 준비 등은 시험결과에 부정적인 영향을 미칠 수 있으므로 이에 대한 지침이 마련되어야 한다. 환경 관련 법령에 의해 등록·지정·인정받은 실험실은 반드시 환경오염공정시험기준에 의거하여 분석하여야 하므로 일부 실험실에서는 품질문서에 "환경오염공정시험기준에 따라 시험한다"고 규정한 경우가 있는데 공정시험기준에는 시료의 채취방법과 동일 항목의 분석방법이 다양하기 때문에 어떤 구체적인 방법을 선택하는지 명확히 밝혀야 한다.

이러한 절차는 품질지시서로 규정하거나 별도의 기술문서인 표준작업지침서(SOP)로 규정하여도 상관없다.

3.5 인력 변경 시 사전 시험방법 운영 능력 확인 절차·평가기준 등에 대한 규정 수립의 적절성

해설

본 항은 ISO / IEC 17025 '5.2 직원'항에 해당하는 내용으로 '시험방법'항에서 다루는 것은 적절하지 못하다.

3.6 인력 변경 시 사전 시험방법 운영 능력 확인의 이행 및 적절성

해설

본 항은 ISO / IEC 17025 '5.2 직원'항에 해당하는 내용으로 '시험방법'항에서 다루어지는 것은 적절하지 못하다.

3.7 장비, 시설 변경 시 시험방법 운영 능력 확인 절차평가기준 등에 대한 규정 수립의 적절성

해설

본 항은 ISO / IEC 17025 '5.5 장비'항에 해당하는 내용으로 '시험방법'항에서 다루는 것은 적절하지 못하다.

3.8 장비, 시설 변경 시 시험방법 운영 능력 확인의 이행 및 적절성

해설

본 항은 ISO / IEC 17025 '5.5 장비'항에 해당하는 내용으로 '시험방법'항에서 다루는 것은 적절하지 못하다.

3.9 데이터 입력 및 수집에서의 무결성(integrity)과 기밀유지, 데이터 저장, 데이터 전송 및 데이터 처리방법 등의 적절성 여부

해설

컴퓨터 또는 자동화된 장비를 분석 데이터의 수집, 처리, 기록, 보고, 보관 및 검색에 사용하는 경우, 시험기관은 다음 사항을 보장하여야 한다.

a) 사용자에 의하여 개발된 소프트웨어를 상세히 문서화하고 사용에 적절한지에 대해 충분히 유효성을 확인하여야 한다.

b) 데이터 보호를 위한 절차를 수립하고 이행한다. 이러한 절차에는 데이터 입력 및 수집에서의 무결성(integrity)과 기밀유지, 데이터 저장, 데이터 전송 및 데이터 처리에 관한 사항을 포함한다.

c) 컴퓨터 및 자동화된 장비는 적절한 기능수행을 보장할 수 있도록 관리하여야 하며, 분석 데이터의 무결성에 필요한 환경 및 운영여건을 조성하여야 한다.

그러나 일반적으로는 장비의 일부로 구성되는 장비 운용 소프트웨어는 장비로부터 생산된 데이터의 입력과 수집 등에 대한 유효성이 확인된 것으로 보며, 데이터의 무결성을 위해서는 원자료의 입력과정에서 충분히 주의할 필요가 있으며 생산된 데이터를 필요에 따라 가공하는 경우에는 원자료가 그대로 보전되거나 복구될 수 있어야 한다. 또한 데이터의 활용을 위하여 접근하는 과정에 대한 통제조치, 컴퓨터의 고장에 대한 대비책, 바이러스에 의한 훼손 등에 대비한 대책들이 품질문서에 명시되어야 한다.

시험장비 및 표준물질

4.1 등록 · 지정 · 인정받은 분야에 대해 관련 법률에서 요구하는 분석장비를 갖추고 있는지 여부

해설

「환경분야 시험 · 검사 등에 관한 법률 시행규칙」에 따라 측정대행업자는 규정된 장비와 실험기기를 보유하고 있어야 하며, 「먹는물관리법」에 의해 지정된 먹는물 검사기관도 규정된 시설 및 장비를 보유하여야 한다.

시설 및 장비가 법적 요건을 벗어나는 경우, 해당 분석기관은 그 능력을 상실하였다고 판단되어 행정처분을 받게 된다. 예를 들어 측정대행업체는 「환경분야 시험 · 검사 등에 관한 법률 시행규칙」 제14조제1항의 '측정대행업의 세부등록기준'에 따르면 대기분야는 황산화물, 암모니아, 이황화탄소, 황화수소, 먼지, 매연, 일산화탄소, 질소산화물을 대기오염공정시험기준에 따라 측정 · 분석할 수 있는 장비 및 실험기기를 기본적으로 갖추어야 하며, 「대기환경보전법」의 대기오염물질 중 측정하려는 항목에 대한 장비 및 실험기기를 선택적으로 갖추어야 한다.

4.2 시험결과에 영향을 미치는 시험장비 중 교정대상 장비에 대한 라벨 부착 및 주기적 교정계획 수립과 이행 여부

해설

시료채취장비를 포함한 모든 장비는 적용하고자 하는 시험방법을 정상적으로 수행할 수 있어야 하며, 자체적으로 보유하고 있는 장비뿐만 아니라 빌려 쓰는 장비와 계약에 의해 공동으로 사용하는 장비도 이 규정을 만족하여야 한다. 새롭게 구입하는 장비를 비롯하여 모든 장비는 사용하기 전에 시험기관이 요구하는 사양을 만족하여야 하며 이를 확인하기 위해 교정을 하거나 점검을 하여야 하고, 그 결과를 기록으로 남기되 필요한 경우 라벨링하여 장비에 부착한다. 「환경분야 시험・검사 등에 관한 법률 시행규칙」 제2조에 명시된 측정기는 「환경분야 시험・검사 등에 관한 법률」 제11조에 따라 주기적으로 정도검사를 받아야 하며, 그 외 일반적인 분석장비는 「국가교정기관 지정제도 운영요령」 제40조에 따라 주기적으로 교정을 하여야 한다.

「국가교정기관 지정제도 운영요령」 제40조에 따르면 교정은 교정대상 및 적용범위를 자체규정으로 정하여 운용할 수 있도록 하고 있으며, 그런 경우 교정주기는 측정기의 정밀정확도, 안정성, 사용목적, 환경 및 사용빈도 등을 감안하여 과학적이고 합리적으로 그 기준을 설정하도록 하고 있다. 다만, 자체적으로 교정주기를 과학적이고 합리적으로 정할 수 없을 경우에는 국가기술표준원장이 고시하는 교정주기를 준용하되, 이때에도 교정주기는 가장 보편적인 상황하에서 측정기의 정확도가 유지될 수 있는 기간을 추정한 교정주기이기 때문에 요구되는 불확도, 측정기의 사용 빈도, 사용방법, 장비의 안정도 등을 감안하여 사용자가 최적의 교정주기를 설정하는 것이 기본이라고 규정하고 있다. 이 경우, 제41조에 의하면 국가측정표준에 소급된 상위표준기 또는 표준물질을 통하여 유효성이 검증된 교정방법에 따라 적법하게 교정을 하여야 한다.

참고로, 교정대상 장비는 '환경시험・검사기관에 대한 요구사항' 3.4 시험장비 및 표준물질 [비고] 2에 언급된 저울, 인큐베이터, 건조기, 오토피펫 등에 국한되지 않고 시험결과에 영향을 미치는 모든 장비를 대상으로 하며, 교정대상과 주기설정에는 「교정대상 및 주기설정을 위한 지침」(국가기술표준원 고시 제2015-499호)를 참고하기 바란다.

[비고] 3에 서술된 바와 같이 "환경오염공정시험기준의 6.0 QA / QC에 따라 내부정도관리를 실시하고 규정된 내용・절차・판정기준에 따라 그 성능을 평가하고 판정기준에 만족하는 경우"에 그 장비를 사용할 수 있다는 것은 잘못된 것이다. '환경오염공정시험기준의 6.0 QA / QC'는 분석자의 능력과 장비의 능력, 실험환경의 조건 등 분석에 영향을 미치는 모든 요소가 관여된 상태에서 해당 시험방법의 정확도 및 정밀도, 방법검출한계 등을 규정한 것으로 장비에 적용하는 내용은 아니다.

따라서 각 실험실은 자체적 규정으로 장비의 교정 절차와 판정기준 및 주기를 문서화하고 국가측정표준에 소급된 상위표준기 또는 표준물질을 통하여 유효성이 검증된 교정방법에 따라 적법하게 교정을 이행하는 것이 원칙이며, 그렇지 않을 경우는 교정전문기관에 교정을 의뢰할 수 있다(위 요령 제41조). 그러나 장비가 고장 난 후 다시 사용하고자 할 때 등에 대비하여 모든 장비에 대해 자체적인 교정절차와 판정기준을 마련하고 이행하여야 한다.

4.3 교정 대상 장비에 대한 라벨 부착 및 관리기록 등의 적정 여부

해설

위 4.2항에 따라 실험실에서 사용하는 모든 장비에 대해 교정하고 그 내용을 '장비교정대장'에 기록하고 교정상황을 라벨링 하는 규정을 품질문서에 마련하고 이행하여야 한다. 외부 교정전문기관에 의뢰하여 교정한 경우는 대개 '검・교정성적서'를 보관하고 '검・교정필증'을 장비에 부착하도록 한다.

4.4 장비관리대장(기기의 오작동・고장・수리 및 교정에 관한 기록) 보유 및 장비점검 및 결함 장비에 대한 관리절차의 적절성

해설

시험장비는 항상 정상적으로 가동될 수 있도록 유지하여야 하며, 오작동 또는 고장이 난 경우는 즉시 수리하고 표준용액 등으로 정상 여부를 확인한다. 이를 위하여 '장비관리대장'을 기록 및 보관하도록 품질문서에 규정하고 이행하는지를 확인한다.

장비관리대장은 고장이 생겼을 경우와 교정을 하였을 때 그 상황과 조치 결과를 기록한다. 오작동 및 고장 등의 경우에는 수시로 장비관리대장에 기록하되, 고장 원인, 부품의 교환 여부, 정상가동 여부 등에 대해 세밀히 기록한다. 만약 외부 기술자를 통하여 장비를 수리한 경우는 '서비스 리포트'를 첨부하고 수리 후 자체적으로 정한 교정절차와 판정기준에 따라 정상 가동 여부를 확인하고 기록・승인(기술책임자) 후에 사용하여야 한다.

참고로, 「환경분야 시험・검사업무 처리규정」(환경부 고시 제2016-166호)에 의하면 장비관리대장의 구성과 기록사항을 다음과 같이 규정하고 있다.

구성	기록사항
가. 장비명	
나. 기본현황	모델명, 구입년도, 제작회사(국적포함)
다. 점검사항	장비 특성을 고려한 점검항목을 선정하여 점검 항목별 점검주기 및 점검 결과 등을 기록
라. 고장・수리내역	고장사항, 수리내역(부품교체 사항 포함)
마. 기타 관리사항	정도검사, 교정검사 등 기타 관리사항
바. 관리자 확인	장비 담당자 및 부서장의 확인

4.5 표준물질의 안전한 취급・운반・보관 및 사용 등에 대한 관리절차를 수립 및 이행

해설

표준물질의 취급과 보관 및 사용에 대한 기록을 품질문서에 규정하여야 한다.

표준물질도 일반 시료와 표준용액과 마찬가지로 라벨링을 하며, 각 물질의 특성에 맞는 보관방법을 문서에 규정하고 그에 따라 보관한다.

표준물질은 일반 시료와 함께 보관하지 않으며, 관리를 위해 '표준물질관리대장'에 구입량, 사용량 및 잔고량을 기록한다.

아울러 저울에 사용되는 표준분동은 교정만을 위하여 사용되어야 하며, 표준분동의 교정은 소급성을 제공할 수 있는 기관에서만 교정되어야 한다.

4.6 제조된 표준용액 용기에 용도, 제조일자, 유효기간 등 필요한 사항을 표시하고 있는가?

해설

시료와 마찬가지로 시험용액과 표준용액도 용기 뚜껑이 아닌 용기 본체에 용액명, 용도, 농도, 제조일, 제조자, 유효기간 등을 라벨링하여 관리를 명확히 한다.

시료채취

5.1 시료채취를 하는 경우, 환경오염공정시험기준에 따른 시료채취 계획 및 절차를 수립하고 그에 맞게 이행하는가?

해설

환경오염도 조사에서 시료채취 중에 발생하는 오차가 전체 오차의 대부분을 차지하므로 시료채취는 매우 중요하다. 따라서 시료채취에 있어서 먼저 그 계획을 수립하고 그에 따라 시료를 채취하여야 한다.
각 매질에 따른, 그리고 시험대상물질에 따른 시료채취 방법이 환경오염공정시험기준에 기술되어 있으므로 그 중 실험실 형편에 맞는 방법을 품질지시서에 기술하여 실무자가 용이하게 적용하도록 한다.
시료채취 계획에는 일반적으로 다음의 요소들이 포함되어야 한다.

- 현장확인(시료채취 지점과 위치 확인)
- 시료 구분(지하수, 음용수, 지표수 등)
- 시료의 양
- 조사 기간
- 시료채취 목적과 시험항목
- 시료채취 횟수(또는 주기)
- 시료채취 유형(단일시료, 혼합시료)
- 시료채취 방법
- 분석방법
- 현장 측정 항목
- 현장 QA / QC 요건
- 시료채취자

5.2 시료채취기록부의 기록요소는 적절하고, 모든 요소는 현장에서 충실히 기록되고 있으며, 담당자 및 책임자는 확인 서명을 하는가?

해설

시료채취과정이 잘못되면 결과에 큰 영향을 미치므로 시료채취는 적절한 절차에 따라 행해져야 하며, 이를 보증하기 위하여 그리고 결과에 이상치가 발생한 경우에 그 원인을 파악하고자 시료채취기록부를 작성할 필요가 있다. 시료채취기록부는 단순히 정해놓은 양식에 기입하는 것이 아니라 시료채취 현장에서 확인한 다양한 정보를 함께 기록하여야 한다.
시료채취기록부는 적어도 시료명(별도의 고유번호를 부여할 수 있다), 시료채취 장소 및 위치, 시료채취 방법, 시료량, 시료채취 일시, 시료채취자, 기온·수온·pH 등의 현장 측정결과를 비롯한 현장의 환경조건을 기록하되 지워지지 않는 도구로 기록한다. 수정하여야 하는 부분이 있으면 '문서변경'에 따라야 하며, 시료채취기록부는 채취자의 서명과 기술책임자의 확인을 받아 관리한다.
참고로, 「환경분야 시험·검사 업무처리 규정」(환경부 고시 제2016-166호)에도 다음과 같이 시료채취기록부에 대한 기록사항이 규정되어 있다.

구성	기록사항
가. 시료채취일시	
나. 시료채취자	성명, 직급, 서명 등
다. 시료명	시료번호 등
라. 관리분야	대기, 수질, 폐기물 등 관계법령에 의한 관리분야
마. 시험항목	
바. 시료채취량	필요시 기록
사. 현장측정결과	수온, pH 등 현장측정 항목에 대한 측정 값
아. 기타 참고사항	날씨(기온, 강우 등) 및 육안 관찰 사항, 사용한 보존제의 종류 및 양, 배출허용기준, 협의기준, 업종 등 시료특성관련 내용 등 분야별 항목별 특성을 반영하여 기록

시료관리

6.1 시료의 운송, 수령, 취급, 보호, 보관, 보류 및 폐기에 관한 절차의 보유 및 이행

해설

채취된 시료가 현장의 특성을 그대로 유지하기 위한 조치로 환경오염공정시험기준에 따라 시료를 관리하여야 한다. 때문에 채취된 시료의 운송·수령·취급·보호·보관 방법을 품질문서에 규정하여야 하며, 시료채취기법 등에 대해 모르는 고객이 직접 시료를 채취하여 분석을 의뢰하는 경우는 시료의 시험 보류에 대해서, 그리고 분석이 완료된 시료의 폐기에 대한 내용을 규정한 품질문서가 있어야 한다.
이러한 시료의 운송·보관 등에 대한 사항은 환경오염공정시험기준에 명시되어 있으므로 그에 따라야 하며(6.4항 해설 참고), 분석이 완료된 시료의 폐기는 재시험이 필요하다고 인정되지 않을 때 기술책임자의 권한하에서 폐기되는 것이 합당하다.

6.2 시료접수기록부의 적정성 여부

해설

시료를 접수하는 부서(직원)는 시료접수기록부에 시료접수 일시, 시료채취 일시, 분석항목, 시료의 종류 및 양, 시료 인계자 및 인수자의 이름을 쓰고 서명을 하도록 품질문서에 규정하고, 특별히 시료를 인계함에 있어서 명시하여야 할 내용이 있으면 함께 명시하도록 규정한다.

6.3 시료 식별에 필요한 시료확인 체계 보유 및 시료접수대장의 적정성

해설

시료는 시험 항목에 따라 구분되어 채취되어야 하므로 시료의 식별에 대한 사항이 품질문서에 제공되어야 한다. 일반적으로 물 시료에 대해서는 구분이 반드시 필요한데 BOD, COD등과 중금속용 시료와 미생물 시험용 시료 그리고 VOCs 등 특별히 별도로 관리되어야 하는 시료는 그 조건에 맞게 시료를 각각 채취하고 관리되어 시료의 특성을 쉽게 확인할 수 있어야 한다.
시료접수대장의 적정성은 위 6.2항 해설을 참조하라.

6.4 시료가 특정 환경조건하에서 보관되어야 하는 경우, 그 이행 여부

해설

각 시료는 환경조건에 따라 그 고유한 값이 달라질 수 있으므로 채취된 시료가 원래의 값을 잃지 않기 위해서는 시료보관조건 및 최대 보관기한을 품질문서에 규정하고 이행하는지를 확인할 필요가 있다.
수질시료를 예로 든다면, ES 04130.1d(시료의 채취 및 보존방법)에 따라 시료는 실험실에 도착할 때까지 조성의 변화가 일어나지 않아야 한다. 시료를 채취 후 즉시 시험할 수 없을 때는 따로 규정이 없는 한 다음의 보존방법에 따라 보존하되 최대보존기간을 초과하지 않도록 한다.

항목		시료 용기	보존방법	최대보존기간 (권장보존기간)
냄새		G	가능한 한 즉시 시험 또는 냉장 보관	6시간
노말헥산추출물질		G	4 ℃ 보관, H_2SO_4로 pH 2 이하	28일
부유물질		P, G	4 ℃ 보관	7일
색도		P, G	4 ℃ 보관	48시간
생물화학적 산소요구량		P, G	4 ℃ 보관	48시간(6시간)
수소이온농도		P, G	–	즉시 측정
온도		P, G	–	즉시 측정
용존산소	적정법	BOD병	즉시 용존산소 고정 후 어두운 곳에 보관	8시간
	전극법	BOD병	–	즉시 측정

항목	시료 용기	보존방법	최대보존기간 (권장보존기간)
잔류염소	G(갈색)	즉시 시험	–
전기전도도	P, G	4 ℃ 보관	24시간
총 유기탄소	P, G	즉시 시험 또는 H_3PO_4 또는 H_2SO_4를 가한 후 (pH < 2) 4℃ 어두운 곳에서 보관	28일(7일)
클로로필 a	P, G	즉시 여과하여 −20 ℃ 이하에서 보관	7일(24시간)
탁도	P, G	4 ℃ 어두운 곳에서 보관	48시간(24시간)
투명도	–	–	–
화학적 산소요구량	P, G	4 ℃ 보관, H_2SO_4로 pH 2 이하	28일(7일)
불소	P	–	28일
브롬이온	P, G	–	28일
시안	P, G	4 ℃ 보관, NaOH로 pH 12 이상	14일(24시간)
아질산성 질소	P, G	4 ℃ 보관	48시간(즉시)
암모니아성 질소	P, G	4 ℃ 보관, H_2SO_4로 pH 2 이하	28일(7일)
염소이온	P, G	–	28일
음이온계면활성제	P, G	4 ℃ 보관	48시간
인산염인	P, G	즉시 여과한 후 4 ℃ 보관	48시간
질산성 질소	P, G	4 ℃ 보관	48시간
총인(용존 총인)	P, G	4 ℃ 보관, H_2SO_4로 pH 2 이하	28일
총질소(용존 총질소)	P, G	4 ℃ 보관, H_2SO_4로 pH 2 이하	28일(7일)
퍼클로레이트	P, G	6 ℃ 이하 보관, 현장에서 멸균된 여과지로 여과	28일
페놀류	G	4 ℃ 보관, H_3PO_4로 pH 4 이하 조정한 후 시료 1 L당 $CuSO_4$ 1 g 첨가	28일
황산이온	P, G	6 ℃ 이하 보관	28일(48시간)
금속류(일반)	P, G	시료 1L당 HNO_3 2 mL 첨가	6개월
비소	P, G	1L당 HNO_3 1.5 mL로 pH 2 이하	6개월
셀레늄	P, G	1L당 HNO_3 1.5 mL로 pH 2 이하	6개월
수은(0.2 ug / L 이하)	P, G	1L당 HCl(12 M) 5 mL 첨가	28일
6가크롬	P, G	4 ℃ 보관	24시간
알킬수은	P, G	HNO_3 2 mL / L	1개월
다이에틸헥실프탈레이트	G(갈색)	4 ℃ 보관	7일(추출 후 40일)
1.4– 다이옥산	G(갈색)	HCl(1+1)을 시료 10 mL당 1 ~ 2방울씩 가하여 pH 2 이하	14일
염화비닐, 아크릴로나이트릴, 브로모폼	G(갈색)	HCl(1+1)을 시료 10 mL당 1 ~ 2방울씩 가하여 pH 2 이하	14일
석유계총탄화수소	G(갈색)	4 ℃ 보관, H_2SO_4 또는 HCl으로 pH 2 이하	7일 이내 추출, 추출 후 40일

항목		시료 용기	보존방법	최대보존기간 (권장보존기간)
유기인		G	4 ℃ 보관, HCl로 pH 5 ~ 9	7일(추출 후 40일)
폴리클로리네이티드비페닐(PCB)		G	4 ℃ 보관, HCl로 pH 5 ~ 9	7일(추출 후 40일)
휘발성유기화합물		G	냉장보관 또는 HCl을 가해 pH < 2로 조정 후 4 ℃ 어두운 곳에서 보관	7일(추출 후 14일)
총대장균군	환경기준 적용시료	P, G	저온(10 ℃ 이하)	24시간
	배출허용기준 및 방류수 기준 적용시료	P, G	저온(10 ℃ 이하)	6시간
분원성 대장균군		P, G	저온(10 ℃ 이하)	24시간
대장균		P, G	저온(10 ℃ 이하)	24시간
물벼룩 급성 독성		G	4 ℃ 보관	36시간
식물성 플랑크톤		P, G	즉시 시험 또는 포르말린용액을 시료의 3 ~ 5(V / V %) 가하거나 글루타르알데하이드 또는 루골용액을 시료의 1 ~ 2(V / V %) 가하여 어두운 곳에 보관	6개월

6.5 시료의 상태가 시험에 적합하지 않거나 일반적으로 시험방법에서 명시된 형상에서 많이 벗어나 있는 경우의 부적합한 시료에 대한 방침 보유 및 이행 기록

해설

시료가 환경오염공정시험기준의 규정을 지키지 않은 상태에서 운송 및 보관된 경우는 원시료가 갖는 대표성을 잃었을 가능성이 크므로 이러한 시료를 어떻게 처리할 것인지를 문서로 규정하고 이행하여야 한다.

예를 들어 고객이 시료를 직접 채취하여 분석을 의뢰하는 경우는 시료가 시험하고자 하는 본래의 성질을 잃어버렸다고 판단될 수도 있는데, 이때는 고객에게 그 내용을 상세히 설명하고 접수를 하지 않을 수 있다. 그럼에도 불구하고 고객이 자신이 채취한 시료의 분석을 원하는 경우는 접수되는 시료가 적절한 관리하에 있지 않았음을 서면으로 작성하고 고객의 날인을 받은 후 시험하되 시험성적서에 '시험성적서가 원시료의 성질을 대표할 수 없음'이라고 하거나 '시료채취방법 또는 시료의 보관·운송이 규정에 적합하지 않아 참고용으로만 사용될 수 있음'이라고 하는 등의 표기를 하여야 한다.

시험결과의 보증

7.1 시험결과의 유효성을 주기적으로 점검할 수 있는 품질관리 절차의 보유 및 이행

해설

실험실은 시료의 시험결과가 유효한지를 확인하기 위한 품질관리절차를 갖추어야 한다. 그러한 품질관리절차에 따른 결과는 통계적 방법을 적용하여야 하며, 인증표준물질을 사용한 내부숙련도시험, 실험실간 비교 시험 또는 숙련도 시험에의 참여, 동일한 시험방법에 의한 반복 시험 등을 활용할 수 있다. 그러므로 시험한 결과가 기술적으로 적절한지를 객관적으로 나타낼 수 있는 문서 또는 시험기관의 능력을 증빙하는 문서나 기술데이터를 확보하고 보관하는 방안을 품질문서에 마련하고 이행하는지 확인한다.

가능하다면 통계적 기법을 통하여 실험실에서 생산한 결과가 믿을 수 있다는(유효성 있다는) 증빙 기록물을 보관하여야 하는데 ISO / IEC 17025 '5.9 시험 및 교정 결과의 품질보증'에 의하면 다음과 같은 방법을 통하여 품질보증을 할 수 있다.

- 인증표준물질의 정상적인 사용 또는 2차 표준물질을 사용한 숙련도 시험 등
- 실험실간 비교 숙련도 시험 또는 외부에서 주관하는 숙련도 시험 참여
- 동일하거나 다른 방법을 이용한 반복 시험
- 보관된 시료를 이용한 재시험
- 한 시험항목의 다른 시험항목과의 상관관계 검토

7.2 외부 숙련도 시험에 참여하지 않은 항목에 대하여는 환경오염공정시험기준의 각 항목별 시험방법의 'QA / QC'를 이행하는 등 적절한 방법으로 시험결과를 보증하고 있는가?

해설

ISO / IEC 17025 '5.9 시험 및 교정 결과의 품질보증'에서도 인증표준물질 또는 2차 표준물질을 사용한 숙련도 시험으로 분석결과를 보증할 수 있다고 하였으므로, 외부 숙련도 시험에 참여하여 적합하다는 결과를 받지 않았거나 외부 숙련도 시험에 참여하지 못하는 경우는 내부적으로 표준물질을 이용하여 환경오염공정시험기준의 각 항목별 시험방법 'QA / QC'에서 제시된 절차와 기준을 만족하도록 품질문서에 규정하고 이행하여야 한다.

결과보고

8.1 적절한 결과 보고 및 성적서(용어, 단위, 표시자리수 등) 발급 절차의 적절성(기술책임자의 확인 등)

해설

시험결과는 환경오염공정시험기준이나 기타 규정에 맞게 작성하여 보고하여야 하며, 시험자의 주관이 개입되지 않도록 규정한 서식과 결과 보고절차를 품질문서에 규정할 필요가 있다.

일반적으로는 시험결과의 보고절차에 대한 규정은 없으나 시험담당자가 결과를 기록하고 기술책임자의 확인 후에 성적서를 송부하는 것이 좋다. 시험담당자와 기술책임자는 결과산출방식을 잘못 작성한 후 습관적으로 그 방식에 따라

산출하는 경우도 있으므로 주기적으로 결과산출 방식의 정확성을 확인할 필요가 있다.

또한, 시험결과보고서 또는 시험성적서는 분명하고 객관적으로 작성되어야 하며 그 내용이 오해를 일으키거나 유효성이 상실되지 않도록 충분한 기술적 내용을 담고 있어야 한다. 때문에 화학물질명은 환경분야 시험・검사 표준용어를 사용하고, 단위는 국제단위계를 사용하도록 한다. 시험결과의 자릿수에 대한 규정이 환경오염공정시험기준에 있으면 그에 따른다.

참고로, 「환경분야 시험・검사업무 처리규정」(환경부 고시 제2016-166호)에 의하면 시험기록부는 다음과 같은 내용으로 구성되도록 규정되어 있다.

구 성	기록 사항
가. 시험항목	
나. 시험일자	
다. 시험자	시험자의 직급, 성명 및 서명
라. 시험방법	분야별 환경오염공정시험기준에서의 관련조항 및 시험방법 명칭 및 번호
마. 계산식	시료농도의 산출에 사용된 계산식
바. 시험 기초자료	원자료(raw data) 등 계산식에 필요한 모든 기초자료(장비의 기록 등 직접 시험하여 얻은 각종 데이터 포함)
사. 기기 조작조건	
아. 측정결과	시료명, 계산식에 필요한 데이터, 시료농도(결과)
자. 검정곡선	– 검정곡선 작성결과 및 관련 데이터 – 검정곡선 작성에 사용된 표준물질(용액)에 대한 기록(표준원액의 개봉일, 제조사, 유효일자, 표준용액의 제조일자 등)
차. 시약관리	– 발색시약 및 적정시약 등 시험・검사에 사용되는 시약의 제조일자 – 변질되기 쉬운 시약의 개봉일, 시약 취급 시 특이사항 등
카. 전처리 사항 및 기타 참고사항	환경오염공정시험기준 중 시험결과에 영향을 미치는 세부사항, 참고사항, 특이사항 등 기타 사항을 기록

8.2 시험성적서 발급에 대한 비밀 보장

해설

시험성적서 특히 고객이 시험을 의뢰하여 생산한 시험성적서는 고객의 기밀(영업상 기밀도 포함)이 포함되어 있을 수 있으므로 고객의 동의가 없으면 타인에게 해당고객의 정보를 제공할 수 없도록 하고 시험성적서는 비밀이 보장되는 방법으로 전달하도록 문서에 규정하여야 한다. 그러나 고객이 팩스나 이메일 등 별도로 원하는 방법이 있다면 그 방법에 따라 시험성적서를 전달할 수 있으나 그러한 때에도 비밀이 유지될 수 있게 노력하여야 하며, 전달과정 및 결과를 기록물로 기록해 둘 필요가 있다.

8.3 시험 · 검사기관은 시험 성적서의 수정에 관련된 규정 보유 및 실행의 적절성

해설

기본적으로, 발행된 시험성적서는 수정되어서는 안 되며, 잘못 발행된 시험성적서는 관련책임자의 책임하에 재발행되어야 한다. 고객에게 잘못된 성적서가 전달된 경우는 그 상황을 충분한 설명으로 이해시켜야 하고, 시험성적서가 잘못 발행되어 그 내용이 수정되어야 하는 경우는 일부 내용만 수정하지 않고 품질책임자의 확인하에 시험성적서 전체를 새로이 발행하여야 한다. 또한 새롭게 재발행된 시험성적서는 고유의 일련번호를 붙이는 것이 좋으며, 이러한 제반 사항에 대해 품질문서에 세밀히 규정하고 이행하여야 한다.

05장

분야별 현장평가 점검내용 및 해설

환경분야 정도관리는 총 9개 분야로 세분되어 운영된다. 즉, 대기, 수질, 먹는물, 폐기물, 절연유 PCBs, 토양, 실내공기질, 악취, POPs 분야로 나뉘어 있다. 때문에 현장평가를 하는 경우 각 분야별 평가위원이 최대 9명이 될 수 있다.

운영 및 기술분야와 마찬가지로 9개 분야별 현장평가도 각 평가내용에 따라 점수를 부여하도록 규정하고 있으며, 각 분야는 시험항목의 성격에 따라 다시 세분화되어 있다. 시험에 관한 환경조건, 시험조작 기술, 결과의 도출에 대하여 평가내용을 제시하고 있기 때문에 대기분야, 수질분야 등 분야별로 중복되는 요소도 많고 다른 분야라고 할지라도 환경조건과 결과의 도출방법 등에서는 역시 중복되는 평가요소가 많다.

분야별 평가내용을 소개하고 그것에 대해 설명함으로써 평가위원이 시험기관에 대해 평가할 때 평가수준과 기준을 동일하게 할 수 있도록 하였으며 또한 시험기관이 현장평가를 준비할 때 스스로 평가내용을 잘 이행하고 적절하게 운영하고 있는지 확인할 수 있도록 하였다.

1 대기 분야

가. 대기-1(공통사항: 기록 및 환경관리 등)

기록 및 관리

1-1. 시료채취에 대한 기록 및 관리의 적절성

1-2. 측정결과에 대한 원자료 기록 및 관리의 적절성

1-3. 성적서 기록 및 관리의 적절성

1-4. 모든 기록에 대한 접근의 용이성

1-5. 모든 기록의 수정·변경에 대한 보안 조치 여부

해설

시험결과에 대한 근거자료로 사용되는 시료채취기록부와 기기분석의 원자료 등을 명확히 보관하고 있어야 하며, 이들 자료가 훼손되지 않도록 관리하여야 한다.
시료채취기록부와 시험기록부 및 시험성적서 등은 담당자와 기술책임자의 서명이 있어야 유효하며, 시험성적서는 시험성적서 발송대장에 기록을 남긴 후 고객에게 송부되어야 한다.
생산된 모든 자료는 담당자뿐만 아니라 제3자도 쉽게 찾아볼 수 있도록 파일링하는 것이 좋으며, 가능한 한 성적서와 함께 모든 근거자료를 함께 파일링하는 것을 권장한다.
그 외 모든 기록에 대한 수정, 변경 및 접근에 대한 내용은 3장 '2.9 기록관리'의 해설을 참조하라.

시료 및 시약의 관리(교차오염 방지 등)

2-1. 시약 및 표준물질 구매 · 소모에 대한 기록 여부

해설

분석에 소요되는 각종 장비, 시약 및 표준물질 등은 분석결과에 영향을 미칠 수 있기 때문에 이들 물품을 구매하는 경우, 사양, 구매방법, 수령, 보관방법, 검사방법 등을 포함한 내부규정에 따라 합리적으로 구매하고 보관하여야 한다. 별도의 내부 규정이 없는 경우는 품질문서에 그것들을 명시할 수 있다.
구매한 물품은 요구한 사양에 적합한 것인지를 확인할 때까지는 사용하여서는 안 되며, '시약 및 표준물질 관리대장'에 구입량, 사용량 및 잔고량을 기록하고 있어야 한다.

2-2. 시약, 표준물질(표준용액) 및 시료 보관의 적절성

2-3. 제조된 시약 관리의 적정성

해설

시약, 표준물질 및 시료는 가능한 한 교차오염 및 화학물질에 의한 위험성을 억제할 수 있도록 각각 별도의 시설에 보관되어야 한다.
인화성 물질과 부식성 물질은 각각의 전용 캐비닛을 사용할 것을 권장하며, 인화성 물질을 실험실에 보관하는 경우에는 40 L 이상 보관하지 않도록 한다. 표준물질의 보관기간은 제조시에서 제공하는 기간으로 하고, 표준용액은 환경조건에 맞게 내부적으로 규정하여 관리하고 있어야 한다.
대기오염공정시험기준 ES 01000(총칙)에 따르면 표준액을 조제하기 위한 표준용 시약은 따로 규정이 없는 한 데시케이터에 보존된 것을 사용하도록 하고 있으며, 시약 및 표준용액의 관리는 대기오염공정시험기준 ES 01103(시약 및 표준용액)을 기준으로 한다.
환경대기 시료의 보존은 ES 01115(환경대기시료채취방법) '7.1 시료의 보존'에 따른다.
참고로, 시약의 저장을 위한 일반적인 기준은 다음과 같다.
1) 모든 화학물질은 특별한 저장 공간이 있어야 한다.
2) 모든 화학물질에는 물질이름, 소유자, 구입날짜, 위험성, 응급절차를 나타내는 라벨을 부착해야 한다.

3) 일반적으로 위험한 물질은 직사광선을 피하고 시원한 곳에 저장하며, 이종물질을 혼입하지 않도록 함과 동시에 화기, 열원으로부터 격리해야 한다.
4) 다량의 위험한 물질은 법령에 의하여 소정의 저장고에 종류별로 저장하고, 또한 독극물은 약품 선반에 잠금장치를 설치하여 보관한다.
5) 특히 위험한 약품의 분실, 도난 시에는 사고가 일어날 우려가 있으므로 담당책임자에게 보고해야 한다.

2-4. 시료의 식별 용이성

해설

채취된 시료는 식별이 용이하도록 관리하여야 하며, 반드시 시료에 라벨링을 하여야 한다.

2-5. 냉장보관 시설의 구비 여부

해설

시약, 표준물질 및 시료의 보관을 위한 각각의 냉장시설이 있어야 한다.

장비 및 물품의 관리

3-1. 분석장비의 주기적 점검 여부

해설

시료채취장비를 포함한 모든 장비는 적용하고자 하는 시험방법을 정상적으로 수행할 수 있어야 하며, 자체적으로 보유하고 있는 장비뿐만 아니라 빌려 쓰는 장비와 계약에 의해 공동으로 사용하는 장비도 주기적으로 그 성능이 확인되어야 한다.

새롭게 구입하는 장비를 비롯하여 모든 장비는 사용하기 전에 시험기관이 요구하는 사양을 만족하여야 하며 이를 확인하기 위해 교정을 하거나 점검을 하여야 하고, 그 결과를 기록으로 남기되 필요한 경우 라벨링하여 장비에 부착한다. 「환경분야 시험·검사 등에 관한 법률 시행규칙」 제2조에 명시된 측정기는 「환경분야 시험·검사 등에 관한 법률」 제11조에 따라 주기적으로 정도검사를 받아야 하며, 그 외 일반적인 분석장비는 「국가교정기관 지정제도 운영요령」 제40조에 따라 주기적으로 교정을 하여야 한다.

3-2. 교정대상 장비의 교정성적서 보유 여부

해설

교정에는 자체교정과 외부 전문기관에 의한 교정이 있으므로 어떠한 방법을 적용하든 주기적으로 교정하고 그 결과를 기록 및 보관하고 있어야 한다.

3-3. 부피측정 유리기구에 대한 내부 교정 여부

해설

분석기기뿐만 아니라 유리기구도 분석결과에 부정적인 영향을 미칠 수 있으므로 시험기관의 품질목표에 맞는 기준을 정하여 교정하여야 한다.

「국가교정기관 지정제도 운영세칙」에 준하여 부피 측정용 유리기구는 일반적으로 36개월 주기로(정밀계기) 교정을 하지만 모든 유리기구에 대해 교정하는 것이 아닐 것이므로 외부교정을 받지 않은 기구는 내부교정을 하여야 한다. 이 경우 반드시 교정절차와 판정기준(허용 오차)을 마련하고 이행하여야 한다.

3-4. 장비관리 및 사용대장 기록관리의 적정성

해설

3장의 '시험장비 및 표준물질' 해설 내용을 참조하라.

저울의 안정성 확인

4-1. 저울의 수평 유지 여부

4-2. 저울 내부에 흡습제 비치 여부

4-3. 저울 설치장소의 적절성

4-4. 저울 내·외부의 청결 여부

해설

저울실은 시약제조 시 표준성 및 정확성을 확보하고 분석오차를 줄이기 위해 실험수행실과 달리 별도의 공간을 확보하도록 하고, 만일 별도의 저울실이 없는 경우 저울을 사용할 공간을 확보하여 주변으로부터의 영향을 최소한으로 줄이는 것이 바람직하다.

저울은 효과적인 측정을 위해서 수평을 유지하고 진동이 없는 곳에 두어야 하며, 저울실의 바닥 역시 내진에 요동하지 않게 설비하는 것이 좋다. 이러한 설비를 갖출 수 없는 경우에는 저울하단부에 저울대를 두고, 주변의 공기흐름을 차단할 수 있는 덮개 등을 이용하는 것이 바람직하다.

저울실은 시약의 변질을 방지하기 위해 적절한 온도 유지(약 18 ℃ ~ 20 ℃)와 건조한 상태(상대습도 40 % ~ 60 %)를 유지해야 한다. 이를 위해 저울 내부공간에 흡습제를 두어야 한다.
저울실에 대한 일반적인 환경조건 및 운용방법은 다음과 같다.

- 이상적인 측정 환경은 실내온도 20 ℃ ± 2 ℃, 상대습도 45 % ~ 60 %이다. 별도의 저울실이 있어 이러한 환경조건을 유지하지 못하는 경우는 각 저울 내부에 습기의 영향을 배제하기 위하여 정상적인 기능을 갖고 있는 흡습제를 비치한다.
- 저울이 설치된 장소는 먼지가 적어야 하며, 저울 내부도 청결하여 이전에 사용하였던 화학물질이 남아 있지 않아야 한다.
- 저울은 진동에 매우 민감하므로 견고한 받침대를 사용해야 하며, 필요시에는 석재와 같은 받침대를 사용하여 평형을 유지한다.
- 에어컨, 환풍기와 같이 진동을 유발하는 장비는 저울 가까이에 설치하지 않는다.
- 직사광선이 닿지 않도록 설치한다.
- 자기를 띠는 기계를 저울 가까운 곳에 설치하지 않도록 한다.
- 저울 발판을 돌려 수평기의 물방울이 수평기 가운데 오도록 설치한다.
- 저울을 사용하기 전에는 반드시 1시간 이상 안정화하여 사용하며, 사용 후 AC 어댑터를 접속한 채로 대기(스텐바이) 상태로 놓아둔다.
- 처음 사용하거나 또는 사용 장소를 이동할 경우 반드시 정밀한 분동으로 검정하여 사용한다.

정제수 관리

5 - 1. 정제수 제조장치의 보유 여부

5 - 2. 정제수 제조장치 관리의 적절성

해설

정제수제조장치는 제조사 명세서상의 성능수치를 유지하는지 매일 확인한다. 멤브레인 필터(membrane filter)의 유효 사용기간을 엄격하게 준수하고 교환한다. 제조한 정제수 보관기간이 오래되지 않도록 하고 6개월에 한 번씩 아래 모든 항목에 대해 측정하여 성능을 확인하고 필요한 조치를 한다. 실험실은 정제수 제조장치의 교정 또는 성능확인을 위한 절차와 판정기준에 따라 진행하며 장비관리대장 및 내부교정결과보고서에 기록하여 문서화한다.
시약등급수의 수질기준을 미국 ASTM(american society for testing and materials)에서는 4개 등급으로 구분하고 있는데 유형 I은 정밀한 분석용이며, 유형 II는 일반 분석실용이므로 이에 대한 아래의 수질이 보장되어야 한다.

	유형 I (Type I)	유형 II (Type II)
전기전도도, 최댓값, μS / cm, 25 ℃	0.056	1.0
전기 저항, 최솟값, MΩ·cm, 25 ℃	18	1.0
25 ℃에서의 pH		
총 유기 탄소(TOC), 최댓값, μg / L	50	50
소듐(Na), 최댓값, μg / L	1	5
염화이온, 최댓값, μg / L	1	5
총 실리카, 최댓값, μg / L	3	3

분석환경의 적절성

6-1. 항온 · 항습기의 정상가동 여부

해설

분석기기 및 저울 등은 정상가동을 위하여 절절한 온도와 습도가 요구된다. 이를 위하여 항온항습기를 설치하고 정상적으로 가동하는지를 확인하라는 것이나, 국가적으로 에너지 절약 정책을 추진하고 있으므로 이들 장비의 유지와 사용에 문제가 발생하지 않는다면 그 시간 동안은 일정한 온도와 습도를 유지하지 않아도 상관없을 것이다.
또한 문자적 표현 그대로 항온항습기의 설치를 주장하는 평가위원도 있으나 왜 적정 온 · 습도의 유지가 필요한지를 생각하면 반드시 항온항습기가 필요한 것이 아니며 온 · 냉풍기 등을 사용해도 적정 온 · 습도를 유지하여 분석결과에 부정적인 영향을 미치지 않는다면 이 항은 적절히 대응하고 있다고 봐야 한다.

6-2. 기기실 및 전처리실의 온도계와 습도계 비치 여부

6-3. 기기실 및 전처리실의 적정 온도, 습도 유지 여부

해설

분석기기실 및 전처리실을 비롯한 분석결과에 영향을 미칠 수 있는 시험공간에서 적정한 온도와 습도가 유지되는 것을 기록하여야 하므로 이들 장소에 온도계와 습도계가 설치되어 작동하는 것을 확인하여야 하며, 현장평가 당시와 과거의 기록으로 환경오염공정시험기준에서 요구하는 온도와 습도를 유지하는지 확인하여야 한다.
그러나 정부의 에너지 절약 정책을 감안하여 실험을 하지 않는 시간에는 시설관리 차원에서의 온도와 습도만 유지되어도 무방할 것이다.

환기시설의 설치

7-1. 환기시설 설치의 적정성

7-2. 환기시설의 정상가동 여부

해설

환기는 수단으로 구분하면 자연적 환기와 기계적 환기로 구분된다. 때문에 환기는 별도의 환기시설을 설치하지 않더라도 자연적 환기를 통하여 실험실 내에 유해물질이 배출되도록 한다면 환기시설을 설치한 것으로 보아야 한다. 그러나 자연적 환기만으로 유해물질의 배출이 원활하지 않아 실험실 내에 시약 냄새가 난다면 기계적으로 환기하여야 하며, 기계적 환기를 하든 하지 않든 간에 실험실 내에서 시약 냄새 등이 난다면 정상적으로 가동되지 않는 것으로 보아야 한다.
일부 평가위원은 반드시 환풍기 등의 최소한의 환기시설을 갖추도록 하고 있는데 이는 잘못된 판단으로 보인다. 대기오염공정시험기준에는 환기에 대한 특별한 규정이 없으나 만약 기계적 환기를 한다면 24시간 연속적으로 가동되는 것이 가장 이상적이며, 그렇지 않고 실험을 하는 중에만 가동한다고 하여도 시간당 8회 ~ 10회 정도 환기되어야 적절하다.

담당자의 변경에 따른 교육 및 숙련도 평가 절차 수립여부

8-1. 분석 담당자 변경에 따른 분석능력 평가 여부

해설

직원이 관련 법령에 따른 자격을 보유하고 있을지라도 시험기관에서 맡게 될 분석항목에 대한 운영능력은 평가되어야 고객의 요구나 시험기관의 품질목표를 만족시킬 수 있다. 때문에 신규 직원과 마찬가지로 기존 직원이라 할지라도 담당업무가 바뀌게 되면 새로운 항목에 대한 분석능력이 있음을 숙련도 시험 등을 통하여 입증한 후 시험기관의 기준을 만족하였을 때 정상적으로 그 업무를 수행할 수 있다. 따라서 이런 경우에 대비해서 그 능력을 평가하는 절차와 판정기준을 품질문서에 규정하고 이행하여야 한다.

참고로, 일부 시험기관은 직원의 분석 역량평가에 Z값을 적용하는 것으로 규정하기도 하는데 이는 통계학적으로 잘못된 것이며 한두 명에 대한 능력평가에는 오차율을 적용하는 것이 타당하다(정성시험은 제외).

또한 측정대행업 등록 예정인 시험기관에서도 채용한 기술인력에 대해 본 항에 따라 능력평가를 이행하고 기록으로 남겨야 한다.

그 외 관련내용은 '운영 및 기술 분야'의 〈직원〉 해설 내용을 참조하라.

고압가스의 안전관리

9-1. 고압가스 실린더의 고정 여부

9-2. 가연성 가스의 구분 보관 여부

해설

시험에 사용하는 가스저장시설은 시험값의 정확도에는 영향을 미치지 않으나 분석자의 안전과 건강을 위하여 「고압가스안전관리법 시행규칙」 별표8에 따라 관리하여야 한다. 그 주요 내용을 살펴보면 다음과 같다.

- 가스설비 또는 저장설비는 그 외면으로부터 화기를 취급하는 장소까지 2 m(가연성 가스 또는 산소의 가스설비 또는 저장설비는 8 m) 이상의 우회거리를 유지할 것
- 배관의 재료는 그 고압가스의 취급에 적합한 기계적 성질 및 화학적 성분을 가지는 것일 것
- 가연성 가스(암모니아, 브롬화메테인 및 공기 중에서 자기 발화하는 가스는 제외한다)의 저장설비 중 전기설비는 그 설치장소 및 그 가스의 종류에 따라 적절한 방폭성능을 가진 것일 것
- 가연성 가스의 가스설비실 및 저장설비실에는 누출된 고압가스가 체류하지 않도록 환기구를 갖추는 등 필요한 조치를 할 것
- 고압가스저장시설의 안전을 확보하기 위하여 필요한 곳에는 고압가스를 취급하는 시설 또는 일반인의 출입을 제한하는 시설이라는 것을 명확하게 알아볼 수 있도록 경계표지, 식별표지 및 위험표지 등 적절한 표지를 하고, 외부인의 출입을 통제할 수 있도록 적절한 경계책을 설치할 것
- 충전용기는 항상 40 ℃ 이하의 온도를 유지하고, 직사광선을 받지 않도록 조치할 것
- 밸브가 돌출한 용기(내용적이 5 L 미만인 용기는 제외한다)에는 용기의 넘어짐 및 밸브의 손상을 방지하는 조치를 할 것

– 가연성 가스 및 산소의 충전용기 보관실의 벽은 그 저장설비의 보호와 그 저장설비를 사용하는 시설의 안전 확보를 위하여 불연재료(不燃材料)를 사용하고, 가연성 가스의 충전용기 보관실의 지붕은 가벼운 불연재료 또는 난연재료(難燃材料)를 사용할 것

나. 대기－2(배출가스 중 무기물질: 굴뚝먼지)

시료채취

1－1. 시료채취장비 및 물품 보유 여부

1－1－1. 먼지채취장치, 수분채취장치, 산소측정기 등을 보유하고 있는가?

1－1－2. 여과지 및 실리카겔 및 시약 등은 적정하게 준비되고 보유하고 있는가?

해설

ES 01301(배출가스 중 먼지) 및 ES 01114(배출가스 중 굴뚝배출 시료채취방법)에 의하면 배출가스 중 무기물질로서의 굴뚝 먼지 시료채취방법은 반자동식 측정법, 수동식 측정법, 자동식 측정법이 있으므로, 시험기관에서 사용하는 방법을 확인하고 그에 맞는 시료채취장비 및 물품을 보유하고 있는지 확인한다.
반자동식 측정법의 시료채취기는 흡입노즐, 흡입관, 피토관, 여과지홀더, 여과지 가열장치, 임핀저 트레인, 가스흡입 및 유량측정부 등으로 구성되며, 수동식 측정법의 시료채취기는 먼지포집부, 가스흡입부, 흡입유량 측정부 등으로 구성되고, 자동식 측정법의 시료채취기는 흡입노즐, 흡입관, 피토관, 차압게이지, 여과지홀더, 임핀저 트레인, 자동등속흡입 제어부, 유량자동제어밸브, 산소농도계, 온도측정부, 측정데이터 기록부 등으로 구성되어 있으며 시료채취장치의 모든 접속부분에 가스누출이 있어서는 안 된다.
그리고 이러한 시료채취 기구 및 기기와 필요한 시약(흡습제 등)을 보유하고 그 관리대장이 기록되고 보관되어야 한다.

1－2. 시료채취 장비의 보관 및 관리상태

1－2－1. 먼지채취장치, 수분채취장치, 산소측정기 등에 대한 유효한 정도검사 성적서를 보유하고 있는가?

1－2－2. sampler 및 부속기기 등이 정상가동되고 있는가?

해설

시료채취를 위한 기구와 기기는 정상적으로 작동하여야 하며, 유량계, 저울, 온도계 등에 대하여는 자체 교정 지침 또는 기술표준원의 「국가 교정기관지정제도 운영요령」에 의한 교정성적서를, 대기오염물질측정기에 대하여는 「환경분야 시험·검사 등에 관한 법률 시행규칙」 제7조에 따라 굴뚝시료채취장치와 그 부속기기에 대한 정도검사 성적서를 보유하고 있어야 한다.

1－3. 시료 채취점 선정방법의 적절성

1－3－1. 굴뚝의 지름 환산은 적정하게 하는가?

1－3－2. 측정점의 위치와 그 수는 적정하게 결정되고 있는가?

해설

ES 01114(배출가스 중 굴뚝 배출시료 채취방법) '2.0 측정위치, 측정공 및 측정점의 선정'에 따라 측정공 및 채취점을 정확하게 선정하고 있는지 확인한다. 그 정확성은 시료채취기록부를 통해 확인할 수 있다.

1－4. 시료채취장비의 누출시험

1－4－1. 시료채취 전, 누출시험은 적정히 시행 · 기록되고 있는가?

해설

등속흡입과 누출공기 확인을 통해 정확한 유속과 유량 측정이 필요하며 보정된 정교한 저울을 사용하여 최대한의 오차를 줄여 실제값에 가까운 무게 농도를 측정하여야 하므로 질문을 통하여 누출확인시험을 잘 이해하고 있는지 확인한다. 참고로, ES 01114(배출가스 중 굴뚝 배출시료 채취방법)에 따른 입자상 물질의 시료채취방법에서는 특별한 누출확인 시험 방법에 대해 규정하고 있지 않다.

측정

2－1. 수분량 측정

2－1－1. 수분량 측정을 위한 구성 물품은 적절한가?

2－1－2. 수분량 계산 방법은 정확한가?

해설

ES 01114(배출가스 중 굴뚝 배출시료 채취방법) '3.2 배출가스 중 수분량 측정'에 따라 수분량을 측정하여야 하며, 측정방법은 별도의 흡습관을 이용하는 방법, 임핀저를 이용하는 방법, 수분응축기를 사용하는 방법 및 계산에 의한 방법 등이 있다.

별도의 흡습관을 이용하는 방법 중 시료채취장치 1형과 2형을 사용하는 경우, 배출가스 중의 수분량은 습한 가스 중 수증기의 부피백분율로 표시하고 다음 식으로 구할 수 있다.

$$Xw = \frac{\frac{22.4}{18}m_a}{Vm \times \frac{273}{273+\theta m} \times \frac{Pa+Pm}{760} + \frac{22.4}{18}m_a} \times 100$$

Xw: 배출가스 중의 수증기의 부피 백분율(%)

m_a: 흡습 수분의 질량(ma_2 －ma_1) (g)

Vm: 흡인한 건조 가스량(건식가스미터에서 읽은 값) (L)

θm: 가스미터에서의 흡인 가스온도(℃)
Pa: 대기압(mmHg)
Pm: 가스미터에서의 가스의 게이지압(mmHg)

2-2. 먼지 측정

2-2-1. 동압은 0.1 mm H_2O 단위까지 정확하게 측정되고 있는가?
2-2-2. 배출가스의 밀도와 유속 계산은 적정한가?
2-2-3. 등속흡입계수는 95 %~110 %를 유지하고 있는가?
2-2-4. 등속흡입계수의 계산과정과 관계식에 대해 이해하고 있는가?
2-2-5. 교정된 오리피스미터(ΔH)와 가스미터계수 값을 사용하는가?

해설

ES 01114(배출가스 중 굴뚝 배출 시료 채취방법) '5.2.5 시료채취'에 따른 절차와 기준에 따라 시료를 채취하는지 확인한다.

2-3. 먼지 시료채취 기록

2-3-1. 먼지 시료채취기록은 현장에서 기록되고 있는가?
2-3-2. 각 요소는 적정하게 기록되고 있는가?
2-3-3. 시료채취 시 가스미터의 시작과 끝 눈금을 기록하는가?
2-3-4. 흡입가스량 또는 흡입시간은 적절한가?

해설

ES 01114(배출가스 중 굴뚝 배출시료 채취방법)의 따라서 시료채취기록부를 기록하되 시료채취 중에 굴뚝 내 배출가스 온도, 건식 가스미터의 입구 및 출구온도, 여과지홀더 온도, 최종 임핀저 통과 후의 기체온도, 진공게이지압 등을 측정 기록하고 채취가 끝날 때마다 측정점에서의 기체시료채취량을 기록하고 있는지 확인한다.
ES 01301.1(배출가스 중 먼지 – 반자동식 측정법) 등에 따라 먼지시료를 채취할 때는 채취점에서 최소 2분 이상의 시료채취 시간을 필요로 하며, 모든 채취점에서 채취시간을 동일하게 하는지를 확인한다. 흡인가스량은 원칙적으로 포집량이 원형여과지일 때 포집면적 1 cm^2당 1 mg 정도, 원통형여과지일 때는 전체 포집량이 5 mg 이상이 되도록 한다. 다만, 동 포집량을 얻기 곤란한 경우에는 흡인유량을 400 L 이상 또는 흡입시간을 40분 이상으로 한다.
먼지시료채취기록지는 ES 01114(배출가스 중 굴뚝 배출시료 채취방법) 및 ES 01301.1(배출가스 중 먼지 – 반자동식 측정법)에 따라 다음의 서식을 사용하여야 한다.

공장명 ____________

측정대상명 ____________

작성자명 ____________

측정일 ____________

측정번호 ____________

오리피스미터 △H ____________

굴뚝단면 및 측정점 배열

피토관계수 ____________

기온, ℃ ____________

기압, mmHg ____________

수분량, % ____________

흡입관 길이, m ____________

흡입노즐 직경, cm ____________

배출가스정압, mmHg ____________

산소량 (%) ____________

등속흡입계수 (%) ____________

여과지 번호 ____________

채취 점 번호	시료 채취 시간 (분)	진공 게이지 지압 (mmHg)	배출 기체 온도 (℃)	배출 기체 동압 (mmH_2O)	오리피스 압차 (mmH_2O)	시료 채취량 (m^3)	건식 가스미터에서의 온도 (℃)		여과지 홀더 온도 (℃)	최종임핀저출구온도 (℃)
							입구	출구		
합계							평균	평균		
평 균							평 균			

[비고] 1. 시료채취 중 임핀저 통과 후의 가스온도가 20 ℃가 넘을 경우엔 잘게 부순 얼음을 더 채우거나 소금을 첨가하도록 한다.

2. 먼지가 포집됨에 따라 여과지에 전후의 압력이 너무 높아져 등속흡입을 유지하기가 어려울 경우에 새 여과지로 교환(여과지홀더도 같이 교환하는 것이 좋다.)한 후 시료채취를 계속한다. 이때 총포집먼지량은 각 여과지에 포집된 먼지량의 합이 된다.

시료분석 및 결과

3 - 1. 시료의 건조 온도와 데시케이터에서의 냉각 후 칭량 단위의 적정성

3 - 2. 먼지 농도계산의 정확성

3 - 3. 최종 결과의 검산을 위한 관계식과 자료들의 기록 및 보존 여부

해설

ES 01301.1(배출가스 중 먼지 – 반자동식 측정법) '7.3 시료분석절차'에 따라서 시료채취장치 1형을 사용할 경우는 다음과 같이 분석하는지 확인한다.

- 시료를 (110 ± 5) ℃로 충분히 건조하고 데시케이터 내에서 실온까지 냉각하여 무게를 0.1 mg까지 측정한다.
- 바탕시험용 여과지도 시료와 동일한 조건에서 무게를 단다.
- 다음과 같이 포집된 먼지량을 구한다.
  포집된 먼지량 = 먼지포집 전후의 여과지 무게차 ± 바탕시험에 사용된 여과지 무게차

만약, 시료채취장치 2형을 사용할 경우는 다음과 같이 분석하는지 확인한다.

- 용기 No.1의 시료를 평량접시에 옮긴 다음, (110 ± 5) ℃(배출가스 온도가 115 ℃ 이상일 경우 배출가스 온도와 동일하게 건조)에서 충분히 건조하고 데시케이터 내에서 실온까지 냉각하여 무게를 0.1 mg까지 측정한다.
- 용기 No.2의 세척액을 비커에 옮기고 방치하여 아세톤을 증발시킨 다음, 데시케이터 내에서 24시간 동안 건조시켜 무게를 0.1 mg까지 측정한다. 바탕시험은 세척에 사용된 양과 같은 양의 아세톤을 사용하여 위와 같이 행한다.
- 다음과 같이 포집된 먼지량을 구한다.
  포집된 먼지량 = 용기 No.1의 먼지시료 무게(포집전후의 여과지 무게 차) + 용기 No.2의 먼지시료 무게 – 바탕시험 시의 불순물 무게.

다. 대기–3(배출가스 중 휘발성유기화합물: 벤젠, 사염화 탄소, 클로로폼 등)

시료채취

1 - 1. 시료채취장비 및 부속기기 적합성

1 - 1 - 1. 적정한 시료채취 펌프를 보유하고 있는가?

1 - 1 - 2. 시료채취 펌프가 정상 가동되고 있는가?

1 - 1 - 3. 유량계가 정상 가동되고 있는가?

해설

ES 01113(배출가스 중 휘발성유기화합물 시료채취방법) 및 ES 01114(배출가스 중 굴뚝 배출 시료채취방법) '6.0 휘발성유기화합물의 시료채취방법'에 따른 배출가스의 휘발성유기화합물질 시료채취장치(Volatile Organic Sampling Train, VOST) 중 흡착관법은 시료채취관, 밸브, 응축기(2세트), 흡착관(2세트), 응축수트랩(2세트), 건조제(실리카겔), 유량계, 진공펌프 및 진공게이지와 건식가스미터로 구성되므로 이들 장비를 보유하고 있고 정상적으로 작동되는지 확인한다.

이들 규정에 따르면 시료채취펌프는 흡입유량이 1 L / min ~ 10 L / min의 용량과 격막펌프(diaphragm pump)로 VOC 흡착성이 낮은 재질(테플론 재질)로 된 것을 사용하여야 한다.

시료채취를 위한 펌프와 유량계는 정상적으로 작동하여야 하며, 특히 유량계는 교정을 받고 교정성적서를 부착(보관)하여야 한다.

1-2. 시료채취시간 또는 시료채취량의 적절성

1-2-1. 적정한 유량으로 시료를 포집하고 있는가?

1-2-2. 총 시료채취량을 적정하게 포집하는가?

해설

ES 01113(배출가스 중 휘발성유기화합물 시료채취방법) 및 ES 01114(배출가스 중 굴뚝 배출 시료채취방법) '6.0 휘발성유기화합물의 시료채취방법'에 따른 배출가스의 휘발성유기화합물질 시료채취장치(VOST) 중 흡착관법의 시료 흡인속도는 100 mL / min ~ 250 mL / min 정도로 하며, 시료채취량은 1 L ~ 5 L 정도가 되도록 한다. 테들라 백(Tedlar bag)방법에 의한 시료채취에서 테들라 백은 2 L ~ 10 L 규격을 사용하여 1 L / min ~ 2 L / min 정도로 시료를 흡인한다.

1-3. 시료(흡착관)보관 및 관리의 적절성

1-3-1. 흡착관의 시료 흐름 방향 및 시료번호 표시가 적정한가?

1-3-2. 채취된 흡착관을 밀봉하여 보관하는가?

1-3-3. 흡착관에 충전된 흡착제의 가열 가능한 최대온도 및 파과유량 범위에 대해 이해하고 있는가?

해설

ES 01113(배출가스 중 휘발성유기화합물 시료채취방법) '2.2.1.4 흡착관'에 따르면 다음의 조건을 만족하여야 하므로 이에 대해 확인한다.

- 흡착관은 스테인리스강 재질(예: 5 mm × 89 mm) 또는 파이렉스(pyrex) 유리(예: 5 mm × 89 mm)로 된 관에 측정대상 성분에 따라 흡착제를 선택하여 각 흡착제의 파과부피(breakthrough volume)를 고려하여 일정량 이상(예: 200 mg)으로 충전한 후에 사용한다.
- 보통 350 ℃(흡착제의 종류에 따라 조절가능)에서 99.99 % 이상의 헬륨기체 또는 질소기체 50 mL / min ~ 100 mL / min으로 적어도 2시간 동안 안정화시키고(시판된 제품은 최소 30분 이상), 흡착관은 양쪽 끝단을 테플론 재질의 마개를 이용하여 밀봉하거나, 불활성 재질의 필름을 사용하여 밀봉한 후 마개가 달린 용기 등에 넣어 이중 밀봉하여 보관한다.
- 흡착관은 24시간 이내에 사용하지 않을 경우 4 ℃의 어두운 곳에 보관하고, 반드시 시료채취 방향을 표시해주고 고유번호를 적도록 한다.

1-4. 시료의 외부오염 최소화 방법

1-4-1. 흡착관 취급 시 장갑의 착용 등으로 외부오염에 대한 조치를 하는가?

1-4-2. 운반 시 흡착관이 외부에 노출되지 않도록 보관함을 사용하는가?

해설

ES 01113(배출가스 중 휘발성유기화합물 시료채취방법) 및 ES 01114(배출가스 중 굴뚝 배출 시료채취방법) '6.0 휘발성유기화합물의 시료채취방법'에 시료의 외부오염 방지를 위한 방안은 구체적으로 제시하지 않고 있다. 그러나 다음과 같은 규정을 두고 있으므로 이를 이행하는지 확인하여야 한다.

- 흡착관 방법을 적용한 경우, 시료를 채취한 흡착관은 양쪽 끝단을 테플론 재질의 마개를 이용하여 단단히 막고 불활성 재질의 필름 등으로 밀봉하거나 마개가 달린 용기 등에 넣어 이중으로 외부공기와의 접촉을 차단하여 분석하기 전까지 4 ℃ 이하에서 냉장 보관하여 가능한 빠른 시일 내에 분석한다.
- 테들라백 방법을 적용한 경우, 테들라백은 새 것을 사용하는 것을 원칙으로 하되 만일 재사용 시에는 제로기체와 동등 이상의 순도를 가진 질소나 헬륨기체를 채운 후 24시간 혹은 그 이상 동안 시료채취주머니를 놓아둔 후 퍼지(purge)시키는 조작을 반복하고, 시료채취주머니 내부의 기체를 채취하여 기체크로마토크래프를 이용하여 사용 전에 오염 여부를 확인하고 오염되지 않은 것을 사용한다. 테들라백은 시료채취 동안이나 채취 후 보관 시 반드시 직사광선을 받지 않도록 하여 시료성분이 시료채취주머니 안에서 흡착, 투과 또는 서로간의 반응에 의하여 손실 또는 변질되지 않아야 한다. 진공흡입상자를 사용하여 시료를 채취하는 것이 가장 안전하다.

1-5. 시료채취와 함께 측정하여야 하는 항목의 측정

해설

ES 01113(배출가스 중 휘발성유기화합물 시료채취방법) 및 ES 01114(배출가스 중 굴뚝 배출 시료채취방법) '6.0 휘발성유기화합물의 시료채취방법'에 시료채취와 함께 측정하여야 하는 항목에 대해 언급하고 있지 않다.
하지만 이들 시험방법을 검토해 볼 때, 흡착관법을 적용하여 시료를 채취하는 경우 시료흡인속도, 시료채취량, 가스미터의 유량과 온도 및 압력 등을 함께 측정하여 기록하여야 하며, 테들라백법을 적용하는 경우 흡인속도를 측정하여야 한다.
그리고 모든 일반적인 시료채취의 경우, 채취지점명, 채취시간, 채취위치, 채취자를 비롯하여 기온, 습도, 기압, 채취방법을 기재하고 채취자가 서명하도록 하며 시료채취기록부의 기록 내용에 대해 기술책임자가 확인서명하여야 한다.

전처리

2-1. 전처리 과정의 정확성

2-1-1. 흡착관을 적절하게 안정화(conditioning)시키는가?

2-1-2. 전처리한 흡착관을 적정하게 보관하는가?

해설

ES 01113(배출가스 중 휘발성유기화합물 시료채취방법) 및 ES 01114(배출가스 중 굴뚝 배출 시료채취방법) '6.0 휘발성유기화합물의 시료채취방법'에 따라 다음과 같이 안정화하고 적정하게 보관하는지를 확인한다.

- 흡착관은 보통 350 ℃(흡착제의 종류에 따라 조절가능)에서 99.99 % 이상의 헬륨 기체 또는 질소 기체 50 mL / min ~ 100 mL / min으로 적어도 2시간 동안 안정화시키고(시판된 제품은 최소 30분 이상), 흡착관은 양쪽 끝단을 테플론 재질의 마개를 이용하여 밀봉하거나, 불활성 재질의 필름을 사용하여 밀봉한 후 마개가 달린 용기 등에 넣어 이중 밀봉하여 보관한다.

기기 분석

3 - 1. 필요한 장비 및 물품의 적절성

3 - 1 - 1. 목적에 맞는 검출기를 선택하는가?

3 - 1 - 2. 가스 순도는 적절한가?

3 - 1 - 3. 공정시험기준의 분석항목에 적절한 컬럼을 사용하는가?

3 - 1 - 4. 소급성이 인정된 표준물질을 사용하는가?

3 - 1 - 5. 분석물질의 분취 및 주입 시 기체용 주사기를 사용하는가?

해설

ES 01506.1(배출가스 중 벤젠 – 기체크로마토그래피)에 의한 벤젠 분석에는 불꽃이온화검출기(FID)나 질량분석기(MS)가 부착된 GC를 사용한다. ES 01509.1(배출가스 중 사염화탄소, 클로로폼, 염화비닐 – 기체크로마토그래피)에 의한 사염화탄소, 클로로폼, 염화비닐 분석에는 흡착관법 시료에 대해서는 불꽃이온화검출기(FID)나 질량분석기(MS)를 사용하고, 테들라 백법 시료에 대해서는 0.1 ppm 이상의 감도를 가진 ECD 혹은 FID나 MS가 장착된 GC를 사용한다.
벤젠 분석을 위한 운반기체는 비활성의 건조하고 순수한(99.999 % 또는 그 이상의 고순도) 질소 혹은 헬륨을 사용한다. 사염화탄소 등을 위한 연료기체로서 수소는 99.9995 % 이상의 순도를 갖는 것을 사용하고 이 수소와 함께 순도 99.99 % 이상의 산소나 탄화수소 함량이 0.1 ppm 이하의 공기를 사용하며, 운반기체는 순도 99.9995 % 이상의 헬륨이나 질소를 사용하며, 실린더 후단에 탄화수소 불순물 제거 트랩을 장착하여 미량 불순물을 완전히 제거한 후 사용한다.
벤젠 분석을 위한 컬럼은 석영 재질로 된 분리관의 내벽에 비극성 고정상이 결합된 컬럼을 사용하며, 컬럼의 길이는 충분한 분해능을 갖기 위해 일반적으로 50 m ~ 60 m 길이에 내경은 0.25 mm ~ 0.53 mm인 것을 사용할 수 있다. 사염화탄소 등을 위한 컬럼은 흡착관법 시료나 테들라백법 시료나 공히 BP-1, PLOT 및 VOCOL 컬럼 또는 이와 동등한 성능 이상의 최적 분리능 및 빠른 분석 시간을 제공할 수 있는 컬럼을 선택한다.
두 공정시험기준에서 가스상 표준물질은 소급성이 명시된 고농도(ppm 수준)의 인증표준물질을 구입하여 측정농도에 맞게 직접 사용하거나 저농도(ppb 수준)로 희석하여 사용한다. 또는 저농도 표준물질을 사용할 수도 있다. 고농도 표준물질을 저농도 표준물질로 희석하기 위해서는 기체용 주사기(gastight syringe)로 고농도 표준가스 일정량을 분취한 뒤 질소가 담긴 테들라백에 주입하여 저농도의 표준물질을 제조한다.

3-2. 기기 운영상태의 적합성

3-2-1. 주기적인 점검을 실시하는가?

해설

기기의 정상적인 가동 여부를 확인하기 위하여 주기적으로 내부교정방법으로 마련한 절차에 따라 교정하여 그 판정기준을 만족하는지 확인한다.

3-3. 검출한계의 적합성

3-3-1. 검출한계를 확인하여 측정하는가?

3-3-2. 검출한계의 측정방법을 숙지하고 있는가?

3-3-3. 측정된 검출한계가 적절한가?

해설

ES 01001(정도보증 / 정도관리) '4.0 검출한계'에 의하면 검출한계(detection limit)는 측정 항목이 포함된 시료에 대하여 통계적으로 정의된 신뢰수준(통상적으로 99 %의 신뢰수준)으로 검출할 수 있는 최소 농도로 정의한다.
검출한계 계산은 분석장비, 분석자, 시험분석방법에 따라 달라질 수 있고, 적용 방법에 따라 방법검출한계(method detection limit, MDL)와 기기검출한계(instrument detection limit, IDL) 및 정량한계(minimum quantification limit)로 나눌 수 있다.
그 중 방법검출한계는 방법바탕시료를 이용하여 예측된 방법검출한계 농도의 3배 ~ 5배 농도를 포함하도록 제조된 7개의 매질첨가시료를 준비하여 반복 측정하여 얻은 결과의 표준편차(s)에 3.14를 곱한 값이다.
ES 01506.1(배출가스 중 벤젠 – 기체크로마토그래피)에 의한 벤젠 분석에서는 방법검출한계가 0.03 ppm이며, ES 01509.1(배출가스 중 사염화탄소, 클로로폼, 염화비닐 – 기체크로마토그래피)에 의한 사염화탄소, 클로로폼, 염화비닐 분석에 의한 사염화탄소, 클로로폼, 염화비닐의 방법검출한계도 0.03 ppm이다.
참고로, ES 01001(정도보증 정도관리) '4.4 방법검출한계의 적용 주기'에 의하면 분석자의 교체, 분석장비의 교체, 시험방법 변경 등 중요한 변경사항이 발생하면 관련된 모든 오염물질 항목에 대해 방법검출한계를 재시험하여 계산하고 문서화해야 하며, 중대한 변화가 발생하지 않아도 최소한 1년마다 정기적으로 적용하는 시험방법과 분석장비에 대한 분석자의 방법검출한계를 수행하여 계산하도록 하고 있다.

3-4. 검정곡선의 적절성 및 직선성(R^2)

3-4-1. 검정곡선의 직선성은 적절한가?

3-4-2. 검정곡선의 범위는 적절한가?

해설

ES 01506.1(배출가스 중 벤젠 – 기체크로마토그래피)과 ES 01001(정도보증 정도관리)에는 검정곡선의 결정계수(R^2)가 제시되지 않고 있으며, ES 01509.1(배출가스 중 사염화탄소, 클로로폼, 염화비닐 – 기체크로마토그래피)에서는 "정량범위 내의 3개 이상의 농도에 대해 검정곡선을 작성하고 얻어진 검정곡선의 결정계수(R^2)가 0.98 이상 또는 감응계수의 상대표준편차가 5 % 이내여야 하며 상관계수나 상대표준편차가 허용범위를 벗어나면 재작성하도록 한다."고 규정되어 있으므로 작성된 검정곡선이 이것을 만족하는지 확인한다.

일반적으로는 시험방법에 검정곡선에 대한 요구사항이 구체적으로 제시되어 있을 경우, 실험실은 반드시 요구사항을 따라야 한다. 만일 시험방법에 정의되어 있지 않다면 검정곡선은 시료를 분석할 때마다 매번 수행해야 한다. 부득이하게 한 개 시료군(batch)의 분석이 하루를 넘길 경우라도 가능한 2일을 초과하지 않아야 하며, 3일 이상 초과한다면 검정곡선을 새로 작성한다. 오염물질 분석에 사용할 검정곡선은 정도관리 시료와 실제 시료에 존재하는 오염물질 농도 범위를 모두 포함할 수 있는 범위이어야 한다.

검정곡선은 최소한 바탕시료와 표준물질 1개 이상을 사용하여 단계별 농도로서 작성해야 하고 특정 유기화합물질 분석에서는 표준물질을 7개의 단계별 농도로 작성하도록 권장한다. 일반적인 몇몇 무기물질 시험방법은 최소한 각 오염물질 바탕시료와 표준물질 3개의 단계별 농도를 권장한다. 검정곡선의 상관계수(R, correlation coefficient)는 1에 가까울수록 좋으며 0.9998 이상이 바람직하고 1에 가까울수록 좋다. R^2는 0.98 이상을 권장한다. 검정곡선 작성 시 원점을 통과하는 것이 이상적이나 강제로 원점을 통과하도록 하는 것은 오차를 유발할 수 있으므로 주의한다.

3-5. 바탕시험결과의 적합성

3-5-1. 채취용기(conditioning tube, travel blank tube), 분석환경, 분석장치 등에 대한 바탕시험을 실시하는가?

해설

ES 01506.1(배출가스 중 벤젠 – 기체크로마토그래피)와 ES 01509.1(배출가스 중 사염화탄소, 클로로폼, 염화비닐 – 기체크로마토그래피)에 "시료군마다 1개의 방법바탕시료를 측정한다. 방법바탕시료는 실제시료와 동일한 방법으로 전처리·분석되어야 하며 측정값은 방법검출한계(0.03 ppm) 이하여야 한다."고 규정되어 있으므로 이를 기준으로 방법바탕시료를 측정하는지 확인한다.

참고로, ES 01001(정도보증 정도관리)에는 바탕시료를 사용 목적에 따라 방법바탕시료(method blank), 현장바탕시료(field blank), 운송바탕시료(trip blank), 정제수 바탕시료(reagent water blank), 실험실바탕시료(laboratory blank), 기기바탕시료(equipment blank)로 구분하고, 현장바탕시료는 시료 한 그룹당 1개, 시료채취에 사용되는 장비의 유형에 대해 20개의 시료마다 1개를 적용하도록 하고 있다.

3-6. 정밀도 및 정확도의 적합성

3-6-1. 검정곡선 중간농도의 표준용액(물질)을 이용한 재현성을 확인하는가?

3-6-2. 정확도 및 정밀도를 측정하는가?

3-6-3. 정확도 및 정밀도 측정방법을 숙지하고 있는가?

3-6-4. 측정된 정밀도의 적합성을 유지하는가?

3-6-5. 측정된 정확도의 적합성을 유지하는가?

해설

ES 01001(정도보증 정도관리) '5.0 정확도'에 의하면 정확도(accuracy)는 시험·검사결과가 얼마나 참값에 근접하는가를 나타내는 척도로서 시험결과 값이 참값 또는 기지의 첨가농도와 차이가 나지 않을 때 이 시험은 정확하다고 할 수 있다. 정확도는 다음 식과 같이 % 회수율(% R)을 측정하여 평가한다.

$$\% \text{ R} = \frac{\text{measured value}}{\text{true value}} \times 100 \ \% = \frac{\text{spiked value} - \text{unspiked value}}{\text{spike value}} \times 100 \ \%$$

ES 01001(정도보증 정도관리) '6.0 정밀도'에 의하면 시험분석 결과들 사이에 상호 근접한 정도의 척도이며 %상대표준편차(RSD)로 표시하는 것을 기본으로 한다.

$$\text{RSD}(\%) = \frac{s}{\bar{x}} \times 100 \ \%$$

아울러 정확도와 정밀도는 시험방법에 대한 수행 능력을 확인하기 위해 각 실험실은 실험실 내의 정확도 확인을 최소한 1년마다 1회씩 실시하도록 규정하고 있으며, 실험실에 중요한 변경사항(분석자의 교체, 분석장비의 교체, 시험방법 변경 등)이 발생한 경우에도 실시하여야 한다.

ES 01506.1(배출가스 중 벤젠 – 기체크로마토그래피)에 의하면 정확도에 대한 규정은 없고, 정밀도에 대해서는 동일한 시간동안 동일한 조건에서 4회 반복 분석하여 크로마토그램의 적분면적과 봉우리의 머무름시간(RT: retention time)의 상대표준편차(%RSD)로서 구하되 이 값은 100 ppb(500 mL)의 농도에서 5 % 이내로 한다고 규정하고 있다.

ES 01509.1(배출가스 중 사염화탄소, 클로로폼, 염화비닐 – 기체크로마토그래피)에는 요구하는 정확도 및 정밀도의 기준이 마련되어 있지 않으며 연 1회 이상 수행하도록 규정되어 있다.

시험결과의 계산

4-1. 시험결과의 계산과정 및 결과표기 적절성

4-1-1. 희석배수가 적절한가?

4-1-2. 바탕값을 보정하는가?

4-1-3. 계산과정이 정확한가?

4-1-4. 결과표기 값이 적확한가?

해설

시험결과는 대기오염공정시험기준에 따라 계산되며, 희석한 시료는 희석배수를 고려하는 등 정확히 계산되고 있는지 시험기록부를 통하여 확인한다.

특히 특정한 환경조건(압력, 온도 등)에서 채취된 시료는 표준상태로 환산하여 계산되어야 한다.

라. 대기-4(환경대기 중 무기물질: 아황산가스(파라로자닐린법))

시료채취

1-1. 시료채취위치 및 주의사항

1-1-1. 시료채취위치는 적정하게 선정되었는가?

1-1-2. 시료채취시간은 공정시험기준에 정해져 있는 시간을 준수하는가?

해설

ES 01115(환경대기 시료채취방법) '3.0 시료채취 위치선정'에 따라 위치를 선정하되 그 지역의 주위환경 및 기상조건을 고려하여 다음과 같이 선정한다.

- 시료채취 위치는 원칙적으로 주위에 건물이나 수목 등의 장애물이 없고 그 지역의 오염도를 대표할 수 있다고 생각되는 곳을 선정한다.
- 주위에 건물이나 수목 등의 장애물이 있을 경우에는 채취위치로부터 장애물까지의 거리가 그 장애물 높이의 2배 이상 또는 채취점과 장애물 상단을 연결하는 직선이 수평선과 이루는 각도가 30° 이하가 되는 곳을 선정한다.
- 주위에 건물 등이 밀집되거나 접근되어 있을 경우에는 건물 바깥벽으로부터 적어도 1.5 m 이상 떨어진 곳에 채취점을 선정한다.
- 시료채취의 높이는 그 부근의 평균오염도를 나타낼 수 있는 곳으로서 가능한 한 1.5 m ~ 30 m 범위로 한다.

가스상 물질의 시료채취방법으로는 직접 채취법, 용기채취법, 용매채취법, 고체흡착법, 저온농축법, 채취용 여과지에 의한 방법 등이 있으며, 용매채취법에 의하면 시료채취는 흡수관 - 트랩 - 흡입펌프 - 유량계의 순으로 배열하고 흡수관에 일정량의 흡수액 10 mL ~ 20 mL을 넣은 다음 일정유량 0.5 L / min ~ 2.0 L / min으로 흡입한다. 이때 흡입시간은 보통 30분 ~ 2시간이면 충분하다. 또 동시에 기온, 기압과 필요하면 풍향, 풍속 등 다른 기상조건을 측정한다. 저온농축법은 탄산기체 및 수분제거관 - 냉각농축관 - 흡입펌프 - 유량계 의 순으로 연결하여 흡입유량 10 L / min, 흡입시간 10분 정도로 채취한다.

1-2. 시료 채취 방법

1-2-1. 시료채취를 위한 기구 및 기기의 구성은 적절한가?

1-2-2. 시료채취를 위한 기구 및 기기의 재질은 적절한가?

1-2-3. 시료채취 절차는 적절한가?

해설

ES 01115(환경대기 시료채취방법) '4.0 가스상 물질의 시료채취방법'에 따른 직접 채취법, 용기채취법, 용매채취법, 고체흡착법, 저온농축법, 채취용 여과지에 의한 방법 중 적용하고 있는 방법에서 요구하는 기구 및 기기를 보유하고 있어야 하며 그에 따른 채취방법을 준수하고 있는지 확인한다.

측정

2-1. 측정범위 및 안정성

2-1-1. 측정값은 0.01 ppm ~ 0.40 ppm의 범위에 있는가?

2-1-2. 고농도를 측정할 때 대기시료를 소량으로 하거나 흡수액으로 적절히 희석하고 있는가?

2-1-3. 포집된 흡수액은 5 ℃에서 보관하며 30일 내에 분석하는가?

해설

ES 01601.2(환경대기 중 아황산가스 측정방법 – 파라로자닐린법)에 따라서 적절하게 시험하는지 확인한다.
이 시험방법은 아황산가스 농도 (0.01 ~ 0.40) μmol / mol까지 측정할 수 있고 특수한 채취기를 사용하여 대량의 시료 가스를 채취했을 경우는 0.01 μmol / mol 이하까지도 측정이 가능하며, 고농도의 경우는 시료대기를 소량으로 하거나 채취 후 흡수액으로 적당히 희석하여 사용해야 한다.
시료 채취후의 흡수액은 비교적 안정하여 22 ℃에서 아황산가스 손실은 1일당 1 %이므로 5 ℃로 보관하면 30일간은 손실되지 않는다.

2-2. 측정장치 및 시약

2-2-1. 흡수관, 시료분산기, 흡인펌프, 유량조절기, 흡광광도계 등의 규격은 적격한가?

2-2-2. 사염화수은포타슘용액은 pH가 약 4 정도 되며, 제조한 지 6개월을 초과하지 않는가?

2-2-3. 각종 시약은 보유하고 있으며, 아황산-TCM 용액은 제조한 지 30일 이내(5 ℃ 보관 시) 에서만 사용하고 있는가?

해설

ES 01601.2(환경대기 중 아황산가스 측정방법 – 파라로자닐린법) '3.0 분석기기 및 기구'에 규정된 물품들을 보유하고 사용하여야 한다.
이 시험방법을 적용할 때의 사염화수은포타슘(TCM, Potassium tetrachloro mercurate, 0.04 M) 용액의 pH는 약 4.0이 되어야 하며 pH 3 ~ pH 5 범위에서는 아황산가스의 흡수율에 큰 차이는 없다. 이 흡수액은 6개월 동안 보관하여 사용할 수 있다.
교정곡선 작성에 사용되는 아황산-TCM 용액은 표준용액 2 mL를 정확히 취하여 100 mL 눈금플라스크에 넣고 0.04 M TCM 용액으로 눈금까지 채워서 제조하며, 5 ℃에 보관하면 30일간은 안정하나 그렇지 않으면 사용할 때마다 제조하여야 한다.

시료분석 및 결과

3-1-1. 질소산화물로부터 생성된 아질산염을 파괴하기 위해 시료가 채취된 용액의 플라스크에 0.6 % 설퍼민산 1 mL을 가하는가?

3 - 1 - 2. 검정곡선은 5단계로 구성하여 작성하며 y측 절편(표준용액 0의 흡광도)은 0.03 이하를 유지하는가?

3 - 1 - 3. 바탕시험용액의 흡광도가 검정곡선의 y측 절편(표준용액 0의 흡광도)의 0.03 이상일 때 검정곡선을 새로이 작성하는가?

3 - 1 - 4. 시료용액의 흡광도 값이 높은 경우, 6배 범위 내에서 바탕시험 용액으로 희석하며, 그 때의 흡광도 값은 원래 흡광도 값의 10 % 이내가 되는가?

3 - 1 - 5. 농도계산 과정과 그 결과가 정확한가?

해설

ES 01601.2(환경대기 중 아황산가스 측정방법 – 파라로자닐린법)에 의한 아황산가스 분석에서 주요 방해물질은 질소산화물(NOx), 오존(O_3), 망가니즈(Mn), 철(Fe) 및 크롬(Cr)이며, NOx의 방해는 설퍼민산(NH_3SO_3)을 사용함으로써 제거할 수 있고 오존의 방해는 측정기간을 늦춤으로써 제거된다. 따라서 24시간 시료채취용액을 시료로 분석할 때 분석용 시료로 만든 후 오존 제거를 위해 20분간 기다리며, 질소산화물로부터 생성된 아질산염을 파괴하기 위해 시료가 채취된 용액의 플라스크에 0.6 % 설퍼민산 1 mL를 가한 후 10분간 방치하여야 한다.

교정곡선 작성을 위해 교정곡선 작성용 표준 용액을 정량범위 내에서 3개 ~ 5개 농도로 제조하여 분석하되 얻어진 교정곡선의 결정계수(R^2)가 0.995 이상, 또는 감응계수(RF, response factor)의 상대표준편차가 10 % 이내여야 한다. 측정온도가 교정곡선 작성 때의 온도와 20 ℃ 이내의 차이가 있으면 바탕시험용액의 흡광도는 교정곡선의 y측 절편의 0.03 이내에 오게 되며, 바탕시험용액의 흡광도가 검정곡선 흡광도(y측 절편)의 0.03 이상이면 검정곡선을 다시 작성하여야 한다.

시료용액의 흡광도가 1.0 ~ 2.0이면 시료용액을 바탕시험 용액과 1: 1로 희석하고 수 분 내에 측정하여야 한다. 만약 시료용액의 흡광도 값이 훨씬 크다면 6배까지 바탕시험 용액으로 희석할 수 있고 이때 흡광도는 본래 흡광도 값의 10 % 이내가 되어야 한다.

이 시험방법에 의한 아황산가스의 농도계산은 '8.0 결과보고'에 따르도록 한다.

마. 대기-5(환경대기 중 무기물질: 미세먼지)

시료채취

1 - 1. 시료채취 장비 및 물품의 적합성

1 - 1 - 1. 시료채취 장치 및 기구는 적정하게 갖추고 있는가?

해설

ES 01605.1(환경대기 중 미세먼지(PM_{10}) 자동측정법 – 베타선법)은 대기 중 미세먼지 입자상 물질을 일정시간 필터 위에 채취하여 베타선을 투과시켜 입자상 물질의 질량농도를 연속적으로 측정하는 방법으로 공기흡입부, 입경분리장치, 유량조절부, 샘플펌프, 시료채취필터, 베타선원, 베타선 감지부, 증폭연산장치 등으로 구성되며, ES 01605.2(환경대기 중 미세먼지(PM_{10}) 측정방법 – 중량농도법)을 위해서는 저용량 시료채취기, 분석용 저울, 건조용기, 시료채취 필터 보관용기 등이 필요하므로 이들 물품을 보유하고 있는지 확인한다.

또한 ES 01606.1(환경대기 중 미세먼지($PM_{2.5}$) 측정방법 – 중량농도법)을 적용하기 위해서는 시료채취장비, 분석용 저울, 항온항습장치 등이 필요하며, ES 01606.2(환경대기 중 미세먼지($PM_{2.5}$) 자동측정법 – 베타선법)은 공기흡입부, 분립장치, 유량조절부, 테이프 여과지, 교정부, 시료채취 시간 조정부, 베타선 광원, 베타선 감지부, 연산장치 등으로 구성되므로 이들 물품을 보유하고 있어야 한다.

1-1-2. 흡인펌프는 분립장치의 설계유속으로 24시간 연속측정할 수 있는가?

해설

ES 01606.1(환경대기 중 미세먼지($PM_{2.5}$) 측정방법 – 중량농도법)에 의하면 흡입펌프는 여과지를 장착한 상태에서 19.2 L / min 유량으로 흡입능력이 24시간 이상 지속될 수 있어야 한다.
그러나 ES 01606.2(환경대기 중 미세먼지($PM_{2.5}$) 자동측정법 – 베타선법)은 시료채취 시간을 1시간을 기준으로 하므로 이 방법으로 측정하는 경우는 본 항은 해당사항이 없다고 보아야 한다.

1-1-3. 유효한계입경(dp50)이 10 μm, 2.5 μm인 분립장치를 사용하는가?

해설

ES 01606.1(환경대기 중 미세먼지($PM_{2.5}$) 측정방법 – 중량농도법) 및 ES 01606.2(환경대기 중 미세먼지($PM_{2.5}$) 자동측정법 – 베타선법)에 의하면 1차 분립장치로 유효한계입경(dp50) 10 μm 입자보다 큰 입자를 제거하고, 2차 분립장치로 유효한계입경(dp50) 2.5 μm 입자보다 큰 입자를 제거하여야 하므로 분립장치가 이러한 기능을 유지하는지 확인한다. 그러나 2차 분립장치는 WINS(well impactor ninty six)형 $PM_{2.5}$ 임펙터(impactor)와 동등하거나 우수한 성능의 분립장치(VSCC, very sharp cut cyclone)를 사용할 수 있다.

1-1-4. 시험기준에 적합한 여과지를 사용하는가?

해설

ES 01605.1(환경대기 중 미세먼지(PM_{10}) 자동측정법 – 베타선법)을 적용할 때, 시료채취필터는 유리섬유 재질의 필너로서 두루마리 형태로 연속 측정이 가능하며 0.3 μm의 입자상물질에 대하여 99 % 이상의 채취효율 가져야 하고 시료 채취 시 압력 손실이 없어야 한다.
ES 01605.2(환경대기 중 미세먼지(PM_{10}) 측정방법 – 중량농도법)을 적용할 때, 시료채취 목적에 따라 다양한 필터 특성들을 결정하여 선택할 수 있으며 통상 나이트로셀룰로즈제 멤브레인 필터 또는 석영섬유 필터 등을 사용하며, 다음과 같은 조건이 맞는 것을 사용한다.

- 시료채취기의 운전유속에서 0.3 μm의 입자상물질에 대하여 99 % 이상의 채취효율을 가질 것
- 압력손실이 낮을 것
- 기체상 물질의 흡착이 적고 흡습성 및 대전성(帶電性)이 적을 것.

- 취급하기 쉽고 충분한 강도를 가질 것.
- 분석에 방해되는 물질을 함유하지 않을 것.

ES 01606.1(환경대기 중 미세먼지($PM_{2.5}$) 측정방법 – 중량농도법)을 적용할 때의 시료 채취를 위한 여과지는 폴리테트라플루오로에틸렌(PTFE, 테플론) 재질의 직경 47 mm 원형으로 여과지 공극크기(pore size)가 2 μm이고, 두께가 30 μm ~ 50 μm이며 다음 조건을 충족해야 한다.

- 16.7 L / min의 유량으로 깨끗한 공기를 흡입할 때 사용하지 않은 필터의 압력손실은 22 mmHg 이하여야 한다.
- (40 ± 2) ℃로 설정된 데시케이터 안에 48시간 이상 놓아 둔 상태에서 건조 전후의 여과지 무게차이가 20 μg보다 작아야 한다.
- 상대습도가 35 %인 항온항습기에서 24시간 안정화시킨 후 측정한 무게와 다시 상대습도 40 %인 항온항습기에서 24시간 안정화시킨 후 측정한 무게의 차이가 10 μg보다 작아야 한다.
- 여과지의 알칼리도(alkalinity)는 25 μeq / g보다 작아야 한다.

1-1-5. 충돌판 여지와 오일을 적절히 교환하고 있는가?

해설

ES 01606.1(환경대기 중 미세먼지($PM_{2.5}$) 측정방법 – 중량농도법)을 적용할 때, 분립장치의 충돌판 여과지는 3 ~ 4일 주기로 교체하고, 충돌판 여과지 교체 후 충돌판 오일을 떨어뜨려 여과지 전체 면적에 고르게 퍼지게 한다. 충돌판 방식에 사용되는 노즐은 주 1회 이상 정기적으로 세척하여야 한다.

ES 01606.2(환경대기 중 미세먼지($PM_{2.5}$) 자동측정법 – 베타선법)에서는 주 1회 이상 충돌판의 여지를 갈아주고 충돌판 오일은 여과지 전체 면적이 충분히 젖도록 여지 전체에 고르게 퍼지게 한다. 충돌판 방식에 사용되는 노즐은 관 내부에 오염을 방지하기 위하여 주 1회 이상 정기적으로 세척하여야 하며, VSCC의 경우 주 1회 이상 정기적으로 청소를 하여야 한다.

1-1-7. 자동측정법의 경우 주기별 정도관리가 이루어지고 있는가?

해설

ES 01605.1(환경대기 중 미세먼지(PM_{10}) 자동측정법 – 베타선법) '6.0 QA / QC'에 의하면 다음의 측정품질요소에 대하여 주기적인 실험을 실시하고 품질요소를 관리 기록한다고 규정되어 있으나 그 주기는 제시되어 있지 않다.

① 시료 측정의 반복성
② 바탕값 측정의 반복성
③ 교정범위값 측정의 반복성
④ 측정기의 직선성
⑤ 교정주기내의 변동성
⑥ 교정용 필터 등 등가입력 값의 불확실성
⑦ 유량 안정성

ES 01606.2(환경대기 중 미세먼지($PM_{2.5}$) 자동측정법 – 베타선법) '5.5 측정장비 정도관리'에 의하면 다음과 같은 주기로 정도관리를 하도록 규정하고 있다.

주기	기준	허용범위
1회 / 월	누출(leak) 확인	< 1.0 L / min
	단점(one- point) 온도 교정	± 2 ℃ 이하
	유입구(inlet) 청소	
	필터 챔버(filter chamber) 청소	
	노즐(nozzle), 베인(vane) 청소	
	내부 외부 데이터로거 확인	(digital) ± 1 μg / m^3 (analog)
	Capstan shaft and pinch roller 청소	
1회 / 6월	펌프 머플러 교체 및 청소	
	스마트 히터(smart heater) 확인 (해당 모델의 경우)	정상가동 확인(강제 종료 후)
1회 / 년	압력 확인	± 10 mmHg
	Internal debris filter 교체 및 청소	
	72시간 제로필터(zero filter) 테스트	
	멤브레인(membrane) span foil 확인	전년도 평균치 절대값이 ± 5 % 이하
	Beta detector count rate	600,000 ~ 1,000,000
7일 / 반기	3 μg / m^3 이상 유효 측정자료 7일 / 반기 이상 중량법과 자동법 비교측정	자동법 중량법 측정치 간의 기울기 0.9 ~ 1.1, 절편 -2.25 ~ 2.25

1-2. 시료 채취 방법의 적합성

1-2-1. 유량계의 교정은 1년에 1회 이상 적절히 수행되는가?

해설

ES 01605.2(환경대기 중 미세먼지(PM_{10}) 측정방법 - 중량농도법)에 따르면 유량조절장치는 주기적으로(연 1회) 표준 유속계를 이용하여 교정되어야 하고, 설계유량이 확인되어야 한다. 측정기의 유속 교정은 동작 유속에서 측정값의 ± 2 % 이내의 정확성을 가져야 한다. 유속 교정에 사용되는 표준 유속계의 유속 측정범위는 측정기의 유속 측정범위에 적절해야 하고 측정표준 소급성이 유지되어야 한다.

ES 01606.1(환경대기 중 미세먼지($PM_{2.5}$) 측정방법 중량농도법)에 따르면 표준유량계는 시료채취기에 상착 가능해야 하며 ± 2 %의 정확도를 가져야한다. 유량측정장치의 교정은 설정유량 16./ L / min의 -10 % ~ 10 % 이내 범위에서 다점 유량교정으로 한다. 단, 유량검증은 시료채취기의 운전유량 16.7 L / min에서 단일점 검증으로 실시한다. 유량교정은 표준유량계를 이용하여 1년에 한번 이상 교정하여야 하며, 시료채취기를 운반하였거나 유지보수한 후에는 반드시 재교정해야 한다.

1-2-2. 포집 시의 유량이나 포집 후의 중량 농도에 이상값이 있을 경우 그 원인을 적절히 점검하는가?

해설

ES 01605.2(환경대기 중 미세먼지(PM_{10}) 측정방법 – 중량농도법)에 따르면 측정 질량농도의 검출한계는 측정질량농도범위가 80 μg / m^3 이하에서 5 μg / m^3 이하, 80 μg / m^3 이상에서는 측정 질량농도의 7 % 이내여야 한다. 그러므로 이 값을 유지하지 못하는 경우는 측정기의 유속 교정이 동작 유속에서 측정값의 ± 2 % 이내의 정확성을 가지는지 또는 필터의 특성이 규정된 조건을 만족하는지 등 원인을 점검하여야 한다.
ES 01606.1(환경대기 중 미세먼지($PM_{2.5}$) 측정방법 – 중량농도법)에 따르면 환경대기 중 $PM_{2.5}$ 중량농도법의 정량한계는 3 μg / m^3 이므로 이를 유지하지 못하는 경우는 시료흡입부가 16.7 L / min의 일정한 유속으로 시료를 유입시키는지 또는 여과지가 파손되거나 규격을 만족하지 못하거나 잘못된 장착으로 공기가 새지 않는지 등에 대한 점검이 있어야 한다. 설정유량 16.7 L / min보다 ± 10 % 이상 변화된 유량(15.0 L / min 이하 또는 18.4 L / min 이상)이 1분 이상 지속될 경우 시료채취를 중단시키고 시료채취기를 점검하여야 한다.

1-2-3. 시료채취 조건은 적절히 기록되고 있는가?

1-2-4. 시료채취시간은 적절한가?

1-2-5. 여과지는 정전기 제거 등의 안정화를 거친 후 무게를 측정하는가?

해설

ES 01605.2(환경대기 중 미세먼지(PM_{10}) 측정방법 – 중량농도법)과 ES 01606.1(환경대기 중 미세먼지($PM_{2.5}$) 측정방법 – 중량농도법)에 따라서는 (24 ± 1)시간 동안 시료를 채취하여야 한다.
ES 01605.1(환경대기 중 미세먼지(PM_{10}) 자동측정법 – 베타선법)과 ES 01606.2(환경대기 중 미세먼지($PM_{2.5}$) 자동측정법 – 베타선법)에 따르면 시료채취 시간은 1시간으로 하나 먼지의 농도가 10 μg / m^3 이하의 저농도일 경우 시료채취 시간을 연장하여 측정할 수 있다.
또한 ES 01605.2(환경대기 중 미세먼지(PM_{10}) 측정방법 – 중량농도법)에서는 필터를 사용하기 전에 적어도 24시간 동안 온도 15 ℃ ± 3 ℃ ~ 30 ℃ ± 3 ℃, 상태습도 20 % ± 5 % ~ 45 % ± 5 %에서 관리되어야 하며, ES 01606.1(환경대기 중 미세먼지($PM_{2.5}$) 측정방법 – 중량농도법)에 의하면 여과지는 시료채취 전에 항온항습장치에서 여과지를 24시간 이상 안정화시킨 후 분석용 저울로 충분히 저울이 안정된 상태에서 1 μg까지 정확히 측정하고 기록하며, 여과지 칭량은 3회 이상 측정하여 평균치를 사용한다.

시험결과의 계산

2-1. (PM_{10}) 0.01 mg의 감도를 갖는 저울을 보유하고 여과지는 0.1 mg까지 측정하는지 여부

2-2. ($PM_{2.5}$) 1 μg까지 측정하고 3회 이상 측정한 평균값을 사용하는지 여부

2-3. 시험결과 계산의 정확성

해설

ES 01605.2(환경대기 중 미세먼지(PM_{10}) 측정방법 – 중량농도법)에서는 0.01 mg까지 정확하게 측정할 수 있는 저울을 사용하여야 한다.
ES 01606.1(환경대기 중 미세먼지($PM_{2.5}$) 측정방법 – 중량농도법)에서는 ± 1 μg의 차이를 읽을 수 있는 분석용 저울을 사용하여야 하며, 여과지 칭량은 3회 이상 측정하여 평균치를 사용한다.
또한 시험결과의 계산은 각 시험방법의 '결과보고'에 따라 계산하는지 확인한다.

바. 대기－6(환경대기 중 무기물질: 석면)

시료채취

1－1. 시료채취 장비 및 물품의 적합성

1－1－1. 시료채취 장치 및 기구는 적정하게 갖추고 있는가?

1－1－2. 흡인펌프는 1 L / min ~ 20 L / min의 유량을 유지할 수 있는 것인가?

해설

ES 01608.1(환경대기 중 석면측정용 현미경법 – 위상차현미경법)에 의하면 시료채취를 위한 기기 및 기구로는 위상차 현미경, 아세톤증기발생장치, 멤브레인 필터, 개방형 멤브레인 필터 홀더, 흡인펌프 등이 있어야 하므로 이들을 갖추고 있는지 확인하여야 하며, 흡인펌프는 20 L / min로 공기를 흡인할 수 있는 로터리펌프 또는 다이아프램 펌프로서 시료채취관, 시료채취장치, 흡인기체 유량측정장치, 기체흡입장치 등으로 구성되어 있는지 확인한다.

1－2. 시료 채취 방법의 적합성

1－2－1. 시료는 지상 1.2 ~ 1.5 m 위치에서 10 L / min 유량으로 1시간 이상 채취하는가?

1－2－2. 흡인펌프 유량의 보정은 적절하게 하는가?

1－2－3. 시료채취 시 주의사항은 잘 지키고 있는가?

해설

ES 01608.1(환경대기 중 석면측정용 현미경법 – 위상차현미경법)에 따르면 시료채취 위치는 원칙적으로 주변시설 등에 의한 영향과 부착물 등으로 인한 측정 장애가 없고 대상시설의 오염도를 대표할 수 있다고 판단되는 곳을 선정하는 것을 원칙으로 하되, 기본적으로 시설을 이용하는 사람의 많은 곳을 선정한다. 또한 인접지역에 직접적인 발생원이 없고 대상시설의 내벽, 천정에서 1 m 이상 떨어진 곳을 선정하며, 바닥면으로부터 1.2 m ~ 1.5 m 위치에서 측정한다. 대상시설의 측정지점은 2곳 이상을 원칙으로 하며, 건물의 규모와 용도에 따라 불가피할 경우(대상시설내 공기질이 현저히 다를 것으로 예상되는 경우 등)에는 측정지점을 추가할 수 있다. 또한 주간시간대(오전 8시 ~ 오후 7시)에 10 L / min으로 1시간 측정하도록 하고 있으므로 이를 준수하는지 확인한다.

전처리

2 - 1. 표본의 제작

2 - 1 - 1. 현미경 표본 제작을 위한 시약과 장치 등은 있는가?

2 - 1 - 2. 표본 제작은 후드를 설치한 통풍실 또는 드래프트 챔버 내에서 수행하는가?

2 - 1 - 3. 표본 제작과정은 적정한가?

해설

ES 01608.1(환경대기 중 석면측정용 현미경법 – 위상차현미경법)에 의하면 표본제작방법은 아세톤 – 트라이아세틴법과 다이틸프탈레이트 – 다이에틸옥살레이트법이 있으므로 이들 방법에 따른 적절한 시약과 장비를 보유하고 있어야 한다.

특히 아세톤 – 트라이아세틴법을 적용하는 경우, 아세톤은 가연성 액체이므로 인화되지 않도록 주의하고, 아세톤증기는 인체에 유해하므로, 아세톤의 가열은 반드시 발화 등의 염려가 없도록 설계된 후드를 설치한 통풍실에서 하며, 드리프트 챔버 내에서 실시하는 것이 바람직하다.

구체적인 표본제작과정은 ES 01608.1(환경대기 중 석면측정용 현미경법 – 위상차현미경법) '4.3 표본제작방법'을 따르도록 해야 한다.

(기기) 분석)

3 - 1. 위상차 현미경의 분석 적합성

3 - 1 - 1. 대물렌즈와 접안렌즈의 배율이 적절하여 전체 배율이 400배를 만족하는가?

3 - 1 - 2. 아베(abbe) 또는 색지움(achromatic) 위상차 집광렌즈(phase - contrast condenser)가 장착되어 있는가?

3 - 1 - 3. 각 배율에 따른 상집광고리(phase condenser annulus)는 조절 가능한가?

3 - 1 - 4. Walton - Beckett(WB) circular eye piece graticule(G22)을 사용하고 있는가?

3 - 1 - 5. HSE / NPL 또는 HSL / ULO 슬라이드를 이용하여 분해능을 측정하며 5블록을 검출하는가?

해설

ES 01608.1(환경대기 중 석면측정용 현미경법 – 위상차현미경법)에 의하면 위상차 현미경은 배율 10배의 대안렌즈 및 10배와 40배 이상의 대물렌즈를 가진 위상차 현미경 또는 간접위상차 현미경을 사용하여야 한다고 규정되어 있으며 더 이상의 규정은 없다. 따라서 실내공기질공정시험기준에 따른 위상차현미경의 규격을 살펴보면 다음과 같다.

실내공기질공정시험기준 ES 02303.1b(실내공기 중 석면 및 섬유상 먼지 농도 측정방법 – 위상차현미경법)에 따른 위상차 현미경의 조건은 다음과 같으므로 이 규격을 만족하는지 확인한다.

- 접안렌즈는 10배율 ~ 12배율, 대물렌즈는 40배율 ~ 45배율로 전체배율이 400배를 만족해야 한다. 대물렌즈의 치수간극(NA, numerical aperture)은 0.65 ~ 0.75이어야 한다.
- Köehler 또는 peudo-Köehler illumination 적용이 가능한 광원이어야 한다.
- 광원 부위 조리개의 크기 조절 및 중앙화 조절이 가능해야 한다.
- 빛의 파장을 530 nm로 조정할 수 있는 초록색 혹은 푸른색 필터를 장착하여 사용할 수 있어야 한다.
- 아베(abbe) 또는 색지움(achromatic) 위상차 집광렌즈(phase-contrast condenser)가 장착되어야 하며, 각 배율에 따른 상집광고리(phase condenser annulus)가 조절 가능해야 한다.
- HSE / NPL 시험 슬라이드의 5블록까지 관찰 가능하여야 한다.

아울러, 100 μm 지름의 원형 시야(시야면적: 0.00785 mm^2)를 가진 월톤 - 버켓 그래티큘(type G-22)을 현미경의 접안렌즈에 삽입하여 사용하고 있어야 한다.

3-2. 현미경 교정의 적합성

3-2-1. 대물렌즈의 phase ring에 condenser phase ring의 centering를 확인할 수 있는 centering telescope 또는 bertland lens를 보유하고 있는가?

3-2-2. 빛의 파장을 530 nm로 조정할 수 있는 Green filter를 사용하는가?

3-2-3. 눈금간격 0.01 mm의 Stage micrometer를 보유하고 있는가?

해설

ES 01608.1(환경대기 중 석면측정용 현미경법 - 위상차현미경법)를 적용할 때 대물측미계 또는 스테이지마이크로미터는 최저 10 μm까지 표시되어 있는 것이어야 한다.

3-3. 분석자의 숙련성

3-3-1. centering telescope를 이용한 condenser phase ring 위치 교정을 능숙하게 하는가?

3-3-2. phase condenser iris 크기 조절 후 중앙화 조절을 능숙하게 하는가?

3-3-3. 석면의 계수기준을 잘 알고 있는가?

해설

석면의 계수는 ES 01608.1(환경대기 중 석면측정용 현미경법 - 위상차현미경법) '7.3 계수방법'에 따르는지 확인한다.

시험결과의 계산

4-1. 시험결과의 계산 정확성 및 결과표기의 적절성

4-1-1. 계산에 사용되는 필터의 유효 면적과 WB graticule의 면적 적용이 정확한가?

4-1-2. 실험실바탕시료(lab blank) 또는 현장바탕시료(Field Blank)를 측정하며 적합하게 보정하고 있는가?

4-1-3. 채취한 공기는 20 ℃, 1기압 조건으로 보정하여 환산하는가?

4-1-4. 섬유계수는 섬유수 200개 또는 1시야 중의 섬유수가 10개 정도일 때는 50 시야가 될 때까지 하는가?

4-1-5. 시험기록부는 적정하게 기록하고 있으며, 시험결과는 소수점 셋째자리까지 표기하는가?

해설

석면의 계수는 ES 01608.1(환경대기 중 석면측정용 현미경법 – 위상차현미경법)에 따라 현미경에서 시야를 이동하면서, 임의적으로 시야를 선택하여 섬유수가 200개 이상이 될 때까지 계수하고, 1시야 중의 섬유수가 10개 정도 일 때는 시야 전체의 수를 세어서 약 50개에 이르기까지 계수하여야 한다. 석면농도는 표준상태로 환산한 채취공기량을 적용하여 산출하되, 결과의 표시 자릿수는 소수 넷째자리까지 구하고 측정결과는 소수 셋째자리까지 표시하여야 한다.

사. 대기-7(환경대기 및 배출가스 중 금속: Cu, Cr, Cd, As, Pb, Hg 등)

시료채취

1-1. 시료채취 장비 및 물품의 적합성

1-1-1. 시료채취 장치 및 기구는 적정하게 갖추고 있는가?

1-1-2. 시료채취방법에 따른 시료채취 시간과 유량을 준수하고 있는가?

해설

환경대기 중 금속물질은 ES 01700.1(환경대기 중 금속화합물 – 원자흡수분광법)에 의하면 고용량 공기시료채취기(high volume air sampler)법 및 저용량 공기시료채취기(low volume air sampler)법을 이용하여 여과지에 채취하도록 하고 있으며, 배출가스 중 금속물질은 ES 01112(배출가스 중 입자상 물질의 시료채취방법)에 의하면 반자동식 시료채취기, 수동식 시료채취기, 자동식 시료채취기 등이 있으므로 적용하는 방법에 따른 장치와 기구를 갖추고 있으며 그에 따른 채취시간과 유량을 준수하는지 확인한다.

1-2. 시료 채취 방법의 적합성

1-2-1. 부속 유량계의 교정을 위한 장치들은 적정한가?

1-2-2. 오리피스의 유량 결정은 적절히 수행되는가?

1-2-3. 부속 유량계의 교정은 적절히 수행되는가?

1-2-4. 포집 시의 유량이나 포집 후의 중량 농도에 이상값이 있을 경우 그 원인을 적절히 점검하는가?

해설

ES 01115(환경대기 시료채취방법) 중 고용량공기시료채취기법을 적용할 때, 오리피스의 유량을 결정하기 위해 '5.1.5.2 오리피스의 유량결정'에 따른 조작을 하여야 하며, 부속유량계는 표준유량계 및 유량 교정용 오리피스 등을 사용하여 눈금을 교정하여야 한다.

또한 시료채취 시의 유량이나 채취 후의 중량농도에 이상값이 있다고 판단되면 유량계에 이상이 없는지, 시료채취기에서 공기가 새지 않는지, 전원 전압에 변동이 없는지를 확인한다.

전처리

2-1. 전처리에 필요한 물품 및 시약의 보유 및 적합성

2-1-1. 산분해에 필요한 적절한 물품 및 시설을 보유하고 있는가?

2-1-2. 전처리에 필요한 시약을 보유하고 있는가?

해설

ES 01700.1(환경대기 중 금속화합물 – 원자흡수분광법)에 의하면 금속별 시료의 전처리 방법은 다음과 같으므로 적용하는 전처리 방법에 합당한 시약, 물품 및 시설을 보유하고 있는지 확인한다.

전처리법		적용 가능한 금속
산분해법	질산 – 과산화수소법	구리, 납, 니켈, 비소, 아연, 철, 카드뮴, 크롬
	질산 – 염산혼합액에 의한 초음파 추출법	구리, 납, 니켈, 비소, 아연, 철, 카드뮴, 크롬
	마이크로파산분해법	구리, 납, 니켈, 비소, 아연, 철, 카드뮴, 크롬
	회화법	구리, 납, 니켈, 비소, 아연, 철, 카드뮴, 크롬
용매추출법	다이에틸다이티오카바민산 또는 디티존– 톨루엔 추출법	납, 카드뮴
	트라이옥틸아민법	크롬

ES 01400.1(배출가스 중 금속화합물 – 원자흡수분광법)에 의한 시료 전처리법은 다음 내용을 참고하여 결정하고, 적용하는 전처리 방법에 합당한 시약, 물품 및 시설을 보유하고 있는지 확인한다.

시료 성상	전처리 방법
타르 기타 소량의 유기물을 함유하는 것	질산 – 염산법, 질산 – 과산화수소수법, 마이크로파 산분해법
유기물을 함유하지 않는 것	질산법, 마이크로파 산분해법
다량의 유기물 유리탄소를 함유하는 것 셀룰로스 섬유제 여과지를 사용한 것	저온회화법

2-2. 목적에 맞는 정확한 전처리

2-2-1. 시료의 균질화는 적절하게 이루어지고 있는가?

2-2-2. 시료 pH는 목적에 부합되도록 조절하고 있는가?

2-2-3. 시료의 분석은 보존 기간 내에 실시하고 있는가?

해설

정확한 전처리 방법의 적용에 대해서는 ES 01700.1(환경대기 중 금속화합물 – 원자흡수분광법) 및 ES 01400.1(배출가스 중 금속화합물 – 원자흡수분광법) '7.0 분석절차'를 참조하라.

2-3. 방해물질 처리의 적절성

해설

ES 01700.1(환경대기 중 금속화합물 – 원자흡수분광법) 및 ES 01400.1(배출가스 중 금속화합물 – 원자흡수분광법) '1.3 간섭물질'에 의하면 간섭에는 광학적 간섭, 물리적 간섭, 화학적 간섭이 있으며, 분석 시 다음과 같은 방법으로 간섭작용을 최소화하는지 확인한다.

- 시료 내에 납, 카드뮴, 크롬이 미량으로 존재하거나 방해물질이 존재할 경우, 용매추출법을 적용하여 정량할 수 있다.
- 니켈 분석 시 다량의 탄소가 포함된 시료의 경우, 시료를 채취한 여과지를 적당한 크기로 잘라서 자기 도가니에 넣어 전기로를 사용하여 800 ℃에서 30분 이상 가열한 후 전처리 조작을 행한다. 또한 카드뮴, 크롬 등을 동시에 분석하는 경우에는 500 ℃에서 2시간 ~ 3시간 가열한 후 전처리 조작을 행한다.
- 아연 분석 시 213.8 nm 측정파장을 이용할 경우 불꽃에 의한 흡수 때문에 바탕선(baseline)이 높아지는 경우가 있다.
- 철 분석 시 니켈, 코발트가 다량 존재할 경우의 간섭작용은 검정곡선용 표준용액의 매트릭스를 일치시키고 아세틸렌 / 아산화질소 불꽃을 사용하여 분석하거나, 흑연로원자흡수분광법을 이용하여 간섭을 최소화시킬 수 있다. 규소(Si)를 다량 포함하고 있을 때는 0.2 % 염화칼슘 ($CaCl_2$, calcium chloride) 용액을 첨가하여 분석하고, 유기산(특히 시트르산)이 다량 포함되어 있을 때는 0.5 % 인산을 가하여 간섭을 줄일 수 있다.
- 카드뮴 분석 시 알칼리금속의 할로겐화물이 다량 존재하면 분자흡수, 광 산란 등에 의해 양(+)의 오차가 발생한다. 이 경우에는 미리 카드뮴을 용매추출법으로 분리하거나 바탕시험값 보정을 실시한다.
- 크롬 분석 시 아세틸렌 – 공기 불꽃에서는 철, 니켈 등에 의한 방해를 받으므로 황산소듐, 황산포타슘 또는 아이소플루오린화수소암모늄을 1 % 정도 가하여 분석하거나, 아세틸렌 – 아산화질소 불꽃을 사용하여 방해를 줄일 수 있다.

(기기) 분석

3-1. 필요한 분석 시약, 장비 또는 기기 및 물품 보유의 적합성

3-1-1. 필요한 분석 시약을 보유하고 있는가?

3-1-2. 필요한 분석장비를 보유하고 있는가?

3-1-3. 필요한 분석장비는 정상적으로 가동되고 있는가?

해설

ES 01700.1(환경대기 중 금속화합물 – 원자흡수분광법) 및 ES 01400.1(배출가스 중 금속화합물 – 원자흡수분광법)을 적용하는 경우, 동 시험방법에서 요구하는 시약과 장비를 보유하고 있는지 확인하고, 장비의 정상적인 작동을 분석과정을 통하여 확인하거나 내부교정결과보고서를 통하여 확인한다.

3-2. 분석기기의 안정성 확인 및 분석조전의 적절성

3-2-1. 측정 전 분석기기의 안정화(warming-up)를 확인하고 있는가?

3-2-2. 흡수파장의 선택은 적절한가?

3-2-3. 연료기체의 혼합비율은 적절한가?

해설

측정 전에 측정하고자 하는 금속의 중공음극램프를 점등하여 안정화시킨 후 분석을 하여야 하며, 측정대상 금속에 따른 측정파장은 '3-4항'과 '4-4항'해설을 참조한다.

3-3. 검정곡선의 적절성 및 직선성(R^2)

3-3-1. 검정곡선 작성에 사용된 표준용액은 적합한 표준물질을 사용하여 제조하고 있는가?

3-3-2. 분석 시마다 검정곡선을 새롭게 작성하고 있는가?

3-3-3. 정량범위 내의 3개 이상의 농도에 대해 검정곡선을 작성하는가?

3-3-4. 얻어진 검정곡선의 결정계수(R^2)는 0.99 이상인가?

3-3-5. 검정곡선의 직선성 검증은 적절히 실시되고 있는가?

해설

ES 01700.1(환경대기 중 금속화합물 – 원자흡수분광법) 및 ES 01400.1(배출가스 중 금속화합물 – 원자흡수분광법)에 따르면 표준용액은 국가 소급성이 확보된 표준물질로부터 제조되어야 하며, 검정곡선 작성용 표준용액을 정량범위 내 3개 ~ 5개 농도로 제조하여 분석한다. 얻어진 검정곡선의 직선성 결정계수(R^2)가 0.99 이상, 또는 감응계수(response factor)의 상대표준편차가 10 % 이내여야 하며, 결정계수나 감응계수의 상대표준편차가 허용범위를 벗어나면 재작성 하도록 한다.

또한 시료분석 과정 중, 검정곡선의 직선성을 검증하기 위하여 각 시료군마다 1회의 검정곡선 검증을 실시하는 것이 바람직하다. 검증은 방법검출한계의 5배 ~ 50배 또는 검정곡선의 중간 농도에 해당하는 표준용액에 대한 측정값이 검정곡선 작성 시의 값과 10 % 이내에서 일치하여야 한다. 만약 이 범위를 넘는 경우, 검정곡선을 재작성한다.

3-4. 시료 희석배율 또는 농축비율의 적절성

해설

ES 01700.1(환경대기 중 금속화합물 – 원자흡수분광법) 및 ES 01400.1(배출가스 중 금속화합물 – 원자흡수분광법) '1.2 적용범위'에 각 물질별 정량범위가 제시되어 있으므로 이에 적합한 농도로 결과가 산출되도록 시료를 희석 또는 농축하여 분석한다.

참고로, ES 01700.1(환경대기 중 금속화합물 – 원자흡수분광법)에 의한 정량범위 및 방법검출한계는 다음과 같다.

측정 금속	측정파장(nm)	정량범위(mg / L)	정밀도[주1)](% RSD)	방법검출한계(mg / L)
Cu	324.8	0.05 ~ 20	3 ~ 10	0.015
Pb	217.0 / 283.3	0.2 ~ 25	2 ~ 10	0.06
Ni	232.0	0.2 ~ 20	2 ~ 10	0.06
Zn	213.8	0.01 ~ 1.5	2 ~ 10	0.003
Fe	248.3	0.5 ~ 50	3 ~ 10	0.15
Cd	228.8	0.04 ~ 1.5	2 ~ 10	0.012
Cr	357.9	2 ~ 20	2 ~ 10	0.6

주1) ES 01700.1(환경대기 중 금속화합물 – 원자흡수분광법)에서 정밀도가 2 % 또는 3 % 미만은 측정되지 않는다고 표현한 것은 정말 이 시험방법으로는 그보다 좋은 정밀도를 구할 수 없는지 의문이다.

정밀도란 시험분석 결과들 사이에 상호 근접한 정도의 척도이며, 상대표준편차(RSD) 또는 상대차이백분율(RPD)로 표시한다.

$$RSD(\%) = \frac{s}{\bar{x}} \times 100\ \%$$

$$RPD = \{(A - B) / [(A + B) / 2]\} \times 100\ \%$$

여기서, s = 표준편차　　$\bar{x}$ = 측정 평균값

A = 측정값 중 큰 값　　B = 측정값 중 작은 값

따라서, 정밀도(RSD)값에 2 % 또는 3 % 미만의 값이 존재하지 않는다는 것은 잘못된 것이며, 정밀도는 0 이상으로 표시되어야 한다. 즉, 동일 시료에 대한 여러 개의 측정값이 동일하다면 표준편차가 0이므로 상대표준편차(RSD)는 0 %이며, 이중시료에서 두 시료의 측정값이 동일하면 상대차이백분율 계산식에서 분자가 0이 되므로 상대차이백분율(RPD)은 0 %가 된다.

3-5. 바탕시험의 수행 여부

해설

시료매질 중 측정 성분 이외의 분자형태의 화학물질이 광원에서 방출되는 빛을 산란 또는 흡수함으로써 일어나는 바탕시험값을 보정하는지 확인한다. 바탕시험값을 보정하지 않으면 분석결과에 큰 오차요인이 될 수 있으므로 표준용액과 바탕시험용액의 매질을 시료조성과 일치시키거나 그 외 적절한 방법을 이용하여 보정해야 한다.

3-6. 방법검출한계, 정밀도, 정확도 측정의 연 1회 이상 수행 여부

해설

ES 01700.1(환경대기 중 금속화합물 – 원자흡수분광법) 및 ES 01400.1(배출가스 중 금속화합물 – 원자흡수분광법)에 의하면 방법검출한계, 정밀도 및 정확도 측정은 연 1회 이상 하는 것을 원칙으로 하고 분석자의 변경, 분석 장비의 수리나 이동 등 주요 변동사항이 발생한 경우에는 수시로 실시하도록 하고 있다. 또한 교정곡선의 검증 및 방법바탕 시료의 측정은 시료군당 1회 실시하도록 하고 있다.

시험결과의 계산

4-1. 시험결과 계산과정(계산식)의 정확성

4-2. 바탕시험 값을 사용한 결과의 보정 여부

4-3. 정량한계는 정확하게 도출되며, 시험방법에 따른 정량한계를 만족하는지 여부

4-4. 결과표기의 적절성

해설

ES 01700.1(환경대기 중 금속화합물 – 원자흡수분광법) 및 ES 01400.1(배출가스 중 금속화합물 – 원자흡수분광법)에 따라 금속 농도의 계산 및 결과의 표기는 '8.0 결과보고'에 따라 이행하여야 하며, 시험방법에 따른 정량한계 이상의 값을 도출하였는지 확인한다.

참고로, ES 01700.1(환경대기 중 금속화합물 – 원자흡수분광법)에 의한 정량범위는 '3– 4. 시료 희석배율 또는 농축의 절절성' 해설에 소개되어 있으며, ES 01400.1(배출가스 중 금속화합물 – 원자흡수분광법)에 의한 정량범위는 다음과 같다.

측정 금속	측정파장 (nm)	정량범위 (mg/m^3)	정밀도[주1] (% RSD)	방법검출한계 (mg/m^3)
Cu	324.8	0.0125 ~ 5	3 ~ 10	0.004
Pb	217.0 / 283.3	0.05 ~ 6.25	2 ~ 10	0.015
Ni	232.0	0.01 ~ 5	2 ~ 10	0.003
Zn	213.8	0.0025 ~ 5	2 ~ 10	0.0008
Fe	248.3	0.125 ~ 12.5	3 ~ 10	0.0375
Cd	228.8	0.01 ~ 0.38	2 ~ 10	0.003
Cr	357.9	0.10 ~ 5	2 ~ 10	0.03

[주1] 정밀도에 대해서는 '3– 4. 시료희석배율 또는 농축비율의 적절성' 해설 내용을 참조하라.

2 수질 분야

가. 수질－1(공통사항: 시료채취, 기록 및 환경관리 등)

시료채취

1－1. 시료채취 장비, 물품 및 방법의 적절성

1－1－1. 시료채취 장비 및 물품을 보유하고 있는가?

1－1－2. 분석항목별로 적합한 시료채취 용기를 사용하고 있는가?

1－1－3. 저온 또는 냉장 보관용 물품이나 운반 장비를 보유하고 있는가?

1－1－4. 수질오염공정시험기준에 따른 시료채취방법을 숙지하고 있는가?

1－1－5. 분석항목별로 시료채취를 적절하게 수행하고 있는가?

해설

시료채취장비는 ES 04130.1d(시료의 채취 및 보존 방법)에 일부 소개되고 있으나, 구체적이지는 않다. 시료채취장비 및 물품이란 기본적으로 시료채취기와 채수통을 의미하며, 호수와 같이 수심이 깊은 곳에서는 로프와 줄자가 관련 물품이 될 수 있다. 채수기는 Hydroth 채수기, Van Dorn 채수기, Ekman 채수기 등과 자동채수기가 있으나 채수통으로 직접 채수하는 경우에는 채수기가 없어도 된다. 따라서 채취방법에 따른 장비 및 물품을 보유하고 있는지 확인한다. 분석항목별로 시료채취를 적절하게 수행하고 있는지는 시료채취일지를 통하여 확인할 수 있으며, 그 기준은 ES 04130.1d(시료의 채취 및 보존 방법) '3.0 시료채취 시 유의사항'을 참고할 수 있을 것이다.

ES 04130.1d(시료의 채취 및 보존 방법)에 따른 채취된 시료의 보존방법과 보존기간은 다음과 같으므로 이를 잘 적용하는지 확인한다.

항목		시료용기	보존방법	최대보존기간 (권장보존기간)
노말헥산추출물질		G	4 ℃ 보관, H_2SO_4로 pH 2 이하	28일
부유물질		P, G	4 ℃ 보관	7일
BOD		P, G	4 ℃ 보관	48시간(6시간)
용존 산소	적정법	BOD병	즉시 용존산소 고정 후 어두운 곳에 보관	8시간
	전극법	BOD병	－	즉시 측정
잔류염소		G(갈색)	즉시 분석	－
전기전도도		P, G	4 ℃ 보관	24시간
총 유기탄소(용존유기탄소)		P, G	즉시 분석 또는 HCl 또는 H_3PO_4 또는 H_2SO_4를 가한 후($pH < 2$) 4 ℃ 어두운 곳에서 보관	28일(7일)
클로로필 a		P, G	즉시 여과하여 －20 ℃ 이하에서 보관	7일(24시간)
COD		P, G	4 ℃ 보관, H_2SO_4로 pH 2 이하	28일(7일)
시안		P, G	4 ℃ 보관, NaOH로 pH 12 이상	14일(24시간)
음이온계면활성제		P, G	4 ℃ 보관	48시간
총인(용존 총인)		P, G	4 ℃ 보관, H_2SO_4로 pH 2 이하	28일
총질소(용존 총질소)		P, G	4 ℃ 보관, H_2SO_4로 pH 2 이하	28일(7일)

퍼클로레이트		P, G	6 ℃ 이하 보관, 현장에서 멸균된 여과지로 여과	28일
페놀류		G	4 ℃ 보관, H_3PO_4로 pH 4 이하 조정한 후 시료 1 L당 $CuSO_4$ 1 g 첨가	28일
금속류(일반)		P, G	시료 1 L당 HNO_3 2 mL 첨가	6개월
비소		P, G	1 L당 HNO_3 1.5 mL로 pH 2 이하	6개월
셀레늄		P, G	1 L당 HNO_3 1.5 mL로 pH 2 이하	6개월
수은(0.2 μg / L 이하)		P, G	1 L당 HCl(12 M) 5 mL 첨가	28일
6가크롬		P, G	4 ℃ 보관	24시간
다이에틸헥실프탈레이트		G(갈색)	4 ℃ 보관	7일(추출 후 40일)
1.4－다이옥산		G(갈색)	HCl(1＋1)을 시료 10 mL당 1 ~ 2방울씩 가하여 pH 2 이하	14일
염화비닐, 아크릴로나이트릴, 브로모폼		G(갈색)	HCl(1＋1)을 시료 10 mL당 1 ~ 2방울씩 가하여 pH 2 이하	14일
석유계총탄화수소		G(갈색)	4 ℃ 보관, H_2SO_4 또는 HCl으로 pH 2 이하	7일 이내 추출, 추출 후 40일
유기인		G	4 ℃ 보관, HCl로 pH 5~9	7일(추출 후 40일)
PCBs		G	4 ℃ 보관, HCl로 pH 5~9	7일(추출 후 40일)
휘발성유기화합물		G	냉장보관 또는 HCl을 가해 pH ＜ 2로 조정 후 4 ℃ 어두운 곳에서 보관	7일(추출 후 14일)
총대장균군	환경기준 적용시료	P, G	저온(10 ℃ 이하)	24시간
	배출허용기준, 방류수 기준 적용 시료	P, G	저온(10 ℃ 이하)	6시간
분원성 대장균군		P, G	저온(10 ℃ 이하)	24시간
대장균		P, G	저온(10 ℃ 이하)	24시간
물벼룩 급성 독성		G	4 ℃ 보관	36시간
식물성 플랑크톤		P, G	즉시 분석 또는 포르말린용액을 시료에 (3 ~ 5) % 가하거나 글루타르알데하이드 또는 루골용액을 시료에 (1 ~ 2) % 가하여 어두운 곳에서 보관	6개월

1－2. 조사 목적에 적합한 지점 및 위치 선정의 정확성

1－2－1. 폐수, 하천수 등 시료채취 위치 및 지점의 선정방법에 대해 숙지하고 있는가?

1－2－2. 하천수, 호소수 등의 시료채취 위치 및 지점의 선정은 적합한가?

1－2－3. 하수 및 폐수의 시료채취 지점의 선정은 적합한가?

1－2－4. 하수 및 폐수 시료는 복수로 채취하고 있는가?

해설

일반적으로 수질환경분야에서의 시료채취는 ES 04130.1d(시료의 채취 및 보존 방법)에 따라야 하며, 수질측정망 운영을 위한 시료채취는 '수질측정망 운영계획'에 따라 정확한 지점과 위치에서 채취하는지를 확인한다.
하천수에서의 시료채취는 물 오염 상태 및 용수의 목적에 따라 채수지점을 선정하며 하천본류와 하천지류가 합류하는 경우에는 합류 이전의 각 지점과 합류 이후 충분히 혼합된 지점에서 각각 채수한다.

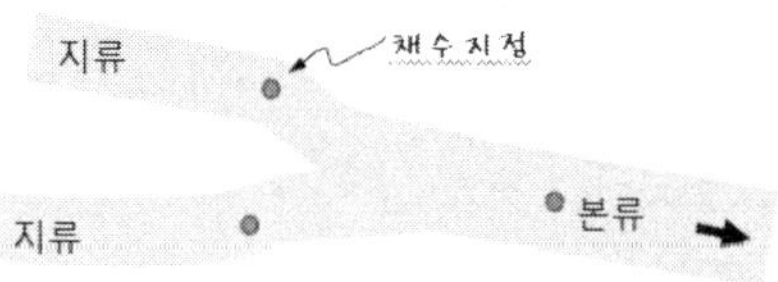

하천에서의 혼합시료는 하천의 단면에서 수심이 가장 깊은 수면의 지점과 그 지점을 중심으로 하여 좌우로 수면폭을 2등분한 각각의 지점의 수면으로 부터 수심 2 m 미만일 때에는 수심의 ⅓에서, 수심이 2 m 이상일 때에는 수심의 ⅓ 및 ⅔에서 각각 채수한다.

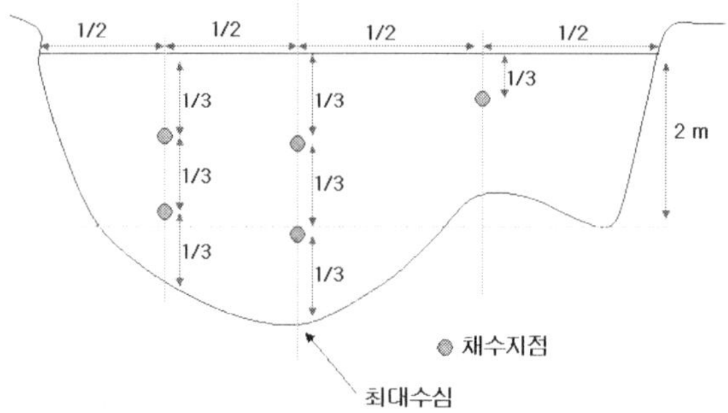

호소에서의 일반적 수질상태를 조사하기 위해서는 수심이 가장 깊은 곳에서 성층 상태에 따라 표층, 중층 및 심층에서 채취한다. 그 외 조사목적에 따라 주요 지천 유입부, 방류지점, 주요 만곡부 및 상수원수 취수지점과 같은 이수(利水) 지점에서 시료를 채취한다. '수질측정망 운영계획'에 따르면 수심이 5 m 이하인 경우는 상층수만 채취, 수심이 5 m를 넘는 경우는 상층, 중층, 하층에서 채취한다.
폐수는 최종방류구에서 채취하되 최종방류구가 여러 개인 경우는 아래 그림과 같이 각 방류구(지점5, 지점6, 지점7)에서 모두 채취한다.

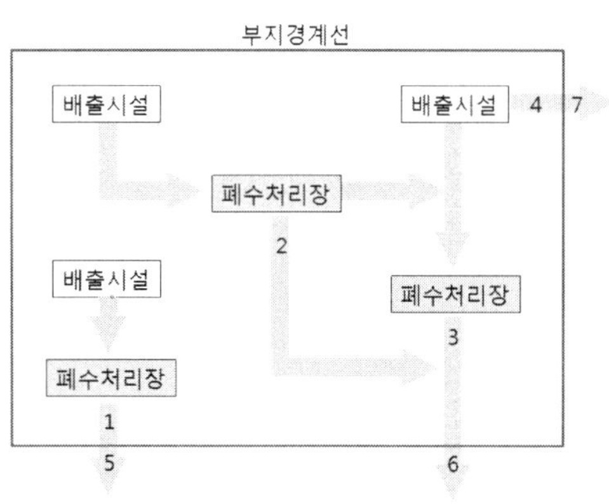

배출허용기준 적합 여부 판정을 위하여 채취하는 시료는 시료의 성상, 유량, 유속 등의 시간에 따른 변화를 고려하여 현장물의 성질을 대표할 수 있도록 채취하여야 하며, 복수채취를 원칙으로 한다. 복수시료 채취방법에는 수동으로 하는 방법과 자동으로 하는 방법이 있으며, 수동으로 시료를 채취할 경우에는 30분 이상 간격으로 2회 이상 채취(composite sample)하여 일정량의 단일시료로 한다. 단, 부득이한 사유로 6시간 이상 간격으로 채취한 시료는 각각 측정분석한 후 산술평균하여 측정분석값을 산출한다(2개 이상의 시료를 각각 측정분석한 후 산술평균한 결과 배출허용기준을 초과한 경우의 위반일 적용은 최초 배출허용기준이 초과된 시료의 채취일을 기준으로 한다). 자동시료채취기로 시료를 채취할 경우에는 6시간 이내에 30분 이상 간격으로 2회 이상 채취(composite sample)하여 일정량의 단일시료로 한다.

1-3. 시료 운송방법의 적절성

1-3-1. 수질오염공정시험기준에 따른 시료의 보존 및 운송방법에 대해 숙지하고 있는가?

1-3-2. 시료의 보존조치, 운송 방법 및 시간이 항목별로 수질오염공정시험기준에서 규정한 방법대로 적절한가?

1-3-3. 시료 운반시 및 전처리과정에서 오염과 용기의 오염이 우려되는 항목(VOCs 항목 등)에 대하여 현장바탕시료 또는 운반바탕시료를 측정하여 오염 여부를 확인하는 등 적절한 조치를 수행하였는가?

해설

시료의 운송 및 보관에 대한 사항은 위 '1.1항'의 해설을 참조하라.
각 항목별 시험방법에 운반바탕시료 또는 전처리바탕시료 등을 측정하도록 규정된 경우는 규정된 주기로 측정하는지 확인한다.

1-4. 시료채취와 함께 측정하여야 하는 항목의 측정을 수행하고 그 내용을 기록하고 있는가?

해설

일부 항목은 현장에서 측정하지 않으면 그 값이 변하므로 이런 항목은 반드시 현장에서 측정하고 시료채취기록부에 기록하여야 한다. 「환경시험·검사 업무처리 규정」(환경부 고시 제2016-166호)에 의하면 시료채취기록부에 기록하여야 할 사항은 시료채취일시, 시료채취자, 시료명, 관리분야, 시험항목, 시료채취량, 현장측정결과(수온, pH, 용존산소, 전기전도도 등), 기타 참고사항(날씨, 육안관찰 사항, 보존제의 종류와 양, 배출허용기준, 업종 등 시료특성 관련 내용) 등이며 여기서 언급되지는 않았지만 지점명과 함께 복수시료를 채취하는 경우 그 시간 간격도 함께 기록하여야 한다.

기록 및 환경관리

2-1. 기록 관리

2-1-1. 시료채취에 대한 기록 및 관리는 적절한가?

2-1-2. 측정결과에 대한 원자료의 기록 및 관리는 적절한가?

2-1-3. 성적서의 기록 및 관리는 적절하게 이루어지고 있는가?

2-1-4. 모든 기록에 대한 접근이 용이하게 이루어질 수 있는가?

2-1-5. 모든 기록의 수정·변경에 대한 적절한 보안 조치를 실시하고 있는가?

해설

시험결과에 대한 근거자료로 사용되는 시료채취기록부와 기기분석의 원자료 등을 명확히 보관하고 있어야 하며, 이들 자료가 훼손되지 않도록 관리하여야 한다.
시료채취기록부와 시험기록부 및 시험성적서 등은 담당자와 기술책임자의 서명이 있어야 유효하며, 시험성적서는 시험성적서 발송대장에 기록을 남긴 후 고객에게 송부되어야 한다.
생산된 모든 자료는 담당자뿐만 아니라 제3자도 쉽게 찾아볼 수 있도록 파일링하는 것이 좋으며, 가능한 한 성적서와 함께 모든 근거자료를 함께 파일링하는 것을 권장한다.
그 외 모든 기록에 대한 수정, 변경 및 접근에 대한 내용은 3장 '2.9 기록관리'의 해설을 참조하라.

2-2. 분석 환경의 적절성

2-2-1. 항온·항습장치는 정상적으로 가동되고 있는가?

2-2-2. 기기실 및 전처리실에 온도계와 습도계를 설치하고, 그 결과를 기록·관리하고 있는가?

2-2-3. 기기실 및 전처리실은 적정 온도와 습도를 유지하고 있는가?

해설

실험실에 대한 환경조건은 통상적으로 온도와 습도를 말하지만 실제로는 조명, 환기, 전력공급, 진동 등도 포함되어야 하며 이러한 사항은 환경오염공정시험기준에 그 조건이 명시되어 있다.
열악한 분석환경은 분석결과에 영향을 미칠 수 있으므로 환경관리조건을 제시하고 관리하여 그것을 기록으로 남기는 규정을 품질문서에 명시하고 이행하여야 한다.
실험실 특히 기기분석실과 전처리실, 저울실에 대한 적정 온습도 유지는 매우 중요하기 때문에 적정 온습도를 유지하여야 하며 이를 증명하기 위해 주기적으로 온습도를 측정하고 기록하여야 한다. 그러나 적정 온습도 유지를 위해 반드시 항온항습기를 설치할 필요는 없다. 해당 항목별 시험방법에 특별히 규정하여 그 온습도를 유지도록 하지 않았다면 일반적인 개념을 적용하여 온습도를 유지하면 되며, 온습도의 유지를 위해 온냉풍기 등을 사용하여도 무방하다.
'환경실험실 운영관리 및 안전'(국립환경과학원, 2015)에 의하면 저울실은 시약의 변질을 방지하기 위해 온도는 18 ℃ ~ 20 ℃, 상대습도는 40 % ~ 60 %를 유지하고, 이화학실험실은 실내온도 18 ℃ ~ 28 ℃, 상대습도는 40 % ~ 60 %, 기기분석실은 실내온도 18 ℃ ~ 28 ℃로 유지하는 것이 바람직하다고 서술되어 있다.

2-3. 환기시설의 설치

2-3-1. 환기시설을 설치하고 있는가?

2-3-2. 환기시설은 정상적으로 가동되고 있는가?

해설

환기는 수단으로 구분하면 자연적 환기와 기계적 환기로 구분된다. 때문에 환기는 별도의 환기시설을 설치하지 않더라도 자연적 환기를 통하여 실험실 내에 유해물질이 배출되도록 한다면 환기시설을 설치한 것으로 보아야 한다. 그러나 자연적 환기만으로 유해물질의 배출이 원활하지 않아 실험실 내에 시약 냄새가 난다면 기계적으로 환기하여야 하며, 기계적 환기를 하든 하지 않든 간에 실험실 내에서 시약 냄새 등이 난다면 정상적으로 가동되지 않는 것으로 보아야 한다.

'환경실험실 운영관리 및 안전'(국립환경과학원, 2015)에 의하면 이화학실험실은 환기횟수를 10회 / 시간 ~ 15회 / 시간 정도 유지하도록 하고 있다.

2-4. 시료 및 시약의 관리(교차오염 방지 등)

2-4-1. 시약 및 시료는 적절하게 보관되고 있는가?

2-4-2. 시료용 냉장보관 시설을 구비하고 있는가?

2-4-3. 표준물질(표준용액 등)은 적절하게 보관되고 있는가?

2-4-4. 시약 및 표준물질의 구매, 소모 및 유효기간 등의 정보에 대해 기록 · 관리하고 있는가?

2-4-5. 시료의 식별을 위한 적절한 조치를 실시하고 있는가?

2-4-6. 제조된 시약은 적절하게 관리되고 있는가?

해설

분석에 소요되는 각종 장비, 시약 및 표준물질 등은 분석결과에 영향을 미칠 수 있기 때문에 이들 물품을 구매하는 경우, 사양, 구매방법, 수령, 보관방법, 검사방법 등을 포함한 내부 규정에 따라 합리적으로 구매하고 보관하여야 한다. 별도의 내부 규정이 없는 경우는 품질문서에 그것들을 명시할 수 있다.

구매한 물품은 요구한 사양에 적합한 것인지를 확인할 때까지는 사용하여서는 안 되며, '시약 및 표준물질 관리대장'에 구입량, 사용량 및 잔고량을 기록하고 있어야 한다.

시약, 표준물질 및 시료는 가능한 한 교차오염 및 화학물질에 의한 위험성을 억제할 수 있도록 각각 별도의 시설에 보관되어야 한다. 제조된 시약과 표준용액도 물질명과 농도, 제조일, 용도, 유효기간 및 제조자 등의 정보를 포함하여 라벨링을 하여야 한다. 특히, 표준물질은 유효일자가 기록된 별도의 대장으로 관리되어야 하고 물질증명서철(Certificate)도 함께 보관할 것을 권장한다.

인화성 물질과 부식성 물질은 각각의 전용 캐비닛을 사용할 것을 권장하며, 인화성 물질을 실험실에 보관하는 경우는 40 L 이상 보관하지 않도록 한다. 표준물질의 보관기간은 제조사에서 제공하는 기간으로 하고, 표준용액은 환경조건에 맞게 내부적으로 규정하여 관리하고 있어야 한다.

참고로, 시약의 저장을 위한 일반적인 기준은 다음과 같다.

1) 모든 화학물질은 특별한 저장 공간이 있어야 한다.
2) 모든 화학물질에는 물질이름, 소유자, 구입날짜, 위험성, 응급절차를 나타내는 라벨을 부착해야 한다.
3) 일반적으로 위험한 물질은 직사광선을 피하고 시원한 곳에 저장하며, 이종물질을 혼입하지 않도록 함과 동시에 화기, 열원으로부터 격리해야 한다.
4) 다량의 위험한 물질은 법령에 의하여 소정의 저장고에 종류별로 저장하고, 또한 독극물은 약품 선반에 잠금장치를 설치하여 보관한다.
5) 특히 위험한 약품의 분실, 도난 시에는 사고가 일어날 우려가 있으므로 담당책임자에게 보고해야 한다.

또한 시료는 특정한 조건에서 보관하는 경우 그에 따른 보존기한이 있으므로 시료의 변질 방지를 위하여 시료보관용 냉장시설을 구비하고 있어야 하며, 가능한 한 빛이 차단된 상태로 보존되어야 한다. 시료는 가능한 한 쉽게 식별이 가능하도록 시험 특성에 따라 각각 다른 색의 라벨링을 한다.

2-5. 장비 및 물품의 관리

2-5-1. 교정 대상 장비의 교정 성적서를 보유하고 있는가?

2-5-2. 부피측정 유리 기구는 교정하여 사용하고 있는가?

2-5-3. 장비 및 물품은 적절하게 관리하고 있는가?

2-5-4. 주요 장비에 대해 장비관리대장을 작성하고 있는가?

해설

시료채취장비를 포함한 모든 장비는 적용하고자 하는 시험방법을 정상적으로 수행할 수 있어야 하며, 자체적으로 보유하고 있는 장비뿐만 아니라 빌려 쓰는 장비와 계약에 의해 공동으로 사용하는 장비도 주기적으로 그 성능이 확인되어야 한다.

새롭게 구입하는 장비를 비롯하여 모든 장비는 사용하기 전에 시험기관이 요구하는 사양을 만족하여야 하며 이를 확인하기 위해 교정을 하거나 점검을 하여야 하고, 그 결과를 기록으로 남기되 필요한 경우 라벨링하여 장비에 부착한다. 「환경분야 시험·검사 등에 관한 법률 시행규칙」 제2조에 명시된 측정기는 「환경분야 시험·검사 등에 관한 법률」 제11조에 따라 주기적으로 정도검사를 받아야 하며, 그 외 일반적인 분석장비는 「국가교정기관 지정제도 운영요령」 제40조에 따라 주기적으로 교정을 하여야 한다.

교정에는 자체교정과 외부 전문기관에 의한 교정이 있으므로 어떠한 방법을 적용하든 주기적으로 교정하고 그 결과를 기록 및 보관하고 있어야 한다.

분석기기뿐만 아니라 유리기구도 분석결과에 부정적인 영향을 미칠 수 있으므로 시험기관의 품질목표에 맞는 기준을 정하여 교정하여야 한다.

ICP등의 정밀기기는 기술표준원의 「국가 교정기관 지정제도 운영세칙」에 교정 주기가 제시되지 않으므로 자체적인 교정계획에 따라 교정하거나 전문기술자를 통하여 정밀도를 확인할 필요가 있다. 그 외 저울, 온도조절기 등의 기기와 피펫, 뷰렛 등의 부피 측정용 유리기구는 교정을 받고 교정성적서를 보유하고 있어야 한다. 내부적인 기준으로 교정을 한 경우에도 교정기록을 남겨두어야 한다.

참고로, 「국가교정기관 지정제도 운영요령」 제41조제1항에 "…측정기를 보유 또는 사용하는 자는 주기적으로 해당 측정기를 교정하여야 하며, 이를 위하여 합리적이고 적정한 주기로 수행될 수 있도록 교정대상 및 적용범위를 자체규정으로 정하여 운용할 수 있다."고 규정되어 있으므로 자체적으로 교정주기를 설정하여 운영하는 것이 원칙이나 자체적으로 교정주기를 정하지 않는 경우에는 교정기관에 의뢰하여 교정할 수 있다.

특히 부피 측정용 유리기구는 허용오차 범위 내에 있는 제품을 사용하거나 내부교정을 통하여 실험실의 목표를 달성할 수 있는 허용오차를 마련하고 확인함으로써 실험의 정확성을 유지할 필요가 있다. 다음의 표에 일반적으로 쓰이는 호칭 용량별 허용오차를 소개한다.

◘ 눈금 피펫의 호칭 용량별 허용오차

호칭 용량(mL)	최소눈금단위(mL)	허용오차(mL)	
		A 등급	B 등급
1	0.01	± 0.01	± 0.015
5	0.05	± 0.03	± 0.05
10	0.1	± 0.05	± 0.1

◘ 부피 피펫의 호칭 용량별 허용오차

호칭 용량(mL)	허용오차(mL)	
	A 등급	B 등급
< 5	± 0.015	± 0.03
< 10	± 0.02	± 0.04
< 25	± 0.03	± 0.06

◘ 부피 플라스크의 호칭 용량별 허용오차

호칭 용량(mL)	허용오차(mL)	
	A 등급	B 등급
20	± 0.04	± 0.08
50	± 0.06	± 0.12
100	± 0.1	± 0.2

또한 분석기기는 「환경분야 시험 · 검사 업무처리규정」(환경부 고시 제2016-166호)에 따라 장비관리카드와 장비관리대장을 작성하여야 한다.

2-6. 저울의 안정성 확인

2-6-1. 저울은 정상적으로 작동되고 있으며, 저울의 수평은 적절하게 조절되고 있는가?

2-6-2. 저울 내부에 흡습제가 비치되어 있는가?

2-6-3. 저울 설치장소는 적절한가?

2-6-4. 저울 내 · 외부는 청결하게 유지되고 있는가?

해설

저울실은 시약제조 시 표준성 및 정확성을 확보하고 분석오차를 줄이기 위해 실험수행실과 달리 별도의 공간을 확보하도록 하고, 만일 별도의 저울실이 없는 경우 저울을 사용할 공간을 확보하여 주변으로부터의 영향을 최소한으로 줄이는 것이 바람직하다.
저울은 효과적인 측정을 위해서 수평을 유지하고 진동이 없는 곳에 두어야 하며, 저울실의 바닥 역시 내진에 요동하지 않게 설비하는 것이 좋다. 이러한 설비를 갖출 수 없는 경우에는 저울하단부에 저울대를 두고, 주변의 공기흐름을 차단할 수 있는 덮개 등을 이용하는 것이 바람직하다.
저울실은 시약의 변질을 방지하기 위해 적절한 온도(약 18 ℃ ~ 20 ℃)와 건조한 상태(상대습도 40 % ~ 60 %)를 유지해야 한다. 이를 위해 저울 내부공간에 흡습제를 두도록 한다.
저울실에 대한 일반적인 환경조건 및 운용방법은 다음과 같다.

- 이상적인 측정 환경은 실내온도 20 ℃ ± 2 ℃, 상대습도 45 % ~ 60 %이다. 별도의 저울실이 있어 이러한 환경조건을 유지하지 못하는 경우는 각 저울 내부에 습기의 영향을 배제하기 위하여 정상적인 기능을 갖고 있는 흡습제를 비치한다.
- 저울이 설치된 장소는 먼지가 적어야 하며, 저울 내부도 청결하여 이전에 사용하였던 화학물질이 남아 있지 않아야 한다.
- 저울은 진동에 매우 민감하므로 견고한 받침대를 사용해야 하며, 필요시에는 석재와 같은 받침대를 사용하여 평형을 유지한다.
- 에어컨, 환풍기와 같이 진동을 유발하는 장비는 저울 가까이에 설치하지 않는다.
- 직사광선이 닿지 않도록 설치한다.
- 자기를 띠는 기계를 저울 가까운 곳에 설치하지 않도록 한다.
- 저울 발판을 돌려 수평기의 물방울이 수평기 가운데 오도록 설치한다.
- 저울을 사용하기 전에는 반드시 1시간 이상 안정화하여 사용하며, 사용 후 AC 어댑터를 접속한 채로 대기(스텐바이) 상태로 놓아둔다.
- 처음 사용하거나 또는 사용 장소를 이동할 경우 반드시 정밀한 분동을 이용하여 검정하여 사용한다.

2-7. 정제수의 관리

2-7-1. 정제수 제조장치를 보유하고 있는가?

2-7-2. 정제수 제조장치는 적절하게 관리되고 있는가?

해설

정제수제조장치는 제조사 명세서상의 성능수치를 유지하는지 매일 확인한다. 멤브레인 필터(membrane filter)의 유효 사용기간을 엄격하게 준수하고 교환한다. 제조한 정제수의 보관기간이 오래되지 않도록 하고 6개월에 한 번씩 아래 모든 항목에 대해 측정하여 성능을 확인하고 필요한 조치를 한다. 실험실은 정제수 제조장치의 교정 또는 성능확인을 위한 절차와 판정기준에 따라 진행하며 장비관리대장 및 내부교정결과보고서에 기록하여 문서화한다.
시약등급수의 수질기준을 미국 ASTM(american society for testing and materials)에서는 4개 등급으로 구분하고 있는데 유형 I은 정밀한 분석용이며, 유형 II는 일반 분석실용이므로 이에 대한 아래의 수질이 보장되어야 한다.

	유형 Ⅰ(Type Ⅰ)	유형 Ⅱ(Type Ⅱ)
전기전도도, 최댓값, μS / cm, 25 ℃	0.056	1.0
전기 저항, 최솟값, MΩ·cm, 25 ℃	18	1.0
25 ℃에서의 pH	–	–
총 유기탄소(TOC), 최댓값, μg / L	50	50
소듐(Na), 최댓값, μg / L	1	5
염화이온, 최댓값, μg / L	1	5
총 실리카, 최댓값, μg / L	3	3

2-8. 실험실 폐액 및 폐기물 처리의 적절성

2-8-1. 실험실 폐액은 적절하게 수집, 보관, 처리되고 있는가?

2-8-2. 실험실 폐기물은 적절하게 수집, 보관, 처리되고 있는가?

해설

실험실에서 발생하는 폐 유기용제 등은 폐기물관리법에 의한 지정폐기물이므로 이를 보관할 때는 「폐기물관리법 시행규칙」 제14조 별표5 '4. 지정폐기물(의료폐기물은 제외한다)의 기준 및 방법'에 따라 다음과 같이 관리하여야 한다.

- 지정폐기물은 지정폐기물 외의 폐기물과 구분하여 보관
- 폐유기용제는 휘발되지 않도록 밀폐된 용기에 보관
- 지정폐기물 외의 폐기물과 구분하여 보관
- 지정폐기물은 지정폐기물에 의하여 부식되거나 파손되지 않는 재질로 된 보관시설 또는 보관용기를 사용하여 보관
- 지정폐기물 중 폐산·폐알칼리·폐유·폐유기용제·폐촉매·폐흡착제·폐흡수제·폐농약, 폴리클로리네이티드비페닐 함유폐기물 등은 60일을 초과하여 보관하여서는 안 됨. 다만, 1년간 배출하는 지정폐기물의 총량이 3톤 미만인 사업장의 경우에는 1년의 기간 내에서 보관
- 지정폐기물의 보관창고에는 보관 중인 지정폐기물의 종류, 보관가능 용량, 취급 시 주의사항 및 관리책임자 등을 적어 넣은 표지판을 다음과 같이 설치하여야 함. 다만, 드럼 등 보관용기를 사용하여 보관하는 경우에는 용기별로 폐기물의 종류 / 양 및 배출업소 등을, 지정폐기물의 종류가 같은 용기가 여러 개 있는 경우에는 폐기물의 종류별로 폐기물의 종류·양 및 배출업소 등을 각각 알 수 있도록 표지판에 적어 넣어야 한다.

• 보관창고에는 표지판을 사람이 쉽게 볼 수 있는 위치에 설치하여야 한다.
• 표지의 규격: 가로 60 cm 이상 x 세로 40 cm 이상(드럼 등 소형용기에 붙이는 경우에는 가로 15 cm 이상 x 세로 10 cm 이상)
• 표지의 색깔: 노란색 바탕에 검은색 선 및 검은색 글자
• 표지판의 보기

지정폐기물 보관표지	
① 폐기물의 종류:	② 보관가능용량: 톤
③ 관리책임자:	④ 보관기간: ~ (일간)
⑤ 취급 시 주의사항 ○보관 시: ○운반 시: ○처리 시:	
⑥ 운반(처리)예정장소:	

이러한 폐액은 법령에 규정된 것은 아니지만 종류별로 별도로 분리하여 보관하여야 하며 쉽게 인식할 수 있도록 종류별로 보관용기의 색상을 달리할 것을 권장한다.

2-9. 고압가스의 안전관리

2-9-1. 고압가스 실린더에 지지대를 설치하는 등 안전하게 관리하고 있는가?

2-9-2. 가연성 가스를 구분하여 관리하고 있는가?

해설

시험에 사용하는 가스저장시설은 시험값의 정확도에는 영향을 미치지 않으나 분석자의 안전과 건강을 위하여 「고압가스안전관리법 시행규칙」 별표8에 따라 관리하여야 한다. 그 주요 내용을 살펴보면 다음과 같다.

- 가스설비 또는 저장설비는 그 외면으로부터 화기를 취급하는 장소까지 2 m(가연성 가스 또는 산소의 가스설비 또는 저장설비는 8 m) 이상의 우회거리를 유지할 것
- 배관의 재료는 그 고압가스의 취급에 적합한 기계적 성질 및 화학적 성분을 갖는 것일 것
- 가연성 가스(암모니아, 브롬화메테인 및 공기 중에서 자기 발화하는 가스는 제외한다)의 저장설비 중 전기설비는 그 설치장소 및 그 가스의 종류에 따라 적절한 방폭성능을 갖는 것일 것
- 가연성 가스의 가스설비실 및 저장설비실에는 누출된 고압가스가 체류하지 않도록 환기구를 갖추는 등 필요한 조치를 할 것
- 고압가스저장시설의 안전을 확보하기 위하여 필요한 곳에는 고압가스를 취급하는 시설 또는 일반인의 출입을 제한하는 시설이라는 것을 명확하게 알아볼 수 있도록 경계표지, 식별표지 및 위험표지 등 적절한 표지를 하고, 외부인의 출입을 통제할 수 있도록 적절한 경계책을 설치할 것
- 충전용기는 항상 40 ℃ 이하의 온도를 유지하고, 직사광선을 받지 않도록 조치할 것
- 밸브가 돌출한 용기(내용적이 5 L 미만인 용기는 제외한다)에는 용기의 넘어짐 및 밸브의 손상을 방지하는 조치를 할 것
- 가연성 가스 및 산소의 충전용기 보관실의 벽은 그 저장설비의 보호와 그 저장설비를 사용하는 시설의 안전 확보를 위하여 불연재료(不燃材料)를 사용하고, 가연성 가스의 충전용기 보관실의 지붕은 가벼운 불연재료 또는 난연재료(難燃材料)를 사용할 것.

나. 수질－2(일반항목: BOD, COD 등)

전처리

1－1. 전처리에 필요한 물품 및 시약의 보유 및 적합성

1－1－1. 전처리에 필요한 물품을 보유하고 있는가?

1－1－2. 전처리에 필요한 시약을 보유하고 있는가?

해설

시료채취 후 빠른 시간 내에 시험하지 못하는 경우를 대비하여 시료보관용 냉장시설이 있어야 하며, 적용하는 각 시험방법에 맞는 기구 및 기기, 시약을 보유하고 있는지 확인한다.

－ ES 04305.1c(생물화학적 산소요구량)에 따른 BOD 시험 시 시료에 잔류염소가 존재하면 시료 100 mL에 아자이드화소듐 0.1 g과 요오드화포타슘 1 g을 넣고 흔들어 섞은 다음 염산을 넣어 산성(약 pH 1)으로 하여야 하고, 정확도 시험을 위해서는 글루코스－글루탐산 표준용액을, 시험 중의 질산화 반응을 억제하기 위하여 TCMP(2－chloro－6(trichloromethyl) pyridine, $C_6H_3Cl_4N$, 분자량 230.19)를 보유하고 있어야 한다.
  배양기는 20 ℃ ± 1 ℃로 조절 가능하여야 하며, BOD병은 300 mL 용량을 사용하는 것이 원칙이나 부득이 한 경우는 60 mL 이상의 것을 사용하여야 한다.

－ COD 시험 시에는 시료 중 염소이온의 농도를 측정하여 염소이온이 2000 mg / L 미만인 시료는 ES 04315.1b(화학적 산소요구량 － 적정법 － 산성과망간산포타슘법)을 적용하고, 염소이온이 2000 mg / L 이상으로 높은 하수 및 폐수 시료는 ES 04315.2b(화학적 산소요구량 － 적정법 － 알칼리성과망간산포타슘법)를 적용한다. 염소이온의 농도가 1000 mg / L 이상으로서 COD값이 최소한 250 mg / L 이상인 경우는 ES 04315.3c(화학적 산소요구량 － 적정법 － 다이크롬산포타슘법)을 적용한다.
  ES 04315.1b(화학적 산소요구량 － 적정법 － 산성과망간산포타슘법) 및 ES 04315.2b(화학적 산소요구량 － 적정법 － 알칼리성과망간산포타슘법)을 적용하는 경우는 둥근바닥플라스크, 리비히 냉각관, 물중탕기를 보유하고 있으며 그에 합당한 시약을 사용하는지 확인하고, ES 04315.3c(화학적 산소요구량 － 적정법 － 다이크롬산포타슘법)에 의한 시험 시에는 둥근바닥플라스크, 리비히 냉각관과 함께 가열판(1.4 w / cm^2) 또는 맨틀히터 그리고 그에 합당한 시약을 보유하고 있는지 확인한다.

1－2. 목적에 맞는 정확한 전처리

1－2－1. 시료의 균질화는 적절하게 이루어지고 있는가?

1－2－2. 분석 전 시료의 pH, 잔류염소 등을 측정하고 있는가?

1－2－3. 적정 범위를 벗어난 시료의 pH 조절은 적절하게 수행되고 있는가?

1－2－4. 시료의 분석은 보존 기간 내에 실시하고 있는가?

1－2－5. 용존산소가 과포화된 시료는 적절한 조치 후에 분석을 실시하고 있는가?

해설

BOD 시험의 전처리는 ES 04305.1c(생물화학적 산소요구량)에 따르며, 시험용 시료채취 시 시료를 충분히 흔들어 혼합하여 균질화한다.

시료의 pH가 6.5 ~ 8.5의 범위를 벗어나는 산성 또는 알칼리성 시료는 염산용액(1 M) 또는 수산화소듐용액(1 M)으로 시료를 중화하여 pH 7 ~ pH 7.2로 맞춘다.
수온이 20 ℃ 이하로서 용존산소가 과포화되어 있을 경우에는 수온을 23 ℃ ~ 25 ℃로 상승시킨 이후에 15분간 통기 및 방치하고 냉각하여 수온을 다시 20 ℃로 한다.
BOD 시료는 채취 후 4 ℃ 어두운 곳에 보관하며 최대 48시간까지 보존하여 시험할 수 있으나 가능한 한 6시간 내에 시험할 것을 권장한다.

1 - 3. 방해물질에 대한 처리

1 - 3 - 1. 아황산소듐(잔류염소 제거용)을 보유하고 있는가?

1 - 3 - 2. 잔류염소를 함유한 시료의 전처리는 적절하게 이루어지고 있는가?

1 - 3 - 3. 소독 또는 멸균되었을 가능성이 있거나 방해물질을 함유한 시료는 식종희석수를 사용하여 시험하고 있는가?

1 - 3 - 4. 염소이온 농도 또는 염분도의 측정(COD에 해당)을 실시하고 있는가?

해설

BOD 시험의 전처리 과정에서의 방해물질 처리는 ES 04305.1c(생물화학적 산소요구량)에 따른다. 즉,

- 시료 중 용존산소의 양이 소비되는 산소의 양보다 적을 때는 시료를 적당히 희석하여야 하며(참고: 충분히 포기할 수도 있음), 혐기성 상태의 시료는 호기성 산화에 필요한 미생물을 식종하여야 한다.
- 시료 pH가 6.5 ~ 8.5의 범위를 벗어나는 산성 또는 알칼리성 시료는 염산용액(1 M) 또는 수산화소듐용액(1 M)으로 시료를 중화하여 pH 7 ~ pH 7.2로 맞춘다.
- 잔류염소를 함유한 시료는 시료 100 mL에 아자이드화소듐 0.1 g과 요오드화포타슘 1 g을 넣고 흔들어 섞은 다음 염산을 넣어 산성(약 pH 1)으로 한다. 유리된 요오드를 전분지시약을 사용하여 아황산소듐용액(0.025 N)으로 액의 색깔이 청색에서 무색으로 변화될 때까지 적정하여 얻은 아황산소듐용액(0.025 N)의 소비된 부피(mL)를 남아 있는 시료의 양에 대응하여 넣어 준다.
- 수온이 20 ℃ 이하일 때의 용존산소가 과포화되어 있을 경우에는 수온을 23 ℃ ~ 25 ℃로 상승시킨 이후에 15분간 통기하고 방치하고 냉각하여 수온을 다시 20 ℃로 한다.
- 질산화 미생물이 충분히 존재할 경우 적절한 질산화 억제 시약(ATU; allyl thiourea 또는 TCMP; 2-chloro-6(trichloromethyl) pyridine)을 사용하여 질소에 의한 산소 소비를 방지한다.

COD 시험의 전처리 과정에서의 방해물질 처리는 화학적 산소요구량 - 적정법에 따라 처리하며, ES 04315.3c(화학적 산소요구량 - 적정법 - 다이크롬산포타슘법)에 의하면 다음과 같은 조치를 취한다.

- 염소이온은 다이크롬산에 의해 정량적으로 산화되어 양(+)의 오차를 유발하므로 황산수은(II)을 첨가하여 염소이온과 착물을 형성하도록 하여 간섭을 제거한다.
- 아질산 이온에 의한 방해를 제거하기 위해 시료에 존재하는 아질산성 질소(NO_2- N) mg당 설퍼민산 10 mg을 첨가한다.

1-4. 희석수 및 식종 희석수의 제조 및 관리

1-4-1. 희석수 제조에 필요한 시약을 보유하고 있는가?

1-4-2. 희석수 제조는 적절하게 이루어지고 있는가?

1-4-3. 희석수 관리는 적절하게 수행되고 있는가?

1-4-4. 식종희석수의 제조는 적절하게 이루어지고 있는가?

1-4-5. 식종희석수는 적절하게 관리되고 있는가?

1-4-6. 식종희석수 및 희석수는 글루코스 및 글루타민산으로 주기적 점검을 실시하고 있는가?

해설

ES 04305.1c(생물화학적 산소요구량)에 따른 BOD용 희석수와 식종희석수를 위한 시약과 그의 제조 및 관리가 적절히 이행되고 있는지 확인한다.

- BOD용 희석수:

  온도를 20 ℃로 조절한 물을 솜으로 막은 유리병에 넣고 용존산소가 포화되도록 충분한 기간 동안 정치하거나, 물이 완전히 채워지지 않은 병에 넣고 흔들어서 포화시키거나 압축공기를 넣어 준다. 필요한 양을 취하여 유리병에 넣고 1000 mL에 대하여 인산염완충용액(pH 7.2), 황산마그네슘용액, 염화칼슘용액 및 염화철(III)용액(BOD용)을 각각 1 mL씩 넣는다. 이 액의 pH는 7.2이므로 pH 7.2가 아닐 때에는 염산용액(1 M) 또는 수산화소듐용액(1 M)을 넣어 조절하여야 한다. 이 액을 (20 ± 1) ℃에서 5일간 저장하였을 때 용액의 용존산소 감소는 0.2 mg / L 이하여야 한다.

- BOD용 식종수:

  하수 또는 하천수를 실온에서 24시간 ~ 36시간 가라앉힌 다음 상층액을 사용한다. 하수를 사용할 경우 5 mL ~ 10 mL, 하천수의 경우 10 mL ~ 50 mL을 취하고 희석수를 넣어 1,000 mL로 한다. 토양추출액을 사용할 경우에는 식물이 살고 있는 곳의 토양 약 200 g을 물 2 L에 넣어 교반하여 약 25시간 방치한 후 그 상층액 20 mL / L ~ 30 mL / L을 취하여 희석수 1,000 mL로 한다. 식종수는 사용할 때 조제한다.

- BOD용 식종희석수는 시료 중에 유기물질을 산화시킬 수 있는 미생물의 양이 충분하지 못할 때 미생물을 시료에 넣어준 것으로 시료(또는 전처리한 시료)를 BOD용 희석수(또는 BOD용 식종희석수)를 사용하여 희석할 때에 이들 중에 독성물질이 함유되어 있거나 구리, 납 및 아연 등의 금속이온이 함유된 시료(또는 전처리한 시료)는 호기성 미생물의 증식에 영향을 주어 정상적인 BOD값을 나타내지 않게 된다. 이러한 경우 다음과 같이 시험을 행하여 적정여부를 검토하여야 한다.
  - 글루코오스 및 글루타민산 각 150 mg씩을 취하여 물에 녹여 1,000 mL로 한 액 5 mL ~ 10 mL를 3개의 300 mL BOD병에 넣고 BOD용 희석수(또는 BOD용 식종희석수)를 완전히 채운 다음 이하 BOD 시험방법에 따라 시험한다.
  - 이때 측정하여 얻은 BOD 값은 (200 ± 30) mg / L의 범위 안에 있어야 한다. 얻은 BOD 값의 편차가 클 때에는 BOD용 희석수(또는 BOD용 식종희석수) 및 시료에 문제점이 있으므로 시험전반에 대한 검토가 필요하다.

(기기)분석

2-1. 필요한 분석 시약, 장비 또는 기기 및 물품 보유의 적합성

2-1-1. BOD 시험 시 용존산소의 측정에 필요한 장비(DO meter)나 시약을 보유하고 있는가?

2-1-2. 알칼리성 과망간산포타슘법 COD 시험에 필요한 시약을 보유하고 있는가?

2-1-3. 중크롬산포타슘에 의한 COD 측정에 필요한 시약을 보유하고 있는가?

2-1-4. 뷰렛 또는 자동뷰렛을 보유하고 있는가?

2-1-5. 자석 교반기를 보유하고 있는가?

2-1-6. BOD용 인큐베이터의 용량 및 규격은 적절한가?

2-1-7. COD용 수욕조의 용량 및 규격, 냉각장치는 적절한가?

2-1-8. 중크롬산포타슘법 COD 분석에 필요한 장치를 보유하고 있으며, 용량 및 규격, 냉각장치는 적절한가?

2-1-9. 용존산소측정기(DO meter)의 격막은 교체를 위해 여분으로 보유하고 있으며, 주기적으로 교체를 하고 있는가? (DO-전극법)

해설

다음의 내용을 참고하여 BOD, COD 시험 시 필요한 유리기구 및 기기 등을 충분히 보유하고 있는지 확인한다.

- BOD 시험을 할 때, BOD병은 충분한 여분이 있어야 하며 인큐베이터는 시험하고자 하는 시료의 수를 감당할 수 있는 충분한 크기여야 하고(또는 여러 대의 인큐베이터 보유) 작동상태가 양호하여야 한다(인큐베이터에 대한 교정 성적서를 확인).
- COD 시험은 정확한 적정을 위하여 교정한 뷰렛이 필요하며, 적정 시 교반을 위한 자석교반기를 보유하고 있어야 한다. 또한 둥근바닥 플라스크와 리비히 냉각관 등의 유리기구도 충분한 수량을 보유하고 있어야 한다.

자세한 내용은 '1.1항' 해설 내용을 참조하라.

2-2. 분석 시 기기의 안정성 확인

2-2-1. BOD용 인큐베이터(20 ℃)는 정상적으로 가동되고 있으며 주기적인 검·교정을 받았는가?

2-2-2. COD용 수욕조 작동 상태가 양호하며 검·교정을 받았는가?

해설

BOD 시험을 위한 인큐베이터(온도조절기)는 주기적으로 교정을 받아야 하며, 온도는 20 ℃ ± 1 ℃를 유지하여야 한다. COD 시험용 물 중탕기도 온도조절기가 부착되어 있으므로 주기적으로 교정을 받아야 한다. 온도조절기에 대한 교정은 내외부 교정을 통하여 수행하며 그 결과는 교정결과기록부 등을 통하여 확인 가능하다.

2-3. 분석조건(또는 분석환경)

2-3-1. BOD 시험 시 저온 또는 용존산소 과포화된 시료에 대한 처리 방법에 대해 정확히 숙지하고 있는가?

2-3-2. COD 시험 시 염소이온 제거가 적절하게 이루어지고 있는가?

2-3-3. COD 시험 시 시험방법(산성 또는 알칼리성 과망간산포타슘법)이 염소이온의 농도에 따라 적합하게 적용되었는가?

해설

ES 04305.1c(생물화학적 산소요구량)에 따라 시험할 때 시료의 온도가 20 ℃ 이하로서 용존산소가 과포화되어 있을 경우에는 수온을 23 ℃ ~ 25 ℃로 상승시킨 이후에 15분간 통기하고 방치하고 냉각하여 수온을 다시 20 ℃로 한다. COD 시험 시에는 시료 중 염소이온의 농도를 측정하여 염소이온이 2000 mg / L 미만인 시료는 ES 04315.1b(화학적 산소요구량 – 적정법 – 산성과망간산포타슘법)을 적용하고, 염소이온이 2000 mg / L 이상으로 높은 하수 및 폐수 시료는 ES 04315.2b(화학적 산소요구량 – 적정법 – 알칼리성과망간산포타슘법)를 적용한다. ES 04315.1b(화학적 산소요구량 – 적정법 – 산성과망간산포타슘법)를 적용할 때, 염소이온이 존재하면 과망간산에 의해 정량적으로 산화되어 양(+)의 오차를 유발하므로 황산은을 첨가하여 염소이온의 간섭을 제거하여야 한다.

2-4. 시료 희석배율 및 적정범위의 적절성

2-4-1. BOD 시험 시 적정 범위의 DO소모량을 갖는 희석배율을 찾기 위해 2종 이상의 희석배율을 갖는 희석시료를 조제하여 시험하고 있는가?

2-4-2. COD 시험 시 적정 범위의 산화제 소모량을 갖는 희석배율을 찾기 위해 적절한 조치를 수행하고 있는가?

해설

ES 04305.1c(생물화학적 산소요구량)에 의한 시험에서 시료(또는 전처리한 시료)의 예상 BOD값으로부터 단계적으로 희석배율을 정하여 3종 ~ 5종의 희석시료를 2개를 한 조로 하여 조제하되 오염정도가 심한 공장폐수는 0.1 % ~ 1.0 %, 처리하지 않은 공장폐수와 침전된 하수는 1 % ~ 5 %, 처리하여 방류된 공장폐수는 5 % ~ 25 %, 오염된 하천수는 25 % ~ 100 %의 시료가 함유되도록 희석 조제한다. 일반적으로 5일 저장기간 동안 산소의 소비량이 40 % ~ 70 % 범위에 들도록 시료를 준비한다.

ES 04315.1b(화학적 산소요구량 – 적정법 – 산성과망간산포타슘법)에 의한 COD 시험에서, 시료의 양은 30분간 가열반응한 후에 과망간산포타슘 용액(0.005 M)이 처음 첨가한 양의 50 % ~ 70 %가 남도록 채취한다. 다만 시료의 COD값이 10 mg / L 이하일 경우에는 시료 100 mL를 취하여 그대로 시험하며, 보다 정확한 COD값이 요구될 때는 과망간산포타슘 용액(0.005 M)의 소모량이 처음 가한 양의 50 %에 접근하도록 시료량을 취한다.

ES 04315.2b(화학적 산소요구량 – 적정법 – 알칼리성과망간산포타슘법)에 의한 COD 시험에서는 시료의 양은 60분간 가열반응하고 남은 과망간산포타슘용액(0.005 M)이 처음 첨가한 양의 50 % ~ 70 %가 남도록 채취한다. 보다 정확한 COD값이 요구될 경우에는 과망간산포타슘용액(0.005 M)의 소모량이 처음 가한 양의 50 %에 접근하도록 시료량을 취한다.

2-5. 바탕시험을 수행하고, 그 값을 결과계산에 반영하여 시험결과에 대한 보정을 실시하는지 여부

해설

COD를 시험하는 경우, 어떠한 시험방법을 적용하든지 시료군마다 1개의 방법바탕시료를 시험하여야 하며, 방법바탕시료는 정제수를 사용하여 분석절차와 동일하게 전처리 및 분석하되 측정값은 0.1 mg / L 이하여야 한다(참고로 정제수인 blank가 0.1 mg / L 이하가 되기 어려운 경우가 많음).

시험결과의 계산

3-1. 시험결과 계산의 정확성

3-1-1. 시료 희석에 따른 결과 계산방법을 정확하게 적용하고 있는가?

3-1-2. 희석수 및 식종 희석수 사용에 따른 계산과정의 차이에 대해 이해하고 있는가?

해설

ES 04305.1c(생물화학적 산소요구량)에 따른 농도계산에서 특히 식종희석수를 사용한 시료는 다음과 같이 계산하는지를 확인한다. 또한 계산식의 개념을 이해하고 있는지 점검한다.

$$\text{생물화학적산소요구량(mg / L)} = [\ (D1 - D2) - (B1 - B2) \times f\ ] \times P$$

여기서, D1: 15분간 방치된 후의 희석(조제)한 시료의 DO(mg / L)

D2: 5일간 배양한 다음의 희석(조제)한 시료의 DO(mg / L)

B1: 식종액의 BOD를 시험할 때 희석된 식종액의 배양전 DO(mg / L)

B2: 식종액의 BOD를 시험할 때 희석된 식종액의 배양후 DO(mg / L)

f: 희석시료 중의 식종액 함유율(x %)과 희석한 식종액 중의 식종액 함유율 (y %)의 비(x / y)

P : 희석시료 중 시료의 희석배수(희석시료량 / 시료량)

3-2. 규정액 제조 시 적정 용액의 농도계수(factor)를 측정하여 결과계산에 반영하는지 여부

해설

ES 04315.1b(화학적 산소요구량 – 적정법 – 산성과망간산포타슘법)에 의한 시험 결과의 계산은 아래의 식을 이용하여 사용한 시료의 양과 소비된 과망간산포타슘용액으로부터 구한다. 따라서 과망간산포타슘의 농도계수를 명확히 하여 대입하도록 한다.

$$\text{화학적산소요구량(mg / L)} = (b - a) \times f \times \frac{1000}{V} \times 0.2$$

여기서, a: 바탕시험 적정에 소비된 과망간산포타슘용액(0.005 M)의 양(mL)

b: 시료의 적정에 소비된 과망간산포타슘용액(0.005 M)의 양(mL)

f: 과망간산포타슘용액(0.005 M) 농도계수(factor)

V: 시료의 양(mL)

3-3. 결과 계산에 사용된 시료 희석배수의 적절성

해설

BOD, COD 시험의 결과계산에서 시료를 희석한 경우는 희석시료 중 시료의 희석배수, 즉 희석된 시료의양을 원래의 희석하고자 주입한 원시료량으로 나눈 값을 적용하므로 이를 정확히 계산하도록 한다.

3-4. 결과 표현의 적절성

해설

ES 04305.1c(생물화학적 산소요구량)에 따라 BOD 시험결과는 소수 첫째자리까지, COD 시험결과는 어떤 시험방법을 적용하든 0.1 mg / L까지 표기하도록 한다. 단위는 국제단위계에 따라 표현한다.

다. 수질-3(일반항목: SS)

전처리

1-1. 전처리에 필요한 물품 및 시약의 보유 여부

해설

ES 04303.1b(부유물질)에 따라 나무 조각, 큰 모래입자 등과 같은 큰 입자들은 부유물질 시험에 방해를 주기 때문에 시료는 지름 2 mm 금속망에 먼저 통과시킨 후 시험해야 하므로 눈금의 지름이 2 mm인 금속망(체)가 필요하다. 참고로, 부유물질이란 크기가 0.1 μm에서 2 mm까지 크기의 물에 뜨는 물체를 말한다.

1-2. 목적에 맞는 정확한 전처리

1-2-1. 시료의 균질화는 적절하게 이루어지고 있는가?

1-2-3. 시료의 분석은 보존 기간 내에 실시하고 있는가?

1-2-3. GF / C 여과지는 시험 전에 전처리(세척, 건조, 방냉, 칭량)한 후에 사용하고 있는가?

해설

ES 04130.1d(시료의 채취 및 보존방법)에 의하면 부유물질의 시험을 빠른 시간 내에 하지 못할 경우에는 4 ℃에서 7일까지 보존할 수 있으며, 시험 전에 충분히 흔들어 균질화한다.

ES 04303.1b(부유물질)에 따라 GF / C 여과지는 여과장치에 부착하여 미리 정제수 20 mL씩 3회 흡인여과하거나 정제수로 충분히 씻은 다음 105 ℃ ~ 110 ℃에서 2시간 동안 건조한 후 사용하기 전까지 데시케이터에 보관하고 사용 전에 무게를 정확히 달고 시험한다.

일반적으로, 여과하기 위한 시료는 시료통의 중간부분에서 채취하되 교반기로 시료를 혼합하는 경우는 시료가 든 용기 내의 물이 회전하는 부분에서는 채취하지 않도록 한다. 특별한 전처리는 필요로 하지 않으나. 시계접시에 휘발성 고형물질이 존재하는 경우는 550 ℃에서 1시간 동안 두어 휘발시킨다. 증발접시도 105 ℃ ~ 110 ℃에서 2시간 동안 가열한 후 사용하기 전까지 데시케이터에 보관하는 것이 좋다.

(기기)분석

2-1. 필요한 분석 장비 또는 기기 및 물품 보유의 적합성

2-1-1. 여과장치와 진공펌프 또는 아스피레이터를 보유하고 있는가?

2-1-2. 데시케이터와 건조기를 보유하고 있으며 관리상태가 양호한가?

2-1-3. 저울은 0.1 mg까지 칭량이 가능하며, 정상적으로 작동 · 관리되고 있는가?

해설

ES 04303.1b(부유물질)에 따라 시험에 필요한 여과장치, 진공펌프 또는 아스피레이터를 보유하고 있어야 하며, 여과지는 유리섬유여과지(GF / C) 또는 이와 동등한 규격으로 지름 47 mm의 것을 사용한다. 여과지의 건조를 위하여 건조기와 데시케이터, 시계접시가 필요하며, 건조기는 105 ℃ ~ 110 ℃에서 건조할 수 있는 기능을 갖춰야 한다.

2-2. 분석조건

2-2-1. 여과한 시료량은 건조 후 부유물질로써 2 mg 이상으로 적절한가?

2-2-2. 직경 2 mm 이상의 물질은 제거하고 있는가?

해설

부유물질이란 크기가 0.1 μm에서 2 mm까지 크기의 물에 뜨는 물체를 말하므로 측정 전에 직경 2 mm 이상의 물질은 미리 제거하여야 하며, ES 04303.1b(부유물질)에 따라 건조한 후의 부유물질량이 2 mg 이상 되도록 시료를 여과시켜야 한다.

시험결과의 계산

3-1. 시료 사용량에 따른 계산방법의 정확성

3-2. 결과 표현의 적절성

해설

ES 04303.1b(부유물질)에 따라 여과 전후의 유리섬유여과지 무게의 차를 구하여 부유물질의 양을 계산하는지 확인한다.

$$부유물질(mg / L) = (b - a) \times \frac{1000}{V}$$

여기서, a: 시료 여과 전의 유리섬유여과지 무게(mg)

b: 시료 여과 후의 유리섬유여과지 무게(mg)

V: 시료의 양(mL)

시험결과는 mg / L로 표기하며, 건조한 후의 부유물질량이 2 mg 이하가 되면 안 된다.

라. 수질-4(일반항목: 노말헥산 추출물질)

전처리

1-1. 전처리에 필요한 물품 및 시약의 보유 및 적합성

1-1-1. 전처리에 필요한 시약을 보유하고 있는가?

1-1-2. 전처리에 필요한 기구를 보유하고 있는가?

1-1-3. 알루미늄박으로 만든 용기를 보유하고 있는가?

1-1-4. 콕이 달린 유리컬럼을 보유하고 있는가?

해설

ES 04302.1b(노말헥산 추출물질)에서는 전처리에 대한 특별한 조작에 대해서는 서술되어 있지 않다.
노말헥산층을 분리하기 전의 과정을 전처리 과정으로 본다면 다음과 같은 과정을 거쳐 시험하여야 하므로 이에 맞는 물품과 시약을 보유하고 있어야 한다.

- 시료적당량(노말헥산 추출물질로서 5 mg ~ 200 mg 해당량)을 분별깔때기에 넣고 메틸오렌지용액(0.1 %) 2 ~ 3 방울을 넣고 황색이 적색으로 변할 때까지 염산(1 + 1)을 넣어 시료의 pH를 4 이하로 조절한다.
- 노말헥산 추출물질의 함량이 낮은 경우(5 mg / L 이하)에는 5 L 용량 시료병에 시료 4 L를 채취하여 염화제이철용액(염화제이철($FeCl_3 \cdot 6H_2O$) 30 g을 염산(1 + 11) 100 mL에 녹인 용액) 4 mL를 넣고 자석교반기로 교반하면서 탄산소듐용액(20 %)을 넣어 pH 7.9로 조절한다. 5분간 세게 교반한 다음 방치하여 침전물이 전체액량의 약 1 / 10이 되도록 침강하면 상층액을 조용히 흡인하여 버린다. 잔류 침전층에 염산(1 + 1)을 넣어 pH 약 1로 하여 침전물을 녹이고 이 용액을 분별깔때기에 옮긴 후 규정된 시험방법에 따라 시험한다. 만약, 시료 중에 입자가 있으면 0.45 μm 여과지로 여과하여 그 여과액을 시료로 한다.

증발용기로서 반드시 알루미늄박으로 만든 접시만 사용할 필요는 없다. 비커 또는 증류플라스크로서 부피가 50 mL ~ 250 mL인 것을 사용할 수도 있다.

1-2. 목적에 맞는 정확한 전처리

1-2-1. 시료 사용량은 적절한가?

1-2-2. 시료의 분석은 보존 기간 내에 실시하고 있는가?

1-2-3. 활성규산소듐은 적절하게 사용하고 있는가?

해설

ES 04302.1b(노말헥산 추출물질)에서 총 노말헥산추출물질 중 광유류를 분석하고자 하는 경우, 노말헥산 추출물질로서 5 mg ~ 200 mg이 되도록 시료량을 선택하여 실험하여야 하며, ES 04130.1d(시료의 채취 및 보존 방법)에 의거하여 시료채취 후 즉시 분석하지 못한다면 시료에 H_2SO_4를 가하여 pH 2 이하로 하여 4 ℃에서 28일 동안 보관할 수 있다.
또한 총 노말헥산 추출물질 중 광유류 시험을 할 때는 용출된 노말헥산 용액을 활성규산마그네슘(플로리실) 컬럼에 통과시키므로, 컬럼을 만들기 위한 활성규산마그네슘은 입경 150 μm ~ 250 μm로서 사용 전에 노말헥산으로 씻고 150 ℃로 약 2시간 가열한 후 진공건조용기에서 식힌 것을 사용한다.

(기기)분석

2-1. 필요한 분석 시약, 장비, 기기 및 물품 보유의 적합성

2-1-1. 분석 시약을 보유하고 있는가?

2-1-2. 데시케이터를 보유하고 있는가?

2-1-3. 건조기를 보유하고 있는가?

해설

ES 04302.1b(노말헥산 추출물질)에 따른 총 노말헥산 추출물질 분석을 위한 기구와 기기 및 시약을 보유하고 있어야 한다. 특히 전기맨틀은 80 ℃로 온도조절이 가능하여야 하며, 시료 중의 총 노말헥산 추출물질이 5 mg 이상이 될 수 있도록 충분한 양의 시료로 시험하여야 하므로 증발용기도 50 mL ~ 250 mL의 것을 사용한다. 기기로서는 건조기, 전기열판 또는 전기맨틀뿐만 아니라 자석교반기도 필요로 한다.
노말헥산 추출물질 시험에 사용되는 시약은 노말헥산, 메틸오렌지(0.1 %), 무수황산소듐, 염산(1 + 1) 등이 있다.

2-2. 분석기기의 안정성 확인 및 분석조건

2-2-1. 건조기는 정상적으로 가동되고 있는가?

2-2-2. 노말헥산 추출 후 분액여두에 남은 시료는 적절하게 처리하고 있는가?

2-2-3. 에멀젼을 형성하여 액층이 분리되지 않을 경우에 대한 적절한 조치방법을 숙지하고 있는가?

해설

ES 04302.1b(노말헥산 추출물질)에 따라 노말헥산을 증발시키기 위하여 전기열판 또는 전기맨틀은 80 ℃로 유지될 수 있어야 하며, 증발용기를 말리기 위한 건조기는 80 ℃ ± 5 ℃로 유지되어야 한다.

시료의 용기는 노말헥산 20 mL씩으로 2회 씻어서 씻은 액을 분별깔때기에 합하고 마개를 하여 2분간 세게 흔들어 섞고 정치하여 노말헥산층을 분리한다. 이때 에멀젼을 형성하여 액층이 분리되지 않거나 노말헥산층이 혼탁할 경우에는 분별깔때기안의 수층을 원래의 시료용기에 옮기고, 에멀젼층 또는 헥산층에 약 10 g의 염화소듐 또는 황산암모늄을 넣어 환류냉각관(약 300 mm)을 부착하고 80 ℃ 물중탕 중에서 약 10분간 가열 분해한 다음 시험방법에 따라 시험한다.

2-3. 바탕시험을 수행하여 결과 값을 보정하는지 여부

해설

ES 04302.1b(노말헥산 추출물질)에 따라 총 노말헥산 추출물질 시험과 병행하여, 시험에 사용된 노말헥산 전량을 미리 항량으로 하여 무게를 단 증발용기에 넣어, 시료와 같이 조작하여 노말헥산을 날려 보내어 바탕시험을 하고 결과 값이 보정되었는지 확인한다.

시험결과의 계산

3-1. 시험결과 계산의 정확성

3-1-1. 시료 사용량에 따른 계산방법은 정확한가?

3-2. 결과 표현의 적절성

해설

ES 04302.1b(노말헥산 추출물질)에 따라 결과를 계산하는지 확인한다.

$$총\ 노말헥산\ 추출물질(mg / L) = (a - b) \times \frac{1000}{V}$$

여기서, a: 시험 전후의 증발용기의 무게(mg)
b: 바탕시험 전후의 증발용기의 무게(mg)
V: 시료의 양(mL)

$$총\ 노말헥산추출물질\ 중\ 광유류(mg / L) = (a - b) \times \frac{100}{50} \times \frac{1000}{50}$$

여기서, a : 유출액 중의 노말헥산 추출물질의 무게(mg)
b : 바탕시험에 의한 잔류물의 무게(mg)
V: 시료의 양(mL)

$$총\ 노말헥산추출물질\ 중\ 동 \cdot 식물유지류(mg / L) = a - b$$

여기서, a : 총 노말헥산 추출물질의 양(mg / L)
b : 총 노말헥산 추출물질 중 광유류의 양(mg / L)

또한 총 노말헥산 추출물질 시험방법은 회수율이 약 80 %이기 때문에 시험에 사용된 시료 중 총 노말헥산 추출물질의 양이 5 mg 이상이어야 하며, 5 mg / L ~ 10 mg / L에서는 회수율이 약 73 %이기 때문에 이 농도 이하의 분석은 권장할 수 없다. 결과는 mg / L로 표현하며 통상 소수점 세 자리까지 표기한다.

마. 수질－5(영양염류: TN, TP 등)

전처리

1－1. 전처리에 필요한 물품 및 시약의 보유 및 적합성

1－1－1. 전처리에 필요한 물품을 보유하고 있는가?

1－1－2. 전처리에 필요한 시약을 보유하고 있는가?

1－1－3. 차아염소산소듐의 유효염소 함량을 점검하고 있는가?

해설

ES 04362.1c(총인 － 자외선 / 가시선 분광법), ES 04362.2b(총인 － 연속흐름법) 및 ES 04363.1a(총질소 － 자외선 / 가시선 분광법 － 산화법), ES 04363.4b(총질소 － 연속흐름법) 등 적용하는 시험방법에 따른 전처리 물품과 시약 등을 보유하고 있는지 확인한다.

－ ES 04362.1c(총인 － 자외선 / 가시선 분광법)에 따른 총인 시험에서 분해되기 쉬운 유기물을 함유한 시료는 시료 50 mL(인으로서 0.06 mg 이하 함유)를 분해병에 넣고 과황산포타슘용액(4 %) 10 mL를 넣어 마개를 닫고 섞은 다음 고압증기멸균기에 넣어 약 120 ℃가 될 때부터 30분간 가열분해를 계속하고 분해병을 꺼내 냉각시킨다. 다량의 유기물을 함유한 시료는 시료 50 mL(인으로서 0.06 mg 이상 함유)를 킬달플라스크에 넣고 질산 2 mL를 넣어 액량이 약 10 mL가 될 때까지 서서히 가열 농축하고 냉각시킨 후 여기에 질산 2 mL ~ 5 mL와 황산 2 mL를 넣고 가열을 계속하여 황산의 백연이 격렬하게 발생할 때까지 가열한 후, 분해가 끝나면 정제수 약 30 mL를 넣고 약 10분간 조용히 가열하여 가용성 염을 녹이고 냉각한 후 이 용액을 p－나이트로페놀(0.1 %)을 지시약으로 하여 수산화소듐용액(20 %) 및 수산화소듐용액(4 %)을 넣어 용액의 색이 황색을 나타낼 때까지 중화한 다음 50 mL 부피플라스크에 옮기고 정제수를 넣어 표선까지 채워야 하므로 이에 맞는 시약과 물품을 보유하여야 한다.

－ ES 04362.2b(총인 － 연속흐름법)에 따른 자동분석기를 통한 총인 시험에서 시료 중의 고체 물질을 파쇄하거나 섞어주는 기능을 위해 필요하다면 초음파 균질화기(ultrasonic homogenizer)를 사용하여 시료를 균일화시켜야 하므로 이를 보유하고 있어야 한다.

－ ES 04363.1a(총질소 － 자외선 / 가시선 분광법 － 산화법) 및 ES 04363.2b(총질소 － 자외선 / 가시선 분광법 － 카드뮴·구리 환원법)에 따른 총질소 시험에서 전처리를 위하여 시료 50 mL(질소함량이 0.1 mg 이상일 경우에는 희석)를 분해병에 넣고 알칼리성 과황산포타슘 용액 10 mL를 넣어 마개를 닫고 흔들어 섞은 다음 고압증기멸균기에 넣고 약 120 ℃가 될 때부터 30분간 가열 분해하고 분해병을 꺼내어 냉각하여야 하므로 이에 맞는 기구와 물품, 시약을 보유하고 있어야 한다. 특히 수산화소듐 및 알칼리성 과황산포타슘은 질소 함량 0.0005 % 이하의 것을 사용한다.

－ ES 04363.4(총질소 － 연속흐름법)에 따른 자동분석기를 이용한 총질소 시험에서의 전처리는 자동분석기를 이용한 총인 시험 내용과 동일하다.

1 - 2. 목적에 맞는 정확한 전처리

1 - 2 - 1. 시료의 균질화는 적절하게 이루어지고 있는가?

1 - 2 - 2. 시료 pH는 목적에 부합되도록 조절하고 있는가?

1 - 2 - 3. 시료의 분석은 보존 기간 내에 실시하고 있는가?

해설

전처리 과정에서의 시료 균질화는 '1 - 1항' 해설을 참조하라.

시험을 위한 시료의 pH값에 대한 특별한 규정은 없으나 ES 04363.2b(총질소 - 자외선/가시선 분광법 - 카드뮴·구리 환원법)를 적용할 때는 시료의 pH가 5 ~ 9의 범위를 초과하면 발색에 영향을 받으므로 염산(2 %) 또는 수산화소듐용액(2 %)으로 pH를 조절한다.

ES 04130.1d(시료의 채취 및 보존방법)에 따라 시료는 실험실에 도착할 때까지 조성의 변화가 일어나지 않도록 하여야 하며, 시료를 채취 후 즉시 시험할 수 없을 때는 아래의 보존방법에 따라 보존한다.

항목	시료용기	보존방법	최대보존기간 (권장보존기간)
아질산성 질소	P, G	4 ℃ 보관	48시간(즉시)
암모니아성 질소	P, G	4 ℃ 보관, H_2SO_4로 pH 2 이하	28일(7일)
인산염인	P, G	즉시 여과한 후 4 ℃ 보관	48시간
질산성 질소	P, G	4 ℃ 보관	48시간
총인(용존 총인)	P, G	4 ℃ 보관, H_2SO_4로 pH 2 이하	28일
총질소(용존 총질소)	P, G	4 ℃ 보관, H_2SO_4로 pH 2 이하	28일(7일)

1 - 3. 방해물질에 대한 처리

1 - 3 - 1. 암모니아성질소 시험용 증류장치를 보유하고 있는가?

1 - 3 - 2. 방해물질에 대한 처리는 적절하게 이루어지고 있는가?

해설

ES 04363.3b(총질소 - 자외선/가시선 분광법 - 환원증류·킬달법), ES 04361.4b(질산성질소 - 데발다합금 환원증류법), ES 04355.1b(암모니아성 질소 - 자외선/가시선 분광법), ES 04355.3b(암모니아성 질소 - 적정법) 등을 적용하는 경우는 그에 맞는 증류장치를 보유하고 있어야 한다.

ES 04362.1c(총인 - 자외선/가시선 분광법)를 적용하는 경우, 시료의 전처리 방법에서 축합인산과 유기인 화합물은 서서히 분해되어 시험이 잘 안되기 때문에 과황산포타슘으로 가수분해시켜 정인산염으로 전환한 다음 다시 시험하며, 전처리한 시료가 염화이온을 함유하고 있다면 염소가 생성되어 몰리브덴산의 청색 발색을 방해하는 경우가 있으므로 분해 후 용액에 이황산수소소듐용액(5 %) 용액 1 mL를 가한다. 또한 상층액이 혼탁한 시료의 여과는 시료채취 후 여과지 5종 C 또는 1 μm 이하의 유리섬유여과지(GF/C)를 사용하여 여과하고 최초의 여과액 약 5 mL ~ 10 mL를 버리고 그 후의 여과용액을 사용한다.

ES 04363.2b(총질소 – 자외선 / 가시선 분광법 – 카드뮴 · 구리 환원법)를 적용하는 경우, 시료의 pH가 5 ~ 9의 범위를 초과하면 발색에 영향을 받으므로 염산(2 %) 또는 수산화소듐용액(2 %)으로 pH를 조절한다.
ES 04363.3b(총질소 – 자외선 / 가시선 분광법 – 환원증류 · 킬달법)를 적용할 때, 시료 중에 잔류염소가 존재하면 정량을 방해하므로 시료를 증류하기 전에 아황산소듐 용액을 넣어 잔류염소를 제거한다. 이 용액 1 mL는 0.5 mg / L의 잔류염소를 제거할 수 있다. 또한 시료 중에 칼슘이온(Ca^{2+})이나 마그네슘이온(Mg^{2+})이 다량 존재하면 발색 시 침전물이 형성되어 흡광도 측정에 영향을 주므로 발색된 시료를 원심분리한 다음 상층액을 취하여 흡광도를 측정하거나 미리 전처리를 통해 방해이온을 제거한다.
기타, 인산염인, 질산성질소 등에 대한 간섭작용의 억제에 대한 내용은 각 해당 시험방법을 참조하라.

(기기)분석

2 – 1. 필요한 분석 시약, 장비 또는 기기 및 물품 보유의 적합성

2 – 1 – 1. 시험항목별로 분석에 필요한 시약을 보유하고 있는가?

2 – 1 – 2. 분석 장비(분광광도계, 자동분석기 등)를 보유하고 있는가?

2 – 1 – 3. 분석장비는 정상적으로 가동되고 있는가?

2 – 1 – 4. 흡수셀은 규격에 맞으며 적정하게 관리하는가?

해설

자외선 / 가시선 분광법을 적용하는 경우, 정상적으로 가동되는 분광광도계를 보유하고 있어야 하며, 연속흐름법을 적용하는 경우는 분할흐름분석기(SFA, segmented flow analyzer) 또는 흐름주입분석기(FIA, flow injection analyzer)를 보유하고 있어야 한다. 이들 기기에는 결과를 인쇄할 수 있는 프린터 등이 연결되어 있어야 한다.
분광광도계를 적용하는 경우에 사용되는 흡수셀은 시료액의 흡수파장이 약 370 nm 이상일 때는 석영 또는 경질유리 제품을, 약 370 nm 이하일 때는 석영 흡수셀을 사용한다. 따로 길이를 지정하지 않았을 때는 10 mm 흡수셀을 사용하며, 흡수셀의 세척방법은 다음과 같이 한다.

– 탄산소듐용액(2 W / V%)에 소량의 음이온 계면활성제(예: 액상 합성세제)를 가한 용액에 흡수셀을 담가 놓고 필요하면 40 ℃ ~ 50 ℃로 약 10분간 가열한다. 흡수셀을 꺼내 물로 씻은 후 질산(1+5)에 소량의 과산화수소를 가한 용액에 약 30분간 담가 놓았다가 꺼내어 물로 잘 씻는다. 깨끗한 가제나 흡수지 위에 거꾸로 놓아 물기를 제거하고 실리카겔을 넣은 건조용기 중에서 건조하여 보존한다. 급히 사용하고자 할 때는 물기를 제거한 후 에틸알코올로 씻고 다시 에틸에터로 씻은 다음 드라이어(Dryer)로 건조해도 되며, 빈번하게 사용할 때는 물로 잘 씻은 다음 증류수를 넣은 용기에 담가 두어도 무방하다.

2 – 2. 분석기기의 안정성 확인 및 분석조건의 적절성

2 – 2 – 1. 측정 전 분석기기의 안정화(warming – up)를 확인하는가?

2 – 2 – 2. 흡수파장의 선택은 적절한가?

해설

분석기기 램프의 세기가 안정화될 때까지 전원을 켠 후 30분 이상 둔다. 자동전압조정기(AVR)를 사용하면 램프의 안정화에 도움이 된다.
분석기기에 전원을 넣은 후 충분한 시간이 경과하면 분석하고자 하는 물질이 들어 있지 않은 시료(예, 정제수)로 분석하여 바탕선에 노이즈가 생기지 않는지를 확인한다.
ES 04362.1c(총인 – 자외선 / 가시선 분광법)에 따른 총인 시험은 880 nm에서 하며, ES 04363.1a(총질소 – 자외선 / 가시선 분광법 – 산화법)에 따른 총질소 시험은 220 nm에서 한다. 그 외 항목별, 분석방법별로 시험 파장이 다르므로 시험방법 또는 기기에서 규정된 파장을 확인한다.

2-3. 검정곡선의 적절성 및 직선성(R^2)

2-3-1. 검정곡선 작성에 사용된 표준용액은 적합한 표준물질을 사용하여 제조하고 있는가?
2-3-2. 분석 시마다 검정곡선을 새롭게 작성하고 있는가?
2-3-3. 정량범위 내의 3개 이상의 농도에 대해 검정곡선을 작성하는가?
2-3-4. 얻어진 검정곡선의 결정계수(R^2)는 0.98 이상인가?
2-3-5. 대량의 시료 분석 시 시료 20개당 검정곡선의 중간값에 해당되는 표준용액의 농도를 측정하고 측정된 농도값과 표준용액의 농도값 간의 차이가 25 % 이내인가?

해설

총인, 총질소 등 각 분석하고자 하는 항목에 맞는 표준물질 및 표준용액을 보유하고 있어야 한다.
예로서, ES 04362.1c(총인 – 자외선 / 가시선 분광법)에 따른 총인 표준원액(100 mg / L)은 미리 105 ℃에서 건조한 인산이수소포타슘(potassium dihydrogen phosphate, KH_2PO_4, 분자량: 138.09) 0.439 g을 정확히 달아 정제수에 용해시켜 정확히 1 L로 한 것이다.
ES 04363.1a(총질소 – 자외선 / 가시선 분광법 – 산화법)에 따른 총질소 표준원액(100 mg / L)은 미리 105 ℃ ~ 110 ℃에서 4시간 건조한 질산포타슘(potasium nitrate, KNO_3, 분자량: 101.10) 0.7218 g을 정밀히 달아 정제수에 녹여 1 L로 한 것이다.
검정곡선(calibration curve)은 지시값과 이에 해당하는 측정값 사이의 관계를 나타내는 표현으로 반드시 시료 분석 시마다 새로 작성하여야 하며 부득이 이를 수행하지 못할 경우 해당 시험법의 설명을 따른다.
검정곡선의 작성 및 검증은 정량범위 내의 3개 이상 농도에 대해 검정곡선을 작성하고, 얻어진 검정곡선의 결정계수(R^2)가 0.98 이상 또는 감응계수(RF)의 상대표준편차가 25 % 이내여야 하며 결정계수나 상대표준편차가 허용범위를 벗어나면 재작성하도록 한다.
검정곡선의 감응계수를 검증하기 위하여 각 시료군마다 1회의 검정곡선 검증을 실시하는 것이 바람직하다. 검증은 검정곡선의 중간 농도값을 갖는 표준용액의 농도를 측정한다. 측정된 농도값과 표준용액의 농도값 간의 차이가 25 % 이내에서 일치하여야 한다. 만약 이 범위를 넘는 경우, 검정곡선을 재작성한다.
검정곡선 작성을 위한 대조액은 일반적으로 용매를 사용하며 분석하려는 성분이 들어있지 않은 같은 종류의 시료를 사용하여 조제한다.

2-4. 시료 희석배율의 적절성

해설

원시료의 농도가 너무 높은 경우 정제수 등으로 희석하고 결과값 계산에 이를 반영하는지 확인한다.

2-5. 바탕시험의 수행 여부

해설

시험하고자 하는 물질이 들어있지 않은 용매 또는 증류수를 사용하여 바탕시험을 하는지 확인한다.

시험결과의 계산

3-1. 시험결과 계산과정(계산식)의 정확성

3-2. 바탕시험 값을 사용한 결과의 보정 여부

해설

수질오염공정시험기준의 각 항목별 시험방법에 따라 시험결과를 계산한다.
예로서, ES 04362.1c(총인 – 자외선 / 가시선 분광법)에 따른 총인 농도 계산:
– 과황산포타슘 분해를 한 경우

$$총인(mg / L) = a \times \frac{60}{25} \times \frac{1000}{50}$$

여기서, a: 검정곡선으로부터 구한 인의 양(mg)

– 질산– 황산 분해를 한 경우

$$총인(mg / L) = a \times \frac{1000}{V}$$

여기서, a: 검정곡선으로부터 구한 인의 양(mg)

ES 04363.1a(총질소 – 자외선 / 가시선 분광법 – 산화법)에 따른 총질소 농도 계산:

$$총\ 질소\ (mg / L) = a \times \frac{60}{25} \times \frac{1000}{V}$$

여기서, a: 검정곡선으로부터 구한 질소의 양(mg)
V: 전처리에 사용한 시료량(mL)

시험결과는 시료의 측정값에서 바탕시험값을 제하고 도출한다.

3-3. 항목별 정량한계는 정확하게 도출되며, 시험방법에 따른 정량한계를 만족하는지 여부

해설

ES 04362.0(총인)에 의하면 각 총인 시험방법에 따른 정량한계는 다음과 같으므로 그 미만 값에 대해서만 '불검출'로 표기하는지 확인한다.

총인	정량한계 (mg / L)	정밀도 (% RSD)주1)
자외선 / 가시선 분광법	0.005 mg / L	± 25 % 이내
연속흐름법	0.003 mg / L	± 25 % 이내

또한 ES 04363.0(총질소)에 의하면 각 총인 시험방법에 따른 정량한계는 다음과 같으므로 그 미만 값에 대해서만 '불검출'로 표기하는지 확인한다.

총질소	정량한계 (mg / L)	정밀도 (% RSD)주1)
자외선 / 가시선 분광법(산화법)	0.1 mg / L	± 25 % 이내
자외선 / 가시선 분광법(카드뮴 - 구리 환원법)	0.004 mg / L	± 25 % 이내
자외선 / 가시선 분광법(환원증류 - 킬달법)	0.02 mg / L	± 25 % 이내
연속흐름법	0.06 mg / L	± 25 % 이내

주1) 정밀도란 시험분석 결과들 사이에 상호 근접한 정도의 척도이며, 상대표준편차(RSD) 또는 상대차이백분율(RPD)로 표시한다.

$$RSD = \frac{s}{\bar{x}} \times 100\ \%$$

$$RPD = \{(A - B) / [(A + B) / 2]\} \times 100\ \%$$

여기서, s = 표준편차

$\bar{x}$ = 측정 평균값

A = 측정값 중 큰 값

B = 측정값 중 작은 값

따라서, 위 두 개의 표에서 정밀도(RSD)값에 음(-)의 값이 존재하는 것은 잘못된 것이며, 정밀도는 0 이상으로 표시되어야 한다. 즉, 동일 시료에 대한 여러 개의 측정값이 동일하다면 표준편차가 0이므로 상대표준편차(RSD)는 0 %이며, 이중시료에서 두 시료의 측정값이 동일하면 상대차이백분율 계산식에서 분자가 0이 되므로 상대차이백분율(RPD)은 0 %가 된다.

3-4. 결과표기의 적절성

해설

시험결과는 수질오염공정시험기준에 따라 표현되어야 하며, 공정시험기준에 별도로 언급되어 있지 않다면 국제단위계에 따라 표현한다.

각 항목별 시험방법에 대한 정량한계는 '3-3항'에 제시하였으므로 그 미만의 값은 '불검출'로 표기한다.

바. 수질－6(금속류: Cd, Pb, Hg, As, Cr 등)

전처리

1－1. 전처리에 필요한 물품 및 시약의 보유 및 적합성

1－1－1. 산분해에 필요한 적절한 물품 및 시설을 보유하고 있는가?

1－1－2. 전처리에 필요한 시약을 보유하고 있는가?

해설

ES 04150.1b(시료의 전처리 방법)과 각 금속물질별 시험방법의 '7.1 전처리'를 참조하여 시험하고자하는 성분의 전처리에 필요한 물품과 시약을 보유하고 있는지 확인한다.
예로서, 산분해법 중 질산법을 적용하는 경우는 질산이, 질산－염산법을 적용하는 경우는 질산과 염산이, 질산－황산법을 적용하는 경우는 질산, 황산이 필요하며, 마이크로파 산분해법을 적용하는 경우는 질산이 필요하다. 특히 중금속 시험의 전처리에 사용되는 산은 유해중금속 시험용 시약을 사용하도록 한다.

1－2. 목적에 맞는 정확한 전처리

1－2－1. 시료의 균질화는 적절하게 이루어지고 있는가?

1－2－2. 시료 pH는 목적에 부합되도록 조절하고 있는가?

1－2－3. 시료의 분석은 보존기간 내에 실시하고 있는가?

해설

ES 04150.1b(시료의 전처리 방법)과 각 금속물질별 시험방법의 '7.1 전처리'를 참조하라.
또한 ES 04130.1d(시료의 채취 및 보존방법)에 따라 예로서, 시료를 즉시 시험하지 못하는 경우는 다음 표에서 보는 바와 같이 보존방법을 적용하여 보존기간 내에 분석한다.

항목	시료용기	보존방법	최대보존기간 (권장보존기간)
금속류(일반)	P, G	시료 1 L당 HNO_3 2 mL 첨가	6개월
비소	P, G	1 L당 HNO_3 1.5 mL로 pH 2 이하	6개월
셀레늄	P, G	1 L당 HNO_3 1.5 mL로 pH 2 이하	6개월
수은(0.2 μg / L 이하)	P, G	1 L당 HCl(12 M) 5 mL 첨가	28일
6가크롬	P, G	4 ℃ 보관	24시간

1-3. 방해물질 처리의 적절성

해설

ES 04400.1c(금속류 – 불꽃 원자흡수분광광도법)부터 ES 04400.5c(금속류 – 양극벗김전압전류법)의 '1.3 간섭물질' 및 각 금속물질별 시험방법의 '7.1 전처리'를 참조하라.

예로서, ES 04400.1c(금속류 – 불꽃 원자흡수분광광도법)을 적용하는 경우, 광학적 간섭, 물리적 간섭, 이온화 간섭 및 화학적 간섭이 있으며 각 간섭의 특징과 감소방안은 다음과 같다.

- 광학적 간섭:

  분석하고자 하는 원소의 흡수파장과 비슷한 다른 원소의 파장이 서로 겹쳐 비이상적으로 높게 측정되는 경우이다. 또는 다중원소램프 사용 시 다른 원소로부터 공명 에너지나 속빈 음극램프의 금속 불순물에 의해서도 발생한다. 이 경우 슬릿 간격을 좁힘으로써 간섭을 배제할 수 있다.

  시료 중에 유기물의 농도가 높을 경우 이들에 의한 복사선 흡수가 일어나 양(+)의 오차를 유발하게 되므로 바탕선 보정(background correction)을 실시하거나 분석 전에 유기물을 제거하여야 한다.

  용존 고체물질 농도가 높으면 빛 산란 등 비원자적 흡수현상이 발생하여 간섭이 발생할 수 있다. 바탕값이 높아 보정이 어려울 경우 다른 파장을 선택하여 분석한다.

- 물리적 간섭:

  물리적 간섭은 표준용액과 시료 또는 시료와 시료 간의 물리적 성질(점도, 밀도, 표면장력 등)의 차이 또는 표준물질과 시료의 매질(matrix) 차이에 의해 발생한다. 이러한 차이는 시료의 주입 및 분무 효율에 영향을 주어 양(+) 또는 음(–)의 오차를 유발하게 된다. 물리적 간섭은 표준용액과 시료 간의 매질을 일치시키거나 표준물질첨가법을 사용하여 방지할 수 있다.

- 이온화 간섭:

  불꽃온도가 너무 높을 경우 중성원자에서 전자를 빼앗아 이온이 생성될 수 있으며 이 경우 음(–)의 오차가 발생하게 된다. 이러한 간섭은 시료와 표준물질에 보다 쉽게 이온화되는 물질을 과량 첨가하면 감소시킬 수 있다.

- 화학적 간섭:

  불꽃의 온도가 분자를 들뜬 상태로 만들기에 충분히 높지 않아서, 해당 파장을 흡수하지 못하여 발생한다. 그 예로 시료 중에 인산이온(PO_4^{3-}) 존재 시 마그네슘과 결합하여 간섭을 일으킬 수 있다. 칼슘, 마그네슘, 바륨의 분석 시 란타늄(La)을 첨가하여 인산의 화학적 간섭을 배제할 수 있다. 또는 간섭을 일으키는 금속을 킬레이트제 등으로 제거할 수 있다.

(기기)분석

2-1. 필요한 분석 시약, 장비 또는 기기 및 물품 보유의 적합성

2-1-1. 필요한 분석시약을 보유하고 있는가?

2-1-2. 필요한 분석장비를 보유하고 있는가?

2-1-3. 필요한 분석장비는 정상적으로 가동되고 있는가?

2-1-4. UV분광법으로 분석 시 발색장치를 보유하고 있는가?(As)

2-1-5. UV분광법으로 분석 시 흡수셀 관리 및 사용법은 적절한가?

해설

ES 04400.1c(금속류 – 불꽃 원자흡수분광광도법)부터 ES 04400.5c(금속류 – 양극벗김전압전류법)의 '3.0 분석기기 및 기구'와 각 금속물질별 시험방법의 '3.0 분석기기 및 기구'와 '4.0 시약 및 표준용액'을 참조하라.

2-2. 분석기기의 안정성 확인 및 분석조전의 적절성

2-2-1. 측정 전에 분석기기의 안정화(warming-up)를 확인하고 있는가?

2-2-2. 흡수파장 또는 발광파장의 선택은 적절한가?

2-2-3. 연료기체의 혼합비율은 적절한가?

해설

ES 04400.1c(금속류 – 불꽃 원자흡수분광광도법)부터 ES 04400.5c(금속류 – 양극벗김전압전류법)의 '7.2 분석방법'을 참조하라.

예로서, ES 04400.1c(금속류 – 불꽃 원자흡수분광광도법)을 적용하는 경우, 기기를 가동하여 속빈 음극램프에 전류가 흐르게 하고 에너지 레벨이 안정될 때까지 10분 ~ 20분간 예열하며, 최적 에너지 값(gain)을 얻도록 선택파장을 최적화한다.

각 금속별 파장과 사용 연료가스 등은 다음 표를 참고한다.

원소	선택파장(nm)	불꽃연료	정량한계(mg / L)
Cu	324.7	A– Ac[1]	0.008 mg / L
Pb	283.3 / 217.0	A– Ac[1]	0.04 mg / L
Ni	232.0	A– Ac[1]	0.01 mg / L
Mn	279.5	A– Ac[1]	0.005 mg / L
Ba	553.6	N– Ac[2]	0.1 mg / L
As	193.7	H[3]	0.005 mg / L
Se	196.0	H[3]	0.005 mg / L
Hg	253.7	CV[4]	0.0005 mg / L
Zn	213.9	A– Ac[1]	0.002 mg / L
Sn	224.6	A– Ac[1]	0.8 mg / L
Fe	248.3	A– Ac[1]	0.03 mg / L
Cd	228.8	A– Ac[1]	0.002 mg / L
Cr	357.9	A– Ac[1]	0.01 mg / L(산처리), 0.001 mg / L(용매추출)

[1] A– Ac: 공기– 아세틸렌
[2] N– Ac: 아산화질소– 아세틸렌
[3] H: 환원기화법(수소화물 생성법)
[4] CV: 냉증기법

2-3. 검정곡선의 적절성 및 직선성(R^2)

2-3-1. 검정곡선 작성에 사용된 표준용액은 적합한 표준물질을 사용하여 제조하고 있는가?

2-3-2. 분석 시마다 검정곡선을 새롭게 작성하고 있는가?

2-3-3. 정량범위 내의 3개 이상의 농도에 대해 검정곡선을 작성하는가?

2-3-4. 얻어진 검정곡선의 결정계수(R^2)는 0.98 이상인가?

2-3-5. 대량의 시료 분석 시 시료 20개당 검정곡선의 중간값에 해당되는 표준용액의 농도를 측정하고 측정된 농도값과 표준용액의 농도값 간의 차이가 15 % 이내인가?

해설

ES 04400.1c(금속류 – 불꽃 원자흡수분광광도법)부터 ES 04400.5c(금속류 – 양극벗김전압전류법)의 '7.2 분석방법'과 '7.3 검정곡선의 작성'을 참조하라.
교정곡선(calibration curve)은 지시값과 이에 해당하는 측정값 사이의 관계를 나타내는 표현으로 반드시 시료 분석 시마다 새로 작성하여야 하며 부득이 이를 수행하지 못할 경우 해당 시험법의 설명에 따른다.
교정곡선의 작성 및 검증은 정량범위 내의 3개 이상 농도에 대해 교정곡선을 작성하고, 얻어진 교정곡선의 결정계수(R^2)가 0.98 이상 또는 감응계수(RF)의 상대표준편차가 25 % 이내여야 하며 결정계수나 상대표준편차가 허용범위를 벗어나면 재작성하도록 한다.

2-4. 시료 희석배율 또는 농축배율의 적절성

해설

원시료의 농도가 너무 높은 경우 정제수 등으로 희석하고, 낮은 경우는 농축하여 결과값 계산에 이를 반영한다.

2-5. 바탕시험의 수행 여부

해설

시험하고자 하는 물질이 들어 있지 않은 용매 또는 증류수를 사용하여 바탕시험을 하는지 확인한다.

시험결과의 계산

3-1. 시험결과 계산과정(계산식)의 정확성

3-2. 바탕시험 값을 사용한 결과의 보정 여부

3-3. 항목별 정량한계는 정확하게 도출되며, 시험방법에 따른 정량한계를 만족하는지 여부

3-4. 결과표기의 적절성

해설

ES 04400.1c(금속류 – 불꽃 원자흡수분광광도법)부터 ES 04400.5c(금속류 – 양극벗김전압전류법)의 '8.0 결과보고'에 따라 계산하여 결과를 도출하되 바탕시험값을 제하고 결과를 도출하는지 확인한다.
정량한계는 '2 – 2항'의 해설 내용을 참고하고, 정량한계값 미만은 '불검출'이라 표기하는지 확인한다. 분석 결과는 공정시험기준에 따라 표기하되, 특별히 언급되지 않은 경우는 국제단위계를 적용한다.

사. 수질 – 7(이온류: 시안, 페놀 등)

전처리

1 – 1. 전처리에 필요한 물품 및 시약의 보유 및 적합성

1 – 1 – 1. 항목에 맞는 증류장치를 보유하고 있는가?

1 – 1 – 2. 전처리에 필요한 시약을 보유하고 있는가?

해설

시안, 페놀 등 이온류 중 분석하고자 하는 항목의 시험방법에 적절한 전처리 물품과 시약을 보유하고 있는지 확인한다.
예로서, ES 04353.1c(시안 – 자외선 / 가시선 분광법)의 전처리에는 증류플라스크, 시안증류장치, 페놀프탈레인・에탄올 용액(0.5 %), 설파민산암모늄용액(10 %) 등이 필요하며, ES 04353.3b(시안 – 연속흐름법)에서는 유리섬유여과지(GF / C)를 비롯하여 탄산납(lead carbonate, $PbCO_3$, 분자량: 267.21), 아세트산납(lead acetate, $Pb(CH_3COO)_2$) 등이 필요하다.
ES 04365.1c(페놀류 – 자외선 / 가시선 분광법)의 전처리에는 증류플라스크, 메틸오렌지 용액(0.1 %), 황산구리용액(10 %) 등이, ES 04365.2b(페놀류 – 연속흐름법)의 전처리에는 인산(phosphoric acid, H_3PO_4, 분자량: 98.00), 황산구리(cupric sulfate, $CuSO_4$, 분자량: 159.61), 유리섬유여과지(GF / C) 등이 필요하다.

1 – 2. 목적에 맞는 정확한 전처리

1 – 2 – 1. 시료의 균질화는 적절하게 이루어지고 있는가?

1 – 2 – 2. 시료 pH는 목적에 부합되도록 조절하고 있는가?

1 – 2 – 3. 시료의 분석은 보존 기간 내에 실시하고 있는가?

해설

시안, 페놀 등 이온류 중 분석하고자 하는 항목의 시험방법에 적절한 전처리 조작을 하는지 확인한다.
예로서, ES 04353.1c(시안 – 자외선 / 가시선 분광법)를 적용하는 경우, '7.1 전처리'에 따르되 다량의 유지류가 함유된 시료는 아세트산 또는 수산화소듐 용액으로 pH 6 ~ pH 7로 조절하고 시료의 약 2 %에 해당하는 노말헥산 또는 클로로폼을 넣어 짧은 시간 동안 흔들어 섞고 수층을 분리하여 시료를 취한다. 그 외에는 ES 04353.3b(시안 – 연속흐름법) 등 적용하는 시험방법을 참조하라.

ES 04365.1c(페놀류 – 자외선 / 가시선 분광법)를 적용하는 경우, 시료 250 mL를 500 mL 증류플라스크에 넣고 메틸오렌지용액(0.1 %) 수 방울을 넣고 인산(1 + 9)을 넣어 pH를 약 4로 조절하고 황산구리용액 2.5 mL를 넣는다. 증류플라스크를 증류장치의 냉각관과 연결하여 250 mL 부피실린더를 수집기로 사용하여 증류를 행하고 증류액이 225 mL가 되었을 때 가열을 중지하고 증류플라스크에 정제수 25 mL를 넣어 다시 증류하여 전 증류액이 250 mL가 되었을 때 증류를 끝낸다. 그 외에는 ES 04365.2b(페놀류 – 연속흐름법) 등 적용하는 시험방법을 참조하라.
시료는 실험실에 도착할 때까지 조성의 변화가 일어나지 않도록 하여야 하며, 즉시 시험할 수 없을 때는 ES 04130.1d(시료의 채취 및 보존방법)에 따라 보존한다.

항목	시료용기	보존방법	최대보존기간 (권장보존기간)
불소	P	–	28일
브롬이온	P, G	–	28일
시안	P, G	4 ℃ 보관, NaOH로 pH 12 이상	14일(24시간)
음이온계면활성제	P, G	4 ℃ 보관	48시간
페놀류	G	4 ℃ 보관, H_3PO_4로 pH 4 이하 조정한 후 시료 1 L당 $CuSO_4$ 1 g 첨가	28일

시료 운반 시 오염이나 변질의 우려가 있는 경우는 현장바탕시료 또는 운반바탕시료를 준비하고 동일한 방법으로 시험하여 오염 여부를 확인한다.

1-3. 방해물질 처리에 대한 적절성

해설

시안, 페놀 등 이온류 중 분석하고자 하는 항목의 시험방법에 적절한 방해물질 처리에 대한 조작을 하는지 확인한다.
예로서, ES 04353.1c(시안 – 자외선 / 가시선 분광법)를 적용하는 경우, 다량의 유지류가 함유된 시료는 아세트산 또는 수산화소듐 용액으로 pH 6 ~ pH 7로 조절하고 시료의 약 2 %에 해당하는 노말헥산 또는 클로로폼을 넣어 짧은 시간동안 흔들어 섞고 수층을 분리하여 시료를 취하도록 규정하고 있으며, 황화합물이 함유된 시료는 아세트산아연용액(10 %) 2 mL를 넣어 제거하는데 이 용액 1 mL는 황화물 이온 약 14 mg에 대응한다.
ES 04353.3b(시안 – 연속흐름법)를 적용하는 경우, 고농도(60 mg / L 이상)의 황화물(sulfide)은 시험과정에서 오차를 유발하므로 전처리를 통해 제거하며, 고농도의 염(10 g / L 이상)은 증류 시 증류코일을 차폐하여 음의 오차를 일으키므로 증류 전에 희석한다. 더 구체적은 것은 '1.3 간섭물질'을 참조하라.
ES 04365.1c(페놀류 – 자외선 / 가시선 분광법)를 적용하는 경우, 황 화합물이 존재할 때 인산(H_3PO_4)을 사용하여 pH 4로 산성화하여 교반하면 황화수소(H_2S)나 이산화황(SO_2)으로 제거할 수 있으며, 황산구리($CuSO_4$)를 첨가하여 제거할 수도 있다. 오일과 타르 성분은 수산화소듐을 사용하여 시료의 pH를 12 ~ 12.5로 조절한 후 클로로폼(50 mL)으로 용매 추출하여 제거할 수 있다. 시료 중에 남아 있는 클로로폼은 항온 물중탕으로 가열하여 제거한다.

(기기)분석

2-1. 필요한 분석 시약, 장비 또는 기기 및 물품 보유의 적합성

2-1-1. 항목별로 필요한 분석 시약을 보유하고 있는가?

2-1-2. 필요한 분석장비(자동분석기 또는 분광광도계 등)를 보유하고 있는가?

2-1-3. 필요한 분석장비는 정상적으로 가동되고 있는가?

2-1-4. 클로라민-T 관리는 적절한가?

2-1-5. 흡수셀 관리 및 사용법은 적절한가?

해설

시안, 페놀 등 이온류 중 분석하고자 하는 항목의 시험방법에 적절한 장비, 기기 및 시약을 확보하고 있는지 확인한다. 페놀류와 시안의 분석에서 자외선/가시선 분광법에 사용되는 분광광도계는 정상적으로 가동되어야 하며, 연속흐름법을 적용하는 경우는 이에 맞는 분할흐름분석기(SFA) 또는 흐름주입분석기(FIA)가 정상적으로 가동되고 있어야 한다. 시안분석에 ES 04353.2a(시안 - 이온전극법)을 적용하는 경우는 mV까지 읽을 수 있는 저항전위계 또는 이온측정기가 정상적으로 작동되어야 한다.

또한 ES 04353.1c(시안 - 자외선/가시선 분광법)를 적용하는 경우, 분석에 사용되는 페놀프탈레인·에탄올용액(0.5 %), 클로라민-T 용액(1 %) 등을 보유하고 있어야 하며, 클로라민-T 용액(1 %)과 피리딘-피라졸론 혼합용액은 사용할 때 조제하여 사용한다. ES 04365.1c(페놀류 - 자외선/가시선 분광법)를 적용하는 경우, 염화암모늄-암모니아완충액(pH 10), 4-아미노안티피린용액(2 %) 등을 보유하고 있어야 한다.

분광광도계를 적용하는 경우에 사용되는 흡수셀은 시료액의 흡수파장이 약 370 nm 이상일 때는 석영 또는 경질유리 제품을, 약 370 nm 이하일 때는 석영 흡수셀을 사용한다. 따로 길이를 지정하지 않았을 때는 10 mm 흡수셀을 사용하며, 흡수셀의 세척방법은 다음과 같이 한다.

- 탄산소듐용액(2 W/V%)에 소량의 음이온 계면활성제(예: 액상 합성세제)를 가한 용액에 흡수셀을 담가 놓고 필요하면 40 ℃ ~ 50 ℃로 약 10분간 가열한다. 흡수셀을 꺼내 물로 씻은 후 질산(1 + 5)에 소량의 과산화수소를 가한 용액에 약 30분간 담가 놓았다가 꺼내어 물로 잘 씻는다. 깨끗한 가제나 흡수지 위에 거꾸로 놓아 물기를 제거하고 실리카겔을 넣은 건조용기 중에서 건조하여 보존한다. 급히 사용하고자 할 때는 물기를 제거한 후 에틸알코올로 씻고 다시 에틸에터로 씻은 다음 드라이어(Dryer)로 건조해도 무방하다. 또 빈번하게 사용할 때는 물로 잘 씻은 다음 증류수를 넣은 용기에 담가 두어도 무방하다.

2-2. 분석기기의 안정성 확인 및 분석조건의 적절성

2-2-1. 측정 전 분석기기의 안정화(warming-up)를 확인하는가?

2-2-2. 항목에 따른 발색반응은 적합한가?

2-2-3. 직접법과 추출법의 선택은 적절한가?

2-2-4. 흡수파장의 선택은 적절한가?

해설

분광광도계 램프의 세기가 안정화될 때까지 전원을 켠 후 30분 이상 두는지 확인한다. 자동전압조정기(AVR)를 사용하면 램프의 안정화에 도움이 된다.

ES 04353.1c(시안 – 자외선 / 가시선 분광법)을 적용하는 경우 620 nm에서 흡광도를 측정하고, ES 04353.3b(시안 – 연속흐름법)에서는 발색시약과 반응하여 나타나는 청색을 620 nm 또는 기기에 따라 정해진 파장에서 측정하는지 확인한다.

ES 04365.1c(페놀류 – 자외선 / 가시선 분광법)에서 페놀함량이 0.05 mg 이하인 경우는 추출법을 적용하여 460 nm에서 측정하고, 0.05 mg ~ 0.5 mg에서는 직접 측정법을 적용하여 510 nm에서 측정한다. ES 04365.2b(페놀 – 연속흐름법)에서는 발색시약과 반응하여 나타나는 붉은색 흡광도를 510 nm 또는 기기에 따라 정해진 파장에서 측정하는지 확인한다.

각 항목별 정량한계는 수질오염공정시험기준에 따라 다음과 같이 구분되므로 정량한계 미만의 값에 대해서는 '불검출'로 표기하는지 확인한다.

시안

	정량한계(mg / L)	정밀도 (% RSD)[주1)]
자외선 / 가시선 분광법	0.01 mg / L	± 25 % 이내
이온전극법	0.10 mg / L	± 25 % 이내
연속흐름법	0.01 mg / L	± 25 % 이내

페놀 및 그 화합물

	정량한계(mg / L)	정밀도(% RSD)[주1)]
자외선 / 가시선 분광법	추출법: 0.005 mg / L 직접법: 0.05 mg / L	± 25 % 이내
연속흐름법	0.007 mg / L	± 25 % 이내

[주1)] 0 미만의 정밀도에 대해서는 마. 수질 – 5(염양염류: TN, TP 등) '3 – 3항'의 해설을 참조하라.

2 – 3. 검정곡선의 적절성 및 직선성(R^2)

2 – 3 – 1. 검정곡선 작성에 사용된 표준용액은 적합한 표준물질을 사용하여 제조하고 있는가?

2 – 3 – 2. 분석 시마다 검정곡선을 새롭게 작성하고 있는가?

2 – 3 – 3. 정량범위 내의 3개 이상의 농도에 대해 검정곡선을 작성하는가?

2 – 3 – 4. 얻어진 검정곡선의 결정계수(R^2)는 0.98 이상인가?

2 – 3 – 5. 대량의 시료 분석 시 시료 20개당 검정곡선의 중간값에 해당되는 표준용액의 농도를 측정하고 측정된 농도값과 표준용액의 농도값 간의 차이가 25 % 이내인가?

해설

ES 04353.1c(시안 – 자외선 / 가시선 분광법)에서 ES 04353.3b(시안 – 연속흐름법)까지의 시험방법 중 적용하고자 하는 시험방법에 사용되는 표준물질, ES 04365.1c(페놀류 – 자외선 / 가시선 분광법)과 ES 04365.2b(페놀 – 연속흐름법)에 따른 페놀류 분석에 사용되는 표준물질을 보유하고 있는지 확인한다.

또한, 교정곡선(calibration curve)은 지시값과 이에 해당하는 측정값 사이의 관계를 나타내는 표현으로 반드시 시료의 분석 시마다 새로 작성하여야 하며 부득이 이를 수행하지 못할 경우 해당 시험방법의 설명을 따른다.

자외선 / 가시선 분광법에서의 교정곡선 작성 및 검증은 정량범위 내의 3개 이상 농도에 대해 교정곡선을 작성하고, 얻어진 교정곡선의 결정계수(R^2)가 0.98 이상 또는 감응계수(RF)의 상대표준편차가 25 % 이내여야 하며 결정계수나 상대표준편차가 허용범위를 벗어나면 재작성하도록 한다. 연속흐름법에서의 교정곡선 작성을 위한 표준용액의 농도는 3개 이상으로 준비하고 얻어진 교정곡선의 결정계수(R^2)가 0.995 이상 또는 감응계수(RF)의 상대표준편차가 25 % 이내여야 한다.

검정곡선의 감응계수를 검증하기 위하여 각 시료군마다 1회의 검정곡선 검증을 실시하는 것이 바람직하다. 검증은 검정곡선의 중간 농도값을 갖는 표준용액의 농도를 측정한다. 측정된 농도값과 표준용액의 농도값 간의 차이가 25 % 이내에서 일치하여야 한다. 만약 이 범위를 넘는 경우, 검정곡선을 재작성한다.

검정곡선 작성을 위한 대조액은 일반적으로 용매를 사용하며 분석하려는 성분이 들어 있지 않은 같은 종류의 시료를 사용하여 조제한다.

2 – 4. 시료 희석배율 또는 농축비율의 적절성

해설

원시료의 농도가 너무 높은 경우 정제수 등으로 희석하고 결과값 계산에 이를 반영한다.

2 – 5. 바탕시험의 수행 여부

해설

시험하고자 하는 물질이 들어있지 않은 용매 또는 증류수를 사용하여 바탕시험을 수행한다.

시험결과의 계산

3 – 1. 시험결과 계산과정(계산식)의 정확성

3 – 2. 바탕시험 값을 사용한 결과의 보정 여부

3 – 3. 항목별 정량한계는 정확하게 도출되며, 시험방법에 따른 정량한계를 만족하는지 여부

3 – 4. 결과표기의 적절성

해설

시험결과는 수질오염공정시험기준에 규정된 바에 따라 표기하여야 하며, 특별히 규정되어 있지 않은 경우는 국제단위계에 따라 표기한다.
분석하고자 하는 항목별 시험방법의 '8.0 결과보고'에 따라 계산하여 측정값을 도출하여야 하며, 정량한계는 '2-2항'의 해설 내용을 참조하라.

아. 수질-8(휘발성유기화합물: 클로로폼, 벤젠 등)

전처리

1-1. 전처리에 필요한 물품 및 시약의 보유

1-1-1. 항목에 맞는 전처리 장치를 보유하고 있는가?

1-1-2. 전처리에 필요한 시약을 보유하고 있는가?

해설

ES 04603.1b(휘발성유기화합물 - 퍼지·트랩 / 기체크로마토그래피 - 질량분석법)에서부터 ES 04603.6b(휘발성유기화합물 - 용매추출 / 기체크로마토그래피)까지의 시험방법 중 적용하고자 하는 시험방법의 전처리 과정에서 필요한 장비와 기구 및 시약을 보유하고 있는지 확인한다.
대개의 시험방법에서는 전처리에 대한 조작기법을 규정하고 있지 않으나 ES 04603.5b(휘발성유기화합물 - 용매추출 / 기체크로마토그래피 - 질량분석법) 및 ES 04603.6b(휘발성유기화합물 - 용매추출 / 기체크로마토그래피)에서는 채취한 시료 40 mL를 50 mL 공전 부피실린더에 조용히 옮기고 기체크로마토그래프용 헥산 10 mL를 넣어 밀봉한 다음 10초 ~ 20초간 세게 흔들어 섞고 정치하도록 하고 있다.

1-2. 전처리의 적합성

1-2-1. 시료의 분석은 보존 기간 내에 실시하고 있는가?

1-2-2. 시료용기를 개봉한 후의 취급 방법은 적절한가?

1-2-3. 전저리 유리기구 세척상태가 청결하며, 다른 분야 전처리 유리기구와 분리하여 관리하고 있는가?

해설

시료는 실험실에 도착할 때까지 조성의 변화가 일어나지 않도록 하여야 하며, 즉시 시험할 수 없을 때는 ES 04130.1d(시료의 채취 및 보존방법)에 따라 보존하여야 하므로 이를 확인한다(안쪽이 테플론 격막으로 된 40 mL 유리 바이알을 사용하고, 플라스틱 혹은 고무 뚜껑으로 된 병은 사용하면 안 된다).

항목	시료용기	보존방법	최대보존기간 (권장보존기간)
휘발성유기화합물	G	냉장보관 또는 HCl을 가해 pH < 2로 조절 후 4 ℃ 어두운 곳에 보관	7일(추출 후 14일)

수질오염공정시험기준에서는 규정되어 있지 않으나 일반적으로 VOCs 분석을 위한 시료에 잔류 염소가 있다면, 티오황산소듐($Na_2S_2O_3$, sodium thiosulfate)을 바이알에 첨가한 후, 그 바이알에 시료를 반 정도 채우고 산을 추가하고(즉, 티오황산소듐을 제일 먼저 넣고, 시료－산 순서로 넣는다. 두 보존제가 섞이지 않도록 해야 한다) 이어 일반적인 VOCs 시료채취기법에 따라 시료를 채취한다.

또한 일반적인 VOCs 채취 및 분석용 유리기구의 세척방법은 다음과 같으므로 이를 참고하여 적절하게 세척하는지 확인한다.

－ 뜨거운 물로 바이알, 뚜껑, 격막을 씻고, 수돗물과 탈이온수 순으로 헹군 뒤 농약분석용 메탄올을 사용해 씻어내고, 60분 동안 105 ˚C 건조기에서 건조시킨다. 차가운 곳에 보관하며 바이알이 충분히 차가워졌다고 생각되면 즉시 뚜껑을 닫고 뒤집어 보관한다. 세제는 ALCONOX® 또는 이와 동등의 기능을 가진 제품을 사용하며 세척 시 고무 또는 플라스틱으로 된 솔을 사용하면 안 된다.

1－3. 방해물질에 대한 처리는 적절한가?

해설

ES 04603.1b(휘발성유기화합물 － 퍼지・트랩 / 기체크로마토그래피 － 질량분석법)에서부터 ES 04603.6b(휘발성유기화합물 － 용매추출 / 기체크로마토그래피)까지의 시험방법 중 적용하고자 하는 시험방법의 간섭물질 제거 방법을 적용하는지 확인한다. 위 시험방법들에 의하면 간섭물질의 영향을 제거하기 위해 다음과 같은 사항을 고려하여야 한다.

－ 용매, 시약, 유리기구류 및 실험도구에 간섭 물질이 존재할 수 있으므로 사용 전에 점검한다.

－ 유리스파저, 그 연결부위나 트랩 연결관 등의 오염이나 실험실 공기 속에 기화된 용매가 오염원이 될 수 있다. 따라서 바탕시료를 사용하여 이를 점검한다.

－ 폴리테트라플루오로에틸렌(PTFE, polytetrafluoroethylene) 재질이 아닌 튜브, 봉합제 및 유속조절제의 사용을 피해야 한다.

－ 다이클로로메테인은 보관이나 운반 중에 격막(septum)을 통해 확산되기 때문에 시료에 영향을 미칠 수 있고, 공기로부터 직접 오염되거나 옷에 흡착하였다가 오염될 수 있으므로 바탕시료를 사용하여 점검한다.

－ 높은 농도의 시료와 낮은 농도의 시료를 연속하여 분석할 때에 오염이 될 수 있으므로 시료 분석 사이에 정제수 세척 과정을 두어야 한다. 높은 농도의 시료를 분석한 후에는 바탕시료를 분석하는 것이 좋다.

－ 많은 양의 수용성 물질, 부유물질, 높은 끓는점 또는 휘발성 물질을 함유하는 시료를 분석한 후에는 퍼지장치들을 세척해야 한다.

－ 높은 순도의 메탄올에도 아세톤이나 다이클로로메테인 등의 유기용매가 존재할 수 있으므로 이를 사용하여 표준용액을 제조할 때에도 용매 내 잔존량을 조사하여야 한다.

(기기)분석)

2-1. 필요한 분석 장비 또는 기기 및 물품 보유의 적합성

2-1-1. 필요한 분석장비를 보유하고 있는가?

2-1-2. 필요한 분석장비는 정상적으로 가동되고 있는가?

해설

ES 04603.1b(휘발성유기화합물 – 퍼지 · 트랩 / 기체크로마토그래피 – 질량분석법)에서부터 ES 04603.6b(휘발성 유기화합물 – 용매추출 / 기체크로마토그래피)까지의 시험방법 중 적용하고자 하는 시험방법에 맞는 기기와 기타 필요한 기구들을 갖추고 있으며 정상적으로 작동하는지 확인한다.

2-2. 분석기기의 안정성 확인 및 분석조건의 적절성

2-2-1. 측정 전 분석기기의 안정화(warming-up)를 확인하는가?

2-2-2. 주기적으로 튜닝을 실시하고 있으며, 이를 근거로 장비를 적절히 유지관리하고 있는가? (GC / MS)

2-2-3. 분석 컬럼은 항목에 적합한 것을 사용하고 있는가?

2-2-4. 운반가스의 순도(99.999%)는 적절한가?

해설

기체크로마토그래피 설치장소는 진동이 없고 분석에 사용하는 유해물질을 안전하게 처리할 수 있으며 부식가스나 먼지가 적고 실온 5 ℃ ~ 35 ℃, 상대습도 85 % 이하로서 직사광선이 쪼이지 않는 곳으로 하고, 운반가스 및 기타 가스류의 유량을 확인하고 분리관 온도, 시료 기화실 온도, 검출기 온도, 감도 등을 조정한 후 바탕선이 안정한 상태인지 확인하여야 한다.

특히 GC / MS에서 튜닝(tuning)과정에서 ion source, mass filter, 검출기 등이 조작되어 정밀하고 우수한 mass spectrum을 얻도록 하여야 하며, 통상 튜닝 물질로는 안정하면서 휘발성이 있고 넓은 범위의 mass range를 가진 PFTBA(Perfluoro Tributylamine)가 주로 이용된다.

또한 ES 04603.1b(휘발성유기화합물 – 퍼지 · 트랩 / 기체크로마토그래피 – 질량분석법)을 위한 기체크로마토그래프는 다음의 조건을 만족하여야 한다.

– 컬럼은 안지름 0.20 mm ~ 0.35 mm, 필름두께 0.1 μm ~ 1.0 μm, 길이 15 m ~ 105 m의 100 %– 메틸폴리실록세인(100 %– methylpolysiloxane) 또는 5 %– 페닐메틸폴리실록세인([5 %– phenyl] methylpolysiloxane)이 코팅된 DB– 1, DB– 5 및 DB– 624 등의 모세관이나 동등한 분리성능을 가진 모세관으로 대상 분석 물질의 분리가 양호한 것을 택하여 시험한다.

– 운반기체는 순도 99.999 % 이상의 헬륨으로 유량은 0.5 mL / min ~ 2 mL / min, 시료도입부 온도는 150 ℃ ~ 250 ℃, 컬럼 온도는 35 ℃ ~ 250 ℃, 검출기온도는 250 ℃ ~ 280 ℃로 사용한다.

2-3. 검정곡선의 적절성 및 직선성(R^2)

2-3-1. 검정곡선 작성에 사용된 표준용액은 적합한 표준물질을 사용하여 제조하고 있는가?

2-3-2. 분석 시마다 검정곡선을 새롭게 작성하고 있는가?

2-3-3. 정량범위 내의 3개 이상의 농도에 대해 검정곡선을 작성하는가?

2-3-4. 얻어진 검정곡선의 결정계수(R^2)는 0.98 이상인가?

2-3-5. 대량의 시료 분석 시 시료 20개당 검정곡선의 중간값에 해당되는 표준용액의 농도를 측정하고 측정된 농도값과 표준용액의 농도값 간의 차이가 25 % 이내인가?

해설

ES 04603.1b(휘발성유기화합물 – 퍼지·트랩 / 기체크로마토그래피 – 질량분석법)에서부터 ES 04603.6b(휘발성유기화합물 – 용매추출 / 기체크로마토그래피)까지의 시험방법 중 적용하고자 하는 시험방법에 따른 교정곡선 작성법과 그 기준을 만족하는지 확인한다.
예로서, ES 04603.1b(휘발성유기화합물 – 퍼지·트랩 / 기체크로마토그래피 – 질량분석법)에서는 교정곡선의 작성 및 검증은 정량범위 내의 3개 이상 농도에 대해 교정곡선을 작성하고, 얻어진 교정곡선의 결정계수(R^2)가 0.98 이상 또는 감응계수(RF)의 상대표준편차가 25 % 이내여야 하며 결정계수나 상대표준편차가 허용범위를 벗어나면 재작성하도록 규정되어 있으므로 이를 만족하도록 하여야 한다. 또한 교정곡선의 감응계수를 검증하기 위하여 교정곡선의 중간 농도값을 갖는 표준용액의 농도를 측정하여 감응계수(RF)를 구한다. 측정된 농도값과 표준용액의 농도값 간의 차이가 25 % 이내에서 일치하여야 한다. 만약 이 범위를 넘는 경우 교정곡선을 재작성한다.

2-4. 시료 희석배율 또는 농축비율의 적절성

해설

원시료의 농도가 너무 높은 경우 정제수 등으로 희석하고 결과값 계산에 이를 반영한다.

2-5. 바탕시험의 수행 여부

해설

시험하고자 하는 물질이 들어 있지 않은 용매 또는 증류수를 사용하여 바탕시험을 한다.

시험결과의 계산

3-1. 시험결과 계산과정(계산식)의 정확성

3-2. 바탕시험 값을 사용한 결과의 보정 여부

3-3. 항목별 정량한계는 정확하게 도출되며, 시험방법에 따른 정량한계를 만족하는지 여부

3-4. 결과표기의 적절성

해설

시험결과는 수질오염공정시험기준에 규정된 바에 따라 표기하여야 하며, 특별히 규정되어 있지 않은 경우는 국제단위계에 따라 표기한다.

분석하고자 하는 항목별 시험방법의 '8.0 결과보고'에 따라 계산하여 측정값을 도출하여야 하며, VOCs별 적용 가능한 시험방법은 아래 표를 참조하여 그 준수 여부를 확인한다.

휘발성유기화합물	P·T-GC-MS (ES 04603.1b)	HS GC-MS (ES 04603.2b)	P·T-GC (ES 04603.3b)	HS-GC (ES 04603.4b)	용매추출/GC-MS (ES 04603.5b)	용매추출/GC (ES 04603.6b)
1,1-다이클로로에틸렌	○	○	○			
다이클로로메테인	○	○	○			
클로로폼	○	○			○	
1,1,1-트라이클로로에테인	○	○				
1,2-다이클로로에테인	○	○			○	
벤젠	○	○	○	○		
사염화탄소	○	○	○	○		
트라이클로로에틸렌	○	○	○	○		○
톨루엔	○	○	○	○		
테트라클로로에틸렌	○	○	○	○		○
에틸벤젠	○	○	○	○		
자일렌	○	○	○	○		

또한 각 시험방법별 정량한계는 다음과 같으며, 정량한계 미만의 값에 대해서는 '불검출'로 표기하는지 확인한다.

시험방법	P·T-GC-MS (ES 04603.1b)	HS GC-MS (ES 04603.2b)	P·T-GC (ES 04603.3b)	HS-GC (ES 04603.4b)	용매추출/GC-MS (ES 04603.5b)
정량한계 (mg/L)	0.001	0.005	0.001 (ECD) 0.002 (FID)	0.001 (ECD) 0.002 (FID)	0.002

자. 수질－9(미생물: 총대장균군, 분원성 대장균군)

전처리

1－1. 전처리에 필요한 물품 보유

1－1－1. 전처리에 필요한 시약 및 물품을 보유하고 있는가?

1－1－2. 시료의 분석은 보존 기간 내에 실시하고 있는가?

해설

ES 04701.1c(총대장균군 － 막여과법), ES 04701.2c(총대장균군 － 시험관법), ES 04701.3b(총대장균군 － 평판집락법), ES 04702.1c(분원성 대장균군 － 막여과법), ES 04702.2d(분원성 대장균군 － 시험관법), ES 04703.1c(대장균 － 효소이용정량법) 중 적용하고자 하는 시험방법에 필요한 막여과장치, 배양기, 여과막, 멸균흡수패드, 페트리접시, 시험관 등 각종 전처리 물품 및 기기 그리고 배지 및 희석액 등을 보유하고 있는지 확인한다.

ES 04130.1d(시료의 채취 및 보존방법)에 따라 시료는 실험실에 도착할 때까지 조성의 변화가 일어나지 않도록 하여야 한다. 시료를 채취 후 즉시 시험할 수 없을 때는 따로 규정이 없는 한 아래의 보존방법에 따라 보존한다.

항목		시료용기	보존방법	최대보존기간 (권장보존기간)
총대장균군	환경기준적용시료	P, G	저온(10 ℃ 이하)	24시간
총대장균군	배출허용기준 및 방류수 기준 적용시료	P, G	저온(10 ℃ 이하)	6시간
분원성 대장균군		P, G	저온(10 ℃ 이하)	24시간
대장균		P, G	저온(10 ℃ 이하)	24시간

시료 운반 시 오염이나 변질의 우려가 있는 경우는 현장바탕시료 또는 운반바탕시료를 준비하고 동일한 방법으로 시험하여 오염 여부를 확인한다.

1－2. 방해물질에 대한 처리

1－2－1. 시험 전 시료의 잔류염소를 측정하고 있는가?

1－2－2. 잔류염소에 대한 신속 정확한 처리 방법을 숙지하고 있는가?

1－2－3. 피펫 등은 멸균하여 사용하고 있는가?

해설

수질오염공정시험기준에 의하면 총대장균군 시험 등을 위한 시료에 잔류염소가 존재할 때의 조치사항에 대한 규정은 없으나 동일한 시험에 대한 먹는물수질공정시험기준에서는 잔류염소를 함유한 시료를 채취할 때에는 시료채취 전에 멸균된 시료채취용기에 멸균한 티오황산소듐용액을 최종농도 0.03 %(w / v)가 되도록 투여하도록 규정되어 있다(ES 05130.b(시료채취와 보존) 참조).

또한 모든 물품 및 기구는 멸균된 것을 사용하거나 멸균하여 사용하여야 하며, ES 04701.2c(총대장균군 － 시험관법)에서는 배지를 멸균한 후 다람시험관에 기포가 있으면 그 배지는 사용할 수 없다.

접종 및 배양

2-1. 필요한 장비 또는 기기 및 물품 보유

2-1-1. 피펫, 시험관, 다람관, 백금이, petri dish 등을 보유하고 있는가?

2-1-2. 배양에 적절한 인큐베이터를 보유하고 있는가?

2-1-3. 인큐베이터는 정상적으로 작동되고 있는가?

해설

ES 04701.1c(총대장균군 – 막여과법), ES 04701.2c(총대장균군 – 시험관법), ES 04701.3b(총대장균군 – 평판집락법), ES 04702.1c(분원성 대장균군 – 막여과법), ES 04702.2d(분원성 대장균군 – 시험관법), ES 04703.1c(대장균 – 효소이용정량법) 중 적용하고자 하는 시험방법에 필요한 막여과장치, 배양기, 여과막, 멸균흡수패드, 페트리접시, 시험관 등 각종 전처리 물품 및 기기 그리고 배지 및 희석액 등을 보유하고 있는지 확인한다.
총대장균군 시험을 위한 배양기는 배양온도를 35 ℃ ± 0.5 ℃로, 분원성 대장균군 시험을 위한 배양기는 44.5 ℃ ± 0.2 ℃로 유지할 수 있어야 하며 주기적으로 교정을 받아야 한다.

2-2. 실험실의 무균조작에 대한 청결성

2-2-1. 무균조작이 가능한 청결 상태 및 오염 예방에 대한 대처는 적절한가?

해설

시험과정에서 시료가 오염되지 않도록 클린벤치 등에서 시험조작을 하여야 하며, 클린벤치에는 시험조작에 필요한 물품 외 다른 물품을 두어서는 안 된다.
참고로, ANSI / AIHA(American National Standards Institute / American Industrial Hygiene Association)에 의하면 클린룸과 클린벤치가 있는 방은 이런 장비가 가동되는 동안에는 양압(positive pressure)을 유지하여 기계적으로 출입문이 열리지 않도록 규정하고 있다.

2-3. 접종 준비의 적절성

해설

ES 04701.2c(총대장균군 – 시험관법), ES 04702.1c(분원성 대장균군 – 막여과법)은 ES 04701.2 ES 04701.2c(총대장균군 – 시험관법)의 '4.3 희석액'에 따라, ES 04701.1c(총대장균군 – 막여과법), ES 04701.3b(총대장균군 – 평판집락법), ES 04702.2d(분원성 대장균군 – 시험관법), ES 04703.1c(대장균 – 효소이용정량법)은 ES 04701.1c(총대장균군 – 막여과법)의 '4.2 희석액'에 따라 희석액을 준비한다.

2-4. 배양 시간 및 배양온도의 준수 여부

해설

적용하는 시험방법의 '7.0 분석절차'에 규정된 배양시간을 준수하는지 확인한다.

2-5. 규정된 배지의 사용 여부

2-5-1. 시판용 배지 및 배지 조제에 필요한 시약을 보유하고 있으며 관리가 적정한가?

2-5-2. 배지 조제용 시약의 유효기간은 적절한가?

해설

적용하는 시험방법의 '4.0 시약 및 표준용액'에 규정된 배지를 사용하는지 확인한다.

2-6. 집락판정의 숙지 정도

해설

적용하는 시험방법의 '7.0 분석절차'에 규정된 집락판정에 대한 내용을 이해하고 있는지 확인한다.
예로서, ES 04701.1c(총대장균군 – 막여과법)에서는 여과표면 위의 모든 형태의 집락수가 200개 이상이 되지 않아야 하며, 계산에는 집락수가 20 ~ 80의 범위에 드는 것을 선정하여 계산한다.

2-7. 시험방법 적용의 적합성

해설

ES 04701.1c(총대장균군 – 막여과법), ES 04701.2c(총대장균군 – 시험관법), ES 04701.3b(총대장균군 – 평판집락법), ES 04702.1c(분원성 대장균군 – 막여과법), ES 04702.2d(분원성 대장균군 – 시험관법), ES 04703.1c(대장균 – 효소이용정량법) 중 적용하는 시험방법에 따라 적정하게 시험을 하는지 분석일지 등을 통하여 확인한다.

시험결과의 계산

3-1. 시험 계산과정의 정확성

3-2. 결과표현의 적절성

해설

적용하는 시험방법의 '7.0 분석절차'에 규정된 계산방법을 따르는지 확인한다.
결과의 표현은 총대장균군 시험결과는 '총대장균군수 / mL'로, 분원성 대장균군 시험결과는 '분원성 대장균군수 / 100 mL'로, 대장균 – 효소이용정량법 시험결과는 '대장균수 / 100 mL'로 표기하며, 시험결과의 자리수는 각 시험방법에 규정된 바에 따른다.
특히, ES 04701.1c(총대장균군 – 막여과법)에서 집락들이 서로 융합되어 있을 경우에는 'CG(Confluent Growth)'로, 집락수가 200 이상으로 계수가 불가능한 경우에는 'TNTC(Too Numerous To Count)'로 표기한다.

차. 수질–10(생태독성: 물벼룩을 이용한 급성 독성 시험법)

물벼룩 배양

1–1. 국립환경과학원에서 분양받았는가?

해설

ES 04704.1b(물벼룩을 이용한 급성독성 시험법)에서 시험생물은 *Daphnia magna* Straus를 사용하도록 하고 있으며, 출처가 명확하도록 규정하고 있으므로 이를 준수하는지 확인한다.
*Daphnia magna*는 우리나라에 서식하고 있지 않으며, 국내에 서식하고 있는 것으로 보고되고 있는 *Daphnia pulex*는 크기가 약 3.5 mm 정도 되지만, *Daphnia magna*는 더 커서 5.6 mm ~ 6 mm 정도 되기 때문에 확연히 구분되므로 일반적으로는 국립환경과학원 등 시험생물을 제공하는 기관에서 제공받은 것이나 생물학적으로 *Daphnia magna*임이 확인되면 문제되지 않는다.
그러나 통상적으로는 「생태독성 시험생물종 분양 규정」(국립환경과학원 예규 제733호)에 의거하여 분양받아서 사용하고 있다.

1–2. 배양액의 적절성

1–2–1. 배양액 제조에 필요한 시약을 보유하고 있으며, 적절하게 보관되고 있는가?

1–2–2. 수질오염공정시험기준에 따른 제조 방법을 적용하고 있는가?

1–2–3. 제조된 배양액의 조성은 적절하며 교차오염이 방지되고 있는가?

해설

물벼룩을 배양하기 위한 물은 오염되지 않은 것이면 어느 것이나 가능하나 시험에서는 동질의 시험생물을 계대배양하여야 하므로 증류수에 필요한 시약을 첨가하여 배양액으로 사용한다.
ES 04704.1b(물벼룩을 이용한 급성독성 시험법)에 규정된 배양액은 아래와 같이 EPA 배양액(reconstituted hard water)과 동일한 조성을 하고 있다.

시약	첨가량(mg / L)
염화포타슘(KCl)	8
황산마그네슘($MgSO_4$)	120
황산칼슘 이수화물($CaSO_4 \cdot 2H_2O$)	120
탄산수소소듐($NaHCO_3$)	192

배양액 또는 희석수의 pH는 7.6 ~ 8.0, 경도는 160 mg $CaCO_3$ / L ~ 180 mg $CaCO_3$ / L, 알카리도는 110 mg $CaCO_3$ / L ~ 120 mg $CaCO_3$ / L, 용존산소는 3.0 mg / L 이상 유지되도록 하며, 사용하기 전 24시간 정도 포기(aeration)시킨다.

1-3. 먹이의 종류와 공급량, 보관의 적절성

해설

ES 04704.1b(물벼룩을 이용한 급성독성 시험법)에 따르면 물벼룩의 먹이는 *Chlorella* sp., *Pseudokirchneriella subcapitata* 등과 같은 단세포 녹조류를 사용하고 보조먹이로 YCT(yeast, Cerophyll(R), trout chow)를 첨가하여 사용할 수 있다.

참고로, 보조먹이를 사용하는 것은 ES 04704.1b(물벼룩을 이용한 급성독성 시험법)에 따른 배양액에는 장기간 배양에서 부족할 수 있는 양이온, 음이온 등의 미량성분이 부족하기 때문이다. 그러므로 단일 먹이를 사용하는 경우는 장기간 배양에 문제가 발생할 수 있으나 배양액을 M4 배양액으로 대체하거나 단세포 녹조류를 배양할 때 비타민을 투입하면 장기간 배양에 문제가 거의 발생하지 않는다.

1-4. 배양하고 있는 물벼룩 건강상태의 양호 여부

해설

물벼룩의 건강을 온전히 확인하기는 어렵다. 다만, 배양용기 내에서 배양하고 있는 물벼룩의 10 % 이상이 죽는다면 어떤 문제가 있는 것으로 보며, 그 배양용기 내의 물벼룩은 일체 시험에 사용하지 않는다.

일반적으로 동일한 수온, 조도 및 동일한 배양액에 충분한 양의 먹이를 공급한다면 건강한 상태를 유지할 수 있다. 그러나 배양 중에 내구란(black egg)이 발생하거나 수컷이 보이면 배양용기 내에 너무 많은 물벼룩을 배양하고 있거나 먹이가 부족하거나 또는 배양온도가 저하된 것으로 판단할 수 있다.

장비 및 물품의 관리

2-1. 시험 및 배양에 사용되는 기기 및 기구의 보유 여부

2-2. 시험 및 배양에 사용되는 기구의 주기적 세척 여부 및 이화학 시험과의 별도 사용 여부

해설

물벼룩의 배양 및 시험을 인큐베이터에서 수행한다면 온도(20 ℃ ± 2 ℃)와 조도(500 Lux ~ 1000 Lux) 및 조명을 규정된 바에 따라 조절할 수 있으나 항온수조와 항온항습기를 이용하는 경우는 조도와 조명이 규정된 바를 준수할 수 있는지를 확인하여야 한다.

물벼룩을 얼마나 많이 배양하느냐에 따라 수량은 달라질 수 있지만 일반적으로 시험과 배양에 필요한 기본적인 기구는 배양용기(1 L 또는 2 L 비커), 시험용기(20 mL 또는 25 mL 비커), 스포이드 또는 홀피펫(25 mL 또는 50 mL) 등이 필요하다.

또한 물벼룩 배양액은 경도가 높으므로 주기적으로 묽은 염산 등으로 세척하지 않으면 배양용기 및 시험용기 내벽에 스케일이 생기고, 시험용기에서는 이전 시험에서 발생되었던 유해물질이 발생된 스케일에 흡착되어 있을 수 있으므로 주의하여야 한다.

시험방법

3 - 1. 시험을 시료 채취 36시간 이내에 실시하는지 여부

해설

ES 04130.1d(시료의 채취 및 보존방법)에 따라 시료채취 후 즉시 시험할 수 없을 때는 따로 규정이 없는 한 4 ℃에서 운송 및 보존하되 최대 36시간을 초과하지 않아야 한다.

3 - 2. 시험생물은 생후 2주 이상의 어미로부터 생산된 생후 24시간 미만의 개체인지 여부

3 - 3. 노출시간 24시간의 준수 여부

3 - 4. 배양온도(20 ℃ ± 2 ℃)와 조명시간(명 : 암 = 16 : 8)의 적절성

해설

ES 04704.1b(물벼룩을 이용한 급성독성 시험법)에 따라 시험을 실시할 때는 계대배양(여러 세대를 거쳐 배양)한 생후 2주 이상의 물벼룩 암컷 성체를 시험 전날에 새롭게 준비한 용기에 옮기고, 그 다음날까지 생산된 생후 24시간 미만의 어린 개체를 사용한다.

물벼룩은 배양 상태가 좋을 때 7일 ~ 10일 사이에 첫 새끼를 부화하게 되는데 이때 부화된 새끼는 시험에 사용하지 않고 같은 어미가 약 네 번째 부화한 새끼부터 시험에 사용하여야 한다. 군집배양의 경우, 부화 횟수를 정확히 아는 것이 어렵기 때문에 생후 약 2주 이상의 어미에서 생산된 새끼를 시험에 사용하면 된다.

시험시간은 24시간을 준수하여야 하며, 시험기간 동안 조명은 명 : 암 = 16시간 : 8시간, 시험온도는 20 ℃ ± 2 ℃를 유지하되 시험기간 동안 배양액의 교환, 먹이 공급, 산소 공급은 하지 않는다.

3-5. 유영저해 및 치사 판단방법에 대한 숙지 여부

해설

시험 시간(24시간)이 경과한 후 시험용기를 살며시 움직여주고, 15초 후 관찰했을 때 아무 반응이 없는 경우를 '치사(death)'라고 판정하며, 거의 치사상태에서 촉수 정도만 움직인다면 이를 '유영저해(immobilization)'라고 판정하는 것을 알고 있는지 확인한다.

3-6. EC_{50}값 도출에 적절한 통계 프로그램을 이용하는지 여부

해설

시험에 대한 EC_{50}값과 95 % 신뢰구간은 시험성적의 분포특성을 고려하여 Probit과 Trimmed Spearman-Karber 등과 같은 통계프로그램 중에서 적절한 방법을 택하여 산출하는지 시험일지 등을 통해서 확인한다.

3-7. 시험방법에 따른 계산과정의 정확성

해설

ES 04704.1b(물벼룩을 이용한 급성독성 시험법) '8.0 결과보고'에 따라 독성값을 산출하는지 확인한다.

- 통계적 방법을 통한 EC_{50}을 구할 수 있는 경우:
  생태독성값(TU) = 100 / EC_{50}
- 통계적 방법을 통한 EC_{50}을 구할 수 없는 경우:
  100 % 시료에서 투입 물벼룩의 0 % ~ 10 %에 영향이 있는 경우(예: 원수인 100 % 시료에 투입 물벼룩 20마리 중 0마리 ~ 2마리가 유영저해 및 치사를 보일 때)에는 TU를 0으로 한다.
  원수 100 % 시료에서 투입 물벼룩의 10 % ~ 49 %에 영향이 있는 경우에는 0.02 × (유영저해율 또는 치사율)로 TU를 계산한다.
  [주] 원수인 100 % 시료에 투입 물벼룩 20마리 중 5마리가 유영저해 및 치사가 관찰되었을 때, 0.02 × 25 = 0.5 TU가 된다.
  원수 100 % 시료에서 투입 물벼룩의 51 % ~ 99 %에 영향이 있는 경우, 1 < TU < 2로 표시하거나, 필요에 따라 100 %, 75 %, 35 %, 12.5 %로 시험수의 농도를 조절하여 다시 시험한다.

3-8. 시험결과 기록의 적절성

3-8-1. 시험 전후의 pH, 용존산소 농도 등이 기록되고 있는가?

3-8-2. 물벼룩이 희석배율별로 20마리(5마리 × 4)가 사용되고 있는가?

3-9. 생태독성시험에 사용된 물벼룩의 적절한 조치 후 폐기 여부

해설

ES 04704.1b(물벼룩을 이용한 급성독성 시험법) '8.0 결과보고'를 참조하여 시험일지가 정상적으로 기록되고 있는지 확인한다. 특히 시험결과에 영향을 미치는 pH, 용존산소, 시험온도, 경도 등은 시험 전 시료와 시험 후 시료에 대한 값이 기록되어야 하며, 물벼룩은 시험물질의 희석배율별로 4계열(1계열당 5마리)씩 시험되어야 한다.

예로서, 방류수를 시험수로 사용한 시험결과는 아래 서식에 따라 그 결과를 기록한다. 그러나 ISO / IEC 17025의 품질 시스템에 의하면 기술책임자의 확인 서명도 필요하다.

방류수 시료 결과 기록부		
배출시설:	시료채취장소:	시료 번호:
채취일자:		
채취방법: □ Grab	□ Composite	
채취시간		
시작: 일 시 분	종료: 일 시 분	
시료채취 1일전의 폐수 특성: □ 정상 □ 비정상(내용:)		
시료 운반 조건: □ 냉장 □ 실온		
시료채취량(L):	시료유효기간:	
현장 측정항목		
온도(℃):	pH:	시료색깔: □ 유 □ 무( )
용존산소(mg / L):	방류수량(m^3 / 일):	
전기전도도(μS / cm):	염분(‰):	
독성시험항목		
물벼룩: 24시간 급성독성	EC_{50}:	TU(100 / EC_{50}):
사용한 통계분석법:		
수질 측정항목		
잔류염소(mg / L):	암모니아(NH_3, mg / L):	경도(mg / L):
최종 작성일: 년	월	일
기입자 성명: (인)		

물벼룩을 폐기할 경우에는 망으로 걸러서 건조시키거나 물고기의 먹이로 제공하는 등 살아있는 상태로 하수구에 유입되지 않도록 주의해야 한다.

정도관리(QA / QC)

4-1. 월 1회 이상 QA / QC 이행 여부 및 시험한 내부정도관리 차트를 관리하고 있는지 여부

해설

ES 04704.1b(물벼룩을 이용한 급성독성 시험법)에 의해 표준독성물질 시험은 월 1회 이상 수행하여야 하며, 이를 내부정도관리차트(control chart)로써 작성하여야 한다.

4-2. 내부정도관리의 적절성

4-2-1. 다이크롬산포타슘 표준용액의 EC_{50}값이 0.9 mg / L ~ 2.1 mg / L를 유지하는가?

4-2-2. 24시간-EC_{50}값이 정상범위를 벗어났을 경우의 적절하게 대처하고 있는가?

해설

ES 04704.1b(물벼룩을 이용한 급성독성 시험법)에서 사용되는 표준물질은 다이크롬산포타슘이다. '6.0 정도보증 / 정도관리'에 따라 표준독성물질 시험은 배양액에 24시간- EC_{50}값이 0.9 mg / L ~ 2.1 mg / L 범위가 되도록 다이크롬산포타슘을 제조하여야 한다. 다이크롬산포타슘을 첨가한 표준독성물질 용액을 이용하여 '7.0 분석절차'와 동일하게 시험하여 24시간- EC_{50}값이 0.9 mg / L ~ 2.1 mg / L 범위를 벗어났다면 재시험하고, 재시험 결과에서도 24시간- EC_{50}값이 0.9 mg / L ~ 2.1 mg / L 범위를 벗어났다면 시험을 중지하고 물벼룩을 전량 폐기 후 새로운 개체를 재분양받아야 한다.

3 먹는물 분야

가. 먹는물-1(공통사항: 시료채취, 기록 및 환경관리 등)

시료채취 및 운송

1-1. 시료채취 장비 및 물품 보유 여부

1-1-1. 시료채취 장비 및 물품의 보유

1-1-2. 분석항목별 시료채취 용기의 적합성

해설

시험하고자 하는 항목에 대해 먹는물수질공정시험기준 ES 05130.b(시료채취와 보존)에 따라 적정하게 시료채취를 하는지 확인한다.
즉, 암모니아성질소, 질산성질소, 염소이온, 과망간산포타슘소비량, 불소, 페놀, 경도, 황산이온, 세제, 수소이온농도, 색도, 탁도, 증발잔류물, 농약 및 잔류염소시험용 시료는 미리 질산 및 정제수로 씻은 유리병에 시료를 채취하여 신속히 시험한다. 다만, 불소는 폴리에틸렌병에 채취하여 1주일 이내에 시험하고, 페놀은 4시간 이내에 시험하지 못할 때

에는 시료 1 L에 대하여 황산동·5수화물 1 g과 인산을 넣어 pH를 약 4로 하고, 어두운 곳에 보존하여 24시간 이내에 시험하며 잔류염소를 함유한 때에는 이산화비소산소듐용액을 넣어 잔류염소를 제거한다.
미생물 시험용 시료는 멸균된 시료용기를 사용하여 무균적으로 시료를 채취하고 즉시 시험하여야 한다. 즉시 시험할 수 없는 경우에는 4 ℃에서 냉장 보관한 상태에서 일반세균, 녹농균, 여시니아균은 24시간 이내에, 총대장균군 등 그 밖의 항목은 30시간 이내에 시험하여야 한다. 잔류염소를 함유한 시료를 채취할 때에는 시료채취 전에 멸균된 시료채취용기에 멸균한 티오황산소듐용액을 최종농도 0.03 %(w / v)가 되도록 투여한다. 수도꼭지에서 시료를 채취할 경우에는 수도꼭지를 틀어 2분 ~ 3분간 흘려보낸 후 시료를 채취한다. 먹는샘물 제품수는 병의 마개를 열지 않은 상태의 제품을 말하며, 병의 마개가 열린 것은 시료로 사용할 수 없다.
시안 시험용 시료는 미리 정제수로 잘 씻은 유리병 또는 폴리에틸렌병에 시료를 채취하고 곧 입상의 수산화소듐을 넣어 pH 12 이상의 알칼리성으로 하고 신속히 시험한다. 다만, 잔류염소를 함유한 경우에는 채취 후 곧 이산화비소산소듐용액을 넣어 잔류염소를 제거한다.
트라이할로메테인 및 휘발성유기화합물 시험용 시료는 미리 정제수로 잘 씻은 유리병에 기포가 생기지 않도록 조용히 채취하고 pH가 약 2가 되도록 인산(1+10)을 시료 10 mL당 1방울을 넣고 물을 추가하여 꽉 채운 후 밀봉한다. 잔류염소가 함유되어 있는 경우에는 이산화비소산소듐용액을 넣어 잔류염소를 제거한다.
중금속용 시험용 시료는 미리 질산 및 정제수로 잘 씻은 폴리프로필렌, 폴리에틸렌 또는 폴리테트라플루오로에틸렌(PTFE) 용기에 시료를 채취하고 곧 1 L당 진한 질산 1.5 mL 또는 질산용액(1+1) 3.0 mL를 가하여 pH 2 이하로 보존한다. 만약 시료가 알칼리화되어 있거나 완충효과가 있다면 첨가하는 질산용액(1+1)을 5.0 mL까지 늘려야 한다. 산처리한 시료는 4 ℃로 보관하여 시료가 증발로 인해 부피변화가 없도록 해야 한다. 염지하수의 경우에는 현장에서 채수된 즉시 0.45 μm인 여과지로 여과한 후 진한 질산으로서 pH를 1.5 ~ 2 정도로 맞춘 다음 폴리에틸렌 용기에 보관하되 4 ℃ 이하에서 냉장보관이 불가할 경우에는 수 시간 이내에 실험실로 옮겨져 분석되어야 한다.

1 - 2. 먹는물수질공정시험기준에 따른 시료 채취 숙지 여부

해설

'1 - 1항'의 해설을 참고하여 이러한 내용을 잘 숙지하고 있는지 확인한다.

1 - 3. 시료 운송방법의 적절성

1 - 3 - 1. 시료의 보존 및 운송이 먹는물수질공정시험기준에 따른 적절한 수행 여부

1 - 3 - 2. 시료 운반, 전처리 등에서 오염이 우려되는 경우에 대한 조치
(현장바탕시료 또는 운반바탕시료 측정을 통한 오염 여부 확인)

해설

시료의 운송 및 보관에 대한 사항은 위 '1 - 1항'의 해설을 참조하라.
각 항목별 시험방법에 운반바탕시료 또는 전처리바탕시료 등을 측정하도록 규정된 경우는 규정된 주기로 측정하는지 확인한다.

기록 및 관리

2 - 1. 시료채취에 대한 기록 및 관리의 적절성

2 - 2. 측정결과에 대한 원자료 기록 및 관리의 적절성

2 - 3. 성적서 기록 및 관리의 적절성

2 - 4. 모든 기록에 대한 접근의 용이성

2 - 5. 모든 기록의 수정 · 변경에 대한 적절한 보안 조치

해설

시험결과에 대한 근거자료로 사용되는 시료채취기록부와 기기분석의 원자료 등을 명확히 보관하고 있어야 하며, 이들 자료가 훼손되지 않도록 관리하여야 한다.
시료채취기록부와 시험기록부 및 시험성적서 등은 담당자와 기술책임자의 서명이 있어야 유효하며, 시험성적서는 시험성적서 발송대장에 기록을 남긴 후 고객에게 송부되어야 한다.
생산된 모든 자료는 담당자뿐만 아니라 제3자도 쉽게 찾아볼 수 있도록 파일링하는 것이 좋으며, 가능한 한 성적서와 함께 모든 근거자료를 함께 파일링하는 것을 권장한다.
그 외 모든 기록에 대한 수정, 변경 및 접근에 대한 내용은 3장 '2.9 기록관리'의 해설을 참조하라.

분석 환경의 적절성

3 - 1. 항온 · 항습기의 정상가동

3 - 2. 기기실 및 전처리실의 온 · 습도계 설치

3 - 3. 기기실 및 전처리실의 적정 온도, 습도 유지

해설

실험실에 대한 환경조건은 통상적으로 온도와 습도를 말하지만 실제로는 조명, 환기, 전력공급, 진동 등도 포함되어야 하며 이러한 사항은 환경오염공정시험기준에 그 조건이 명시되어 있다.
열악한 분석환경은 분석결과에 영향을 미칠 수 있으므로 환경관리조건을 제시하고 관리하여 그것을 기록으로 남기는 규정을 품질문서에 명시하고 이행하여야 한다.
실험실 특히 기기분석실과 전처리실, 저울실에 대한 적정 온습도 유지는 매우 중요하기 때문에 적정 온습도를 유지하여야 하며 이를 증명하기 위해 주기적으로 온습도를 측정하고 기록하여야 한다. 그러나 적정 온습도 유지를 위해 반드시 항온항습기를 설치할 필요는 없다. 해당 항목별 시험방법에 특별히 규정하여 그 온습도를 유지하도록 하지 않았다면 일반적인 개념을 적용하여 온습도를 유지하면 되며, 온습도의 유지를 위해 온냉풍기 등을 사용하여도 무방하다.
'환경실험실 운영관리 및 안전'(국립환경과학원, 2015)에 의하면 저울실은 시약의 변질을 방지하기 위해 온도는 18 ℃ ~ 20 ℃, 상대습도는 40 % ~ 60 %를 유지하고, 이화학실험실은 실내온도 18 ℃ ~ 28 ℃, 상대습도는 40 % ~ 60 %, 기기분석실은 실내온도 18 ℃ ~ 28 ℃로 유지하는 것이 바람직하다고 서술되어 있다.

환기시설의 설치

4-1. 환기시설의 설치 여부

4-2. 환기시설의 정상가동

해설

환기는 수단으로 구분하면 자연적 환기와 기계적 환기로 구분된다. 때문에 환기는 별도의 환기시설을 설치하지 않더라도 자연적 환기를 통하여 실험실 내에 유해물질이 배출되도록 한다면 환기시설을 설치한 것으로 보아야 한다. 그러나 자연적 환기만으로 유해물질의 배출이 원활하지 않아 실험실 내에 시약 냄새가 난다면 기계적으로 환기하여야 하며, 기계적 환기를 하든 하지 않든 간에 실험실 내에서 시약 냄새 등이 난다면 정상적으로 가동되지 않는 것으로 보아야 한다.

'환경실험실 운영관리 및 안전'(국립환경과학원, 2015)에 의하면 이화학실험실은 환기횟수를 10회 / 시간 ~ 15회 / 시간 정도 유지하도록 하고 있다.

시료 및 시약의 관리(교차오염 방지 등)

5-1. 시약 및 시료 보관의 적절성

5-2. 냉장보관 시설 구비

5-3. 표준물질(표준용액 등) 보관의 적절성

5-4. 시약 및 표준물질 구매 · 소모에 대한 기록

5-5. 시료의 식별을 위하여 적절한 조치

5-6. 제조된 시약 관리의 적절성

해설

분석에 소요되는 각종 장비, 시약 및 표준물질 등은 분석결과에 영향을 미칠 수 있기 때문에 이들 물품을 구매하는 경우, 사양, 구매방법, 수령, 보관방법, 검사방법 등을 포함한 내부규정에 따라 합리적으로 구매하고 보관하여야 한다. 별도의 내부 규정이 없는 경우는 품질문서에 그것들을 명시할 수 있다.

구매한 물품은 요구한 사양에 적합한 것인지를 확인할 때까지는 사용하여서는 안 되며, '시약 및 표준물질 관리대장'에 구입량, 사용량 및 잔고량을 기록하고 있어야 한다.

시약, 표준물질 및 시료는 가능한 한 교차오염 및 화학물질에 의한 위험성을 억제할 수 있도록 각각 별도의 시설에 보관되어야 한다. 제조된 시약과 표준용액도 물질명과 농도, 제조일, 용도, 유효기간 및 제조자 등의 정보를 포함하여 라벨링을 하여야 한다. 특히, 표준물질은 유효일자가 기록된 별도의 대장으로 관리되어야 하고 물질증명서철(Certificate)도 함께 보관할 것을 권장한다.

인화성 물질과 부식성 물질은 각각의 전용 캐비닛을 사용할 것을 권장하며, 인화성 물질을 실험실에 보관하는 경우는 40 L 이상 보관하지 않도록 한다. 표준물질의 보관기간은 제조사에서 제공하는 기간으로 하고, 표준용액은 환경조건에 맞게 내부적으로 규정하여 관리하고 있어야 한다.

참고로, 시약의 저장을 위한 일반적인 기준은 다음과 같다.

1) 모든 화학물질은 특별한 저장 공간이 있어야 한다.
2) 모든 화학물질에는 물질이름, 소유자, 구입날짜, 위험성, 응급절차를 나타내는 라벨을 부착해야 한다.
3) 일반적으로 위험한 물질은 직사광선을 피하고 시원한 곳에 저장하며, 이종물질을 혼입하지 않도록 함과 동시에 화기, 열원으로부터 격리해야 한다.
4) 다량의 위험한 물질은 법령에 의하여 소정의 저장고에 종류별로 저장하고, 또한 독극물은 약품 선반에 잠금장치를 설치하여 보관한다.
5) 특히 위험한 약품의 분실, 도난 시에는 사고가 일어날 우려가 있으므로 담당책임자에게 보고해야 한다.

또한 시료는 특정한 조건에서 보관하는 경우 그에 따른 보존기한이 있으므로 시료의 변질 방지를 위하여 시료보관용 냉장시설을 구비하고 있어야 하며, 가능한 한 빛이 차단된 상태로 보존되어야 한다. 시료는 가능한 한 쉽게 식별이 가능하도록 시험 특성에 따라 각각 다른 색의 라벨링을 한다.

장비 및 물품의 관리

6-1. 분석장비의 주기적 점검

6-2. 교정 대상 장비의 교정 성적서 보유 여부

6-3. 부피측정 유리기구의 교정

6-4. 장비 및 물품의 청결한 관리

6-5. 장비관리대장의 작성

해설

시료채취장비를 포함한 모든 장비는 적용하고자 하는 시험방법을 정상적으로 수행할 수 있어야 하며, 자체적으로 보유하고 있는 장비뿐만 아니라 빌려 쓰는 장비와 계약에 의해 공동으로 사용하는 장비도 주기적으로 그 성능이 확인되어야 한다.

새롭게 구입하는 장비를 비롯하여 모든 장비는 사용하기 전에 시험기관이 요구하는 사양을 만족하여야 하며 이를 확인하기 위해 교정을 하거나 점검을 하여야 하고, 그 결과를 기록으로 남기되 필요한 경우 라벨링하여 장비에 부착한다. 「환경분야 시험·검사 등에 관한 법률 시행규칙」 제2조에 명시된 측정기는 「환경분야 시험·검사 등에 관한 법률」 제11조에 따라 주기적으로 정도검사를 받아야 하며, 그 외 일반적인 분석장비는 「국가교정기관 지정제도 운영요령」 제40조에 따라 주기적으로 교정을 하여야 한다.

교정에는 자체교정과 외부 전문기관에 의한 교정이 있으므로 어떠한 방법을 적용하든 주기적으로 교정하고 그 결과를 기록 및 보관하고 있어야 한다.

분석기기뿐만 아니라 유리기구도 분석결과에 부정적인 영향을 미칠 수 있으므로 시험기관의 품질목표에 맞는 기준을 정하여 교정하여야 한다.

ICP 등의 정밀기기는 기술표준원의 「국가 교정기관 지정제도 운영세칙」에 교정 주기가 제시되지 않으므로 자체적인 교정계획에 따라 교정하든지 아니면 전문기술자를 통하여 정밀도 확인을 할 필요가 있다. 그 외 저울, 온도조절기 등의 기기와 피펫, 뷰렛 등의 부피 측정용 유리기구는 교정을 받고 교정성적서를 보유하고 있어야 한다. 내부적인 기준으로 교정을 한 경우에도 교정기록을 남겨두어야 한다.

참고로, 「국가교정기관 지정제도 운영요령」 제41조제1항에 "...측정기를 보유 또는 사용하는 자는 주기적으로 해당 측정기를 교정하여야 하며, 이를 위하여 합리적이고 적정한 주기로 수행될 수 있도록 교정대상 및 적용범위를 자체규정으로 정하여 운용할 수 있다."고 규정되어 있으므로 자체적으로 교정주기를 설정하여 운영하는 것이 원칙이나 자체적으로 교정주기를 정하지 않는 경우에는 교정기관에 의뢰하여 교정할 수 있다.

특히 부피 측정용 유리기구는 허용오차 범위 내에 있는 제품을 사용하거나 내부교정을 통하여 실험실의 목표를 달성할 수 있는 허용오차를 마련하고 확인함으로써 실험의 정확성을 유지할 필요가 있다. 아래에 호칭 용량별 일반적 허용오차를 소개한다.

◘ 눈금 피펫의 호칭 용량별 허용오차

호칭 용량(mL)	최소눈금단위(mL)	허용오차(mL)	
		A 등급	B 등급
1	0.01	± 0.01	± 0.015
5	0.05	± 0.03	± 0.05
10	0.1	± 0.05	± 0.1

◘ 부피 피펫의 호칭 용량별 허용오차

호칭 용량(mL)	허용오차(mL)	
	A 등급	B 등급
< 5	± 0.015	± 0.03
< 10	± 0.02	± 0.04
< 25	± 0.03	± 0.06

◘ 부피 플라스크의 호칭 용량별 허용오차

호칭 용량(mL)	허용오차(mL)	
	A 등급	B 등급
20	± 0.04	± 0.08
50	± 0.06	± 0.12
100	± 0.1	± 0.2

또한 분석기기는 「환경분야 시험·검사 업무처리규정」(환경부 고시 제2016－166호)에 따라 장비관리카드와 장비관리대장을 작성하여야 한다.

저울의 안정성 확인

7-1. 저울의 수평 조절

7-2. 저울 내부의 흡습제 비치 여부

7-3. 저울 설치장소의 적절성

7-4. 저울 내·외부의 청결 상태 유지

해설

저울실은 시약제조 시 표준성 및 정확성을 확보하고 분석오차를 줄이기 위해 실험수행실과 달리 별도의 공간을 확보하도록 하고, 만일 별도의 저울실이 없는 경우 저울을 사용할 공간을 확보하여 주변으로부터의 영향을 최소한으로 줄이는 것이 바람직하다.

저울은 효과적인 측정을 위해서 수평을 유지하고 진동이 없는 곳에 두어야 하며, 저울실의 바닥 역시 내진에 요동하지 않게 설비하는 것이 좋다. 이러한 설비를 갖출 수 없는 경우에는 저울하단부에 저울대를 두고, 주변의 공기흐름을 차단할 수 있는 덮개 등을 이용하는 것이 바람직하다.

저울실은 시약의 변질을 방지하기 위해 적절한 온도(약 18 ℃ ~ 20 ℃)와 건조한 상태(상대습도 40 % ~ 60 %)를 유지해야 한다. 이를 위해 저울 내부공간에 흡습제를 두도록 한다.

저울실에 대한 일반적인 환경조건 및 운용방법은 다음과 같다.

- 이상적인 측정 환경은 실내온도 20 ℃ ± 2 ℃, 상대습도 45 % ~ 60 %이다. 별도의 저울실이 있어 이러한 환경조건을 유지하지 못하는 경우는 각 저울 내부에 습기의 영향을 배제하기 위하여 정상적인 기능을 갖고 있는 흡습제를 비치한다.
- 저울이 설치된 장소는 먼지가 적어야 하며, 저울 내부도 청결하여 이전에 사용하였던 화학물질이 남아 있지 않아야 한다.
- 저울은 진동에 매우 민감하므로 견고한 받침대를 사용해야 하며, 필요시에는 석재와 같은 받침대를 사용하여 평형을 유지한다.
- 에어컨, 환풍기와 같이 진동을 유발하는 장비는 저울 가까이에 설치하지 않는다.
- 직사광선이 닿지 않도록 설치한다.
- 자기를 띠는 기계를 저울 가까운 곳에 설치하지 않도록 한다.
- 저울 발판을 돌려 수평기의 물방울이 수평기 가운데 오도록 설치한다.
- 저울을 사용하기 전에는 반드시 1시간 이상 안정화하여 사용하며, 사용 후 AC 어댑터를 접속한 채로 대기(스텐바이) 상태로 놓아둔다.
- 처음 사용하거나 또는 사용 장소를 이동할 경우 반드시 정밀한 분동을 이용하여 검정하여 사용한다.

정제수의 관리

8 - 1. 정제수 제조장치의 보유

8 - 2. 정제수 제조장치 관리의 적절성

해설

정제수제조장치는 제조사 명세서상의 성능수치를 유지하는지 매일 확인한다. 멤브레인 필터(membrane filter)의 유효 사용기간을 엄격하게 준수하고 교환한다. 제조한 정제수 보관기간이 오래되지 않도록 하고 6개월에 한 번씩 다음 모든 항목에 대해 측정하여 성능을 확인하고 필요한 조치를 한다. 실험실은 정제수 제조장치의 교정 또는 성능확인을 위한 절차와 판정기준에 따라 진행하며 장비관리대장 및 내부교정결과보고서에 기록하여 문서화한다.

시약등급수의 수질기준을 미국 ASTM(american society for testing and materials)에서는 4개 등급으로 구분하고 있는데 유형 I은 정밀한 분석용이며, 유형 II는 일반 분석실용이므로 이에 대한 다음의 수질이 보장되어야 한다.

	유형 Ⅰ(Type Ⅰ)	유형 Ⅱ(Type Ⅱ)
전기전도도, 최댓값, μS / cm, 25 ℃	0.056	1.0
전기 저항, 최솟값, MΩ·cm, 25 ℃	18	1.0
25 ℃에서의 pH	–	–
총 유기 탄소(TOC), 최댓값, μg / L	50	50
소듐(Na), 최댓값, μg / L	1	5
염화이온, 최댓값, μg / L	1	5
총 실리카, 최댓값, μg / L	3	3

실험실 폐액 처리의 적절성

9-1. 실험폐액 처리는 적절한가?

해설

실험실에서 발생하는 폐 유기용제 등은 폐기물관리법에 의한 지정폐기물이므로 이를 보관할 때는 「폐기물관리법 시행규칙」 제14조 별표5 '4. 지정폐기물(의료폐기물은 제외한다)의 기준 및 방법'에 따라 다음과 같이 관리하여야 한다.

- 지정폐기물은 지정폐기물 외의 폐기물과 구분하여 보관
- 폐유기용제는 휘발되지 않도록 밀폐된 용기에 보관
- 지정폐기물 외의 폐기물과 구분하여 보관
- 지정폐기물은 지정폐기물에 의하여 부식되거나 파손되지 않는 재질로 된 보관시설 또는 보관용기를 사용하여 보관
- 지정폐기물 중 폐산·폐알칼리·폐유·폐유기용제·폐촉매·폐흡착제·폐흡수제·폐농약, 폴리클로리네이티드비페닐 함유폐기물 등은 60일을 초과하여 보관하여서는 안 됨. 다만, 1년간 배출하는 지정폐기물의 총량이 3톤 미만인 사업장의 경우에는 1년의 기간 내에서 보관
- 지정폐기물의 보관창고에는 보관 중인 지정폐기물의 종류, 보관가능 용량, 취급 시 주의사항 및 관리책임자 등을 적어 넣은 표지판을 다음과 같이 설치하여야 함. 다만, 드럼 등 보관용기를 사용하여 보관하는 경우에는 용기별로 폐기물의 종류·양 및 배출업소 등을, 지정폐기물의 종류가 같은 용기가 여러 개 있는 경우에는 폐기물의 종류별로 폐기물의 종류·양 및 배출업소 등을 각각 알 수 있도록 표지판에 적어 넣어야 한다.
  - 보관창고에는 표지판을 사람이 쉽게 볼 수 있는 위치에 설치하여야 한다.
  - 표지의 규격: 가로 60 cm 이상 × 세로 40 cm 이상(드럼 등 소형용기에 붙이는 경우에는 가로 15 cm 이상 × 세로 10 cm 이상)
  - 표지의 색깔: 노란색 바탕에 검은색 선 및 검은색 글자
  - 표지판의 보기

<table>
<tr><td colspan="2">지정폐기물 보관표지</td></tr>
<tr><td>①폐기물의 종류:</td><td>②보관가능용량: 톤</td></tr>
<tr><td>③관리책임자:</td><td>④보관기간: ~ (일간)</td></tr>
<tr><td colspan="2">⑤취급 시 주의사항
○보관 시:
○운반 시:
○처리 시:</td></tr>
<tr><td colspan="2">⑥운반(처리)예정장소:</td></tr>
</table>

이러한 폐액은 법령에 규정된 것은 아니지만 종류별로 별도로 분리하여 보관하여야 하며 쉽게 인식할 수 있도록 종류별로 보관용기의 색상을 달리할 것을 권장한다.

고압가스의 안전관리

10-1. 고압가스 실린더를 지지대로 고정하고 있는지 여부

10-2. 가연성과 비가연성 가스의 구분 보관 여부

10-3. 충전유효기간의 적정성

해설

시험에 사용하는 가스저장시설은 시험값의 정확도에는 영향을 미치지 않으나 분석자의 안전과 건강을 위하여 「고압가스안전관리법 시행규칙」 별표8에 따라 관리하여야 한다. 그 주요 내용을 살펴보면 다음과 같다.

- 가스설비 또는 저장설비는 그 외면으로부터 화기를 취급하는 장소까지 2 m(가연성 가스 또는 산소의 가스설비 또는 저장설비는 8 m) 이상의 우회거리를 유지할 것
- 배관의 재료는 그 고압가스의 취급에 적합한 기계적 성질 및 화학적 성분을 가진 것일 것
- 가연성 가스(암모니아, 브롬화메테인 및 공기 중에서 자기 발화하는 가스는 제외한다)의 저장설비 중 전기설비는 그 설치장소 및 그 가스의 종류에 따라 적절한 방폭성능을 가진 것일 것
- 가연성 가스의 가스설비실 및 저장설비실에는 누출된 고압가스가 체류하지 않도록 환기구를 갖추는 등 필요한 조치를 할 것
- 고압가스저장시설의 안전을 확보하기 위하여 필요한 곳에는 고압가스를 취급하는 시설 또는 일반인의 출입을 제한하는 시설이라는 것을 명확하게 알아볼 수 있도록 경계표지, 식별표지 및 위험표지 등 적절한 표지를 하고, 외부인의 출입을 통제할 수 있도록 적절한 경계책을 설치할 것
- 충전용기는 항상 40 ℃ 이하의 온도를 유지하고, 직사광선을 받지 않도록 조치할 것
- 밸브가 돌출한 용기(내용적이 5 L 미만인 용기는 제외한다)에는 용기의 넘어짐 및 밸브의 손상을 방지하는 조치를 할 것
- 가연성 가스 및 산소의 충전용기 보관실의 벽은 그 저장설비의 보호와 그 저장설비를 사용하는 시설의 안전 확보를 위하여 불연재료(不燃材料)를 사용하고, 가연성 가스의 충전용기 보관실의 지붕은 가벼운 불연재료 또는 난연재료(難燃材料)를 사용할 것.

나. 먹는물－2(금속류: Cu, Pb, Hg, As, Mn 등)

전처리

1－1. 전처리에 필요한 물품 및 시약의 보유 및 적합성

1－1－1. 산분해에 필요한 물품 및 시설을 보유하고 있는가?

1－1－2. 전처리에 필요한 시약을 보유하고 있는가?

해설

ES 05400.1b(금속류 － 원자흡수분광광도법), ES 05400.2b(금속류 － 유도결합플라스마 － 원자발광분광법), ES 05400.3b(금속류 － 유도결합플라스마 － 질량분석법) '7－ 1 전처리'에 필요한 물품과 시약을 보유하고 있어야 한다. 여기에 사용되는 시약은 시험하고자 하는 물질을 내포하고 있지 않는 것이 좋다.

ES 05400.1b(금속류 － 원자흡수분광광도법)에 의한 전처리를 적용하는 경우;

－ 구리(동), 아연, 철, 망간 시험에 대한 전처리:

시료 200 mL 또는 금속을 첨가한 시료 200 mL를 비커에 넣고 질산 2 mL(미리 시료에 넣은 질산을 포함한다)를 넣는다. 액량이 약 10 mL가 될 때까지 약하게 가열농축하고, 부피플라스크에 옮긴 후 정제수를 넣어 20 mL로 하여 이를 시험용액으로 한다.

－ 납, 크롬, 카드뮴 시험에 대한 전처리:

시료 100 mL 또는 금속을 첨가한 시료 100 mL에 1 N HNO_3 혹은 1 N NaOH를 가해 pH 3으로 조정한다. 암모늄피롤리딘디티오카바메이트 용액 1 mL를 넣고 흔들어 섞어 수 분간 둔 후, 메틸아이소부틸케톤 10 mL를 넣고 강하게 흔들어 섞은 다음 메틸아이소부틸케톤 층을 취하여 이를 시험용액으로 한다.

－ 알루미늄 시험에 대한 전처리:

시료 200 mL 또는 금속을 첨가한 시료 200 mL를 비커에 넣고 염산 2 mL 및 지르코늄용액 1 mL를 넣어 흔들어 섞는다. 이 용액을 암모니아수로 pH 9로 조정하여, 수산화지르코늄의 침전을 생성시킨다. 잘 섞어 방치하여 침전을 가라앉힌다. 여과지(5종A)로 여과하여 침전물을 분리한 후 정제수로 여과지의 침전물을 씻는다. 침전물을 뜨거운 염산용액(2 M) 10 mL ~ 15 mL로 녹이고 식힌 후, 정제수로 20 mL로 하여 시험용액으로 한다.

ES 05400.2b(금속류－ 유도결합플라스마－ 원자발광분광법)에 의한 전처리를 적용하는 경우:

－ 시료 200 mL 또는 금속을 첨가하여 200 mL로 한 것을 비커에 넣고 질산(1＋1) 4.0 mL와 염산(1＋1) 2.0 mL를 첨가한다. 액량이 약 15 mL가 될 때까지 끓이지 않고 천천히 가열농축하고, 이 용액을 20 mL 부피플라스크에 옮긴 후 정제수로 비커를 닦아주어 부피플라스크에 합친 다음 정제수로 표선까지 정확히 채운다. 내부표준물질법을 이용할 경우는 내부 표준원소로서 이트륨(yttrium), 스칸듐(scandium), 인듐(indium), 터븀(terbium) 또는 비스무트(bismuth) 중 하나 이상을 선택하여 최종용액 중에 0.10 mg / L가 되게 첨가하고 정제수로 표선까지 정확히 채운다. 시료와 표준용액에는 염화란탄과 염화포타슘용액을 시료 10 mL당 1 mL를 넣어 정확도를 높일 수 있다.

1-2. 전처리의 적합성

1-2-1. 시료 보존 기간 내에 분석을 하는가?

1-2-2. 전처리 유리기구의 세척상태는 적절하며, 다른 시험분야 전처리 유리기구와 분리하여 사용하는가?

해설

ES 05400.1b(금속류 – 원자흡수분광광도법), ES 05400.3b(금속류 – 유도결합플라스마 – 질량분석법) '5.0 시료 채취 및 관리'에 의하면, 산 처리한 시료는 4 ℃로 보관하여 시료가 증발로 인해 부피변화가 없는 상태에서 최대 6개월까지 보관할 수 있다. 다만, 05400.2b(금속류 – 유도결합플라스마 – 원자발광분광법)로 수은을 시험하고자 하는 경우에는 최대 5주까지 보관할 수 있다.
먹는물 속에 포함된 금속류 성분은 다른 매체에 포함된 중금속에 비하여 미량이므로, 먹는물 금속류 전처리를 위한 시험용기는 타 시험용 유리용기와 구분되고 청결하게 잘 세척・관리되어야 한다.

(기기)분석

2-1. 필요한 분석 장비 또는 기기 및 물품 보유의 적합성

2-1-1. 필요한 분석장비를 보유하고 있으며 정상 가동되는가?

2-1-2. 자외선 가시선 분광법 분석 시 적정한 흡수셀을 사용하며, 그 관리는 적절한가?

해설

금속류 분석을 위한 장비로는 주로 원자흡수분광광도법, 유도결합플라스마 원자발광분광법, 자외선 / 가시선 분광법, 유도결합플라스마 질량분석법 및 양극벗김전압전류법 등이 사용되므로 이들 중 적절한 장비를 보유하고 있어야 한다.
비소 시험에서 ES 05405.2b(비소 – 자외선 / 가시선 분광법)를 적용하는 경우, 시료액의 흡수파장이 약 370 nm 이상일 때는 석영 또는 경질유리 흡수셀을 사용하고 약 370 nm 이하일 때는 석영 흡수셀을 사용하되 따로 흡수셀의 길이를 지정하지 않았을 때는 10 mm 셀을 사용한다.
시료셀에는 시험용액을, 대조셀에는 따로 규정이 없는 한 정제수를 넣는다. 넣고자 하는 용액으로 흡수셀을 씻은 다음 셀의 약 80 %까지 넣고 외면이 젖어 있을 때는 깨끗이 닦는다. 필요하면(휘발성 용매를 사용할 때와 같은 경우) 흡수셀에 마개를 하고 흡수셀에 방향성이 있을 때는 항상 방향을 일정하게 하여 사용한다.
참고로, 먹는물, 샘물 및 염지하수 중금속류의 시험방법은 다음과 같다.

측정 금속	원자흡수 분광광도법	유도결합플라스마 원자발광분광법	자외선 / 가시선 분광법	유도결합플라스마 질량분석법	양극벗김 전압전류법
05401.b 구리(동)	05401.1b	05401.2b	–	05401.3b	–
05402.b 납	05402.2b	05402.1b	–	05402.3b	05402.4b
05403.b 망간	05403.1b	05403.2b	–	05403.3b	–
05404.a 보론(붕소)	–	05404.1b	05404.2b	–	–
05405.a 비소	–	05405.1b	05405.2b	05405.3b	–

05406.b 셀레늄	05406.1b[1]	05406.2b	–	05406.3b	–
05407.a 수은	05407.1b[2]	–	–	–	05407.2b
05408.b 아연	05408.1b	05408.2b	–	05408.3b	–
05409.a 알루미늄	05409.1a	05409.2a	05409.3a	05409.4a	–
05410.a 철	05410.2a	05410.3a	05410.1a	05410.4a	–
05411.a 카드뮴	05411.1a	05411.2a	–	05411.3a	–
05412.a 크롬	05412.1a	05412.2a	–	05412.3a	–
스트론튬	–	05413.1	–	05413.2	–

[1] 수소화물생성 / 원자흡수분광광도법 [2] 냉증기 / 원자흡수분광광도법

2-2. 분석 시 기기의 안정성 확인

2-2-1. 측정 전 분석기기는 충분히 안정화(warming-up)하는가?

2-2-2. 적합한 진공상태를 유지하는가? (ICP / MS)

2-2-3. 주기적으로 튜닝하고 있는가? (ICP / MS)

해설

분광광도계의 램프의 세기가 안정화 될 때까지 전원을 켠 후 30분 이상 둔다. 자동전압조정기(AVR)를 사용하면 램프의 안정화에 도움이 된다.

분석기기에 전원을 넣은 후 충분한 시간이 경과하면 분석하고자 하는 물질이 들어 있지 않은 시료(예, 정제수)로 분석하여 바탕선에 노이즈가 생기지 않는지를 확인한다.

분석기기 운용 프로그램에 따라 튜닝이 가능한 경우는 주기적으로 튜닝하고 그 결과를 보관하고 있는지 확인한다.

2-3. 분석조건의 적절성

2-3-1. 흡수파장 또는 발광파장 선택은 적절한가?

2-3-2. 연료기체의 혼합비율은 적정한가?

2-3-3. 사용되는 가스 순도는 적정한가?

해설

각 분석방법별로 적용하는 측정파장은 아래와 같으며, 원자흡수분관광도계에 불꽃을 만들기 위하여 일반적으로 가연성 기체로는 아세틸렌을, 조연성 기체로는 공기를 사용한다.

예로서, ES 05400.1b(금속류 – 원자흡수분광광도법)을 적용하는 경우, 원자흡수분광광도계에 불꽃을 만들기 위해 사용하는 조연성기체와 가연성 기체를 말하며, 이들의 조합은 수소– 공기, 수소– 공기– 아르곤, 수소– 산소, 아세틸렌– 공기, 아세틸렌– 산소, 아세틸렌– 아산화질소, 프로판– 공기, 석탄기체– 공기 등이 있다. 일반적으로 가연성 기체로 아세틸렌을 조연성기체로 공기를 사용한다.

ES 05400.3b(금속류 – 유도결합플라스마 – 질량분석법)에 의하면 ICP– MS는 5 % 피크 높이에서 1 amu의 최소 분리능을 갖고, 5 amu ~ 250 amu의 질량범위에서 측정할 수 있어야 하며, 사용되는 아르곤 기체는 액화 또는 압축 아르곤으로서 99.99 % 이상의 순도를 갖는 것이어야 한다. 사용가스의 순도는 가스납품업체로부터 정기적인 인증서를 요구하여 보관할 것을 권장한다.

또한 원자흡수분광광도법에 의한 금속별 측정파장과 정량한계는 다음과 같다.

금속종류	측정파장, nm	불꽃기체	정량한계[1](mg / L)	정량범위[1](mg / L)
구리(동)	324.7	A– Ac	0.004	0.004 ~ 0.2
납	283.3	A– Ac	0.020	0.020 ~ 0.4
망간	279.5	A– Ac	0.004	0.004 ~ 0.4
아연	213.9	A– Ac	0.002	0.002 ~ 0.08
알루미늄	309.3	N– Ac	0.004	0.004 ~ 0.08
철	248.3	A– Ac	0.008	0.008 ~ 0.27
카드뮴	228.8	A– Ac	0.0008	0.0008 ~ 0.032
크롬	357.9	A– Ac	0.008	0.008 ~ 0.4

A– Ac: 공기– 아세틸렌; N– Ac: 아산화질소– 아세틸렌

[1] 시료의 농축배수를 고려하여 시료 중에 농도로 계산한 값

유도결합플라스마 원자발광분광법에 의한 금속별 측정파장과 정량한계는 다음과 같다.

금속종류	측정파장, nm	제2측정파장, nm	정량한계[1], (mg / L)	정량범위[1], (mg / L)
구리(동)	324.75	219.96	0.003	0.003 ~ 50
납	220.35	217.00	0.005	0.005 ~ 50
망간	257.61	294.92	0.001	0.001 ~ 50
보론(붕소)	249.77	249.68	0.002	0.002 ~ 50
비소	193.70	189.04	0.010	0.010 ~ 100
셀레늄	196.03	203.99	0.005	0.005 ~ 100
아연	213.86	206.20	0.001	0.001 ~ 100
알루미늄	308.22	237.32	0.016	0.016 ~ 100
철	259.94	238.20	0.003	0.003 ~ 100
카드뮴	226.50	214.44	0.002	0.002 ~ 50
크롬	267.72	206.15	0.003	0.003 ~ 50

[1] 시료의 농축배수를 고려하여 시료 중에 농도로 계산한 값

2-4. 검정곡선의 적절성 및 직선성(R^2)

2-4-1. 검정곡선 작성에 사용된 표준용액은 적합한 표준물질을 사용하여 제조하고 있는가?

2-4-2. 분석 시마다 검정곡선을 새롭게 작성하고 있는가?

2-4-3. 대량의 시료 분석시 시료 20개당 검정곡선의 중간값에 해당되는 표준용액의 농도를 측정하고 측정된 농도값과 표준용액의 농도값 간의 차이가 20 % 이내인가?

해설

ES 05400.1b(금속류 – 원자흡수분광광도법)와 ES 05400.3b(금속류 – 유도결합플라스마 – 질량분석법)의 '7.2 검정곡선의 작성' 및 ES 05400.2b(금속류 – 유도결합플라스마 – 원자발광분광법) '6.3 검정곡선의 작성 및 검증'에 따라 각 항목의 표준물질(용액)로 검정곡선을 작성하되, 결정계수 R^2는 0.98 이상이어야 하며 분석예상 농도는 검정곡선의 범위 내에 존재하여야 한다.

먹는물수질공정시험기준에는 교정곡선의 작성주기에 대한 언급은 없으나 일반적으로는 매번 분석 시마다 교정곡선을 작성하여야 하며, 시료가 많을 경우에는 시료 20개당 교정곡선을 작성하도록 한다. 만일 교정곡선이 작성되었다면 교정곡선을 사용하여 각각의 교정점들을 다시 계산하여 그 값들은 ± 20 % 내에 존재하여야 한다. 다시 계산된 값들 중 어느 한 점이라도 ± 20 % 내에 존재하지 않는다면 시료를 정량하기 전에 벗어난 값(outlier)의 원인을 확인하고 보정한다.

2-5. 시료 희석배율 또는 농축의 적절성

해설

원시료의 농도가 너무 높은 경우 정제수 등으로 희석하고, 낮은 경우는 농축하여 결과값 계산에 이를 반영한다. 전처리 과정에서 농축조작을 하지 않을 경우, 시료 중의 중금속 농도가 정량한계 이하가 될 수 있으므로 주의한다.

2-6. 바탕시험의 수행 여부

해설

시험하고자 하는 물질이 들어있지 않은 산, 용매 또는 정제수를 사용하여 바탕시험을 한다. 바탕시험에 사용되는 염산, 질산은 중금속 시험용 시약을 사용하거나 별도의 시험을 하여 금속류가 검출되지 않아야 한다.

2-7. 검출한계 및 정밀도 / 정확도 측정

2-7-1. 검출한계 및 정밀도 / 정확도를 측정하고 있는가?

해설

정량한계와 정밀도 및 정확도의 측정은 먹는물수질공정시험기준 각 항목별 시험방법의 '6.0 정도보증 / 정도관리(QA / QC)'를 참조하되 연 1회 이상 산정하는 것이 원칙이다.

◘ ES 05400.1b(금속류 – 원자흡수분광광도법)

정도관리 항목	정도관리 목표
정량한계	0.0008 mg / L ~ 0.02 mg / L('2－2. 분석조건의 적절성' 참고)
검정곡선	결정계수(R^2) ≥ 0.98 또는 감응계수(RF)의 상대표준편차 ≤ 20 %
정밀도	상대표준편차가 ± 20 % 이내[주1)]
정확도	75 % ~ 125 %
현장이중시료	상대편차백분율이 ± 20 % 이내[주1)]

◘ ES 05400.2b(금속류 – 유도결합플라스마 – 원자발광분광법)

정도관리 항목	정도관리 목표
정량한계	0.001 mg / L ~ 0.016 mg / L
검정곡선	결정계수(R^2) ≥ 0.98 또는 감응계수(RF)의 상대표준편차 ≤ 20 %
정밀도	상대표준편차가 ± 20 % 이내[주1)]
정확도	75 % ~ 125 %
현장이중시료	상대편차백분율이 ± 20 % 이내[주1)]

◘ ES 05400.3b(금속류 – 유도결합플라스마 – 질량분석법)

정도관리 항목	정도관리 목표
정량한계	0.00015 mg / L ~ 0.01376 mg / L
검정곡선	결정계수(R^2) ≥ 0.98 또는 감응계수(RF)의 상대표준편차 ≤ 20 %
정밀도	상대표준편차가 ± 20 % 이내[주1)]
정확도	80 % ~ 120 %
현장이중시료	상대편차백분율이 ± 20 % 이내[주1)]

[주1)] 정밀도란 시험분석 결과들 사이에 상호 근접한 정도의 척도이며, 상대표준편차(RSD) 또는 상대차이백분율(RPD)로 표시한다.

$$RSD = \frac{s}{\bar{x}} \times 100\ \%$$

$$RPD = \{(A - B) / [(A + B) / 2]\} \times 100\ \%$$

여기서, s = 표준편차

$\bar{x}$ = 측정 평균값

A = 측정값 중 큰 값

B = 측정값 중 작은 값

따라서, 위 표에서 정밀도(RSD)값에 음(－)의 값이 존재하는 것은 잘못된 것이며, 정밀도는 0 이상으로 표시되어야 한다. 즉, 동일 시료에 대한 여러 개의 측정값으로는 상대표준편차 백분율로 정밀도를 표현하여야 하며, 이들 여러 개의 측정값이 동일하다면 표준편차가 0이므로 상대표준편차(RSD)는 0 %이다. 또한 이중시료 및 분할시료로 정밀도를 할 때는 상대차이백분율로 표현되어야 하며, 두 시료의 측정값이 동일하면 계산식에서 분자가 0이 되므로 상대차이백분율(RPD)은 0 %가 된다.

시험결과의 계산

3-1. 시험결과 계산과정(계산식)의 정확성

3-2. 바탕시험 값의 보정

3-3. 결과표기의 적절성

해설

시험결과의 계산식은 각 시험방법의 '8.0 결과보고'를 참조하라.

시료를 희석 또는 농축하지 않은 경우는 계산식에서 f값을 1로 두지만 시료를 희석 또는 농축한 경우는 그 배율만큼 대입한다.

시험결과의 계산에 바탕시험값을 제하고 결과를 도출한다. 바탕시험 수행 여부는 시험기록부 또는 시험결과 차트로부터 확인할 수 있으며, 그로부터 시험결과의 정확성을 점검한다.

시험결과의 표기는 ES 05003.b(먹는물 수질기준의 표시한계 및 결과표시)에 따른다.

성분명	수질기준	시험결과 표시한계	시험결과 표시자리수
납	0.01 mg / L 이하	0.005 mg / L	0.000
비소	0.01 mg / L 이하 0.05 mg / L 이하 (샘물, 염지하수)	0.005 mg / L	0.000
수은	0.001 mg / L 이하	0.001 mg / L	0.000
시안	0.01 mg / L 이하	0.01 mg / L	0.00
크롬	0.05 mg / L 이하	0.02 mg / L	0.00
카드뮴	0.005 mg / L 이하	0.002 mg / L	0.000
구리(동)	1 mg / L 이하	0.008 mg / L	0.000
아연	3 mg / L 이하	0.002 mg / L	0.000
철	0.3 mg / L 이하	0.05 mg / L	0.00
망간	0.3 mg / L 이하 0.05 mg / L 이하 (수돗물)	0.004 mg / L	0.000
알루미늄	0.2 mg / L 이하	0.02 mg / L	0.00

다. 먹는물-3(일반항목: 시안, 페놀, NH_3- N, F, NO_3- N 등)

전처리

1-1. 전처리에 필요한 물품 및 시약의 보유

1-1-1. 항목에 맞는 증류장치를 보유하고 있는가?

1-1-2. 전처리에 필요한 시약을 보유하고 있는가?

해설

ES 05351.2a(불소이온 – 자외선 / 가시선분광법)에 의하여 불소이온을 측정할 때와 ES 05353.1b(암모니아성질소 – 자외선 / 가시선분광법)에 의하여 암모니아성질소를 측정할 때 및 ES 05311.1a(페놀 – 자외선 / 가시선 분광법)에 의하여 페놀을 시험하기 위한 전처리 때는 그에 맞는 증류장치가 필요하며, ES 05356.2a(황산이온 – EDTA 적정법)에 의하여 황산이온을 시험할 때는 이온교환수지관이 필요하다.
보다 구체적인 전처리 물품과 시약은 각 시험방법의 '7.1 전처리'를 참조하라

1 – 2. 전처리의 적합성

1 – 2 – 1. 시료 보존 기간 내에 분석을 하는가?

1 – 2 – 2. 전처리 유리기구의 세척상태는 적절하며, 다른 시험분야 전처리 유리기구와 분리하여 사용하는가?

해설

ES 05130.b(시료채취와 보존)에 의거하여 암모니아성질소, 질산성질소, 염소이온, 과망간산포타슘소비량, 불소, 페놀, 경도, 황산이온, 세제, 수소이온농도, 색도, 탁도, 증발잔류물, 농약 및 잔류염소시험용 시료는 미리 질산 및 정제수로 씻은 유리병에 시료를 채취하여 신속히 시험하는지 확인한다. 다만, 불소는 폴리에틸렌병에 채취하여 1주일 이내에 시험하고, 페놀은 4시간 이내에 시험하지 못할 때에는 시료 1 L에 대하여 황산동·5수화물 1 g과 인산을 넣어 pH를 약 4로 하고, 어두운 곳에 보존하여 24시간 이내에 시험하며 잔류염소를 함유한 때에는 이산화비소산소듐 용액을 넣어 잔류염소를 제거한다.
또한 시안 시험용 시료는 미리 정제수로 잘 씻은 유리병 또는 폴리에틸렌병에 시료를 채취하고 곧 입상의 수산화소듐을 넣어 pH 12 이상의 알칼리성으로 하고 신속히 시험하는지 확인한다. 다만, 잔류염소를 함유한 경우에는 채취 후 곧 이산화비소산소듐 용액을 넣어 잔류염소를 제거한다.
가능한 한 다른 분야 및 다른 항목을 분석하기 위한 전처리 기구와는 구분하여 사용하도록 하고 충분히 세척하여 잔류된 물질이 시험에 방해작용을 하지 않도록 한다. 예로서, 황산이온 분석 시에 전처리 기구에 크롬과 철과 같은 중금속이 존재하고 있다면 이들은 황산염을 만들어 황산바륨으로 침전을 방해할 수 있다. 또한 불소이온 분석 시 0.2 mg / L 이상의 알루미늄 이온이 존재하는 경우는 안정한 AlF_6^{3-} 화합물을 형성하여 불소 이온 분석을 방해한다.

(기기) 분석

2 – 1. 필요한 분석 장비 또는 기기 및 물품 보유의 적합성

2 – 1 – 1. 필요한 분석장비(IC 또는 자동분석기 또는 분광광도계 등)는 보유하고 있으며 정상 가동되는가?

2 – 1 – 2. 자외선 가시선 분광법 분석 시 적정한 흡수셀을 사용하며, 그 관리는 적절한가?

2 – 1 – 3. 자외선 가시선 분광법 분석 시 흡수셀 관리 및 사용법이 적절한가?

2-1-4. 자동분석기에 의한 연속흐름법 분석 시 발색시약 등의 주입을 위한 튜브 관리가 적절한가?

해설

질산성질소, 암모니아성질소, 불소이온, 페놀이온 등은 자외선/가시선분광법으로 시험할 수 있으므로 자외선/가시선분광광도계를 보유하고 있어야 하며, 질산성질소를 IC로 측정하는 경우에도 IC의 정상 작동상태를 확인한다.
자외선/가시선분광광도계 사용 시, 흡수셀의 길이를 지정하지 않았을 때는 10 mm 셀을 사용하며, 시료액의 흡수파장이 약 370 nm 이상일 때는 석영 또는 경질유리 흡수셀을 사용하고 약 370 nm 이하일 때는 석영 흡수셀을 사용하는지 확인한다. 또한 시료셀에는 시험용액을, 대조셀에는 따로 규정이 없는 한 정제수를 넣는다. 넣고자 하는 용액으로 흡수셀을 씻은 다음 셀의 약 80 %까지 넣고 외면이 젖어 있을 때는 깨끗이 닦는다. 휘발성 용매를 사용할 때와 같은 경우에는 흡수셀에 마개를 하고 흡수셀에 방향성이 있을 때는 항상 방향을 일정하게 하여 사용한다.
연속흐름법을 적용할 때, 튜빙 관리가 제대로 되지 않으면 튜빙 내부에 조류(algae)가 증식될 수 있으므로 주의하도록 하여야 한다.

2-2. 분석 시 기기의 안정성 확인

2-2-1. 측정 전 분석기기는 충분히 안정화(warming-up)하는가?

해설

분석기기 램프의 세기가 안정화될 때까지 전원을 켠 후 30분 이상 둔다. 자동전압조정기(AVR)를 사용하면 램프의 안정화에 도움이 된다.
분석기기에 전원을 넣은 후 충분한 시간이 경과하면 분석하고자 하는 물질이 들어 있지 않은 시료(예, 정제수)로 분석을 하여 바탕선에 노이즈가 생기지 않는지를 확인한다.

2-3. 분석조건의 적절성

2-3-1. 항목에 따라 적합한 발색반응을 보이는가?

2-3-2. 흡수파장 선택은 적절한가?

2-3-3. 방해물질과 목적 성분이 완전히 분리되는가? (IC)

해설

ES 05351.2a(불소이온 - 자외선/가시선분광법)는 620 nm에서, ES 05353.1b(암모니아성질소 - 자외선/가시선분광법)는 640 nm에서, ES 05311.1a(페놀 - 자외선/가시선 분광법)는 510 nm 또는 460 nm에서 측정한다.
ES 05353.2a(암모니아성질소 - 이온크로마토그래피)에 의하여 암모니아성질소를 시험하는 경우는 시료를 주입하면 앞쪽으로 음의 피크가 나타나서 앞에 용출되는 피크의 분석을 방해한다. 이를 없애기 위해 시료와 표준용액에 진한 용리액을 넣어 용리액과 비슷한 농도로 맞추어 준다.

2-4. 검정곡선의 적절성 및 직선성(R^2)

2-4-1. 검정곡선 작성에 사용된 표준용액은 적합한 표준물질을 사용하여 제조하고 있는가?

2-4-2. 분석 시마다 검정곡선을 새롭게 작성하고 있는가?

2-4-3. 대량의 시료 분석 시 시료 20개당 검정곡선의 중간값에 해당되는 표준용액의 농도를 측정하고 측정된 농도값과 표준용액의 농도값 간의 차이가 15 %(연속흐름법), 20 %(IC), 25 %(분광광도법) 이내인가를 확인하고 있는가?

2-4-4. 2-4-3항 확인 결과, 범위를 벗어난 경우 검정곡선을 재작성하고 있는가?

해설

각 시험방법별 표준물질 또는 표준용액은 각 시험방법별 '4.0 시약 및 표준용액'을 참조하라.
검정곡선(calibration curve)은 지시값과 이에 해당하는 측정값 사이의 관계를 나타내는 표현으로 반드시 시료의 분석 시마다 새로 작성하여야 하며 부득이 이를 수행하지 못할 경우 해당 시험법의 설명을 따른다.
검정곡선의 작성 및 검증은 ES 05001.a(정도보증 / 정도관리)에 따른다. 정량범위 내의 5개의 농도에 대해 검정곡선을 작성하고 얻어진 검정곡선의 결정계수(R^2)가 0.98 이상 또는 감응계수(RF)의 상대표준편차가 15 % 이내(ES 05353.1b)이거나 25 % 이내(ES 05311.1a)이어야 하며 결정계수나 감응계수의 상대표준편차가 허용범위를 벗어나면 재작성한다. 검정곡선의 작성 및 검증에 관한 구체적인 내용은 각 시험방법의 '7.2 검정곡선의 작성'을 참조하라.

2-5. 시료 희석배율 또는 농축의 적절성

해설

원시료의 농도가 너무 높은 경우 정제수 등으로 희석하고, 낮은 경우는 농축하여 결과값 계산에 이를 반영한다.

2-6. 바탕시험의 수행 여부

해설

시험하고자 하는 물질이 들어있지 않은 용매 또는 증류수를 사용하여 바탕시험을 한다.

2-7. 검출한계 및 정밀도 / 정확도 측정

2-7-1. 검출한계 및 정밀도 / 정확도를 측정하는가?

해설

시험방법별 정량한계와 정밀도 및 정확도의 측정은 각 시험방법의 '6.0 정도보증 / 정도관리'를 참조하라.

◘ ES 05351.2a(불소이온 – 자외선 / 가시선분광법)

정도관리 항목	정도관리 목표
정량한계	0.15 mg / L
검정곡선	결정계수(R^2) ≥ 0.98 또는 감응계수(RF)의 상대표준편차 ≤ 15 %
정밀도	상대표준편차가 ± 20 % 이내[주1)]
정확도	80 % ~ 120 %
현장이중시료	상대편차백분율이 ± 20 % 이내[주1)]

◘ ES 05353.1b(암모니아성질소 – 자외선 / 가시선분광법)

정도관리 항목	정도관리 목표
정량한계	0.01 mg / L
검정곡선	결정계수(R^2) ≥ 0.98 또는 감응계수(RF)의 상대표준편차 ≤ 15 %
정밀도	상대표준편차가 ± 20 % 이내[주1)]
정확도	80 % ~ 120 %
현장이중시료	상대편차백분율이 ± 20 % 이내[주1)]

◘ ES 05311.1a(페놀 – 자외선 / 가시선 분광법)

정도관리 항목	정도관리 목표
정량한계	0.005 mg / L
검정곡선	결정계수(R^2) ≥ 0.98 또는 감응계수(RF)의 상대표준편차 ≤ 25 %
정밀도	상대표준편차가 ± 25 % 이내[주1)]
정확도	75 % ~ 125 %
현장이중시료	상대편차백분율이 ± 25 % 이내[주1)]

주1) 정밀도에 대해서는 먹는물–2(금속류: Cu, Pb, Hg, As, Mn 등) '2–7–1. 검출한계 및 정밀도 / 정확도를 측정하고 있는가?'항의 해설을 참조하라.

시험결과의 계산

3 – 1. 시험결과 계산과정(계산식)의 정확성

3 – 2. 바탕시험값의 보정

3 – 3. 결과표기의 적절성

해설

시험결과의 계산식은 각 시험방법별로 '8.0 결과보고'를 참조하라.
시험결과의 표기는 ES 05003.b(먹는물 수질기준의 표시한계 및 결과표시)에 따른다.

성분명	수질기준	시험결과 표시한계	시험결과 표시자리수
암모니아성질소	0.5 mg / L 이하	0.01 mg / L	0.00
질산성질소	10 mg / L 이하	0.1 mg / L	0.0
시안	0.01 mg / L 이하	0.01 mg / L	0.00
페놀	0.005 mg / L 이하	0.005 mg / L	0.000
불소	1.5 mg / L 이하 2.0 mg / L 이하 (샘물, 먹는샘물, 염지하수 및 먹는염지하수)	0.15 mg / L	0.00

라. 먹는물－4(미생물: 일반세균. 총대장균군, 분원성 대장균군 등)

시료채취

1－1. 먹는 샘물 제품수의 시료

1－1－1. 제품수의 병마개가 열린 것은 검수로 사용할 수 없음을 알고 있는가?

해설

ES 05130.b(시료채취와 보존)에 따르면, 먹는샘물 제품수는 병의 마개를 열지 않은 상태의 제품을 말하며, 병의 마개가 열린 것은 시료로 사용할 수 없다. 또한, 저온 일반세균과 중온 일반세균은 제품수를 병에 넣은 후 4 ℃를 유지한 상태에서 12시간 이내에 시험하여야 하므로 이 규정이 충족되지 않으면 시험하지 않아야 한다.

전처리

2－1. 전처리에 필요한 물품 및 시약 보유

해설

ES 05703.1a(총대장균군 － 시험관법), ES 05709.1b(살모넬라 － 시험관법), ES 05710.1b(쉬겔라 － 시험관법), ES 05711.1b(여시니아균 － 막여과법)에 따르면, 특별한 전처리 조작은 없다.
그러나 고압멸균기, 분주기, 여과장치 및 여과기 등은 본 시험방법을 위한 기기 및 물품에 해당하므로 이러한 장비를 보유하고 있는지 확인한다.

2-2. 시료 보존 기간 내 분석 실시 여부

해설

ES 05130.b(시료채취와 보존)에 따르면, 미생물 시험용 시료를 채취할 때에는 멸균된 시료용기를 사용하여 무균적으로 시료를 채취하고 즉시 시험하여야 한다. 즉시 시험할 수 없는 경우에는 4 ℃ 냉장 보관한 상태에서 일반세균, 녹농균, 여시니아균은 24시간 이내에, 총대장균군 등 그 밖의 항목은 30시간 이내에 시험하여야 한다.

잔류염소를 함유한 시료를 채취할 때에는 시료채취 전에 멸균된 시료채취용기에 멸균한 티오황산소듐 용액을 최종농도 0.03 %(w / v)가 되도록 투여한다.

수도꼭지에서 시료를 채취할 경우에는 수도꼭지를 토치로 화염멸균하고 물을 틀어 2분 ~ 3분간 흘려보낸 후 시료를 채취한다.

2-3. 방해물질에 대한 처리

2-3-1. 잔류염소에 대한 신속 정확한 처리 방법을 알고 있는가?

해설

ES 05703.1a(총대장균군 – 시험관법), ES 05709.1b(살모넬라 – 시험관법), ES 05710.1b(쉬겔라 – 시험관법), ES 05711.1b(여시니아균 – 막여과법)에서는 방해물질에 대해 서술하지 않고 있다.

다만, 일반적으로 시험과정에서의 오염을 방지하기 위하여 피펫 등은 멸균한 제품을 사용하거나 실험실에서 멸균하여 사용하여야 한다.

ES 05130.b(시료채취와 보존)에 따르면 잔류염소를 함유한 시료를 채취할 때에는 시료채취 전에 멸균된 시료채취용기에 멸균한 티오황산소듐 용액을 최종농도 0.03 %(w / v)가 되도록 투여한다.

접종 및 배양

3-1. 필요한 장비 또는 기기 및 물품 보유

3-1-1. 피펫, 시험관, 다람관, 백금이, petri dish 등을 보유하고 있는가?

3-1-2. 인큐베이터를 보유하고 있는가?

해설

ES 05703.1a(총대장균군 – 시험관법), ES 05709.1b(살모넬라 – 시험관법), ES 05710.1b(쉬겔라 – 시험관법), ES 05711.1b(여시니아균 – 막여과법) 등에 따른 막여과장치, 배양기, 여과막과 멸균흡수패드, 페트리접시, 시험관 및 백금이 등 시험에 필요한 물품과 기기를 보유하고 있는지 확인한다.

총대장균군 시험을 위한 배양기는 배양온도를 35 ℃ ± 0.5 ℃로, 분원성 대장균군 시험을 위한 배양기는 44.5 ℃ ± 0.2 ℃로 유지할 수 있어야 하며, 여시니아균 시험을 위한 배양기는 배양온도를 25 ℃ ~ 28 ℃와 37 ℃로 유지할 수 있어야 하며, 쉬겔라와 살모넬라 시험을 위한 배양기는 35 ℃와 37 ℃로 유지할 수 있어야 한다.

3-2. 실험실의 무균조작에 대한 청결성

3-2-1. 무균조작이 가능한 청결 상태 및 오염 예방에 대한 대체는 적절한가?

해설

시험과정에서 시료가 오염되지 않도록 클린벤치 등에서 시험조작을 하여야 하며, 클린벤치에 시험조작에 필요한 물품 외 다른 물품을 두어서는 안 된다.

3-3. 희석액 사용 및 접종시 적질한 희석

해설

시험하고자 하는 미생물이 원시료 중에 다량으로 포함되어 있다고 판단되는 경우는 멸균한 희석액을 사용하여 적절하게 희석한 후 접종하는지를 확인한다.

3-4. 미생물 종류에 따른 배양조건 및 시간의 준수

해설

ES 05703.1a(총대장균군 – 시험관법), ES 05709.1b(살모넬라 – 시험관법), ES 05710.1b(쉬겔라 – 시험관법), ES 05711.1b(여시니아균 – 막여과법) 등의 '7.0 분석절차'에 규정된 배양시간을 준수하는지 확인한다.

예로서, ES 05703.1a(총대장균군 – 시험관법)에서의 먹는물에 대한 추정시험은 2배 농후의 락토스배지 또는 라우릴트립토스 배지가 10 mL씩 들어 있는 중시험관(다람(Durham)시험관이 들어있는 시험관) 10개에 시료 10 mL씩을 접종하여 35.0 ℃ ± 0.5 ℃에서 (24 ± 2)시간 배양하며, 샘물, 먹는샘물, 먹는해양심층수, 염지하수 및 먹는염지하수에 대한 시험은 3배 농후의 락토스 배지 또는 라우릴 트립토스 배지가 25 mL씩 들어 있는 시험관(다람시험관이 들어 있는 시험관) 5개에 시료 50 mL씩을 접종하여 35.0 ℃ ± 0.5 ℃에서 (24 ± 2)시간 배양한다.

배양 (24 ± 2)시간 경과 후 어느 시험관에서도 기체가 발생하지 않으면 동일한 조건으로 (48 ± 3)시간까지 배양하여 여전히 기체발생이 없을 때에는 추정시험 음성으로 판정하고, 하나 이상의 시험관에서 기체발생이 관찰되었을 때에는 확정시험을 실시한다.

확정시험으로서, 추정시험에서 기체가 발생하였을 때에는 기체가 발생한 모든 시험관으로부터 배양액을 1백금이씩 취하여 확정시험용 배지가 10 mL씩 들어 있는 시험관(다람시험관이 들어있는 시험관)에 각각 접종시켜 35.0 ℃ ± 0.5 ℃에서 (48 ± 3)시간 이내 배양한다.

이때 기체가 발생하지 않으면 총대장균군 확정시험을 음성으로 판정하고 기체발생이 관찰되었을 때에는 양성으로 판정한다.

3-5. 규정된 배지 사용 여부

3-5-1. 시판용 배지 및 배지 조제에 필요한 시약을 보유하고 있는가?

해설

ES 05703.1a(총대장균군 - 시험관법), ES 05709.1b(살모넬라 - 시험관법), ES 05710.1b(쉬겔라 - 시험관법), ES 05711.1b(여시니아균 - 막여과법) 등의 '4.0 시약 및 표준용액'에 규정된 배지를 사용하는지 확인한다.

3-6. API kit의 구비

해설

ES 05709.1b(살모넬라 - 시험관법), ES 05710.1b(쉬겔라 - 시험관법), ES 05711.1b(여시니아균 - 막여과법)를 적용하는 경우, 장내 그람음성간균의 동정을 위한 API 20E 키트 또는 VITEK과 같은 세균동정기를 구비하고 있어야 한다.

3-7. 집락판정 방법의 숙지 여부

해설

ES 05703.1a(총대장균군 - 시험관법), ES 05709.1b(살모넬라 - 시험관법), ES 05710.1b(쉬겔라 - 시험관법), ES 05711.1b(여시니아균 - 막여과법) 등의 '7.0 분석절차'에 규정된 바에 따라 집락을 판정할 수 있어야 한다.

3-8. 음성대조군의 시험 여부

해설

ES 05703.1a(총대장균군 - 시험관법), ES 05709.1b(살모넬라 - 시험관법), ES 05710.1b(쉬겔라 - 시험관법), ES 05711.1b(여시니아균 막여과법) 등의 '7.0 분석절차'에 규정된 바에 따라 모든 시험은 음성대조군 시험을 동시에 실시하여 음성대조군 시험결과는 음성으로 나왔을 경우에만 유효한 결과값으로 판정한다.

시험결과의 계산

4-1. 각 시험방목별 양성결과 현상의 숙지

해설

ES 05703.1a(총대장균군 – 시험관법)에 따른 확정시험에서 35.0 ℃ ± 0.5 ℃에서 (48 ± 3)시간 이내로 배양한 후, 기체가 발생하지 않으면 총대장균군 확정시험 음성으로 판정하고 기체발생이 관찰되었을 때에는 총대장균군 양성으로 판정한다.
ES 05709.1b(살모넬라 – 시험관법)에 따른 추정시험에서 추정시험용 배지에 획선 접종하고 35 ℃에서 24시간 배양 후 집락을 관찰한 후 다시 48시간 배양 후 재 관찰하여 가장자리에 하얀 테를 두른 검고 반짝이는 집락을 살모넬라 양성으로 추정한다,
ES 05710.1b(쉬겔라 – 시험관법)에 따른 추정시험에서 증균배지가 들어 있는 시험관에 시료를 접종하고 7 ℃에서 18시간 ~ 24시간 배양하고 다시 백금이를 이용하여 추정시험용 배지에 획선 접종 후 35 ℃에서 24시간 배양하여 붉은색 집락이 형성되면 쉬겔라 양성으로 추정한다.
기타 내용은 해당 시험방법을 참조하라.

4-2. API kit의 결과 판독 여부

해설

ES 05709.1b(살모넬라 – 시험관법), ES 05710.1b(쉬겔라 – 시험관법), ES 05711.1b(여시니아균 – 막여과법)를 적용하는 경우, 장내 그람음성간균의 동정을 위한 API 20E 키트 또는 VITEK과 같은 세균동정기를 사용하여 정상적으로 집락 판독을 할 수 있어야 한다.

4-3. 그람염색 실험을 위한 시약 및 장비의 보유

해설

ES 05709.1b(살모넬라 – 시험관법), ES 05710.1b(쉬겔라 – 시험관법), ES 05711.1b(여시니아균 – 막여과법)를 적용하는 경우, 장내 그람음성간균의 동정을 위한 API 20E 키트 또는 VITEK과 같은 세균동정기를 통하여 정상적으로 동정할 수 있어야 한다.

4-4. 결과표현의 적절성

해설

시험결과의 표기는 ES 05003.b(먹는물 수질기준의 표시한계 및 결과표시)에 따른다.
예로서, ES 05703.1a(총대장균군 – 시험관법)에 따르면 먹는물에 대한 시험결과는 총대장균군이 검출되지 않은 경우는 '불검출 / 100 mL'로, 검출된 경우는 '검출 / 100 mL'로 표기하고, 샘물, 먹는샘물, 먹는해양심층수, 염지하수 및 먹는염지하수에 대한 시험결과는 총대장균군이 검출되지 않은 경우는 '불검출 / 250 mL'로, 검출된 경우는 '검출 / 250 mL'로 표기한다.

ES 05709.1b(살모넬라 – 시험관법)에 따르면 살모넬라균이 검출되지 않은 경우는 '불검출 / 250 mL'로, 검출된 경우는 '검출 / 250 mL'로 표기한다.

마. 먹는물－5(유기물질: 파라티온, 벤젠 등)

전처리

1－1. 전처리에 필요한 물품 및 시약의 보유

1－1－1. 항목에 맞는 장치를 보유하고 있는가?

1－1－2. 전처리에 필요한 시약을 보유하고 있는가?

해설

각 항목별 시험방법의 '7.1 전처리'를 참조하라.
예로서, ES 05502.1a(카바릴 – 고성능액체크로마토그래피)에 따라 카바릴을 측정하는 경우에는 전처리를 위하여 분별깔때기와 농축기가 필요하며, ES 05501.1a(유기인계 농약 – 기체크로마토그래프 – 질량분석법)에 따라 유기인계 농약을 측정하는 경우에는 분별깔때기, 구데르나 다니쉬 농축기 등이 필요하다.

1－2. 전처리의 적합성

1－2－1. 시료 보존 기간 내에 분석을 하는가?

1－2－2. 전처리 유리기구의 세척상태는 적절하며, 다른 시험분야 전처리 유리기구와 분리하여 사용하는가?

해설

시료를 보존기간 내에 분석하는지에 대해서는 ES 05130.b(시료채취와 보존)에 따라 관리되는지 확인한다.
즉, 농약 시료는 미리 질산 및 정제수로 씻은 유리병에 시료를 채취하여 신속히 시험한다. 다만, 불소는 폴리에틸렌병에 채취하여 1주일 이내에 시험하고, 페놀은 4시간 이내에 시험하지 못할 때에는 시료 1 L에 대하여 황산동・5수화물 1 g과 인산을 넣어 pH를 약 4로 하고, 어두운 곳에 보존하여 24시간 이내에 시험하며 잔류염소를 함유한 때에는 이산화비소산소듐용액을 넣어 잔류염소를 제거한다.
또한 가능한 한 다른 항목을 분석하기 위한 전처리 기구와는 구분하여 사용하도록 하고 충분히 세척하여 잔류된 물질이 시험에 방해작용을 하지 않도록 한다.
참고로, 전처리 과정에서 간섭물질의 방해를 억제하는지 확인하고자 하는 경우, ES 05501.1a(유기인계 농약 – 기체크로마토그래프 – 질량분석법)에 따른 유기인계 농약 측정과 ES 05502.1a(카바릴 – 고성능액체크로마토그래피)에 따른 카바릴 측정에서는 추출 용매 안에 함유하고 있는 불순물이 분석을 방해할 수 있으므로, 바탕시료나 시약바탕시료를 분석하여 확인할 수 있다. 방해물질이 존재하면 용매를 증류하거나 컬럼 크로마토그래프를 이용하여 제거하며, 고순도의 시약이나 용매를 사용하면 방해물질을 최소화할 수 있다. ES 05601.1b(휘발성유기화합물 – 퍼지・트랩 – 기체크로마토그래프 – 질량분석법)에 따라 휘발성유기화합물 측정을 하는 경우, 높은 농도의 시료와 낮은 농도의 시료를 연속하여 분석할 때에는 오염이 될 수 있으므로 시료 분석 사이에 바탕시료를 분석하여 점검하여야 하며, 많은 양의 수용성물질, 부유물질, 고비점 또는 휘발성물질을 함유하는 시료를 분석한 후에는 퍼지(purge) 장치들을 세척한 후 105 ℃ 오븐 안에서 건조시켜 사용하는 것이 좋다.

(기기) 분석

2-1. 필요한 분석 장비 또는 기기 및 물품 보유의 적합성

2-1-1. 필요한 분석장비를 보유하고 있는가?

2-1-2. 필요한 분석장비는 정상 가동되는가?

해설

각 항목별 시험방법의 '3.0 분석기기 및 기구'를 참조하라.
ES 05501.1a(유기인계 농약 – 기체크로마토그래프 – 질량분석법), ES 05502.1a(카바릴 – 고성능액체크로마토그래피), ES 05601.1b(휘발성유기화합물 – 퍼지·트랩 – 기체크로마토그래프 – 질량분석법)에 따른 적절한 장비를 갖추고 있으며 정상적으로 작동하고 있는지 확인하여야 한다.

2-2. 분석 시 기기의 안정성 확인

2-2-1. 측정 전 분석기기는 충분히 안정화(warming-up)하는가?

2-2-2. 주기적인 튜닝(GC/MS)을 하고 있는가?

해설

분석기기 램프의 세기가 안정화될 때까지 전원을 켠 후 30분 이상 둔다. 자동전압조정기(AVR)를 사용하면 램프의 안정화에 도움이 된다.
분석기기에 전원을 넣은 후 충분한 시간이 경과하면 분석하고자 하는 물질이 들어 있지 않은 시료(예, 정제수)로 분석을 하여 바탕선에 노이즈가 생기지 않는지를 확인한다.
분석기기 운용 프로그램에 따라 튜닝이 가능한 경우는 주기적으로 튜닝하고 그 결과를 보관하고 있는지를 확인한다. 즉, scan peak 수와 상태(peak tailing 유무), EM Volts 값, Abundance, Repeller, Iso ratio, N2 peak 등에 대한 기록 해석으로부터 기기의 정상유무를 판단하는 장비관리 능력 보유 여부를 확인한다.

2-3. 분석조건의 적절성

2-3-1. 항목별로 적절한 GC 컬럼을 보유하고 있는가?

2-3-2. 운반가스의 순도(99.999 %)는 적절한가?

2-3-2. 방해물질과 목적 성분이 완전히 분리되는가?

2-3-3. 바탕시료를 분석하였는가?

해설

각 항목별 시험방법의 '3.0 분석기기 및 기구'를 참조하라.
예로서, ES 05601.1b(휘발성유기화합물 - 퍼지·트랩 - 기체크로마토그래프 - 질량분석법)에 사용하는 GC 컬럼은 안지름 0.20 mm ~ 0.35 mm, 필름두께 0.2 μm ~ 0.50 μm, 길이 15 m ~ 60 m의 cross-linked methylsilicon(DB-1, HP-1 등) 또는 cross-linked 5 % phenylmethylsilicon(DB-5, HP-5 등) 등의 모세관이나 동등한 분리성능을 가진 모세관으로 대상 분석 물질의 분리가 양호한 것을 택하여 시험한다. 운반기체는 부피백분율 99.999 % 이상의 헬륨 또는 질소로서 유량은 0.5 mL / min ~ 4 mL / min, 시료도입부 온도는 120 ℃ ~ 250 ℃, 컬럼 온도는 30 ℃ ~ 250 ℃로 사용한다.

2-4. 검정곡선의 적절성 및 직선성(R^2)

2-4-1. 검정곡선 작성에 사용된 표준용액은 적합한 표준물질을 사용하여 제조하고 있는가?

2-4-2. 분석 시마다 검정곡선을 새롭게 작성하고 있는가?

2-4-3. 대량의 시료 분석 시 시료 20개당 검정곡선의 중간값에 해당되는 표준용액의 농도를 측정하고 측정된 농도값과 표준용액의 농도값 간의 차이가 25 %(VOCs) 이내인가를 확인하고 있는가?

2-4-4. 2-4-3을 확인한 결과 벗어난 경우 검정곡선을 재작성하고 있는가?

해설

각 시험방법별 표준물질 또는 표준용액은 각 시험방법별 '4.0 시약 및 표준용액'을 참조하여 표준물질관리대장 등을 통해 그 보유 여부를 확인한다.
검정곡선(calibration curve)은 지시값과 이에 해당하는 측정값 사이의 관계를 나타내는 표현으로 반드시 시료의 분석 시마다 새로 작성하여야 하며 부득이 이를 수행하지 못할 경우 해당 시험법의 설명을 따른다.
검정곡선의 작성 및 검증은 ES 05001.a(정도보증 / 정도관리)에 따른다. 정량범위 내의 5개의 농도에 대해 검정곡선을 작성하고 얻어진 검정곡선의 결정계수(R^2)가 0.98 이상 또는 감응계수(RF)의 상대표준편차가 25 % 이내(ES 05501.1a(유기인계 농약 - 기체크로마토그래프 - 질량분석법), ES 05601.1b(휘발성유기화합물 - 퍼지·트랩 - 기체크로마토그래프 - 질량분석법)), 결정계수(R^2)가 0.98 이상 또는 감응계수(RF)의 상대표준편차가 20 % 이내(ES 05502.1a(카바릴 - 고성능액체크로마토그래피))이어야 하며 결정계수나 감응계수의 상대표준편차가 허용범위를 벗어나면 재작성한다.
검정곡선의 작성 및 검증에 관한 구체적인 내용은 각 시험방법의 '검정곡선의 작성 및 검증'을 참조하라.

2-5. 시료 희석배율 또는 농축의 적절성

해설

원시료의 농도가 너무 높은 경우 정제수 등으로 희석하고, 휘발성유기화합물의 경우, 중복으로 채취하여 보관한 다른 시료를 정제수로 희석하여 시험한다.

2-6. 바탕시험의 수행 여부

해설

시험하고자 하는 물질이 들어 있지 않은 용매 또는 증류수를 사용하여 바탕시험을 한다.

2-7. 검출한계 및 정밀도/정확도 측정

2-7-1. 검출한계 및 정밀도/정확도는 측정하는가?

해설

각 시험방법별 검출한계와 정밀도 및 정확도의 측정은 '6.0 정도보증/정도관리'를 참조하되 연 1회 이상 측정하는 것이 원칙이다.
각 시험방법에 따른 정량한계, 정밀도 및 정확도 등은 아래와 같다.

◘ ES 05501.1a(유기인계 농약 - 기체크로마토그래프 - 질량분석법)

정도관리 항목	정도관리 목표
정량한계	0.0005 mg/L
검정곡선	결정계수(R^2) ≥ 0.98 또는 감응계수(RF)의 상대표준편차 ≤ 25 %
정밀도	상대표준편차가 ± 25 % 이내[주1)]
정확도	75 % ~ 125 %
현장이중시료	상대편차백분율이 ± 25 % 이내[주1)]

◘ ES 05502.1a(카바릴 - 고성능액체크로마토그래피)

정도관리 항목	정도관리 목표
정량한계	0.005 mg/L
검정곡선	결정계수(R^2) ≥ 0.98 또는 감응계수(RF)의 상대표준편차 ≤ 20 %
정밀도	상대표준편차가 ± 25 % 이내[주1)]
정확도	75 % ~ 125 %
현장이중시료	상대편차백분율이 ± 25 % 이내[주1)]

◘ ES 05601.1b(휘발성유기화합물 – 퍼지 · 트랩 – 기체크로마토그래프 – 질량분석법)

정도관리 항목	정도관리 목표
정량한계	0.005 mg / L
검정곡선	결정계수(R^2) ≥ 0.98 또는 감응계수(RF)의 상대표준편차 ≤ 20 %
정밀도	상대표준편차가 ± 25 % 이내[주1)]
정확도	75 % ~ 125 %
현장이중시료	상대편차백분율이 ± 25 % 이내[주1)]

[주1)] 정밀도에 대해서는 먹는물−2(금속류: Cu, Pb, Hg, As, Mn 등) '2−7−1. 검출한계 및 정밀도 / 정확도를 측정하고 있는가?'항의 해설을 참조하라.

시험결과의 계산

3 − 1. 시험결과 계산과정(계산식)의 정확성

3 − 2. 바탕시험 값의 보정

3 − 3. 결과표기의 적절성

해설

시험결과의 계산식은 각 시험방법별로 '8.0 결과보고'를 참조하라.
시험결과의 표기는 ES 05003.b(먹는물 수질기준의 표시한계 및 결과표시)에 따른다.

성 분 명	수질기준	시험결과 표시한계	시험결과 표시자리수
벤젠	0.01 mg / L 이하	0.001 mg / L	0.000
톨루엔	0.7 mg / L 이하	0.001 mg / L	0.000
에틸벤젠	0.3 mg / L 이하	0.001 mg / L	0.000
크실렌	0.5 mg / L 이하	0.001 mg / L	0.000
1,1 − 다이클로로에틸렌	0.03 mg / L 이하	0.001 mg / L	0.000
사염화탄소	0.002 mg / L 이하	0.001 mg / L	0.000
다이아지논	0.02 mg / L 이하	0.0005 mg / L	0.0000
파라티온	0.06 mg / L 이하	0.0005 mg / L	0.0000
페니트로티온	0.04 mg / L 이하	0.0005 mg / L	0.0000
카바릴	0.07 mg / L 이하	0.005 mg / L	0.000

바. 먹는물－6(소독부산물: 클로로폼, 폼알데하이드 등)

전처리

1－1. 전처리에 필요한 물품 및 시약의 보유

1－1－1. 항목에 맞는 전처리 장치를 보유하고 있는가?

1－1－2. 전처리에 필요한 시약을 보유하고 있는가?

해설

각 항목별 시험방법의 '7.1 전처리'를 참조하라.
예로서, ES 05553.1(폼알데하이드 － 고성능액체크로마토그래피)를 적용하는 경우, 삼각플라스크, 가열판, 고상카트리지 등이 필요하며 시약으로는 2,4－ 다이나이트로페닐하이드라진 용액, 염화소듐 포화용액, 시트르산 완충희석용액 등이 필요하므로 이들의 보유 여부를 확인한다.
클로로폼에 대한 내용은 '마. 먹는물－5' 중 ES 05601.1b(휘발성유기화합물 － 퍼지・트랩 － 기체크로마토그래프 － 질량분석법)에 대한 내용이나 ES 05601.2b(휘발성유기화합물 － 퍼지・트랩 － 기체크로마토그래피), ES 05601.3b(휘발성유기화합물 － 헤드스페이스 － 기체크로마토그래프), ES 05601.4b(휘발성유기화합물 － 마이크로용매추출 기체크로마토그래프 － 질량분석법)을 참조하라.

1－2. 전처리의 적합성

1－2－1. 시료 보존 기간 내에 분석을 하는가?

1－2－2. 시료용기를 개봉한 후, 적정하게 시료를 취급하는가?

1－2－3. 전처리 유리기구의 세척상태는 적절하며, 다른 시험분야 전처리 유리기구와 분리하여 사용하는가?

해설

시료를 보존기간 내에 분석하는지에 대해서는 ES 05130.b(시료채취와 보존)에 따라 관리되는지 확인한다.
즉, 트라이할로메테인 및 휘발성유기화합물 시험용 시료는 미리 정제수로 잘 씻은 유리병에 기포가 생기지 않도록 조용히 채취하고 pH가 약 2가 되도록 인산(1+10)을 시료 10 mL당 1방울을 넣고 물을 추가하여 꽉 채운 후 밀봉한다.
잔류염소가 함유되어 있는 경우에는 이산화비소산소듐 용액을 넣어 잔류염소를 제거한다.
클로로폼에 대한 내용은 '마. 먹는물－5' 중 ES 05601.1b(휘발성유기화합물 － 퍼지・트랩 － 기체크로마토그래프 － 질량분석법)에 대한 내용이나 ES 05601.2b(휘발성유기화합물 － 퍼지・트랩 － 기체크로마토그래피)부터 ES 05601.4b(휘발성유기화합물 － 마이크로용매추출 기체크로마토그래프 － 질량분석법)를 참조하라.

(기기) 분석

2－1. 필요한 분석 장비 또는 기기 및 물품 보유의 적합성

해설

각 항목별 시험방법의 '3.0 분석기기 및 기구'를 참조하라.
ES 05553.1(폼알데하이드 – 고성능액체크로마토그래피), ES 05601.1b(휘발성유기화합물 – 퍼지·트랩 – 기체크로마토그래프 – 질량분석법)부터 ES 05601.4b(휘발성유기화합물 – 마이크로용매추출 기체크로마토그래프 – 질량분석법)를 적용할 때 필요한 장비 및 물품을 정상적으로 보유하고 있는지 확인한다.

2-2. 분석 시 기기의 안정성 확인

2-2-1. 측정 전 분석기기는 충분히 안정화(warming-up)하는가?

해설

분석기기 램프의 세기가 안정화될 때까지 전원을 켠 후 30분 이상 둔다. 자동전압조정기(AVR)를 사용하면 램프의 안정화에 도움이 된다.
분석기기에 전원을 넣은 후 충분한 시간이 경과하면 분석하고자 하는 물질이 들어 있지 않은 시료(예, 정제수)로 분석을 하여 바탕선에 노이즈가 생기지 않는지를 확인한다.

2-3. 분석조건의 적절성

2-3-1. 항목에 따라 적합한 분석 컬럼을 사용하는가?

2-3-2. 운반가스의 순도(99.999%)는 적절한가?

2-3-3. 방해물질과 목적 성분이 완전히 분리되는가?

2-3-4. 방법 바탕시료(클로로폼의 경우는 반드시)를 분석하였는가?

해설

ES 05553.1(폼알데하이드 – 고성능액체크로마토그래피)를 적용하는 경우, 컬럼은 안지름 2 mm ~ 5 mm, 길이 15 cm ~ 25 cm의 스테인리스 강관에 옥타데실실릴기(ODS)를 화학결합시킨 실리카겔(입경 3 μm ~ 10 μm)을 충전한 것 또는 이와 동등의 분리능을 갖는 것을 택하여야 하며, 이동상은 아세토나이트릴과 정제수를 50: 50으로 하여 1.0 mL / min의 유속을 유지하여야 한다.
시약이나 추출용매에 함유되어 있는 불순물이 분석을 방해할 수 있으므로 바탕시료나 시약바탕시료를 분석하여 확인하여야 하며, 고순도의 시약이나 용매를 사용하면 방해물질의 영향을 최소화할 수 있다.
클로로폼에 대한 내용은 '마. 먹는물-5' 중 ES 05601.1b(휘발성유기화합물 – 퍼지·트랩 – 기체크로마토그래프 – 질량분석법)에 대한 내용이나 ES 05601.2b(휘발성유기화합물 – 퍼지·트랩 – 기체크로마토그래피)부터 ES 05601.4b(휘발성유기화합물 – 마이크로용매추출 기체크로마토그래프 – 질량분석법)를 참조하라.

2-4. 검정곡선의 적절성 및 직선성(R^2)

2-4-1. 검정곡선 작성에 사용된 표준용액은 적합한 표준물질을 사용하여 제조하고 있는가?

2-4-2. 분석 시마다 검정곡선을 새롭게 작성하고 있는가?

2-4-3. 대량의 시료 분석 시 시료 20개당 검정곡선의 중간값에 해당되는 표준용액의 농도를 측정하고 측정된 농도값과 표준용액의 농도값 간의 차이가 25 %(클로로폼) 또는 20 %(폼알데하이드) 이내인가를 확인하고 있는가?

2-4-4. 2-4-3을 확인한 결과, 그 범위를 벗어난 경우 검정곡선을 재작성하고 있는가?

해설

ES 05553.1(폼알데하이드 – 고성능액체크로마토그래피)에서는 정량범위(0.02 mg/L ~ 0.50 mg/L) 내의 5개 농도에 대해 검정곡선을 작성하고 얻어진 검정곡선의 결정계수(R^2)가 0.98 이상 또는 감응계수(RF)의 상대표준편차가 20 % 이내여야 하며 결정계수나 감응계수의 상대표준편차가 허용범위를 벗어나면 재작성하여야 한다.
클로로폼에 대한 내용은 '마. 먹는물-5' 중 ES 05601.1b(휘발성유기화합물 – 퍼지·트랩 – 기체크로마토그래프 – 질량분석법)에 대한 내용이나 ES 05601.2b(휘발성유기화합물 – 퍼지·트랩 – 기체크로마토그래피)부터 ES 05601.4b(휘발성유기화합물 – 마이크로용매추출 기체크로마토그래프 – 질량분석법)를 참조하라.

2-5. 시료 희석배율 또는 농축의 적절성

해설

원시료의 농도가 너무 높은 경우 정제수 등으로 희석하고, 휘발성유기화합물의 경우, 중복으로 채취하여 보관한 다른 시료를 정제수로 희석하여 시험한다.

2-6. 바탕시험의 수행 여부

해설

시험하고자 하는 물질이 들어 있지 않은 용매 또는 증류수를 사용하여 바탕시험을 한다.

2-7. 검출한계 및 정밀도/정확도 측정

2-7-1. 검출한계 및 정밀도/정확도는 측정하는가?

해설

각 시험방법별 검출한계와 정밀도 및 정확도의 측정은 '6.0 정도보증/정도관리'를 참조하되 연 1회 이상 측정하는 것이 원칙이다.

각 시험방법에 따른 정량한계, 정밀도 및 정확도 등은 아래와 같다.

〈ES 05553.1(폼알데하이드 – 고성능액체크로마토그래피)〉

정도관리 항목	정도관리 목표
정량한계	0.02 mg / L
검정곡선	결정계수(R^2) ≥ 0.98 또는 감응계수(RF)의 상대표준편차 ≤ 25 %
정밀도	상대표준편차가 ± 25 % 이내[주1)]
정확도	75 % ~ 125 %
현장이중시료	상대편차백분율이 ± 25 % 이내[주1)]

[주1)] 정밀도에 대해서는 먹는물－2(금속류: Cu, Pb, Hg, As, Mn 등) '2－7－1. 검출한계 및 정밀도 / 정확도를 측정하고 있는가?'항의 해설을 참조하라.

시험결과의 계산

3－1. 시험결과 계산과정(계산식)의 정확성

3－2. 바탕시험 값의 보정

3－3. 결과표기의 적절성

해설

시험결과의 계산식은 각 시험방법별로 '8.0 결과보고'를 참조하라.

시험결과의 표기는 ES 05003.b(먹는물 수질기준의 표시한계 및 결과표시)에 따른다.

성분명	수질기준	시험결과 표시한계	시험결과 표시자리수
총트라이할로메테인	0.1 mg / L 이하	0.001 mg / L	0.000
클로로포름	0.08 mg / L 이하	0.001 mg / L	0.000
클로랄하이드레이트	0.03 mg / L 이하	0.0005 mg / L	0.0000
다이브로모아세토나이트릴	0.1 mg / L 이하	0.0005 mg / L	0.0000
다이클로로아세토나이트릴	0.09 mg / L 이하	0.0005 mg / L	0.0000
트라이클로로아세토나이트릴	0.004 mg / L 이하	0.0005 mg / L	0.0000
할로아세틱에시드	0.1 mg / L 이하	0.001 mg / L	0.000
폼알데하이드	0.5 mg / L 이하	0.02 mg / L	0.00

4 폐기물 분야

가. 폐기물－1(공통사항: 시료채취, 기록 및 환경관리 등)

시료채취

1－1. 폐기물 시료의 대표성을 확보할 수 있는 일반적인 시료채취 방법을 숙지하고 있는가?

1－2. 폐기물 성상에 따른 시료채취방법을 숙지하고 있는가?

1－3. 채취도구(녹이 나거나 침식되는 재질 사용불가) 및 시료용기는 적절한가?(용기로는 무색경질의 유리병, 폴리에틸렌병 또는 폴리에틸렌백이 사용 가능하지만, 노말헥산 추출물질, 유기인, 폴리클로리네이티드비페닐(PCBs) 및 휘발성 저급 염소화 탄화수소류는 갈색 경질 유리병을 사용)

1－4. 시료채취 기록은 적절한가?

1－5. 채취된 시료의 보존·운송은 적절한가?

해설

ES 06130.c(시료의 채취)에 따르면 시료의 채취는 일반적으로 폐기물이 생성되는 단위공정별로 구분하여 채취하여야 한다. 시료 채취도구는 채취 과정 또는 보관 중에 침식되거나 녹이 나는 재질의 것을 사용해서는 안 된다. 시료 용기는 무색 경질의 유리병, 폴리에틸렌병 또는 폴리에틸렌백을 사용하며, 노말헥산 추출물질, 유기인, PCBs 및 휘발성 저급 염소화 탄화수소류 시험을 위해서는 갈색 경질 유리병을 사용하여야 한다.

시료를 채취하기 전에 폐기물을 잘 혼합하여야 하며 이것이 불가능할 경우에는 전체의 성질을 대표할 수 있도록 서로 다른 곳에서 채취하여야 한다. 다만, 서로 다른 종류의 폐기물이 혼재되어 있다고 판단될 때에는 혼재된 폐기물의 성분별로 각각에 대해 시료를 채취할 수 있다.

고상혼합물의 경우는 적당한 채취도구를 사용하며 한 번에 일정량씩을 채취하여야 한다. 액상혼합물의 경우는 원칙적으로 최종지점의 낙하구에서 흐르는 도중에 채취하며, 용기에 들어 있을 때에는 잘 혼합하여 균일한 상태에서 채취한다. 콘크리트 고형화물의 경우는 소형일 때는 고상혼합물의 경우에 따르고 대형의 고형화물로써 분쇄가 어려울 경우에는 임의의 5개소에서 채취하여 각각 파쇄하여 100 g씩 균등하게 혼합하여 채취한다.

시료의 수는 다음 표에 따른다. 다만, 폐기물의 생성 또는 처리되는 공정이 적정하게 관리되고 있으며 성상이 일정한 경우에는 표의 내용과 상관없이 임의의 시료를 채취할 수 있다. 같은 종류의 폐기물이 계속 배출되는 경우에는 집적되어 있는 폐기물의 양에 관계없이 표에 따라 당일 배출분에서 시료를 채취할 수 있다.

◘ 대상폐기물의 양과 시료의 최소 수

대상폐기물의 양(단위: ton)			시료의 최소 수
	~	1 미만	6
1 이상	~	5 미만	10
5 이상	~	30 미만	14
30 이상	~	100 미만	20
100 이상	~	500 미만	30
500 이상	~	1,000 미만	36
1,000 이상	~	5,000 미만	50
5,000 이상	~		60

※ 폐기물 소각시설의 소각재 시료채취 및 기타 시료채취에 대해서는 ES 06130.c(시료의 채취)를 참조하라.

시료채취지점은 세밀하게 기록하되, 각 공정에서 시료를 채취한 경우는 각 공정의 어느 부분에서 채취하였는지를 기록한다.
채취된 시료는 수분, 유기물 등 함유 성분의 변화가 최소화되도록 0 ℃ ~ 4 ℃의 어두운 곳에 보관하여야 하며, 가급적 빠른 시간 내에 분석하여야 한다.

또한 「환경분야 시험·검사 업무처리규정」(환경부 고시 제2016-166호)에 따라 다음 사항을 준수하고 있는지 확인한다.

- 시료채취자는 시료채취기록부를 작성하여야 한다.
- 타 부서(기관)에서 시료를 채취하여 시험·검사를 의뢰하는 경우에는 시료와 함께 시료채취기록부 사본을 제출하여야 한다.
- 시험·검사기관은 민간인 등이 시료를 채취하여 의뢰하는 경우에는 시료채취 방법, 용기, 보존·운반 방법 등이 환경오염공정시험기준에 적합하도록 시험·검사기관의 홈페이지 등에 공지하여야 하며, 시험·검사에 필요한 사항을 시료채취기록부 서식에 작성하여 제출하도록 할 수 있다.
- 시험·검사기관은 민간인 등이 시료를 채취하여 의뢰한 경우에는 시험·검사 성적서에 참고자료임을 명시하여 발급·통보하여야 한다.

기록관리

2-1. 시료채취에 대한 기록 및 관리는 적절한가?

2-2. 측정결과에 대한 원자료의 기록 및 관리는 적절한가?

2-3. 성적서의 기록 및 관리는 적절하게 이루어지고 있는가?

2-4. 모든 기록에 대한 접근이 용이하게 이루어질 수 있는가?

2-5. 모든 기록의 수정·변경에 대한 적절한 보안 조치를 실시하고 있는가?

해설

시험결과에 대한 근거자료로 사용되는 시료채취기록부와 기기분석의 원자료 등을 명확히 보관하고 있어야 하며, 이들 자료가 훼손되지 않도록 관리하여야 한다.
시료채취기록부와 시험기록부 및 시험성적서 등은 담당자와 기술책임자의 서명이 있어야 유효하며, 시험성적서는 시험성적서 발송대장에 기록을 남긴 후 고객에게 송부되어야 한다.
생산된 모든 자료는 담당자뿐만 아니라 제3자도 쉽게 찾아볼 수 있도록 파일링하는 것이 좋으며, 가능한 한 성적서와 함께 모든 근거자료를 함께 파일링하는 것을 권장한다.
그 외 모든 기록에 대한 수정, 변경 및 접근에 대한 내용은 3장 '2.9 기록관리'의 해설을 참조하라.

분석환경의 적절성

3-1. 항온 · 항습기는 정상적으로 가동되는가?

3-2. 기기실 및 전처리실에 온도계와 습도계 설치되었는가?

3-3. 기기실 및 전처리실은 적정 온도, 습도가 유지되는가?

3-4. 실험자의 안전을 위한 보호안경은 구비되었는가?

해설

실험실에 대한 환경조건은 통상적으로 온도와 습도를 말하지만 실제로는 조명, 환기, 전력공급, 진동 등도 포함되어야 하며 이러한 사항은 환경오염공정시험기준에 그 조건이 명시되어 있다.
열악한 분석환경은 분석결과에 영향을 미칠 수 있으므로 환경관리조건을 제시하고 관리하여 그것을 기록으로 남기는 규정을 품질문서에 명시하고 이행하여야 한다.
실험실 특히 기기분석실과 전처리실, 저울실에 대한 적정 온습도 유지는 매우 중요하기 때문에 적정 온습도를 유지하여야 하며 이를 증명하기 위해 주기적으로 온습도를 측정하고 기록하여야 한다. 그러나 적정 온습도 유지를 위해 반드시 항온항습기를 설치할 필요는 없다. 해당 항목별 시험방법에 특별히 규정하여 그 온습도를 유지하도록 하지 않았다면 일반적인 개념을 적용하여 온습도를 유지하면 되며, 온습도의 유지를 위해 온냉풍기 등을 사용하여도 무방하다.
'환경실험실 운영관리 및 안전'(국립환경과학원, 2015)에 의하면 저울실은 시약의 변질을 방지하기 위해 온도는 18 ℃ ~ 20 ℃, 상대습도는 40 % ~ 60 %를 유지하고, 이화학실험실은 실내온도 18 ℃ ~ 28 ℃, 상대습도는 40 % ~ 60 %, 기기분석실은 실내온도 18 ℃ ~ 28 ℃로 유지하는 것이 바람직하다고 서술되어 있다.

분석장비의 교정

4-1. 교정 대상 장비의 교정 성적서를 보유하고 있는가?

4-2. 정확한 부피측정 유리기구는 A등급을 사용하고 있는가?

해설

시료채취장비를 포함한 모든 장비는 적용하고자 하는 시험방법을 정상적으로 수행할 수 있어야 하며, 자체적으로 보유하고 있는 장비뿐만 아니라 빌려 쓰는 장비와 계약에 의해 공동으로 사용하는 장비도 주기적으로 그 성능이 확인되어야 한다.
새롭게 구입하는 장비를 비롯하여 모든 장비는 사용하기 전에 시험기관이 요구하는 사양을 만족하여야 하며 이를 확인하기 위해 교정을 하거나 점검을 하여야 하고, 그 결과를 기록으로 남기되 필요한 경우 라벨링하여 장비에 부착한다.
「환경분야 시험 · 검사 등에 관한 법률 시행규칙」 제2조에 명시된 측정기는 「환경분야 시험 · 검사 등에 관한 법률」 제11조에 따라 주기적으로 정도검사를 받아야 하며, 그 외 일반적인 분석장비는 「국가교정기관 지정제도 운영요령」 제40조에 따라 주기적으로 교정을 하여야 한다.
교정에는 자체교정과 외부 전문기관에 의한 교정이 있으므로 어떠한 방법을 적용하든 주기적으로 교정하고 그 결과를 기록 및 보관하고 있어야 한다.
분석기기뿐만 아니라 유리기구도 분석결과에 부정적인 영향을 미칠 수 있으므로 시험기관의 품질목표에 맞는 기준을 정하여 교정하여야 한다.

ICP등의 정밀기기는 기술표준원의 「국가 교정기관 지정제도 운영세칙」에 교정 주기가 제시되지 않으므로 자체적인 교정계획에 따라 교정하든지 아니면 전문기술자를 통하여 정밀도 확인을 할 필요가 있다. 그 외 저울, 온도조절기 등의 기기와 피펫, 뷰렛 등의 부피 측정용 유리기구는 교정을 받고 교정성적서를 보유하고 있어야 한다. 내부적인 기준으로 교정을 한 경우에도 교정기록을 남겨두어야 한다.

참고로, 「국가교정기관 지정제도 운영요령」 제41조제1항에 "...측정기를 보유 또는 사용하는 자는 주기적으로 해당 측정기를 교정하여야 하며, 이를 위하여 합리적이고 적정한 주기로 수행될 수 있도록 교정대상 및 적용범위를 자체규정으로 정하여 운용할 수 있다."고 규정되어 있으므로 자체적으로 교정주기를 설정하여 운영하는 것이 원칙이나 자체적으로 교정주기를 정하지 않는 경우에는 교정기관에 의뢰하여 교정할 수 있다.

특히 부피 측정용 유리기구는 허용오차 범위 내에 있는 제품을 사용하거나 내부교정을 통하여 실험실의 목표를 달성할 수 있는 허용오차를 마련하고 확인함으로써 실험의 정확성을 유지할 필요가 있다. 아래에 호칭 용량별 일반적 허용오차를 소개한다.

◘ 눈금 피펫의 호칭 용량별 허용오차

호칭 용량(mL)	최소눈금단위(mL)	허용오차(mL)	
		A 등급	B 등급
1	0.01	± 0.01	± 0.015
5	0.05	± 0.03	± 0.05
10	0.1	± 0.05	± 0.1

◘ 부피 피펫의 호칭 용량별 허용오차

호칭 용량(mL)	허용오차(mL)	
	A 등급	B 등급
< 5	± 0.015	± 0.03
< 10	± 0.02	± 0.04
< 25	± 0.03	± 0.06

◘ 부피 플라스크의 호칭 용량별 허용오차

호칭 용량(mL)	허용오차(mL)	
	A 등급	B 등급
20	± 0.04	± 0.08
50	± 0.06	± 0.12
100	± 0.1	± 0.2

환기시설의 설치

5-1. 환기시설은 설치되었는가?

5-2. 환기시설이 정상가동되는가?

해설

환기는 수단으로 구분하면 자연적 환기와 기계적 환기로 구분된다. 때문에 환기는 별도의 환기시설을 설치하지 않더라도 자연적 환기를 통하여 실험실 내에 유해물질이 배출되도록 한다면 환기시설을 설치한 것으로 보아야 한다. 그러나 자연적 환기만으로 유해물질의 배출이 원활하지 않아 실험실 내에 시약 냄새가 난다면 기계적으로 환기하여야 하며, 기계적 환기를 하든 하지 않든 간에 실험실 내에서 시약 냄새 등이 난다면 정상적으로 가동되지 않는 것으로 보아야 한다.

'환경실험실 운영관리 및 안전'(국립환경과학원, 2015)에 의하면 이화학실험실은 환기횟수를 10회 / 시간 ~ 15회 / 시간 정도 유지하도록 하고 있다.

저울의 안정성 확인

6 - 1. 저울의 수평조절이 되어 있는가?

6 - 2. 저울 내부에 흡습제는 비치되어 있는가?

6 - 3. 저울의 설치장소는 적절한가?

6 - 4. 저울 내 · 외부는 청결한 상태인가?

해설

저울실은 시약제조 시 표준성 및 정확성을 확보하고 분석오차를 줄이기 위해 실험수행실과 달리 별도의 공간을 확보하도록 하고, 만일 별도의 저울실이 없는 경우 저울을 사용할 공간을 확보하여 주변으로부터의 영향을 최소한으로 줄이는 것이 바람직하다.

저울은 효과적인 측정을 위해서 수평을 유지하고 진동이 없는 곳에 두어야 하며, 저울실의 바닥 역시 내진에 요동하지 않게 설비하는 것이 좋다. 이러한 설비를 갖출 수 없는 경우에는 저울하단부에 저울대를 두고, 주변의 공기흐름을 차단할 수 있는 덮개 등을 이용하는 것이 바람직하다.

저울실은 시약의 변질을 방지하기 위해 적절한 온도 유지(약 18 ℃ ~ 20 ℃)와 건조한 상태(상대습도 40 % ~ 60 %)를 유지해야 한다. 이를 위해 저울 내부공간에 흡습제를 두도록 한다.

저울실에 대한 일반적인 환경조건 및 운용방법은 다음과 같다.

- 이상적인 측정 환경은 실내온도 20 ℃ ± 2 ℃, 상대습도 45 % ~ 60 %이다. 별도의 저울실이 있어 이러한 환경조건을 유지하지 못하는 경우는 각 저울 내부에 습기의 영향을 배제하기 위하여 정상적인 기능을 갖고 있는 흡습제를 비치한다.
- 저울이 설치된 장소는 먼지가 적어야 하며, 저울 내부도 청결하여 이전에 사용하였던 화학물질이 남아 있지 않아야 한다.
- 저울은 진동에 매우 민감하므로 견고한 받침대를 사용해야 하며, 필요시에는 석재와 같은 받침대를 사용하여 평형을 유지한다.
- 에어컨, 환풍기와 같이 진동을 유발하는 장비는 저울 가까이에 설치하지 않는다.
- 직사광선이 닿지 않도록 설치한다.
- 자기를 띠는 기계를 저울 가까운 곳에 설치하지 않도록 한다.
- 저울 발판을 돌려 수평기의 물방울이 수평기 가운데 오도록 설치한다.

- 저울을 사용하기 전에는 반드시 1시간 이상 안정화하여 사용하며, 사용 후 AC 어댑터를 접속한 채로 대기(스텐바이) 상태로 놓아둔다.
- 처음 사용하거나 또는 사용 장소를 이동할 경우 반드시 정밀한 분동을 이용하여 검정하여 사용한다.

정제수의 관리

7-1. 정제수 제조 장치를 보유하고 있는가?

7-2. 정제수 제조장치는 적절하게 관리되고 있는가?

해설

정제수제조장치는 제조사 명세서상의 성능수치를 유지하는지 매일 확인한다. 멤브레인 필터(membrane filter)의 유효 사용기간을 엄격하게 준수하고 교환한다. 제조한 정제수 보관기간이 오래되지 않도록 하고 6개월에 한 번씩 아래 모든 항목에 대해 측정하여 성능을 확인하고 필요한 조치를 한다. 실험실은 정제수 제조장치의 교정 또는 성능확인을 위한 절차와 판정기준에 따라 진행하며 장비관리대장 및 내부교정결과보고서에 기록하여 문서화한다.

시약등급수의 수질기준을 미국 ASTM(american society for testing and materials)에서는 4개 등급으로 구분하고 있는데, 유형 I은 정밀한 분석용이며, 유형 II는 일반 분석실용이므로 이에 대한 아래의 수질이 보장되어야 한다.

	유형 I (Type I)	유형 II (Type II)
전기전도도, 최댓값, μS / cm, 25 ℃	0.056	1.0
전기 저항, 최솟값, MΩ·cm, 25 ℃	18	1.0
25 ℃에서의 pH	–	–
총 유기탄소(TOC), 최댓값, μg / L	50	50
소듐(Na), 최댓값, μg / L	1	5
염화이온, 최댓값, μg / L	1	5
총 실리카, 최댓값, μg / L	3	3

실험실 폐액 처리의 적절성

8.1 실험폐액은 적정하게 처리하는가?

해설

실험실에서 발생하는 폐 유기용제 등은 폐기물관리법에 의한 지정폐기물이므로 이를 보관할 때는 「폐기물관리법 시행규칙」 제14조 별표5 '4. 지정폐기물(의료폐기물은 제외한다)의 기준 및 방법'에 따라 다음과 같이 관리하여야 한다.

- 지정폐기물은 지정폐기물 외의 폐기물과 구분하여 보관
- 폐유기용제는 휘발되지 않도록 밀폐된 용기에 보관
- 지정폐기물 외의 폐기물과 구분하여 보관
- 지정폐기물은 지정폐기물에 의하여 부식되거나 파손되지 않는 재질로 된 보관시설 또는 보관용기를 사용하여 보관

- 지정폐기물 중 폐산 · 폐알칼리 · 폐유 · 폐유기용제 · 폐촉매 · 폐흡착제 · 폐흡수제 · 폐농약, 폴리클로리네이티드비페닐 함유폐기물 등은 60일을 초과하여 보관하여서는 안 됨. 다만, 1년간 배출하는 지정폐기물의 총량이 3톤 미만인 사업장의 경우에는 1년의 기간 내에서 보관
- 지정폐기물의 보관창고에는 보관 중인 지정폐기물의 종류, 보관가능 용량, 취급 시 주의사항 및 관리책임자 등을 적어 넣은 표지판을 다음과 같이 설치하여야 함. 다만, 드럼 등 보관용기를 사용하여 보관하는 경우에는 용기별로 폐기물의 종류 · 양 및 배출업소 등을, 지정폐기물의 종류가 같은 용기가 여러 개 있는 경우에는 폐기물의 종류별로 폐기물의 종류 · 양 및 배출업소 등을 각각 알 수 있도록 표지판에 적어 넣어야 한다.
  - 보관창고에는 표지판을 사람이 쉽게 볼 수 있는 위치에 설치하여야 한다.
  - 표지의 규격: 가로 60 cm 이상 × 세로 40 cm 이상(드럼 등 소형용기에 붙이는 경우에는 가로 15 cm 이상 × 세로 10 cm 이상)
  - 표지의 색깔: 노란색 바탕에 검은색 선 및 검은색 글자
  - 표지판의 보기

<table>
<tr><td colspan="2">지정폐기물 보관표지</td></tr>
<tr><td>①폐기물의 종류:</td><td>②보관가능용량: 톤</td></tr>
<tr><td>③관리책임자:</td><td>④보관기간: ~ (일간)</td></tr>
<tr><td colspan="2">⑤취급 시 주의사항
○보관 시:
○운반 시:
○처리 시:</td></tr>
<tr><td colspan="2">⑥운반(처리)예정장소:</td></tr>
</table>

이러한 폐액은 법령에 규정된 것은 아니지만 종류별로 별도로 분리하여 보관하여야 하며 쉽게 인식할 수 있도록 종류별로 보관용기의 색상을 달리할 것을 권장한다.

고압가스의 안전관리

9-1. 고압가스 실린더를 지지대로 고정하고 있는가?

9-2. 가연성과 비가연성 가스가 구분되어 보관되는가?

9-3. 충전유효기간은 적정한가?

해설

시험에 사용하는 가스저장시설은 시험값의 정확도에는 영향을 미치지 않으나 분석자의 안전과 건강을 위하여 「고압가스안전관리법 시행규칙」 별표8에 따라 관리하여야 한다. 그 주요 내용을 살펴보면 다음과 같다.

- 가스설비 또는 저장설비는 그 외면으로부터 화기를 취급하는 장소까지 2 m(가연성 가스 또는 산소의 가스설비 또는 저장설비는 8 m) 이상의 우회거리를 유지할 것
- 배관의 재료는 그 고압가스의 취급에 적합한 기계적 성질 및 화학적 성분을 가진 것일 것
- 가연성 가스(암모니아, 브롬화메테인 및 공기 중에서 자기 발화하는 가스는 제외한다)의 저장설비 중 전기설비는 그 설치장소 및 그 가스의 종류에 따라 적절한 방폭성능을 가진 것일 것

- 가연성 가스의 가스설비실 및 저장설비실에는 누출된 고압가스가 체류하지 않도록 환기구를 갖추는 등 필요한 조치를 할 것
- 고압가스저장시설의 안전을 확보하기 위하여 필요한 곳에는 고압가스를 취급하는 시설 또는 일반인의 출입을 제한하는 시설이라는 것을 명확하게 알아볼 수 있도록 경계표지, 식별표지 및 위험표지 등 적절한 표지를 하고, 외부인의 출입을 통제할 수 있도록 적절한 경계책을 설치할 것
- 충전용기는 항상 40 ℃ 이하의 온도를 유지하고, 직사광선을 받지 않도록 조치할 것
- 밸브가 돌출한 용기(내용적이 5 L 미만인 용기는 제외한다)에는 용기의 넘어짐 및 밸브의 손상을 방지하는 조치를 할 것
- 가연성 가스 및 산소의 충전용기 보관실의 벽은 그 저장설비의 보호와 그 저장설비를 사용하는 시설의 안전 확보를 위하여 불연재료(不燃材料)를 사용하고, 가연성 가스의 충전용기 보관실의 지붕은 가벼운 불연재료 또는 난연재료(難燃材料)를 사용할 것

나. 폐기물－2(금속류: Pb, Cr, Cu, As 등)

전처리

1－1. 전처리의 적합성

1－1－1. 시료의 균질화 방법은 숙지하고 있는가?

1－1－2. 용출시험방법을 숙지하고 있는가?

1－1－3. 용출액의 산분해 방법은 적절한가?

1－1－4. 수분함량 측정은 이루어지고 있는가?

해설

여기서 언급하는 시료의 균질화 방법 숙지 여부 등에 대한 내용은 기기분석을 위한 전처리가 아니라 시료의 분할 채취를 위한 전처리를 의미한다. 하지만 필요한 경우는 기기분석을 위한 전처리를 잘 이행하고 있는지 확인할 수도 있다.

ES 06130.c(시료의 채취)에 따라 시료의 분할 채취를 위한 전처리 방법은 다음과 같다. 그러므로 입경 0.5 mm, 5 mm인 체를 보유하고 있어야 한다.

- 분석용 또는 수분측정용 시료의 양이 많을 경우에는(이를 "대시료"라고 한다) 시험에 들어가기 전에 시료의 조성을 균일화하기 위하여 시료의 분할채취방법에 따라 균일화한다.
- 소각잔재, 슬러지 또는 입자상 물질은 그대로 작은 돌멩이 등의 다른 물질을 제거하고, 이외의 폐기물 중 입경이 5 mm 미만인 것은 그대로, 입경이 5 mm 이상인 것은 분쇄하여 체로 걸러서 입경이 0.5 mm ~ 5 mm로 한다. 시료의 균질화를 위해서 시료의 분할채취방법을 적용하며, 분할채취방법에는 구획법, 교호삽법, 원추 4분법이 있으므로 그 중 적절한 방법을 선택한다.

기기분석에서의 전처리를 위한 내용은 다음과 같다.
ES 06400.1(금속류 － 원자흡수분광광도법)으로 구리, 납, 카드뮴 등을 시험하고자 하는 경우는 액상 폐기물 시료 또는 용출용액 적당량을 취하여 ES 06150.c(시료의 준비) '7.3 산분해법'에 따라 전처리한 후 시료용액은 0.1 N

~1 N 산성용액으로 하여 시험한다.
ES 06400.2(금속류 – 유도결합플라스마 – 원자발광분광법)으로 시험하는 경우는 ES 06150.c(시료의 준비) '7.3 산분해법'에 따라 전처리한다.
그리고 다음 시약은 바탕시험에서 금속류가 검출되지 않은 것을 사용한다.
① 진한질산(nitric acid, HNO_3)
② 황산(sulfuric acid, H_2SO_4)
③ 과염소산(perchloric acid, $HClO_4$)
④ 불화수소산(hydrogen fluoride, HF)
⑤ 염산(hydrochloric acid, HCl)

1-2. 방해물질에 대한 처리의 적절성

해설

ES 06400.1(금속류 – 원자흡수분광광도법)로 구리, 납, 카드뮴 등을 시험할 때, 화학물질이 공기– 아세틸렌 불꽃에서 분자상태로 존재하여 낮은 흡광도를 보일 때가 있다. 이는 불꽃의 온도가 너무 낮아 원자화가 일어나지 않는 경우와 안정한 산화물질로 바뀌어 불꽃에서 원자화가 일어나지 않는 경우에 발생한다.
염이 많은 시료를 분석하면 버너 헤드 부분에 고체가 생성되어 불꽃이 자주 꺼지고 버너 헤드를 청소해야 하는데 이를 방지하기 위해서는 시료를 묽혀 분석하거나, 메틸아이소부틸케톤 등을 사용하여 추출하여 분석한다.
시료 중에 포타슘, 소듐, 리튬, 세슘과 같이 쉽게 이온화되는 원소가 1,000 mg / L 이상의 농도로 존재할 때에는 금속 측정을 간섭한다. 이 때에는 검정곡선용 표준물질에 시료의 매질과 유사하게 첨가하여 보정한다.
시료 중에 알칼리금속의 할로겐 화합물을 다량 함유하는 경우에는 분자 흡수나 광산란에 의하여 오차를 발생하므로 추출법으로 카드뮴을 분리하여 시험한다.
ES 06400.2(금속류 – 유도결합플라스마 – 원자발광분광법)로 구리, 납, 비소, 카드뮴, 크롬, 6가크롬 등 원소를 동시 분석할 때, 대부분의 간섭물질은 산 분해에 의해 제거된다.
참고로, ES 06403.1a(비소– 원자흡수분광광도법)에 의하면 시험 중 비화수소 발생에 사용되는 아연분말은 지름이 150 μm 이하로서 비소를 함유하지 않은 것을 사용한다고만 규정되어 있으나, KS M 8036 : 2005에 의하면 비소함량이 0.05 mg / kg 이하인 것을 사용하도록 규정되어 있다.

(기기)분석

2-1. 분석기기의 안정성 확인 및 분석조건의 적절성

2-1-1. 측정 전 분석기기의 안정화(warming-up)를 확인하는가?

2-1-2. 항목별 흡수파장 또는 발광파장 선택은 적절한가?

2-1-3. 연료기체 혼합비율 또는 사용되는 가스의 순도는 적절한가?

해설

금속류 시험을 위해서는 원자흡수분광광도계, 유도결합플라스마－ 원자발광분광기, 자외선 / 가시선 분광광도계 중 사용하고자 하는 기기를 보유하고 있어야 하며, 정상적으로 가동되어야 한다(원자흡수분광광도계로 비소와 수은을 시험할 경우, 비소는 수소화 발생장치, 수은은 수은 환원기화 장치가 정상적으로 가동되어야 한다.)

ES 06401.3(구리－ 자외선 / 가시선 분광법), ES 06402.3(납－ 자외선 / 가시선 분광법), ES 06403.3(비소－ 자외선 / 가시선 분광법) 등에 따라 시료액의 흡수파장이 약 370 nm 이상일 때는 석영 또는 경질유리 흡수셀을 사용하고 약 370 nm 이하일 때는 석영 흡수셀을 사용한다. 따로 흡수셀의 길이를 지정하지 않았을 때는 10 mm 셀을 사용한다.

시료셀에는 시험용액을, 대조셀에는 따로 규정이 없는 한 정제수를 넣는다. 넣고자 하는 용액으로 흡수셀을 씻은 다음 셀의 약 80 %까지 넣고 외면이 젖어 있을 때는 깨끗이 닦는다. 필요하면(휘발성 용매를 사용할 때와 같은 경우) 흡수셀에 마개를 하고 흡수셀에 방향성이 있을 때는 항상 방향을 일정하게 하여 사용한다.

흡수셀이 더러우면 측정값에 오차가 발생하므로 다음과 같이 세척하여 사용한다. 또는 시판용 세척액을 사용하여 세척한다.

- 탄산소듐용액(2 W / V %)에 소량의 음이온 계면활성제를 가한 용액에 흡수셀을 담가 놓고 필요하면 40 ℃ ~ 50 ℃로 약 10분간 가열한다.
- 흡수셀을 꺼내 정제수로 씻은 후 질산(1 + 5)에 소량의 과산화수소를 가한 용액에 약 30분간 담가 놓았다가 꺼내어 정제수로 잘 씻는다. 깨끗한 가제나 흡수지 위에 거꾸로 놓아 물기를 제거하고 실리카겔을 넣은 데시케이터에서 건조하여 보존한다.

원자흡수분광광도계의 안정화를 위하여 전원을 공급하여 속빈 음극램프에 전류가 흐르게 하고 에너지 레벨이 안정될 때까지 10분 ~ 20분간 예열한다.

유도결합플라스마－ 원자발광분광기시료 분석 전에 분무기, 토치, 시료 주입기, 튜브의 막힘 및 오염 여부를 확인한다. 플라스마를 켜고 30분 ~ 60분간 불꽃을 안정화 시킨 후, 기기업체에서 제공하는 매뉴얼에 따라 해당 표준물질을 사용하여 분석조건을 최적화한다.

자외선 / 가시선분광광도계는 램프의 세기가 안정화될 때까지 전원을 켠 후 30분 이상 둔다. 자동전압조정기(AVR)를 사용하면 램프의 안정화에 도움이 된다.

2－2. 검정곡선의 작성 및 검증

2－2－1. 정량범위 내의 4개 이상 농도에 대해 검정곡선을 작성하고 있는가?

2－2－2. 검정곡선의 직선성(R^2)은 0.98 이상인가?

2－2－3. 검정곡선 검증과 방법바탕시료 분석을 각 시료군마다 실시하고 있는가?

2－2－4. 고농도 시료 측정 후 오염 여부를 점검하고 있는가?

해설

ES 06400.1(금속류 － 원자흡수분광광도법)에 의하면 정량범위 내의 4개 이상의 농도로 검정곡선을 작성하고 그로부터 얻은 결정계수(R^2)는 0.98 이상이어야 하며, 이를 벗어나면 검정곡선을 재작성하여야 한다.

ES 06400.2(금속류 – 유도결합플라스마 – 원자발광분광법)에 의하면 정량범위 내의 4개 이상의 농도로 검정곡선을 작성하고 그로부터 얻은 결정계수(R^2)는 0.98 이상 또는 감응계수(RF)의 상대표준편차가 10 % 이내여야 하며, 이를 벗어나면 검정곡선을 재작성하여야 한다.
방법바탕시료는 ES 06001(정도보증 / 정도관리)에 따라 시료군마다 1개씩 작성한다.

2-3. 방법검출한계 및 정밀도 / 정확도 측정

2-3-1. 방법검출한계 및 정밀도 / 정확도는 연 1회 이상 측정하고 있는가?

2-3-2. 정밀도는 상대표준편차로 25 %를 만족하고 있는가?

2-3-3. 정확도는 75 %~125 %를 만족하고 있는가?

해설

각 금속류 각 시험기준의 '6.0 정도보증 / 정도관리'를 참조하라.
방법검출한계, 정량한계, 정밀도 및 정확도는 연 1회 이상 산정하는 것을 원칙으로 하며, 분석자의 교체, 분석장비의 수리 및 이동 등의 주요 변동사항이 생길 경우에는 다시 실시한다. 단, 장비의 청소 및 측정 장비의 감도가 의심될 때에는 언제든지 측정하여 확인하여야 한다.

◘ 금속류의 정도관리 목표값

1. 원자흡수분광광도법

금속류	Cu	Pb	As	Hg	Cd	Cr	Cr^{6+}
시험기준	ES 06401.1	ES 06402.1	ES 06403.1a	ES 06404.1a	ES 06405.1	ES 06406.1	ES 06407.1
정량한계	0.008 mg / L	0.04 mg / L	0.005 mg / L	0.0005 mg / L	0.002 mg / L	0.01 mg / L	0.01 mg / L
검정곡선	결정계수(R^2) ≥ 0.98						
정밀도	상대표준편차 ± 25 % 이내주1)						
정확도	75 % ~ 125 %						

2. 유도결합플라스마– 원자발광분광법

금속류	Cu	Pb	As	Cd	Cr	Cr^{6+}
시험기준	ES 06401.2	ES 06402.2	ES 06403.2a	ES 06405.2	ES 06406.2	ES 06407.2
정량한계	0.006 mg / L	0.040 mg / L	0.050 mg / L	0.004 mg / L	0.007 mg / L	0.007 mg / L
검정곡선	결정계수(R^2) ≥ 0.98 또는 감응계수(RF)의 상대표준편차 ≤ 10 %			결정계수(R^2) ≥ 0.98 또는 감응계수(RF)의 상대표준편차 ≤ 10 %		
정밀도	상대표준편차 ± 25 % 이내주1)			상대표준편차 ± 25 % 이내주1)		
정확도	75 % ~ 125 %			75 % ~ 125 %		

3. 자외선 / 가시선 분광법

금속류	Cu	Pb	As	Hg	Cd	Cr	Cr^{6+}
시험기준	ES 06401.3	ES 06402.3	ES 06403.3	ES 06404.2	ES 06405.3	ES 06406.3b	ES 06407.3a
정량한계	0.002 mg	0.001 mg	0.002 mg	0.001 mg	0.001 mg	0.02 mg	0.002 mg
검정곡선	결정계수(R^2) ≥ 0.98						
정밀도	상대표준편차 ± 25 % 이내[주1)]						
정확도	75 % ~ 125 %						

주1) 정밀도란 시험분석 결과들 사이에 상호 근접한 정도의 척도이며, 상대표준편차(RSD) 또는 상대차이백분율(RPD)로 표시한다.

$$RSD = \frac{s}{\bar{x}} \times 100\ \%$$

$$RPD = \{(A - B) / [(A + B) / 2]\} \times 100\ \%$$

여기서, s = 표준편차

$\bar{x}$ = 측정 평균값

A = 측정값 중 큰 값

B = 측정값 중 작은 값

따라서, 위 표에서 정밀도(RSD)값에 음(－)의 값이 존재하는 것은 잘못된 것이며, 정밀도는 0 이상으로 표시되어야 한다. 즉, 정밀도를 상대표준편차(RSD)로 표현하고 있으므로 동일한 시료에 대한 여러 번의 측정값으로 구하여야 하며, 만약 이 여러 번의 측정값들이 서로 동일하다면 표준편차가 0이므로 상대표준편차(RSD)는 0 %이 된다. 참고로, ES 06400.1(금속류 – 원자흡수분광광도법) '6.4 정밀도 및 정확도'에는 "정밀도는 측정값의 상대표준편차(RSD)로 산출하며 측정한 결과 25 % 이내여야 한다"고 오류없이 규정되어 있다.

시험결과의 계산

3 - 1. 시험결과 계산과정(계산식)의 정확성

3 - 2. 바탕시험 값을 사용한 결과의 보정 여부

3 - 3. 항목별 정량한계는 정확하게 도출되며, 시험방법에 따른 정량한계를 만족하는지 여부

해설

각 금속류 각 시험기준의 '8.0 결과보고'를 참조하여 계산과정이 정확하며, 바탕시험을 하였을 때는 시료의 분석값에서 바탕시료의 값을 제하는지 확인한다.

또한 모든 분석결과는 정량한계 이상이어야 하며, 정량한계 미만의 값은 '불검출'로 표기하는지 확인한다.

3-4. 필요시 수분 함량의 보정 여부

해설

ES 06303.1a(수분 및 고형물– 중량법)에서 시료를 105 ℃ ~ 110 ℃에서 4시간 건조하고 데시케이터에서 식힌 후 무게를 달아 증발접시의 무게차로부터 수분 및 고형물의 양(%)을 구한다.
ES 06150.c(시료의 준비) '7.2 용출시험방법'에서 항목별 시험기준 중 각 항의 규정에 따라 시험한 용출시험의 결과는 시료 중의 수분함량 보정을 위해 함수율 85 % 이상인 시료에 한하여 "15 / (100 – 시료의 함수율(%))"를 곱하여 계산된 값으로 한다.

3-5. 결과표기의 적절성

해설

ES 06002.a(지정폐기물에 함유된 유해물질의 기준, 표시한계 및 결과표시)에 따라 지정폐기물에 함유된 유해물질의 기준, 표시한계 및 결과표시 방법을 준수하는지 확인한다.
① "시험결과 표시한계" 미만은 "불검출"로 표기
② "불검출"이 아닌 경우 "시험결과 표시자리수"까지 표기함("0" 표시는 표시자리수를 표시한 것임)
③ ES 06000.a(총칙)의 1.2.3에 따른 시험방법인 경우는 해당 시험방법의 유효측정농도 및 결과표시를 할 수 있다.

유해물질	기준(mg / L)	시험결과 표시한계	시험결과 표시자리수
시안화합물	1	0.01	0.00
크롬	–	0.01	0.00
6가크롬	1.5	0.01	0.00
구리	3	0.008	0.000
카드뮴	0.3	0.002	0.000
납	3	0.04	0.00
비소	1.5	0.004	0.000
수은	0.005	0.0005	0.0000

다. 폐기물–3(유기물질: 휘발성 저급염소화 탄화수소류)

전처리

1-1. 전처리의 적합성

1-1-1. 시료의 균질화 방법은 숙지하고 있는가?

1-1-2. 용출시험방법을 숙지하고 있는가?

해설

ES 06602.1(휘발성 저급염소화 탄화수소류 – 기체크로마토그래피)에 따른 전처리 방법은 다음과 같으므로 이에 필요한 시약과 표준물질을 보유하고 있어야 한다.

- 액상 폐기물 시료 또는 용출용액 시료의 전처리:
  액상 폐기물 시료 또는 용출용액 적당량(약 20 mL)을 미리 공극크기(pore size)가 1 μm 내외의 유리섬유 여과지를 부착한 유리제 주사기의 외통에 조용히 취한 다음 주사기의 내통을 밀어서 공기를 먼저 배출하고 여과시켜 시료용액으로 한다.
- 반고상 또는 고상 폐기물 시료의 전처리:
  미리 교반자(마그네틱바)를 넣어둔 마개 있는 삼각플라스크(총부피 약 550 mL의 것)에 시료 약 50 g을 넣고 정제수에 염산을 가하여 pH 5.8 ~ pH 6.3으로 한 용매(mL)를 1 : 10(W / V)의 비율로 넣은 후 빨리 마개를 닫는다. 이때 시료와 용매의 혼합액이 삼각플라스크의 총부피와 비슷하여 삼각플라스크 상부의 공간(headspace)이 가능한 한 적게 되도록 한다.
  상온 상압하에서 자력교반기(마그네틱스터러)로 6시간 연속 교반한 다음 10 ~ 30분간 정치한다. 상층액 약 20 mL를 미리 공극크기(pore size)가 1 μm 내외의 유리섬유 여과지를 부착한 유리제 주사기의 외통에 조용히 취한 다음 주사기의 내통을 밀어서 공기를 먼저 배출하고 여과시켜 시료용액으로 한다.

1 – 2. 방해물질에 대한 처리의 적절성

해설

ES 06602.1(휘발성 저급염소화 탄화수소류 – 기체크로마토그래피)에 따라 추출 용매에 분석성분의 머무름 시간에서 피크가 나타나는 간섭물질이 있으면 증류하거나 컬럼 크로마토그래피에 의해 제거하는지 확인한다. 또한 이 실험으로 끓는점이 높거나 극성의 유기화합물들이 함께 추출되므로 이들 중에 분석을 간섭하는 물질이 있을 수 있으며, 다이클로로메테인과 같이 머무름 시간이 짧은 화합물은 용매의 피크와 겹쳐져서 분석을 방해할 수 있다.
플루오르화탄소나 다이클로로메테인과 같은 휘발성 유기물은 보관이나 운반 중에 격막(septum)을 통해 시료 안으로 확산되어 시료를 오염시킬 수 있으므로 현장바탕시료로서 이를 점검하여야 한다.
시료에 혼합표준액 일정량을 첨가하여 크로마토그램을 작성하고 미지의 다른 성분과 피크의 중복 여부를 확인한다. 만일 피크가 중복될 경우 극성이 다르고 분리가 양호한 컬럼을 택하여 실험한다.
참고로, 휘발성 저급염소화 탄화수소류 실험을 위한 시료의 채취는 갈색 경질 유리병을 사용한다.

(기기) 분석

2 – 1. 분석기기의 안정성 확인 및 분석조건의 적절성

2 – 1 – 1. 측정 전 분석기기의 안정화(warming – up)를 확인하는가?

2 – 1 – 2. 사용되는 가스의 순도는 적절한가?

2 – 1 – 3. 분석 컬럼 선택은 적절한가?

해설

분석기기의 전원을 미리 켜두고 검출기 및 기록계를 정해진 조건으로 하여 바탕선의 안정성을 확인한다.
ES 06602.1(휘발성 저급염소화 탄화수소류 – 기체크로마토그래피)에 의거하여 컬럼은 안지름 0.20 mm ~ 0.35 mm, 필름두께 0.1 μm ~ 0.50 μm, 길이 15 m ~ 60 m의 DB-1, DB-5 및 DB-624 등의 모세관이나 동등한 분리성능을 가진 모세관으로 대상 분석 물질의 분리가 양호한 것을 택하여 실험한다.
운반기체는 부피백분율 99.999 % 이상의 헬륨으로서(또는 질소) 유량은 0.5 mL / min ~ 4 mL / min, 시료 도입부 온도는 150 ℃ ~ 250 ℃, 컬럼 온도는 30 ℃ ~ 250 ℃로 사용한다.

2-2. 검정곡선의 작성 및 검증

2-2-1. 정량범위 내의 4개 이상 농도에 대해 검정곡선을 작성하고 있는가?

2-2-2. 검정곡선의 직선성(R^2)은 0.98 이상인가?

2-2-3. 검정곡선 검증 및 방법바탕시료 분석을 각 시료군마다 실시하고 있는가?

2-2-4. 고농도 시료 측정 후 오염 여부를 점검하고 있는가?

해설

ES 06602.1(휘발성 저급염소화 탄화수소류 – 기체크로마토그래피)에 따라 정량범위 내의 4개의 이상의 농도에 대해 검정곡선을 작성하고 얻어진 검정곡선의 결정계수(R^2)가 0.98 또는 감응계수(RF)의 상대표준편차가 15 % 이내여야 하며 결정계수나 감응계수의 상대표준편차가 허용범위를 벗어나면 재작성하도록 한다. 검정곡선을 검증하기 위하여 감응계수를 구하고 이 값을 초기 검정곡선 작성 시 구해진 감응계수와 비교했을 때 상대표준편차가 ± 15 % 이내일 때는 원래의 검정곡선을 이용하여 시료 중의 농도를 정량하며, 상대표준편차가 ± 15 % 이상이면 검정곡선을 재작성한다.
검정곡선 검증은 각 시료군마다 실시하며, 고농도 시료를 분석한 다음에는 방법바탕시료를 측정하여 오염 여부를 점검하여야 한다.

2-3. 방법검출한계 및 정밀도 / 정확도 측정

2-3-1. 방법검출한계 및 정밀도 / 정확도는 연 1회 이상 측정하고 있는가?

2-3-2. 정밀도는 상대표준편차로 25 %를 만족하고 있는가?

2-3-3. 정확도는 75 % ~ 125 %를 만족하고 있는가?

해설

ES 06602.1(휘발성 저급염소화 탄화수소류 – 기체크로마토그래피)에 따라 방법검출한계, 정량한계, 정밀도 및 정확도는 연 1회 이상 산정하는 것을 원칙으로 하며, 분석자의 교체, 분석 장비의 수리 및 이동 등의 주요 변동사항이 생길 경우에는 다시 실시한다. 단, 장비의 청소 및 측정 장비의 감도가 의심될 때에는 언제든지 측정하여 확인하여야 한다.

정도관리 항목	정도관리 목표
정량한계	트라이클로로에틸렌: 0.008 mg / L 테트라클로로에틸렌: 0.002 mg / L
검정곡선	결정계수(R^2) ≥ 0.98 또는 감응계수(RF)의 상대표준편차 ≤ 15 %
정밀도	상대표준편차가 ± 25 % 이내[주1)]
정확도	75 % ~ 125 %

주1) 정밀도에 대해서는 나. 폐기물−2(금속류: Pb, Cr, Cu, As 등) '2−3. 방법검출한계 및 정밀도 / 정확도 측정'의 해설을 참조하라.

2 - 4. 분석시료의 결과는 검정곡선 작성 농도 범위에 포함되는가?

해설

ES 06602.1(휘발성 저급염소화 탄화수소류 − 기체크로마토그래피)에 따라 기체크로마토그래프용 노말헥산 약 80 mL를 넣은 100 mL 부피플라스크에 염소화탄화수소 혼합표준용액(1.0 mg / L) 0 mL ~ 10.0 mL를 단계적으로 취하여 넣고 내부표준용액(1.0 mg / L)을 정확히 2.0 mL를 취하여 시료에 첨가한 다음 노말 헥산을 넣어 표선까지 채운 후 검정곡선을 작성한다(단, 표준용액은 바탕용액을 제외하고 3개 이상 제조해야 하며 필요에 따라 사용하는 표준용액의 양을 달리 할 수 있다). 시료분석결과 이 검정곡선 농도범위를 벗어나면 시료를 묽혀서 재분석하여야 한다.

시험결과의 계산

3 - 1. 시험결과 계산과정(계산식)의 정확성

3 - 2. 필요시 바탕시험 값을 사용한 결과의 보정 여부

3 - 3. 항목별 정량한계는 정확하게 도출되며, 시험방법에 따른 정량한계를 만족하는지 여부

해설

각 시험방법의 '8.0 결과보고'를 참조하여 계산과정이 정확하며, 바탕시험을 하였을 때는 시료의 분석값에서 바탕시료의 값을 제하는지 확인한다.
또한 모든 분석결과는 정량한계 이상이어야 하며, 정량한계 미만의 값은 '불검출'로 표기하는지 확인한다.

3 - 4. 필요시 수분 함량의 보정 여부

해설

ES 06303.1a(수분 및 고형물 − 중량법)에서 시료를 105 ℃ ~ 110 ℃에서 4시간 건조하고 데시케이터에서 식힌 후 무게를 달아 증발접시의 무게차로부터 수분 및 고형물의 양(%)을 구한다.

ES 06150.c(시료의 준비) '7.2 용출시험방법'에서 항목별 시험기준 중 각항의 규정에 따라 시험한 용출시험의 결과는 시료 중의 수분함량 보정을 위해 함수율 85 % 이상인 시료에 한하여 "15 / (100 − 시료의 함수율(%))"을 곱하여 계산된 값으로 한다.

3-5. 결과표기의 적절성

해설

ES 06002.a(지정폐기물에 함유된 유해물질의 기준, 표시한계 및 결과표시)에 따라 지정폐기물에 함유된 유해물질의 기준, 표시한계 및 결과표시 방법을 준수하는지 확인한다.

① "시험결과 표시한계" 미만은 "불검출"로 표기

② "불검출"이 아닌 경우 "시험결과 표시자리수" 까지 표기함("0" 표시는 표시자리수를 표시한 것임)

③ ES 06000.a(총칙)의 1.2.3에 따른 시험방법인 경우는 해당 시험방법의 유효측정농도 및 결과표시를 할 수 있다.

유해물질	기준(mg / L)	시험결과 표시한계	시험결과 표시자리수
테트라클로로에틸렌	0.1	0.002	0.000
트라이클로로에틸렌	0.3	0.008	0.000

라. 폐기물−4(유기물질: 할로겐화 유기물질)

전처리

1-1. 전처리의 적합성

해설

ES 06601.1(할로겐화 유기물질 − 기체크로마토그래피 − 질량분석법) 및 ES 06601.2(할로겐화 유기물질 − 기체크로마토그래피)에 따른 시험의 전처리 방법은 다음과 같으므로 이에 필요한 시약과 표준물질을 보유하고 있어야 한다.

− 시료 약 0.5 g을 정확히 달아 50 mL의 부피플라스크에 넣고, 즉시 희석용 용매로 눈금까지 채운 다음 마개를 하여 흔들어 섞는다. 이 용액에 내부표준용액 1.0 mL을 넣고 다시 희석용 용매로 20배 희석한다(원칙적으로 에틸알코올을 사용하고, 에틸알코올이 함유된 시료는 노말헥산으로 한다).

각 표준용액은 공정시험기준에 규정된 바에 따라 제조할 수 있지만 국제적으로 잘 알려진 표준물질 제조회사로부터 구입하여 사용하는 것이 더 좋다. 표준용액은 될 수 있는 대로 여러 개의 바이알에 공기층이 남지 않도록 나누어 넣은 다음 밀봉하여 −18 ℃에서 보관하면 6개월간 안정한 상태를 유지한다.

1-2. 방해물질에 대한 처리의 적절성

해설

ES 06601.1(할로겐화 유기물질 - 기체크로마토그래피 - 질량분석법) 및 ES 06601.2(할로겐화 유기물질 - 기체크로마토그래피)에 따른 시험에서 나타나는 간섭물질 및 간섭물질에 대한 조치는 다음과 같으므로 이를 잘 이해하고 준수하는지 확인한다.

- 추출 용매에는 분석성분의 머무름 시간에서 피크가 나타나는 간섭물질이 있을 수 있다. 추출 용매 안에 간섭물질이 발견되면 증류하거나 컬럼 크로마토그래피에 의해 제거한다.
- 이 시험으로 끓는점이 높거나 극성 유기화합물들이 함께 추출되므로 이들 중에는 분석을 간섭하는 물질이 있을 수 있다.
- 다이클로로메테인과 같이 머무름 시간이 짧은 화합물은 용매의 피크와 겹쳐 분석을 방해할 수 있다.
- 플루오르화탄소나 다이클로로메테인과 같은 휘발성 유기물은 보관이나 운반 중에 격막(septum)을 통해 시료 안으로 확산되어 시료를 오염시킬 수 있으므로 현장 바탕시료로서 이를 점검하여야 한다.
- 시료에 혼합표준액 일정량을 첨가하여 크로마토그램을 작성하고 미지의 다른 성분과 피크의 중복 여부를 확인한다. 만일 피크가 중복될 경우 극성이 다르고 분리가 양호한 컬럼을 택하여 시험한다.

(기기)분석

2-1. 분석기기의 안정성 확인 및 분석조건의 적절성

2-1-1. 측정 전 분석기기의 안정화(warming-up)를 확인하는가?

2-1-2. 사용되는 가스의 순도는 적절한가?

2-1-3. 분석 컬럼 선택은 적절한가?

2-1-4. 분석대상물질에 대한 물질별 정량 및 선택이온은 적절한가?

해설

기기의 운영 매뉴얼에 따라 자동적으로 안정화 및 튜닝을 하고 그 결과를 기록으로 남긴다. 만약 안정화가 되지 않는 경우는 가스누출, 컬럼연결상태 불량, 컬럼 오염 등에 원인이 있을 수 있으므로 이에 대해 확인하고 조치하며, 검출기가 오염된 경우는 제조사에 의뢰하여 점검받는 것이 좋다.

ES 06601.1(할로겐하 유기물질 - 기체크로마토그래피 - 질량분석법) 및 ES 06601.2(할로겐화 유기물질 - 기체크로마토그래피)에 의한 GC 컬럼은 안지름 0.20 mm ~ 0.35 mm, 필름두께 0.1 μm ~ 0.50 μm, 길이 15 m ~ 60 m의 DB-1, DB-5 및 DB-624 등의 모세관이나 동등한 분리성능을 가진 모세관으로 대상 분석 물질의 분리가 양호한 것을 택하여 실험하며, 운반기체는 부피백분율 99.999 % 이상의 헬륨으로서(또는 질소) 유량은 0.5 mL / min ~ 4 mL / min, 시료 도입부 온도는 150 ℃ ~ 250 ℃, 컬럼 온도는 30 ℃ ~ 250 ℃의 조건으로 시험한다.

2-2. 검정곡선의 작성 및 검증

2-2-1. 정량범위 내의 4개 이상 농도에 대해 검정곡선을 작성하고 있는가?

2-2-2. 검정곡선의 직선성(R^2)은 0.98 이상인가?

2-2-3. 검정곡선 검증 및 방법바탕시료 분석을 각 시료군마다 실시하고 있는가?

2-2-4. 고농도 시료 측정 후 오염 여부를 점검하고 있는가?

해설

ES 06601.1(할로겐화 유기물질 – 기체크로마토그래피 – 질량분석법) 및 ES 06601.2(할로겐화 유기물질 – 기체크로마토그래피)에 따라 정량범위 내에서 4개 이상의 농도에 대해 검정곡선을 작성하고 얻어진 검정곡선의 결정계수(R^2)가 0.98 또는 감응계수(RF)의 편차백분율이 15 % 이내여야 하며 결정계수나 감응계수(RF)의 편차백분율이 허용범위를 벗어나면 재작성하도록 한다. 검정곡선을 검증하기 위하여 감응계수를 구하고 이 값을 초기 검정곡선 작성 시 구해진 감응계수와 비교했을 때 상대표준편차가 ± 15 % 이내일 때는 원래의 검정곡선을 이용하여 시료 중의 농도를 정량하며, 상대표준편차가 ± 15 % 이상일 때는 새로운 검정곡선을 작성하여야 한다.

검정곡선 검증은 각 시료군마다 실시하며, 고농도 시료를 분석한 다음에는 방법바탕시료를 측정하여 오염 여부를 점검하여야 한다.

2-3. 방법검출한계 및 정밀도/정확도 측정

2-3-1. 방법검출한계 및 정밀도/정확도는 연 1회 이상 측정하고 있는가?

2-3-2. 정밀도는 상대표준편차로 25 %를 만족하고 있는가?

2-3-3. 정확도는 75 %~125 %를 만족하고 있는가?

해설

ES 06601.1(할로겐화 유기물질 – 기체크로마토그래피 – 질량분석법) 및 ES 06601.2(할로겐화 유기물질 – 기체크로마토그래피)에 따라 방법검출한계, 정량한계, 정밀도 및 정확도는 연 1회 이상 산정하는 것을 원칙으로 하며, 분석자의 교체, 분석 장비의 수리 및 이동 등의 주요 변동사항이 생길 경우에는 다시 실시한다. 단, 장비의 청소 및 측정 장비의 감도가 의심될 때에는 언제든지 측정하여 확인하여야 한다.

◘ ES 06601.1(할로겐화 유기물질 – 기체크로마토그래피 – 질량분석법)

정도관리 항목	정도관리 목표
정량한계	10.0 mg/kg
검정곡선	결정계수(R^2) ≥ 0.98 또는 감응계수(RF)의 상대표준편차 ≤ 15 %
정밀도	상대표준편차가 ± 25 % 이내[주1)]
정확도	75 % ~ 125 %

◘ ES 06601.2(할로겐화 유기물질 – 기체크로마토그래피)

정도관리 항목	정도관리 목표
정량한계	10.0 mg / kg
검정곡선	결정계수(R^2) ≥ 0.98 또는 감응계수(RF)의 상대표준편차 ≤ 15 %
정밀도	상대표준편차가 ± 25 % 이내[주1)]
정확도	75 % ~ 120 %

[주1)] 정밀도에 대해서는 나. 폐기물－2(금속류: Pb, Cr, Cu, As 등) '2－3. 방법검출한계 및 정밀도 / 정확도 측정'의 해설을 참조하라.

2－4. 분석시료의 결과는 검정곡선 작성 농도 범위에 포함되는가?

해설

ES 06601.1(할로겐화 유기물질 – 기체크로마토그래피 – 질량분석법) 및 ES 06601.2(할로겐화 유기물질 – 기체크로마토그래피)에 따라 노말헥산 약 30 mL를 넣은 50 mL 부피플라스크에 할로겐화 유기물질 혼합표준용액(10.0 mg / L) 0 mL ~ 10.0 mL를 단계별로 희석하여 즉시 희석용 용매로 눈금까지 채운 다음 마개를 하여 흔들어 섞어 검정곡선을 작성한다(단, 표준용액은 바탕용액을 제외하고 3개 이상 제조해야 하며 필요에 따라 사용하는 표준용액의 양을 달리 할 수 있다). 이 용액에 내부표준용액 1.0 mL을 넣고 다시 희석용 용매로 20배 희석한다(원칙적으로 에틸알코올을 사용하고, 에틸알코올이 함유된 시료는 노말헥산으로 한다).
시료분석결과 이 검정곡선 농도범위를 벗어나면 시료를 묽혀서 재분석하여야 한다.

시험결과의 계산

3－1. 시험결과 계산과정(계산식)의 정확성

3－2. 내부표준물질을 사용한 결과의 보정 여부

3－3. 항목별 정량한계는 정확하게 도출되며, 시험방법에 따른 정량한계를 만족하는지 여부

해설

각 시험방법의 '8.0 결과보고'를 참조하여 계산과정이 정확하며, 바탕시험을 하였을 때는 시료의 분석값에서 바탕시료의 값을 제하는지 확인한다.
또한 모든 분석결과는 정량한계 이상이어야 하며, 정량한계 미만의 값은 '불검출'로 표기하는지 확인한다.

3-4. 결과표기의 적절성

해설

ES 06002.a(지정폐기물에 함유된 유해물질의 기준, 표시한계 및 결과표시)에 따라 지정폐기물에 함유된 유해물질의 기준, 표시한계 및 결과표시 방법을 준수하는지 확인한다.

① "시험결과 표시한계" 미만은 "불검출"로 표기
② "불검출"이 아닌 경우 "시험결과 표시자리수" 까지 표기함("0" 표시는 표시자리수를 표시한 것임)
③ ES 06000.a(총칙)의 1.2.3에 따른 시험방법인 경우는 해당 시험방법의 유효측정농도 및 결과표시를 할 수 있다.

유해물질	기준(mg / L)	시험결과 표시한계	시험결과 표시자리수
테트라클로로에틸렌	0.1	0.002	0.000
트라이클로로에틸렌	0.3	0.008	0.000
할로겐화유기물질	5 %	10 mg / kg	–

마. 폐기물–5(절연유 중 PCBs: PCBs)

전처리

1-1. 알칼리 분해 등 전처리 과정을 숙지하고 있는가?

1-2. 내부표준물질 주입 농도와 전처리 과정을 숙지하고 있는가?

해설

ES 06502.3a(PCBs – 기체크로마토그래피(절연유분석법)) '7.1 전처리'에 따르면 다음과 같이 알칼리 분해를 하므로 이를 제대로 준수하는지 확인한다.

- 피펫 등을 이용하여 전기절연유 0.1 mL ~ 1.0 mL를 100 mL 분별깔때기에 취하고, 소량의 헥산(10 mL 정도)으로 피펫 등을 충분히 씻어준다.
- 수산화포타슘 / 에틸알코올용액(1 M) 30 mL를 첨가한 다음 20분간 진탕하여 알칼리 분해를 실시한 후 충분히 정치한다.
- 하층의 용액을 다른 분별깔때기에 넣고, 노말헥산 30 mL을 가하여 진동교반 후 헥산층이 충분히 분리될 때까지 정치시킨 다음 분해액은 버리고 전자의 노말헥산과 후자의 추출물을 함께 모아 분별깔때기에 헥산세정수를 30 mL(알칼리 용액과 동등한 양)을 주입하여 세정한다.
- 내부표준물질을 50 ng ~ 100 ng을 주입한 다음 헥산층을 2 mL 정도로 농축한 다음 다층실리카겔 컬럼을 통과시킨다.

1-3. 실리카겔 칼럼 정제방법을 숙지하고 있는가?

해설

ES 06502.3a(PCBs – 기체크로마토그래피(절연유분석법)) '7.2 실리카겔 컬럼 정제방법'에 따르면 다음과 같으므로 이를 제대로 준수하는지 확인한다.

- 알칼리 분해한 시료를 피펫을 이용하여 실리카겔이 충전된 컬럼에 주의하여 넣고 하단의 콕을 열어 액면이 무수황산소듐의 상단에 이르도록 조절한다.
- 소량의 크로마토그래프용 노말헥산으로 컬럼의 내벽을 씻어 준 다음 콕을 열어 액면을 조절하고, 컬럼의 상부에 크로마토그래프용 노말헥산 150 mL를 넣은 분별깔때기를 연결하여 컬럼과 분별깔때기의 콕을 열고 매초 한 방울의 속도로 유출시킨다.
- 유출이 완료되면 농축기(KD농축기, 회전증발농축기) 를 이용하여 3 mL ~ 5 mL까지 농축한 다음 최종 농축량을 1 mL로 하여 GC에 1 μL ~ 5 μL 주입하여 분석한다.

(기기)분석

2 - 1. 확인시험

2 - 1 - 1. PCB 표준용액의 크로마토그램 피크패턴과 시료의 피크패턴 비교는 적절한가?

해설

ES 06502.3a(PCBs - 기체크로마토그래피(절연유분석법)) '7.3 확인실험법'에 따라 전처리에서 얻어진 시료용액 1 μL ~ 5 μL를 미량주사기를 사용하여 기체크로마토그래프에 주입하고 크로마토그램을 작성하여 시료 중의 PCBs의 피크패턴을 확인하고, 같은 조건에서 작성된 각 PCBs 표준용액(Aroclor 1242, 1248, 1254, 1260)의 크로마토그램 피크패턴과 시료 중의 PCBs 피크 패턴을 비교하여 시료 중의 패턴이 단일 표준물질의 패턴과 동일한 경우에 한하여 정량하는지를 확인한다.

2 - 2. 분석기기의 안정성 확인 및 분석조건의 적절성

2 - 2 - 1. 측정 전 분석기기의 안정화(warming - up)를 확인하는가?

2 - 2 - 2. 사용되는 가스의 순도는 적절한가?

2 - 2 - 3. 분석 컬럼 선택은 적절한가?

2 - 2 - 4. 분석시료에 대한 표준물질 정량피크 선택은 적절한가?

해설

기기의 운영 매뉴얼에 따라 자동적으로 안정화 및 튜닝을 하고 그 결과를 기록으로 남긴다. 만약 안정화가 되지 않는 경우는 가스누출, 컬럼연결상태 불량, 컬럼 오염 등에 원인이 있을 수 있으므로 이에 대해 확인하고 조치하며, 검출기가 오염된 경우는 제조사에 의뢰하여 점검받는 것이 좋다.
크로마토그램에서 피크 테일링 현상이 일어나면 컬럼 안에 이전의 시료가 흡착되어 있거나 컬럼이 노화된 경우로 볼 수 있다. 이런 경우는 강한 이동상 용매를 흘려주어 흡착된 시료를 제거하거나 새로운 컬럼으로 교체하여 시험하는 것이 좋다.
ES 06502.3a(PCBs - 기체크로마토그래피(절연유분석법))의 적용 시 GC의 컬럼은 내경 0.20 mm ~ 0.53 mm, 필름두께 0.1 μm ~ 5.0 μm, 길이 30 m ~ 100 m의 DB-1, DB-5 및 DB-608 등의 모세관이나 동등한 분리성능을 가진 모세관으로 대상 분석 물질의 분리가 양호한 것을 택하여야 하며, 운반기체는 부피백분율 99.999 % 이상의

헬륨 또는 질소로서 유량은 0.5 mL / min ~ 3 mL / min, 시료 도입부 온도는 250 ℃ ~ 300 ℃, 컬럼 온도는 50 ℃ ~ 320 ℃, 검출기 온도는 270 ℃ ~ 320 ℃로 실험조건을 설정하는지 확인한다.

2-3. 검정곡선의 작성 및 검증

2-3-1. 정량범위 내의 3개 이상 농도에 대해 내부표준용액을 포함하여 검정곡선을 작성하고 있는가?

2-3-2. 검정곡선의 직선성(R^2)은 0.98 이상인가?

2-2-3. 검정곡선 작성의 중간농도로 재실험하여 상대표준편차가 ± 15 % 이상이면 검정곡선을 재작성하고 있는가?

2-3-4. 시료의 PCB패턴에 따라 단일 PCB제품인 경우의 검정곡선은 제대로 작성하고 있는가?

2-3-5. 시료의 PCB패턴이 두 종류 이상의 PCB제품인 경우의 검정곡선은 제대로 작성하고 있는가?

2-3-6. 검정곡선 보정계수(CF)를 구하는가?

2-3-7. 고농도 시료 측정 후 오염 여부를 점검하고 있는가?

해설

검정곡선은 정량범위 내 3개 이상의 농도로 검정곡선을 작성하고 얻어진 검정곡선의 결정계수(R^2)가 0.98 또는 감응계수(RF)의 상대표준편차가 15 % 이내여야 하며 결정계수나 감응계수의 상대표준편차가 허용범위를 벗어나면 재작성 하도록 한다. 검정곡선을 검증하기 위하여 감응계수를 구하고 이 값을 초기 검정곡선 작성 시 구해진 감응계수와 비교했을 때 상대표준편차가 ± 15 % 이내일 때는 원래의 검정곡선을 이용하여 시료 중의 농도를 정량하며, 상대표준편차가 ± 15 % 이상일 때는 새로운 검정곡선을 작성하여야 한다.
그리고 농도계산을 위하여 검정곡선 보정계수(calibration factor, CF)를 구하며,

$$CF = \frac{\text{표준물질 중 PCBs 피크의 면적(또는 높이)}}{\text{주입된 표준물질의 총량(ng)}}$$

이로부터 농도별 표준용액에 대한 평균보정계수(Mean calibration factor, CF)를 구한다.

2-4. 방법검출한계 및 정밀도 / 정확도 측정

2-4-1. 방법검출한계 및 정밀도 / 정확도는 연 1회 이상 측정하고 있는가?

2-4-2. 정밀도는 상대표준편차로 25 %를 만족하고 있는가?

2-4-3. 정확도는 75 % ~ 120 %를 만족하고 있는가?

2-4-4. 회수율 범위는 75 % ~ 120 %를 만족하고 있는가?

해설

방법검출한계 및 정량한계는 ES 06001(정도보증 / 정도관리)에 따라 계산한다. PCBs를 함유하지 않은 시료와 동일한 매질에 정량한계 부근의 농도를 첨가한 7개 시료를 준비하고 각 시험방법의 '7.0 분석절차'와 동일하게 분석하여 표준편차를 구한다. 표준편차에 3.14를 곱한 값을 방법검출한계로, 10을 곱한 값을 정량한계로 나타낸다. 측정한 정량한계는 아래 표에 제시한 정량한계 이하여야 한다.

정밀도 및 정확도의 측정은 ES 06001(정도보증 / 정도관리)에 따른다. 노말헥산에 정량한계 농도의 10배가 되도록 동일하게 표준물질을 첨가한 시료를 4개 이상 준비하여, 각 시험방법의 '7.0 분석절차'와 동일하게 측정하여 평균값과 표준편차를 구한다. 정확도는 첨가한 표준물질의 농도에 대한 측정 평균값의 상대 백분율로서 나타내며 그 값이 75 % ~ 120 % 이내여야 한다. 정밀도는 측정값의 % 상대표준편차(RSD)로 계산하며 측정값이 25 % 이내여야 한다(아래 표의 '상대표준편차가 ± 25 % 이내'는 잘못된 것이다).

항목	정도관리 목표
정량한계	0.5 mg / L
검정곡선	결정계수(R^2) ≥ 0.98 또는 감응계수(RF)의 상대표준편차 ≤ 15 %
정밀도	상대표준편차가 ± 25 % 이내[주1)]
정확도	75 % ~ 120 %

주1) 정밀도에 대해서는 나. 폐기물−2(금속류: Pb, Cr, Cu, As 등) '2−3. 방법검출한계 및 정밀도 / 정확도 측정'의 해설을 참조하라.

참고로, '2−4−3'항의 내용과 '2−4−4'항의 내용은 동일한 내용으로서, 정확도는 회수율로 표현된다. ES 06502.3a(PCBs − 기체크로마토그래피(절연유분석법))에 의한 회수율은 알카리 분해 추출을 거친 시료에 10염화비페닐(decachlorinated biphenyl) 50 ng ~ 100 ng을 주입하여 계산한다. 회수율 계산은 주입농도에 대한 검출농도의 백분율로 계산한다.

$$회수율(\%) = \frac{검출된\ 농도}{주입한\ 농도} \times 100\ \%$$

회수율 범위는 75 % ~ 120 %을 만족하여야 하며, 만족하지 못할 경우 다시 시험하여야 한다.
이러한 방법검출한계, 정량한계, 정밀도 및 정확도는 연 1회 이상 산정하는 것을 원칙으로 한다.

2−5. 분석시료의 결과는 검정곡선 작성 농도 범위에 포함되는가?

해설

ES 06502.3a(PCBs − 기체크로마토그래피(절연유분석법))에 의거하여 검정곡선용 표준용액(10.0 mg / L)과 내부표준용액(4염화메타자일렌 10.0 mg / L 및 10염화비페닐 10.0 mg / L) 0 mL ~ 2 mL를 단계적으로 취하여 10 mL 용기에 넣고, 헥산을 넣어 표선까지 채워 검정곡선을 작성한다(단, 표준용액은 바탕용액을 제외하고 3개 이상 제조해야 하며 필요에 따라 사용하는 표준용액의 양을 달리 할 수 있다).
시료분석결과가 작성한 검정곡선의 농도범위를 벗어나면 시료를 묽혀서 재분석하여야 한다.

2-6. 방법바탕시료의 측정 적절성

해설

ES 06502.3a(PCBs – 기체크로마토그래피(절연유분석법))에 의하면 분석시료 수가 20개 이하일 때에는 시료군마다 1개를, 그 이상일 때에는 20개마다 1개의 방법바탕시료를 측정한다. 방법바탕시료는 PCBs를 포함하고 있지 않은 표준물질(PCBs free oil)을 구입하여, 전처리 과정과 동일한 순서로 시료를 분석하여 크로마토그램을 제시하며 측정값은 방법검출한계 이하여야 한다.

시험결과의 계산

3-1. 시험결과 계산과정(계산식)의 정확성

3-2. 항목별 정량한계는 정확하게 도출되며, 시험방법에 따른 정량한계를 만족하는지 여부

3-3 결과표기의 적절성

해설

ES 06502.3a(PCBs – 기체크로마토그래피(절연유분석법)) '8.0 결과보고'에 따라 정확하게 계산하여 결과를 도출하는지 확인한다.

정량한계는 0.5 mg / L 이상이다. 단, 실험결과의 최소자리는 소수 첫째자리에서 반올림하여 일의 자리까지 나타내고, 이때 정량한계 미만은 '0.5 mg / L 미만' 또는 '< 0.5 mg / L'로 표기한다. 또한, 본 시험기준에 의한 결과는 액상폐기물 중 PCBs 시험기준의 적용에 따른 불검출(정량한계 이하, 0.05 mg / L) 여부를 판단하는 데 사용하지 않는다.

5 토양 분야

가. 토양-1(공통사항: 시료채취, 기록 및 환경관리 등)

시료채취

1-1. 시료채취의 대표성 확보

1-1-1. 대상지역을 대표할 수 있거나 오염의 개연성이 높은 지점에서 시료를 채취하는가?

1-1-2. 토양오염유발시설에서는 저장시설 끝단으로부터 1 m 이상 이격되고, 깊이는 이격거리 1.5배 깊이에서 채취하는가?

1-1-3. 대상지역을 대표할 수 있거나 오염의 개연성이 높은 지점에서 시료를 채취하는가?

해설

토양 중 각종 오염물질을 측정하기 위해 시료를 채취하는 방법 및 시료를 조제하는 방법은 ES 07130.b(시료의 채취 및 조제)에 따른다. 즉,

시료채취지점 선정

- 대상지역을 대표할 수 있는 토양시료를 채취하기 위해, 농경지의 경우는 대상지역 내에서 지그재그 형으로 5개 ~ 10개 지점을 선정한다. 공장지역·매립지역·시가지지역 등 농경지가 아닌 기타지역의 경우는 대상지역의 중심이 되는 1개 지점과 주변 4 방위의 5 m ~ 10 m 거리에 있는 1개 지점씩 총 5개 지점을 선정하되, 대상지역에 시설물 등이 있어 각 지점 간의 간격이 불충분할 경우 간격을 적절히 조절할 수 있다.
- 시안, 유기인화합물, 벤조(a)피렌, 석유계총탄화수소, 페놀류, 폴리클로리네이티드비페닐, 벤젠, 톨루엔, 에틸벤젠, 자일렌, 트라이클로로에틸렌 및 테트라클로로에틸렌 시험용 시료는 농경지 또는 기타지역의 구분에 관계없이 대상지역을 대표할 수 있는 1개 지점 또는 오염의 개연성이 높은 1개 지점을 선정한다.

시료채취 방법

- 토양오염도검사를 위해서는 표토층(0 cm ~ 15 cm) 또는 필요에 따라 일정 깊이 이하의 토양시료를 채취할 수 있다. 토양시료 채취 시 토양표면의 잡초나 유기물 등 이물질층을 제거한 후 그림 1과 같은 토양시료채취기(sampler)로 약 0.5 kg 채취한다. 다만, 토양시료채취기가 없을 때는 조사대상 물질의 특성을 고려하여 결정한다. 유기물질을 조사할 때에는 스테인리스강 재질의 모종삽 또는 삽 등과 같은 기구를 사용하고 중금속류의 경우는 플라스틱 재질이 적합하며 그림 2와 같이 A부분의 흙을 제거한 다음 B부분의 흙을 채취한다.
  시료채취 시 토양에 직접 접촉하는 부분은 도색, 그리스 등의 화학약품이 처리되지 않은 기구를 사용한다.
- 채취한 토양시료 중 약 300 g을 분취하여 수소이온농도, 중금속 및 불소 시험용 시료는 폴리에틸렌 봉투에, 시안 및 유기물질 시험용 시료는 입구가 넓은 유리병에 넣어 보관한다. 또한 벤조(a)피렌, 석유계총탄화수소, 벤젠, 톨루엔, 에틸벤젠, 자일렌 및 트라이클로로에틸렌, 테트라클로로에틸렌 시험용 시료의 분취는 ES 07130.b(시료의 채취 및 조제) '2.2.2 시료의 채취 및 보관'에 따른다.
- 채취한 토양시료 중 나머지는 입구가 넓은 200 mL 이상 용량의 유리병에 가득 담고 마개로 막아 밀봉한 후 0 ℃ ~ 4 ℃의 냉장상태로 실험실로 운반하여 수분보정용 시료로 사용한다. 시료용기에는 채취날짜, 위치, 시료명, 토양깊이, 채취자 등 시료내역을 기재한다. 특히 석유계총탄화수소 시험용 시료의 시료용기에는 저장시설에 보관된 유류의 종류 및 제조회사명을 기재한다.

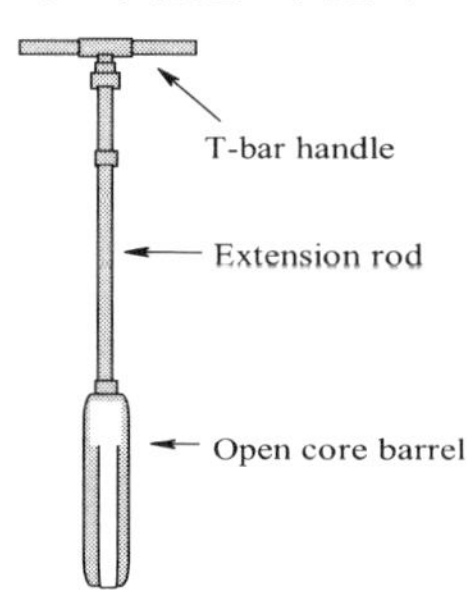

그림 1. 토양시료채취기

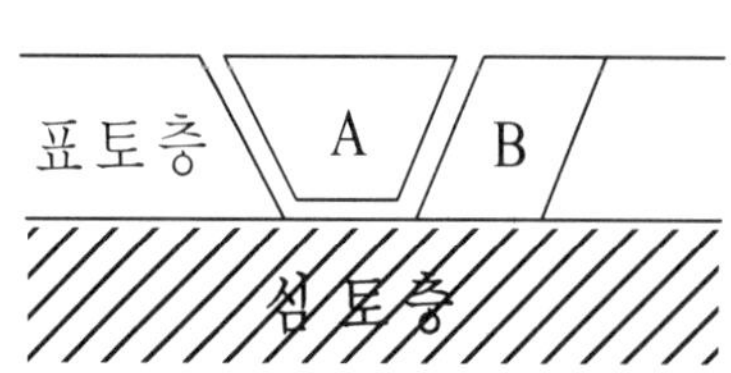

그림 2. 시료채취 방법

토양오염관리대상시설지역에서의 시료채취지점 선정방법과 시료채취 방법은 ES 07130.b(시료의 채취 및 조제) '2.2 토양오염관리대상시설지역'을 참조하라.

1-2. 시료채취 방법의 적절성

1-2-1. 조사대상 물질에 적합한 재질의 시료채취 기구를 사용하여 시료를 채취하는가?

1-2-2. 수분 보정용 시료도 채취하는가?

1-2-3. 공정시험기준에 따라 항목별로 적절한 용기 및 방법으로 채취하는가?

해설

ES 07130.b(시료의 채취 및 조제)에 따르면 시료채취를 위한 장비 및 항목별 시료채취 용기의 적합성 등은 다음과 같은 내용을 만족하여야 한다. 즉,

- 농경지, 공장지역, 시가지 지역 등의 일반지역에서는 규정된 토양채취기를 이용하며, 토양시료채취기가 없을 때는 조사대상 물질의 특성을 고려하여 결정한다. 유기물질을 조사할 때에는 스테인리스강 재질의 모종삽 또는 삽 등과 같은 기구를 사용하고 중금속류의 경우는 플라스틱 재질이 적합하다(시료채취 시 토양에 직접 접촉하는 부분은 도색, 그리스 등의 화학약품이 처리되지 않은 기구를 사용).
  채취한 토양시료 중 약 300 g을 분취하여 수소이온농도, 중금속 및 불소 시험용 시료는 폴리에틸렌 봉투에, 시안 및 유기물질 시험용 시료는 입구가 넓은 유리병에 넣어 보관한다.
- 벤조(a)피렌, 석유계총탄화수소, 벤젠, 톨루엔, 에틸벤젠, 자일렌 및 트라이클로로에틸렌, 테트라클로로에틸렌 시험용 시료의 분취는 토양오염관리대상시설지역에서의 시료 채취 및 보관에 따르므로 이들 시료는 토양시료는 직경 2.5 cm 이상의 시료채취 봉이 들어있는 타격식이나 나선형식의 토양시추장비로 채취한다. 이때 사용하는 시추장비는 시추 중에 물이나 기름이 유입되지 않는 것이어야 하며, 시료부위의 토양을 즉시 한쪽이 터진 10 mL 부피의 테플론, 스테인리스, 알루미늄 또는 유리재질의 주사기(그림 3) 또는 코어샘플러(그림 4)를 사용하여 3곳에서 각각 약 2 mL씩 채취한 5 g ~ 10 g의 토양을 미리 준비한 시험관에 넣고, 마개로 막아 밀봉한 후 0 ℃ ~ 4 ℃의 냉장상태로 실험실로 운반하는지 확인한다.

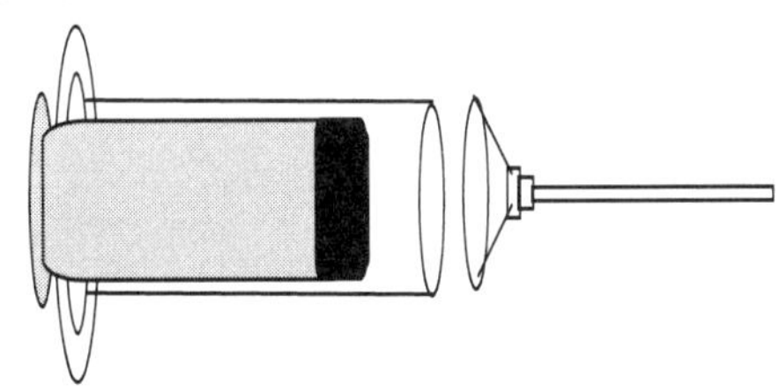

그림 3. 한쪽이 터진 주사기

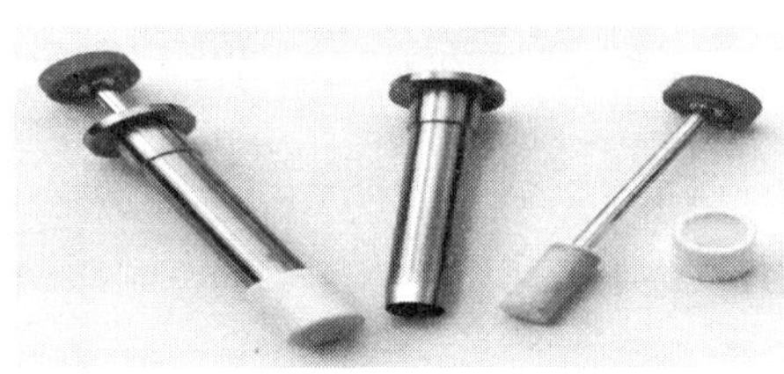

그림 4. 코어샘플러

또한 벤젠, 톨루엔, 에틸벤젠, 자일렌, 트라이클로로에틸렌, 테트라클로로에틸렌 시험용 시료의 경우, 수분보정용 시료는 입구가 넓은 200 mL 이상의 유리병에 가득 담고 밀봉한 후 같은 방법으로 실험실로 운반하여 사용한다.

- 벤조(a)피렌, 석유계총탄화수소 시험용 시료의 경우, 시료부위의 토양을 입구가 넓은 유리병에 공간이 없도록 가득 담고 마개로 막아 밀봉한 후 0 ℃ ~ 4 ℃의 냉장상태로 실험실로 운반하여 충분히 혼합한 후 벤조(a)피렌, 석유계총탄화수소 시험용 및 수분보정용 시료로 사용한다.

1-3. 시료 운송방법의 적절성

1-3-1. 시료의 보존 및 운송은 적절하게 수행하는가?

1-3-2. 시료 운반 시 오염이 우려되는 경우 현장바탕시료 또는 운반바탕시료를 측정하여 오염 여부를 확인하는가?

해설

시료의 보존 및 운송에 대해서는 위 '1-2. 시료채취'의 해설 내용을 참조하라.
ES 07130.b(시료의 채취 및 조제)에 현장바탕시료 또는 운반바탕시료에 대한 직접적인 언급은 없지만 예로서 ES 07600.1a(휘발성유기화합물 - 퍼지 - 트랩 기체크로마토그래피 - 질량분석법)에 의하면 높은 농도의 시료와 낮은 농도의 시료를 연속하여 분석할 때에 기기에 의한 오염이 있을 수 있으므로 시료 분석 사이에 정제수로 사용하는 기기를 잘 세척하여야 하며, 높은 농도의 시료를 분석한 후에는 바탕시료를 분석하는 것이 좋다.

기록관리

2-1. 시료채취에 대한 기록 및 관리의 적절성

2-2. 측정결과에 대한 원자료의 기록과 관리의 적절성

2-3. 성적서 기록 및 관리의 적절성

2-4. 모든 기록에 대한 접근의 용이성

2-5. 모든 기록의 수정 · 변경에 대한 적절한 보안조치 여부

2-6. 시험일지(시험기록지) 결과값과 성적서 값의 일치 여부

해설

시험결과에 대한 근거자료로 사용되는 시료채취기록부와 기기분석의 원자료 등을 명확히 보관하고 있어야 하며, 이들 자료가 훼손되지 않도록 관리하여야 한다.
시료채취기록부와 시험기록부 및 시험성적서 등은 담당자와 기술책임자의 서명이 있어야 유효하며, 시험성적서는 시험성적서 발송대장에 기록을 남긴 후 고객에게 송부되어야 한다.
생산된 모든 자료는 담당자뿐만 아니라 제3자도 쉽게 찾아볼 수 있도록 파일링하는 것이 좋으며, 가능한 한 성적서와 함께 모든 근거자료를 함께 파일링하는 것을 권장한다.
그 외 모든 기록에 대한 수정, 변경 및 접근에 대한 내용은 3장 '2.9 기록관리'의 해설을 참조하라.

분석환경의 적절성

3-1. 항온 · 항습기의 정상적 가동 여부

3-2. 기기실 및 전처리실에 온도계와 습도계가 설치되었는지 여부

3-3. 기기실 및 전처리실의 적정 온도 및 습도 유지 여부

3-4. 실험자의 안전을 위한 보호안경 구비 여부

해설

실험실에 대한 환경조건은 통상적으로 온도와 습도를 말하지만 실제로는 조명, 환기, 전력공급, 진동 등도 포함되어야 하며 이러한 사항은 환경오염공정시험기준에 그 조건이 명시되어 있다.
열악한 분석환경은 분석결과에 영향을 미칠 수 있으므로 환경관리조건을 제시하고 관리하여 그것을 기록으로 남기는 규정을 품질문서에 명시하고 이행하여야 한다.
실험실 특히 기기분석실과 전처리실, 저울실에 대한 적정 온습도 유지는 매우 중요하기 때문에 적정 온습도를 유지하여야 하며 이를 증명하기 위해 주기적으로 온습도를 측정하고 기록하여야 한다. 그러나 적정 온습도 유지를 위해 반드시 항온항습기를 설치할 필요는 없다. 해당 항목별 시험방법에 특별히 규정하여 그 온습도를 유지하도록 하지 않았다면 일반적인 개념을 적용하여 온습도를 유지하면 되며, 온습도의 유지를 위해 온냉풍기 등을 사용하여도 무방하다.
'환경실험실 운영관리 및 안전'(국립환경과학원, 2015)에 의하면 저울실은 시약의 변질을 방지하기 위해 온도는 18 ℃ ~ 20 ℃, 상대습도는 40 % ~ 60 %를 유지하고, 이화학실험실은 실내온도 18 ℃ ~ 28 ℃, 상대습도는 40 % ~ 60 %, 기기분석실은 실내온도 18 ℃ ~ 28 ℃로 유지하는 것이 바람직하다고 서술되어 있다.

환기시설의 설치

4-1. 환기시설의 설치 여부

4-2. 환기시설의 정상가동 여부

해설

환기는 수단으로 구분하면 자연적 환기와 기계적 환기로 구분된다. 때문에 환기는 별도의 환기시설을 설치하지 않더라도 자연적 환기를 통하여 실험실 내에 유해물질이 배출되도록 한다면 환기시설을 설치한 것으로 보아야 한다. 그러나 자연적 환기만으로 유해물질의 배출이 원활하지 않아 실험실 내에 시약 냄새가 난다면 기계적으로 환기하여야 하며, 기계적 환기를 하든 하지 않든 간에 실험실 내에서 시약 냄새 등이 난다면 정상적으로 가동되지 않는 것으로 보아야 한다.
'환경실험실 운영관리 및 안전'(국립환경과학원, 2015)에 의하면 이화학실험실은 환기횟수를 10회 / 시간 ~ 15회 / 시간 정도 유지하도록 하고 있다.

시료 및 시약의 관리

5-1. 시약 및 시료보관의 적절성

5-2. 냉장 보관시설의 구비 여부

5-3. 표준물질(표준용액 등) 보관의 적절성

5-4. 시약 및 표준물질의 구매 · 소모에 대한 기록관리의 적절성

5-5. 시료 식별을 위한 조치의 적절성

5-6. 제조된 시약 관리의 적절성

해설

분석에 소요되는 각종 장비, 시약 및 표준물질 등은 분석결과에 영향을 미칠 수 있기 때문에 이들 물품을 구매하는 경우, 사양, 구매방법, 수령, 보관방법, 검사방법 등을 포함한 내부규정에 따라 합리적으로 구매하고 보관하여야 한다. 별도의 내부 규정이 없는 경우는 품질문서에 그것들을 명시할 수 있다.

구매한 물품은 요구한 사양에 적합한 것인지를 확인할 때까지는 사용하여서는 안 되며, '시약 및 표준물질 관리대장'에 구입량, 사용량 및 잔고량을 기록하고 있어야 한다.

시약, 표준물질 및 시료는 가능한 한 교차오염 및 화학물질에 의한 위험성을 억제할 수 있도록 각각 별도의 시설에 보관되어야 한다. 제조된 시약과 표준용액도 물질명과 농도, 제조일, 용도, 유효기간 및 제조자 등의 정보를 포함하여 라벨링을 하여야 한다. 특히, 표준물질은 유효일자가 기록된 별도의 대장으로 관리되어야 하고 물질증명서철(Certificate)도 함께 보관할 것을 권장한다.

인화성 물질과 부식성 물질은 각각의 전용 캐비닛을 사용할 것을 권장하며, 인화성 물질을 실험실에 보관하는 경우는 40 L 이상 보관하지 않도록 한다. 표준물질의 보관기간은 제조사에서 제공하는 기간으로 하고, 표준용액은 환경조건에 맞게 내부적으로 규정하여 관리하고 있어야 한다.

참고로, 시약의 저장을 위한 일반적인 기준은 다음과 같다.

1) 모든 화학물질은 특별한 저장 공간이 있어야 한다.
2) 모든 화학물질에는 물질이름, 소유자, 구입날짜, 위험성, 응급절차를 나타내는 라벨을 부착해야 한다.
3) 일반적으로 위험한 물질은 직사광선을 피하고 시원한 곳에 저장하며, 이종물질을 혼입하지 않도록 함과 동시에 화기, 열원으로부터 격리해야 한다.
4) 다량의 위험한 물질은 법령에 의하여 소정의 저장고에 종류별로 저장하고, 또한 독극물은 약품 선반에 잠금장치를 설치하여 보관한다.
5) 특히 위험한 약품의 분실, 도난 시에는 사고가 일어날 우려가 있으므로 담당책임자에게 보고해야 한다.

또한 시료는 특정한 조건에서 보관하는 경우 그에 따른 보존기한이 있으므로 시료의 변질 방지를 위하여 시료보관용 냉장시설을 구비하고 있어야 하며, 가능한 한 빛이 차단된 상태로 보존되어야 한다. 시료는 가능한 한 쉽게 식별할 수 있도록 시험 특성에 따라 각각 다른 색의 라벨링을 한다.

장비 및 물품의 관리

6-1. 분석장비의 주기적 점검 여부

6-2. 교정 대상장비의 교정성적서 보유 여부

6-3. 부피측정용 유리기구에 대한 교정 여부

6-4. 장비관리대장 작성 여부

해설

시료채취장비를 포함한 모든 장비는 적용하고자 하는 시험방법을 정상적으로 수행할 수 있어야 하며, 자체적으로 보유하고 있는 장비뿐만 아니라 빌려 쓰는 장비와 계약에 의해 공동으로 사용하는 장비도 주기적으로 그 성능이 확인되어야 한다.

새롭게 구입하는 장비를 비롯하여 모든 장비는 사용하기 전에 시험기관이 요구하는 사양을 만족하여야 하며 이를 확인하기 위해 교정을 하거나 점검을 하여야 하고, 그 결과를 기록으로 남기되 필요한 경우 라벨링하여 장비에 부착 한다.

「환경분야 시험·검사 등에 관한 법률 시행규칙」 제2조에 명시된 측정기는 「환경분야 시험·검사 등에 관한 법률」 제11조에 따라 주기적으로 정도검사를 받아야 하며, 그 외 일반적인 분석장비는 「국가교정기관 지정제도 운영요령」 제40조에 따라 주기적으로 교정을 하여야 한다.

교정에는 자체교정과 외부 전문기관에 의한 교정이 있으므로 어떠한 방법을 적용하든 주기적으로 교정하고 그 결과를 장비관리대장에 기록하고 보관하고 있어야 한다.

분석기기뿐만 아니라 유리기구도 분석결과에 부정적인 영향을 미칠 수 있으므로 시험기관의 품질목표에 맞는 기준을 정하여 교정하여야 한다.

ICP등의 정밀기기는 기술표준원의 「국가 교정기관 지정제도 운영세칙」에 교정 주기가 제시되지 않으므로 자체적인 교정계획에 따라 교정하든지 아니면 전문기술자를 통하여 정밀도 확인을 할 필요가 있다. 그 외 저울, 온도조절기 등의 기기와 피펫, 뷰렛 등의 부피 측정용 유리기구는 교정을 받고 교정성적서를 보유하고 있어야 한다. 내부적인 기준으로 교정을 한 경우에도 교정기록을 남겨두어야 한다.

참고로, 「국가교정기관 지정제도 운영요령」 제41조제1항에 "...측정기를 보유 또는 사용하는 자는 주기적으로 해당 측정기를 교정하여야 하며, 이를 위하여 합리적이고 적정한 주기로 수행될 수 있도록 교정대상 및 적용범위를 자체규정으로 정하여 운용할 수 있다."고 규정되어 있으므로 자체적으로 교정주기를 설정하여 운영하는 것이 원칙이나 자체적으로 교정주기를 정하지 않는 경우에는 교정기관에 의뢰하여 교정할 수 있다.

특히 부피 측정용 유리기구는 허용오차 범위 내에 있는 제품을 사용하거나 내부교정을 통하여 실험실의 목표를 달성할 수 있는 허용오차를 마련하고 확인함으로써 실험의 정확성을 유지할 필요가 있다. 아래에 호칭 용량별 일반적 허용오차를 소개한다.

◘ 눈금 피펫의 호칭 용량별 허용오차

호칭 용량(mL)	최소눈금단위(mL)	허용오차(mL)	
		A 등급	B 등급
1	0.01	± 0.01	± 0.015
5	0.05	± 0.03	± 0.05
10	0.1	± 0.05	± 0.1

◘ 부피 피펫의 호칭 용량별 허용오차

호칭 용량(mL)	허용오차(mL)	
	A 등급	B 등급
< 5	± 0.015	± 0.03
< 10	± 0.02	± 0.04
< 25	± 0.03	± 0.06

◘ 부피 플라스크의 호칭 용량별 허용오차

호칭 용량(mL)	허용오차(mL)	
	A 등급	B 등급
20	± 0.04	± 0.08
50	± 0.06	± 0.12
100	± 0.1	± 0.2

또한 분석기기는 「환경분야 시험 · 검사 업무처리규정」(환경부 고시 제2016－166호)에 따라 장비관리카드와 장비관리대장을 작성하여야 한다.

저울의 안정성 확인

7－1. 저울의 수평 여부

7－2. 저울 내부의 흡습제 비치 여부

7－3. 저울 설치장소의 적절성

해설

저울실은 시약제조 시 표준성 및 정확성을 확보하고 분석오차를 줄이기 위해 실험수행실과 달리 별도의 공간을 확보하도록 하고, 만일 별도의 저울실이 없는 경우 저울을 사용할 공간을 확보하여 주변으로부터의 영향을 최소한으로 줄이는 것이 바람직하다.

저울은 효과적인 측정을 위해서 수평을 유지하고 진동이 없는 곳에 두어야 하며, 저울실의 바닥 역시 내진에 요동하지 않게 설비하는 것이 좋다. 이러한 설비를 갖출 수 없는 경우에는 저울하단부에 저울대를 두고, 주변의 공기흐름을 차단할 수 있는 덮개 등을 이용하는 것이 바람직하다.

저울실은 시약의 변질을 방지하기 위해 적절한 온도 유지(약 18 ℃ ~ 20 ℃)와 건조한 상태(상대습도 40 % ~ 60 %)를 유지해야 한다. 이를 위해 저울 내부공간에 흡습제를 두도록 한다.

저울실에 대한 일반적인 환경조건 및 운용방법은 다음과 같다.

－ 이상적인 측정 환경은 실내온도 20 ℃ ± 2 ℃, 상대습도 45 % ~ 60 %이다. 별도의 저울실이 있어 이러한 환경조건을 유지하지 못하는 경우는 각 저울 내부에 습기의 영향을 배제하기 위하여 정상적인 기능을 갖고 있는 흡습제를 비치한다.

－ 저울이 설치된 장소는 먼지가 적어야 하며, 저울 내부도 청결하여 이전에 사용하였던 화학물질이 남아 있지 않아야 한다.

－ 저울은 진동에 매우 민감하므로 견고한 받침대를 사용해야 하며, 필요시에는 석재와 같은 받침대를 사용하여 평형을 유지한다.

－ 에어컨, 환풍기와 같이 진동을 유발하는 장비는 저울 가까이에 설치하지 않는다.

－ 직사광선이 닿지 않도록 설치한다.

－ 자기를 띠는 기계를 저울 가까운 곳에 설치하지 않도록 한다.

－ 저울 발판을 돌려 수평기의 물방울이 수평기 가운데 오도록 설치한다.

- 저울을 사용하기 전에는 반드시 1시간 이상 안정화하여 사용하며, 사용 후 AC 어댑터를 접속한 채로 대기(스텐바이) 상태로 놓아둔다.
- 처음 사용하거나 또는 사용 장소를 이동할 경우 반드시 정밀한 분동을 이용하여 검정하여 사용한다.

정제수의 관리

8-1. 정제수 제조 장치의 보유 여부

8-2. 정제수 제조장치 관리의 적절성

8-3. 정제수 수질관리의 적절성

해설

정제수제조장치는 제조사 명세서상의 성능수치를 유지하는지 매일 확인한다. 멤브레인 필터(membrane filter)의 유효 사용기간을 엄격하게 준수하고 교환한다. 제조한 정제수 보관기간이 오래되지 않도록 하고 6개월에 한 번씩 아래 모든 항목에 대해 측정하여 성능을 확인하고 필요한 조치를 한다. 실험실은 정제수 제조장치의 교정 또는 성능확인을 위한 절차와 판정기준에 따라 진행하며 장비관리대장 및 내부교정결과보고서에 기록하여 문서화한다.

시약등급수의 수질기준을 미국 ASTM(american society for testing and materials)에서는 4개 등급으로 구분하고 있는데 유형 I은 정밀한 분석용이며, 유형 II는 일반 분석실용이므로 이에 대한 아래의 수질이 보장되어야 한다.

	유형 I(Type I)	유형 II(Type II)
전기전도도, 최댓값, μS / cm, 25 ℃	0.056	1.0
전기 저항, 최솟값, MΩ·cm, 25 ℃	18	1.0
25 ℃에서의 pH	-	-
총 유기 탄소(TOC), 최댓값, μg / L	50	50
소듐(Na), 최댓값, μg / L	1	5
염화이온, 최댓값, μg / L	1	5
총 실리카, 최댓값, μg / L	3	3

실험실 폐액 처리의 적절성

9-1 폐유기용제 관리의 적절성

9-2. 산·알칼리 폐액관리의 적절성

해설

실험실에서 발생하는 폐 유기용제 등은 폐기물관리법에 의한 지정폐기물이므로 이를 보관할 때는 「폐기물관리법 시행규칙」 제14조 별표5 '4. 지정폐기물(의료폐기물은 제외한다)의 기준 및 방법'에 따라 다음과 같이 관리하여야 한다.

- 지정폐기물은 지정폐기물 외의 폐기물과 구분하여 보관
- 폐유기용제는 휘발되지 않도록 밀폐된 용기에 보관

– 지정폐기물 외의 폐기물과 구분하여 보관
– 지정폐기물은 지정폐기물에 의하여 부식되거나 파손되지 않는 재질로 된 보관시설 또는 보관용기를 사용하여 보관
– 지정폐기물 중 폐산 · 폐알칼리 · 폐유 · 폐유기용제 · 폐촉매 · 폐흡착제 · 폐흡수제 · 폐농약, 폴리클로리네이티드비페닐 함유폐기물 등은 60일을 초과하여 보관하여서는 안 됨. 다만, 1년간 배출하는 지정폐기물의 총량이 3톤 미만인 사업장의 경우에는 1년의 기간 내에서 보관
– 지정폐기물의 보관창고에는 보관 중인 지정폐기물의 종류, 보관가능 용량, 취급 시 주의사항 및 관리책임자 등을 적어 넣은 표지판을 다음과 같이 설치하여야 함. 다만, 드럼 등 보관용기를 사용하여 보관하는 경우에는 용기별로 폐기물의 종류 / 양 및 배출업소 등을, 지정폐기물의 종류가 같은 용기가 여러 개 있는 경우에는 폐기물의 종류별로 폐기물의 종류 · 양 및 배출업소 등을 각각 알 수 있도록 표지판에 적어 넣어야 한다.
  - 보관창고에는 표지판을 사람이 쉽게 볼 수 있는 위치에 설치하여야 한다.
  - 표지의 규격: 가로 60 cm 이상 × 세로 40 cm 이상(드럼 등 소형용기에 붙이는 경우에는 가로 15 cm 이상 × 세로 10 cm 이상)
  - 표지의 색깔: 노란색 바탕에 검은색 선 및 검은색 글자
  - 표지판의 보기

지정폐기물 보관표지	
①폐기물의 종류:	②보관가능용량: 톤
③관리책임자:	④보관기간: ~ (일간)
⑤취급 시 주의사항 ○보관 시: ○운반 시: ○처리 시:	
⑥운반(처리)예정장소:	

이러한 폐액은 법령에 규정된 것은 아니지만 종류별로 별도로 분리하여 보관하여야 하며 쉽게 인식할 수 있도록 종류별로 보관용기의 색상을 달리할 것을 권장한다.

고압가스의 안전관리

10 – 1. 고압가스 실린더의 고정 여부

10 – 2. 가연성과 비가연성 가스로의 구분 보관 여부

10 – 3. 가연성 가스 누출감지 · 경보장치의 설치 여부

10 – 4. 충전유효기간의 적정성

해설

시험에 사용하는 가스저장시설은 시험값의 정확도에는 영향을 미치지 않으나 분석자의 안전과 건강을 위하여 「고압가스안전관리법 시행규칙」 별표8에 따라 관리하여야 한다. 그 주요 내용을 살펴보면 다음과 같다.

- 가스설비 또는 저장설비는 그 외면으로부터 화기를 취급하는 장소까지 2 m(가연성 가스 또는 산소의 가스설비 또는 저장설비는 8 m) 이상의 우회거리를 유지할 것
- 배관의 재료는 그 고압가스의 취급에 적합한 기계적 성질 및 화학적 성분을 가지는 것일 것
- 가연성 가스(암모니아, 브롬화메테인 및 공기 중에서 자기 발화하는 가스는 제외한다)의 저장설비 중 전기설비는 그 설치장소 및 그 가스의 종류에 따라 적절한 방폭성능을 가진 것일 것
- 가연성 가스의 가스설비실 및 저장설비실에는 누출된 고압가스가 체류하지 않도록 환기구를 갖추는 등 필요한 조치를 할 것
- 고압가스저장시설의 안전을 확보하기 위하여 필요한 곳에는 고압가스를 취급하는 시설 또는 일반인의 출입을 제한하는 시설이라는 것을 명확하게 알아볼 수 있도록 경계표지, 식별표지 및 위험표지 등 적절한 표지를 하고, 외부인의 출입을 통제할 수 있도록 적절한 경계책을 설치할 것
- 충전용기는 항상 40 ℃ 이하의 온도를 유지하고, 직사광선을 받지 않도록 조치할 것
- 밸브가 돌출한 용기(내용적이 5 L 미만인 용기는 제외한다)에는 용기의 넘어짐 및 밸브의 손상을 방지하는 조치를 할 것
- 가연성 가스 및 산소의 충전용기 보관실의 벽은 그 저장설비의 보호와 그 저장설비를 사용하는 시설의 안전 확보를 위하여 불연재료(不燃材料)를 사용하고, 가연성 가스의 충전용기 보관실의 지붕은 가벼운 불연재료 또는 난연재료(難燃材料)를 사용할 것.

나. 토양－2(금속류: Cd, Pb, Cd, Zn, Ni 등)

시료의 조제

1－1. 전처리에 필요한 물품 및 시약의 보유

1－1－1. 토양 건조용 시설 및 분쇄용 기구를 적절하게 보유하고 있는가?

1－1－2. 분석용 시료는 균일하게 혼합한 후, 눈금간격 2 mm 체로 거른 후 다시 0.15 mm 체로 거르는가?

1－1－3. 건조기를 사용하는 경우 총 무게 손실이 24시간 동안 5 %(중량) 이하일 때까지 건조하는가?

해설

ES 07130.b(시료의 채취 및 조제)에 따라 정확하게 분석용 시료를 조제를 하며, 시료 조제를 위한 시설 및 물품을 보유하고 있는지 확인한다.

- 수소이온농도, 불소 및 금속류 시험용 시료는 각각의 채취지점에서 채취한 토양시료를 법랑제 또는 폴리에틸렌제 밧트(vat) 위에 균일한 두께로 하여 직사광선이 닿지 않는 장소에서 통풍이 잘 되도록 펼쳐 놓고 풍건시킨 다음, 나무망치 등으로 분쇄하여 분석대상물질에 따라 수소이온농도는 눈금간격 2 mm의 표준체(0메쉬) 6가크롬을 제외한 금속류 함량 분석대상 물질은 눈금간격 0.15 mm의 표준체(100메쉬) 그리고 불소는 눈금간격 2 mm의 표준체(10메쉬)로 체거름하여 조제한다. 이때 해당 시험법 시료는 체거름하기 전 사분법에 따라 균일하게 혼합되도록 한 후 조제한다.

만약, 풍건 시료 사용이 곤란한 경우, 수분 흡수와 오염 유발의 위험성이 없는 넓은 용기에 5 cm 이하의 두께로 토양 시료를 편 다음, 건조기(40 ℃ 이하)에서 토양 시료의 총 무게손실이 24시간 동안 5 %(중량 기준) 이하일 때까지 건조한 후 해당 분석용 시료로 조제한다.

토양시료의 입자 차이가 크거나 밀도 차이가 있는 입자의 혼입으로 인하여 분석결과의 오차가 발생할 우려가 있을 경우에는 2 mm 표준체(10메쉬)로 체거름한 시료를 막자사발 등으로 분쇄한 다음 분석대상물질에 따라 해당 표준체로 체거름하여 분석용 시료로 조제한다.

– 시안, 6가크롬 및 유기물질 시험용 시료는 채취지점에서 채취한 토양시료에서 돌, 나무 등 협잡물을 제거한 후 분석용 시료로 한다.

1-2. 전처리 과정의 적정성

1-2-1. 산분해에 필요한 적절한 시설을 보유하고 있는가?

1-2-2. 전처리에 필요한 적절한 등급의 시약을 사용하고 있는가?

1-2-3. 바탕시험이 적절하게 진행되고 있는가?

1-2-4. 고농도 시료의 희석은 공정시험기준에 맞게 적절하게 수행되고 있는가?

해설

토양에 함유된 납, 카드뮴 등 금속류를 ES 07400.1b(금속류 – 원자흡수분광광도법) 또는 ES 07400.2b(금속류 – 유도결합플라스마 – 원자발광분광법)에 따라 분석하는 경우, ES 07130.b(시료의 채취 및 조제)에 따라 조제한 분석용 시료를 다음과 같이 적절히 전처리하는지 확인한다.

– 시료 3 g을 0.001 g까지 정확하게 취하여 250 mL 반응용기에 넣고 약 0.5 mL ~ 1 mL의 정제수로 시료를 적신 후 염산 21 mL를 첨가하면서 잘 섞은 다음 질산 7 mL를 가하여 잘 저어준다. 이때 거품의 발생을 줄이기 위해 필요하면 질산을 한 방울씩 떨어뜨린다.

– 흡수용기에 0.5 M 질산 15 mL를 붓고 흡수용기와 환류냉각관을 반응용기에 연결시킨 후 상온에서 2시간 이상 정치시켜 토양내의 유기물이 천천히 산화되도록 한다.

– 정치 후 반응혼합물의 온도를 서서히 올려 환류조건에 도달하도록 하고 2시간 동안 그 상태를 유지시킨다. 이때 환류냉각되는 부분이 냉각관 높이의 1 / 3보다 낮은 부분에서 이루어지도록 확인하면서 분해시킨다.

– 분해가 끝나면 반응용기를 냉각시킨다. 흡수용기내의 내용물을 환류냉각관을 통하여 반응용기에 첨가하고 흡수용기와 환류냉각관을 0.5 M 질산 10 mL로 씻어 반응용기에 넣는다.

– 반응용기를 정치시켜 대부분의 불용성 잔류물이 현탁액에서 침전되도록 한다. 상대적으로 고형분이 없는 위층을 조심스럽게 Whatman No. 40 또는 이와 동등한 여과지로 100 mL 부피플라스크에 여과하고 불용성 잔류물을 여과지 위에서 최소량의 0.5 M 질산을 이용하여 세척한 후 0.5 M 질산으로 표선까지 채워 시료용액으로 사용한다.

ES 07400.1b(금속류 – 원자흡수분광광도법)에 따르면 시약바탕시료를 시료군마다 1개씩 분석하도록 규정하고 있으며, 그 결과는 방법검출한계 이하인지 확인한다.

(기기)분석

2-1. 분석장비 또는 물품 보유의 적합성

2-1-1. 필요한 분석장비는 정상적으로 작동되고 있는가?

2-1-2. 수소화물발생장치를 보유하고 있는가(As 분석 시)

2-1-3. 측정 전 분석기기의 안정화를 확인하고 있는가?

해설

토양 중의 중금속 성분을 분석하기 위한 분석기기는 토양오염공정시험기준에 의하면 원자흡수분광광도계와 유도결합플라즈마 원자발광분광광도계가 주로 사용되며 6가크롬을 분석하기 위해서는 자외선 / 가시선 분광광도계가 사용되고 있다. 따라서 이들 장비는 모두 정상적으로 가동되고 있어야 하며 이들 기기에는 결과를 인쇄할 수 있는 프린터 등이 연결되어 있어야 한다.

ES 07404.3(비소 – 수소화물생성 – 유도결합플라스마 – 자발광분광법)을 적용하여 비소를 측정하는 경우, ICP–AWS와 함께 수소화물발생장치를 보유하고 있어야 한다.

분석기기는 사용 전에 미리 전원을 넣어 충분히 안정화한다. 원자흡수분광광도계를 사용하는 경우, 기기를 가동하여 속빈 음극램프에 전류가 흐르게 하고 에너지 레벨이 안정될 때까지 10분 ~ 20분간 예열하며, 최적 에너지 값(gain)을 얻도록 선택파장을 최적화한다. 유도결합플라스마 – 원자발광분광광도계를 이용하는 경우는 플라스마를 켜고 30분 ~ 60분간 불꽃을 안정화시킨 후, 기기업체에서 제공하는 매뉴얼에 따라 해당 표준물질을 사용하여 분석조건을 최적화 한다

중금속류 분석에 분광광도계를 적용하는 경우에 사용되는 흡수셀은 시료액의 흡수파장이 약 370 nm 이상일 때는 석영 또는 경질유리 제품을, 약 370 nm 이하일 때는 석영 흡수셀을 사용한다. 따로 길이를 지정하지 않았을 때는 10 mm 흡수셀을 사용하며, 흡수셀의 세척방법은 다음과 같이 한다.

– 탄산소듐용액(2 W / V%)에 소량의 음이온 계면활성제(예: 액상 합성세제)를 가한 용액에 흡수셀을 담가 놓고 필요하면 40 ℃ ~ 50 ℃로 약 10분간 가열한다. 흡수셀을 꺼내 물로 씻은 후 질산(1+5)에 소량의 과산화수소를 가한 용액에 약 30분간 담가 놓았다가 꺼내어 물로 잘 씻는다. 깨끗한 가제나 흡수지 위에 거꾸로 놓아 물기를 제거하고 실리카겔을 넣은 건조용기 중에서 건조하여 보존한다. 급히 사용하고자 할 때는 물기를 제거한 후 에틸알코올로 씻고 다시 에틸에터로 씻은 다음 드라이어(Dryer)로 건조해도 무방하다.
  또 빈번하게 사용할 때는 물로 잘 씻은 다음 증류수를 넣은 용기에 담가 두어도 무방하다.

2-2. 분석조건의 적절성

2-2-1. 항목별 흡수파장 또는 발광파장 선택이 적절한가?

2-2-2. 분석에 사용되는 가스 순도는 적절한가?

2-2-3. 시료농도에 적절한 시험장비를 사용하는가?

해설

ES 07400.1b(금속류 – 원자흡수분광광도법)를 적용하는 경우, 원자흡수분관광도계에 불꽃을 만들기 위하여 구리, 납, 니켈, 아연, 카드뮴 등의 금속류는 공기– 아세틸렌 불꽃에 주입하여 분석한다.

일반적으로 금속류 – 유도결합플라스마 – 질량분석법에 사용되는 아르곤 기체는 액화 또는 압축 아르곤으로서 99.99 % 이상의 순도를 갖는 것이어야 한다.

〈원자흡수분광광도법에 의한 금속별 정량한계〉

금속종류	측정파장(nm)	불꽃기체	정량한계(mg / kg)
구리	324.7	A– Ac	1.0
납	283.3	A– Ac	4.0
니켈	232.0	A– Ac	4.0
아연	213.9	A– Ac	2.0
카드뮴	228.8	A– Ac	0.40

* A– Ac: 공기– 아세틸렌

◘ 유도결합플라스마 – 원자발광광도법에 의한 금속별 정량한계

금속종류	측정파장(nm)	제2측정파장(nm)	정량한계(mg / kg)
구리	324.754	219.96	1.0
납	220.353	216.999	1.5
니켈	231.604	221.647	0.4
비소	193.696	188.979	1.50
아연	213.856	206.200	1.0
카드뮴	226.502	214.438	0.10

2–3. 검정곡선의 작성

2–3–1. 검정곡선은 적정량의 표준용액으로 분석 시마다 작성하는가?(ICP: 3점 이상, AAS: Cu, Pb, Ni 5점 이상, Cd, Zn 3점 이상)

2–3–2. 검정곡선의 결정계수가 0.98 이상인가?(또는 감응계수(RF)의 상대표준편차가 20 % 이하인가?)

2–3–3. 검정곡선 작성에 사용된 표준용액은 적합한 표준물질을 사용하여 제조하고 있는가?

해설

ES 07400.1b(금속류 – 원자흡수분광광도법)에 의하면 구리, 납, 니켈 표준용액(40.0 mg / L) 및 아연, 카드뮴 표준용액(10.0 mg / L) 0 mL ~ 20.0 mL를 단계적으로 취하여 100 mL 부피플라스크에 넣고 각각에 염산 21 mL와 질산 7 mL를 가한 후 정제수로 표선을 맞춘다. 단, 정량한계 이상 농도를 구리, 납, 니켈의 경우 5개 이상, 아연, 카드뮴의 경우 3개 이상 포함하여 검정곡선을 작성한다.

ES 07400.2b(금속류 – 유도결합플라스마 – 원자발광분광법)에서는 구리, 납, 니켈, 비소 표준용액(50 mg / L)과 아연, 카드뮴 표준용액(20.0 mg / L) 0 mL ~ 20.0 mL를 단계적으로 100 mL 부피플라스크에 넣고, 각각에 염산 21 mL와 질산 7 mL를 가한 후 정제수로 표선을 맞춘다. 단, 정량한계 이상 농도를 3개 이상으로 하여 검정곡선을 작성한다.

두 시험방법 모두, 검정곡선의 결정계수(R^2)는 0.98 이상 또는 감응계수(RF)의 상대표준편차가 20 % 이내여야 하며 결정계수나 감응계수의 상대표준편차가 허용범위를 벗어나면 검정곡선을 재작성한다.

2-4. 바탕시험의 수행 여부

2-4-1. 시약바탕시료의 측정값이 방법검출한계 이하인가?

해설

시료군마다 1개의 시약바탕시료를 분석하여야 하며, 그 값은 방법검출한계 이하여야 한다.

2-5. 방법검출한계 및 정밀도/정확도 측정

2-5-1. 방법검출한계 및 정밀도/정확도는 연 1회 이상 측정하고 있는가?

2-5-2. 정밀도는 상대표준편차로 30 % 이내, 정확도는 70 %~130 % 내에 존재하는가?

2-5-3. 분석자의 교체 또는 분석장비의 수리 및 이동 등 변동사항이 생길 경우 방법검출한계 및 정밀도/정확도를 측정하고 있는가?

2-5-4. 고농도의 시료 분석 후 시약바탕시료를 측정하여 오염 여부를 점검하는가?

해설

ES 07400.1b(금속류 – 원자흡수분광광도법) 및 ES 07400.2b(금속류 – 유도결합플라스마 – 원자발광분광법) '6.0 정도보증/정도관리'에 따라 방법검출한계, 정량한계, 정밀도 및 정확도는 연 1회 이상 산정하는 것을 원칙으로 하며, 분석자의 교체, 분석 장비의 수리 및 이동 등의 주요 변동사항이 생길 경우에는 다시 산정한다. 검정곡선 검증 및 시약바탕시료의 분석은 각 시료군마다 실시하며, 고농도의 시료를 분석한 다음에는 시약바탕시료를 측정하여 오염 여부를 점검한다.

ES 07400.1b(금속류 – 원자흡수분광광도법)에 의하면 정밀도는 상대표준편차로서 30 % 이내여야 하며, 정확도는 70 % ~ 130 %에 있어야 한다. 방법검출한계는 명시된 것이 없으나 정량한계 및 방법검출한계 도출방법을 적용할 때, 구리는 0.314 mg/kg, 납과 니켈은 1.256 mg/kg, 아연 0.628 mg/kg, 카드뮴 0.126 mg/kg이다.

ES 07400.2b(금속류 – 유도결합플라스마 – 원자발광분광법)에 의하면 정밀도는 상대표준편차로서 30 % 이내여야 하며, 정확도는 70 % ~ 130 %에 있어야 한다. 방법검출한계는 명시된 것이 없으나 정량한계 및 방법검출한계 도출방법을 적용할 때, 구리와 아연은 0.314 mg/kg, 납과 비소는 0.471 mg/kg, 니켈 0.126 mg/kg, 카드뮴 0.031 mg/kg이다.

시험결과의 계산

3-1. 시험결과 계산과정(계산식)의 정확성

3-1-1. 분석시료의 농도범위는 검정곡선의 범위에 있는가?

3-1-2. 항목별 정량한계는 정확하게 도출되며, 시험방법에 따른 정량한계를 만족하는가?

해설

ES 07400.1b(금속류 – 원자흡수분광광도법)에 의한 검정곡선 작성법에 따르면 구리, 납, 니켈은 8.0 mg / L 이내, 아연, 카드뮴은 2.0 mg / L 이내에서 금속류의 분석 결과값이 도출되어야 하며, ES 07400.2b(금속류 – 유도결합플라스마 – 원자발광분광법)에 의해서는 구리, 납, 니켈, 비소는 10 mg / L 이내, 아연, 카드뮴은 4 mg / L 이내에서 결과값이 도출되어야 한다.

각 시험방법별 각 항목별 정량한계는 '2-2 분석조건의 적절성' 해설을 참조하라.

3-2. 바탕시험값의 보정 여부

3-2-1. 시약바탕시료의 측정값으로 토양 금속농도 결과 계산 시에 보정하는가?

해설

시험결과의 계산에 바탕시험값을 제하고 결과를 도출한다.

3-3. 결과표기의 적절성

3-3-1. 시험결과의 계산 시 단위표현은 정확한가?

해설

시험결과는 각 시험방법의 '8.0 결과보고'에 따라 정확히 계산하는지 확인한다.

다. 토양-3(유기물질: BTEX 등)

시료의 조제

1-1. 전처리에 필요한 물품 및 시약의 보유

1-1-1. 전처리에 필요한 시약을 보유하고 있는가?(내부표준물질)

1-1-2. 사용 전 vial의 무게를 적절하게 측정, 관리하고 있는가?

해설

ES 07600.1a(휘발성유기화합물 – 퍼지– 트랩 기체크로마토그래피 – 질량분석법)에 의한 전처리를 위해서 내부표준용액, 메틸알코올, 무수황산소듐 등을 보유하고 있는지 확인한다.

ES 07601.2a(벤젠, 톨루엔, 에틸벤젠, 자일렌 – 퍼지– 트랩 기체크로마토그래피)에 의한 시험에서의 표준용액으로는 혼합표준용액과 내부표준용액 및 대체표준용액을 보유하고 있어야 하며, 전처리를 위해서는 메틸알코올과 무수황산소듐을 보유하고 있어야 한다.

1 – 2. 전처리 과정의 적정성

1 – 2 – 1. 채취한 vial의 무게를 즉시 측정하고 있는가?

1 – 2 – 2. 내부표준물질을 공정시험방법에 적합하게 처리하는가?

1 – 2 – 3. 시료의 분석은 보존기간 내에 실시하고 있는가?

1 – 2 – 4. 바탕시험이 적절하게 진행되고 있는가?

1 – 2 – 5. 고농도 시료 분석 후에 오염 여부 판단을 위하여 바탕시료 분석을 수행하고 있는가?

해설

BTEX 등은 휘발성이 강하므로 시료를 채취한 후 가능한 한 즉시 시험하도록 하고 채취한 시료를 즉시 시험할 수 없을 경우 ES 07600.1a(휘발성유기화합물 – 퍼지– 트랩 기체크로마토그래피 – 질량분석법) 및 ES 07601.2a(벤젠, 톨루엔, 에틸벤젠, 자일렌 – 퍼지– 트랩 기체크로마토그래피)에 의거하여 0 ℃ ~ 4 ℃에서 보존하고 14일 이내에 분석하여야 한다.

또한 분석과정의 적정성을 확인하기 위하여 바탕시료를 분석하도록 하고 고농도 시료를 분석한 후에는 유리기구 등을 통한 교차오염을 방지하기 위하여 잘 세척하도록 하며, 필요 시 기구바탕시료를 분석하여 오염 여부를 확인한다.

(기기)분석

2 – 1. 분석장비 또는 물품 보유의 적합성

2 – 1 – 2. 필요한 분석장비는 정상적으로 가동되고 있는가?

2 – 1 – 3. 유리기구 등은 다른 분야와 구분하여 사용하고 있는가?

해설

토양 중 BTEX 등을 위한 시험방법으로는 ES 07600.1a(휘발성유기화합물 – 퍼지– 트랩 기체크로마토그래피 – 질량분석법), ES 07601.1a(벤젠, 톨루엔, 에틸벤젠, 자일렌 – 퍼지– 트랩 기체크로마토그래피 – 질량분석법), ES 07601.2a(벤젠, 톨루엔, 에틸벤젠, 자일렌 – 퍼지– 트랩 기체크로마토그래피) 등이 있으므로 이들 시험방법을 운용할 수 있는 장비들이 정상적으로 가동되는지 확인한다.

또한 토양 중의 BTEX 등은 타 분야의 BTEX 농도보다 높으므로 가능한 한 유리기구 등을 별도로 사용함으로써 교차오염을 방지할 수 있도록 한다.

2-2. 분석조건의 적절성

2-2-1. 퍼지-트랩장치의 트랩관과 냉각응축부는 규격을 만족하며, 청결한 상태를 유지하고 있는가?

2-2-2. 분석컬럼 및 트랩은 분석항목에 적합한 것을 사용하는가?

2-2-3. 주기적으로 튜닝을 실시하고, 최신 튜닝결과를 시험분석에 반영하는가?

2-2-4. 운반가스(He, N_2) 순도(99.999 %)와 유량(0.5 mL / min ~ 4 mL / min)은 적절한가?

2-2-5. 정제수의 바탕시험 시 표준물질 봉우리 부근에 불순물이 없는지 확인하고 사용하는가?

해설

ES 07600.1a(휘발성유기화합물 – 퍼지– 트랩 기체크로마토그래피 – 질량분석법)와 ES 07601.2a(벤젠, 톨루엔, 에틸벤젠, 자일렌 – 퍼지– 트랩 기체크로마토그래피)에 따라 퍼지– 트랩장치의 퍼지부는 5 mL ~ 25 mL의 시료를 주입할 수 있는 스파저(sparger)와 시료를 일정 온도로 가열할 수 있는 가열장치가 있어야 하며, 트랩관은 길이 5 cm ~ 30 cm, 안지름 2 mm 이상의 스테인리스강관에 휘발성유기화합물을 흡착·농축할 수 있는 충전제가 충전된 것 또는 이와 동등 이상의 성능을 가진 것이어야 한다. 냉각응축부는 안지름 0.20 mm ~ 0.53 mm의 모세관을 -50 ℃ ~ –150 ℃ 정도로 냉각이 가능하고 또한 약 200 ℃ 정도로 가열이 가능한 장치 또는 이와 동등 이상의 성능을 가진 것이어야 한다.

기체크로마토그래프의 컬럼은 안지름 0.20 mm ~ 0.35 mm, 필름두께 0.1 μm ~ 0.50 μm, 길이 15 m ~ 60 m의 DB–1, DB–5 및 DB–624 등의 모세관이나 동등한 분리성능을 가진 모세관으로 대상 분석 물질의 분리가 양호한 것을 택하여 시험하며, 운반기체는 부피백분율 99.999 % 이상의 헬륨으로서(또는 질소) 유량은 0.5 mL / min ~ 4 mL / min, 시료도입부 온도는 120 ℃ ~ 250 ℃, 컬럼 온도는 30 ℃ ~ 250 ℃로 사용한다.

분석에 사용되는 정제수는 시약용 정제수를 사용하거나, 정제수를 15분간 끓인 후 90 ℃를 유지하면서 불활성기체로 1시간 동안 퍼지하여 휘발성유기화합물을 제거하고 병 구멍이 작은 유리병에 넣은 다음 마개를 한다. 바탕시험을 할 때 표준물질의 봉우리 부근에 불순물 봉우리가 없는 것을 사용한다.

2-3. 검정곡선의 작성

2-3-1. 검정곡선은 적정량의 표준용액으로 5점 이상으로 분석 시마다 작성하는가?

2-3-2. 시험 중 검정인자(CF)가 초기 검정곡선의 검정인자(CF)와의 편차백분율이 ± 20 % 이상일 때는 새로운 검정곡선을 작성하는가?

2-3-3. 검정곡선 작성에 사용된 표준용액은 적합한 표준물질을 사용하여 제조하고 있는가?

2-3-4. 시료농도에 적합하게 메탄올 추출물을 주입하는가?

해설

검정곡선(calibration curve)은 지시값과 이에 해당하는 측정값 사이의 관계를 나타내는 표현으로, 시료 중 시험대상물질의 농도를 포함하도록 범위를 설정하고 검정곡선 작성용 표준용액은 가급적 시료의 매질과 비슷하게 제조하여야 하며, 반드시 시료의 분석 시마다 새로 작성하여야 하며 부득이 이를 수행하지 못할 경우 해당 시험법의 설명을 따른다.

ES 07600.1a(휘발성유기화합물 – 퍼지– 트랩 기체크로마토그래피 – 질량분석법)와 ES 07601.2a(벤젠, 톨루엔, 에틸벤젠, 자일렌 – 퍼지– 트랩 기체크로마토그래피)에 따르면 검정곡선의 작성 및 검증은 정량범위 이상의 5개 이상 농도에 대해 검정곡선을 작성하고, 얻어진 검정곡선의 결정계수(R^2)가 0.98 이상 또는 감응계수(RF)의 상대표준편차가 20 % 이내여야 하며 결정계수나 상대표준편차가 허용범위를 벗어나면 재작성하도록 한다.
시료분석을 연속으로 수행할 경우에는 일주일에 1회 검정곡선을 작성하고, 그 기간 중 검정곡선을 검증하기 위하여 매일 1개의 표준용액(검정곡선 작성 중간농도)을 측정하여 검정인자(calibration factor: CF)를 구한다. 이 값이 초기 검정곡선 작성 시 구해진 검정인자와 비교했을 때 편차백분율이 ± 20 % 이내일 때는 원래의 검정곡선을 이용하여 시료중의 농도를 정량하며, 편차백분율이 ± 20 % 이상일 때는 새로운 검정곡선을 작성하여야 한다.

2-4. 바탕시험의 수행 여부

2-4-1. 시약바탕시료의 측정값이 방법검출한계 이하인가?

해설

시료군마다 1개의 시약바탕시료를 분석하여야 하며, 그 결과값은 방법검출한계 이하여야 한다.

2-5. 방법검출한계 및 정밀도/정확도 측정

2-5-1. 방법검출한계 및 정밀도/정확도는 연 1회 이상 측정하고 있는가?

2-5-2. 정밀도는 상대표준편차로 30 % 이내, 정확도는 70 %~130 % 내에 존재하는가?

2-5-3. 분석자의 교체 또는 분석장비의 수리 및 이동 등 변동사항이 생길 경우 방법검출한계 및 정밀도/정확도를 측정하고 있는가?

2-5-4. 고농도의 시료 분석 후 시약바탕시료를 측정하여 오염 여부를 점검하는가?

해설

인력과 장비의 교체 시 방법검출한계, 정밀도 및 정확도가 검토되며, 토양오염공정시험기준에서는 이들에 대해 연 1회 이상 측정하도록 규정하고 있지 않으나 통상적으로는 분석능력의 확인을 위하여 연 1회 이상 측정할 필요가 있다. 분석장비를 수리한 후 그리고 위치를 이동하였을 때는 방법검출한계, 정확도 및 정밀도를 측정하도록 하고 있으나 이러한 것들의 기준은 ES 07600.1a(휘발성유기화합물 – 퍼지– 트랩 기체크로마토그래피 – 질량분석법) 등 토양오염공정시험기준에 명시된 값을 적용하는 것이 아니며, 각 실험실의 운영목적에 따라 내부적으로 규정한 값을 적용하여야 한다. 또한 토양오염공정시험기준의 각 값들은 인력의 능력, 장비의 상태 및 환경조건 등이 감안되어 정해진 값이므로 분석장비를 수리한 후 그리고 위치를 이동하였을 때는 방법검출한계, 정확도 및 정밀도 값은 토양오염공정시험기준에 규정된 것보다 강화된 값을 적용하는 것이 타당하다.
ES 07600.1a(휘발성유기화합물 – 퍼지– 트랩 기체크로마토그래피 – 질량분석법)와 ES 07601.2a(벤젠, 톨루엔, 에틸벤젠, 자일렌 – 퍼지– 트랩 기체크로마토그래피)에 따른 정밀도는 상대표준편차로 산정하여 30 % 이내여야 하며, 정확도는 70 % ~ 130 %여야 한다.

시험결과의 계산

3－1. 시험결과 계산과정(계산식)의 정확성

3－1－1. 시험결과의 계산은 단위표현이 정확한가?

3－1－2. 분석시료의 농도범위는 검정곡선의 범위에 있는가?

3－1－3. 항목별 정량한계는 정확하게 도출되며, 시험방법에 따른 정량한계를 만족하는가?

해설

시료의 분석값은 검정곡선(농도 5개 이상으로 작성) 농도범위 내에서 도출되어야 하며, ES 07600.1a(휘발성유기화합물 － 퍼지－ 트랩 기체크로마토그래피 － 질량분석법)에 의한 정량한계는 각 항목별로 0.1 mg / kg이므로 이를 만족하는지 확인한다.

3－2. 수분함량의 보정 여부

3－2－1. 분석결과의 계산 시 수분함량이 보정된 토양의 무게를 적용하는가?

해설

시험결과의 계산에 바탕시험값을 제하고 결과를 도출하고, ES 07600.1a(휘발성유기화합물 － 퍼지－ 트랩 기체크로마토그래피 － 질량분석법) '8.0 결과보고'의 계산식에 따라 수분을 보정한 건조된 토양시료의 중량으로 계산하는지 확인한다.

3－3. 결과표기의 적절성

3－3－1. 시험결과의 계산 시 단위표현은 정확한가?

해설

시험결과는 국제단위계에 따라 표현하여야 하며, 결과표시는 ES 07002(정량한계 및 결과표시)에 따라 BTEX는 소수 첫째자리까지 표기한다.

라. 토양－4(유기물질: TPH, 벤조(a)피렌 등)

시료의 조제

1－1. 전처리에 필요한 물품 및 시약의 보유

1－1－1. 항목에 맞는 전처리 장비를 보유하고 있는가?

1－1－2. 전처리에 사용되는 시약의 등급은 적절한 등급을 사용하고 있는가?

1-1-3. 유리기구 등은 다른 분야와 구분하여 사용하고 있는가?

해설

ES 07552.1b(석유계 총탄화수소 – 기체크로마토그래피)에 의한 시험에서의 표준용액으로는 노말알칸 표준원액과 그에 상응하는 대체표준물질을 보유하고 있어야 하고, 전처리 과정에서의 추출을 위하여는 속슬레 추출장치 또는 초음파추출기가 있어야 하며, 유출액의 농축을 위해서는 구데르나다니쉬(K.D.) 농축기 또는 회전증발농축기가 필요하다. ES 07551.1b(벤조(a)피렌 – 기체크로마토그래피 – 질량분석법)를 위해서는 벤조(a)피렌 표준물질과 내부표준물질, 노말헥산, 무수황산소듐 등이 필요하고, 전처리 과정에서의 추출을 위하여 회전증발농축기 또는 초음파추출기 등이 필요하다.

1-2. 전처리 과정의 적정성

1-2-1. 공정시험방법에 적합하게 전처리하는가?

1-2-2. 시험업무량과 전처리에 소모된 시약의 양은 적절하게 구매, 사용되었는가?

1-2-3. 토양오염공정시험기준에 적합한 기간 내에 추출 및 전처리가 이루어지는가?

1-2-4. 시약바탕시험이 적절하게 진행되고 있는가?

해설

TPH 등의 물질은 휘발성이 강하므로 시료를 채취한 후 가능한 한 즉시 시험하도록 하고 채취한 시료를 즉시 시험할 수 없을 경우 ES 07552.1b(석유계 총탄화수소 – 기체크로마토그래피)에 의거하여 0 ℃ ~ 4 ℃에서 보존하고 14일 이내에 추출하여야 하며, 시료채취일로부터 40일 이내에 분석하여야 한다.
또한 유리기구를 통한 교차오염을 방지하기 위하여 일반 시험에 사용되는 유리기구와 TPH 등 시험에 사용되는 유리기구는 혼용해서 사용하지 않도록 한다(일반 유리기구와 달리 고무 또는 플라스틱 제품과 접촉하지 않도록 하여 세척한다).
속슬레 추출법에 따라 추출을 하는 경우, 다이클로로메테인이 300 mL 이상 소모되며, 초음파추출법을 적용하면 100 mL 이상 소모되므로 다이클로로메테인의 소모량이 적정한지 확인한다.
ES 07001.a(정도보증 / 정도관리)에 따라 시료군마다 1개의 시약바탕시료(reagent blanks)를 '7.0 분석절차'와 동일하게 측정하며, 측정값은 방법검출한계 이하인지 확인한다.

(기기) 분석

2-1. 분석장비 또는 물품 보유의 적합성

2-1-1. 필요한 분석장비를 보유하고 있는가?

2-1-2. 필요한 분석장비는 정상적으로 가동되고 있는가?

2-1-3. 유리기구 등은 다른 분야와 구분하여 사용하고 있는가?

2-1-4. 교차오염을 막기 위하여 시험분석공간을 구분하여 사용하고 있는가?

해설

ES 07552.1b(석유계 총탄화수소 – 기체크로마토그래피)를 위해서는 GC가 사용되며, ES 07551.1b(벤조(a)피렌 – 기체크로마토그래피 – 질량분석법)를 위해서는 GC와 질량분석기가 사용되므로 정상적인 기능을 갖는 이들 장비 중 하나를 보유하고 있어야 한다.

2–2. 분석조건의 적절성

2–2–1. 분석컬럼은 분석항목에 적합한 것을 사용하는가?

2–2–2. 운반가스(He, N_2) 순도(99.999 %)와 유량(0.5 mL / min ~ 4 mL / min)은 적절한가?

해설

ES 07552.1b(석유계 총탄화수소 – 기체크로마토그래피)에 의한 시험에서 기체크로마토그래프를 위한 컬럼은 안지름 0.20 mm ~ 0.53 mm, 필름두께 0.1 μm ~ 3.0 μm, 길이 15 m ~100 m의 DB–1, DB–5 및 DB–608 등의 모세관이나 동등한 분리성능을 가진 모세관으로 대상 분석 물질의 분리가 양호한 것을 택하여 시험하고, 운반기체는 부피백분율 99.999 % 이상의 헬륨 또는 질소로서 유량은 0.5 mL / min ~ 5 mL / min, 시료도입부 온도는 200 ℃ ~ 300 ℃, 컬럼 온도는 50 ℃ ~ 300 ℃로 사용한다.

ES 07551.1b(벤조(a)피렌 – 기체크로마토그래피 – 질량분석법)에 의한 시험에서 기체크로마트그래프를 위한 컬럼은 안지름 0.20 mm ~ 0.35 mm, 필름두께 0.1 μm ~ 0.50 μm, 길이 15 m ~ 60 m의 DB–1, DB–5 및 DB–624 등의 모세관이나 동등한 분리성능을 가진 모세관으로 대상 분석물질의 분리가 양호한 것을 택하여 시험하고, 운반기체는 부피백분율 99.999 % 이상의 헬륨으로서(또는 질소) 유량은 0.5 mL / min ~ 4 mL / min, 시료도입부 온도는 150 ℃ ~ 250 ℃, 컬럼 온도는 30 ℃ ~ 250 ℃로 사용하는지 확인한다.

2–3. 검정곡선의 작성

2–3–1. 검정곡선은 적정량의 표준용액으로 5점 이상으로, 분석 시마다 작성하는가?

2–3–2. 시험 중 검정인자(CF)가 초기 검정곡선의 검정인자(CF)와의 편차백분율이 ± 20 % 이상일 때는 새로운 검정곡선을 작성하는가?

2–3–3. 검정곡선 작성에 사용된 표준용액은 적합한 표준물질을 사용하여 제조하고 있는가?

해설

검정곡선(calibration curve)은 지시값과 이에 해당하는 측정값 사이의 관계를 나타내는 표현으로, 시료 중 시험대상물질의 농도를 포함하도록 범위를 설정하고 검정곡선 작성용 표준용액은 가급적 시료의 매질과 비슷하게 제조하여야 하며, 반드시 시료의 분석 시마다 새로 작성하여야 하며 부득이 이를 수행하지 못할 경우 해당 시험법의 설명을 따른다.

ES 07552.1b(석유계 총탄화수소 – 기체크로마토그래피)에 의한 검정곡선 작성은 제시한 농도 범위 내에서 5개 이상의 농도(정량한계 이상)에 대해 검정곡선을 작성하고 얻어진 검정곡선의 결정계수(R^2)가 0.98 이상 또는 감응계수

(RF)의 상대표준편차가 20 % 이내여야 하며 결정계수나 감응계수의 상대표준편차가 허용범위를 벗어나면 재작성하도록 한다.
ES 07551.1b(벤조(a)피렌 – 기체크로마토그래피 – 질량분석법)에 의한 검정곡선 작성은 정량한계 이상의 농도 범위 내에서 3개 이상의 농도를 택하여 작성하되 검정곡선의 결정계수(R^2)가 0.98 이상 또는 감응계수(RF)의 상대표준편차가 20 % 이내여야 하며 결정계수나 감응계수의 상대표준편차가 허용범위를 벗어나면 재작성하도록 한다.
시료분석을 연속으로 수행할 경우에는 일주일에 1회 검정곡선을 작성하고, 그 기간 중 검정곡선을 검증하기 위하여 매일 1개의 표준용액(검정곡선 작성 중간농도)을 측정하여 검정인자(calibration factor: CF)를 구한다. 이 값이 초기 검정곡선 작성 시 구하여진 검정인자와 비교했을 때 편차백분율이 ± 20 % 이내일 때는 원래의 검정곡선을 이용하여 시료중의 농도를 정량하며, 편차백분율이 ± 20 % 이상일 때는 새로운 검정곡선을 작성하여야 한다.

2-4. 바탕시험의 수행여부

2-4-1. 시약바탕시료의 측정값이 방법검출한계 이하인가?

2-4-2. 고농도 시료 분석 후, 또는 시료 20개마다 시약바탕시료를 추가하여 분석함으로써 오염 여부를 판단하는가?

해설

시료군마다 1개의 시약바탕시료를 분석하며 그 측정값은 방법검출한계 이하여야 한다.

2-5. 방법검출한계 및 정밀도 / 정확도 측정

2-5-1. 방법검출한계 및 정밀도 / 정확도는 연 1회 이상 측정하고 있는가?

2-5-2. 정밀도는 상대표준편차로 30 % 이내, 정확도는 70 % ~ 130 % 내에 존재하는가?

2-5-3. 분석자의 교체 또는 분석장비의 수리 및 이동 등 변동사항이 생길 경우 방법검출한계 및 정밀도 / 정확도를 측정하고 있는가?

2-5-4. 검정곡선 작성 범위를 벗어나는 고농도 시료의 경우, 희석한 용액의 측정값이 검정곡선 작성 범위 안에 있는가?

해설

인력과 장비의 교체 시, 방법검출한계를 확인할 필요가 있으며 정밀도와 정확도도 함께 검토되어야 한다.
ES 07552.1b(석유계 총탄화수소 – 기체크로마토그래피)에 의하면 동일한 매질의 인증표준시료 또는 정량한계의 1배 ~ 10배의 같은 농도로 표준물질을 첨가한 시료를 4개 이상 준비하여 '7.0 분석절차'에 따라 분석하여 평균값과 표준편차를 구하여 정밀도 및 정확도를 산출하되 정밀도는 상대표준편차(RSD)로서 30 % 이내여야 하며, 정확도는 측정평균값의 상대 백분율로서 70 % ~ 130 %여야 한다.
ES 07551.1b(벤조(a)피렌 – 기체크로마토그래피 – 질량분석법)에 의하면 동일한 매질의 인증표준시료 또는 정량한계의 1배 ~ 10배의 같은 농도로 표준물질을 첨가한 시료를 4개 이상 준비하여 '7.0 분석절차'에 따라 분석하여 평균값과 표준편차를 구하여 정밀도 및 정확도)를 산출하되 정밀도는 상대표준편차(RSD)로서 30 % 이내여야 하며, 정확도는 측정평균값의 상대 백분율로서 60 % ~ 130 %여야 한다.

시험결과의 계산

3 - 1. 시험결과 계산과정(계산식)의 정확성

3 - 1 - 1. 시험결과의 계산은 정확한가?

3 - 1 - 2. 분석시료의 농도범위는 검정곡선의 작성 범위에 있는가?

해설

ES 07552.1b(석유계 총탄화수소 - 기체크로마토그래피)에 의한 시료의 분석값은 검정곡선(농도 5개 이상으로 작성) 농도범위(총 노말알칸 농도 170 mg / L ~ 3,400 mg / L) 내에서 도출되어야 하며, 정량한계는 50 mg / kg이므로 이를 만족하는지 확인한다.

ES 07551.1b(벤조(a)피렌 - 기체크로마토그래피 - 질량분석법)에 의한 시료의 분석값은 검정곡선(농도 3개 이상으로 작성) 농도범위(벤조(a)피렌 농도 0.1 mg / L ~ 2 mg / L) 내에서 도출되어야 하며, 정량한계는 0.005 mg / kg이므로 이를 만족하는지 확인한다.

아울러, 시료의 봉우리 면적이 검정곡선의 상한치를 초과할 경우에는 일정량의 사료를 취하여 적당한 농도로 정확히 희석한 다음 이 용액으로 측정한다.

3 - 2. 바탕시험값의 보정 여부

3 - 2 - 1. 바탕시료에 대한 보정을 하지 않으며, 바탕시험용액의 농도가 정량한계 이하인가?

해설

ES 07552.1b(석유계 총탄화수소 - 기체크로마토그래피)에 따라 측정하는 경우, 바탕시료에 대한 바탕선 보정은 하지 않으나 바탕시험용액의 농도는 항상 정량한계(50 mg / kg) 이하여야 한다.

3 - 3. 수분함량의 보정 여부

3 - 3 - 1. 분석결과의 계산 시 수분함량이 보정된 토양의 무게를 적용하는가?

해설

ES 07552.1b(석유계 총탄화수소 - 기체크로마토그래피) 및 ES 07551.1b(벤조(a)피렌 - 기체크로마토그래피 - 질량분석법)을 적용한 경우, 그 결과의 계산에서 수분을 보정한 토양시료의 건조중량(kg)을 항상 감안하여야 한다.

3-4. 결과표기의 적절성

3-4-1. 시험결과의 계산 시 단위표현은 정확한가?

해설

시험결과는 국제단위계에 따라 표현하여야 하며, 결과표시는 ES 07002(정량한계 및 결과표시)에 따라 TPH는 정수단위로, 벤조(a)피렌은 소수 셋째자리까지 표기한다.

6 실내공기질 분야

가. 실내공기질-1(공통사항: 기록 및 환경관리 등)

기록관리

1-1. 시료채취에 대한 기록 및 관리의 적절성

1-2. 측정결과에 대한 원자료 기록 및 관리의 적절성

1-3. 성적서의 기록 및 관리의 적합성

1-4. 모든 기록에 대한 접근의 용이성

1-5. 모든 기록의 수정 · 변경에 대한 적절한 보안 조치

해설

시험결과에 대한 근거자료로 사용되는 시료채취기록부와 기기분석의 원자료 등을 명확히 보관하고 있어야 하며, 이들 자료가 훼손되지 않도록 관리하여야 한다.
시료채취기록부와 시험기록부 및 시험성적서 등은 담당자와 기술책임자의 서명이 있어야 유효하며, 시험성적서는 시험성적서 발송대장에 기록을 남긴 후 고객에게 송부되어야 한다.
생산된 모든 자료는 담당자뿐만 아니라 제3자도 쉽게 찾아볼 수 있도록 파일링하는 것이 좋으며, 가능한 한 성적서와 함께 모든 근거자료를 함께 파일링하는 것을 권장한다.
그 외 모든 기록에 대한 수정, 변경 및 접근에 대한 내용은 3장 '2.9 기록관리'의 해설을 참조하라.

분석환경 적절성

2-1. 항온 · 항습기 설치 및 정상가동

2-2. 기기실 및 전처리실의 온도계와 습도계 설치

2-3. 기기실 및 전처리실의 적정한 온도, 습도 유지

해설

실험실에 대한 환경조건은 통상적으로 온도와 습도를 말하지만 실제로는 조명, 환기, 전력공급, 진동 등도 포함되어야 하며 이러한 사항은 환경오염공정시험기준에 그 조건이 명시되어 있다.
열악한 분석환경은 분석결과에 영향을 미칠 수 있으므로 환경관리조건을 제시하고 관리하여 그것을 기록으로 남기는 규정을 품질문서에 명시하고 이행하여야 한다.
실험실 특히 기기분석실과 전처리실, 저울실에 대한 적정 온습도 유지는 매우 중요하기 때문에 적정 온습도를 유지하여야 하며 이를 증명하기 위해 주기적으로 온습도를 측정하고 기록하여야 한다. 그러나 적정 온습도 유지를 위해 반드시 항온항습기를 설치할 필요는 없다. 해당 항목별 시험방법에 특별히 규정하여 그 온습도를 유지하도록 하지 않았다면 일반적인 개념을 적용하여 온습도를 유지하면 되며, 온습도의 유지를 위해 온냉풍기 등을 사용하여도 무방하다.
'환경실험실 운영관리 및 안전'(국립환경과학원, 2015)에 의하면 저울실은 시약의 변질을 방지하기 위해 온도는 18 ℃ ~ 20 ℃, 상대습도는 40 % ~ 60 %를 유지하고, 이화학실험실은 실내온도 18 ℃ ~ 28 ℃, 상대습도는 40 % ~ 60 %, 기기분석실은 실내온도 18 ℃ ~ 28 ℃로 유지하는 것이 바람직하다고 서술되어 있다.

환기시설 설치

3 - 1. 환기시설의 설치 여부

3 - 2. 환기시설의 정상가동

해설

환기는 수단으로 구분하면 자연적 환기와 기계적 환기로 구분된다. 때문에 환기는 별도의 환기시설을 설치하지 않더라도 자연적 환기를 통하여 실험실 내에 유해물질이 배출되도록 한다면 환기시설을 설치한 것으로 보아야 한다. 그러나 자연적 환기만으로 유해물질의 배출이 원활하지 않아 실험실 내에 시약 냄새가 난다면 기계적으로 환기하여야 하며, 기계적 환기를 하든 하지 않든 간에 실험실 내에서 시약 냄새 등이 난다면 정상적으로 가동되지 않는 것으로 보아야 한다.
'환경실험실 운영관리 및 안전'(국립환경과학원, 2015)에 의하면 이화학실험실은 환기횟수를 10회 / 시간 ~ 15회 / 시간 정도 유지하도록 하고 있다.

시료 및 시약의 관리

4 - 1. 시약 및 시료 보관의 적절성

4 - 2. 냉장보관시설의 구비

4 - 3. 표준물질(표준용액 등) 보관의 적절성

4 - 4. 유기용매로 만들어진 유기물질 표준용액 관리의 적합성

4 - 5. 시약 및 표준물질 구매 · 소모에 대한 기록

4-6. 시료의 식별을 위한 적절한 조치

4-7. 제조된 시약의 적절한 관리

해설

분석에 소요되는 각종 장비, 시약 및 표준물질 등은 분석결과에 영향을 미칠 수 있기 때문에 이들 물품을 구매하는 경우, 사양, 구매방법, 수령, 보관방법, 검사방법 등을 포함한 내부규정에 따라 합리적으로 구매하고 보관하여야 한다. 별도의 내부 규정이 없는 경우는 품질문서에 그것들을 명시할 수 있다.

구매한 물품은 요구한 사양에 적합한 것인지를 확인할 때까지는 사용하여서는 안 되며, '시약 및 표준물질 관리대장'에 구입량, 사용량 및 잔고량을 기록하고 있어야 한다.

시약, 표준물질 및 시료는 가능한 한 교차오염 및 화학물질에 의한 위험성을 억제할 수 있도록 각각 별도의 시설에 보관되어야 한다. 제조된 시약과 표준용액도 물질명과 농도, 제조일, 용도, 유효기간 및 제조자 등의 정보를 포함하여 라벨링을 하여야 한다. 특히, 표준물질은 유효일자가 기록된 별도의 대장으로 관리되어야 하고 물질증명서철(Certificate)도 함께 보관할 것을 권장한다.

인화성 물질과 부식성 물질은 각각의 전용 캐비닛을 사용할 것을 권장하며, 인화성 물질을 실험실에 보관하는 경우는 40 L 이상 보관하지 않도록 한다. 표준물질의 보관기간은 제조사에서 제공하는 기간으로 하고, 표준용액은 환경조건에 맞게 내부적으로 규정하여 관리하고 있어야 한다.

참고로, 시약의 저장을 위한 일반적인 기준은 다음과 같다.

1) 모든 화학물질은 특별한 저장 공간이 있어야 한다.
2) 모든 화학물질에는 물질이름, 소유자, 구입날짜, 위험성, 응급절차를 나타내는 라벨을 부착해야 한다.
3) 일반적으로 위험한 물질은 직사광선을 피하고 시원한 곳에 저장하며, 이종물질을 혼입하지 않도록 함과 동시에 화기, 열원으로부터 격리해야 한다.
4) 다량의 위험한 물질은 법령에 의하여 소정의 저장고에 종류별로 저장하고, 또한 독극물은 약품 선반에 잠금장치를 설치하여 보관한다.
5) 특히 위험한 약품의 분실, 도난 시에는 사고가 일어날 우려가 있으므로 담당책임자에게 보고해야 한다.

또한 시료는 특정한 조건에서 보관하는 경우 그에 따른 보존기한이 있으므로 시료의 변질 방지를 위하여 시료보관용 냉장시설을 구비하고 있어야 하며, 가능한 한 빛이 차단된 상태로 보존되어야 한다. 시료는 가능한 한 쉽게 식별할 수 있도록 시험 특성에 따라 각각 다른 색의 라벨링을 한다.

장비 및 물품의 관리

5-1. 분석장비의 주기적 점검

5-2. 교정 대상 장비의 교정 성적서 보유 여부

5-3. 부피측정 유리기구에 대한 교정

5-4. 장비 및 물품의 청결한 관리

5-5. 장비관리대장 작성

해설

시료채취장비를 포함한 모든 장비는 적용하고자 하는 시험방법을 정상적으로 수행할 수 있어야 하며, 자체적으로 보유하고 있는 장비뿐만 아니라 빌려 쓰는 장비와 계약에 의해 공동으로 사용하는 장비도 주기적으로 그 성능이 확인되어야 한다.

새롭게 구입하는 장비를 비롯하여 모든 장비는 사용하기 전에 시험기관이 요구하는 사양을 만족하여야 하며 이를 확인하기 위해 교정을 하거나 점검을 하여야 하고, 그 결과를 기록으로 남기되 필요한 경우 라벨링하여 장비에 부착 한다.

「환경분야 시험·검사 등에 관한 법률 시행규칙」 제2조에 명시된 측정기는 「환경분야 시험·검사 등에 관한 법률」 제11조에 따라 주기적으로 정도검사를 받아야 하며, 그 외 일반적인 분석장비는 「국가교정기관 지정제도 운영요령」 제40조에 따라 주기적으로 교정을 하여야 한다.

교정에는 자체교정과 외부 전문기관에 의한 교정이 있으므로 어떠한 방법을 적용하든 주기적으로 교정하고 그 결과를 장비관리대장에 기록하고 보관하고 있어야 한다.

분석기기뿐만 아니라 유리기구도 분석결과에 부정적인 영향을 미칠 수 있으므로 시험기관의 품질목표에 맞는 기준을 정하여 교정하여야 한다.

ICP등의 정밀기기는 기술표준원의 「국가 교정기관 지정제도 운영세칙」에 교정 주기가 제시되지 않으므로 자체적인 교정계획에 따라 교정하든지 아니면 전문기술자를 통하여 정밀도 확인을 할 필요가 있다. 그 외 저울, 온도조절기 등의 기기와 피펫, 뷰렛 등의 부피 측정용 유리기구는 교정을 받고 교정성적서를 보유하고 있어야 한다. 내부적인 기준으로 교정을 한 경우에도 교정기록을 남겨두어야 한다.

참고로, 「국가교정기관 지정제도 운영요령」 제41조제1항에 "...측정기를 보유 또는 사용하는 자는 주기적으로 해당 측정기를 교정하여야 하며, 이를 위하여 합리적이고 적정한 주기로 수행될 수 있도록 교정대상 및 적용범위를 자체규정으로 정하여 운용할 수 있다."고 규정되어 있으므로 자체적으로 교정주기를 설정하여 운영하는 것이 원칙이나 자체적으로 교정주기를 정하지 않는 경우에는 교정기관에 의뢰하여 교정할 수 있다.

특히 부피 측정용 유리기구는 허용오차 범위 내에 있는 제품을 사용하거나 내부교정을 통하여 실험실의 목표를 달성할 수 있는 허용오차를 마련하고 확인함으로써 실험의 정확성을 유지할 필요가 있다. 아래에 호칭 용량별 일반적 허용오차를 소개한다.

◘ 눈금 피펫의 호칭 용량별 허용오차

호칭 용량(mL)	최소눈금단위(mL)	허용오차(mL)	
		A 등급	B 등급
1	0.01	± 0.01	± 0.015
5	0.05	± 0.03	± 0.05
10	0.1	± 0.05	± 0.1

◘ 부피 피펫의 호칭 용량별 허용오차

호칭 용량(mL)	허용오차(mL)	
	A 등급	B 등급
< 5	± 0.015	± 0.03
< 10	± 0.02	± 0.04
< 25	± 0.03	± 0.06

◘ 부피 플라스크의 호칭 용량별 허용오차

호칭 용량(mL)	허용오차(mL)	
	A 등급	B 등급
20	± 0.04	± 0.08
50	± 0.06	± 0.12
100	± 0.1	± 0.2

또한 분석기기는 「환경분야 시험 · 검사 업무처리규정」(환경부 고시 제2016－166호)에 따라 장비관리카드와 장비관리대장을 작성하여야 한다.

저울의 안정성 확인

6－1. 저울의 수평 조정

6－2. 저울 내부의 흡습제 비치 여부

6－3. 저울 설치장소의 적절성

6－4. 저울 내 · 외부의 청결 상태 유지

해설

저울실은 시약제조 시 표준성 및 정확성을 확보하고 분석오차를 줄이기 위해 실험수행실과 달리 별도의 공간을 확보하도록 하고, 만일 별도의 저울실이 없는 경우 저울을 사용할 공간을 확보하여 주변으로부터의 영향을 최소한으로 줄이는 것이 바람직하다.

저울은 효과적인 측정을 위해서 수평을 유지하고 진동이 없는 곳에 두어야 하며, 저울실의 바닥 역시 내진에 요동하지 않게 설비하는 것이 좋다. 이러한 설비를 갖출 수 없는 경우에는 저울하단부에 저울대를 두고, 주변의 공기흐름을 차단할 수 있는 덮개 등을 이용하는 것이 바람직하다.

저울실은 시약의 변질을 방지하기 위해 적절한 온도 유지(약 18 ℃ ~ 20 ℃)와 건조한 상태(상대습도 40 % ~ 60 %)를 유지해야 한다. 이를 위해 저울 내부공간에 흡습제를 두도록 한다.

저울실에 대한 일반적인 환경조건 및 운용방법은 다음과 같다.

- 이상적인 측정 환경은 실내온도 20 ℃ ± 2 ℃, 상대습도 45 % ~ 60 %이다. 별도의 저울실이 있어 이러한 환경조건을 유지하지 못하는 경우는 각 저울 내부에 습기의 영향을 배제하기 위하여 정상적인 기능을 갖고 있는 흡습제를 비치한다.
- 저울이 설치된 장소는 먼지가 적어야 하며, 저울 내부도 청결하여 이전에 사용하였던 화학물질이 남아 있지 않아야 한다.
- 저울은 진동에 매우 민감하므로 견고한 받침대를 사용해야 하며, 필요시에는 석재와 같은 받침대를 사용하여 평형을 유지한다.
- 에어컨, 환풍기와 같이 진동을 유발하는 장비는 저울 가까이에 설치하지 않는다.
- 직사광선이 닿지 않도록 설치한다.
- 자기를 띠는 기계를 저울 가까운 곳에 설치하지 않도록 한다.
- 저울 발판을 돌려 수평기의 물방울이 수평기 가운데 오도록 설치한다.

- 저울을 사용하기 전에는 반드시 1시간 이상 안정화하여 사용하며, 사용 후 AC 어댑터를 접속한 채로 대기(스텐바이) 상태로 놓아둔다.
- 처음 사용하거나 또는 사용 장소를 이동할 경우 반드시 정밀한 분동을 이용하여 검정하여 사용한다.

정제수의 관리

7-1. 정제수 제조장치의 보유

7-2. 정제수 제조장치 관리의 적절성

해설

정제수제조장치는 제조사 명세서상의 성능수치를 유지하는지 매일 확인한다. 멤브레인 필터(membrane filter)의 유효 사용기간을 엄격하게 준수하고 교환한다. 제조한 정제수 보관기간이 오래되지 않도록 하고 6개월에 한 번씩 아래 모든 항목에 대해 측정하여 성능을 확인하고 필요한 조치를 한다. 실험실은 정제수 제조장치의 교정 또는 성능확인을 위한 절차와 판정기준에 따라 진행하며 장비관리대장 및 내부교정결과보고서에 기록하여 문서화한다.

시약등급수의 수질기준을 미국 ASTM(american society for testing and materials)에서는 4개 등급으로 구분하고 있는데 유형 I은 정밀한 분석용이며, 유형 II는 일반 분석실용이므로 이에 대한 아래의 수질이 보장되어야 한다.

	유형 I (Type I)	유형 II (Type II)
전기전도도, 최댓값, μS / cm, 25 ℃	0.056	1.0
전기 저항, 최솟값, MΩ·cm, 25 ℃	18	1.0
25 ℃에서의 pH	–	–
총 유기탄소(TOC), 최댓값, μg / L	50	50
소듐(Na), 최댓값, μg / L	1	5
염화이온, 최댓값, μg / L	1	5
총 실리카, 최댓값, μg / L	3	3

실험실 폐액처리의 적절성

8-1. 실험실 폐액처리의 적절성

해설

실험실에서 발생하는 폐 유기용제 등은 폐기물관리법에 의한 지정폐기물이므로 이를 보관할 때는 「폐기물관리법 시행규칙」 제14조 별표5 '4. 지정폐기물(의료폐기물은 제외한다)의 기준 및 방법'에 따라 다음과 같이 관리하여야 한다.

- 지정폐기물은 지정폐기물 외의 폐기물과 구분하여 보관
- 폐유기용제는 휘발되지 않도록 밀폐된 용기에 보관
- 지정폐기물 외의 폐기물과 구분하여 보관
- 지정폐기물은 지정폐기물에 의하여 부식되거나 파손되지 않는 재질로 된 보관시설 또는 보관용기를 사용하여 보관

- 지정폐기물 중 폐산 · 폐알칼리 · 폐유 · 폐유기용제 · 폐촉매 · 폐흡착제 · 폐흡수제 · 폐농약, 폴리클로리네이티드비페닐 함유폐기물 등은 60일을 초과하여 보관하여서는 안 됨. 다만, 1년간 배출하는 지정폐기물의 총량이 3톤 미만인 사업장의 경우에는 1년의 기간 내에서 보관
- 지정폐기물의 보관창고에는 보관 중인 지정폐기물의 종류, 보관가능 용량, 취급 시 주의사항 및 관리책임자 등을 적어 넣은 표지판을 다음과 같이 설치하여야 함. 다만, 드럼 등 보관용기를 사용하여 보관하는 경우에는 용기별로 폐기물의 종류 / 양 및 배출업소 등을, 지정폐기물의 종류가 같은 용기가 여러 개 있는 경우에는 폐기물의 종류별로 폐기물의 종류 · 양 및 배출업소 등을 각각 알 수 있도록 표지판에 적어 넣어야 한다.
  - 보관창고에는 표지판을 사람이 쉽게 볼 수 있는 위치에 설치하여야 한다.
  - 표지의 규격: 가로 60 cm 이상 × 세로 40 cm 이상(드럼 등 소형용기에 붙이는 경우에는 가로 15 cm 이상 × 세로 10 cm 이상)
  - 표지의 색깔: 노란색 바탕에 검은색 선 및 검은색 글자
  - 표지판의 보기

지정폐기물 보관표지	
①폐기물의 종류:	②보관가능용량: 톤
③관리책임자:	④보관기간: ~ (일간)
⑤취급 시 주의사항 ○보관 시: ○운반 시: ○처리 시:	
⑥운반(처리)예정장소:	

이러한 폐액은 법령에 규정된 것은 아니지만 종류별로 별도로 분리하여 보관하여야 하며 쉽게 인식할 수 있도록 종류별로 보관용기의 색상을 달리할 것을 권장한다.

고압가스의 안전관리

9-1. 고압가스 실린더를 지지대로 고정하고 있는지 여부

9-2. 가연성과 비가연성 가스의 구분 보관 여부

9-3. 충전유효기간의 적정성

해설

시험에 사용하는 가스저장시설은 시험값의 정확도에는 영향을 미치지 않으나 분석자의 안전과 건강을 위하여 「고압가스안전관리법 시행규칙」 별표8에 따라 관리하여야 한다. 그 주요 내용을 살펴보면 다음과 같다.

- 가스설비 또는 저장설비는 그 외면으로부터 화기를 취급하는 장소까지 2 m(가연성 가스 또는 산소의 가스설비 또는 저장설비는 8 m) 이상의 우회거리를 유지할 것
- 배관의 재료는 그 고압가스의 취급에 적합한 기계적 성질 및 화학적 성분을 가지는 것일 것
- 가연성 가스(암모니아, 브롬화메테인 및 공기 중에서 자기 발화하는 가스는 제외한다)의 저장설비 중 전기설비는 그 설치장소 및 그 가스의 종류에 따라 적절한 방폭성능을 가진 것일 것

- 가연성 가스의 가스설비실 및 저장설비실에는 누출된 고압가스가 체류하지 않도록 환기구를 갖추는 등 필요한 조치를 할 것
- 고압가스저장시설의 안전을 확보하기 위하여 필요한 곳에는 고압가스를 취급하는 시설 또는 일반인의 출입을 제한하는 시설이라는 것을 명확하게 알아볼 수 있도록 경계표지, 식별표지 및 위험표지 등 적절한 표지를 하고, 외부인의 출입을 통제할 수 있도록 적절한 경계책을 설치할 것
- 충전용기는 항상 40 ℃ 이하의 온도를 유지하고, 직사광선을 받지 않도록 조치할 것
- 밸브가 돌출한 용기(내용적이 5 L 미만인 용기는 제외한다)에는 용기의 넘어짐 및 밸브의 손상을 방지하는 조치를 할 것
- 가연성 가스 및 산소의 충전용기 보관실의 벽은 그 저장설비의 보호와 그 저장설비를 사용하는 시설의 안전 확보를 위하여 불연재료(不燃材料)를 사용하고, 가연성 가스의 충전용기 보관실의 지붕은 가벼운 불연재료 또는 난연재료(難燃材料)를 사용할 것.

나. 실내공기질-2(일반항목: 미세먼지)

시료채취

1-1. 시료채취 장비 및 물품의 적합성

1-1-1. 흡인펌프 등 시료채취 장치 및 기구는 적정하게 갖추고 있는가?

1-1-2. 여과지 및 여과지 홀더를 규정에 맞게 갖추고 있는가?

1-1-3. 펌프는 유효기간 내에 정도검사를 받았는가?

해설

ES 02302.1b(실내공기 중 미세먼지(PM_{10}, $PM_{2.5}$) 측정방법 - 중량법)에 의하면 입경분리장치, 여과지 홀더, 여과지, 흡인펌프 및 유량측정부로 구분된 기기 및 기구를 갖추고 있어야 한다.

미세먼지(PM_{10}, $PM_{2.5}$)의 채취에 사용하는 여과지는 0.3 μm의 입자상물질에 대하여 99 % 이상의 초기포집율을 갖는 나이트로셀룰로오스(nitro cellulose) 재질의 멤브레인 여과지(membrane filter), 석영섬유 재질의 여과지, 테플론 재질의 여과지 등을 사용하며, 여과지는 흡인공기가 함유하고 있는 공기 중의 수분에 의한 영향을 줄이고, 측정을 전후해서 항온항습 상태를 일정하게 유지시킬 수 있도록 데시케이터 등에서 온도 (20 ± 2) ˚C, 상대습도 (35 ± 5) %로 유지되는 조건에서 24시간 이상 보관하여 항량시킨 후에 사용하도록 한다. 또한, 여과지는 다음 조건 이상의 것을 사용한다.

(1) 0.3 μm의 입자상물질에 대하여 99 % 이상의 초기포집율을 갖는 것
(2) 가능한 한 압력손실이 낮은 것
(3) 기체상 물질의 흡착이 적고, 흡습성 및 대전성이 낮은 것
(4) 취급하기 쉽고 충분한 강도를 가질 것
(5) 분석에 방해되는 물질을 함유하지 않을 것

흡인펌프는 일반적으로 1 L / min ~ 30 L / min 정도의 용량을 갖는 것을 사용한다. 시료채취를 위해 사용되는 펌프는 모든 상황에서 일정한 유량으로 시료를 채취할 수 있어야 하며, 시료채취시간동안 유량의 변화는 5 % 이내여야 한다. 흡인펌프는 연속해서 30일 이상 사용할 수 있고 되도록 다음의 조건을 갖춘 것을 사용한다.

(1) 진공도가 높을 것
(2) 맥동이 없이 고르게 작동될 것
(3) 운반이 용이할 것

또한 실내공간 오염물질(폼알데하이드·미세먼지·휘발성유기화합물·석면·총부유세균만 해당한다) 시료채취장치와 그 부속기기에 대해서는 「환경분야 시험·검사 등에 관한 법률」 제11조제4항 및 같은 법 시행규칙 제7조에 의거하여 정도검사를 받아야 하므로 정도검사 성적서를 확인한다.

1-2. 시료 채취 방법의 적합성

1-2-1. 시료채취기록부는 현장에서 기록하고, 시험기준에서 요구하는 내용을 포함하여 기록하였는가?

1-2-2. 시료 채취시간은 6시간 이상이며, 시설에 따른 측정시간대를 준수하고 있는가?

1-2-3. 시료 채취 위치와 지점 수는 규정에 맞는가?

1-2-4. 1차 유량계를 이용하여 보정하고, 1 L / min ~ 30 L / min의 적정한 유량으로 시료를 포집하고 있는가?

1-2-5. 흡인펌프 날개(blade)를 1년 이상 사용하지는 않는가?

해설

ES 02130.b(실내공기 오염물질 시료채취 및 평가방법)에 의하면 다중이용시설의 시료채취장소 및 지점 수는 측정하려는 대상 시설의 구조와 용도, 예상되는 오염물질 발생원의 분포 및 발생강도, 환기설비의 설치위치와 운용패턴, 시설의 이용 빈도 및 특성 등을 사전에 충분히 고려하여 다음과 같이 결정한다.

(1) 대상 시설이 여러 개의 동과 층으로 구성되어 있는 경우, 시설의 용도 및 사용목적을 대표할 수 있는 기준 동과 층을 위주로 하여 측정지점을 선정한다. 건물의 용도와 사용목적의 중요도에 따라 여러 개의 동과 층에서 측정지점을 선정할 수 있다.
(2) 대상 시설의 동일 층 내에서도 시설의 구조특성과 용도가 달라서 실내공기질이 명확히 다를 것으로 예상되는 경우에는 공간을 구분하여 측정지점을 별도로 선정할 수 있다.
(3) 대상 시설의 최소측정지점 수는 건물의 규모와 용도에 따라 결정한다.

◘ 다중이용시설 내 최소 시료채취지점 수 결정

다중이용시설의 연면적(m^2)	최소 시료채취지점 수
10,000 이하	2
10,000 초과 ~ 20,000 이하	3
20,000 이상	4

또한 시료채취 위치는 환기시설의 위치, 시설 이용자의 다수 여부, 오염물질 발생원의 분포, 실내기류 분포, 공기질의 대표성 등을 고려하여 다음과 같이 선정한다.

(1) 시료채취 위치는 주변시설 등에 의한 영향과 부착물 등으로 인한 측정 장애가 없고, 대상 시설의 오염도를 대표할 수 있다고 판단되며, 시설을 이용하는 사람이 많은 곳으로 선정한다.

(2) 시료채취는 인접지역에 직접적인 오염물질 발생원이 없고, 가능하면 시료채취지점의 중앙점에서 바닥면으로부터 1.2 m ~ 1.5 m 높이에서 수행한다.
(3) 측정지점에 자연환기구나 기계환기설비의 급배기구가 설치되어 있는 경우에는 급배기구에서 가능한 멀리 떨어진 곳(최소한 1 m 이상)에서 채취하며, 다수의 환기 및 급배기구가 존재할 경우는 인접한 환기구 설치지점의 중간지점을 채취지점으로 한다.

ES 02302.1b(실내공기 중 미세먼지(PM_{10}, $PM_{2.5}$) 측정방법 – 중량법)에 따라 미세먼지(PM_{10}, $PM_{2.5}$)는 1 L / min ~ 30 L / min의 용량으로 6시간 이상 연속 채취한다. 단, 지하역사의 경우 출근시간대(오전 7시 ~ 9시) 혹은 퇴근시간대(오후 6시 ~ 8시)를 반드시 포함하여야 한다.
시료의 정확한 채취를 위해서 시료채취과정에서 다음과 같은 사항을 명확히 확인하여야 한다.
(1) 분립장치의 오염 여부
(2) 포집기의 정상 작동 여부
(3) 무게를 단 여과지의 설치 시 여과지 홀더에서의 공기 누출 여부
(4) 흡인공기량 및 유량계의 정확한 작동 여부
시료채취용 펌프의 유량조절기의 유량은 항상 일정하여야 하므로, 시료채취 전에 시료채취용 여과지와 동일한 여과지를 장착한 입경분리장치를 펌프에 연결하여 설계유량의 ± 2 %를 유지하도록 1차 유량계를 이용하여 펌프를 보정한다. 흡인펌프는 약 1년간 사용 후에는 날개(blade)를 교환한다. 아울러 유량계의 설계온도는 20 °C가 많으므로 온도보정의 영향은 적지만 ± 10 °C 차에 대하여 오차범위 ± 2 % 이하여야 한다.

시료 전처리 및 분석

2 – 1. 여과지를 시험기준에서 요구하는 온도, 습도, 시간 규정에 따라 항량이 되도록 관리하는지 여부
2 – 2. 항온항습장치가 없을 때 여과지를 상온에서 50 %(W / V) 염화칼슘용액을 제습제로 한 데시케이터 내에서 항량이 될 때까지 보관하는지 여부
2 – 3. 무게 측정이 끝난 여과지는 부호 또는 기호를 표시하여 기록하는지 여부
2 – 4. 여과지번호 관리대장 등의 여과지식별체계를 갖추고 있는지 여부
2 – 5. 0.001 mg 이상의 감도를 갖는 분석용 저울로 여과지를 측정하는지 여부
2 – 6. 여과지는 3회 이상 무게를 측정하여 그 평균값을 사용하는지 여부

해설

ES 02302.1b(실내공기 중 미세먼지(PM_{10}, $PM_{2.5}$) 측정방법 – 중량법)에 따라 시료채취에 사용될 여과지를 미리 온도 범위 온도 (20 ± 2) °C, 상대습도 (35 ± 5) %, 일정온습도 범위에서 유지되는 조건에서 24시간 이상 항량이 될 때까지 보관하였다가 10^{-6} g(0.001 mg) 이상의 감도를 갖는 분석용 저울로 정확히 여과지의 무게를 단다.
여과지의 종류에 따라 정전기, 습도 등 여과지 질량 측정 시 발생할 수 있는 오차에 주의하여야 하며, 여과지의 무게는 저울을 이용하여 3회 이상 여과지의 무게를 측정하여 평균값으로 나타낸다. 단, 항온항습장치가 없을 때는 상온에서 50 %(W / V) 염화칼슘용액을 제습제로 한 데시케이터 내에서 항량이 될 때까지 보관한 다음 위와 같은 방법으로 단다. 무게 측정이 끝난 여과지는 부호 또는 기호를 표시하여 기록한다.

시험결과 계산의 정확성

3-1. 무게 측정실의 환경 조건 기록 여부

3-2. 온도, 기압 등을 보정하여 채취한 공기량을 환산하는지 여부

3-3. 시험결과 및 계산과정(계산식)의 정확성

3-4. 바탕시험 값의 보정 여부

3-5. 결과를 소수점 첫째자리까지 표기하는지 여부

해설

ES 02302.1b(실내공기 중 미세먼지(PM_{10}, $PM_{2.5}$) 측정방법 - 중량법)에 따라 여과지의 무게를 측정할 때, 무게측정실의 환경 조건도 기록한다. 여과지 재료 또는 먼지는 습기를 흡수하는 특성이 있어서 무게 측정은 데시케이터에서 꺼낸 후 3분 이내에 수행되어야 한다. 측정하는 동안 동일한 여과지 무게에 현저한 증가가 있으면, 수분에 의한 오염으로 판단하여 시료를 데시케이터 안에 다시 넣어야 한다. 그리고 무게 측정 절차를 반복한다.
시험결과는 '8.0 결과보고'에 따라 정확하게 계산하는지 확인한다. 채취한 공기는 25 ℃, 1기압 조건으로 보정하여 환산하여야 하며, 미세먼지 농도는 소수 첫째자리까지 표시한다.

다. 실내공기질-3(유기물질: 폼알데하이드)

시료채취

1-1. 시료채취 장비 및 물품의 적합성

1-1-1. 시료채취 물품을 보유하고 있는가?

1-1-2. 시료보관 전용냉장고가 있는가?

1-1-3. 펌프는 유효기간 내에 정도검사를 받았는가?

1-1-4. 사용 전의 DNPH-카트리지는 적절하게 보관되고 있는가?

해설

실내 공기 및 건축자재로부터 방출되는 폼알데하이드 시험에 필요한 장비와 물품을 보유하고 있는지 확인한다.
ES 02131.1b(건축자재 방출 휘발성유기화합물 및 폼알데하이드 시험방법 - 소형챔버법)에 따라 건축자재에서 방출되는 휘발성유기화합물과 폼알데하이드 시료채취를 위한 기기 및 기구로는 청정공기공급장치, 습도조절장치, 유량조절장치, 항온조, 소형방출시험챔버, 공기시료채취장치 등이 필요하다.
방출시험은 제품시료의 채취 후 즉시 시작하도록 한다. 단, 측정의 시작시점까지 시료를 보관하는 경우, 제품의 노화를 방지하기 위해 시료를 상기의 포장 재료로 밀봉한 상태에서 시험과 동일한 온습도에서 보관(최대 4주)하는 것을 원칙으로 한다.
ES 02601.1b(실내 및 건축자재에서 방출되는 폼알데하이드 측정방법 -2,4 DNPH 카트리지와 액체크로마토그래프법)에 따라 실내 및 건축자재에서 방출되는 폼알데하이드 시료채취를 위한 기기 및 기구로는 DNPH카트리지, 공기시료채취 펌프, 유량제어장치, 유량보정장치, 카트리지 용기, 폴리에틸렌 장갑과 운반용기 등이 필요하다.

DNPH－폼알데하이드 유도체는 4 ℃에서 냉장 보관하고, 빛으로부터 보호해야 하며, 적어도 6개월에 1번씩은 안정화해야 한다. 질소나 아르곤에서는 유도체가 더 오래 저장된다.
채취된 시료 카트리지는 분석 시까지 냉장 보관한다. 냉장보관에서 분석까지의 기간은 30일을 넘어서는 안 된다. 시료의 분석을 위해 실험실로 옮기는 동안에 냉장되지 않는 기간의 지속기간은 2일 미만으로 유지되어야 한다.

1－2. 시료채취방법의 적합성

1－2－1. 시료채취기록부는 정확하게 기록되고 있는가?

1－2－2. 시료채취 지점은 규정에 맞는가?

1－2－3. 시료는 0.5 L / min ~ 1.2 L / min의 유속으로 30분간 연속 2회 채취하고 있는가?

1－2－4. 흡입펌프는 1차 유량계로 보정되고 있는가?

1－2－5. 시료채취 시 DNPH 카트리지의 파과용량(Breakthrough volume)이 5 %를 초과하지 않는가?

1－2－6. 시료채취 시 오존스크러버를 장착한 DNPH－카트리지가 빛에 노출되지 않도록 하는가?

1－2－7. 인력 · 장비를 고려했을 때 1일 시료채취 건수는 적정한가?

1－2－8. 차량운행일지를 적정하게 작성하고 있는가?

해설

다중 이용시설과 신축공동주택에서 실내공기 오염물질을 시험하기 위한 시료채취지점의 선정은 ES 02130.b(실내공기 오염물질 시료채취 및 평가방법)에 따르면 다중이용시설에서 실내공기를 채취할 경우, 대상 시설의 오염도를 대표할 수 있으며 시설의 이용객이 많은 시간대에 실시하도록 한다. 실내공기 오염물질별 시료채취시간 및 횟수는 다음 표와 같으나 시료채취 여건상 불가피한 경우(파과, 정량한계 미만 등)에 한하여 시료채취유량 및 채취시간을 조절하여 시료채취량을 조정할 수 있다.

실내공기 오염물질	시료채취시간	횟수	비고
폼알데하이드	30분	연속 2회	30분 / 1회씩 연속 2회 측정

다중이용시설에서의 시료채취는 오전 8시부터 오후 8시 사이인 주간 시간대에 해당시설이 실제 운영하고 있는 조건과 동일한 환경상태(온도, 습도 등)에서 실시한다. 자연환기구가 설치되어 있거나 기계환기설비가 가동되는 대상 시설의 경우, 채취지점이 이러한 공기유동경로 및 기류 발생원 주변에 위치하지 않도록 최대한 주의한다. 단, 지하역사 승강장 등 불가피하게 기류가 발생하는 곳에 한해서는 실제조건하에서 시료채취를 수행한다.
※ 황사경보와 황사주의보 발령 시 다중이용시설 실내공기 시료채취는 하지 않는다.
신축 공동주택에서 실내공기시료의 채취는 오후 1시에서 6시 사이에 실시하며 '30분 이상 환기 － 5시간 이상 밀폐 － 시료채취'의 조건으로 진행한다.

ES 02601.1b(실내 및 건축자재에서 방출되는 폼알데하이드 측정방법 － 2,4 DNPH 카트리지와 액체크로마토그래프법)에 따라 실내 및 건축자재에서 방출되는 폼알데하이드 시료채취는 다음과 같이 한다.

- 시료채취 전 냉장보관했던 카트리지는 용기에서 꺼내어 실온이 될 때까지 따뜻하게 둔다. 카트리지가 실온이 되면 폴리글러브를 낀 손으로 카트리지의 마개를 제거하고 시료채취장치에 카트리지를 연결한다. 유리튜브(glass-tube)로 제작된 카트리지의 경우에는 카트리지의 양 끝을 깬 후 시료채취장치에 연결한다. 시료채취는 0.5 L / min 에서 1.2 L / min의 유속으로 30분간 연속 2회 채취한다. 단, 채취 시간은 현장여건 및 장치의 특성에 따라 조정이 가능하다. 시료채취 시 알루미늄 호일 등을 이용하여 DNPH 카트리지가 빛에 노출되는 것을 차단한다.
- 매 시료채취 전후 펌프 보정을 실시하고, 공기가 새어나오는지 점검한다. DNPH 카트리지의 파과용량을 파악하고, 현장 바탕시료와 현장 이중시료를 준비하여 시험과정의 바탕값과 정밀도를 평가한다. DNPH 카트리지의 파과용량은 시료채취 시 DNPH 카트리지를 2개로 직렬 연결하여 0.5 L / min ~ 1.2 L / min의 유량으로 30분간 채취하여 앞쪽과 뒤쪽의 DNPH 카트리지를 분석하여 파과용량을 평가한다. 뒤쪽의 카트리지에 채취된 폼알데하이드의 양이 전체 채취된 양의 5 %를 넘으면 파과가 일어난 것으로 본다(이 경우, 다시 시료를 채취하고 알데하이드의 양이 전체 채취된 양의 5 % 미만인 경우 앞뒤 쪽의 카트리지를 시료 카트리지로 사용한다).

ES 02131.1b(건축자재 방출 휘발성유기화합물 및 폼알데하이드 시험방법 - 소형챔버법)에 따라 건축자재에서 방출되는 폼알데하이드 시료채취는 '5.0 시료채취 및 관리'에 따른다.

1-3. 시료 보관 및 관리의 적절성

1-3-1. 시료가 채취된 DNPH-카트리지를 활성탄이 채워진 통 속에 넣어 냉장 보관하는가?

1-3-2. 채취한 시료는 냉장 보관하여 30일을 초과하지 않으며, 분석 전에 실온에서 2일 이상 노출되지 않도록 하는가?

해설

실내공기 및 건축자재 방출 시험을 위한 시료의 보관과 이동 등이 실내공기질공정시험기준에 적합하게 이행되고 있는지 확인한다.

ES 02131.1b(건축자재 방출 휘발성유기화합물 및 폼알데하이드 시험방법 - 소형챔버법)에 따른 시료의 포장, 운반 및 보관은 다음과 같이 한다.

- 시료는 화학물질에 의한 오염, 또는 열과 습기 등에 영향을 받지 않도록 보호한다. 각 채취된 고체 시료는 오염물질 저감테이프나 알루미늄호일로 싸고 폴리에틸렌(polyethylene) 또는 동등한 재질의 봉지에 넣어서 밀봉한다. 각 봉지당 시료는 한 개씩 넣는다. 채취한 시료는 운반상황에 의해 그 자재의 방출 특성에 영향을 미칠 가능성이 있다. 특히 온도에 의한 영향을 받지 않도록 해야 한다.
- 방출시험은 제품시료의 채취 후 즉시 시작하도록 한다. 단, 측정의 시작시점까지 시료를 보관하는 경우, 제품의 노화를 방지하기 위해 시료를 상기의 포장 재료로 밀봉한 상태에서 시험과 동일한 온·습도에서 보관(최대 4주)하는 것을 원칙으로 한다.

ES 02601.1b(실내 및 건축자재에서 방출되는 폼알데하이드 측정방법 -2,4 DNPH 카트리지와 액체크로마토그래프법)에 따른 시료의 보관 및 이동은 다음과 같이 한다.

- 시료 채취가 종료된 직후에 폴리글러브를 낀 손으로 시료채취 장치에서 카트리지를 제거하고, 카트리지 자체의 플러그를 사용하여 마개를 막고 카트리지를 처음의 라벨이 붙은 용기에 넣는다. 카트리지를 넣은 용기는 테이프로 밀봉하고 과립형 활성탄이 채워진 통 속이나 패딩 처리된 용기에 다시 한 번 넣어 보관한다. 채취된 시료 카트리지

는 분석 시까지 냉장 보관한다. 냉장보관에서 분석까지의 기간은 30일을 넘어서는 안 된다. 시료의 분석을 위해 실험실로 옮기는 동안에 냉장되지 않는 기간의 지속기간은 2일 미만으로 유지되어야 한다.

1-4. 시료채취와 함께 측정하여야 하는 항목의 측정

해설

ES 02131.1b(건축자재 방출 휘발성유기화합물 및 폼알데하이드 시험방법 – 소형챔버법)에 따른 방출시험은 소형방출시험챔버 내의 온도가 25 ℃ ± 1.0 ℃, 상대습도가 50 % ± 5 %인 조건에서 실시하며, 시험기간 동안 온도 및 상대습도는 연속적으로 모니터링하여 기록하여야 하므로 이들을 측정하는지 확인한다.

ES 02601.1b(실내 및 건축자재에서 방출되는 폼알데하이드 측정방법 –2,4 DNPH 카트리지와 액체크로마토그래프법)에 따른 시료채취에서는 DNPH 카트리지의 파과용량을 초과하였는지를 확인한다. 즉, 시료채취 시 DNPH 카트리지를 2개로 직렬 연결하여 0.5 L / min ~ 1.2 L / min의 유량으로 30분간 채취하여 앞쪽과 뒤쪽의 DNPH 카트리지를 분석하여 파과용량을 평가한다. 뒤쪽의 카트리지에 채취된 폼알데하이드의 양이 전체 채취된 양의 5 %를 넘으면 파과가 일어난 것으로 본다. 또한 펌프의 유량을 1차 유량계로 보정하되 정밀도가 5 % 이내여야 한다.

1-5. 현장바탕시료(Field blank) 채취 여부

해설

ES 02131.1b(건축자재 방출 휘발성유기화합물 및 폼알데하이드 시험방법 – 소형챔버법)에 따른 방출챔버 바탕농도 측정은 새로운 방출시험을 시작하기 전 소형방출시험챔버를 해체하여 세척한다. 해체한 챔버와 부속장치를 증류수로 씻어내고 잔존하고 있는 화학물질을 제거하기 위해 오븐에서 가열처리(260 ℃ 이상의 조건에서 60분 이상을 유지)한다. 가열처리 종료 후 소형방출시험챔버를 실온까지 식힌 후 최소 2시간이 경과한 후 소형방출시험챔버의 바탕농도를 측정한다. 시험편을 설치하지 않은 빈 소형방출시험챔버 내 휘발성유기화합물 및 폼알데하이드를 채취하여 정량한다. 이때 방출챔버바탕농도는 방출시험에 영향을 주지 않을 정도로 낮아야 하며, 챔버 내 습도조절에 사용되는 물은 공급되는 공기의 질에 영향을 미칠 수 있는 휘발성유기화합물 및 폼알데하이드가 포함되어 있어서는 안 된다. 즉, 공급공기 중 총휘발성유기화합물의 농도는 20 μg / m^3 이하, 개별 휘발성유기화합물 및 폼알데하이드의 농도는 5 μg / m^3 이하여야 한다. 방출시험기간 동안 공급 공기의 조건은 지속적으로 유지되어야 하며 주기적으로 확인되어야 한다.

ES 02601.1b(실내 및 건축자재에서 방출되는 폼알데하이드 측정방법 –2,4 DNPH 카트리지와 액체크로마토그래프법)에 따라 각 시료군마다 적어도 하나의 현장바탕시료를 분석하여야 한다. 하루에 20개 이하의 시료를 채취할 경우에는 1개를, 그 이상의 시료를 채취할 경우에는 시료 20개당 1개를 추가로 채취한다. 동일 군이나 동일 시간의 시료의 수는 주어진 공기를 시료 채취한 현장바탕시료 수를 결정하기 위하여 기록되어야 한다. 현장바탕시료는 카트리지를 통하여 공기를 채취하지 않는 것을 제외하고는 동등한 것으로 간주한다.

1-6. 현장이중시료의 측정

1-6-1. 현장이중시료의 수량은 적절한가?

1-6-2. 현장이중시료 분석결과의 상대적 차이(RPD)가 20 % 이내에 있는가?

해설

ES 02601.1b(실내 및 건축자재에서 방출되는 폼알데하이드 측정방법 -2,4 DNPH 카트리지와 액체크로마토그래프법)에 따른 QA / QC기법으로서, 시험과정의 정밀도는 현장이중시료를 이용하여 평가한다. 현장이중시료는 동일 위치에서 동일한 조건으로 중복 채취한 시료로서 독립적으로 분석하여 비교한다.
현장이중시료는 필요 시 하루에 20개 이하의 시료를 채취할 경우에는 1개를, 그 이상의 시료를 채취할 때에는 시료 20개당 1개를 추가로 채취한다. 동일한 조건에서 측정한 두 시료의 측정값 차를 두 시료 측정값의 평균값으로 나누어 두 측정값의 상대적인 차이(RPD, relative percent difference)를 구하며, 두 측정값의 차이는 20 %를 넘지 않아야 한다.

$$\text{두 측정값의 상대적인 차이(RPD)} = \frac{C_2 - C_1}{\bar{x}} \times 100\ \%$$

전처리

2-1. 전처리에 필요한 물품 및 시약 등

2-1-1. 전처리에 필요한 시약과 기구를 보유하고 있는가?

2-1-2. 전처리 과정과 최종 액량이 적절한가?

해설

ES 02601.1b(실내 및 건축자재에서 방출되는 폼알데하이드 측정방법 -2,4 DNPH 카트리지와 액체크로마토그래프법)에 따른 시료 분석 전처리 방법은 다음과 같으므로 이에 맞는 물품과 시약을 보유하고 있어야 하며, 이 시험에 사용되는 시약은 '4.0 시약 및 표준용액'에 규정된 것을 사용한다.

- 시료를 채취한 카트리지에 5 mL의 아세토나이트릴을 통과시켜 카르보닐 DNPH 유도체와 반응하지 않은 DNPH를 카트리지에서 탈착시킨다. 카트리지를 통과한 추출 용액은 5 mL 부피플라스크를 이용하여 받는다. 최종적으로 아세토나이트릴을 이용하여 5 mL 용량으로 맞춘다.
- 카트리지 필터와 주입기 어댑터의 끝단 사이에 공기가 가두어져 있기 때문에 주입기의 아세토나이트릴이 카트리지 속에서 완전하게 배출되기 전에 추출액의 흐름이 차단될 수도 있다. 이 경우에 긴 파스퇴르 피펫을 이용하여 주입기 내의 아세토나이트릴을 함유한 정체된 공기를 뽑아낸다.
- 추출된 용액 중 분석에 필요한 분량을 분취하고 백업으로서 최초 분취량의 분석 결과가 완전하고 유용하다고 인정될 때까지 두 번째 분취량을 냉장고에 저장한다.
- 두 개의 흡착층을 가진 DNPH 유리튜브의 경우, 앞단과 뒷단의 흡착층을 분리하여 각각 별도의 4 mL 유리 바이알에 넣고 3 mL의 아세토나이트릴을 첨가하고 30분간 종종 흔들어주며 탈착시킨다.

(기기)분석

3-1. 분석기기 설치조건의 적합성

해설

ES 02601.1b(실내 및 건축자재에서 방출되는 폼알데하이드 측정방법 -2,4 DNPH 카트리지와 액체크로마토그래프법)에 따라 분석기기는 설치장소는 진동이 없고 분석에 사용되는 유해물질을 안전하게 처리할 수 있으며 부식 기체나 먼지가 적고, 실온 5 ℃ ~ 35 ˚C, 상대습도 85 % 이하로서 직사광선이 쪼이지 않는 곳에 설치한다. 분석기기에 공급되는 전원은 지정된 전력부피 및 주파수이어야 하고, 전원변동은 지정전압의 10 % 이내로서 주파수의 변동이 없는 것이어야 한다. 또한 대형변압기, 고주파가열로와 같은 것으로부터 전자기의 유도를 받지 않는 것이어야 하며 접지저항 10 Ω 이하의 접지점이 있는 것이어야 한다.

ES 02131.1b(건축자재 방출 휘발성유기화합물 및 폼알데하이드 시험방법 - 소형챔버법)에 의한 방출시험은 소형방출시험챔버 내 온도가 (25 ± 1.0) ˚C, 상대습도가 (50 ± 5) %인 조건에서 실시하며, 시험기간 동안 온도 및 상대습도는 연속적으로 모니터링하여 기록한다. 소형방출시험챔버는 외부의 제어되지 않는 공기의 유입을 방지하기 위해 대기압보다 약간 높은 압력으로 유지하여야 하며, 최소 연 1회 이상 기밀성을 확인하고 아래의 조건 중 적어도 하나를 만족하면 충분히 기밀한 것으로 본다.

(1) 1000 Pa의 초과압력에서 1분간 새는 공기의 양이 챔버부피의 0.1 % 미만

(2) 공기의 누출량이 공급공기유량의 1 % 미만

3-2. 카트리지 등의 준비

3-2-1. DNPH-폼알데하이드 유도체는 차광상태에서 4 ℃에서 냉장보관하며, 6개월에 한 번씩 안정화하는가?

3-2-2. DNPH 코팅 용액은 불순 정도가 폼알데하이드로 0.025 mg / L 이하인가?

3-2-3. DNPH는 UV처리 아세토나이트릴로 정제되었는가?

3-2-4. DNPH 카트리지는 6개월 이상 된 것을 사용하지는 않는가?

3-2-5. 필요한 분석장비는 정상적으로 가동되는가?

3-2-6. 폼알데하이드 분석에 알맞은 컬럼을 사용하는가?

해설

ES 02601.1b(실내 및 건축자재에서 방출되는 폼알데하이드 측정방법 -2,4 DNPH 카트리지와 액체크로마토그래프법)에 의하면 DNPH- 폼알데하이드 유도체는 4 ˚C에서 냉장 보관하고, 빛으로부터 보호해야 하며, 적어도 6개월에 1번씩은 안정화해야 한다. 질소나 아르곤에서는 유도체가 더 오래 저장된다.

포화상태의 DNPH 용액을 산성화하였을 때 '7.0 분석절차'에 따라 분석하여 불순 정도를 확인하여야 하며 불순 정도는 폼알데하이드 농도로 0.025 mg / L 이하여야 한다.

이 방법으로 폼알데하이드를 HPLC 분석할 때의 컬럼은 C-18 컬럼(안지름 4.6 mm × 250 mm) 또는 이와 동등 이상의 것을 사용하는지 확인한다.

3-3. 검정곡선의 작성

3-3-1. 검정곡선은 시험 때마다 작성하는가?

3-3-2. 5개 이상 농도의 표준시료로 작성하며, 최고 농도가 최저 농도의 10배를 넘지 않도록 하는가?

3-3-3. 방법검출한계의 5~50배 또는 검정곡선의 중간 농도에 해당하는 표준용액에 대한 측정값이 검정곡선 작성 시의 지시값과 10 % 이내에서 일치하는가?

해설

ES 02001.b(정도보증 / 정도관리)에 의하면, 검정곡선(calibration curve)은 분석물질의 농도변화에 따른 지시값을 나타낸 것으로 시료 중 분석 대상 물질의 농도를 포함하도록 범위를 설정하고, 검정곡선 작성용 표준용액은 가급적 시료의 매질과 비슷하게 제조하여야 한다.

예로서, 절대검정곡선법(external standard method)은 시료의 농도와 지시값과의 상관성을 검정곡선식에 대입하여 작성하는 방법으로 다음의 절차에 따른다.

- 검정곡선은 직선성이 유지되는 농도범위 내에서 제조농도 3개 ~ 5개를 사용한다.
- 제조한 n개의 검정곡선 작성용 표준용액을 분석하여 농도와 지시값의 자료를 각각 얻는다.
- n개의 시료에 대하여 농도와 지시값 쌍을 각각 (x_1, y_1), …, (x_n, y_n)이라고 하고, 아래 그림과 같이 농도에 대한 지시값의 검정곡선을 도시한다.

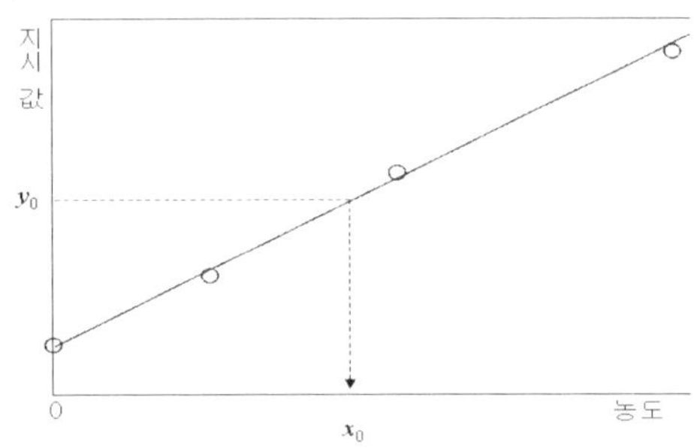

- 검정곡선 작성용 표준용액의 농도와 지시값의 상관성을 1차식으로 표현하는 경우 검정곡선식은 다음과 같다.

$$y = a_0 + a_1 \cdot x$$

여기서 y는 지시값, x는 농도, a_0, a_1는 계수로서 시료의 농도는 시료의 지시값을 검정곡선식에 대입하여 구한다.

검정곡선 작성을 위한 대조액은 일반적으로 용매를 사용하며 분석하려는 성분이 들어있지 않은 같은 종류의 시료를 사용하여 조제한다.

작성된 검정곡선으로부터 얻어진 검정곡선의 결정계수(R^2) 또는 감응계수(RF, response factor)의 상대표준편차가 일정 수준 이내여야 하며, 결정계수나 감응계수의 상대표준편차가 허용범위를 벗어나면 재작성하여야 한다.

검정곡선은 분석할 때마다 작성하는 것이 원칙이며, 분석 과정 중 검정곡선의 직선성을 검증하기 위하여 각 시료군(시료 20개 이내)마다 1회의 검정곡선 검증을 실시한다.

검증은 방법검출한계의 5배 ~ 50배 또는 검정곡선의 중간 농도에 해당하는 표준용액에 대한 측정값이 검정곡선 작성 시의 지시값과 10 % 이내에서 일치하여야 한다. 만약 이 범위를 넘는 경우 검정곡선을 재작성하여야 한다.

ES 02601.1b(실내 및 건축자재에서 방출되는 폼알데하이드 측정방법 −2,4 DNPH 카트리지와 액체크로마토그래프법)에 따르면 DNPH− 유도체화 폼알데하이드 표준용액을 아세토나이트릴로 희석하여 5개 이상 농도 단계의 표준시료를 제조하여 검정곡선을 작성하며, 이때 표준시료의 농도는 미지시료의 농도가 포함될 수 있는 범위(예: 0.1 mg/L ~ 10 mg/L)에 있어야 한다.

3−4. 검출한계 및 정밀도 / 정확도 측정

3−4−1. 재현성은 연 2회 평가하며, 머무름 시간은 상대표준편차가 1 % 미만, 피크 면적 감응계수는 상대표준편차가 5 % 미만으로 유지되는가?

3−4−2. 정확도는 연 2회 측정하며 20 % 이내에 있는가?

3−4−3. 방법검출한계는 연 2회 측정하고 있으며 시험결과가 방법검출한계 이상에서 존재하는가?

해설

ES 02001.b(정도보증 / 정도관리)에 의하면 방법검출한계는 제시된 정량한계 부근의 농도를 포함하도록 준비한 n개의 시료를 반복 측정하여 얻은 결과의 표준편차(s)에 99 % 신뢰도에서의 t- 분포값을 곱한 것이며 산출된 방법검출한계는 제시한 정량한계값(정량한계 = 10 × s) 이하여야 한다.

또한 ES 02601.1b(실내 및 건축자재에서 방출되는 폼알데하이드 측정방법 − 2,4 DNPH 카트리지와 액체크로마토그래프법)에 의하면, 방법검출한계에 이를 것으로 생각되는 대상물질의 농도를 7회 반복 측정한 후, 이로부터 얻은 표준편차에 3.14(7회 반복분석에 대한 99 % 신뢰구간에서의 자유도 값)를 곱하여 구하며, 최소 연 1회[주1)] 측정하여야 한다.

주1) 점검표에서는 재현성, 정확도 및 방법검출한계를 연 2회 측정하는지 확인하도록 되어 있으나 ES 02601.1b(실내 및 건축자재에서 방출되는 폼알데하이드 측정방법 − 2,4 DNPH 카트리지와 액체크로마토그래프법)에서는 이들에 대해 '최소 연 1회' 측정하도록 되어 있다.

ES 02601.1b(실내 및 건축자재에서 방출되는 폼알데하이드 측정방법 −2,4 DNPH 카트리지와 액체크로마토그래프법)에 의하면, 분석기기의 재현성은 표준물질을 반복 분석하여 머무름 시간(RT)과 피크 면적(Area) 감응계수(RF)에 대하여 상대표준편차(RSD)를 구하여 최소 연 1회[주1)] 평가하되 RSD는 각각 1 %와 5 % 미만으로 유지하여야 한다. 만약 범위에서 벗어날 경우 컬럼 유량과 컬럼 상태를 점검한다. 정확도는 정밀도 평가와 동시에 평가하며 최소 연 1회[주1)] 측정하고 20 % 범위[주2)] 내에 있어야 한다.

주2) 정확도는 표준용액의 값에 대한 측정값의 비를 백분율로 나타내므로 100 %보다 작은 값도 있다. 따라서 '20 % 범위'는 '80 % ~ 120 %'로 이해하는 것이 타당하다.

ES 02131.1b(건축자재 방출 휘발성유기화합물 및 폼알데하이드 시험방법 − 소형챔버법)에서 여러 개의 소형방출시험챔버(또는 방출셀)를 이용하여 건축자재에서 방출되는 휘발성유기화합물과 폼알데하이드를 시험할 때, 동일한 시험자재를 3개 이상의 소형방출시험챔버(또는 방출셀)에 나누어 넣고 방출시험을 실시하고 그 결과를 비교하여 소형방출시험챔버(또는 방출셀)간 정밀도를 확인한다. 정밀도는 상대표준편차(RSD, relative standard deviation)로 나타내며 동시에 시험한 소형방출시험챔버(또는 방출셀) n개에서 측정한 결과의 평균값($\bar{x}$)과 표준편차(s)로 구한다. 소형방출시험챔버(또는 방출셀)간 정밀도는 30 % 이내여야 한다.

$$정밀도(\%) = \frac{s}{\bar{x}} \times 100\ \%$$

시험결과의 계산

4-1. 시험결과 및 계산과정(계산식)의 정확성

해설

ES 02601.1b(실내 및 건축자재에서 방출되는 폼알데하이드 측정방법 -2,4 DNPH 카트리지와 액체크로마토그래프법) 및 ES 02131.1b(건축자재 방출 휘발성유기화합물 및 폼알데하이드 시험방법 - 소형챔버법)의 '8.0 결과보고'에 따라 정확하게 계산하여 결과값을 도출하는지 확인한다.

4-2. 바탕시험 값의 보정 여부

해설

시험결과의 계산값에서 바탕시험값을 제하고 결과를 도출한다.

4-3. 소수점 처리 등 결과표기의 적절성

해설

ES 02601.1b(실내 및 건축자재에서 방출되는 폼알데하이드 측정방법 -2,4 DNPH 카트리지와 액체크로마토그래프법)에 따라 실내 공기 중 농도는 소수점 첫째자리까지 표기하며, 건축자재에서 방출되는 농도는 소수점 셋째자리까지 표기한다. ES 02131.1b(건축자재 방출 휘발성유기화합물 및 폼알데하이드 시험방법 - 소형챔버법)에 따른 결과는 소수 셋째자리까지 표기한다.

라. 실내공기질-4(유기물질: BTEX 등 휘발성유기화합물질)

시료채취

1-1. 시료채취 장비 및 물품의 적합성

1-1-1. 시료채취 물품을 보유하고 있는가?

1-1-2. 고체흡착관의 흡착제 재질은 적절한 것인가?

1-1-3. 시료보관 전용냉장고를 보유하고 있는가?

1-1-4. 펌프는 형식승인과 정도검사를 받은 것인가?

1-1-5. 고체흡착관 보관은 적절한가?

1-1-6. 고체흡착관은 사용 전에 안정화하는가?

해설

ES 02602.1b(실내 및 건축자재에서 방출되는 휘발성유기화합물 측정방법 – 고체흡착관과 기체크로마토그래프 – MS / FID법)에서 시료를 채취하는 방법은 고체흡착관을 이용하는 방법을 적용하고 있으며 시료 채취기구는 흡착관, 시료채취용 흡인펌프 및 유량계로 구성된다.

시료채취 방법은 다음과 같으므로 이들 장비와 물품을 보유하고 있는지 확인한다.

- 시료채취를 하기 전 시료채취용 펌프를 가동시키고 시료 채취 유속 또는 기록계 수치를 기록한 후 시작 시각, 온도 및 필요하다면 기압계 압력도 측정한다. 실내공기 중 휘발성유기화합물 측정 시 적절한 시료채취 유속은 50 mL / min ~ 100 mL / min 범위이며 시료채취 부피는 1 L ~ 5 L 범위로 연속 2회 측정한다(폼알데하이드의 경우와 마찬가지로 흡착관을 2단으로 연결하여 시료를 채취하고 시험하되 뒤쪽의 흡착관에 채취된 휘발성유기화합물의 양이 5 %를 넘으면 파과가 일어난 것으로 보고 시료채취를 다시 하며, 5 % 미만인 경우는 정상적으로 시료채취가 된 것으로 본다). 농도를 알지 못하는 시료를 채취하는 경우에는 시료채취 부피를 다르게 하여 세 개 이상 채취(비교시료)하는 것이 바람직하다. 또한 건축자재에서 방출되는 휘발성유기화합물 측정은 공급 공기유량의 80 % 이하로 하여 최소 2회 이상 측정한다. 시료채취를 마칠 때에는 유속 또는 기록계 수치를 기록하고 펌프를 끈 다음 펌프가 꺼진 시각을 기록한다. 시료가 채취된 흡착관은 시료 채취선에서 분리하고 PTFE 패럴이 장착된 스크루 마개 부품으로 양끝을 막은 후 단단히 밀봉하고 직사광선을 피해서 서늘한 곳에 보관하여 이동한다.
- 시료를 채취하는 흡착관은 Tenax TA를 사용하여 주로 입자 크기가 0.18 mm ~ 0.25 mm(60 mesh ~ 80 mesh)를 유리관 또는 스테인리스강 관에 약 200 mg 충진하여 사용한다. Tenax TA는 2.6 – diphenylene oxide의 다공성 중합체로 생산되어 다양한 불순물이 함유되어 있으므로 휘발성유기화합물을 시료채취하기 전에 열탈착을 하여 제거해야 한다.

건축자재에서 방출되는 휘발성유기화합물에 대한 내용은 '다. 실내공기질–3(유기물질: 폼알데하이드)' 중 ES 02131.1b(건축자재 방출 휘발성유기화합물 및 폼알데하이드 시험방법 – 소형챔버법)에 대한 내용을 참조하라.

1-2. 시료채취방법의 적합성

1-2-1. 시실별 시료채취방법은 적절한가?

1-2-2. 시료채취지점 선정 기준은 적절한가?

1-2-3. 시료채취일지는 정확하게 기록되고 있는가?

1-2-4. 시료채취 유량 및 시간은 적절한가?

1-2-5. 펌프의 측정 전·후 유량을 확인하고 기록하는가?

1-2-6. 흡입펌프의 안정성을 확인하는가?

1-2-7. 시료채취 시 고체흡착관의 파과용량(Breakthrough volume)을 평가하는가?

해설

다중 이용시설과 신축공동주택에서 실내공기 오염물질을 시험하기 위한 시료채취지점의 선정은 ES 02130.b(실내공기 오염물질 시료채취 및 평가방법)에 따르면 다중이용시설에서 실내공기를 채취할 경우, 대상 시설의 오염도를 대표할 수 있으며 시설의 이용객이 많은 시간대에 실시하도록 한다. 실내공기 오염물질별 시료채취시간 및 횟수는 다음 표와 같으나 시료채취 여건상 불가피할 경우(파과, 정량한계 미만 등)에 한하여 시료채취유량 및 채취시간을 조절하여 시료채취량을 조정할 수 있다.

실내공기오염물질	시료채취시간	횟수	비고
VOCs	30분	연속 2회	30분 / 1회씩 연속 2회 측정

다중이용시설에서의 시료채취는 오전 8시부터 오후 8시 사이인 주간 시간대에 해당시설이 실제 운영하고 있는 조건과 동일한 환경상태(온도, 습도 등)에서 실시한다. 자연환기구가 설치되어 있거나 기계환기설비가 가동되는 대상 시설의 경우, 채취지점이 이러한 공기유동경로 및 기류 발생원 주변에 위치하지 않도록 최대한 주의한다. 단, 지하역사 승강장 등 불가피하게 기류가 발생하는 곳에 한해서는 실제조건하에서 시료채취를 수행한다.

※ 황사경보와 황사주의보 발령 시 다중이용시설 실내공기 시료채취는 하지 않는다.

신축 공동주택에서 실내공기시료의 채취는 오후 1시에서 6시 사이에 실시하며 '30분 이상 환기 –5시간 이상 밀폐 – 시료채취'의 조건으로 진행한다.

ES 02602.1b(실내 및 건축자재에서 방출되는 휘발성유기화합물 측정방법 – 고체흡착관과 기체크로마토그래프 – MS / FID법)에 따라 고체흡착관을 이용하여 시료를 채취하는 경우는 '1–1. 시료 채취 장비 및 물품의 적합성'중 해당 내용을 참고하라.

건축자재에서 방출되는 휘발성유기화합물에 대한 내용은 '다. 실내공기질–3(유기물질: 폼알데하이드)' 중 ES 02131.1b(건축자재 방출 휘발성유기화합물 및 폼알데하이드 시험방법 – 소형챔버법)에 대한 내용을 참조하라.

1–3. 시료 보관 및 관리의 적절성

1–3–1. 고체흡착관의 사용 내용 및 횟수를 기록하는가?

1–3–2. 시료채취 후 고체흡착관의 보관 · 이동 방법은 적절한가?

1–3–3. 채취한 시료를 24시간 이내에 분석하지 않을 경우, 보관 방법은 적절한가?

해설

ES 02602.1b(실내 및 건축자재에서 방출되는 휘발성유기화합물 측정방법 – 고체흡착관과 기체크로마토그래프 – MS / FID법)에 따라 고체흡착관을 관리하는지 확인한다.

– 시료 채취 흡착관이 안정적인 부피(보유부피)로 유지되기 위해서 매년 혹은 20회를 사용한 후에는 재점검되어야 한다. 만약 성능이 50 % ~ 60 % 이하로 나타나면 반드시 새로운 흡착제로 재충진하고 재안정화시켜 사용하도록 한다.

- 시료가 채취된 흡착관은 시료 채취선에서 분리하고 PTFE 패럴이 장착된 스크루 마개 부품으로 양끝을 막은 후 단단히 밀봉하고 직사광선을 피해서 서늘한 곳에 보관하여 이동한다. 이동 후에는 4 °C 냉장보관하며 변화 가능성을 피하기 위해 시료는 되도록 빨리 분석해야 하고 가급적이면 포집 후 4주 이내에 분석한다.

건축자재에서 방출되는 휘발성유기화합물에 대한 내용은 '다. 실내공기질-3(유기물질: 폼알데하이드)' 중 ES 02131.1b(건축자재 방출 휘발성유기화합물 및 폼알데하이드 시험방법 - 소형챔버법)에 대한 내용을 참조하라.

1-4. 시료채취와 함께 측정하여야 하는 항목의 측정

해설

ES 02602.1b(실내 및 건축자재에서 방출되는 휘발성유기화합물 측정방법 - 고체흡착관과 기체크로마토그래프 - MS / FID법)에 따라 시료채취를 하기 전 시료채취용 펌프를 가동시키고 시료채취 유속 또는 기록계 수치를 측정하여 기록한 후 시작 시각, 온도 및 필요하다면 기압계 압력도 측정한다.
또한 흡착관이 사용된 경우와 흡착관의 시료 채취 부피가 재측정될 때마다 기록하며 흡착관의 사용경로를 명확히 기록하고 재충진될 경우 이 기록은 수정되어야 한다. 이 외에도 시료 흡착관은 고유의 이름이 지워지지 않도록 명기되어야 하며 각 흡착관에 포함된 흡착제의 층 길이 및 양, 허용 가능한 최대 온도, 각 흡착관이 충진된 날짜 등의 세부사항들을 기록하여야 한다.

건축자재에서 방출되는 휘발성유기화합물에 대한 내용은 '다. 실내공기질-3(유기물질: 폼알데하이드)' 중 ES 02131.1b(건축자재 방출 휘발성유기화합물 및 폼알데하이드 시험방법 - 소형챔버법)에 대한 내용을 참조하라.

참고로 「환경분야 시험·검사업무 처리규정」(환경부 고시 제2016-166호)에 의하면 시료채취기록부의 구성과 기록사항을 다음과 같이 규정하고 있다.

구 성	기록 사항
가. 시료채취일시	
나. 시료채취자	성명, 직급, 서명 등
다. 시료명	시료번호 등
라. 관리분야	대기, 수질, 폐기물 등 관계법령에 의한 관리분야
마. 시험항목	
바. 시료채취량	필요 시 기록
사. 현장측정결과	수온, pH 등 현장측정 항목에 대한 측정 값
아. 기타 참고 사항	날씨(기온, 강우 등) 및 육안 관찰 사항, 사용한 보존제의 종류 및 양, 배출허용기준, 협의기준, 업종 등 시료특성관련 내용 및 분야별 항목별 특성을 반영하여 기록 ※ 환경부 고시에 명시된 사항은 아니나 다중이용시설의 면적에 따라 채취하여야 하는 채취지점 수가 다르므로 다중이용시설의 면적을 기록하고, 대상시설에 따라 시험항목과 기준이 다르므로 대상시설의 종류를 기록하는 것이 좋다.

1-5. 현장바탕시료(Field blank) 채취 여부

해설

ES 02602.1b(실내 및 건축자재에서 방출되는 휘발성유기화합물 측정방법 – 고체흡착관과 기체크로마토그래프 – MS / FID법)에 따라 현장 바탕시료는 휘발성유기화합물 시료채취에 사용된 것과 동일한 Tenax TA 시료채취관이어야 한다. 이들 관은 실제 시료채취 기간을 제외하고는 현장에서 시료관과 동일한 취급 절차에 따른다. 현장바탕시료는 실제 시료에 연이어 표기하고, 보관하여 분석한다. 현장바탕시료는 각 시료군마다 적어도 한 개를 채취하여 분석하여야 하며, 하루에 20개 이하의 시료를 채취할 경우에는 1개를, 그 이상의 시료를 채취할 경우에는 시료 20개당 1개를 추가로 채취한다.

건축자재에서 방출되는 휘발성유기화합물에 대한 내용은 '다. 실내공기질-3(유기물질: 폼알데하이드)' 중 ES 02131.1b(건축자재 방출 휘발성유기화합물 및 폼알데하이드 시험방법 – 소형챔버법)에 대한 내용을 참조하라.

1-6. 현장이중시료의 측정

1-6-1. 현장이중시료를 채취하는가?

1-6-2. 현장이중시료 분석결과가 상대차이백분율(RPD) 20 % 이내를 유지하는가?

해설

ES 02602.1b(실내 및 건축자재에서 방출되는 휘발성유기화합물 측정방법 – 고체흡착관과 기체크로마토그래프 – MS / FID법)에 따라 정밀도를 확인하기 위해 현장이중시료를 분석한다. 현장이중시료는 동일 위치에서 동일한 조건으로 중복 채취한 시료로서 독립적으로 분석하여 비교한다. 현장이중시료는 필요 시 하루에 20개 이하의 시료를 채취할 경우에는 1개를, 그 이상의 시료를 채취할 때에는 시료 20개당 1개를 추가로 채취하며, 동일한 조건에서 측정한 두 시료의 측정값 차를 두 시료 측정값의 평균값으로 나누어 상대차이백분율(RPD, relative percentage difference)로 구한다. RPD는 20 %를 넘지 않아야 한다.

$$RPD(\%) = \frac{C_2 - C_1}{\bar{x}} \times 100\ \%$$

건축자재에서 방출되는 휘발성유기화합물에 대한 내용은 '다. 실내공기질-3(유기물질: 폼알데하이드)' 중 ES 02131.1b(건축자재 방출 휘발성유기화합물 및 폼알데하이드 시험방법 – 소형챔버법)에 대한 내용을 참조하라.

전처리

2-1. 전처리에 필요한 물품 및 시약의 보유 적합성

2-1-1. 적절한 표준물질을 보유하고 있는가?

2-1-2. 전처리에 필요한 시약은 적절히 보유하고 있는가?

2-1-3. 열탈착 장비의 설치 · 운영은 적절한가?

2-1-4. 저온농축관의 오염방지 및 주기적인 교체가 적절히 이뤄지고 있는가?

해설

ES 02602.1b(실내 및 건축자재에서 방출되는 휘발성유기화합물 측정방법 – 고체흡착관과 기체크로마토그래프 – MS / FID법) '7.1 열탈착을 이용한 전처리'에 따라 흡착관에 흡착된 시료의 탈착 규정을 숙지하고 그에 필요한 물품과 시약을 보유하고 있는지와 규정대로 잘 이행하는지를 확인한다.

– 고체흡착관 전처리: 시료를 채취하기 전 관에 포집되어 있을 수 있는 미량의 유기 휘발성분을 제거하기 위해 비활성 가스를 50 mL / min ~ 100 mL / min로 흘려주면서 300 ℃의 온도에서 10분간 미리 세척된 고체흡착관을 안정화시킨다.

  안정화시킨 고체흡착관은 PTFE 패럴이 장착된 금속 스크루 마개 부품으로 밀봉하고 실온에서 밀폐 용기에 보관한다. 안정화시킨 시료채취관은 4주 이내에 사용해야 하며, 4주 이상 보관된 채취관은 시료채취 전에 다시 안정화시켜야 한다.

– 시료의 탈착: 시료를 채취한 흡착관은 오염되지 않은 장갑을 사용하여 마개를 제거한 후, 열탈착 장치에 장착한다. 이때, 흡착관 내의 수분을 제거하기 위해서 흡착관을 시료채취 반대방향으로 연결하여 탈착시킨다. 그런 다음 흡착관을 흡착제의 종류에 따른 운반기체 유량과 가열온도를 설정하여 시료가 완전히 이송될 수 있도록 탈착하고, 탈착된 시료는 –30 ℃ 이하의 저온 농축관으로 이송한다. 저온 농축관으로 이송된 시료를 다시 가열탈착한 후 시료를 적당히 분할하여 컬럼의 유량을 조정하고 기체크로마토그래프로 이송한다. 저온농축 및 열탈착 시 온도설정 조건은 사용하는 흡착제나 분석대상물질에 따라서 설정할 수 있다.

◘ 열탈착장치 조건

탈착 온도	280 ℃ ~ 320 ℃(흡착제에 따라)
탈착 유량	30 mL / min, 15 min
저온농축 트랩	흡착제(Tenax TA)
저온농축 흡착 온도	–10 ℃ ~ –20 ℃
저온농축 탈착 온도	280 ℃ ~ 300 ℃
탈착 시간	15분 ~ 20분

건축자재에서 방출되는 휘발성유기화합물에 대한 내용은 '다. 실내공기질–3(유기물질: 폼알데하이드)' 중 ES 02131.1b(건축자재 방출 휘발성유기화합물 및 폼알데하이드 시험방법 – 소형챔버법)에 대한 내용을 참조하라.

2–2. 전처리의 적합성

2–2–1. 전처리 장비의 운반가스 유량은 적절한가?

2–2–2. 전처리 탈착 온도는 적절한가?

2–2–3. 저온 농축관 온도는 적절한가?

2–2–4. 전처리 유리기구 관리는 적절한가?

2–2–5. 시료 보존 기간 내에 분석이 행해지고 있는가?

해설

ES 02602.1b(실내 및 건축자재에서 방출되는 휘발성유기화합물 측정방법 – 고체흡착관과 기체크로마토그래프 – MS / FID법)에 대한 내용은 위 '2–1. 전처리에 필요한 물품 및 시약의 보유 적합성'의 해설을 참조하라. 그리고 휘발

성유기화합물 시료는 되도록 시료채취 시점으로부터 4주 이내에 분석하여야 한다

건축자재에서 방출되는 휘발성유기화합물에 대한 내용은 ‘다. 실내공기질−3(유기물질: 폼알데하이드)’ 중 ES 02131.1b(건축자재 방출 휘발성유기화합물 및 폼알데하이드 시험방법 − 소형챔버법)에 대한 내용을 참조하라.

2-3. 방해물질에 대한 처리의 적절성

해설

휘발성유기화합물의 측정 시, GC / MS 시료주입구에 시료와 금속 재질의 시료주입구 표면이 닿지 않도록 보호하고 시료에 의한 시료주입구의 오염을 방지할 수 있도록 세척 및 교체가 가능한 유리관이 있는데 이를 라이너(liner)라고 한다. 이 라이너 표면이 시료와 접촉하면서 반응하게 되면 감도와 재현성이 감소하면서 크로마토그램에서 피크의 이상을 유발하므로 바탕시험을 하여 오염이 되었을 때는 자주 교체하거나 면밀히 세척해야 한다.

(기기)분석

3-1. 필요한 분석 장비 또는 기기 및 물품 보유의 적합성

3-1-1. 필요한 분석장비는 보유하고 있는가?

3-1-2. 필요한 분석장비는 정상 가동되고 있는가?

3-1-3. 컴퓨터, 프린터 등의 기록장치가 설치되어 있는가?

해설

ES 02602.1b(실내 및 건축자재에서 방출되는 휘발성유기화합물 측정방법 − 고체흡착관과 기체크로마토그래프 − MS / FID법)에 따르면 휘발성유기화합물을 GC / MS로 식별하며 FID 또는 MS 크로마토그래프로 정량하므로 이들 장비가 정상적으로 가동되고 있어야 한다.

건축자재에서 방출되는 휘발성유기화합물에 대한 내용은 ‘다. 실내공기질−3(유기물질: 폼알데하이드)’ 중 ES 02131.1b(건축자재 방출 휘발성유기화합물 및 폼알데하이드 시험방법 − 소형챔버법)에 대한 내용을 참조하라.

3-2. 분석 시 기기의 안정성 확인

3-2-1. 측정 전 분석기기의 안정화(warming-up)를 확인하는가?

3-2-2. 열탈착장치의 바탕선 안정상태(TD Blank)를 확인하는가?

3-2-3. 고체흡착관의 바탕선 안정상태(Tube blank)를 확인하는가?

3-2-4. 주기적으로 튜닝을 실시하는가?

해설

ES 02602.1b(실내 및 건축자재에서 방출되는 휘발성유기화합물 측정방법 – 고체흡착관과 기체크로마토그래프 – MS / FID법)에 분석기기, 열탈착장치 및 고체흡착관의 안정화에 대해 규정되어 있으므로 이를 이행하는지 확인한다.

– 분석기기의 안정화: 열탈착 바탕시료(blank)가 충분히 작다는 것을 입증하기 위해 일상적인 분석 파라미터를 이용하여 바탕시료를 분석한다. 인공 피크가 관심 분석물질의 전형적 면적의 10 %를 넘지 않으면 흡착관 바탕 수준은 허용된다. 만일 바탕시료가 허용 초과된다면 안정화 절차를 반복해 흡착관을 다시 안정화시킨다. 안정화 절차를 반복한 후에도 바탕시료가 허용 초과된다면 흡착관을 교체하여야 한다.
– 시료채취 흡착관: 시료채취 흡착관이 안정적인 부피(보유부피)로 유지되기 위해서 매년 혹은 20회를 사용한 후에는 재점검되어야 한다. 만약 성능이 50 % ~ 60 % 이하로 나타나면 반드시 새로운 흡착제로 재충진하고 재안정화시켜 사용하도록 한다.
– 고체흡착관: 시료를 채취하기 전 관에 포집되어 있을 수 있는 미량의 유기 휘발성분을 제거하기 위해 비활성 가스를 50 mL / min ~ 100 mL / min로 흘려주면서 300 ℃의 온도에서 10분간 미리 세척된 고체 흡착관을 안정화시킨다(공정시험기준의 내용과는 달리 안정화를 위해서 120분 ~ 180분간 안정화시키는 것이 일반적이다).

또한 분석기기의 관리를 위하여 분석기기는 분석을 시작하기 전에 유량과 컬럼 온도, 시료주입구 온도 및 MS 이송관(transfer–line) 온도를 점검하며 MS의 경우에는 튜닝(Tuning)을 통해 감도와 MS 내의 진공 상태, 튜닝을 위한 표준물질(PFTBA: 69 m / z, 219 m / z, 502 m / z)에 대해 분석기기 제조사에서 권장하는 범위 내에서 분포하는지 등을 확인하고 이러한 사항을 기록하여 분석기기의 상태를 점검한다. 만약 감도와 69 m / z, 219 m / z, 502 m / z가 범위에서 벗어났을 경우에는 이온 박스를 세척하거나 검출기 부분을 점검한다.

3 – 3. 분석조건의 적절성

3 – 3 – 1. 항목에 따른 분석 컬럼은 적합한 것인가?

3 – 3 – 2. 운반가스의 순도(99.999 %)는 적절한가?

해설

ES 02602.1b(실내 및 건축자재에서 방출되는 휘발성유기화합물 측정방법 – 고체흡착관과 기체크로마토그래프 – MS / FID법)에 따라 측정하는 경우, 다음과 같은 조건을 유지하는지를 확인한다.

◘ 기체크로마토그래프

주입기 온도	300 ℃
운반기체 및 유량	순도 99.999 %의 비활성 기체, 1.0 mL / min ~ 1.5 mL / min
컬럼	길이 30 m ~ 60 m, 안지름 0.25 mm ~ 0.32 mm, 두께 0.25 μm ~ 0.33 μm의 결합형(bonded) 100 % dimetylpolysiloxane
온도 프로그램	40 ℃ (4 min) → 4 ℃ / min → 230 ℃ → 20 ℃ / min → 280 ℃ (10 min) (모든 목표 화합물이 용리될 때 까지)

◘ 질량분석기

인터페이스 온도	250 ℃
이온원 온도	200 ℃
이온화 방법	전자이온화(70 eV)
질량 범위	35 m / z ~ 300 m / z

그리고 분석에 사용되는 운반가스(He, Ar, N_2)는 비활성이며, 99.999 % 혹은 그 이상의 고순도 가스를 운반가스로 사용한다. 산소와 유기화합물 제거를 위한 여과지가 분석장치 전단에 설치되어야 하며 이런 여과지들은 제조회사의 지침에 따라서 주기적으로 교환하도록 한다.

건축자재에서 방출되는 휘발성유기화합물에 대한 내용은 '다. 실내공기질-3(유기물질: 알데하이드)' 중 ES 02131.1b(건축자재 방출 휘발성유기화합물 및 폼알데하이드 시험방법 - 소형챔버법)에 대한 내용을 참조하라.

3-4. 검정곡선의 적절성 및 직선성(R^2)

3-4-1. 표준물질(용액)을 보유하고 있는가?

3-4-2. 검정곡선 작성은 적절하게 행해지고 있는가?

3-4-3. 검정곡선의 직선성은 적절한가?

3-4-4. 검정곡선의 작성 범위는 적절한가?

해설

ES 02001.b(정도보증 / 정도관리)에 의하면, 검정곡선(calibration curve)은 분석물질의 농도변화에 따른 지시값을 나타낸 것으로 시료 중 분석 대상 물질의 농도를 포함하도록 범위를 설정하고, 검정곡선 작성용 표준용액은 가급적 시료의 매질과 비슷하게 제조하여야 한다.

예로서, 절대검정곡선법(external standard method)은 시료의 농도와 지시값과의 상관성을 검정곡선식에 대입하여 작성하는 방법으로 다음의 절차에 따른다.

- 검정곡선은 직선성이 유지되는 농도범위 내에서 제조농도 3개 ~ 5개를 사용한다.
- 제조한 n개의 검정곡선 작성용 표준용액을 분석하여 농도와 지시값의 자료를 각각 얻는다.
- n개의 시료에 대하여 농도와 지시값 쌍을 각각 $(x_1, y_1), \cdots, (x_n, y_n)$이라고 하고, 아래 그림과 같이 농도에 대한 지시값의 검정곡선을 도시한다.

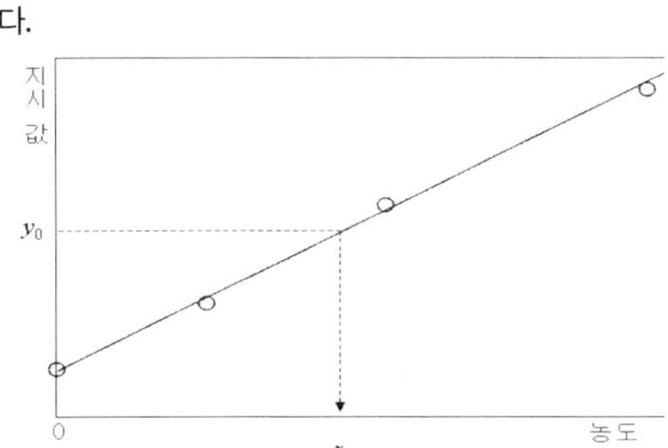

- 검정곡선 작성용 표준용액의 농도와 지시값의 상관성을 1차식으로 표현하는 경우 검정곡선식은 다음과 같다.

$$y = a_0 + a_1 \cdot x$$

여기서 y는 지시값, x는 농도, a_0, a_1는 계수로서 시료의 농도는 시료의 지시값을 검정곡선식에 대입하여 구한다.
검정곡선 작성을 위한 대조액은 일반적으로 용매를 사용하며 분석하려는 성분이 들어 있지 않은 같은 종류의 시료를 사용하여 조제한다.
작성된 검정곡선으로부터 얻어진 검정곡선의 결정계수(R^2) 또는 감응계수(RF, response factor)의 상대표준편차가 일정 수준 이내여야 하며, 결정계수나 감응계수의 상대표준편차가 허용범위를 벗어나면 재작성하여야 한다.
검정곡선은 분석할 때마다 작성하는 것이 원칙이며, 분석 과정 중 검정곡선의 직선성을 검증하기 위하여 각 시료군(시료 20개 이내)마다 1회의 검정곡선 검증을 실시한다.
검증은 방법검출한계의 5배 ~ 50배 또는 검정곡선의 중간 농도에 해당하는 표준용액에 대한 측정값이 검정곡선 작성 시의 지시값과 10 % 이내에서 일치하여야 한다. 만약 이 범위를 넘는 경우 검정곡선을 재작성하여야 한다.

일반적으로는 액체표준용액 즉, 휘발성유기화합물(헥산, 톨루엔, 헥사데칸 등)을 메탄올이나 에틸아세테이트와 같은 용매에 녹인 것을 보유하고 있는지 확인하고, 검정곡선은 다음과 같은 절차에 따라 적절히 작성되는지 확인한다.

- 화합물의 특정 감응 인자와 관심 화합물에 대한 FID 및 MS의 선형성은 표준용액으로 분석 시스템을 교정하여 얻는다. 적어도 5개의 농도가 다른 표준용액(7개의 농도가 다른 표준용액을 사용하면 더 좋음)을 이용하여 검정곡선을 작성한다. 교정용 표준용액의 최저농도는 시료의 최저농도와 같거나 더 낮아야 하며 각 화합물에 대해 주입된 분석물질 질량과 상응하는 피크면적 간의 관계식을 결정한다. 직선 범위에 걸친 곡선의 기울기가 분석한 휘발성유기화합물의 감응계수이다.

$$Ast = bst \times mst + cst$$

여기서, Ast: 표준용액 크로마토그램에서의 분석 물질 피크 면적(면적단위)
bst: 검정곡선의 기울기
mst: 표준용액 중의 분석물질 질량(ng)
cst: 검정곡선의 세로축 절편. 검정곡선이 원점을 지나면 cst = 0

3-5. 시료 희석배율 또는 농축의 적절성

해설

열탈착장치의 경우, 시료 농도가 높으면 열탈착장치나 GC의 split 기능을 이용하여 주입량을 줄이고, 농도가 낮은 경우는 시료의 양을 늘린다.

3-6. 바탕시험의 수행 여부

해설

시험하고자 하는 물질이 들어 있지 않은 용매 또는 증류수를 사용하여 바탕시험을 한다.

3-7. 검출한계 및 정밀도/정확도 측정

3-7-1. 전처리 장비의 분석회수율을 평가하는가?

3-7-2. 정밀도를 적정하게 평가하는가?

3-7-3. 정확도를 적정하게 평가하는가?

3-7-4. 방법검출한계(MDL)를 적정하게 평가하는가?

해설

인력과 장비의 교체 시, 방법검출한계를 확인할 필요가 있으며 정밀도와 정확도도 함께 검토되어야 하므로 ES 02602.1b(실내 및 건축자재에서 방출되는 휘발성유기화합물 측정방법 – 고체흡착관과 기체크로마토그래프 – MS / FID법)에 따라 정밀도와 정확도 등을 잘 이행하고 있는지 확인한다.

- 분석기기의 회수율 평가: 전처리 장치인 열탈착장치를 이용하여 시료가 주입되는 경우에는 반드시 분석기기 간에 회수율이 평가되어야 하며, 표준물질을 흡착관에 주입한 농도와 가스크로마토그래프에 직접적으로 주입한 농도 값을 비교한다. 대상 물질은 주로 벤젠, 톨루엔, 에틸벤젠, 자일렌, 스틸렌이 포함되어 있어야 하며 기타 혼합 표준물질(TVOC: C6 ~ C16)이 포함되어 있어야 한다. 회수율 평가는 최소 연간 3회 이상은 하도록 하며 대상 물질마다 80 % ~ 120 % 범위가 되어야 한다. 범위에서 벗어날 때에는 열탈착 장치에서 가스크로마토그래프로 유입되는 가스 배관의 누출을 점검하고 흡착관의 상태를 점검한다.
- 정밀도 평가: 정밀도는 표준물질을 반복 분석하여 머무름 시간(RT), 피크 면적(area) 또는 감응 계수(RF)의 상대표준편차(RSD)를 이용하여 평가한다. 정밀도는 최소 연 2회 평가하며, 머무름 시간과 피크면적 혹은 감응계수의 상대표준편차가 각각 1 %, 5 % 미만으로 유지하여야 한다. 만약 범위에서 벗어 날 경우 컬럼 유량과 컬럼 상태를 점검한다.
- 정확도 평가: 표준물질을 측정값과 일치하는 정도를 계산하는 것으로 정확한 농도를 알고 있는 기준값과 농도를 실제 분석한 측정값을 비교하며 기준값은 분석자가 시료 농도의 범위 내에서 선택한다. 이때 정확도는 정밀도 평가와 동시에 평가하며 최소 연 2회 측정하며 분석의 정확도는 20 % 범위[주1)] 내에 있어야 한다.

[주1)] 정확도는 표준용액의 값에 대한 측정값의 비를 백분율로 나타내므로 0보다 작은 값도 있다. 따라서 '20 % 범위'는 '80 % ~ 120 %'로 이해하는 것이 타당하다.

- 방법검출한계: 방법검출한계로 생각되는 농도의 대상물질을 7회 반복측정한 후, 측정값의 표준편차에 3.14(7회 반복분석에 대한 99 % 신뢰구간에서의 자유도 값)를 곱하여 구한다. 최소 연 1회 측정한다.

건축자재에서 방출되는 휘발성유기화합물에 대한 내용은 '다. 실내공기질-3(유기물질: 폼알데하이드)' 중 ES 02131.1b(건축자재 방출 휘발성유기화합물 및 폼알데하이드 시험방법 – 소형챔버법)에 대한 내용을 참조하라.

시험결과의 계산

4-1. 시험결과 계산과정(계산식)의 정확성

해설

ES 02602.1b(실내 및 건축자재에서 방출되는 휘발성유기화합물 측정방법 – 고체흡착관과 기체크로마토그래프 – MS / FID법) '8.0 결과보고'에 따라 시험결과를 정확히 산출하는지 확인한다.

4-2. 바탕시험 값의 보정 여부

해설

시험결과값에서 바탕시험값을 제하고 결과를 도출한다.

4-3. 결과표기의 적절성

해설

ES 02602.1b(실내 및 건축자재에서 방출되는 휘발성유기화합물 측정방법 – 고체흡착관과 기체크로마토그래프 – MS / FID법)에 의하면 실내 공기 중 농도는 소수점 첫째자리까지 표기하며, 건축자재에서 방출되는 농도는 소수점 셋째자리까지 표기한다.

건축자재에서 방출되는 휘발성유기화합물에 대한 내용은 '다. 실내공기질–3(유기물질: 폼알데하이드)' 중 ES 02131.1b(건축자재 방출 휘발성유기화합물 및 폼알데하이드 시험방법 – 소형챔버법)에 대한 내용을 참조하라.

마. 실내공기질–5(기타: 석면(위상차현미경))

시료채취

1-1. 시료채취 장비 및 물품의 적합성

1-1-1. 시료채취 장비는 유효기간 내에 정도검사를 받았는가?

1-1-2. 흡인펌프 유량의 보정은 적절한가?

해설

ES 02303.1b(실내공기 중 석면 및 섬유상 먼지농도 측정방법 – 위상차현미경법)과 ES 02304.1(실내공기 중 석면 측정방법 – 투과전자현미경법)으로 석면을 측정할 수 있으나 점검표는 위상차현미경법에 국한하고 있으므로 ES 02303.1b(실내공기 중 석면 및 섬유상 먼지농도 측정방 – 위상차현미경법)에 따라 위상차현미경을 비롯하여 여과지와 여과지 홀더, 펌프 및 아세톤증기발생장치 등 '3.0 분석기기 및 기구'에 제시되어 있는 기기 및 물품을 보유하고 있는지 확인한다.

또한 실내공간 오염물질(폼알데하이드 · 미세먼지 · 휘발성유기화합물 · 석면 · 총부유세균만 해당한다) 시료채취장치와 그 부속기기에 대해서는 「환경분야 시험 · 검사 등에 관한 법률」 제11조제4항 및 같은 법 시행규칙 제7조에 의거하여 정도검사를 받아야 하므로 정도검사 성적서를 확인한다.
아울러 실내 공기 중 석면 및 섬유상 먼지를 채취하기 위한 최소 공기 채취량은 1,200 L이며, 시료채취 유량은 5 L / min ~ 10 L / min이므로 흡인펌프가 정확한 유량을 확보할 수 있도록 보정되어야 한다.

1 - 2. 시료 채취 방법의 적합성

1 - 2 - 1. 최소 공기 채취량은 1200 L이며, 유량은 5 L / min ~ 10 L / min을 유지하는가?

1 - 2 - 2. 여과지 홀더는 바닥으로부터 1.2 m ~ 1.5 m에서 약 45도 각도로 아래로 향하도록 하여 시료를 채취하는가?

1 - 2 - 3. 시료채취기록부는 적정하게 기록하고 있으며, 시료채취 지점은 규정에 맞는가?

해설

ES 02303.1b(실내공기 중 석면 및 섬유상 먼지농도 측정방법 – 위상차현미경법)에 의하면, 실내 공기 중 석면 및 섬유상 먼지를 채취하기 위한 최소 공기 채취량은 1200 L이며, 시료채취 유량은 5 L / min ~ 10 L / min이다. 단, 미세먼지(PM_{10})의 농도가 100 μg / m^3 이상의 고농도 환경에서는 많은 양의 공기를 채취하였을 때 현미경을 이용한 석면 및 섬유상 먼지의 분석이 어려울 수 있으므로 공기 채취량 선정에 주의하여야 한다.
시료채취위치는, 공기 중 석면 및 섬유상 먼지는 바닥으로부터 1.2 m ~ 1.5 m 높이에서 약 45도 각도로 아래로 향하도록 여과지홀더를 설치하고 여과지홀더의 입구를 완전히 개방하여 채취한다.
또한 시료채취기록부에 시료채취 시 함께 측정하여야 하는 사항 즉, 채취공기량, 시료채취 유량, 미세먼지농도, 바닥으로부터의 높이를 비롯하여 온도, 습도 등 필요한 항목을 함께 기록하는지 확인한다.

1 - 3. 현장바탕시료(Field blank) 채취의 수행 여부

해설

시료채취 및 운송과정에서의 오염 여부를 확인하기 위하여 현장바탕시료를 채취하여야 하므로 ES 02303.1b(실내공기 중 석면 및 섬유상 먼지농도 측정방법 – 위상차현미경법)에 따라 현장바탕시료의 수는 분석될 공기 중 시료수의 10 %(최소한 2개로 함)에 해당하도록 하며, 현장바탕시료는 현장에서 여과지홀더의 입구를 열었다가 닫은 후 다른 시료와 함께 보관, 운반과정을 거쳐 실험실에서 다른 시료의 전처리 과정과 동일한 과정으로 분석하는지 확인한다.

전처리

2-1. 투명화

2-1-1. 아세톤 증기 발생기 등의 물품을 보유하고 있는가?

2-1-2. 투명화 작업과정을 잘 이해하고 이행하는가?

해설

ES 02303.1b(실내공기 중 석면 및 섬유상 먼지농도 측정방법 – 위상차현미경법)에 따르면 투명화 작업은 다음과 같이 하므로 이에 대한 물품을 보유하고 그 작업과정을 잘 이해하고 이행하는지 확인한다. 즉,

아세톤 증기발생장치의 플라스크에 아세톤(40 ~ 60 mL)을 넣고 냉각기에 냉각수를 흘린다. 히터에 전원을 넣고 아세톤의 비등점(56.5 ˚C)까지 서서히 가열시킨다. 아세톤 증기가 충분히 발생하고 있는 것을 확인한 후, 증기배출구의 마개를 열어서 5초 ~ 6초간 방치한다. 아세톤의 증기배출구로부터 15 mm ~ 25 mm 떨어진 위치에서 절단된 여과지를 얹은 슬라이드글라스를 아세톤 증기 속으로 서서히 이동시켜 여과지 면에 아세톤 증기를 균일하게 접촉한다(아세톤 증기에 접촉한 여과지는 2초 ~ 5초 사이에 투명하게 된다). 액체상의 아세톤이 여과지 면에 떨어지지 않게 하기 위하여 주기적으로 거즈 등을 사용하여 배출구를 닦아야 한다.

상용화된 아세톤 증기발생장치를 사용하는 경우, 아세톤 증기발생장치의 전원을 켜서 가열시킨 후 절단된 여과지를 얹은 슬라이드글라스를 아세톤 증기를 접촉할 수 있는 위치에 놓는다. 아세톤 증기발생장치가 적절한 온도가 되었을 때 250 μL 마이크로피펫을 이용하여 여과지면이 투명해질 때까지의 최소량의 아세톤을 증기발생장치에 주입한다. 아세톤은 느린 속도로 일정한 압력으로 주입한다. 3초 ~ 5초 후 여과지가 투명해지면 피펫과 슬라이드를 증기발생장치에서 제거한다.

2-2. 고정화

2-2-1. 트라이아세틴 등 필요 물품을 보유하고 있는가?

2-2-2. 고정화 작업과정을 잘 이해하고 이행하는가?

해설

ES 02303.1b(실내공기 중 석면 및 섬유상 먼지농도 측정방법 – 위상차현미경법)에 따르면 고정화 작업은 다음과 같이 하므로 이에 대한 물품을 보유하고 그 작업과정을 잘 이해하고 이행하는지 확인한다. 즉,

아세톤 증기와 접촉하여 투명해진 여과지에 가능한 빨리 마이크로 피펫을 사용하여 트라이아세틴 3 μL ~ 3.5 μL(2 ~3 방울)를 여과지의 중심부에 떨어뜨리고, 그 위에 커버글라스를 덮는다(커버글라스를 덮을 때에 가능한 한 기포가 발생하지 않도록 주의하면서 서서히 여과지 위에 얹고, 핀셋으로 가볍게 누른다. 기포가 너무 많이 형성되거나 트라이아세틴의 양이 부족하면 수분 후에 커버글라스가 떨어지게 된다. 커버글라스와 접촉하는 멤브레인 여과지의 가장자리 부분에 트라이아세틴이 많이 남아 있으면 가장자리에서 석면섬유의 이동이 일어난다).

래커나 바니쉬 등을 사용하여 커버글라스의 가장자리를 슬라이드글라스와 붙인다. 투명화가 늦으면 슬라이드를 표면온도 50 ˚C의 가열판 위에서 투명화가 될 때까지 약 15분 동안 가열한다.

유리마킹용 펜을 이용하여 슬라이드 뒷면에 여과지의 가장자리를 표시하고 측정장소 및 측정조건 등을 기입하여 슬라이드글라스의 가장자리에 부착한다. 만든 표본은 표본을 넣어두는 케이스 등에 보관한다

(기기)분석

3-1. 위상차 현미경의 분석 적합성

3-1-1. 대물렌즈와 접안렌즈의 배율이 적절하여 전체 배율이 400배를 만족하는가?

3-1-2. 아베(abbe) 또는 색지움(achromatic) 위상차 집광렌즈(phase-contrast condenser)가 장착되어 있는가?

3-1-3. 각 배율에 따른 상집광고리(phase condenser annulus)는 조절 가능한가?

3-1-4. Walton-Beckett(WB) circular eye piece graticule(G22)을 사용하고 있는가?

3-1-5. HSE/NPL 슬라이드를 이용하여 분해능을 측정하며 5블록을 검출하는가?

해설

ES 02303.1b(실내공기 중 석면 및 섬유상 먼지농도 측정방법 - 위상차현미경법)에 규정된 바에 적합한 현미경을 보유하고 있는지를 확인한다.

- 접안렌즈는 10배율 ~ 12배율, 대물렌즈는 40배율 ~ 45배율로 전체배율이 400배를 만족해야한다. 대물렌즈의 치수간극(NA, numerical aperture)은 0.65 ~ 0.750이어야 한다.
- Koehler 또는 peudo- Koehler illumination 적용가능한 광원이어야 한다.
- 광원 부위 조리개의 크기 조절 및 중앙화 조절이 가능해야 한다.
- 빛의 파장을 530 nm로 조정할 수 있는 초록색(green) 혹은 푸른색(blue) filter가 장착되어 사용가능해야 한다.
- 아베(abbe) 또는 색지움(achromatic) 위상차 집광렌즈(phase- contrast condenser)가 장착되어야 하며, 각 배율에 따른 상집광고리(phase condenser annulus)가 조절 가능해야 한다.
- HSE/NPL 시험슬라이드의 5블록까지 관찰 가능하여야 한다.

월톤- 버켓 그래티큘(Walton- beckett graticule)은 100 μm 직경의 원형 시야(시야면적: 0.00785 mm^2)를 가진 월톤- 버켓 그래티큘(type G-22)인지를 확인한다.

3-2. 현미경 교정의 적합성

3-2-1. 대물렌즈의 phase ring에 condenser phase ring의 centering를 확인할 수 있는 centering telescope 또는 bertland lens를 보유하고 있는가?

3-2-2. 빛의 파장을 530 nm로 조정할 수 있는 Green filter를 사용하는가?

3-2-3. 눈금간격 0.01 mm의 Stage micrometer를 보유하고 있는가?

해설

ES 02303.1b(실내공기 중 석면 및 섬유상 먼지농도 측정방법 - 위상차현미경법)에 따라 위상차현미경의 광학경로를 정렬하고, 접안렌즈 그래티큘을 보정하는지 확인한다.

3-3. 분석자의 숙련성

3-3-1. centering telescope를 이용한 condenser phase ring 위치 교정을 능숙하게 하는가?

3-3-2. phase condenser iris 크기 조절 후 중앙화 조절을 능숙하게 하는가?

3-3-3. 석면 및 섬유상 분진의 계수기준을 잘 알고 있는가?

해설

ES 02303.1b(실내공기 중 석면 및 섬유상 먼지농도 측정방법 – 위상차현미경법)에 따라 현미경 조작을 하며 석면섬유의 계수 규칙에 따라 정확하게 계수하는지를 확인한다. 즉,

위상차현미경에서 좋은 이미지를 관찰하기 위해서는 condenser phase ring(집광고리)를 투과한 후 회절되지 않은 빛은 모두 위상판의 검은색 고리부분(대물렌즈의 후방초점면에 위치)을 투과해야 한다.

이를 통해 입자를 통과한 빛과 입자를 통과하지 않은 빛의 진폭과 위상이 각각 조절되어 두 빛의 간섭효과가 극대화됨으로써 높은 명암의 이미지를 얻을 수 있다. centering telescope(상중심망원경)를 이용한 condenser phase ring(집광고리) 위치교정은 최적의 위상차 구현을 위한 과정으로 ES 02303.1b(실내공기 중 석면 및 섬유상 먼지농도 측정방법 – 위상차현미경법) '6.1 위상차현미경의 광학경로 정렬' (11) ~ (13)번에 나와 있는 방법에 따라 실시한다.

◘ Phase contrast(위상차) centering

① centering telescope lens의 앞쪽을 돌려 정확한 초점을 맞춘다.

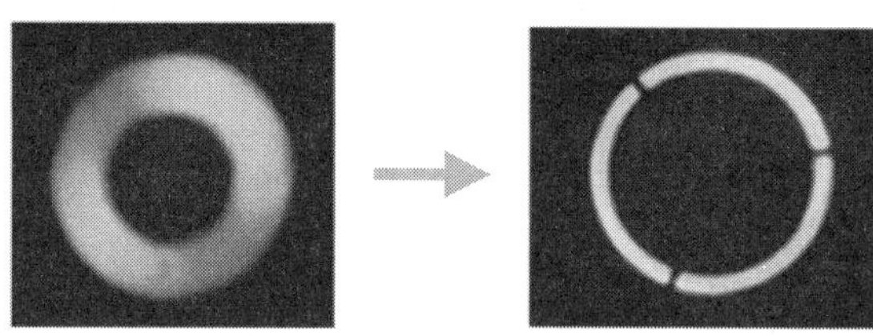

② 집광고리 중심조절나사를 이용하여 두 개의 ring이 겹치지 않고 완벽하게 보이게 한다.

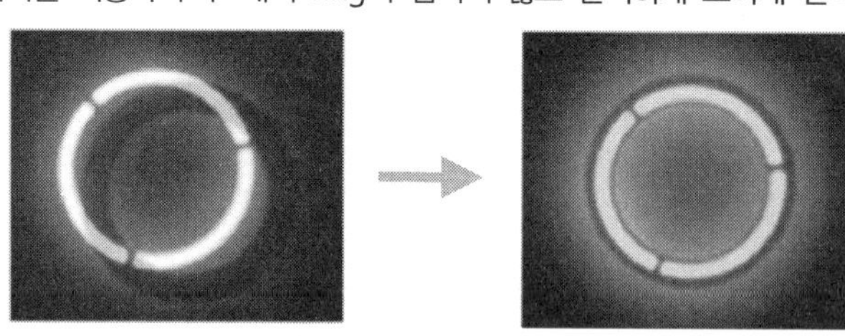

Koehler 조명을 구현하는 한 과정으로 시야조리개(field diaphragm)의 이미지가 표본 및 관찰하는 시야에서 초점과 중심이 맞아야 하며, 관찰하는 시야에 맞게 적절히 개방되어야 하는데 ES 02303.1b(실내공기 중 석면 및 섬유상 먼지농도 측정방법 – 위상차현미경법) '6.1 위상차현미경의 광학경로 정렬' (8) ~ (9)번에 나와 있는 방법에 따라 실시하여 phase condenser iris 크기 조절 후 중앙화 조절을 잘 하는지 확인한다.

위상차현미경으로 계수한 분진은 형태만으로 판단한 것으로 석면인지 유무를 판단할 수 없으므로 '석면 및 섬유상 분진'이라고 명한다.

ES 02303.1b(실내공기 중 석면 및 섬유상 먼지농도 측정방법 – 위상차현미경법) '7.2 분석방법'에 그림과 표로 계수 기준 및 방법이 자세히 설명되어 있는데 분석자는 이 내용을 잘 숙지하고 분석해야 한다.

시험결과의 계산

4-1. 시험결과의 계산 정확성 및 결과표기의 적절성

4-1-1. 계산에 사용되는 필터의 유효 면적과 WB graticule의 면적 적용이 정확한가?

4-1-2. 실험실 바탕시료(Lab Blank) 또는 현장 바탕시료(Field Blank)를 측정하며 적합하게 보정하고 있는가?

4-1-3. 채취한 공기는 25 ℃, 1기압 조건으로 보정하여 환산하는가?

4-1-4. 섬유계수는 100 시야가 될 때까지 하는가?

4-1-5. 시험결과는 소수점 셋째자리까지 표기하는가?

해설

ES 02303.1b(실내공기 중 석면 및 섬유상 먼지농도 측정방법 – 위상차현미경법)에 '8.0 결과보고'에 따라 정확하게 농도를 계산하고 결과를 표시하는지 확인한다. 특히 유효포집면적과 현미경으로 계측한 1 시야의 면적을 정확히 기록하여 농도계산을 하는지 확인한다.

또한 섬유계수는 100 시야가 될 때까지 계수하는지 확인한다(계수된 섬유의 수가 100개를 넘었다고 중도에 계수를 중단하는 일이 없어야 한다).

7 악취 분야

가. 악취-1(공통사항: 기록 및 환경관리 등)

기록 및 관리

1-1. 시료채취에 대한 기록 및 관리의 적절성

1-2. 측정결과에 대한 원자료 기록 및 관리의 적절성

1-3. 성적서의 기록 및 관리의 적합성

1-4. 모든 기록에 대한 접근의 용이성

1-5. 모든 기록의 수정 · 변경에 대한 적절한 보안 조치

해설

시험결과에 대한 근거자료로 사용되는 시료채취기록부와 기기분석의 원자료 등을 명확히 보관하고 있어야 하며, 이들 자료가 훼손되지 않도록 관리하여야 한다.

시료채취기록부와 시험기록부 및 시험성적서 등은 담당자와 기술책임자의 서명이 있어야 유효하며, 시험성적서는 시험성적서 발송대장에 기록을 남긴 후 고객에게 송부되어야 한다.

생산된 모든 자료는 담당자뿐만 아니라 제3자도 쉽게 찾아볼 수 있도록 파일링하는 것이 좋으며, 가능한 한 성적서와 함께 모든 근거자료를 함께 파일링하는 것을 권장한다.

그 외 모든 기록에 대한 수정, 변경 및 접근에 대한 내용은 3장 '2.9 기록관리'의 해설을 참조하라.

참고로, 부지경계선에서의 지정악취물질 시료채취기록부는 ES 09130(시료채취와 보관)에 따라 다음의 서식을 사용한다.

[별지 제2호 서식] 지정악취물질 시료채취기록표

<table>
<tr><td>(1) 시료채취일시(시간)</td><td colspan="5">20 . . . (시간: 시 분 ~ 시 분 까지)</td></tr>
<tr><td rowspan="3">(2) 시료채취자 인적사항</td><td colspan="2">① 소 속</td><td colspan="2">② 직 명</td><td>③ 성 명</td></tr>
<tr><td colspan="2"></td><td colspan="2"></td><td></td></tr>
<tr><td colspan="2"></td><td colspan="2"></td><td></td></tr>
<tr><td rowspan="2">(3) 시료채취 업소</td><td>① 업소명</td><td colspan="4"></td></tr>
<tr><td>② 소재지</td><td colspan="4"></td></tr>
<tr><td rowspan="2">(4) 시료채취 장소</td><td>① 위 치</td><td colspan="4"></td></tr>
<tr><td>② 특 징</td><td colspan="4"></td></tr>
<tr><td rowspan="2">(5) 시료채취 시 기상상태</td><td>① 날 씨</td><td>② 기 온</td><td>③ 풍 향</td><td>④ 풍 속</td><td>⑤ 기타 사항</td></tr>
<tr><td></td><td>℃</td><td></td><td>m / s</td><td>–</td></tr>
<tr><td>(6) 검사항목</td><td>암모니아</td><td>황화합물</td><td colspan="2">트라이메틸아민</td><td>알데하이드</td></tr>
<tr><td>채취방법</td><td>임핀저</td><td></td><td colspan="2"></td><td>DNPH 카트리지</td></tr>
<tr><td>유량(유속)</td><td></td><td></td><td colspan="2"></td><td></td></tr>
<tr><td>(6) 검사항목</td><td>스타이렌</td><td>VOCs</td><td colspan="2">유기산</td><td></td></tr>
<tr><td>채취방법</td><td></td><td>고체흡착관</td><td colspan="2"></td><td></td></tr>
<tr><td>유량(유속)</td><td></td><td></td><td colspan="2"></td><td></td></tr>
<tr><td>(8) 기타 사항</td><td colspan="5"></td></tr>
</table>

분석환경 적절성

2-1. 항온 · 항습기 설치 및 정상가동

2-2. 기기실 및 전처리실의 온도계와 습도계 설치

2-3. 기기실 및 전처리실의 적정 온도, 습도 유지

해설

실험실에 대한 환경조건은 통상적으로 온도와 습도를 말하지만 실제로는 조명, 환기, 전력공급, 진동 등도 포함되어야 하며 이러한 사항은 환경오염공정시험기준에 그 조건이 명시되어 있다.

열악한 분석환경은 분석결과에 영향을 미칠 수 있으므로 환경관리조건을 제시하고 관리하여 그것을 기록으로 남기는 규정을 품질문서에 명시하고 이행하여야 한다.
실험실 특히 기기분석실과 전처리실, 저울실에 대한 적정 온습도 유지는 매우 중요하기 때문에 적정 온습도를 유지하여야 하며 이를 증명하기 위해 주기적으로 온습도를 측정하고 기록하여야 한다. 그러나 적정 온습도 유지를 위해 반드시 항온항습기를 설치할 필요는 없다. 해당 항목별 시험방법에 특별히 규정하여 그 온습도를 유지하도록 하지 않았다면 일반적인 개념을 적용하여 온습도를 유지하면 되며, 온습도의 유지를 위해 온냉풍기 등을 사용하여도 무방하다.
'환경실험실 운영관리 및 안전'(국립환경과학원, 2015)에 의하면 저울실은 시약의 변질을 방지하기 위해 온도는 18 ℃ ~ 20 ℃, 상대습도는 40 % ~ 60 %를 유지하고, 이화학실험실은 실내온도 18 ℃ ~ 28 ℃, 상대습도는 40 % ~ 60 %, 기기분석실은 실내온도 18 ℃ ~ 28 ℃로 유지하는 것이 바람직하다고 서술되어 있다.

환기시설의 설치

3-1. 환기시설의 설치 여부

3-2. 환기시설의 정상가동

해설

환기는 수단으로 구분하면 자연적 환기와 기계적 환기로 구분된다. 때문에 환기는 별도의 환기시설을 설치하지 않더라도 자연적 환기를 통하여 실험실 내에 유해물질이 배출되도록 한다면 환기시설을 설치한 것으로 보아야 한다. 그러나 자연적 환기만으로 유해물질의 배출이 원활하지 않아 실험실 내에 시약 냄새가 난다면 기계적으로 환기하여야 하며, 기계적 환기를 하든 하지 않든 간에 실험실 내에서 시약 냄새 등이 난다면 정상적으로 가동되지 않는 것으로 보아야 한다.
'환경실험실 운영관리 및 안전'(국립환경과학원, 2015)에 의하면 이화학실험실은 환기횟수를 10회 / 시간 ~ 15회 / 시간 정도 유지하도록 하고 있다.

시료 및 시약의 관리

4-1. 시약 및 시료 보관의 적절성

4-2. 냉장보관 시설의 구비

4-3. 표준물질(표준용액 등) 보관의 적절성

4-4. 시약 및 표준물질 구매·소모에 대한 기록

4-5. 시료의 식별을 위한 적절한 조치

4-6. 제조된 시약 관리의 적절성

해설

분석에 소요되는 각종 장비, 시약 및 표준물질 등은 분석결과에 영향을 미칠 수 있기 때문에 이들 물품을 구매하는 경우, 사양, 구매방법, 수령, 보관방법, 검사방법 등을 포함한 내부규정에 따라 합리적으로 구매하고 보관하여야 한다. 별도의 내부 규정이 없는 경우는 품질문서에 그것들을 명시할 수 있다.

구매한 물품은 요구한 사양에 적합한 것인지를 확인할 때까지는 사용하여서는 안 되며, '시약 및 표준물질 관리대장'에 구입량, 사용량 및 잔고량을 기록하고 있어야 한다.

시약, 표준물질 및 시료는 가능한 한 교차오염 및 화학물질에 의한 위험성을 억제할 수 있도록 각각 별도의 시설에 보관되어야 한다. 제조된 시약과 표준용액도 물질명과 농도, 제조일, 용도, 유효기간 및 제조자 등의 정보를 포함하여 라벨링을 하여야 한다. 특히, 표준물질은 유효일자가 기록된 별도의 대장으로 관리되어야 하고 물질증명서철(Certificate)도 함께 보관할 것을 권장한다.

인화성 물질과 부식성 물질은 각각의 전용 캐비닛을 사용할 것을 권장하며, 인화성 물질을 실험실에 보관하는 경우는 40 L 이상 보관하지 않도록 한다. 표준물질의 보관기간은 제조사에서 제공하는 기간으로 하고, 표준용액은 환경조건에 맞게 내부적으로 규정하여 관리하고 있어야 한다.

참고로, 시약의 저장을 위한 일반적인 기준은 다음과 같다.

1) 모든 화학물질은 특별한 저장 공간이 있어야 한다.
2) 모든 화학물질에는 물질이름, 소유자, 구입날짜, 위험성, 응급절차를 나타내는 라벨을 부착해야 한다.
3) 일반적으로 위험한 물질은 직사광선을 피하고 시원한 곳에 저장하며, 이종물질을 혼입하지 않도록 함과 동시에 화기, 열원으로부터 격리해야 한다.
4) 다량의 위험한 물질은 법령에 의하여 소정의 저장고에 종류별로 저장하고, 또한 독극물은 약품 선반에 잠금장치를 설치하여 보관한다.
5) 특히 위험한 약품의 분실, 도난 시에는 사고가 일어날 우려가 있으므로 담당책임자에게 보고해야 한다.

또한 시료는 특정한 조건에서 보관하는 경우 그에 따른 보존기한이 있으므로 시료의 변질 방지를 위하여 시료보관용 냉장시설을 구비하고 있어야 하며, 가능한 한 빛이 차단된 상태로 보존되어야 한다. 시료는 가능한 한 쉽게 식별이 가능하도록 시험 특성에 따라 각각 다른 색의 라벨링을 한다.

장비 및 물품의 관리

5-1. 분석장비의 주기적 점검

5-2. 교정 대상 장비의 교정성적서 보유 여부

5-3. 부피측정 유리기구에 대한 교정(내부교정)

5-4. 장비 및 물품의 청결한 관리

5-5. 장비관리대장 작성

해설

시료채취장비를 포함한 모든 장비는 적용하고자 하는 시험방법을 정상적으로 수행할 수 있어야 하며, 자체적으로 보유하고 있는 장비뿐만 아니라 빌려 쓰는 장비와 계약에 의해 공동으로 사용하는 장비도 주기적으로 그 성능이 확인되어야 한다.

새롭게 구입하는 장비를 비롯하여 모든 장비는 사용하기 전에 시험기관이 요구하는 사양을 만족하여야 하며 이를 확인하기 위해 교정을 하거나 점검을 하여야 하고, 그 결과를 기록으로 남기되 필요한 경우 라벨링하여 장비에 부착 한다. 「환경분야 시험·검사 등에 관한 법률 시행규칙」 제2조에 명시된 측정기는 「환경분야 시험·검사 등에 관한 법률」 제11조에 따라 주기적으로 정도검사를 받아야 하며, 그 외 일반적인 분석장비는 「국가교정기관 지정제도 운영요령」 제40조에 따라 주기적으로 교정을 하여야 한다.

교정에는 자체교정과 외부 전문기관에 의한 교정이 있으므로 어떠한 방법을 적용하든 주기적으로 교정하고 그 결과를 장비관리대장에 기록하고 보관하고 있어야 한다.

분석기기뿐만 아니라 유리기구도 분석결과에 부정적인 영향을 미칠 수 있으므로 시험기관의 품질목표에 맞는 기준을 정하여 교정하여야 한다.

ICP등의 정밀기기는 기술표준원의 「국가 교정기관 지정제도 운영세칙」에 교정 주기가 제시되지 않으므로 자체적인 교정계획에 따라 교정하든지 아니면 전문기술자를 통하여 정밀도 확인을 할 필요가 있다. 그 외 저울, 온도조절기 등의 기기와 피펫, 뷰렛 등의 부피 측정용 유리기구는 교정을 받고 교정성적서를 보유하고 있어야 한다. 내부적인 기준으로 교정을 한 경우에도 교정기록을 남겨두어야 한다.

참고로, 「국가교정기관 지정제도 운영요령」 제41조제1항에 "...측정기를 보유 또는 사용하는 자는 주기적으로 해당 측정기를 교정하여야 하며, 이를 위하여 합리적이고 적정한 주기로 수행될 수 있도록 교정대상 및 적용범위를 자체규정으로 정하여 운용할 수 있다."고 규정되어 있으므로 자체적으로 교정주기를 설정하여 운영하는 것이 원칙이나 자체적으로 교정주기를 정하지 않는 경우에는 교정기관에 의뢰하여 교정할 수 있다.

특히 부피 측정용 유리기구는 허용오차 범위 내에 있는 제품을 사용하거나 내부교정을 통하여 실험실의 목표를 달성할 수 있는 허용오차를 마련하고 확인함으로써 실험의 정확성을 유지할 필요가 있다. 아래에 호칭 용량별 일반적 허용오차를 소개한다.

◘ 눈금 피펫의 호칭 용량별 허용오차

호칭 용량(mL)	최소눈금단위(mL)	허용오차(mL)	
		A 등급	B 등급
1	0.01	± 0.01	± 0.015
5	0.05	± 0.03	± 0.05
10	0.1	± 0.05	± 0.1

◘ 부피 피펫의 호칭 용량별 허용오차

호칭 용량(mL)	허용오차(mL)	
	A 등급	B 등급
< 5	± 0.015	± 0.03
< 10	± 0.02	± 0.04
< 25	± 0.03	± 0.06

◘ 부피 플라스크의 호칭 용량별 허용오차

호칭 용량(mL)	허용오차(mL)	
	A 등급	B 등급
20	± 0.04	± 0.08
50	± 0.06	± 0.12
100	± 0.1	± 0.2

또한 분석기기는 「환경분야 시험·검사 업무처리규정」(환경부 고시 제2016-166호)에 따라 장비관리카드와 장비관리대장을 작성하여야 한다.

저울의 안정성 확인

6-1. 저울의 수평 조절

6-2. 저울 내부의 흡습제 비치 여부

6-3. 저울 설치장소의 적합성

6-4. 저울 내·외부의 청결 상태 유지

해설

저울실은 시약제조 시 표준성 및 정확성을 확보하고 분석오차를 줄이기 위해 실험수행실과 달리 별도의 공간을 확보하도록 하고, 만일 별도의 저울실이 없는 경우 저울을 사용할 공간을 확보하여 주변으로부터의 영향을 최소한으로 줄이는 것이 바람직하다.

저울은 효과적인 측정을 위해서 수평을 유지하고 진동이 없는 곳에 두어야 하며, 저울실의 바닥 역시 내진에 요동하지 않게 설비하는 것이 좋다. 이러한 설비를 갖출 수 없는 경우에는 저울하단부에 저울대를 두고, 주변의 공기흐름을 차단할 수 있는 덮개 등을 이용하는 것이 바람직하다.

저울실은 시약의 변질을 방지하기 위해 적절한 온도 유지(약 18 ℃ ~ 20 ℃)와 건조한 상태(상대습도 40 % ~ 60 %)를 유지해야 한다. 이를 위해 저울 내부공간에 흡습제를 두도록 한다.

저울실에 대한 일반적인 환경조건 및 운용방법은 다음과 같다.

- 이상적인 측정 환경은 실내온도 20 ℃ ± 2 ℃, 상대습도 45 % ~ 60 %이다. 별도의 저울실이 있어 이러한 환경조건을 유지하지 못하는 경우는 각 저울 내부에 습기의 영향을 배제하기 위하여 정상적인 기능을 갖고 있는 흡습제를 비치한다.
- 저울이 설치된 장소는 먼지가 적어야 하며, 저울 내부도 청결하여 이전에 사용하였던 화학물질이 남아 있지 않아야 한다.
- 저울은 진동에 매우 민감하므로 견고한 받침대를 사용해야 하며, 필요시에는 석재와 같은 받침대를 사용하여 평형을 유지한다.
- 에어컨, 환풍기와 같이 진동을 유발하는 장비는 저울 가까이에 설치하지 않는다.
- 직사광선이 닿지 않도록 설치한다.
- 자기를 띠는 기계를 저울 가까운 곳에 설치하지 않도록 한다.
- 저울 발판을 돌려 수평기의 물방울이 수평기 가운데 오도록 설치한다.
- 저울을 사용하기 전에는 반드시 1시간 이상 안정화하여 사용하며, 사용 후 AC 어댑터를 접속한 채로 대기(스텐바이) 상태로 놓아둔다.
- 처음 사용하거나 또는 사용 장소를 이동할 경우 반드시 정밀한 분동을 이용하여 검정하여 사용한다.

정제수의 관리

7-1. 정제수 제조장치의 보유

7-2. 정제수 제조장치 관리의 적절성

해설

정제수제조장치는 제조사 명세서상의 성능수치를 유지하는지 매일 확인한다. 멤브레인 필터(membrane filter)의 유효 사용기간을 엄격하게 준수하고 교환한다. 제조한 정제수 보관기간이 오래되지 않도록 하고 6개월에 한 번씩 아래 모든 항목에 대해 측정하여 성능을 확인하고 필요한 조치를 한다. 실험실은 정제수 제조장치의 교정 또는 성능확인을 위한 절차와 판정기준에 따라 진행하며 장비관리대장 및 내부교정결과보고서에 기록하여 문서화한다.
시약등급수의 수질기준을 미국 ASTM(american society for testing and materials)에서는 4개 등급으로 구분하고 있는데 유형 I은 정밀한 분석용이며, 유형 II는 일반 분석실용이므로 이에 대한 아래의 수질이 보장되어야 한다.

	유형 I(Type I)	유형 II(Type II)
전기전도도, 최댓값, μS / cm, 25 ℃	0.056	1.0
전기 저항, 최솟값, MΩ·cm, 25 ℃	18	1.0
25 ℃에서의 pH	–	–
총 유기탄소(TOC), 최댓값, μg / L	50	50
소듐(Na), 최댓값, μg / L	1	5
염화이온, 최댓값, μg / L	1	5
총 실리카, 최댓값, μg / L	3	3

실험실 폐기물(폐액) 처리의 적절성

8-1. 실험실 폐기물 및 폐액 처리의 적절성

해설

실험실에서 발생하는 폐 유기용제 등은 폐기물관리법에 의한 지정폐기물이므로 이를 보관할 때는「폐기물관리법 시행규칙」제14조 별표5 '4. 지정폐기물(의료폐기물은 제외한다)의 기준 및 방법'에 따라 다음과 같이 관리하여야 한다.

- 지정폐기물은 지정폐기물 외의 폐기물과 구분하여 보관
- 폐유기용제는 휘발되지 않도록 밀폐된 용기에 보관
- 지정폐기물 외의 폐기물과 구분하여 보관
- 지정폐기물은 지정폐기물에 의하여 부식되거나 파손되지 않는 재질로 된 보관시설 또는 보관용기를 사용하여 보관
- 지정폐기물 중 폐산 · 폐알칼리 · 폐유 · 폐유기용제 · 폐촉매 · 폐흡착제 · 폐흡수제 · 폐농약, 폴리클로리네이티드비페닐 함유폐기물 등은 60일을 초과하여 보관하여서는 안 됨. 다만, 1년간 배출하는 지정폐기물의 총량이 3톤 미만인 사업장의 경우에는 1년의 기간 내에서 보관
- 지정폐기물의 보관창고에는 보관 중인 지정폐기물의 종류, 보관가능 용량, 취급 시 주의사항 및 관리책임자 등을 적어 넣은 표지판을 다음과 같이 설치하여야 함. 다만, 드럼 등 보관용기를 사용하여 보관하는 경우에는 용기별로 폐기물의 종류 / 양 및 배출업소 등을, 지정폐기물의 종류가 같은 용기가 여러 개 있는 경우에는 폐기물의 종류별로 폐기물의 종류 · 양 및 배출업소 등을 각각 알 수 있도록 표지판에 적어 넣어야 한다.

- 보관창고에는 표지판을 사람이 쉽게 볼 수 있는 위치에 설치하여야 한다.
- 표지의 규격: 가로 60 cm 이상 × 세로 40 cm 이상(드럼 등 소형용기에 붙이는 경우에는 가로 15 cm 이상 × 세로 10 cm 이상)
- 표지의 색깔: 노란색 바탕에 검은색 선 및 검은색 글자
- 표지판의 보기

<table>
<tr><td colspan="2">지정폐기물 보관표지</td></tr>
<tr><td>①폐기물의 종류:</td><td>②보관가능용량: 톤</td></tr>
<tr><td>③관리책임자:</td><td>④보관기간: ~ (일간)</td></tr>
<tr><td colspan="2">⑤취급 시 주의사항
○보관 시:
○운반 시:
○처리 시:</td></tr>
<tr><td colspan="2">⑥운반(처리)예정장소:</td></tr>
</table>

이러한 폐액은 법령에 규정된 것은 아니지만 종류별로 별도로 분리하여 보관하여야 하며 쉽게 인식할 수 있도록 종류별로 보관용기의 색상을 달리할 것을 권장한다.

고압가스의 안전관리

8-1. 고압가스의 안전관리

8-1-1. 고압가스 실린더에 지지대를 설치하는 등 안전하게 관리하고 있는가?

8-1-2. 가연성 가스를 구분하여 관리하고 있는가?

해설

시험에 사용하는 가스저장시설은 시험값의 정확도에는 영향을 미치지 않으나 분석자의 안전과 건강을 위하여 「고압가스안전관리법 시행규칙」 별표8에 따라 관리하여야 한다. 그 주요 내용을 살펴보면 다음과 같다.

- 가스설비 또는 저장설비는 그 외면으로부터 화기를 취급하는 장소까지 2 m(가연성 가스 또는 산소의 가스설비 또는 저장설비는 8 m) 이상의 우회거리를 유지할 것
- 배관의 재료는 그 고압가스의 취급에 적합한 기계적 성질 및 화학적 성분을 가지는 것일 것
- 가연성 가스(암모니아, 브롬화메테인 및 공기 중에서 자기 발화하는 가스는 제외한다)의 저장설비 중 전기설비는 그 설치장소 및 그 가스의 종류에 따라 적절한 방폭성능을 가진 것일 것
- 가연성 가스의 가스설비실 및 저장설비실에는 누출된 고압가스가 체류하지 않도록 환기구를 갖추는 등 필요한 조치를 할 것
- 고압가스저장시설의 안전을 확보하기 위하여 필요한 곳에는 고압가스를 취급하는 시설 또는 일반인의 출입을 제한하는 시설이라는 것을 명확하게 알아볼 수 있도록 경계표지, 식별표지 및 위험표지 등 적절한 표지를 하고, 외부인의 출입을 통제할 수 있도록 적절한 경계책을 설치할 것
- 충전용기는 항상 40 ℃ 이하의 온도를 유지하고, 직사광선을 받지 않도록 조치할 것
- 밸브가 돌출한 용기(내용적이 5 L 미만인 용기는 제외한다)에는 용기의 넘어짐 및 밸브의 손상을 방지하는 조치를 할 것

– 가연성 가스 및 산소의 충전용기 보관실의 벽은 그 저장설비의 보호와 그 저장설비를 사용하는 시설의 안전 확보를 위하여 불연재료(不燃材料)를 사용하고, 가연성 가스의 충전용기 보관실의 지붕은 가벼운 불연재료 또는 난연재료(難燃材料)를 사용할 것.

나. 악취 – 2(복합악취: 복합악취)

시료채취

1 – 1. 시료주머니(냄새주머니) 재질의 적합성

해설

ES 09301(공기희석관능법)에 따라 시료채취용기(시료주머니)와 시료채취관은 취기성분이 흡착, 투과 또는 상호반응에 의해 변질되지 않는 것으로서 시료주머니의 재질은 폴리테트라플루오로에틸렌(PTFE, polytetrafluoroethylene), 폴리바이닐플루오라이드(PVF, polyvinyl fluoride) 등 불소수지재질과 폴리에스터(polyester) 재질 또는 동등 이상의 보존성능을 갖고 있는 재질로 만들어진 내용적이 3 L ~ 20 L 정도의 것으로 한다. 시료채취용기의 제작 시 실리콘(silicone rubber)이나 천연고무(natural rubber)와 같은 재질은 최소한의 접합부(seals and joints)에서도 사용이 적합하지 않다.

1 – 2. 시료채취펌프의 정상가동 여부

해설

ES 09301(공기희석관능법)에 따라 시료채취펌프는 흡입유량이 1 L / min ~ 10 L / min인 판막식(다이아프람) 펌프(이하: 펌프라고 한다)로 취기흡착성이 낮은 재질 불소수지재질로 된 것을 사용하며, 정상적으로 가동되는지 확인한다.

1 – 3. 시료채취용 (감압진공)흡인상자의 적합성

해설

ES 09301(공기희석관능법)에 따라 아래 그림과 같이 구성되어 있고 다음의 조건을 구비하고 있는지 확인한다.

– 시료채취주머니는 규정에 적합한 것을 사용하며, 흡입상자는 투명수지제로 밀폐 가능한 구조여야 한다. 흡인펌프는 1 L / 분 ~ 10 L / 분의 공기를 흡인할 수 있는 것이어야 하며 시료채취주머니는 사용 전에 고순도 질소가스로 1회 이상 채우고 배기하여 세척한다.

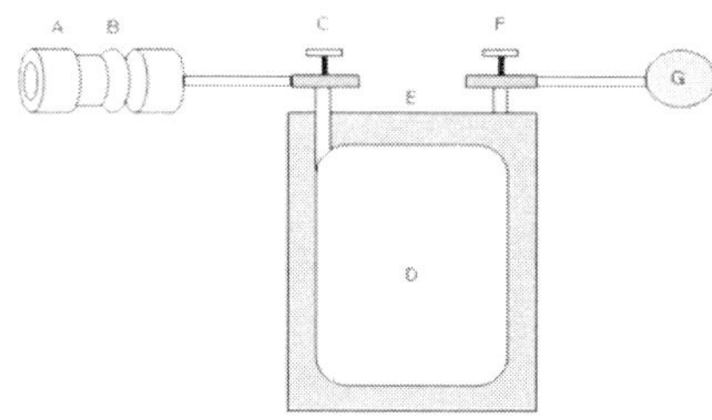

A: 시료채취 홀더
B: 필터
C: 불소수지제 콕
D: 시료채취 주머니
E: 감압진공 흡인상자
F: 흡입콕
G: 유량계를 갖춘 흡입펌프

1-5. 시료 접수 시 악취시료채취기록표의 확인

해설

ES 09301(공기희석관능법)에서는 ES 09130(시료채취와 보관) 별지 제1호 서식의 악취시료채취기록표를 작성하도록 규정하고 있다.

[별지 제1호 서식] 악취시료채취기록표

<table>
<tr><td>(1)시료채취일시(시간)</td><td colspan="6">20 . . . (시간: 시 분 ~ 시 분 까지)</td></tr>
<tr><td rowspan="3">(2) 시료채취자 인적사항</td><td colspan="2">① 소 속</td><td colspan="2">② 직 명</td><td>③ 성 명</td><td>④ 성 별</td></tr>
<tr><td colspan="2"></td><td colspan="2"></td><td></td><td></td></tr>
<tr><td colspan="2"></td><td colspan="2"></td><td></td><td></td></tr>
<tr><td rowspan="2">(3) 시료채취업소</td><td colspan="2">① 업 소 명</td><td colspan="4"></td></tr>
<tr><td colspan="2">② 소 재 지</td><td colspan="4"></td></tr>
<tr><td>(4) 공장의 조업상태</td><td colspan="6"></td></tr>
<tr><td rowspan="2">(5) 시료채취 시 기상상태</td><td>① 날 씨</td><td></td><td>② 기 온</td><td></td><td colspan="2">③ 풍 향</td></tr>
<tr><td>④ 풍 속</td><td></td><td colspan="2">⑤ 기타 기상상태</td><td colspan="2"></td></tr>
<tr><td rowspan="2">(6) 시료채취 지점</td><td colspan="2">① 채취지점 (높이, m)</td><td colspan="4">② 공정 및 시설</td></tr>
<tr><td colspan="2"></td><td colspan="4"></td></tr>
<tr><td>(7) 시료채취주머니 종류</td><td colspan="6"></td></tr>
<tr><td>(8) 시료채취자 의견
(사업상, 현황, 시료채취사항 등)</td><td colspan="6"></td></tr>
<tr><td>(9) 현장시료채취 냄새강도</td><td colspan="6">① 냄새가 느낄 수 없다.
② 무슨 냄새인지 알 수 없으나, (　　　)한 냄새가 느껴진다.
③ 무슨 냄새인지 알 수 없으나 복합적으로 여러 물질이 혼합되어 나타나는 냄새로 (　　　　)한 냄새를 느낄 수 있다
④ (　　　)한 냄새를 느낄 수 있으나 어떤 물질인지는 알 수 없고, 심미적으로 혐오감을 느낀다.
⑤ 강한 혐오감을 느낀다.
⑥ 기타(　　　　　　　　　　　　　　　　　)</td></tr>
<tr><td>(10) 냄새의 주성분</td><td colspan="6"></td></tr>
<tr><td>(11) 기타 사항</td><td colspan="6"></td></tr>
</table>

그리고 「환경분야 시험검사 업무처리규정」(환경부 고시 제2016－166호)에 따라 시료채취기록부는 최소 3년 간 보관하고 있어야 한다. 또한 시험・검사기관이 시료에 대한 시험・검사를 의뢰받은 경우에는 시료의 접수를 위하여 시료와 함께 제출된 시료채취기록부의 시료채취 기록 내용, 채취・보존・운반 방법, 시료상태, 관련기준 등을 확인하여야 하며, 확인 결과 중요한 기록의 누락, 채취・보존 방법의 오류, 시료의 훼손 등으로 정상적인 시험・검사의 수행이 불가능하다고 판단되는 때에는 보완을 요구하거나 해당 시료의 접수를 하지 않을 수 있다.

전처리

2－1. 시약의 보유

2－1－1. 노말뷰탄올 용액 제조는 적정하게 진행되며 잘 이해하고 있는가?

2－1－2. 판정요원 선정용 시험액을 보유하고 있는가?

2－1－3. 판정요원 선정용 시약은 소급성이 확보되고, 적절한가?

2－1－4. 제조된 판정요원 선정시약의 유효기간이 적정한가?

해설

ES 09301(공기희석관능법) '4.1 악취강도 인식시험액'에 따라 판정요원의 판정시험 전 악취강도에 대한 정도를 인식시켜 주기 위하여 노말뷰탄올(n－ butanol, CAS No.71－36－3, 순도 최소 99.5 % 이상)을 사용한다. 이를 위하여 노말뷰탄올을 정제수로 다음 표와 같이 악취강도에 따라 희석하여 제조한다. 희석 시 사용하는 용기는 갈색병의 용량 플라스크를 사용한다. 고농도의 희석단계에서는 균질화하는 데 시간이 소요될 수 있으므로 교반기를 사용하여 천천히 희석하도록 한다.

악취강도	노말뷰탄올 주입량(mL / L)	농도(ppm)
1	0.1	100
2	0.4	400
3	1.5	1,500
4	7.0	7,000
5	30.0	30,000

이 시험액은 실험시작 전까지 교반기를 이용하여 용액을 교반시키고, 인식시험 전 준비된 바이알에 용액을 각각 100 mL씩 넣어 파라필름이나 뚜껑을 이용하여 밀봉한다. 바이알에 준비된 노말뷰탄올 용액은 1시간 이내에 실험에 사용하여야 한다.

관능법

3－1. 예비판정요원에 대한 악취강도 인식시험의 적정성

해설

ES 09301(공기희석관능법) '6.1 판정요원의 선정'에 따라서 아래와 같은 과정을 통하여 예비판정요원을 선정하는지 확인한다. 즉,

- 악취분석요원이 악취강도 인식시험액 1도의 시험액을 예비판정요원 모두에게 냄새를 맡게 하여 냄새의 인식유무를 확인하고 만일 예비판정요원이 냄새를 인식하지 못하면 판정요원 선정시험 대상에서 제외한다.

◘ 악취강도 인식시험액

악취 강도	악취도 구분	설명	노말뷰탄올 농도(ppm)
0	무취(none)	상대적인 무취로 평상시 후각으로 아무것도 감지하지 못하는 상태	0
1	감지냄새 (threshold)	무슨 냄새인지 알 수 없으나 냄새를 느낄 수 있는 정도의 상태	100
2	보통냄새 (Moderate)	무슨 냄새인지 알 수 있는 정도의 상태	400
3	강한냄새 (Strong)	쉽게 감지할 수 있는 정도의 강한 냄새를 말하며 예를 들어 병원에서 크레졸 냄새를 맡는 정도의 냄새	1,500
4	극심한 냄새 (Very Strong)	아주 강한 냄새, 예를 들어 여름철에 재래식화장실에서 나는 심한 정도의 상태	7,000
5	참기 어려운 냄새 (Over Strong)	견디기 어려운 강렬한 냄새로서 호흡이 정지될 것 같이 느껴지는 정도의 상태	30,000

3-2. 판정요원 선정을 위한 악취강도 인식시험의 적정성

해설

ES 09301(공기희석관능법) '6.1 판정요원의 선정'에 따라서 아래와 같은 과정을 통하여 판정요원을 선정하는지 확인한다. 즉,

- 악취강도 인식시험액을 통풍이 잘되는 곳에서 밀봉을 풀어 1도에서 5도의 순으로 냄새를 맡게 하여 악취강도에 대한 정도를 인식하도록 한다. 냄새를 맡을 때는 뚜껑을 열은 상태에서 코와의 간격을 3 cm ~ 5 cm 두고 3초 이내에 냄새를 맡는다.
- 악취분석요원은 거름종이(길이 14 cm, 폭 7 mm) 5매를 1조로 하여 그 중 3매는 판정요원 선정용 시험액(이하 "시험액"이라 한다) 중 3가지와 나머지 2매는 정제수와 유동파라핀에 각각 약 1 cm 정도 길이로 시험액에 1분 동안 담가둔다. 이 거름종이는 제조 후 바로 시험에 사용한다.
- 판정요원의 선정은 위의 5매 1조의 거름종이를 건강한 피검자에게 주어 냄새가 나는 거름종이 3매를 선택하게 하여 3종류의 시험액을 냄새의 종류와 냄새나는 거름종이를 모두 알아맞히고 악취도가 3, 4인 사람을 예비판정요원으로 합격한 것으로 한다.
- 위 방법으로 선정된 예비판정요원 중 5인 이상으로 판정요원을 구성한다. 이렇게 하여 구성된 판정요원은 당일에 한하여 유효하다.

□ 판정요원 선정용 시험액

시험액	농도	제조용액	냄새의 성격
초산(Acetic acid)	1.0 wt %	정제수	식초 냄새
트라이메틸아민 (Trimethlyamine)	0.1 wt %	정제수	생선 썩는 냄새
Methylcyclopentenolone	0.32 wt %	유동파라핀	달콤한, 설탕 타는 냄새
β－Phenylethylalcohol	1.0 wt %	유동파라핀	장미향 냄새

3－3. 악취분석요원에 대한 악취강도 인식시험의 적정성

해설

ES 09301(공기희석관능법) '6.1 판정요원의 선정'에 따라서 악취분석요원도 판정요원과 동일한 검사에 합격하였는지를 확인한다.

3－4. 악취분석요원, 악취판정요원에 대한 데이터베이스 작성 여부

해설

ES 09301(공기희석관능법)에 따라서 악취분석요원은 악취판정인단의 일반적인 현황을 작성해 두어야 하며, 악취측정결과에 대한 판정요원의 개인적인 정답율도 기록물로 관리하여야 한다.

3－5. 무취공기 제조장치의 정상가동 및 오염 여부의 주기적 점검

해설

ES 09301(공기희석관능법) '3.2 무취공기 제조장치'에 따라 무취공기제조장치는 다음과 같은 구조나 동등 이상의 장치로 구성되어야 하며, 제조된 무취공기는 공기희석관능법에 따라 판정요원으로 선정한 5명이 시험하였을 때 냄새를 인지할 수 없어야 한다.

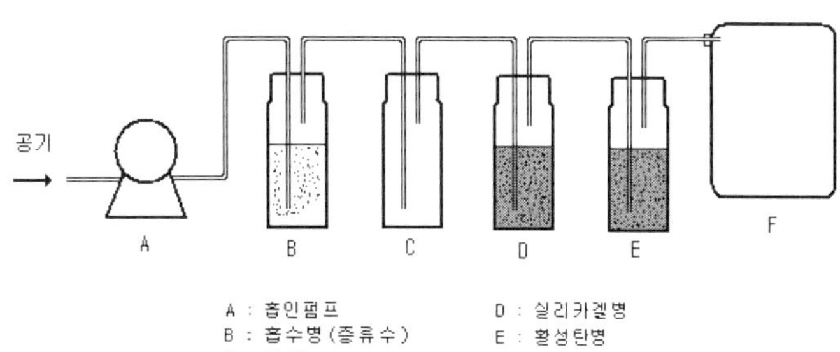

– 또한 여기에 사용되는 각 용기 중 흡수병 및 실리카겔병은 약 500 mL 이상, 활성탄병은 약 2 L 이상의 용량이 권장되며, 각 토출구에서의 유량은 5 L / min 이상이어야 한다.

3 – 6. 자동희석장치의 정상가동

3 – 6 – 1. 흡착성 평가는 적정하게 이행되며 그 결과가 기록되고 있는가?

해설

ES 09301(공기희석관능법) '3.1.2 자동희석장치의 성능'에 따라 다음과 같이 흡착성이 평가되고 있는지 확인한다. 즉, 30 L 무취주머니에 무취공기를 20 L 채운 후 주사기로 n– 발레르산(n– valeric acid) 1 μL를 주입한다. n– 발레르산을 주입한 무취주머니를 100 ℃로 조절한 오븐에 넣고 30분간 가열한다. 그리고 이를 꺼내 실온으로 식힌 후 자동희석장치에 연결하여 희석배수 3배로 30분간 자동희석장치를 통과시킨다. 이때 토출되는 공기는 실내에 퍼지지 않도록 잘 배출시킨다. n– 발레르산을 통과시킨 후 무취공기로 10분간 자동희석장치의 유로를 세척한다. 세척을 완료한 후 무취공기가 담긴 시료봉지를 시료 주입구에 연결한다. 희석배수 3배로 희석된 무취공기시료를 냄새봉지에 담아 판정요원 5명이 모두 무취로 판정하여야 한다.

3 – 6 – 2. 정확도 평가는 적정하게 이행되며 그 결과가 기록되고 있는가?

해설

ES 09301(공기희석관능법) '3.1.2 자동희석장치의 성능'에 따라 다음과 같이 정확도가 평가되고 있는지 확인한다. 즉, 자동희석장치를 사용하여 메테인가스 500 μL / L를 희석배수 10배로 희석, 메테인가스 20,000 μL / L를 희석배수 300배로 희석된 농도를 각각 측정한다. 희석공기는 무취공기를 사용한다. 자동희석된 메테인의 농도측정은 국가공인기관의 시험을 받은 메테인측정기를 이용하여 각 5회 이상의 측정값을 구한다. 정확도는 메테인측정기의 측정값과 각 희석배수로부터 계산한 값과의 차를 평균하여 계산한 값으로 나눈 백분율로 다음 식에 따라 구하며 15 % 이내로 유지해 주어야 한다.

$$\text{정확도}(\%) = \frac{|\bar{d}| + C.I._{95}}{X} \times 100\ \%$$

3 – 7. 수동희석장치

3 – 7 – 1. 수동희석장치(주사기)는 용량별로 확보하고 있는가?

3 – 7 – 2. 시료희석 시, 원시료의 주입부분이 시료희석주머니의 중간 위치(라벨지 위치)인가?

해설

ES 09301(공기희석관능법) '3.6 주사기(희석용)'에 의거하여 시료가 채취된 시료주머니에서 희석 시 사용하는 주사기는 무취성으로 유리재질(glass)을 권장하며 부피 1 mL 이하의 주사기는 기체용주사기(gas tight syringe)를 사용한다. 주사기는 무향성의 세제를 사용하여 잘 씻고 건조시킨 것을 사용한다. 또한 재질에 상관없이 시료공기로 여러 번 씻고 나서 사용한다.

또한 '7.1.1 수동식 공기희석'에 따라 시료를 환기장치가 설치되어 있는 방 또는 통풍이 원활한 방에서 희석하되 다음의 사항을 만족하는지 확인한다.

- 냄새주머니와 동등한 재질로서 내용적이 3 L ~ 20 L 정도의 냄새주머니를 준비한다.
- 무취공기 제조방법에 의하여 제조된 무취공기로 희석용 냄새주머니를 가득 채운 후 마개로 막는다.
- 아래와 같은 방법으로 주사기를 사용하여 시료가 담긴 시료주머니에서 필요한 양의 시료를 빼낸 다음 소정의 희석배수가 되도록 일정량을 무취공기를 채운 무취주머니의 겉표면에 붙인 상표라벨 위에 주사바늘을 찔러 주입한다.

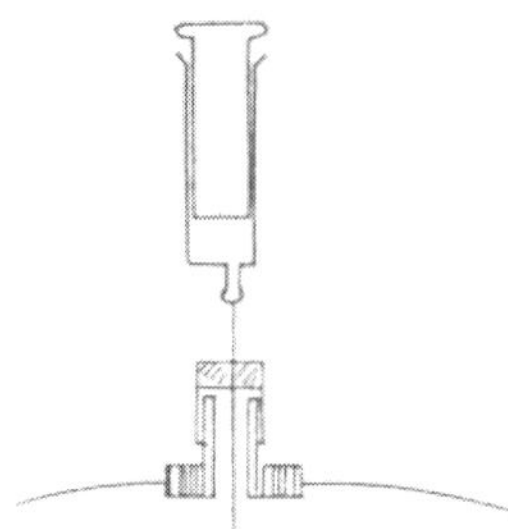

- 시료를 주입한 후 주사바늘의 구멍은 셀로판테이프로 봉한다. 이와 같이 소정의 희석배수가 되도록 시료희석주머니를 제조한다.

3-8 관능시험 준수 여부

3-8-1. 판정결과에 대한 기록지는 보관하는가?

3-8-2. 판정결과 정답과의 확인 여부가 가능하도록 기록되고 있는가?

3-8-3. 판정시험과정 중 원시료의 원취 인식절차를 수행하고 있는가?

3-8-4. 판정시험 절차 중 깔때기를 사용하고 있는가?

해설

ES 09301(공기희석관능법) '7.2 관능시험'에 따라 관능시험용 마스크, 시료희석주머니, 무취주머니 등으로 적정하게 시험하고 그 결과를 기록으로 남기는지 확인한다.

국립환경과학원의 '숙련도시험 세부지침'에 의하면 그 기록들은 다음의 서식을 활용하도록 하고 있다.

◘ 예비판정요원에 대한 악취강도 인식시험 결과표

예비판정요원 성명	냄새의 인식 여부 (인식시험액 1도)	예비판정요원 성명	냄새의 인식 여부 (인식시험액 1도)

※ 인식하는 경우 "○"표, 인식하지 못하면 "×"표로 표기

◘ 판정요원 선정을 위한 악취강도 인식시험 결과표

피검자 성명: (서명) 시험일: 년 월 일

악취도 / 거름종이의 종류	0	1	2	3	4	5
1						
2						
3						
4						
5						

※ 각 거름종이의 악취종류를 해당 악취도에 기록

최종판정: 판정요원으로 적합 / 부적합 함 확인자: (서명)

◘ 악취분석요원에 대한 악취강도 인식시험 결과표

악취분석요원: (서명) 시험일: 년 월 일

악취도 / 거름종이의 종류	0	1	2	3	4	5
1						
2						
3						
4						
5						

※ 각 거름종이의 악취종류를 해당 악취도에 기록

최종판정: 악취분석요원으로 적합 / 부적합 함 확인자: (서명)

◘ 복합악취 시험 결과표

판정요원 성명	희석배율						
	×10		×30	×100	×300	×1000	×3000
	1차	2차					
정답율							

※ 배출구 시료는 300배, 1000배, 3000배...의 희석배수로 시험을 한다.

◘ 계산과정

판정요원 성명	계산과정	비고	전체의 희석배수

3-9. 공기희석관능시험실의 적합성

3-9-1. 공기희석관능시험실의 환기시설은 정상 작동되는가?

3-9-2. 공기희석관능시험실의 청결상태 및 운영조건(온습도)은 정상인가?

3-9-3. 공기희석관능시험실에서 관능시험 이외의 작업을 수행하거나 주변 시설에서 취기가 발생하여 시험결과에 영향을 주지는 않는가?

해설

ES 09301(공기희석관능법) '7.2 관능시험'에 따라 관능시험은 환기장치가 설치되고 통풍과 배기가 원활한 공기희석관능시험실에서 실시한다. 공기희석관능시험실에서는 관능시험 이외의 냄새가 유입하거나 냄새가 발생하는 일이 없도록 한다(공기희석관능시험실과 판정실은 분리되어 실험실의 오염이 있지 않도록 하고 공기희석 제조과정이 노출되지 않도록 한다).

또한 공기희석관능시험실은 '환경실험실 운영관리 및 안전(국립환경과학원, 2015)에 따르면 다음의 조건을 만족하는 것이 좋다.

- 악취실험실은 악취관능시험을 위해 별도의 시험공간이 필요하며, 시험공간면적은 분석인원당 2 m^2 ~ 5 m^2 정도 두는 것이 바람직하다.

- 악취시험 후 환기 및 통풍이 잘 되도록 설비하되 이화학실험실의 환기 및 통풍설비와 유사하게 설비하는 것이 바람직하다.
- 악취시험 후 시험자의 피복이나 장비 등은 반드시 세정을 해야 하므로 악취실험실과는 별도로 세정실을 설비하는 것이 바람직하다.
- 악취시험을 위한 피복이나 장비를 보관하는 별도의 공간을 두는 것이 바람직하다.

시험결과의 계산

4-1. 희석배수 산정과정의 정확성

해설

ES 09301(공기희석관능법) '8.0 결과보고'에 따라 희석배수를 결정하는지 확인한다. 즉,
관능시험결과 무취로 판정된 시료희석배수의 바로 전단계 시료희석배수를 시험시료의 희석배수로 하며, 전체 판정요원의 시료희석배수 중 최댓값과 최솟값을 제외한 나머지를 기하평균한 값을 판정요원 전체의 희석배수로 한다.

◘ 평가과정(예시): 최초시료희석배수

판정요원 구분	1차 평가		2차 평가 (×30)	3차 평가 (×100)
	1조(×10)	1조(×10)		
a	×	○		
b	○	○	○	○(이후 시료희석배수 평가 중지)
c	○	×		
d	○	○	○	×
e	○	○	×	

※ "○": 시료희석주머니 판정 시 정답, " ×": 냄새주머니 판정 시 오답

◘ 계산과정(예시)

판정요원 구분	계산과정	비고	전체의 희석배수
a	$a = \sqrt{(3 \times 10)} = 5.477$	최소(제외)	$\sqrt[3]{(5.477 \times 30 \times 10)}$ = 11.8
b	b = 100	최대(제외)	
c	$c = \sqrt{(3 \times 10)} = 5.477$	→	
d	d = 30	→	
e	e = 10	→	

※ 당해 시료희석배수에서 감지하지 못한 판정인의 계산값은 한 단계 아래의 시료희석배수 값을 적용한다. (예: 10배에서 오답일 경우 3배수로 산정)

4-2. 결과표현의 적절성

해설

ES 09301(공기희석관능법) '8.4 결과표시'에 따라 유효자리수는 소수점 첫째자리까지 계산하고 결과의 표시는 소수점 이하는 절삭하고 정수로 표시하며, 관능시험결과 얻어진 판정요원 전체의 시료희석배수가 배출허용기준치 이내이면 적합, 배출허용기준치 이상이면 부적합으로 판정 및 기록하는지를 확인한다.

다. 악취-3(지정악취물질: 암모니아)

시료채취

1-1. 시료채취 장비 및 물품

1-1-1. 시료채취를 위한 물품을 보유하고 있는가?

1-1-2. 펌프의 용량, 유량계의 규격 및 재현성은 적절한가?

1-1-3. 시료채취장치의 유량은 적절한가?

1-1-4. 시료채취장치의 규격은 적절한가?

해설

ES 09302.1(암모니아 - 붕산용액 흡수법 - 흡광광도법)에 의하면 대기 중 암모니아의 농도를 분석하기 위한 시료채취장치의 일반적인 구성도는 다음과 같다.

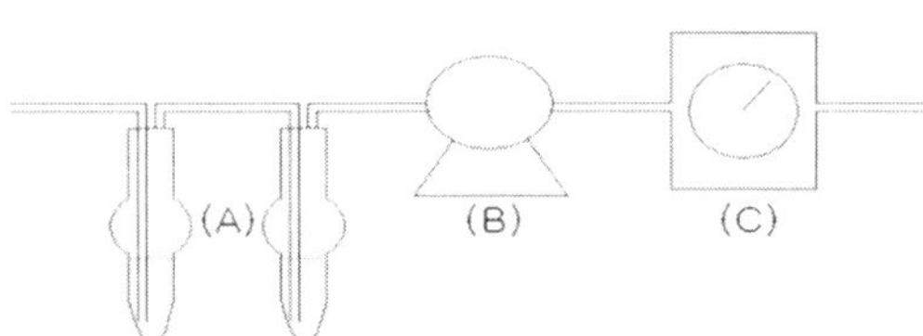

A: 흡수병

B: 흡입펌프

C: 가스미터(유량계)

- 흡수병: 흡수액 부피 20 mL를 담을 수 있는 경질유리제로 여과구가 장치되어 있는 것을 사용하고, 흡수병 상단부가 볼록한 모양의 것 이어야 한다. 이 장치는 중간에 흡수액 20 mL를 담을 수 있는 채취용액을 넣어 2개를 직렬로 연결시킨 것이어야 한다.
- 흡입펌프: 흡수병을 장치한 상태에서 10 L / min 이상의 공기를 흡입할 수 있어야 한다(10 L / min의 유량으로 흡인하여 5분 이내에 시료채취가 완료되어야 함).
- 유량계: 1 L / min ~ 15 L / min의 범위의 유량을 측정할 수 있어야 한다.

또한 ES 09302.2(암모니아 - 인산함침 여과지법 - 흡광광도법)에 따른 시료채취장치는 인산함침여과지를 2단으로 연결하여 대기 중의 시료공기를 10 L / min ~ 20 L / min의 유량으로 채취할 수 있어야 한다.

전처리

2 - 1. 전처리에 필요한 물품 및 시약의 보유

2 - 1 - 1. 냉장보관 시설을 보유하고 있는가?

2 - 1 - 2. 전처리에 필요한 시약과 물품은 적절한가?

2 - 1 - 3. 발색과정에 사용되는 제조시약류의 농도와 규격은 적절한가?

해설

ES 09302.1(암모니아 – 붕산용액 흡수법 – 흡광광도법) '7.1 시료용액의 제조'에 따라 시료채취 후 2개의 흡수병 중의 흡수용액을 합하여 부피 50 mL 눈금플라스크에 옮기며, 다시 흡수병의 내부를 채취용액으로 씻은 용액을 눈금플라스크에 옮기고 전량을 50 mL로 하여 이 용액 10 mL를 시험관에 옮기고 분석용 시료용액으로 사용하는지를 확인한다.
ES 09302.2(암모니아 – 인산함침 여과지법 – 흡광광도법) '7.1 시료용액의 제조'에 따라서 시료가 채취된 인산함침 여과지를 정제수 20 mL에 넣고 1시간 정도 초음파를 투과시켜 추출하여 분석용 시료용액으로 하는지 확인한다.
흡광도 측정을 위해서는 다음과 같은 조작을 하여야 하므로 이에 맞는 시약을 보유하고 있는지 확인한다.

- 분석용 시료용액에 페놀 펜타시아노 나이트로실 철(III)산 소듐 용액 5 mL를 가하여 잘 흔들어 섞은 후, 차아염소산소듐 용액 5 mL를 혼합하여 25 ℃ ~ 30 ℃에서 1시간 방치한 후, 640 nm 파장에서 흡광도를 측정한다. 공시험액은 채취용액(흡수액) 10 mL를 분석용 시료용액과 같은 방법으로 조작하여 사용한다.

(기기)분석

3 - 1. 필요한 분석 장비 또는 기기 및 물품 보유

3 - 1 - 1. 분광광도계는 정상적으로 작동하는가?

3 - 1 - 2. 흡수셀은 용도에 맞으며 적정하게 관리하는가?

해설

ES 09302.1(암모니아 – 붕산용액 흡수법 – 흡광광도법) 및 ES 09302.2(암모니아 – 인산함침 여과지법 – 흡광광도법)에 따르면 분광광도계를 이용하여 640 nm에서 측정하므로 정상적으로 작동되는 분광광도계(흡광광도계)를 보유하고 있는지 확인한다. 또한 측정 시 석영 또는 경질유리 제품의 흡수셀을 사용하며, 따로 길이를 지정하지 않았을 때는 10 mm 흡수셀을 사용한다.
흡수셀의 세척방법은 다음과 같이 한다.

- 탄산소듐용액(2 W / V%)에 소량의 음이온 계면활성제(예: 액상 합성세제)를 가한 용액에 흡수셀을 담가 놓고 필요하면 40 ℃ ~ 50 ℃로 약 10분간 가열한다. 흡수셀을 꺼내 물로 씻은 후 질산(1+5)에 소량의 과산화수소를 가한 용액에 약 30분간 담가 놓았다가 꺼내어 물로 잘 씻는다. 깨끗한 가제나 흡수지 위에 거꾸로 놓아 물기를 제거하고 실리카겔을 넣은 건조용기 중에서 건조하여 보존한다. 급히 사용하고자 할 때는 물기를 제거한 후 에틸알코올로 씻고 다시 에틸에터로 씻은 다음 드라이어(Dryer)로 건조해도 무방하다.
  또 빈번하게 사용할 때는 물로 잘 씻은 다음 증류수를 넣은 용기에 담가 두어도 무방하다.

3-2. 온도, 습도, 광선 및 전기 등 분석기기 설치조건의 만족 여부

해설

ES 09302.1(암모니아 - 붕산용액 흡수법 - 흡광광도법) 및 ES 09302.2(암모니아 - 인산함침 여과지법 - 흡광광도법) '6.2 분석기기의 설치조건'에 따르면, 설치장소는 진동이 없고 분석에 사용되는 유해물질을 안전하게 처리할 수 있으며 부식 기체나 먼지가 적고, 실온 5 ℃ ~ 35 ℃, 상대습도 85 % 이하로서 직사광선이 쪼이지 않는 곳으로 한다.
또한 공급전원은 지정된 전력용량 및 주파수이어야 하고, 전원변동은 지정전압의 10 % 이내로서 주파수의 변동이 없는 것이어야 한다. 전자기유도는 대형변압기, 고주파가열로와 같은 것으로부터 전자기의 유도를 받지 않는 것이어야 하며, 접지저항 10 Ω 이하의 접지점이 있는 것이어야 한다.

3-3. 시료추출과정의 적절성

해설

ES 09302.1(암모니아 - 붕산용액 흡수법 - 흡광광도법) 및 ES 09302.2(암모니아 - 인산함침 여과지법 - 흡광광도법)의 '7.1 시료용액의 제조'와 '7.2 흡광도 측정'에 따르는지 확인한다.

3-4. 분석조건의 적절성

3-4-1. 시료용액의 제조는 적정하게 수행하는가?

3-4-2. 640 nm에서 흡광도를 측정하며, 바탕시험을 함께 진행하는가?

해설

ES 09302.1(암모니아 - 붕산용액 흡수법 - 흡광광도법) '7.1 시료용액의 제조'에 따라 시료채취 후 2개의 흡수병중의 흡수용액을 합하여 부피 50 mL 눈금플라스크에 옮긴다. 다시 흡수병의 내부를 채취용액으로 씻은 용액을 눈금플라스크에 옮기고 전량을 50 mL로 한다. 이 용액 10 mL를 시험관에 옮기고 분석용 시료용액으로 사용한다.
ES 09302.2(암모니아 - 인산함침 여과지법 - 흡광광도법)를 적용하는 경우, 시료가 채취 된 인산함침여과지를 정제수 20 mL에 넣고 1시간 정도 초음파를 투과시켜 추출하여 분석용 시료용액으로 한다.
상기 두 시험방법 모두 흡광도 측정은 분석용 시료용액에 페놀 펜타시아노 나이트로실 철(III)산 소듐 용액 5 mL를 가하여 잘 흔들어 섞은 후, 차아염소산소듐 용액 5 mL를 혼합하여 25 ℃ ~ 30 ℃에서 1시간 방치한 후, 640 nm 파장에서 측정한다. 공 시험액은 채취용액(흡수액) 10 mL를 분석용 시료용액과 같은 방법으로 조작하여 사용한다.

3 - 5. 내부정도관리

3 - 5 - 1. 악취공정시험기준에 따라 내부정도관리를 하며 기록을 보관하는가?

3 - 5 - 2. 검정곡선의 결정계수는 0.98 이상인가?

해설

ES 09302.1(암모니아 – 붕산용액 흡수법 – 흡광광도법) 및 ES 09302.2(암모니아 – 인산함침 여과지법 – 흡광광도법)에 의하면 내부정도관리 주기는 분기 1회 이상 측정하는 것을 원칙으로 하며 분석장비의 주요 부품 교체, 수리, 분석자의 변경 시 등의 경우에는 수시로 한다.

검정곡선은 암모니아 표준용액 0 mL ~ 40 mL를 단계적으로 취하여 각각 채취용액을 가하여 50 mL로 한 후, 이 용액 10 mL를 시험관으로 취하며, 이 용액들을 분석용 시료용액의 흡광도 측정과 같은 방법으로 조작하여 작성한다. 이때의 직선성은 R^2 = 0.98 이상이어야 한다.

3 - 6. 방법검출한계 및 정밀도 / 정확도 측정

3 - 6 - 1. 방법검출한계는 0.01 μmol / mol 이하이며, 시험결과는 검출한계 이상에서 작성되고 있는가?

3 - 6 - 2. 표준용액 3개 이상으로 상대표준편차를 구하며, 그 값은 10 % 이내인가?

해설

ES 09302.1(암모니아 – 붕산용액 흡수법 – 흡광광도법) 및 ES 09302.2(암모니아 – 인산함침 여과지법 – 흡광광도법)에 따른 암모니아측정의 방법검출한계는 0.01 μmol / mol 이하여야 한다.

또한 검정곡선 중간단계의 표준용액을 시료의 측정과정과 동일한 방법으로 3번 이상 측정하여 상대표준편차(RSD) 값을 구하고 그 값은 10 % 이내여야 한다.

시험결과의 계산

4 - 1. 시험결과 계산과정(계산식)의 정확성

4 - 1 - 1. 25 ℃ 1기압으로 환산하여 암모니아의 양을 구하는가?

4 - 1 - 2. 최종농도의 계산과정은 정확한가?

해설

ES 09302.1(암모니아 – 붕산용액 흡수법 – 흡광광도법) 및 ES 09302.2(암모니아 – 인산함침 여과지법 – 흡광광도법) '8.0 결과보고'에 따라 검정곡선에 의하여 분석용 시료용액 중의 암모니아의 양(25 ℃, 1 기압)을 구하고 각 시험방법에 따른 계산식에 의하여 대기 중의 암모니아 농도를 구여야 한다.

4-2. 바탕시험 값의 보정 여부

해설

ES 09302.2(암모니아 – 인산함침 여과지법 – 흡광광도법)을 적용하는 경우, 검정곡선에서 구한 바탕시험 암모니아 농도를 시료의 암모니아 농도값에서 제한 후 대기 중의 암모니아 농도를 계산하는지 확인한다.

4-3. 결과표기의 적절성

해설

ES 09302.1(암모니아 – 붕산용액 흡수법 – 흡광광도법) 및 ES 09302.2(암모니아 – 인산함침 여과지법 – 흡광광도법)에 따라 암모니아의 흡광광도계 측정결과 ppm 단위의 소수점 둘째자리까지 결과를 산출하고 소수점 첫째자리로 결과를 표기한다(유효자리숫자 맺음법은 KS규격 KSQ 5002에 따른다). 암모니아의 측정결과는 v / v ppm으로 μmol / mol과 같이 사용할 수 있다.

라. 악취–4(지정악취물질: 알데하이드류(아세트알데하이드, 뷰티르알데하이드 등))

시료채취

1-1. 시료채취 장비 및 채취 조건

1-1-1. DNPH 유도화 카트리지는 성능 조건을 만족하는 것인가?

1-1-2. 약 1.5 g의 요오드화포타슘을 충진한 오존 스크러버를 사용하는가?

1-1-3. 시료흡인펌프는 1 L / min ~ 10 L / min의 유량조절이 가능한 것인가?

1-1-4. 재현성 5 % 미만의 전자식 유량계를 사용하는가?

1-1-5. 시료주머니를 사용하여 시료를 채취할 때, 시료채취는 5분 이내에 하며, DNPH 카트리지에 1 L / min ~ 2 L / min의 유량으로 채취하는가?

해설

ES 09305.1(알데하이드 – DNPH카트리지 – 액체크로마토그래피법) 및 ES 09305.2(알데하이드 – DNPH카트리지 – 기체크로마토그래피법)에 따르면 아세트알데하이드, 프로피온알데하이드, 뷰티르알데하이드, n– 발레르알데하이드 및 iso– 발레르알데하이드 측정방법에 따른 아세트알데하이드, 뷰티르알데하이드 등의 측정을 위한 시료채취에는 DNPH 유도화 카트리지, 오존 스크러버, 시료흡인펌프, 유량계, 온도계, 습도계 등이 필요하므로 이들 시료채취기구 및 물품을 보유하고 있는지 확인한다.
ES 09305.1(알데하이드 – DNPH카트리지 – 액체크로마토그래피법)에 의한 시료채취장치로는 다음과 같은 것들이 필요하다.

- DNPH 유도화 카트리지: 폴리프로필렌튜브에 DNPH－ 실리카가 충전된 카트리지로서 상용화된 카트리지는 아래 조건에 준하거나 그 이상의 성능을 갖추어야 한다. 이때 카트리지의 DNPH 충전량은 사전 예비시험을 통하여 고농도 시료의 경우 돌파(Breakthrough)가 일어나지 않도록 충분한 양이 충전된 카트리지를 사용하여야 한다. DNPH는 알데하이드뿐만 아니라 아세톤과 같은 케톤류 화합물과도 쉽게 반응하므로 시료 중 카르보닐 화합물의 총량이 사용한 카트리지의 허용 범위를 초과하지 않도록 시료채취 유량과 시간을 적절히 조절하여야 한다.

◘ 시료채취용 DNPH카트리지의 조건

조건	시료 중 카르보닐 화합물의 허용 총량			
	75 µg 이하	225 µg 이하	640 µg 이하	6400 µg 이하
입자크기	150 µm~250 µm	좌동	좌동	좌동
카트리지당 DNPH 충전량	1 mg	3 mg	8.6 mg	86 mg
베드(Bed) 무게	약 350 mg	좌동	약 1 g	약 10 g
바탕 오염도	0.1 µg 이하	좌동	좌동	좌동

- 오존스크러버: 약 1.5 g의 요오드화포타슘(KI)을 충진한 오존 스크러버를 DNPH카트리지 전단에 설치한다. 공기 시료 중에는 오존이 항상 존재하므로 반드시 오존 제거용으로 사용하여야 한다. 한 번 사용한 후 새로이 충전한 스크러버를 사용하여야 한다.
- 시료 흡인펌프: 시료의 흡착과 오염의 방지를 위하여 판막식펌프(다이아프래임펌프: 테프론재질)로 구성되며 측정 유량을 정확히 채취할 수 있도록 1 L / 분 ~ 10 L / 분 범위 내의 유량조절장치가 부착된 것을 사용한다.
- 유량계: 측정 재현성 5 % 미만의 전자식 정밀 유량계를 사용한다.

ES 09305.2(알데하이드 － DNPH카트리지 － 기체크로마토그래피법)에 의한 시료채취장치로는 상기의 ES 09305.1(알데하이드 － DNPH카트리지 － 액체크로마토그래피법)에 의한 시료채취장치 외에 다음과 같은 장치가 추가되어야 한다.

- 시료채취주머니: 취기성분이 흡착, 투과 또는 상호반응에 의해 변질되지 않는 것으로서 재질은 폴리테트라플로로에틸렌(PTFE, polytetrafluoroethylene), 폴리바이닐플로라이드(PVF, polyvinyl fluoride) 등 불소수지재질과 폴리에스테르(polyester) 재질이거나 더 안정적인 재질로 만들어진 내용적이 3 L ~ 20 L 정도의 것으로 한다.
- 강 양이온 교환수지: 강 양이온 교환수지관은 미반응의 2,4－ DNPH를 포착하기 위해 사용한다. DNPH카트리지로부터 아세토나이트릴을 써서 용출시킨 용액 중에 미반응의 과잉의 2,4－ DNPH가 들어 있는 상태에서 시료를 기체크로마토그래피분석 장치에 주입하면, 알카리 질소인검출기(NPD)의 열화가 심하며 또한, 크로마토크램에서의 영향이 크기 때문에 용출액 중의 과잉의 2,4－ DNPH를 제거한다. 강 양이온 교환수지는 입경 40 µm ~ 100 µm의 다공성 친수성 바이닐폴리머 또는 이것과 등등 이상의 성능을 지닌 것을 사용한다.

1－2. 시료 운반 · 저장 상태의 적합성

1－2－1. 채취한 시료는 저온(10 ℃), 차광, 밀봉 상태로 보관하여 운반하는가?

1－2－2. 실험 전에 시료를 4 ℃에서 냉장 보관하는가?

해설

ES 09305.1(알데하이드 – DNPH카트리지 – 액체크로마토그래피법) 및 ES 09305.2(알데하이드 – DNPH카트리지 – 기체크로마토그래피법) '5.1 시료채취방법'에 의하면 시료의 채취는 현장에서 DNPH카트리지를 사용하여 채취하거나 시료주머니를 사용하여 채취할 수 있다. 채취한 시료는 알루미늄포일로 포장하여 외부공기와 차단할 수 있는 바이닐봉지(예: 지퍼백)에 이중으로 밀봉하여 저온, 차광, 밀봉 상태로 보관(10 ℃ 이하)하여 운반하며 용매로 추출하기 전까지 냉장(4 ℃ 이하) 보관한다. 시료가 저장되는 냉장고는 실험에 사용되는 시약이나 기타 오염물질에서의 오염의 영향이 없는 곳이어야 한다.

전처리

2 – 1. 전처리에 필요한 물품, 시약의 보유 및 적합성

2 – 1 – 1. 시료추출에 사용하는 유리기구의 상태 및 주사기의 재질은 적절한 것인가?

2 – 1 – 2. 전처리에 필요한 시약은 적절한 것인가?

2 – 1 – 3 전처리 과정과 최종 액량이 적절한가?

해설

여기서 표현된 전처리란 시료추출방법을 말하는 것으로 각 시험방법의 '7.1.1 시료추출방법'에 규정된 물품과 시약 등을 보유하고 있는지 확인한다.

ES 09305.1(알데하이드 – DNPH카트리지 – 액체크로마토그래피법)에 의한 시료추출방법은 다음과 같다.

- 추출에 사용하는 모든 유리기구는 아세토나이트릴로 세척한 후 60 ℃ 이상에서 건조한다.
- 스탠드에 10 mL 주사기(luer type)를 고정시키고, 눈금이 매겨진 시험관(혹은 표선이 있는 부피플라스크)를 바닥에 고정시킨다.
- 주사기에 채취된 DNPH카트리지를 끼운다.
- 디스펜서(10 mL 부피)를 이용해 주사기에 아세토나이트릴을 3 mL ~ 5 mL 범위의 일정량을 주입한다. 이때 추출용액 주입량은 채취한 시료량에 따라 조절할 수 있다.
- 주입한 아세토나이트릴 용매로 약 1분 동안 DNPH 유도체를 추출하여 눈금 있는 시험관(혹은 부피플라스크)에 받는다.
- 추출한 용액에 아세토나이트릴을 조금 더 첨가하여 정확히 5 mL가 되도록 맞춘다.
- 시험관(혹은 부피플라스크)의 DNPH 유도체 추출물 일정량을 피펫을 이용해 갈색 바이알에 옮긴다.
- 바탕시료는 시료채취에 사용하지 않은 새로운 DNPH카트리지에 대하여 위와 같이 추출한다.
- 갈색 바이알에 옮긴 시료는 밀봉하여 냉장 보관하며, 추출된 시료는 특별한 사유가 없는 한 2주 이내에 분석한다.

ES 09305.2(알데하이드 – DNPH카트리지 – 기체크로마토그래피법)에 의한 시료추출방법은 다음과 같다.

- 추출에 사용하는 모든 유리기구는 아세토나이트릴로 세척한 후 60 ℃ 이상에서 건조한다.
- 스탠드에 10 mL 주사기(luer type)를 고정시키고, 눈금이 매겨진 시험관(혹은 표선이 있는 부피플라스크)를 바닥에 고정시킨다.

- 채취한 DNPH카트리지 하단에 강 양이온 교환수지를 연결한 후 DNPH카트리지 상단에 주사기를 연결한다.
- 디스펜서(10 mL)를 이용해 주사기에 아세토나이트릴을 3 mL ~ 5 mL 주입한다.
- 주입한 아세토나이트릴 용매를 자연낙하 또는 1 mL / min의 유속으로 DNPH 유도체를 추출하여 눈금 있는 시험관에 받아낸다.
- 추출한 용액을 구데르나다니쉬 농축장치 또는 증발장치를 이용하여 약 50 μL(약 1방울)이 되도록 증발시킨다. 잔류하는 알데하이드 유도체화물에 1 mL의 에틸아세테이트를 가하여 녹인다.
- 시험관(혹은 부피플라스크)의 DNPH 유도체 추출물 용액에 다이페닐아민 내부표준용액을 80 μL를 가하여 정확히 5 mL가 되도록 맞춘다.
- 시험관(혹은 부피플라스크)의 DNPH 유도체 추출물 일정량을 피펫을 이용해 갈색 바이알에 옮긴다.
- 공시료는 시료채취에 사용되지 않은 새로운 DNPH카트리지에 대하여 위와 같이 추출한다.
- 갈색 바이알에 옮긴 시료는 밀봉하여 냉장 보관하며, 추출된 시료는 특별한 사유가 없는 한 2주일 이내에 분석한다.

(기기)분석

3-1. 필요한 분석 장비의 정상 가동 여부

해설

ES 09305.1(알데하이드 – DNPH카트리지 – 액체크로마토그래피법)을 적용하는 경우, 액체크로마토그래프(HPLC)는 시료주입장치, 펌프, 분리관 및 검출기(자외선 검출기)로 이루어져야 하며, 분리관은 비극성 흡착제가 코팅된 역상분리관(ODS 계통 분리관)을 사용하고 이동상 용매를 혼합비율에 따라 조절할 수 있어야 한다. 주입구(Injector)의 샘플루프(Loop)는 대상 시료의 농도에 따라 20 μL ~ 100 μL의 범위 내의 것을 사용하여야 한다.

ES 09305.2(알데하이드 – DNPH카트리지 – 기체크로마토그래피법)을 적용하는 경우, 기체크로마토그래피는 모세분리관을 사용하며 검출기로는 불꽃이온화검출기(FID, flame ionization detector), 질소인검출기(NPD) 또는 질량분석기(MS, mass spectrometer)를 사용하여야 한다.

3-2. 온도, 습도, 광선 및 전기 등 분석기기 설치조건의 만족 여부

해설

ES 09305.1(알데하이드 – DNPH카트리지 – 액체크로마토그래피법) 및 ES 09305.2(알데하이드 – DNPH카트리지 – 기체크로마토그래피법)을 적용할 때 설치장소는 진동이 없고 분석에 사용되는 유해물질을 안전하게 처리할 수 있으며 부식 기체나 먼지가 적고, 실온 5 ℃ ~ 35 ℃, 상대습도 85 % 이하로서 직사광선이 쪼이지 않는 곳으로 한다. 공급전원은 지정된 전력용량 및 주파수여야 하고, 전원변동은 지정전압의 10 % 이내로서 주파수의 변동이 없는 것이어야 한다. 전자기유도는 대형변압기, 고주파가열로와 같은 것으로부터 전자기의 유도를 받지 않는 것이어야 하며, 접지저항 10 Ω 이하의 접지점이 있는 것이어야 한다.

3-3. 시료추출과정의 적절성

해설

'2-1. 전처리에 필요한 물품 및 시약의 보유 및 적합성' 해설에 서술된 시료추출과정을 참조하라.

3-4. 분석조건 및 분석방법의 적절성

해설

ES 09305.1(알데하이드 - DNPH카트리지 - 액체크로마토그래피법)에 의한 분석방법은 다음과 같으므로 이를 잘 준수하는지 확인한다.

- 용출한 DNPH 유도체는 자외선 영역에서 흡광성이 있으며 350 nm ~ 380 nm에서 최대의 감도를 가지므로 자외선검출기의 파장을 360 nm에 고정시켜 분석한다.
- 정지상으로는 C18 분리관(4.6 mm × 150 mm)을 사용하거나 봉우리(peak) 분리능이 동등하거나 우수한 것을 사용한다.
- 이동상으로는 분당 1 mL의 유량으로 아세토나이트릴(이동상 A)과 정제수, 아세토나이트릴, 테트라하이드로퓨란 혼합용액(50 : 45 : 5, 이동상 B)을 사용할 수 있다.
- 이동상 B의 혼합비율은 기기 감도나 분리관 종류에 따라 조절해야 한다.

◘ HPLC 구성 및 운전조건

주입기	20 μL 샘플 루프(sample loop)
분리관(컬럼)	ODS(C18) 4.6 mm × 250 mm(가드 분리관과 함께 사용 권장)
분리관 온도	상온
검출기	자외선 검출기
이동상	이동상 A: 아세토나이트릴 100(V %) 이동상 B: 물 / 아세토나이트릴 / 테트라하이드로퓨란 50 / 45 / 5(V %)
용리 기울기	0분 ~ 2분: 용매 B 100%, 2분 ~ 25분: 용매 A(0 %에서 50 %로 증가), 용매 B(100 %에서 50 %로 감소) 25분 ~ 30분: 용매 A(100%)
이동상 용매 유량	1.0 mL / min
시료 주입량	20 μL
검출 파장	흡광도 360 nm

ES 09305.2(알데하이드 - DNPH카트리지 - 기체크로마토그래피법)에 의한 분석방법은 다음과 같다.

- 기체크로마토그래피용 시료 1 μL ~ 2 μL 정도를 주사기(micro syringe)를 사용하여 시료주입기에 주입한다.
- 상기의 조작에 의하여 정량한계에 달하지 않는 경우에는 시료를 농축기로 사용하여 1 mL까지 농축하여 기체크로마토그래프분석을 행한다(농축 시 기벽에 결정이 나타날 수가 있으므로 주의하여야 한다). 만일 채취용액의 바탕시험 결과 목적화합물의 머무름시간에 봉우리가 검출되었을 경우에는 이를 제하고 정량한다.
- 검출기로서 불꽃이온화검출기(FID), 질소인검출기(NPD), 질량분석기(mass spectrometer)를 사용한다.
- 분리관은 DB-5와 분리능이 동등하거나 우수한 것을 사용한다.

– 시료주입기의 온도는 섭씨 250 ℃ 정도로 유지한다.
– 분리관의 온도는 200 ℃에서 220 ℃까지 승온하여 분석한다.
– 운반 가스는 헬륨 혹은 질소를 사용하고 그 유속은 1.5 mL / min으로 한다.

◘ GC 구성 및 운전조건

분리관(컬럼)	HP– 5 (Cross linked 5 % PhMe Silicone, 0.2 mm × 0.33 μm, 25 m)
주입구 온도	250 ℃
검출기 온도	250 ℃
온분 온도 조건	100 ℃(1분) → 20 ℃ / min → 160 ℃(40분) → 3 ℃ / min → 200 ℃
시료주입량	1 μL

3 – 5. DNPH 유도화 카트리지의 구입 후 불순물 함유 여부 시험

해설

ES 09305.1(알데하이드 – DNPH카트리지 – 액체크로마토그래피법) 및 ES 09305.2(알데하이드 – DNPH카트리지 – 기체크로마토그래피법)의 적용 시 DNPH 유도화 카트리지는 폴리프로필렌튜브에 DNPH– 실리카가 충전된 카트리지로서 상용화된 카트리지는 아래 조건에 준하거나 그 이상의 성능을 갖추어야 한다. 이때 카트리지의 DNPH 충전량은 사전 예비시험을 통하여 고농도 시료의 경우 돌파(Breakthrough)가 일어나지 않도록 충분한 양이 충전된 카트리지를 사용하여야 한다. DNPH는 알데하이드뿐만 아니라 아세톤과 같은 케톤류 화합물과도 쉽게 반응하므로 시료 중 카르보닐 화합물의 총량이 사용한 카트리지의 허용 범위를 초과하지 않도록 시료채취 유량과 시간을 적절히 조절하여야 한다.

3 – 6. 분석에 알맞은 컬럼의 사용 여부

해설

'3– 4. 분석조건 및 분석방법의 적절성' 해설 내용을 참조하라.

3 – 8. 검정곡선을 시험 때마다 작성하는지 여부

해설

ES 09305.1(알데하이드 – DNPH카트리지 – 액체크로마토그래피법)을 적용할 때, 표준물질을 이용하여 0.1 mg / L ~ 10 mg / L 범위 내에 3개 ~ 5개의 다른 농도 수준으로 아세토나이트릴로 희석하여 측정하고 검정곡선을 작성하는지 확인한다. 검정곡선 작성 시 x축은 표준물질의 봉우리면적을 나타내며, y축은 표준용액의 농도(μg / mL)를 나타낸다. 만약, 공시료에 측정대상물질이 검출되면 그 양만큼 실제 시료에 대해서 이를 보정하되 표준용액의 농도는 DNPH 유도체의 농도가 아닌 측정 대상 알데하이드로 환산된 농도를 적용하여야 한다.

ES 09305.2(알데하이드 – DNPH카트리지 – 기체크로마토그래피법)을 적용하는 경우, 검정곡선은 가로축에 알데하이드류의 주입량(Mx)과 다이페닐아민의 주입량(Ms)의 비(Mx / Ms)를, 세로축에는 분석하여 얻은 알데하이드류–2,4– DNPH의 봉우리면적(Ax)과 다이페닐아민의 봉우리면적(As)의 비(Ax / As)로 두어 직선관계가 성립하는 범위에서 관계선을 구하는지 확인한다.
알데하이드류–2,4– DNPH에는 입체 이성체가 존재하며 이들이 크로마토그램상에서 분리되어 나타나므로, 각각의 입체 이성체의 머무름시간을 확인하고 그 모든 봉우리면적을 합한 것을 알데하이드류–2,4– DNPH의 면적으로 한다.
알데하이드류–2,4– DNPH에 해당하는 알데하이드의 양은 아래 식에 따라 계산한다.

$$\text{Aldehyde 량} = \frac{\text{Aldehyde 분자량}}{\text{Aldehyde DNPH분자량}} \times \text{주입한 Aldehyde DNPH무게}$$

ES 09001(정도보증 / 정도관리)에 의하면 검정곡선은 분석할 때마다 작성하는 것이 원칙이며, 분석 과정 중 검정곡선의 직선성을 검증하기 위하여 각 시료군(시료 20개 이내)마다 1회의 검정곡선 검증을 실시한다.

3–9. 내부정도관리

3–9–1. 악취공정시험기준에 따라 내부정도관리를 하며 기록을 보관하는가?

3–9–2. 방법검출한계는 iso–발레르알데하이드로서 1 ppb 이하인가?

3–9–3. 검정곡선의 결정계수는 0.1 mg / L ~ 10 mg / L 범위에서 0.98 이상인가?

해설

ES 09305.1(알데하이드 – DNPH카트리지 – 액체크로마토그래피법) 및 ES 09305.2(알데하이드 – DNPH카트리지 – 기체크로마토그래피법)에 따라 내부정도관리주기는 분기 1회 이상 측정하는 것을 원칙으로 하며 분석장비의 주요부품 교체 및 수리, 분석자의 변경 시 등의 경우에는 수시로 하며, 내부정도관리 측정결과 산출된 측정결과와 측정 시 얻어진 기본데이터(raw data)는 정도관리철에 같이 보관하여야 한다.
방법검출한계(MDL, method detection limit)는 알데하이드류 표준용액을 측정하며 iso– 발레르알데하이드로서 1 ppb 이하여야 한다. 검출한계를 결정하기 위해서는 검출한계에 다다를 것으로 생각되는 표준용액의 농도를 7번 반복 측정한 후 이 농도값을 바탕으로 하여 얻은 표준편차에 3.14를 곱한다.
검정곡선은 0.1 mg / L ~ 10 mg / L 범위에서 작성되고 그 때의 결정계수(R^2)는 0.98 이상이어야 한다.

3–10. 시료 희석배율 또는 농축의 적절성

해설

시료의 농도가 기기의 검출범위 내에 있도록 희석(아세토나이트릴로 희석) 또는 농축을 하는지 확인한다.

시험결과의 계산

4-1. 시험결과 계산과정(계산식)의 정확성

4-1-1. 25 ℃ 1기압으로 환산하여 알데하이드의 양을 구하는가?

4-1-2. 농도계산은 정확한가?

해설

ES 09305.1(알데하이드 - DNPH카트리지 - 액체크로마토그래피법) '8.0 결과보고'에 따라 계산을 정확히 하는지 확인한다.

- 표준상태; 25 ℃, 1기압 기준에서의 알데하이드 농도 계산방법

$$\text{알데하이드 농도}(\mu g/m^3) = \frac{Aa - Ab}{Vm \times \frac{Pa}{760} \times \frac{298}{273 + Ta}}$$

여기서, Aa = 시료 중 알데하이드 양(ng)

Ab = 공 시료 중 알데하이드 양(ng)

Vm = 측정된 온도와 압력 하에서 총 공기시료 부피(L)

Pa = 평균 대기압력(mmHg)

Ta = 평균 대기온도(℃)

부피 농도(ppb)는 다음 식을 이용하여 환산한다(25 ℃, 1기압 기준).

$$\text{시료농도}(ppb) = \text{시료농도}(\mu g/m^3) \times \frac{24.46\ L}{\text{분자량}(g)}$$

ES 09305.2(알데하이드 - DNPH카트리지 - 기체크로마토그래피법) 적용 시 아래와 같이 정확히 계산하는지 확인한다.

- 표준상태; 25 ℃, 1기압 기준에서의 알데하이드 농도 계산방법

$$\text{알데하이드 농도}(\mu g/m^3) = \frac{24.46 \times (Aa - Ab)}{Mw \times V \times \frac{P}{760} \times \frac{298}{273 + t}}$$

여기서, C: 대기중 알데하이드 농도(ppm)

Aa: 시료중 알데하이드 양(ng)

Ab: 공시료중 알데하이드 양(ng)

V: 시료흡인량(L)

t: 시료채취시 온도(℃)

Mw: 검정곡선에 의한 알데하이드 양(ng)

P: 시료채취시의 대기압(mmHg)

4-2. 바탕시험 값의 측정 및 보정 실시

해설

바탕시료에 측정대상물질이 검출되면 그 양만큼 실제 시료에 대해서 제하여 보정한다.

4-3. 결과표기의 적절성

해설

ES 09305.1(알데하이드 - DNPH카트리지 - 액체크로마토그래피법) 및 ES 09305.2(알데하이드 - DNPH카트리지 - 기체크로마토그래피법)의 '8.2 유효숫자의 표기'에 따라 다음과 같이 결과를 표기한다.

물질명	결과표시	유효자리수	수치맺음법
아세트알데하이드	0.00	0.000	KSQ 5002에 따름
프로피온알데하이드	0.00	0.000	
뷰티르알데하이드	0.000	0.0000	
n- 발레프알데하이드	0.000	0.0000	
iso- 발레르알데하이드	0.000	0.0000	

마. 악취-5(지정악취물질: 황화합물(메틸머캅탄, 황화수소, 다이메틸설파이드 등))

시료채취

1-1. 시료채취장비 및 부속기기 적합성

1-1-1. 적정한 시료채취장치(흡인상자)를 보유하고 있는가?

1-1-2. 시료채취 펌프가 정상 가동되고 있는가?

1-1-3. 적정 시료채취가 가능한 용량(5분 이내)인가?

1-1-4. 시료채취 용기의 재질은 적합한가?

해설

ES 09303.1(황화합물 - 저온농축 - 모세분리관 - 기체크로마토그래피법), ES 09303.2(황화합물 - 저온농축 - 충전분리관 - 기체크로마토그래피법), ES 09303.3(황화합물 - 전기냉각저온농축 - 모세분리관 - 기체크로마토그래피법) 및 ES 09901(황화합물 - 저온농축 - 기체크로마토그래피법 - 연속측정방법) '3.1 시료채취장치'에 따라 필요한 기기들을 보유하고 있는지 확인한다.

ES 09303.1(황화합물 - 저온농축 - 모세분리관 - 기체크로마토그래피법), ES 09303.2(황화합물 - 저온농축 - 충전분리관 - 기체크로마토그래피법), ES 09303.3(황화합물 - 전기냉각저온농축 - 모세분리관 - 기체크로마토그래피법)에 의한 시료채취장치(흡인상자)는 다음과 같은 조건을 만족하여야 한다.

- 시료주머니는 폴리테트라플로로에틸렌(PTFE, polytetrafluoroethylene), 폴리바이닐플로라이드(PVF, polyvinyl fluoride) 등 불소수지재질과 폴리에스터(polyester) 재질 또는 동등 이상의 보존성능을 갖고 있는 재질로 만들어진 내용적이 3 L ~ 20 L 정도의 것으로 한다.
- 흡입상자는 투명수지제로 밀폐 가능한 구조로 한다.
- 흡인펌프는 1 L / min ~ 10 L / min의 공기를 흡인 가능한 것이어야 한다.
- 시료주머니는 사용 전에 고순도 질소가스로 1회 이상 채우고 배기하여 세척한다. 시료가스 채취장치를 이용하여 시료주머니에 시료를 1회 이상 채우고 배기한 후 1 L ~ 10 L를 채취한다.
- 시료채취유량은 흡인 콕크 및 흡인펌프로 조절하고, 5분 일정 유량으로 채취한다.

또한 ES 09901(황화합물 – 저온농축 – 기체크로마토그래피법 – 연속측정방법)의 시료채취장치는 다음의 구성과 조건을 만족하여야 한다.

- 소형펌프: 시료채취를 위한 펌프(1 L / min 이상)와 유량조절장치(MFC)를 이용하여 대기시료를 채취한다.
- 유량조절장치(MFC, mass flow controller): 저온농축부에 기본 설치되며 시료 가스의 채취시간과 유속을 각각 1분 ~ 650분 또는 1 mL / min ~ 300 mL / min 범위 내에서 자유로이 조절할 수 있다.
- 유량조절기(flow and pressure controller): 기본적으로 MFC에 전원을 공급하고 유량을 나타내며, 안정된 설정값(set point voltage, 0 V ~ 5 V DC)를 주어 유량이 정확하게 조절할 수 있도록 하는 장치이다.
- 수분 전처리 장치: 건조기(예: Nafion dryer) 또는 전기냉각장치를 이용한 전처리장치를 사용한다.
- 시료주입관: 시료 중의 황화합물에 대한 흡착 및 파괴손실을 위하여 설피너트(sulfinert) 재질의 관(tubing) 혹은 관의 내벽이 실리콘으로 코팅된 재질의 도관을 설치한다. 유속 50 mL / 분으로 외부 대기를 저온농축관으로 이동시켜 시료채취를 한다. 이때 시료채취 시간은 10분 ~ 30분 사이로 결정한다.

저온 농축장치 및 시료농축

2 - 1. 저온농축장치 성능의 적절성

2 - 1 - 1. 저온농축관의 재질은 적정한가?

2 - 1 - 2. 시료가스의 주입부분인 흡인관, 밸브 등은 황성분에 반응하지 않는 재질로 구성되어 있는가?

2 - 1 - 3. 저온농축장치는 냉각온도, 유량 등 공정시험기준의 규격을 만족하는가?

2 - 1 - 4. 표준가스를 주입할 수 있는 3방향 콕 혹은 밸브를 구비하고 있는가?

2 - 1 - 5. 저온농축장치의 저온농축관(cold trap) 재질과 규격은 적절한가?

해설

저온농축장치 및 시료의 농축에 대해서는 각 시험방법의 '3.0 분석기기 및 기수'를 참조하라. 예로서, ES 09303.1(황화합물 – 저온농축 – 모세분리관 – 기체크로마토그래피법)의 '저온농축장치 – 모세분리관 기체크로마토그래피'는 다음의 조건을 만족하여야 한다.

- 불소수지 주머니에서 저온농축장치로 시료가 주입되는 관(tubing)은 황화합물의 흡착과 탈착에 영향이 적은 설피너트(sulfinert) 재질의 관 혹은 실리콘 재질의 관을 쓴다.

- 저온농축관은 스테인리스에 박막의 유리가 입혀진 실리콘 튜브로서 내경 2 mm ~ 4 mm를 사용한다. 저온농축관은 시료채취 시 − 180 ℃ 이하를 유지할 수 있는 장치여야 하며 시료의 열탈착과 열세척을 위한 온도로 가열(예시: 열수통 혹은 가열코일)할 수 있어야 한다. 저온농축관에 다이메틸클로로실레인(DMCS)로 처리된 작은 유리구슬(지름 0.2 mm ~ 1 mm)을 충전물질로 사용하여 채운 후 유리솜으로 막는다. 충전물질을 처음 채운 농축관은 사용 전에 질소(또는 헬륨)를 흘리면서 150 ℃에서 30분간 가열한 다음 사용한다.
- 이후 분석과정에서는 분석 전에 120 ℃에서 10분간 가열한 다음 사용한다.
- 기체크로마토그래피에서 분리관은 모세분리관을 사용하며 기체크로마토그래피검출기는 불꽃광도검출기(FPD, flame photometric detector), 펄스형불꽃광도검출기(PFPD, pulsed flame photometric detector), 원자발광검출기(AED, atomic emission detector), 황화학발광검출기(SCD, sulfur chemiluminescence detector), 질량분석기(MS, mass spectrometer) 등을 사용할 수 있다.

또한 ES 09901(황화합물 − 저온농축 − 기체크로마토그래피법 − 연속측정방법)의 경우, '3.1 시료채취장치'에 따른 저온 농축장치의 각 부품이 규격에 맞는지 확인한다.

- 저온농축부: 전기냉각장치(펠티어 방법)가 있어, 흡인농축되는 시료들이 액체냉매 대신 전기적으로 −10 ℃ ~ −30 ℃ 이하의 저온으로 냉각 농축되었다가 열탈착한다.
  탈착 유량은 유량조절장치에 의해 정확히 제어되는 유량이며 분리관의 유량과 분할되는 유량의 합과 같다. 분할되는 유량을 조절하면 분할비를 조절할 수 있다.
  주사기 펌프가 설치된 측정법의 경우, 탈착 유량은 주사기펌프에 채취되는 유속과 동일한 값이다. 탈착 유량(flow)과 분할비만 정하면 저온농축부에 의해 자동으로 계산되어 탈착과 분할이 이루어진다.
- 저온농축관: 저온농축관은 유리관 또는 석영관을 사용하며 농축대상에 따라 유리관에 적절한 흡착제를 채워 사용한다. 아울러 시료가스 주입부분은 시료주입관으로서 시료 중의 황화합물에 대한 흡착 및 파괴손실을 위하여 설피너트(sulfinert) 재질의 관(tubing) 혹은 관의 내벽이 실리콘으로 코팅된 재질의 도관을 설치한다. 유속 50 mL / 분으로 외부 대기를 저온농축관으로 이동시켜 시료를 채취한다. 이때 시료채취 시간은 10분 ~ 30분 사이로 결정한다.

기기분석

3-1. 필요한 장비 및 물품의 적절성

3-1-1. 목적에 맞는 검출기를 선택하는가?

3-1-2. 가스 순도는 적절한가?

3-1-3. 분석항목에 적절한 컬럼을 사용하는가?

3-1-4. 소급성이 인정된 표준물질을 사용하는가?

3-1-5. 측정장비는 정상으로 작동하는가?

해설

ES 09303.1(황화합물 − 저온농축 − 모세분리관 − 기체크로마토그래피법), ES 09303.2(황화합물 − 저온농축 − 충전분리관 − 기체크로마토그래피법), ES 09303.3(황화합물 − 전기냉각저온농축 − 모세분리관 − 기체크로마토그래피법) 및 ES 09901(황화합물 − 저온농축 − 기체크로마토그래피법 − 연속측정방법) '7.0 분석절차'에 맞는 장비를 보유하고 있으며 분석조건을 만족하는지 확인한다. 예로서,

ES 09303.1(황화합물 – 저온농축 – 모세분리관 – 기체크로마토그래피법)을 적용하는 경우, 시료가 농축된 저온농축관을 냉매로 냉각한 상태에서 기체크로마토그래프 분석장치에 접속한다(이미 연결된 시스템은 이 단계를 생략). 연결된 저온농축관에 운반기체를 흘려 유량 및 검출기의 안정을 확인 후, 액체산소를 제거하고 – 180 ℃ 이하에서 탈착온도까지 약 1분간 가열하여 탈착시킨 시료를 GC 분리관에 주입하여 분석한다. 분석조건은 다음과 같다.

〈저온농축 – 모세분리관 – GC에 의한 황화합물 분석조건〉

분석기기	구성요소	분석조건
농축장치	농축관	유리비드가 충전된 실리콘 튜브
	농축, 탈착온도	농축 –180 ℃, 탈착 80 ℃
GC	분리관	CP– SIL, 5CB (50 m × 0.53 mm × 5 μm)
	분리관 유속	5.0 mL / min
	오븐 온도조건	–40 ℃ (4 min) → 7 ℃ / min → 80 ℃ → 20 ℃ / min → 190 ℃
	시료 부피	200 mL (100 mL / min × 2 min)
FPD	연료가스	공기 100 mL / min, 수소 75 mL / min
	검출기 온도	250 ℃

3 – 2. 검정곡선의 적절성 및 직선성(R^2)

3 – 2 – 1. 검정곡선의 직선성은 적절한가?

3 – 2 – 2. 표준시료를 삼방향연결관에 공시료 가스를 주입하면서 표준가스를 주입하는 등 검정곡선 측정절차가 적절한가?

3 – 2 – 3. 검정곡선의 결정계수는 만족하는가?

3 – 2 – 4. 검정곡선의 농도범위는 적절한가?

해설

ES 09303.1(황화합물 – 저온농축 – 모세분리관 – 기체크로마토그래피법), ES 09303.2(황화합물 – 저온농축 – 충전분리관 – 기체크로마토그래피법), ES 09303.3(황화합물 – 전기냉각저온농축 – 모세분리관 – 기체크로마토그래피법) 및 ES 09901(황화합물 – 저온농축 – 기체크로마토그래피법 – 연속측정방법) '7.2.5 검정곡선의 작성'에 맞게 다음과 같이 검정곡선을 작성하는지 확인한다.

- μmol / mol 농도의 표준가스를 nmol / mol 농도로 시료주머니에 희석하여 농도가 서로 다른 표준시료를 제조한다. 이를 저온농축기의 시료주입기에 연결한 후, '표준시료의 제조방법', '기체크로마토그래피 분석'의 조작을 하여 얻어지는 크로마토그램으로부터 검정곡선을 작성한다.
- 검정곡선은 표준가스의 농도(nmol / mol)를 x축으로 하고, 크로마토그래피의 감도를 y축으로 하여 작성한다. 이 검정곡선으로부터 대기 중 황화합물 성분의 농도를 구한다.
- 불꽃광도검출기(FPD, flame photometric detector), 펄스형불꽃광도검출기(PFPD, pulsed flame photometric detector)인 경우에는 검출기의 황성분에 대한 감도가 농도의 제곱에 비례하므로 감도(봉우리 넓이)에 제곱근을 취하여 검정곡선을 작성한다.
- 시료부피 범위로부터 구한 검정곡선의 결정계수(R^2)는 1 nmol / mol ~ 50 nmol / mol 범위에서 0.98 이상이어

야 한다.

3-3. 내부정도관리

3-3-1. 적어도 매 분기별로 내부정도관리를 하며 기록을 보관하는가?

3-3-2. 회수율 측정결과, 목표치 상대습도 10 % 이하일 때 황화수소로서 80% 이상, 상대습도 80 %(공기)일 때 60 % 이상 만족하는가?

3-3-3. 검정곡선의 결정계수는 10 ppb일 때 0.98 이상인가?

3-3-4. 최소검출한계값은 메틸머캅탄 농도로서 0.2 ppb를 만족하는가?

해설

ES 09303.1(황화합물 – 저온농축 – 모세분리관 – 기체크로마토그래피법), ES 09303.2(황화합물 – 저온농축 – 충전분리관 – 기체크로마토그래피법), ES 09303.3(황화합물 – 전기냉각저온농축 – 모세분리관 – 기체크로마토그래피법) 및 ES 09901(황화합물 – 저온농축 – 기체크로마토그래피법 – 연속측정방법) '6.4 내부정도관리방법'에 따라 적정하게 내부정도관리를 하는지 확인한다.

- 내부정도관리주기는 분기 1회 이상 측정하는 것을 원칙으로 하며 분석장비의 주요 부품 교체 및 수리, 분석자의 변경 시 등의 경우에는 수시로 한다.
- 방법검출한계(MDL, method detection limit)는 황화수소, 메틸머캅탄, 다이메틸설파이드, 다이메틸다이설파이드를 측정하며 분석에 사용되는 시료부피 범위에서 메틸머캅탄으로 0.2 nmol / mol 이하여야 한다.
- 동일한 시간 동안 동일한 조건에서 3회 반복 분석하여 크로마토그램의 적분넓이와 봉우리의 머무름시간(RT, retention time)의 정밀도를 확인한다. 모든 분석과정을 통한 측정·분석의 정밀도는 3회 반복 분석의 상대표준편차로서 구하고 이 값은 10 nmol / mol의 농도에서 10 % 이내로 한다.
- 농축장치의 황화수소 회수율은 면적 비(ratio)를 이용하여 계산할 수 있다. 상대습도 10 % 이하인 바탕시료 가스와 함께 주입된 황화수소의 저온농축장치의 회수율은 80 % 이상 혹은 상대습도 80 %인 바탕시료 가스와 함께 주입한 황화수소의 회수율은 60 % 이상으로 유지한다.
- 내부정도관리 측정결과 산출된 측정결과와 측정 시 얻어진 기본데이터(raw data)는 정도관리철에 같이 보관하여야 한다.

3-4. 정밀도 및 정확도의 적합성

3-4-1. 정확도 및 정밀도를 측정하는가?

3-4-2. 정확도 및 정밀도 측정방법을 숙지하고 있는가?

3-4-3. 측정된 정밀도(피크와 면적)의 적합성을 유지하는가?

해설

ES 09303.1(황화합물 – 저온농축 – 모세분리관 – 기체크로마토그래피법), ES 09303.2(황화합물 – 저온농축 – 충전분리관 – 기체크로마토그래피법), ES 09303.3(황화합물 – 전기냉각저온농축 – 모세분리관 – 기체크로마토그래피법) 및 ES 09901(황화합물 – 저온농축 – 기체크로마토그래피법 – 연속측정방법) '6.4 내부정도관리방법'에 따라 적정하게 정밀도와 정확도를 검토하는지 확인한다.

- 동일한 시간 동안 동일한 조건에서 3회 반복 분석하여 크로마토그램의 적분넓이와 봉우리의 머무름시간(RT, retention time)의 정밀도를 확인한다. 모든 분석과정을 통한 측정·분석의 정밀도는 3회 반복 분석의 상대표준편차로서 구하고 이 값은 10 nmol / mol의 농도에서 10 % 이내로 한다.
- 농축장치의 황화수소 회수율은 면적 비(ratio)를 이용하여 계산할 수 있다. 상대습도 10 % 이하인 바탕시료 가스와 함께 주입된 황화수소의 저온농축장치의 회수율은 80 % 이상 혹은 상대습도 80 %인 바탕시료 가스 함께 주입한 황화수소의 회수율은 60 % 이상으로 유지한다.

시험결과의 계산

4 – 1. 시험결과의 계산과정 및 결과표기 적절성

4 – 1 – 1. 계산과정이 정확한가?

4 – 1 – 2. 결과표기 값이 정확한가?

해설

ES 09303.1(황화합물 – 저온농축 – 모세분리관 – 기체크로마토그래피법), ES 09303.2(황화합물 – 저온농축 – 충전분리관 – 기체크로마토그래피법), ES 09303.3(황화합물 – 전기냉각저온농축 – 모세분리관 – 기체크로마토그래피법) 및 ES 09901(황화합물 – 저온농축 – 기체크로마토그래피법 – 연속측정방법) '8.0 결과보고'에 따라 정확하게 결과를 도출하는지 확인한다. 즉,

검정곡선식으로부터 황화합물성분 농도 x_i (nmol / mol)를 다음과 같이 산출한다.

$$x_i = \frac{(y_i - b)}{a}$$

여기서, x_i = 대기 중 황화합물의 농도(nmol / mol)

y_i = 검성곡선식으로부터 구한 농도 x_i에서의 크로마토그래피의 각도

a: 검정곡선의 기울기

b: 검정곡선의 y절편

또한 측정결과의 유효자리수와 결과 표시는 다음 표에 따른다.

물질명	결과 표시(nmol / mol)	유효자리수
메틸머캅탄	0.0	0.0
황화수소	0.0	0.0
다이메틸설파이드	0.0	0.0
다이메틸다이설파이드	0.0	0.0

바. 악취－6(지정악취물질: VOCs(톨루엔, 자일렌, 스타이렌, 메틸에틸케톤 등))

시료채취

1－1. 시료채취장비 및 부속기기 적합성

1－1－1. 적정한 시료채취장치를 보유하고 있는가?

1－1－2. 시료채취 펌프가 정상 가동되고 있는가?

1－1－3. 적정 시료채취가 가능한 용량(5분 이내)인가?

1－1－4. 흡착관을 사용하는 경우 충전제의 종류는 적정한가?

1－1－5. 흡착관의 사용주기 및 오염 여부 등 관리가 적절한가?

해설

ES 09307(휘발성유기화합물 － 저온농축 － 기체크로마토그래피법) '3.1 시료채취장치'에 합당한 장비를 보유하고 있는지 확인한다.

- 고체흡착관은 스테인리스강 또는 유리재질로 된 관에 측정대상 성분에 따라 흡착제를 선택하고 각 흡착제의 돌파부피(breakthrough volume)를 고려하여 충진한 후에 사용한다. 고체흡착관은 시판되고 있는 별도규격 제품을 사용할 수 있다. 각 고체흡착제는 반드시 허용된 최고 온도범위와 유량에 따라 사용하여 하며, 흡착관은 사용하기 전에 반드시 열세척 안정화(thermal cleaning) 단계를 거쳐야 한다. 외부공기로부터 오염이 되지 않도록 밀폐용 마개와 불소수지 재질 마개(ferrules)를 이용하여 막아서 보관하며 24시간 이내에 사용하지 않을 경우에는 4 ℃의 어두운 곳에서 보관하여야 한다. 고체흡착관은 각 흡착제의 돌파부피를 고려하여 200 mg 이상으로 충진한 후 사용한다.
- 고체흡착관은 충진제의 종류에 따라 사용횟수를 확인하고 사용하여야 한다. 표준물질의 분석정밀도가 낮을 때와 열세척 이후의 고체흡착관의 정제효과가 나쁠 경우는 폐기한다. 다공성의 폴리머흡착제로 충전된 흡착관들(chromosorb, porapaks, tenax)은 약 100번의 열처리 사용 후, 흡착관이 spherocarb, carbotrap, carbopack, carbosieve SIII, carboxen과 같은 탄소계 흡착제로 충전된 경우는 약 200번의 열처리 사용 후 흡착성능을 확인하고 교체하도록 한다(흡착관의 사용주기를 정확히 판단하기 위하여 고체흡착관의 고유번호를 정리하여 그 사용 횟수를 파악할 수 있도록 하고 관리기록부를 작성하여 관리하는 것이 효과적이다).
- 흡인펌프는 유량 50 mL / min ~ 200 mL / min을 유지할 수 있어야 하며, 유량의 안정성은 시료채취 시간 동안 5 % 이내여야 한다.
- 유량계는 시료를 흡인할 때의 유량을 측정하기 위한 것으로 적산유량계 또는 순간유량계를 사용하며 정기적으로 유량교정을 실시해야 한다.

ES 09906(휘발성유기화합물 － 저온농축 － 기체크로마토그래피법 － 연속측정방법)을 적용하는 경우는 다음과 같이 시료를 채취하므로 그에 맞는 장비를 보유하고 있는지 확인한다.

- 시료를 주입하여 농축하는 저온농축장치(automated thermal desorption)는 고체상의 흡착관으로, 기체상의 분석대상 시료를 농축하고 기체크로마토그래피로 시료를 연속적으로 유입시키기 위한 장치로서 두 종류의 흡착제(graphite, carbon molecular sieve)로 충전된 작은 유리관(trap)으로 구성된다. 시료채취는 진공펌프에 의해 시료주입장치를 통해 약 600 mL의 시료 또는 표준가스가 유입되고 저온농축관은 시료가 흡착관에 잘 흡착될 수 있도록 － 10 ℃ 이하로 냉각한다. 시료채취가 끝나면 저온농축관은 가열되고 시료의 탈착이 이루어진다. 탈착된 시료는 운반기체(carrier gas)에 의해 이동관을 통해 기체크로마토그래피의 분리관으로 유입된다.

– 공기는 소형펌프를 이용하여 정해진 시간 동안 정해진 유량으로 저온농축기(thermal desorber)에 흡인되며, 일정한 유량의 공기를 채취하기 위해 유량조절기(MFC)를 사용한다. 또한 채취된 시료 중의 수분을 제거하기 위해서 건조기를 사용한다.

저온농축장치 및 시료농축

2 – 1. 저온농축장치 성능의 적절성

2 – 1 – 1. 저온농축장치는 냉각온도, 유량 등 공정시험기준의 규격을 만족하는가?

2 – 1 – 2. 저온농축장치의 저온농축관(cold trap) 재질과 규격은 적절한가?

2 – 1 – 3. 저온농축장치의 오염 여부, 누출상황 등이 정상인가?

해설

ES 09307(휘발성유기화합물 – 저온농축 – 기체크로마토그래피법)에 의한 저온농축장치는 고체흡착관을 고온열탈착 할 수 있는 구조여야 한다. 고체흡착관의 탈착 온도는 350 ℃까지 가열하면서 이동상 기체를 흘려 흡착된 시료를 열탈착 할 수 있어야 한다. 열탈착된 시료는 시료농축을 위하여 저온농축관으로 이송되며 전기냉각방법이나 냉매를 사용하여 온도를 –10 ℃ 이하를 유지하여 저온농축할 수 있어야 한다.
또한 각 고체흡착관은 분석하기 전에 누출시험을 실시한다. 고체흡착관이 부착된 열탈착 장치와 연결된 기체크로마토그래피의 주입구를 막고, 운반기체를 모든 유로에 일정 압력으로 흘렸을 때, 일정시간 압력이 유지되는지를 확인한다. 만약, 누출이 확인되면 장치를 정지한다.

ES 09906(휘발성유기화합물 – 저온농축 – 기체크로마토그래피법 – 연속측정방법)의 저온농축장치(automated thermal desorption)는 고체상의 흡착관으로, 기체상의 분석대상 시료를 농축하고 기체크로마토그래피로 시료를 연속적으로 유입시키기 위한 장치로서 두 종류의 흡착제(graphite, carbon molecular sieve)로 충전된 작은 유리관(trap)으로 구성된다. 시료채취는 진공펌프에 의해 시료주입장치를 통해 약 600 mL의 시료 또는 표준가스가 유입되고 저온농축관은 시료가 흡착관에 잘 흡착될 수 있도록 –10 ℃ 이하로 냉각한다.

기기분석

3 – 1. 분석장비 및 절차

3 – 1 – 1. 목적에 맞는 검출기를 선택하는가?

3 – 1 – 2. 가스 순도는 적절한가?

3 – 1 – 3. 분석항목에 적절한 컬럼을 사용하는가?

3 – 1 – 4. 측정장비는 정상으로 작동하는가?

3 – 1 – 5. 측정대상물질의 크로마토그램 피크는 적절히 분리되어 분석되었는가?

3 – 1 – 6. 측정분석기기는 공시험(blank) 등 분석 전 오염 여부를 확인하였는가?

해설

ES 09307(휘발성유기화합물 – 저온농축 – 기체크로마토그래피법)에 따른 분석을 위한 장비는 다음과 같은 규격을 만족하는지 확인한다.

- 분리관(column): 비극성 분리관으로 유리, 실리카재질로 된 관의 내벽에 정지상이 결합시킨 것을 사용한다. 길이는 충분한 분해능을 갖기 위해 일반적으로 길이는 30 m ~ 60 m, 내경은 0.25 mm ~ 0.53 mm 인 것을 사용할 수 있다.
- 검출기: 불꽃이온화검출기(FID) 혹은 질량분석계(mass spectrometer)를 사용한다. 질량분석계의 조건은 검색모드(scan mode)에서 nmole / mole 수준의 대상물질에 대한 확인과 분석이 가능해야 한다.
- 운반기체(carrier gas): 비활성의 건조하고 순수한(99.999 % 이상) 질소 혹은 헬륨을 사용한다.

아울러, 운반과정에서의 오염 여부를 확인하기 위하여 현장 바탕시험용 고체흡착관을 시료채취지점까지 운반하고 측정지점에서 개봉하여 시료 고체흡착관들과 동일한 조건의 경로를 갖도록 바탕시험용 고체흡착관을 동일시간에 노출시켜야 하며 일일 최소 1개 이상의 흡착관을 시료채취 때마다 사용한다. 현장 바탕시험용 측정결과를 시료측정결과에 보정한다.

ES 09906(휘발성유기화합물 – 저온농축 – 기체크로마토그래피법 – 연속측정방법)에 따른 분석을 위한 장비는 다음과 같은 규격을 만족하는지 확인한다.

- 분리관: 비극성 분리관으로 유리(glass)재질, 실리카(steel fused silica)의 재질로 된 관의 내벽에 정지상이 결합된 분리관을 사용하며, 길이는 충분한 분해능을 갖기 위해 일반적으로 30 ~ 60 m 길이의 내경은 0.25 mm ~ 0.32 mm 정지상 필름의 두께가 5 μm인 것을 사용하나 분석대상물질에 따라 별도 규격제품을 사용할 수 있다. 만일 액체질소를 사용하여 오븐 온도를 영하 60 ℃까지 낮출 수 있는 경우에는 오븐의 온도 조절 범위가 크므로 얇은 두께의 정지상을 갖는 분리관을 사용할 수 있다. 또한 분리관은 일반적으로 한 개의 분리관을 사용하지만 두 개를 함께 사용할 수도 있다.
- 검출기: 불꽃이온화검출기(FID)를 사용한다.
- 운반기체(carrier gas): 비활성의 건조하고 순수한(99.999 % 이상) 질소 혹은 헬륨을 사용한다.

3-2. 검정곡선의 적절성 및 직선성(R^2)

3-2-1. 검정곡선의 측정방법은 적절한가?

3-2-2. 소급성이 인정된 표준물질을 사용하는가?

3-2-3. 검정곡선의 결정계수 값은 만족하는가?

3-2-4. 검정곡선의 농도범위는 적절한가?

3-2-5. 검정곡선은 측정할 때 마다 작성하고 있는가?

해설

ES 09307(휘발성유기화합물 – 저온농축 – 기체크로마토그래피법)의 경우 검정곡선 작성에 대한 다음의 조건을 확인한다.

- 기체상 표준물질을 고체흡착관관에 농도별로 흡착시켜 제조하거나 액상표준용액(예: 20 mg / L)를 고체흡착관 가열장치 주입구에 주입하여 시료채취 시의 채취한 질량의 범위(예: 100 ng ~ 600 ng)에 맞추어 고체흡착관에 흡착하여 검정곡선용 고체흡착관을 제조한다.
- 각 물질에 따라 흡착관에 채취된 양을 질량(ng)으로 환산한 후 봉우리 넓이에 대한 검정곡선을 작성한다.
- 검정곡선의 결정계수(R^2)는 대기 중 농도 10 nmol / mol ~ 100 nmol / mol 범위에서 3개 ~ 5개의 농도에 대해 0.98 이상이어야 한다. 측정결과 허용범위를 벗어나면 재작성하도록 한다.

ES 09906(휘발성유기화합물 – 저온농축 – 기체크로마토그래피법 – 연속측정방법)의 경우 검정곡선 작성에 대한 다음의 조건을 확인한다.

- 표준가스는 생산자가 이미 품질을 보증한 것을 구입하여 사용하며, 희석장치를 사용하여 농도별로 표준가스를 발생시켜 검정곡선 작성용으로 사용할 때는 1 μmol / mol의 혼합표준가스를 교정기관에서 유량조절계가 교정 유지된 희석장치를 사용하여 세척이 완료된 진공용기(canister)에 1, 5, 10 nmol / mol의 농도로 희석한다.
- 희석이 완료된 혼합표준가스 600 mL를 단계적으로 정확히 주입하여 시료의 시험방법에 따라 시험하여 휘발성물질의 농도와 반응값과의 관계선을 작성한다.
- 검정곡선의 결정계수(R^2)는 대기 중 농도 10 nmol / mol ~ 100 nmol / mol 범위에서 3개 ~ 5개의 농도에 대해 0.98 이상이어야 한다. 측정결과 허용범위를 벗어나면 재작성하도록 한다.

ES 09001(정도보증 / 정도관리)에 의하면 검정곡선은 분석할 때마다 작성하는 것이 원칙이며, 분석 과정 중 검정곡선의 직선성을 검증하기 위하여 각 시료군(시료 20개 이내)마다 1회의 검정곡선 검증을 실시한다.

3-3 내부정도관리

3-3-1. 적어도 매 분기별로 내부정도관리를 하며 기록을 보관하는가?

3-3-2. 정밀도의 측정결과, 피크체류시간과 면적에서 10% 이내인가?

3-3-3. 검정곡선의 결정계수는 0.98 이상인가?

3-3-4. 최소검출한계값으로서 10 nmol / mol 이하를 만족하는가?

3-3-5. 정확도 및 정밀도 측정방법을 숙지하고 있는가?

3-3-6. 측정된 정밀도이 목표값을 달성하였는가?

해설

ES 09307(휘발성유기화합물 – 저온농축 – 기체크로마토그래피법) 및 ES 09906(휘발성유기화합물 – 저온농축 – 기체크로마토그래피법 – 연속측정방법)에 의하면 내부정도관리주기는 분기 1회 이상 측정하는 것을 원칙으로 하며 분석장비의 주요 부품 교체 및 수리, 분석자의 변경 등의 경우에는 수시로 한다.

분석정밀도는 동일한 시간 동안 동일한 조건에서 4회 반복 분석하여 크로마토그램의 적분넓이와 봉우리(peak)의 머무름시간(RT: retention time)의 정밀도를 확인한다. 모든 분석과정을 통한 측정·분석의 정밀도는 3회 이상 반복 분석의 표준편차로 구하고 이 값은 10 nmol / mol ~ 100 nmol / mol 농도의 시료 1 L를 취하여 측정할 때 10 % 이내[주1)]로 한다.

주1) ES 09906(휘발성유기화합물 – 저온농축 – 기체크로마토그래피법 – 연속측정방법) '6.5 내부정도관리방법'에서는 "공기 중 휘발성물질 농도 50 nmol/mol 수준 측정 시 정도관리는 상대표준오차 15 % 수준을 만족하도록 한다"고 규정되어 있어 ES 09307(휘발성유기화합물 – 저온농축 – 기체크로마토그래피법) '6.5 내부정도관리방법'의 "정밀도는 3회 이상 반복 분석의 표준편차로 구하고 이 값은 10 nmol/mol ~ 100 nmol/mol 농도의 시료 1 L를 취하여 측정할 때 10 % 이내로 한다."와 서로 상이하므로 동 시험방법을 재정립할 필요가 있다.

아울러, 검정곡선에 대한 내용은 상기 '3– 2. 검정곡선의 적절성 및 직선성(R^2)'의 해설을 참고하기 바라며, 정확도는 동 시험방법에 규정되어 있지 않으나 일반적으로 시험결과가 얼마나 참값에 근접하는가를 나타내는 척도로서 정의되고 표준물실 또는 표준용액으로부터 % 회수율(R)을 측정하여 평가하므로 이에 대해 잘 이해하는지 확인한다.

$$R = \frac{\text{measured value}}{\text{true value}} \times 100\ \%$$

시험결과의 계산

4 – 1. 시험결과의 계산과정 및 결과표기 적절성

4 – 1 – 1. 계산과정이 정확한가?

4 – 1 – 2. 결과표기 값이 정확한가?

해설

ES 09307(휘발성유기화합물 – 저온농축 – 기체크로마토그래피법) 및 ES 09906(휘발성유기화합물 – 저온농축 – 기체크로마토그래피법 – 연속측정방법) '8.0 결과보고'에 따라 정확하게 결과를 산출하는지 확인한다.
또한 ES 09307(휘발성유기화합물 – 저온농축 – 기체크로마토그래피법)에 의거하여 유효자리숫자 표기와 결과산출 표기는 다음과 같이 한다.

물질명	결과표시(μmol / mol)	유효자리수	수치맺음법
메틸에틸케톤	0	0.0	KSQ 5002에 따름
톨루엔	0	0.0	
자이렌	0	0.0	
스타이렌	0.0	0.00	
메틸아이소뷰티르케톤	0	0.0	
뷰티르아세테이트	0	0.0	
i– 뷰티르알코올	0	0.0	

ES 09906(휘발성유기화합물 – 저온농축 – 기체크로마토그래피법 – 연속측정방법)에 따르면 기체크로마토그래피 측정결과는 nmol / mol 단위의 소수점 셋째자리까지 유효자리수를 표기하고 결과 표시는 소수점 둘째자리로 표기한다.

8 잔류성유기오염물질 분야

가. POPs－1(다이옥신류: 배출가스 및 환경대기 중 다이옥신, 퓨란)

시료채취

1－1. 시료채취장비 및 물품 보유 여부

1－1－1. (배출가스) 굴뚝시료채취장치, 수분채취장치, 산소측정기는 보유하고 있는가?

1－1－2. (환경대기) 하이볼륨에어샘플러를 보유하고 있는가?

해설

ES 10901.1(환경대기 시료 중 비의도적 POPs 동시시험기준 － HRGC / HRMS)을 위한 시료채취는 ES 10100(환경대기의 시료채취 및 보존 방법)에 따르도록 규정되어 있다. 이에 의하면 시료채취장치의 구성은 다음과 같으므로 이 규격을 만족하는 장비를 갖추고 있는지 확인한다.

－ 환경대기시료 채취장치(ambient air sampler)는 입자상 물질과 기체상 물질을 동시에 채취할 수 있도록 여과지 장착이 가능한 입자상 채취부, 기체상 물질의 채취가 가능하도록 하는 흡착제의 장착부, 펌프, 유향계 또는 유량 측정부, 주요 장치를 강우 등으로부터 보호할 수 있는 것으로 하여 구성되어 있는 고용량 공기시료채취기(high volume air sampler)를 사용한다. 고용량 공기시료채취기는 입자상 물질 채취용 여과지와 기체상 물질 채취용 폴리우레탄폼(PUF)을 장착하고, 표준상태(0 ℃, 1기압)에서 225 L / min ~ 750 L / min로 환경대기 중 공기를 흡입할 수 있어야 하며 24시간 동안 325 m^3보다 큰 전체 유량을 얻을 수 있어야 한다.

ES 10902.1(배출가스 시료 중 비의도적 POPs 동시시험기준 － HRGC / HRMS)을 위한 시료채취는 ES 10101(배출가스의 시료채취 및 보존 방법)에 따르도록 규정되어 있다. 이에 의하면 시료채취장치의 구성은 다음과 같으므로 이 규격을 만족하는 장비를 갖추고 있는지 확인한다.

－ 시료채취장치는 먼지포집부, 기체흡수부, 기체흡착부, 배출가스 유속 및 유량측정부, 진공펌프 및 흡입기체 유량측정부 등으로 구성되며 각 장치의 모든 연결부위는 갈아 맞춘 볼조인트(ball joint)와 집게로 밀착시켜 진공압을 유지하고 진공용 윤활유는 사용하지 않는다. 시료채취장치의 재질은 잔류성유기오염물질의 모니터링에 부합하도록 유기화합물질로부터 영향을 받지 않는 재질로서 플라스틱류 및 그와 유사한 재질의 사용은 피하고 금속 또는 유리 재질로 구성되도록 한다.

- 흡입노즐 및 흡입관: 석영 또는 경질유리로 만들어진 것으로 흡입노즐의 안과 밖의 가스흐름이 흐트러지지 않도록 흡입노즐 내경은 4 mm 이상으로 한다. 이때 흡입노즐의 내경은 정확히 측정하여 0.1 mm 단위까지 구하여 둔다. 흡입노즐의 꼭지점은 30° 이하의 예각이 되도록 하고 매끈한 반구 모양으로 한다. 흡입노즐 내외면은 매끄럽게 되어야 하며 흡입노즐에서 먼지채취부까지의 흡입관은 내부면이 매끄럽고 급격한 단면의 변화와 굴곡이 없어야 한다.
- 흡입관: 수분 농축방지를 위해 시료가스 온도를 (120 ± 14) ℃로 유지할 수 있는 가열기를 갖춘 석영 또는 경질 유리재질의 유리관을 사용한다.
- 여과지홀더: 원통형 여과지를 지지해주는 석영 또는 경질 유리재질의 장치를 말하며 여과지 탈 · 부착이 용이하여야 한다.
- 냉각장치: 흡입관을 냉각시켜주는 스테인리스강 재질의 장치로서 배출가스의 온도가 500 ℃를 초과하는 경우에 사용한다.

- 기체 흡수부: 6개의 흡수병으로 구성되며 흡수병의 고정장착이 가능한 수조를 사용한다. 흡수병1과 2에는 각각 증류수를 약 150 mL 및 300 mL씩 넣고 흡수병3은 공병으로, 흡수병4에는 흡수액으로서 다이에틸렌글리콜 100 mL을 넣고, 흡수병5는 공병으로, 흡수병6에는 실리카겔을 넣는다. 시료채취 시에는 기체의 냉각을 위해 수조에 얼음 또는 드라이아이스 등을 채울 수 있어야 한다.
- 기체 흡착부: XAD－2 수지를 충전한 흡착관을 임핀저3과 4 사이에 장착한다. 흡착관에 15 g ~ 30 g(시료채취 기체 1 m^3당 5 g 이상에 해당하는 양)의 XAD－2 수지를 넣고 유리 또는 석영섬유로 채운다. 흡착관은 오염을 막기 위해 실험실 등 청정한 장소에서 충전하도록 하며 사용 전 양끝을 밀봉하여 차광하여 보관한다.
- 배출가스의 유속 및 유량 측정부: 유속, 유량 및 공기밀도 등을 측정하기 위한 장치로 피토우 계수가 정해진 S형 피토우관과 피토우마노미터로 구성된다. 시료를 채취하는 동안 배출가스 유속을 계속적으로 측정하기 위하여 흡입 노즐 끝과 S형 피토우관의 끝이 같은 위치에 오도록 설치한다.
- 진공펌프 및 흡입기체 유량 측정부: 진공펌프의 흡입유량을 조절하여 등속흡입 유량을 유지하고 총흡입기체량, 가스미터 온도 및 진공게이지압을 측정할 수 있어야 한다.

1－2. 시료채취 준비의 적절성

1－2－1. 원통형 여지, XAD－2 수지는 사용 전에 전처리하고 있는가?

1－2－2. 석영섬유여지와 PUF를 사용 전에 전처리하고 있는가?

1－2－3. 시료채취용 내부표준물질(^{37}Cl－2,3,7,8－TCDD)의 주입량(농도)을 기록 관리하는가?

해설

ES 10100(환경대기의 시료채취 및 보존 방법) '3.1 시료채취 일반사항'에 따라 다음의 사항을 준수하는지 확인한다.

－ 환경대기시료는 폴리우레탄폼(PUF) 2개를 장착할 수 있는 유리재질 또는 금속재질의 지지대(지지고정을 위한 통)를 구비한 채취관을 석영섬유필터의 후단에 직렬로 연결된 고용량공기시료채취기로 채취한다.
－ 일부 잔류성유기오염물질은 휘발성이 강하기 때문에 이에 대한 환경대기시료 채취장치의 유량(고용량 또는 저용량) 또는 흡착제의 선택(폴리우레탄폼, 활성탄수지 펠트, XAD 수지 등) 등에 의하여 채취효율을 높일 수 있도록 하고 고용량과 저용량 채취장치의 선택성 및 복합형을 선택 가능하도록 제시한다.
－ 채취기는 공기의 흐름을 막는 물체로부터 적어도 2 m 이상 떨어진 공기의 흐름에 장애가 없는 지역에 위치하여야 하며 채취기의 배출관(exhaust hose)은 채취된 공기가 다시 시료상단으로 재순환되는 것을 방지하기 위하여 반드시 풍하측 바람방향(downwind)으로 놓아야 한다.
－ 환경대기시료는 시험목적에 따라 225 L / min ~ 750 L / min 유속으로 24시간 이상 채취하며 비 또는 눈이 내리는 날씨는 가급적 피한다.
－ 시료채취를 시작하기 전에 실험실에서 시료채취용 내부표준물질을 흡착제인 폴리우레탄폼의 중심에 미량주사기를 이용하여 첨가한다.

ES 10101(배출가스의 시료채취 및 보존 방법) '3.2 시료채취 준비'에 따라 다음의 사항을 준수하는지 확인한다.

－ 사전 조사결과로부터 측정현장의 실태와 아울러 필요한 측정기재를 선정, 정비하고 배출가스 시료채취에 필요한 장치. 배출가스 중의 시료를 채취하는 흡수 채취관, 시료채취 후 채취관 등의 세정에 필요한 시약, 흡수관 냉각용 얼음, 흡수액 및 전처리한 원통여과지 및 XAD－2 수지, 시료채취용 내부표준물질 등을 준비한다. 이때 여과지 홀더 및 흡착관은 알루미늄호일 등으로 미리 차광시켜둔다.

- 시료채취용 내부표준물질은 흡착관 충전 시 XAD-2 수지 중심에 마이크로실린지를 이용하여 첨가한다. 일반적인 매질의 영향과 전체적인 시료채취과정의 오류를 알아보기 위하여 시료채취용 내부표준물질의 회수율을 이용한다. 허용된 범위 이내에서 측정된 농도가 어느 정도 감소했는가를 결정함으로써 시료채취가 적합한지를 판정할 수 있도록 분석 시 시료채취용 내부표준물질의 회수율을 계산한다.

1-3. 시료채취 장비의 보관 및 관리상태

1-3-1. 시료채취장치 및 부속기기 등은 정도검사를 받았으며 그 성적서를 보유하고 있는가?

해설

'1-1. 시료채취장비 및 물품 보유 여부' 항에서 확인한 시료채취장비와 그와 관련된 물품은 정상가동되어야 하며, 자동측정기의 경우는 「환경분야 시험 · 검사 등에 관한 법률 시행규칙」 제7조에 따라 정도검사를 받은 성적서가 있는지 확인한다.

고용량 공기시료채취기를 통한 시료 채취 시, 정확한 시료채취량을 산출하는 것이 중요하므로 유량조절기에 대해 ES 10100(환경대기의 시료채취 및 보존 방법) '3.6 시료채취 과정의 QA / QC'에 따라 1년에 1회 이상 교정하여야 한다.

배출가스 시료채취장치 및 저울 등은 ES 10101(배출가스의 시료채취 및 보존 방법) '3.6 시료채취 과정의 QA / QC'에 따라 주기별로 교정하여야 한다.

1-4. 시료 채취점(또는 채취위치) 선정방법의 적정성

해설

ES 10100(환경대기의 시료채취 및 보존 방법) '3.2 시료채취장소의 선정'에 따라 시료채취 장소가 적정한지 확인한다. 예로서 일반 환경대기 중에서 농도를 조사하는 경우는 다음의 기준을 따른다.

- 시료채취장소의 선정은 조사목적에 부합하도록 하며 주변환경을 대표할 수 있고 건물 등 장애물에 의하여 영향을 받지 않고 전원의 확보가 용이하며 장기간에 걸쳐 시료채취를 지속적으로 가능한 장소를 선정하여야 한다.
- 시료채취장치의 설치는 도시지역의 경우 건물의 영향을 받을 수 있으므로 주변의 영향을 최소화할 수 있는 옥상(고도 20 m 이내)을 설치장소로 하여 옥상중앙부에 설치하고 건물의 배기구 등의 영향을 받지 않도록 해야 하며 시료채취장치의 배출기체가 재흡입되지 않도록 주변장애물로부터 이격거리가 충분히 확보될 수 있도록 하여야 한다.
- 평지 등 일반환경의 경우 지면으로부터 1.5 m ~ 2 m 정도에 시료채취장치의 흡입구가 위치하도록 한다. 또한 환경대기오염물질 측정소 선정기준에 따라 위치를 선정할 수 있으며, 이미 설치되어 있는 경우에도 시료채취위치로 선정할 수 있다.
- 주위에 건물이나 수목 등의 장애물이 있는 경우에는 채취위치로부터 장애물까지의 거리가 그 장애물 높이의 2배 이상 또는 채취점과 장애물의 상단을 연결하는 직선이 수평선과 이루는 각도가 30° 이하 되는 곳을 선정한다.
- 주위에 건물 등이 밀집되어 있는 경우에는 건물 바깥벽으로부터 적어도 2 m 이상 떨어진 곳에 채취점을 선정한다.

ES 10101(배출가스의 시료채취 및 보존 방법) '3.3 측정위치' 및 '3.4 측정점의 선정'을 준수하는지 확인한다. 예로서 굴뚝단면이 원형일 경우의 측정점 선정은 다음의 기준을 따른다.

– 측정단면에서 서로 직교하는 직경선 상에 다음 표가 부여하는 위치를 측정점으로 선정한다. 측정점 수는 굴뚝직경이 4.5 m를 초과할 때는 20점까지로 한다.

굴뚝직경 2R (m)	반경 구분수	측정점수	굴뚝 중심에서 측정점까지의 거리(m)				
			r_1	r_2	r_3	r_4	r_5
1 이하	1	4	0.707 R	–	–	–	–
1 초과 2 이하	2	8	0.500 R	0.866 R	–	–	–
2 초과 4 이하	3	12	0.408 R	0.707 R	0.913 R	–	–
4 초과 4.5 이하	4	16	0.354 R	0.612 R	0.791 R	0.935 R	–
4.5 초과	5	20	0.316 R	0.548 R	0.707 R	0.837 R	0.949 R

– 굴뚝단면적이 0.25 m^2 이하로 소규모일 경우에는 그 굴뚝단면의 중심을 대표점으로 하여 1점만 측정한다.
– 선정된 측정공이 수직굴뚝에 위치할 경우에는 굴뚝단면의 1 / 4에 해당하는 반경 선상의 측정점으로 줄일 수 있다.
– 선정된 측정공이 수평굴뚝에 위치할 때에는 모든 측정점에서 측정을 한다.

1-5. 배출가스 예비수분함량 및 산소농도 측정 여부

해설

ES 10101(배출가스의 시료채취 및 보존 방법) '3.8 시료채취과정의 QA / QC'를 준수하는지 확인한다. 이에 따라 등속흡입에 가장 큰 영향을 미칠 수 있는 배출가스의 수분함량은 시료채취 시작 전과 종료 시에도 반드시 확인하여야 하며, ES 10902.1(배출가스 시료 중 비의도적 POPs 동시시험기준 – HRGC / HRMS) '7.5 시료분석결과'에 의거하여 배출가스의 산소농도를 측정하여 계산된 농도를 보정하여야 하므로 이를 준수하는지 확인한다.

1-6. 시료채취시간 또는 채취량의 적정 여부

해설

ES 10100(환경대기의 시료채취 및 보존 방법) '3.1 시료채취 일반사항'에 의거하여 환경대기시료는 시험목적에 따라 225 L / min ~ 750 L / min 유속으로 24시간 이상 채취하며 비 또는 눈이 내리는 날씨는 가급적 피한다.

ES 10101(배출가스의 시료채취 및 보존 방법) '3.5 시료채취'에 따라 최종배출구에서의 시료채취 시 흡입기체량은 표준상태(0 ℃, 1기압)에서 4시간 평균 3 Sm^3 이상으로 한다. 다만 시간당 처리능력이 200 kg 미만의 소각시설 중 일괄투입식 연소방식에 한하여 1회 소각시간(폐기물을 소각로에 투입하고 연소가 종료되는 데까지 소요되는 시간)이 4시간 미만, 2시간 이상의 경우는 시료채취 시 흡입기체량을 2시간 평균 1.5 Sm^3 이상, 2시간 미만인 경우는 2회 이상 가동하여 2시간 평균 1.5 Sm^3 이상으로 할 수 있다. 또한 최종배출구 이외의 측정장소에서는 적절한 흡입기체량을 결정한다. 이때에도 다이옥신류의 농도가 높지 않은 한 최종배출구에서의 흡입기체량 기준을 따른다.

1-7. 누출확인시험 수행 및 방법의 숙지 여부

해설

ES 10100(환경대기의 시료채취 및 보존 방법)을 적용하는 경우, 여과지홀더 앞 입구를 막고 진공계의 마개를 잠그고 펌프가 작동할 때 유량계의 부자가 영(zero)을 가리키는가를 확인한다.

ES 10101(배출가스의 시료채취 및 보존 방법) '3.8 시료채취 과정의 QA / QC'에 의거하여 누출시험은 흡입노즐의 입구를 막고 흡입펌프를 작동시켜 가스미터 지침의 정지상태 유지 여부로 판단하며 지침이 움직이면 시료채취경로를 단계별로 확인하여 누출 원인을 해결하여야 한다.

1-8. 시료채취 과정의 적절성

1-8-1. 수평자를 이용하여 시료채취관의 수평을 확인하는가?

1-8-2. 흡입노즐의 방향과 배출가스 유선이 일치하고 있는가?

1-8-3. 먼지포집부 온도는 120 ℃ 이하로 유지되는가?

1-8-4. XAD-2 수지 흡착관은 30 ℃ 이하로 유지되는가?

1-8-5. 등속흡인율은(95 ~ 105) %의 범위에 있는가?

해설

ES 10100(환경대기의 시료채취 및 보존 방법) '3.3 시료채취'에 따라 적정하게 시료를 채취하는지 확인한다.
ES 10101(배출가스의 시료채취 및 보존 방법) '3.5 시료채취'에 따라 적정하여 시료를 채취하는지 확인한다. 그 중 일부 내용은 다음과 같다.

- 최종배출구에서의 시료채취 시 흡입기체량은 표준상태(0 ℃, 1기압)에서 4시간 평균 3 Sm^3 이상으로 한다. 다만 시간당 처리능력이 200 kg 미만의 소각시설 중 일괄투입식 연소방식에 한하여 1회 소각시간(폐기물을 소각로에 투입하고 연소가 종료되는 데까지 소요되는 시간)이 4시간 미만 2시간 이상의 경우는 시료채취 시 흡입기체량을 2시간 평균 1.5 Sm^3 이상, 2시간 미만인 경우는 2회 이상 가동하여 2시간 평균 1.5 Sm^3 이상으로 할 수 있다. 또한 최종배출구 이외의 측정장소에서는 적절한 흡입기체량을 결정한다. 이때에도 다이옥신류의 농도가 높지 않는 한 최종배출구에서의 흡입기체량 기준을 따른다.
- 먼지채취부가 120 ℃를 초과하는 경우에는 연결관 사용 등의 적절한 방법을 사용하여 120 ℃ 이하로 유지하여야 한다. 또한, 배출가스온도가 높을 경우(500 ℃ 이상)에는 냉각장치 등을 사용하여 먼지채취부 온도를 120 ℃ 이하로 유지하여야 한다.
- 배출가스시료를 채취하는 동안에 각 흡수병은 얼음 또는 드라이아이스 등으로 냉각시킨다. XAD-2 수지흡착관은 30 ℃ 이하로 유지하여야 한다.
- 시료채취 후 등속흡입 정도를 확인하기 위해 다음 식에 의해서 등속흡입계수를 구하고 그 값이 (95 ~ 105) % 범위 내에 들지 않는 경우에는 다시 시료채취를 한다.

1-9. 시료보관 및 관리 적절성

1-9-1. 시료채취 여지 및 수지의 이송과 보관이 적절한가?

1-9-2. 시료(여지)에 식별번호는 있는가?

1-9-3. 시료는 4 ℃에서 채취 후 7일 이내에 추출하고 30일 이내에 분석하고 있는가?

해설

ES 10100(환경대기의 시료채취 및 보존 방법) '4.0 시료의 운반과 보관'에 따라 시료를 운반 및 보관하는지 확인한다. 즉,

- 시료회수용기를 4 ℃ 이하로 유지하고 채취된 분석대상물질의 광분해를 방지하기 위하여 빛을 차단하여 운반한다. 단, 시료수집 후 24시간 이내에 분석하지 못하는 경우는 시료를 냉동시켜 보관·운반한다.
- 석영섬유여과지는 반으로 접어 유기용매(아세톤 혹은 헥세인)로 2회 ~ 3회 세정된 알루미늄호일로 싸서 스테인리스강(알루미늄) 금속용기 또는 갈색유리병에 넣고 밀봉하여 보관한다.
- 폴리우레탄폼의 경우도 유리홀더와 함께 아세톤으로 세정한 건조된 스테인리스강(알루미늄) 금속용기 또는 갈색유리병에 넣고 밀봉하여 보관한다(활성탄 펠트및XAD 흡착제는 2개의 폴리우레탄폼(PUF) 사이에 장착되어 있어 유리홀더와 함께 보관이 가능하다).
- 실험실로 운반된 시료는 수분, 유기물 등 함유성분의 변화가 일어나지 않도록 4 ℃ 이하의 어두운 곳에 보관하여야 하며 7일 이내에 추출하고 30일 이내에 분석한다. 전처리된 최종시료는 -10 ℃ 이하의 어두운 곳에 보관하되 유효보관기간은 1년이다.

ES 10101(배출가스의 시료채취 및 보존 방법)에 따라 배출가스 시료는 시료 채취 후 여과지와 XAD-2 수지는 각 홀더에 들어 있는 상태로 빛을 차광하여 4 ℃ 이하에서 보관, 운반한다. 채취액 및 세척액과 같은 액상 시료는 갈색유리병에 담아 빛을 차단하고 4 ℃ 이하에서 보관, 운반한다. 실험실로 운반된 시료는 수분, 유기물 등 함유성분의 변화가 일어나지 않도록 4 ℃ 이하의 어두운 곳에 보관하여야 하며 7일 이내에 추출하고 30일 이내에 분석한다. 전처리된 최종시료는 -10 ℃ 이하의 어두운 곳에 보관하되 유효보관기간은 1년이다.

1-10. 시료채취분야 내부정도관리표 작성 여부

해설

ES 10901.1(환경대기 시료 중 비의도적 POPs 동시시험기준 – HRGC / HRMS) 및 ES 10902.1(배출가스 시료 중 비의도적 POPs 동시시험기준 – HRGC / HRMS) '6.5 실험실 내부정도관리' 따라 방법검출한계와 정밀도 / 정확도를 연 1회 이상 실시하는 것을 원칙으로 하며, 분석 장비의 주요부품 수리·교체, 분석자 변경 등 내부정도관리가 필요한 경우 수시로 실시하고 그 결과를 정도관리기록부에 보관하여야 한다.

전처리

2-1. 전처리에 필요한 물품 및 시약의 보유

2-1-1. 농축기, 속슬레 추출장치 등을 보유하고 있는가?

2-1-2. 정제 컬럼은 충분하게 보유하고 있는가?

2-1-3. 규정된 등급 이상의 시약을 사용하는가?

2-1-4. 전처리 장치는 후드 내에 설치되어 있는가?

2-1-5. 표준물질의 보관 및 관리가 적절한가?

해설

ES 10901.1(환경대기 시료 중 비의도적 POPs 동시시험기준 – HRGC / HRMS)에 의한 전처리를 위한 기기 및 시약을 보유하고 있는지 확인한다. 즉,

- 추출: 시료는 입자상과 기체상을 구별하여 분석하지 않으므로, 흡착제(PUF, XAD-2 수지 또는 ACF)와 석영섬유 여과지를 속슬레 유리 여과조에 정제용 내부표준물질과 함께 넣고 다이클로로메테인으로 16시간 이상 속슬레 추출을 한다. 이때 내부표준물질의 첨가조작은 실험자의 안전을 위하여 글러브박스(glove box) 안에서 하는 것을 원칙으로 한다.
- 농축: 추출액은 회전증발 농축기를 이용하여 1 mL 정도로 농축한 다음, 질소가스를 불어넣어 가능한 한 추출 시 사용한 용매를 제거하고, 정제단계를 위한 시료로 전환한다. 분석용 시료는 노말헥세인 2 mL로 용매를 전환하여 5 mL 시험관에 옮기고, 최종 액량을 50 μL ~ 500 μL가 되게 한다.

ES 10902.1(배출가스 시료 중 비의도적 POPs 동시시험기준 – HRGC / HRMS)에 의한 전처리를 위한 기기 및 시약을 보유하고 있는지 확인한다. 즉,

- 추출: 흡수액 및 수분은 분별깔때기에 넣어 용액 1 L에 대하여 다이클로로메테인 50 mL로 3회 이상 추출하고, 임핀저 및 흡인관, 연결관 등의 세정액은 분별깔때기에 넣어 용액 1 L에 대하여 다이클로로메테인 100 mL로 3회 이상 추출한다.

  원통여과지는 2 N 염산을 사용하여 시료 1 g당 20 mmol– H^+ 이상으로 염산처리한 다음 수분을 풍건하여 제거하고, 또한 잔존수분을 아세톤 등으로 제거한 후, 다이클로로메테인으로 16시간 이상 속슬레 추출한다. 아세톤 세정액은 다이클로로메테인으로 추출하여 속슬레 추출액과 합한다. 단, 원통여과지에 입자가 적을 경우는 2 N 염산처리를 생략하고 다이클로로메테인으로 16시간 이상 속슬레 추출한다.

  XAD-2 수지는 정제용 내부표준물질과 함께 넣고 다이클로로메테인으로 매초 1방울의 속도로 16시간 이상 속슬레 추출한다. 이때 내부표준물질의 조제 첨가조작은 실험자의 안전을 위하여 글러브박스(glove box) 안에서 하는 것을 원칙으로 한다.
- 농축: 추출액을 회전증발 농축기를 이용하여 1 mL 정도로 농축한 다음, 질소가스를 불어넣어 가능한 한 추출 시 사용한 용매를 제거하고, 정제단계를 위한 시료로 전환한다. 분석용 시료는 노말헥세인 2 mL로 용매를 전환하여 5 mL 시험관에 옮기고, 최종 액량을 50 μL ~ 500 μL가 되게 한다.

2-2. 전처리의 적절성

2-2-1. 속슬레 추출은 추출시간, 추출횟수(cycle / 시간)를 준수하는가?

2-2-2. 시료 농축 시 농축기는 오염방지를 위한 세척을 실시하는가?

2-2-3. 시료량, 추출액 분취량 및 농축량은 적절한가?

2-2-4. 정제용 내부표준물질의 주입량(농도)을 기록 관리하고 있는가?

2-2-5. 유기물질 제거를 위한 황산처리 방법을 알고 있는가?

2-2-6. 실린지첨가용 내부표준물질의 주입량(농도)을 기록 관리하고 있는가?

해설

'2-1. 전처리에 필요한 물품 및 시약의 보유' 해설 내용을 참고하여 전처리 과정이 적절히 이행되고 있는지 확인한다.

2-3. (실리카겔, 알루미나) 정제과정의 적정성과 방해물질 제거 여부

해설

ES 10901.1(환경대기 시료 중 비의도적 POPs 동시시험기준 – HRGC / HRMS) 및 ES 10902.1(배출가스 시료 중 비의도적 POPs 동시시험기준 – HRGC / HRMS) '7.2 정제방법'을 참고하여 각 정제과정이 적절한지 확인한다. 예로서 다이옥신 및 퓨란을 위한 알루미나 정제는 다음과 같이 수행한다.

- 용매로 세정한 안지름 15 mm 길이 300 mm의 정제용 컬럼에 활성알루미나를 6 g, 무수황산소듐 2 g을 순차적으로 충전한다. 이때 충전 부분이 다소 변색된 경우는 사용하지 않는다.
- 농축된 시료가 컬럼 기벽에 묻지 않고, 상단의 무수황산소듐이 흩어지지 않도록 조심스럽게 주입한 후, 2 % 다이클로로메테인 함유 노말헥세인 100 mL로 매초 1방울 속도로 용출하고 이 용출액은 버린다.
- 이어서 50 % 다이클로로메테인 함유 노말헥세인 150 mL를 매초 1방울 속도로 용출시킨다.
- 용출액을 농축기로 약 1 mL로 농축한 다음 질소가스를 불어넣어 약 100 μL로 농축한 후, 톨루엔 0.5 mL를 넣어 용매를 전환한다.

2-4. 유리기구 세척과정의 적절성

해설

ES 10901.1(환경대기 시료 중 비의도적 POPs 동시시험기준 – HRGC / HRMS) 및 ES 10902.1(배출가스 시료 중 비의도적 POPs 동시시험기준 – HRGC / HRMS) '1.3 간섭물질'에 따라 유리기구류는 마지막 사용 용매로 한번 헹구어 준 후, 바로 세제로 씻는다. 세제용액에 유리 기구를 넣고 약 30분간 초음파 세척한다. 세제로 세척한 후, 수돗물, 정제수 순으로 헹군다. 열에 안정한 물질의 경우 증류수 세척만으로는 잘 제거되지 않기 때문에 다시 아세톤, 헥세인의 순으로 헹군 후, 105 °C 오븐에서 1시간 이상 건조하여 사용한다.

(기기)분석

3-1. 분석 장비 또는 기기 및 물품 보유의 적합성

3-1-1. 분석장비는 정상적으로 작동하고 있는가?

3-1-2. HRGC / HRMS의 기기 감도 및 재현성을 점검하고 기록을 유지하는가?

해설

ES 10901.1(환경대기 시료 중 비의도적 POPs 동시시험기준 – HRGC / HRMS) 및 ES 10902.1(배출가스 시료 중 비의도적 POPs 동시시험기준 – HRGC / HRMS) '3.0 분석기기 및 기구'에 따라 속슬레 추출장치, 액체– 액체 추출 장치, 회전증발 농축기, 질소 농축기, 정제용 컬럼장치, 분석용 저울, 미량 주사기, 기체크로마토그래프, 모세관 컬럼, 고분해능 질량분석계 등을 보유하고 있으며, 정상적으로 작동되는지 확인한다. 고분해능 질량분석기는 이중집중형(double focusing type)으로 분해능 10,000 이상(10% 계곡(valley) 기준)을 가지는 것을 사용한다.

3-2. 분석조건의 적절성

3-2-1. 질량분석기 분해능이 10 % 계곡에서 10,000 이상인가?

3-2-2. PFK의 이론값과 실측값과의 차이가 5 ppm 이하인가?

해설

ES 10901.1(환경대기 시료 중 비의도적 POPs 동시시험기준 – HRGC / HRMS)
ES 10902.1(배출가스 시료 중 비의도적 POPs 동시시험기준 – HRGC / HRMS) 및 '7.3.2 고분해능 질량분석기 분석조건'에서 질량설정을 위해서 고분해능 질량분석기는 분해능 10,000(10 % 계곡(valley) 기준) 이상의 상태를 유지해야 하며 선택이온법으로 각 동족체마다 2개 이상의 선택이온, 즉 분자질량(M^+) 이온 및 감도가 높은 질량($(M+2)^+$ 또는 $(M+4)^+$) 이온을 소수점 넷째자리까지 이용한다.

아울러, 현행 공정시험기준에서는 서술되어 있지 않으나 이전의 공정시험기준에서 질량검정은 다음과 같은 방법 및 조건으로 하도록 규정하고 있다. 즉,

- 기체크로마토그래프 / 고분해능 질량분석계는 시료분석조건과 동일한 조건에서 10 % valley에서 분해능 10,000 이상으로 질량 조정(mass tuning)한다(최근 분석장비는 5 % valley에서 분해능 10,000 이상을 나타내는 경우가 있으므로 기준 준수 여부를 확인하기 위해서는 미리 10 % valley가 5 %로 되면 어느 정도의 분해능을 나타내는지 상관계수를 정하여 운영할 필요가 있다). 다음, 염화물의 수에 따라 최소 그룹으로 나누어 마그네트 전환방식(magnet switching)으로 PFK에 대한 질량검정을 하여야 한다. 이때 각 그룹은 최소 하나 이상의 잠금질량(lock mass)을 사용하고 초기값에서 ± 20 % 이상의 불안정성이 나타나면 재정제 등을 통하여 간섭물질을 제거하여야 하며, 1회 사이클 시간(cycle time)은 1초 이내로 한다. PFK 질량검정결과는 PFK의 이론값과 실측값과의 차가 5 ppm 이하를 만족하여야 하며, 이 범위를 만족하지 못할 경우에는 기체크로마토그래프 / 고분해능 질량분석계를 재조정한다. 각 그룹별 PFK 질량검정결과는 시료분석결과에 대한 신뢰성 검토를 위해 시료분석결과와 함께 제시되어야 한다. 선택 이온에 대한 크로마토그램의 피크와 체류시간이 같은 2개의 선택 이온의 피크 면적비를 염소 원자수에 의한 동위원소 치환체 피크의 자연존재비와 비교하여 ± 15 % 이내에 있으면 정량한다.

3-3. 검정곡선의 작성 및 상대감응계수(RRF) 검증

3-3-1. 검정곡선은 정량범위 내 5개 농도로 매 분석 시마다 작성하는가?

3-3-2. 상대감응계수(RRF) 값에 대한 상대표준편차(RSD)는 ± 15 % 이내인가?

3-3-3. 검정곡선 확인용 표준물질의 상대감응계수(RRF) 값에 대한 상대표준편차(RSD)는 ± 20 % 이내인가?

3-3-4. 동위원소 치환체의 피크면적 비율이 ± 15 % 이내인가?

3-3-5. 검정곡선의 결정계수가 0.99 이상인가?

해설

ES 10901.1(환경대기 시료 중 비의도적 POPs 동시시험기준 – HRGC / HRMS) 및 ES 10902.1(배출가스 시료 중 비의도적 POPs 동시시험기준 – HRGC / HRMS) '6.3 검정곡선의 작성 및 검증'에 따라 검정곡선을 적절하게 그리는지 확인한다.

– 검정곡선은 정량범위 내 5개의 농도(CS1 ~ CS5)로 시료군마다 작성하고, 직선성 결정계수(R^2)는 0.99 이상이어야 하고, CS1 ~ CS5의 상대감응계수(RRF)의 상대표준편차(RSD)는 ± 15 % 이내로 하며 그 허용범위를 벗어나면 재작성한다. 분석 종료 후, 검정곡선의 중간농도(CS3)에 해당하는 표준용액을 비교 측정하여 당초 중간농도 검정곡선 상대감응계수의 상대표준편차가 ± 20 %를 벗어나면 재시험한다.

3-4. 분석결과의 보증

3-4-1. 분석물질별 두 개의 질량이온(m / z)의 크로마토그램의 peak 머무름 시간이 일치하는가?

3-4-2. 분석물질의 크로마토그래프의 신호 대 잡음(S / N) 비는 2.5 이상인가?

3-4-3. 시료채취용 표준물질(^{37}Cl – 2,3,7,8 – TCDD)의 회수율이 (50 ~ 120) %인가?

3-4-4. 정제용 내부표준물질 회수율이 각각 (50 ~ 120) %인가?

3-4-5. 그룹별 잠금질량(lock mass)의 변동이 ± 20 % 이내로 유지되는가?

3-4-6. 방법바탕시료를 측정 및 관리하고 있는가?

해설

ES 10901.1(환경대기 시료 중 비의도적 POPs 동시시험기준 – HRGC / HRMS) 및 ES 10902.1(배출가스 시료 중 비의도적 POPs 동시시험기준 – HRGC / HRMS) '7.5.1 정성분석' 의거하여 분석하기 위해 질량수 및 질량형태를 구분하고 선택한 각 분석물질별 두 개의 m / z 이온이 정해진 머무름 시간에서 나타나야 하며, 시료 추출물에서 각 분석물질들을 검출하기 위하여 기체크로마토그래프의 피크에 대한 신호 대 잡신호 비(S / N)는 2.5보다 커야 한다.

ES 10901.1(환경대기 시료 중 비의도적 POPs 동시시험기준 – HRGC / HRMS) '1.2 적용범위'에 의거하여 다이옥신 및 퓨란, 코플라나PCBs 또는 PCBs 동질체의 회수율은 50 % ~ 120 %(헥사클로로벤젠의 회수율은 40 % ~ 130 %)의 범위를 만족하고, 방법검출한계는 표준상태(0 ℃, 1기압)에서 다이옥신 및 퓨란 0.05 pg / m^3, 코플라나PCBs 0.05 pg / m^3, PCBs 동질체 0.1 pg / m^3, 헥사클로로벤젠 1 pg / m^3을 각각 만족하여야 한다.

ES 10902.1(배출가스 시료 중 비의도적 POPs 동시시험기준 – HRGC / HRMS) '1.2 적용범위'에 의거하여 다이옥신 및 퓨란, 코플라나PCBs 혹은 PCBs 동질체의 회수율은 50 % ~ 120 %(헥사클로로벤젠의 회수율은 40 % ~ 130 %)의 범위를 만족하고, 분석방법검출한계는 표준상태(0 ℃, 1기압)에서 다이옥신 및 퓨란 1 pg / m^3, 코플라나PCBs 1 pg / m^3, PCBs 동질체 1 pg / m^3, 헥사클로로벤젠 0.1 ng / m^3을 각각 만족하여야 한다.
또한 방법바탕시료는 실제시료와 동일한 방법으로 전처리 및 분석되어야 하며, 측정값은 검출한계 이하여야 하고, 매 시료군마다 1개의 방법바탕시료를 측정한다.

아울러 ES 10001(정도보증 / 정도관리) '2.2 분석기기의 QA / QC'에 따라 기체크로마토그래프 고분해능 질량분석계 사용 시 각 그룹에 대한 잠금질량(lock mass)이 초기값에서 ± 20 % 이상 불안정성이 나타나면 시료를 재정제하는 등 간섭물질의 영향을 제거하는 절차를 수행하고 재분석한다.

3-5. 시료분석분야 내부정도관리표 작성 여부

해설

ES 10901.1(환경대기 시료 중 비의도적 POPs 동시시험기준 – HRGC / HRMS) 및 ES 10902.1(배출가스 시료 중 비의도적 POPs 동시시험기준 – HRGC / HRMS) '6.5 실험실 내부정도관리'에 따라서 잔류성 유기오염물질을 시험・검사하는 실험실에서는 분석 방법검출한계와 정밀도 / 정확도를 연 1회 이상 실시하는 것을 원칙으로 하며, 분석장비 주요 부품의 수리・교체, 분석자 변경 등 내부정도관리가 필요한 경우에는 수시로 실시하고 그 결과를 정도관리 기록부에 기록하고 보관하여야 한다.

시험결과의 계산 및 보고

4-1. 시험결과 계산과정(계산식)의 정확성

해설

ES 10901.1(환경대기 시료 중 비의도적 POPs 동시시험기준 – HRGC / HRMS) 및 ES 10902.1(배출가스 시료 중 비의도적 POPs 동시시험기준 – HRGC / HRMS) '7.5.2 정량분석'에 따라서 정량분석의 계산법을 잘 적용하는지를 확인한다. 즉, 정량은 검출된 분석물질과 동위원소 치환 내부표준물질의 상대비율로 정량하는 동위원소희석법으로 한다. 농도계산 방법은 다음 식과 같다.

$$C = \frac{(A1s + A2s)}{(A1i + A2i)} \times \frac{(Ii)}{(RRF)} \times \frac{1}{V}$$

여기서, C: 시료 중 농도(pg / m^3 혹은 ng / m^3)

A1s, A2s: 시료에 함유된 이성체의 1, 2차 선택이온의 피크 면적

A1i, A2i: A1s와 A2s에 대응하는 시료에 첨가된 내부표준물질의 1, 2차 선택이온의 피크 면적

Ii: 시료에 첨가된 내부표준물질의 양(pg 혹은 ng)

RRF: 상대감도계수

V: 표준상태(0 ℃, 1기압)에서의 시료량(m^3)

4-2. 산소농도에 대한 보정

해설

ES 10902.1(배출가스 시료 중 비의도적 POPs 동시시험기준 – HRGC / HRMS) '7.5.2.2 산소보정농도'에 배출가스의 경우는 배출가스의 산소농도를 측정하여 '7.5.2 정량분석'에서 계산된 농도를 보정해 주어야 한다. 산소보정농도는 다음과 같이 계산한다.

$$C' = \frac{21\ \% - C'O_2}{21\ \% - CO_2} \times C$$

어기서, C': 산소보정농도(pg / m^3 혹은 ng / m^3)

21 %: 대기 중 산소농도

$C'O_2$: 주어진 산소보정농도(예시: 소각시설 12 %)

CO_2: 채취시 측정된 배출가스의 산소농도(%)

C: 시료 중 농도(pg / m^3 혹은 ng / m^3)

4-3. 결과표기의 적절성

4-3-1. 시료채취자료를 보고하는가?

4-3-2. 분석방법자료를 보고하는가?

4-3-3. 분석결과자료를 보고하는가?

4-3-4. 방법검출한계, 방법정량한계, 회수율을 보고하는가?

4-3-5. 시료채취 후 30일 이내에 결과보고를 하는가?

해설

ES 10901.1(환경대기 시료 중 비의도적 POPs 동시시험기준 – HRGC / HRMS) 및 ES 10902.1(배출가스 시료 중 비의도적 POPs 동시시험기준 – HRGC / HRMS) '8.0 결과보고'에 따라 분석 결과의 보고 시, 시료채취관련자료, 분석방법자료, 분석결과자료를 함께 보고한다.

시료채취관련자료에는 시료목록, 시료번호, 시료채취 일자 및 기상사항, 시료채취 장소, 시료채취 유량, 시료채취 방법, 시료채취 양, 시료채취 과정, 시료보관 방법 등이 포함되어야 한다.

분석방법자료에는 분석일자, 시료량, 추출과정, 농축과정, 농축량, 분석기기 및 조건, 사용한 표준물질 등이 포함되어야 한다.

분석결과자료에는 검정곡선 작성, 질량검정, 표준물질, 바탕시료의 크로마토그램, 분석시료의 크로마토그램, 방법검출한계, 정량한계 및 산출근거와 분석결과 농도 및 회수율이 포함되어야 한다.

또한, 시료 분석결과 실측농도는 표준상태(0 ℃, 1기압)에서의 pg / m^3 또는 ng / m^3으로 표기한다. 다이옥신 및 퓨란은 국제독성등가환산계수(I– TEF, international toxicity equivalency factor)를 사용하여 독성등가환산농도(TEQ, toxic equivalents), 즉 실측농도에 독성등가환산계수를 곱한 값으로 pg I– TEQ / m^3 또는 ng I– TEQ / m^3으로 표기하며, 코플라나PCBs는 세계보건기구독성등가환산계수(WHO– TEF, world health organization toxicity equivalency factor)를 사용하여 독성등가환산농도(TEQ, toxic equivalents), 즉 실측농도에 독성등가환산계수를 곱한 값으로 pg WHO– TEQ / m^3 또는 ng WHO– TEQ / m^3으로 표기한다.

각 동질체의 분석결과는 총합으로 제시하되, 모든 결과에 대한 수치의 표시자릿수는 소수 셋째자리로 한다. 단, 표시자릿수 이하 다음 자리의 수치가 5 이상이면 끊어 올리고, 5 미만이면 끊어 버린다.

모든 농도결과는 방법검출한계를 적용하여 나타내고 방법검출한계 미만은 N.D.로 표시하고 방법검출한계값을 같이 제시한다. 또한, 방법검출한계 미만의 값을 독성등가환산농도로 나타낼 때는 0으로 표시한다[주1)].

주1) 환경오염공정시험기준에서는 일반적으로 측정결과가 정량한계 이상인 경우에만 그 결과값을 기록하도록 하고 있다. US EPA에 의하면 정량한계(또는 최소정량수준)는 "시험항목을 측정하는데 있어 측정 가능한 검정농도와 측정 신호를 완전히 확인할 수 있는 분석 시스템의 최소 수준"으로 정의하고 있다.

일반적인 기준에 따르면, 다이옥신 및 퓨란 시료는 추출할 때까지 4 ℃ 어두운 곳에 보관해야 하며, 시료는 7일 내에 추출해야 하고, 추출물질을 공기 중에 노출시켰다면 7일 안에 분석을 완료해야 한다.

9 환경유해인자 분야

가. 환경유해인자－1(어린이 활동공간: 도료, 마감재(Pb, Cd, Hg, Cr^{6+})

시료채취

1－1. 시료채취 및 기록

1－1－1. 시료채취 지점의 선정 등 채취기록부의 작성은 적절한가?

1－1－2. 채취한 시료의 보관방법은 적절한가?

1－1－3. 시료 채취량 및 분석용 시료의 조제 방법은 적절한가?

1－1－4. XRF 간이측정기의 보유 및 점검 기록은 적절한가?

해설

ES 12701.1(도료 및 바니시 중 납, 카드뮴 － 원자흡수분광광도법), ES 12705.1(도료 및 마감재 중 수은 － 원자흡수분광광도법) 및 ES 12706.1(도료 및 마감재 중 6가크로뮴 － 자외선/가시선 분광법) '5.1 시료채취 대상시설 및 채취지점의 선정'에 따라서 도료는 다음과 같이 그 지점을 선정한다. 즉,

－ 어린이 활동공간의 각 시설에 시공된 도료는 용도 및 색상에 따라 분류하여 점검대상 시설을 선정한다.

－ 점검 대상 시설 내 도포된 도료는 색상 및 재질을 고려하여 각 점검지점을 선정하되 어린이가 접촉할 수 있는 범위(높이 100 cm 이내[주1)])내을 고려하여 시험분석 결과의 신뢰도에 영향을 미치지 않은 적절한 시료 채취 지점을 선정한다.

－ 재질 특성상 1개의 시료채취 지점이 시험분석 결과 신뢰도에 영향을 미칠 것으로 판단될 경우에는 2곳 이상의 지점에서 시료를 채취하여도 좋다.

마감재 및 바닥재는 ES 12705.1(도료 및 마감재 중 수은 － 원자흡수분광광도법) 및 ES 12706.1(도료 및 마감재 중 6가크로뮴 － 자외선/가시선 분광법) '5.1 시료채취 대상시설 및 채취지점의 선정'에 따라서 다음과 같이 그 지점을 선정한다. 즉,

- 어린이 활동공간의 각 시설에 시공된 마감재 및 바닥재는 용도별 및 재질별로 분류하여 점검대상 시설을 선정한다.
- 점검 대상 시설 내 마감재 및 바닥재는 용도별 재질을 고려하여 각 점검지점을 선정하되 어린이가 접촉할 수 있는 범위(높이 100 cm 이내[주1)])를 고려하여 시험분석 결과의 신뢰도에 영향을 미치지 않은 적절한 시료채취 지점을 선정한다.
- 재질 특성상 1개의 시료 채취 지점이 시험분석 결과 신뢰도에 영향을 미칠 것으로 판단될 경우에는 2곳 이상의 지점에서 시료를 채취하여도 좋다.

[주1)] ES 12706.1(도료 및 마감재 중 6가크로뮴 – 자외선 / 가시선 분광법)에서는 "높이 160 cm 이내"로 표기되었으나 이는 통상적으로 어린이가 접촉할 수 있는 범위를 벗어나므로 오타로 판단된다.

ES 12701.1(도료 및 바니시 중 납, 카드뮴 – 원자흡수분광광도법), ES 12705.1(도료 및 마감재 중 수은 – 원자흡수분광광도법) 및 ES 12706.1(도료 및 마감재 중 6가크로뮴 – 자외선 / 가시선 분광법) '5.2 시료채취 및 관리'에 의하면 도료는 칼을 사용하여 선정된 시료 채취 지점의 점검대상 표면을 기재 부분의 재료가 혼입되지 않도록 조심스럽게 긁어내어 약 2 g 정도 채취한 후 유리 용기에 담아 시험분석용 시료로 한다. 그러나 어린이 활동공간 관리자 또는 소유자가 점검대상 재료에 대한 제조업체명, 품목명 등 세부 증빙자료를 제시하는 경우에는 동일한 품목을 시험분석용 시료로 사용할 수 있다.
다만, ES 12703.1(합성수비 및 고무, 목재 재질의 마감재 중 납, 카드뮴 – 원자흡수분광광도법) '5.2 시료채취 및 관리'에 의하면 마감재는 칼을 사용하여 선정된 시료 채취 지점의 점검대상 표면을 기재 부분의 재료가 혼입되지 않도록 조심스럽게 긁어내어 약 2 g 정도 채취한 후 유리 용기에 담아 시험분석용 시료로 하되, 채취한 시료는 가위나 커터 등을 이용하여 약 2 mm 이하의 크기로 잘라 시험분석용 시료로 한다. 바닥재는 선정된 각 채취지점으로부터 상층 부분을 칼 등 적당한 도구를 사용하여 약 10 g 정도 채취하되, 시료채취 바닥재의 표면재료가 여러 색상을 갖고 있는 경우 각 색상별로 채취하여 별개 시료로 하거나, 각 색상별로 채취한 시료를 균등량으로 혼합하여 1개 시료로 할 수 있으며, 채취한 시료는 가위나 커터 등을 이용하여 약 2 mm 이하의 크기로 잘라 시험분석용 시료로 한다.

전처리

2-1. 전처리에 필요한 물품 및 시약의 보유

2-1-1. 습식산화법 또는 마이크로파 분해 등 전처리를 위한 장치 및 기구를 보유하고 있는가?

2-1-2. 전처리에 필요한 시약 보유 및 관리 기록의 유지 상태는 적절한가?

해설

ES 12701.1(도료 및 바니시 중 납, 카드뮴 – 원자흡수분광광도법), ES 12705.1(도료 및 마감재 중 수은 – 원자흡수분광광도법) 및 ES 12706.1(도료 및 마감재 중 6가크로뮴 – 자외선 / 가시선 분광법) 등의 시험방법 '7.1 전처리'에 따른 기기와 시약을 보유하고 있으며 정상적으로 작동하는지 확인한다.
예로서, ES 12701.1(도료 및 바니시 중 납, 카드뮴 – 원자흡수분광광도법) 중 습식산화법을 적용하는 경우, 가열판, 코니컬 비커와 황산, 질산, EDTA 용액, 암모니아 용액 등이 필요하며, 마이크로파 분해법을 적용하는 경우, PFA 또는 TFM 재질의 분해용기, 마이크로파 분해장치와 함께 질산 등이 있어야 한다.

2-2. 매질 특성에 따른 전처리 수행의 적절성

해설

ES 12701.1(도료 및 바니시 중 납, 카드뮴 – 원자흡수분광광도법), ES 12705.1(도료 및 마감재 중 수은 – 원자흡수분광광도법) 및 ES 12706.1(도료 및 마감재 중 6가크로뮴 – 자외선/가시선 분광법) 등의 시험방법 '7.1 전처리'에 따라 전처리 조작을 적절히 하는지 확인한다.

(기기) 분석

3-1. 분석 장비 또는 기기의 적합성

3-1-1. 모든 분석 장비는 정상적으로 작동되는가?

3-1-2. 수은환원기화장치를 보유하고 있는가? (Hg)

해설

ES 12701.1(도료 및 바니시 중 납, 카드뮴 – 원자흡수분광광도법)을 적용하는 경우는 원자흡수분광광도계를, ES 12705.1(도료 및 마감재 중 수은 – 원자흡수분광광도법)을 적용하는 경우는 환류냉각기가 부착된 분해장치, 수은환원기화장치, 원자흡수분광광도계를, ES 12706.1(도료 및 마감재 중 6가크로뮴 – 자외선/가시선 분광법)을 적용하는 경우는 흡광광도계를 보유하고 있으며 이들 장비가 정상적으로 가동되는지 확인한다.

3-2. 분석조건의 적절성

3-2-1. 방해물질의 영향을 최소화하기 위해 항목별 흡수파장 또는 발광파장의 선택은 적절한가?

3-2-2. 연료기체 혼합비율은 적절한가?

3-2-3. 적절한 순도의 가스 사용 여부 및 안전조치는 적절한가?

3-2-4. 표준원액 및 표준용액의 조제 및 보관, 관리에 대한 기록은 적절한가?

해설

ES 12701.1(도료 및 바니시 중 납, 카드뮴 – 원자흡수분광광도법)은 전처리에서 얻은 시험용액을 원자흡광광도계를 이용하여 납은 (283.3 / 217.0) nm, 카드뮴은 228.8 nm의 파장에서 측정하며, 원자흡수분광광도계의 불꽃을 위해 가연성 가스로 아세틸렌을 조연성가스로 공기를 사용한다.
ES 12705.1(도료 및 마감재 중 수은 – 원자흡수분광광도법)은 전처리에서 얻은 시험용액을 원자흡광광도계를 이용하여 수은 증기의 흡광도를 253.7 nm의 파장에서 측정하며, 원자흡수분광광도계의 불꽃을 위해 가연성 가스로 아세틸렌을 조연성가스로 공기를 사용한다.

ES 12706.1(도료 및 마감재 중 6가크로뮴 – 자외선/가시선 분광법)은 전처리 및 발색과정을 거친 시험용액을 자외선 분광광도계를 이용하여 540 nm에서 측정한다.

표준물질 및 표준용액은 항상 지정된 값을 유지하기 위하여 안전한 취급, 운반, 보관 및 사용에 대한 절차를 확보하여야 한다. 따라서 표준물질과 표준용액은 충분한 양이 실험실 내에 비치되어야 하며, 식별이 용이하도록 또한 표준물질과 표준용액에 대한 정보를 사용자가 확인할 수 있도록 '표준물질 사용대장'을 작성하고 각 표준물질과 용액에 라벨링을 하여야 한다.

3-3. 검정곡선의 작성

3-3-1. 검정곡선은 적정량의 표준용액으로 3점 이상으로 분석 시마다 작성하는가?

3-3-2. 검정곡선의 결정계수가 0.99 이상인가?(또는 감응계수(RF)의 상대표준편차가 20 % 이하인가?)

해설

ES 12701.1(도료 및 바니시 중 납, 카드뮴 – 원자흡수분광광도법), ES 12705.1(도료 및 마감재 중 수은 – 원자흡수분광광도법) 및 ES 12706.1(도료 및 마감재 중 6가크로뮴 – 자외선 / 가시선 분광법) 등 각 시험방법의 '검정곡선의 작성'에서 제시한 농도 범위 내에서 3개 이상의 농도(정량한계 이상)에 대해 검정곡선을 작성하고 얻어진 검정곡선의 결정계수(R^2)가 0.99 이상 또는 감응계수(RF)의 상대표준편차가 20 % 이내여야 하며, 결정계수나 감응계수의 상대표준편차가 허용범위를 벗어나면 다시 작성하도록 한다.

3-4. 시료의 희석배율 또는 농축의 적절성

해설

각 시험방법에서 시료가 검정곡선의 작성 범위를 벗어날 경우 바탕용액으로 적절히 희석한다.

3-5. 바탕시험 수행 여부

해설

각 시험방법의 전처리 과정에서 따로 시험 시료를 넣지 않은 상태로 전체 전처리 조작을 수행하여 바탕시험용액을 조제한다.

3-6. 방법검출한계, 정확도, 정밀도의 적정 수행 여부

해설

방법검출한계, 정량한계, 정밀도 및 정확도는 연 1회 이상 산정하는 것을 원칙으로 하며, 분석자의 교체, 분석 장비의 수리 및 이동 등의 주요 변동사항이 생길 경우에는 다시 실시하되 방법검출한계, 정확도, 정밀도 등은 각 시험방법에서 제시하는 기준을 만족하여야 한다.

예로서, ES 12701.1(도료 및 바니시 중 납, 카드뮴 – 원자흡수분광광도법)에서는 방법검출한계가 납 20 mg / kg, 카드뮴 10 mg / kg이며, 정량한계는 납 60 mg / kg, 카드뮴 30 mg / kg이다. 정밀도는 납과 카드뮴 공히 상대표준편차로 30 % 이내여야 하며, 정확도는 회수율로 70 % ~ 130 %에 있어야 한다.

시험결과의 계산

4-1. 바탕시험 값 보정 여부

4-2. 시험결과 및 계산과정(계산식)의 정확성

4-3. 결과표기의 적정성

해설

각 시험방법의 '8.0 결과보고'에 따라 정확하게 결과를 도출하는지 확인한다. 또한 각 시험방법의 '8.2 결과의 표기'에 따라 정확하게 결과를 표기하는지 확인한다.

예로서, ES 12701.1(도료 및 바니시 중 납, 카드뮴 – 원자흡수분광광도법)을 적용하는 경우 "농도 측정결과는 mg / kg으로 표기하며 유효숫자 셋째자리까지 구하고 반올림하여 결과는 둘째자리로 표기한다"[주1].

[주1] 이 표현은 "농도 측정결과는 mg / kg으로 표기하며 유효자리수는 소수 셋째자리까지 구하고 반올림하여 결과는 소수 둘째자리로 표기한다"로 수정되는 것이 보다 명확하고 타당하다. 만약 본 시험방법의 표현과 같이 이를 유효숫자로 본다면 모든 계산과정에서 최소 유효숫자가 반영되어야 한다.

나. 환경유해인자-2(어린이 활동공간: 목재(크레오소트유))

시료채취

1-1. 시료채취 및 기록

1-1-1. 시료채취 지점의 선정 등 채취기록부의 작성은 적절한가?

1-1-2. 채취한 시료의 보관방법은 적절한가?

1-1-3. 시료채취량 및 분석용 시료의 조제 방법은 적절한가?

해설

ES 12709.1(크레오소트유 방부목재 – 가스크로마토그래피 / 질량분석법) '5.0 시료채취 및 관리'에 따라 시료채취를 하는지 확인한다.

- 시료는 점검 대상 시설의 목재 표면에 크레오소트유가 침윤되었다고 보이는 부분, 즉 얼룩, 등 표면 상태가 좋지 않은 부분을 칼 등 도구를 사용하여 표면부분과 표면으로부터 깊이 1 cm 이내 부위에서 시료를 약 5 g 정도 채취한다.
- 채취한 시료는 건조한 후 가위나 커터 등을 이용하여 약 2 mm 이하의 크기로 자르고 이를 시험분석용 시료로 사용한다.
- 시료의 분석이 24시간 이상 걸리면 4 ℃ 이하에서 냉장 보관하도록 한다. 시료를 가능한 한 형광등에 노출하지 않도록 하고 모든 시료는 시료채취 후 1주일 이내에 추출하여야 한다.

채취한 시료를 분석용 시료로 조제하는 방법은 아래 '2－1. 추출 및 정제과정의 적절성'을 참고하라.

전처리

2－1. 추출 및 정제과정의 적절성

해설

ES 12709.1(크레오소트유 방부목재 － 가스크로마토그래피 / 질량분석법) '7.1 전처리'에 따라 추출 및 정제를 하는지 확인한다. 예로서, 속슬레 추출법에 따른 추출은 다음과 같다.

- 채취한 시험분석용 시료로부터 함량분석에 필요한 양(1 g ~ 2 g)을 취해 원통형 추출용기에 넣고 속슬레 추출기에 장착한다.
- 1개 ~ 2개의 비등석을 넣은 500 mL 둥근바닥플라스크에 아세톤 / 다이클로로메테인 용액(1 : 1) 300 mL를 넣은 후, 이 둥근바닥플라스크를 추출장치에 부착시켜 시간당 4 ~ 6 싸이클을 유지하면서 16시간 동안 추출한 후 상온에서 냉각한다.
- 추출액은 회전증발농축기를 이용하여 5 mL 정도로 농축한 다음, 수기에 옮긴 후 질소가스를 불어넣어 최종 액량을 1 mL가 되도록 농축한다.

실리카겔 정제방법(4 % 함수 실리카겔 정제)은 다음과 같다.

- 용매로 세정한 안지름 15 mm, 길이 300 mm의 정제용 컬럼에 무수황산소듐 약 1 g, 4 % 함수실리카겔 4 g, 무수황산소듐 1 g을 순차적으로 충진한다.
- 농축된 시료가 컬럼 기벽에 묻지 않고, 상단의 무수황산소듐이 흩어지지 않도록 조심스럽게 주입한 후, 다이클로로메테인 / 노말헥세인 용액(1 : 1) 25 mL로 초당 1방울 속도로 유출시킨다.
- 유출액을 농축기로 약 5 mL로 농축한 다음 질소가스를 불어넣어 약 1 mL로 농축한 후 분석기기로 정량한다.
- 정확한 분석을 위하여 시린지 첨가용 내부표준물질(10 mg / L) 50 μL를 첨가한 후 최종액으로 사용하되 최종액의 부피를 보정하여야 한다. 단, 유류를 많이 함유한 토양은 실리카겔 정제를 하지 않고 알루미나 정제를 할 수 있다.

(기기) 분석

3-1. 필요한 분석 장비의 정상 작동 여부

해설

ES 12709.1(크레오소트유 방부목재 – 가스크로마토그래피 / 질량분석법)에 따라 분석하기 위해 농축장치, 추출장치, 정제용 컬럼장치, 분석용 저울, 미량 주사기, GC / MS 등을 보유하고 있으며 정상 작동되는지 확인한다.

3-2. 분석 컬럼의 종류와 사용조건의 적절성

해설

ES 12709.1(크레오소트유 방부목재 – 가스크로마토그래피 / 질량분석법)을 적용하기 위한 정제방법에 따라 그에 적합한 컬럼을 보유하고 있는지 확인한다.
실리카겔 컬럼으로 정제하는 경우는 0.063 mm ~ 0.200 mm((70 ~ 230) mesh)의 것을 사용한다. 사용에 앞서 130 ℃에서 4시간 이상 건조한 후, 데시케이터 안에서 약 30분간 방랭한 후 바로 사용한다. 알루미나 컬럼은 중성 알루미나 0.063 mm ~ 0.200 mm((70 ~ 230) mesh)의 것을 사용한다. 사용에 앞서 190 ℃에서 19시간 이상 가열한 후, 데시케이터 안에서 약 30분간 방랭하여 바로 사용한다.

3-3. 검정곡선의 작성

3-3-1. 검정곡선은 적정량의 표준용액으로 3점 이상으로 분석 시마다 작성하는가?

3-3-2. 검정곡선의 결정계수가 0.99 이상인가?(또는 감응계수(RF)의 상대표준편차가 20 % 이하인가?)

해설

ES 12709.1(크레오소트유 방부목재 – 가스크로마토그래피 / 질량분석법) '6.4 검정곡선의 작성 및 검증'에 따라 검정곡선의 작성을 위해 제시한 농도범위[주1)] 내에서 3개 이상의 농도(정량한계 이상)에 대해 검정곡선을 작성하고 얻어진 검정곡선의 결정계수(R^2)가 0.99 이상 또는 감응계수(RF)의 상대표준편차가 20 % 이내여야 하며 결성계수나 감응계수의 상대표준편차가 허용범위를 벗어나면 다시 작성하여야 한다.

주1) 10 mL 용량의 부피플라스크에 PAHs 표준용액(10 mg / L)을 0.1 mL ~ 1 mL까지의 농도가 되도록 단계별로 각각 취한 후 노말헥세인으로 표선을 맞춘다. 내부표준물질 및 시린지 첨가용 표준물질을 사용하여 회수율과 최종액량을 보정할 경우 대체표준용액(10 mg / L)과 시린지 첨가용 내부표준용액(10 mg / L)을 각각 1 mL씩 첨가한다.

시료분석을 연속으로 수행할 경우에는 일주일에 1회 검정곡선을 작성하고, 그 기간 중 검정곡선을 검증하기 위하여 매일 1개의 표준용액(검정곡선 작성 중간농도)을 측정하여 검정인자(Calibration factor: CF)를 구한다. 이 값이 초기 검정곡선 작성 시 구한 검정인자와 비교했을 때 편차백분율이 ± 20 % 이내일 때는 원래의 검정곡선을 이용하여 시료 중의 농도를 정량하며, 편차백분율이 ± 20 % 이상일 때는 새로운 검정곡선을 작성하여야 한다. 이때 편차백분율은 다음과 같이 구한다[주2)].

$$편차백분율(\%) = \frac{R_1 - R_2}{R_1} \times 100\ \%$$

여기서, R_1: 초기검정곡선의 $CF = \frac{개별성분의\ 높이\ 또는\ 면적}{개별성분\ 주입량(ng)}$

R_2: 초기검정곡선의 확인용 $CF = \frac{개별성분의\ 높이\ 또는\ 면적}{개별성분\ 주입량(ng)}$

주2) 이 부분은 공정시험기준의 내용이 부정확하다고 판단된다. 위 검정곡선의 검증은 초기교정결과를 시험하는 중간에 다시 점검하는 것으로서 이를 수시교정이라 할 수 있다. 수시교정은 교정표준용액을 분석함으로써 기기 성능이 초기검정으로부터 심각하게 변하지 않았다는 것을 주기적으로 검증하는 것이다. 초기교정에서 사용되었던 교정표준용액의 한 개 이상의 농도(교정곡선 작성 시 사용되었던 농도 범위의 중간 농도)를 사용하여 수시교정을 수행한다. 즉, 수시 교정에 사용된 물질의 농도에 대한 흡광도를 얻었을 때 동일 농도에 대한 초기 교정곡선에 대입하여 얻은 흡광도와 비교하여 상대차이 백분율이 20 % 이내에 있어야 한다로 이해하는 것이 합당하다고 본다.

3-4. 시료의 희석배율 또는 농축의 적절성

해설

ES 12709.1(크레오소트유 방부목재 – 가스크로마토그래피 / 질량분석법) '7.3 측정법'에 따라 만약 시료 중 대상물질의 농도가 검정곡선의 정량범위를 초과할 경우, 시료량을 최소로 하여 정량범위 내에 들어오도록 농도를 조절해야 한다. 이때 시료량이 줄어듦에 따라 대상물질의 농도와 검출한계 등은 조절되어야 한다.

3-5. 바탕시험 수행 여부

해설

바탕시험을 수행하고 계산식에서 그것을 보정하는지 확인한다.

3-6. 방법검출한계, 정확도, 정밀도의 적정 수행 여부

해설

ES 12709.1(크레오소트유 방부목재 – 가스크로마토그래피 / 질량분석법) '6.0 정도보증 / 정도관리'에 따라 방법검출한계, 정량한계, 정밀도 및 정확도는 연 1회 이상 산정하는 것을 원칙으로 하며, 분석자의 교체, 분석 장비의 수리 및 이동 등의 주요 변동사항이 생길 경우에는 다시 산정한다. 검정곡선 검증 및 시약바탕시료의 분석은 각 시료군마다 실시하며, 고농도의 시료를 분석한 다음에는 시약바탕시료를 측정하여 오염 여부를 점검한다.
QA / QC 목표값은 다음 표와 같다.

	방법검출한계	정량한계	검정곡선	정확도(%)	정밀도(%)[주2)]
Benz(a)anthracene	0.1	0.5	R^2: > 0.98 또는 RF 상대표준편차: < 20 %[주1)]	75 ~ 125	± 25
Benzo(a)pyrene	0.1	0.5		75 ~ 125	± 25
Fluoranthene	0.1	0.5		75 ~ 125	± 25

주1) '3-3-2항' 점검내용에서는 상대표준편차로 묻고 있으나, ES 12709.1(크레오소트유 방부목재 – 가스크로마토그래피 / 질량분석법) '6.4 검정곡선의 작성 및 검증'에서는 편차백분율 ± 20 % 이내로 설명되어 있으며, 동일 시험방법의 QA / QC 목표값에서는 'RF 상대표준편차: < 20 %'로 표기되어 있어 정리가 필요하며. 이는 수 차례의 측정값으로부터 측정값을 구하는 경우 'RF 상대표준편차 백분율: < 20 %'로 표기되는 것이 합당하다고 판단된다.

주2) 정밀도란 시험분석 결과들 사이에 상호 근접한 정도의 척도이며, 상대표준편차(RSD) 또는 상대차이백분율(RPD)로 표시한다. ES 12709.1(크레오소트유 방부목재 – 가스크로마토그래피 / 질량분석법) '6.2 정밀도 및 정확도'에서 정밀도는 RSD로 구한다고 하였으므로

$$RSD = \frac{s}{\bar{x}} \times 100\ \%$$

여기서, s = 표준편차, $\bar{x}$ = 측정 평균값이다.

따라서, 위 표에서 정밀도(RSD)값에 음(−)의 값이 존재하는 것은 잘못된 것이며 '25 % 이내'라고 표기하는 것이 맞다. 즉, 동일 시료에 대한 여러 개의 측정값이 동일하다면 가장 이상적인 경우로서 표준편차가 '0'이므로 상대표준편차(RSD)는 0 %가 된다.

시험결과의 계산

4-1. 바탕시험 값 보정 여부

4-2. 시험결과 및 계산과정(계산식)의 정확성

4-3. 결과표기의 적정성

해설

ES 12709.1(크레오소트유 방부목재 – 가스크로마토그래피 / 질량분석법) '8.0 결과보고'에 따라 정확하게 계산하고 결과를 도출하는지 확인한다.

농도 측정결과는 mg / kg으로 표기하며 유효숫자 둘째자리까지 구하고 반올림하여, 결과는 첫째자리로 표시하며[주1)], "크레오소트유 방부목" 여부를 기록한다. 모든 농도결과는 정량한계를 적용하여 나타내고 정량한계 미만은 불검출로 표시하며 정량한계값을 같이 제시한다.

주1) 이 표현은 "농도 측정결과는 mg / kg으로 표기하며 유효자리수는 소수 둘째자리까지 구하고 반올림하여 결과는 소수 첫째자리로 표기한다"로 수정되는 것이 보다 명확하고 타당하다. 만약 본 시험방법의 표현과 같이 이를 유효숫자로 본다면 모든 계산과정에서 최소 유효숫자가 반영되어야 한다.

다. 환경유해인자-3(어린이 활동공간: 목재(Cr, Cu, As 등))

시료채취

1-1. 시료채취 및 기록

1-1-1. 시료채취 지점의 선정 등 채취기록부의 작성은 적합한가?

1-1-2. 채취한 시료의 보관방법은 적합한가?

1-1-3. 시료채취량 및 분석용 시료의 조제방법은 적절한가?

1-1-4. XRF 간이측정기를 보유하고 있으며 점검기록은 적절한가?

해설

ES 12707.1(CCA 방부목재 - 원자흡수분광광도법) 및 ES 12708.1(CCA 방부목재 - 유도결합플라스마 - 원자발광분광법) '5.0 시료채취 및 관리'에 따라 점검 대상 시설은 XRF 간이측정기를 사용하여 크로뮴, 구리, 비소의 농도를 측정하고, 측정대상 물질의 농도 합이 0.05 % 이상, 그 중 특히 비소의 농도가 높을 경우 CCA 방부목재로 판단하여 시료를 채취한다.

시료채취 대상 시설의 목재를 칼 등의 도구를 사용하여 표면부분과 표면에서 깊이 1 cm 이내 부위에서 시료를 약 5 g 정도 채취한다. 채취한 시료는 건조한 후 가위나 커터 등을 이용하여 약 2 mm 이하의 크기로 자른 후 30 mesh 이하로 분쇄하여 이를 시험분석용 시료로 사용한다.

전처리

2-1. 전처리에 필요한 물품 및 시약 보유

2-1-1. 습식산화법 또는 마이크로파 분해(700 W 이상) 등 전처리를 위한 장치 및 기구를 보유하고 있는가?

2-1-2. 전처리에 필요한 시약을 보유하고, 관리기록의 유지상태는 적절한가?

해설

ES 12707.1(CCA 방부목재 - 원자흡수분광광도법) 및 ES 12708.1(CCA 방부목재 - 유도결합플라스마 - 원자발광분광법) '7.1 전처리'에 따라 적용하는 전처리 방법에 합당한 장비, 기구 및 시약을 보유하고 있는지 확인한다. 특히, 마이크로파 분해장치는 시료 홀더와 고압 변형된 폴리테트라플로오르에틸렌 / 테트라플로오르에틸렌(PTFE / TFM) 또는 변형된 과플로오르알콕실알케인 수지 / 테트라플로오르에틸렌(PFA / TFM) 용기를 포함하고 있으며, 약 700 W 이상의 출력을 가진 것으로 진행단계에 따른 가열온도와 시간의 설정이 가능한 것을 사용한다.

2-2. 매질 특성에 따른 전처리 수행의 적절성

해설

ES 12707.1(CCA 방부목재 – 원자흡수분광광도법) 및 ES 12708.1(CCA 방부목재 – 유도결합플라스마 – 원자발광분광법) '7.1 전처리'에 따라 적정하게 전처리하는지 확인한다. 예로서, 질산분해– 마이크로파 분해법은 다음과 같다.

– PTFE 용기에 시료 약 0.2 g ~ 2.0 g을 진한 질산 10 mL에 넣은 후 용기를 막고 마이크로파 오븐으로 옮긴다.
– 사용하는 마이크로파 오븐 제조사에 따른 설명서를 참조하여 적절한 프로그램을 선택한 후 오븐을 가동한다.
– 분해 후 용기를 상온에서 방랭하거나, 냉장고에서 냉각한 후 후드 안에서 분해용기를 조심스럽게 연다. 이때 분해가 완전하지 않을 경우 질산을 더 첨가하거나 분해시간을 추가할 수 있다.
– 상온에서 식힌 후 100 mL 부피 플라스크에 거름종이를 사용하여 시료를 거른 후 다시 정제수를 사용하여 거름종이와 용기를 세척하여 여액을 모은다. 정제수로 표선을 맞춘다.

(기기) 분석

3-1. 분석장비의 정상 작동 여부

해설

ES 12707.1(CCA 방부목재 – 원자흡수분광광도법) 및 ES 12708.1(CCA 방부목재 – 유도결합플라스마 – 원자발광분광법)을 적용하기 위한 분석장비가 정상적으로 가동되는지 확인한다.

3-2. 분석조건의 적절성

3-2-1. 방해물질의 영향을 최소화하기 위해 항목별 흡수파장 또는 발광파장의 선택은 적절한가?

3-2-2. 연료기체 혼합비율은 적절한가?

3-2-3. 적절한 순도의 가스 사용 여부 및 안전조치는 적절한가?

3-2-4. 표준원액 및 표준용액의 조제 및 보관, 관리에 대한 기록은 적절한가?

해설

ES 12707.1(CCA 방부목재 – 원자흡수분광광도법)에 따라 전처리에서 얻은 시험용액을 원자흡광광도계를 이용하여 구리는 324.7 nm, 크로뮴은 357.9 nm, 비소는 193.7 nm의 파장에서 측정한다. 원자흡수분광광도계에 불꽃을 만들기 위해 일반적으로 가연성 가스로 아세틸렌을 조연성가스로 공기를 사용하며, 가연성 가스와 조연성 가스의 혼합비는 감도에 크게 영향을 주므로 금속의 종류에 따라 최적혼합비를 선택하여 사용한다.

ES 12708.1(CCA 방부목재 – 유도결합플라스마 – 원자발광분광법)에 따라 전처리에서 얻은 시험용액을 유도결합플라즈마 – 원자발광 분광계를 이용하여 크로뮴 267.7 nm, 구리 327.4 nm, 비소 193.7 nm의 파장에서 측정한다. 아르곤 가스 공급장치로 공급되는 가스는 순도 99.99 % 이상 고순도 가스상 또는 액체 아르곤을 사용해야 한다.

표준원액은 최대 1년까지 사용할 수 있으나 10 mg / L 이하의 표준용액은 최소한 1개월마다 새로 조제해야 한다.

표준물질 및 표준용액은 항상 지정된 값을 유지하기 위하여 안전한 취급, 운반, 보관 및 사용에 대한 절차를 확보하여야 한다. 따라서 표준물질과 표준용액은 충분한 양이 실험실 내에 비치되어야 하며, 식별이 용이하도록 또한 표준물질과 표준용액에 대한 정보를 사용자가 확인할 수 있도록 '표준물질 사용대장'을 작성하고 각 표준물질과 용액에 라벨링을 하여야 한다.

3-3. 검성곡선의 작성

3-3-1. 검정곡선은 적정량의 표준용액으로 3점 이상으로 분석 시마다 작성하는가?

3-3-2. 검정곡선의 결정계수가 0.99 이상인가?(또는 감응계수(RF)의 상대표준편차가 20 % 이하인가?)

해설

ES 12707.1(CCA 방부목재 – 원자흡수분광광도법) 및 ES 12708.1(CCA 방부목재 – 유도결합플라스마 – 원자발광분광법)에 따라 검정곡선 작성을 위해 제시한 농도 범위 내에서 3개 이상의 농도(정량한계 이상)에 대해 검정곡선을 작성하고, 얻어진 검정곡선의 결정계수(R^2)가 0.99 이상 또는 감응계수(RF)의 상대표준편차(RSD)가 20 % 이내여야 하며 이들 허용범위를 벗어나면 다시 작성하여야 한다.

3-4. 시료의 희석배율 또는 농축의 적절성

해설

ES 12707.1(CCA 방부목재 – 원자흡수분광광도법) 및 ES 12708.1(CCA 방부목재 – 유도결합플라스마 – 원자발광분광법)에 따라 시료에서 측정한 금속의 측정값을 검정곡선의 y 값에 대입하여 농도(mg / L)를 계산한다. 시료가 검정곡선 작성 범위를 벗어날 경우 바탕용액으로 적절히 희석한다.

3-5. 바탕시험 수행 여부

해설

ES 12707.1(CCA 방부목재 – 원자흡수분광광도법) 및 ES 12708.1(CCA 방부목재 – 유도결합플라스마 – 원자발광분광법)에 따라 검정곡선 검증 및 시약바탕시료의 분석은 각 시료군마다 실시하며, 고농도의 시료를 분석한 다음에는 시약바탕시료를 측정하여 오염 여부를 점검한다.

3 – 6. 방법검출한계, 정확도, 정밀도의 적정 수행 여부

해설

ES 12707.1(CCA 방부목재 – 원자흡수분광광도법) 및 ES 12708.1(CCA 방부목재 – 유도결합플라스마 – 원자발광분광법) '6.0 정도보증 / 정도관리'에 따라 방법검출한계, 정량한계, 정밀도 및 정확도는 연 1회 이상 산정하는 것을 원칙으로 하며 분석자의 교체, 분석 장비의 수리 및 이동 등의 주요 변동사항이 생길 경우에는 다시 산정하며 아래 QA / QC 목표값을 만족하여야 한다.

항목	QA / QC 목표값
방법검출한계	크로뮴 20 mg / kg, 구리 10 mg / kg, 비소 5 mg / kg
정량한계	크로뮴 60 mg / kg, 구리 30 mg / kg, 비소 15 mg / kg
검정곡선	R^2: > 0.99 또는 감응계수의 RSD: < 20 %
정밀도	RSD: < 25 %
정확도	75 % ~ 125 %

시험결과의 계산

4 – 1. 바탕시험 값 보정 여부

4 – 2. 시험결과 및 계산과정(계산식)의 정확성

4 – 3. 결과표기(방부목재 판정)의 적합성

해설

ES 12707.1(CCA 방부목재 – 원자흡수분광광도법) 및 ES 12708.1(CCA 방부목재 – 유도결합플라스마 – 원자발광분광법) '8.0 결과보고'에 따라 정확하게 계산하는지 확인한다.

농도 측정 결과는 mg / kg으로 표기하며 유효숫자 셋째자리까지 구하고 반올림하여, 결과는 둘째자리로 표시한다.[주1)]

[주1)] 이 표현은 "농도 측정결과는 mg / kg으로 표기하며 유효자리수는 소수 셋째자리까지 구하고 반올림하여 결과는 소수 둘째자리로 표기한다"로 수정되는 것이 보다 명확하고 타당하다. 만약 본 시험방법의 표현과 같이 이를 유효숫자로 본다면 모든 계산과정에서 최소 유효숫자가 반영되어야 한다.

측정된 크로뮴, 구리, 비소의 농도 비율이 약 1:2:1 또는 2:1:2이고 비소의 함량이 50 mg / kg 이상일 경우 CCA 방부목재로 판정한다(CCA 방부제의 경우 크로뮴, 구리, 비소의 함량이 일반적으로 1:2:1 또는 2:1:2를 나타내나, 사용기간에 따라 비율이 다르게 나타나도 비소의 함량이 50 mg / kg 이상일 경우 CCA 방부목으로 판정한다)

모든 농도결과는 정량한계를 적용하여 나타내고 정량한계 미만은 불검출로 표시하며 정량한계값을 같이 제시한다.

라. 환경유해인자-4(어린이 활동공간: 바닥재(폼알데하이드))

시료채취

1-1. 시료채취 및 기록

1-1-1. 시료채취 지점의 선정 등 채취기록부의 작성은 적절한가?

1-1-2. 채취한 시료의 보관방법은 적절한가?

1-1-3. 시료 채취량 및 분석용 시료의 조제 방법은 적절한가?

해설

ES 12710.1(합성고무 바닥재 중 폼알데하이드 - 자외선 / 가시선 분광법) '5.2 시료채취 및 관리'에 따라 시료 채취를 위해 어린이 활동공간의 각 시설에 시공된 바닥재는 재질별로 분류하여 합성고무 재질의 바닥재를 점검대상 시설로 선정하고, 어린이가 접촉할 수 있는 범위를 고려하여 시험분석 결과의 신뢰도에 영향을 미치지 않은 적절한 시료 채취 지점을 선정한다. 재질 특성상 1개의 시료 채취 지점이 시험분석 결과 신뢰도에 영향을 미칠 것으로 판단될 경우에는 2곳 이상의 지점에서 시료를 채취하여도 좋다.

또한 시료는 선정된 각 채취지점으로부터 상층 부분을 칼 등 적당한 도구를 사용하여 약 10 g 정도 채취하되, 시료 채취 바닥재의 표면재료가 여러 색상을 갖고 있는 경우 각 색상별로 채취하여 별개 시료로 하거나, 각 색상별로 채취한 시료를 균등한 양으로 혼합하여 1개 시료로 할 수 있다. 채취한 시료는 가위나 커터 등을 이용하여 약 2 mm 이하의 크기로 자르고 이를 시험분석용 시료로 한다.

전처리

2-1. 전처리에 필요한 물품 및 시약의 보유 여부

2-2. 전처리 과정의 적절성

해설

ES 12710.1(합성고무 바닥재 중 폼알데하이드 - 자외선 / 가시선 분광법) '7.1 전처리'에 의거하여 필요한 기구와 시약을 보유하고 적정하게 전처리하여야 한다. 즉, 전처리를 위하여 각 대상 재료에서 채취한 시험분석용 시료로부터 분석에 필요한 적당량(1 g ~ 2.5 g)을 정확히 달아 마개 달린 250 mL 플라스크에 넣은 후 정제수 100 mL을 넣어준다. 그리고 마개를 막고 40 ℃ ± 2 ℃가 유지되는 항온수조에서 60분 ± 5분간 유지시키며 매 5분마다 흔들어주며 폼알데하이드를 추출하고 필터를 사용하여 여과한다.

(기기) 분석

3-1. 필요한 분석 장비 또는 물품 보유의 적합성

3-1-1. 모든 분석 장비는 정상적으로 작동되는가?

3-1-2. 흡수셀의 선택과 관리가 적절한가?

해설

ES 12710.1(합성고무 바닥재 중 폼알데하이드 – 자외선 / 가시선 분광법) '3.0 분석기기 및 기구'에 따라 흡광광도계, 흡수셀, 항온수조 등을 갖추고 있어야 하며, 특히 흡수셀은 시료액의 흡수파장이 약 370 nm 이상일 때는 석영 또는 경질유리 흡수셀을 사용하고 약 370 nm 이하일 때는 석영 흡수셀을 사용한다. 그리고 별도로 규정하지 않는 한 흡수셀의 길이는 10 mm인 것을 사용한다.

3 – 2. 분석조건의 적절성

3 – 2 – 1. 흡수파장 선택은 적절한가?

3 – 2 – 2. 표준용액은 4개월마다 새로이 준비하는가?

해설

ES 12710.1(합성고무 바닥재 중 폼알데하이드 – 자외선 / 가시선 분광법) '7.2 측정법'에 따라 분석하되 자외선흡광광도계는 412 nm에서 흡광도를 측정한다.

3 – 3. 검정곡선의 적절성

3 – 3 – 1. 검정곡선은 적정량의 표준용액으로 3점 이상으로 분석 시마다 작성하는가?

3 – 3 – 2. 검정곡선의 결정계수가 0.99 이상인가?(또는 감응계수(RF)의 상대표준편차가 20 % 이하인가?)

해설

ES 12710.1(합성고무 바닥재 중 폼알데하이드 – 자외선 / 가시선 분광법) '6.3 검정곡선의 작성 및 검증'에 따라 검정곡선의 작성을 위한 농도 범위 내에서 3개 이상의 농도(정량한계 이상)에 대해 검정곡선을 작성하고 얻어진 검정곡선의 결정계수(R^2)가 0.99 이상 또는 감응계수(RF)의 상대표준편차가 20 % 이내여야 하며 이들 허용범위를 벗어나면 검정곡선을 다시 작성하여야 한다.

3 – 4. 시료의 희석배율 또는 농축의 적절성

해설

시료에서 측정한 금속의 측정값을 검정곡선의 y 값에 대입하여 농도(mg / L)를 계산한다. 시료가 검정 범위를 벗어날 경우 바탕용액으로 적절히 희석한다.

3-5. 바탕시험 수행 여부

해설

ES 12710.1(합성고무 바닥재 중 폼알데하이드 – 자외선 / 가시선 분광법) '7.2 측정법'에 따라 바탕시험을 위해 다른 비색관에 정제수 5 mL을 넣고 아세틸아세톤 아세트산암모늄 용액 5 mL을 가한 후 잘 흔들어 섞고 여과한 추출액 5 mL을 시험관(비색관)에 넣은 후 아세틸아세톤 아세트산암모늄 용액 5 mL을 가한 후 잘 흔들어 섞어준다.

3-6. 방법검출한계, 정확도, 정밀도의 적정 수행 여부

해설

ES 12710.1(합성고무 바닥재 중 폼알데하이드 – 자외선 / 가시선 분광법)을 적용하는 경우, '6.0 정도보증 / 정도관리'에 따라 방법검출한계, 정량한계, 정밀도 및 정확도는 연 1회 이상 산정하는 것을 원칙으로 하며, 분석자의 교체, 분석 장비의 수리 및 이동 등의 주요 변동사항이 생길 경우에는 다시 산정한다.
검정곡선 검증 및 시약바탕시료의 분석은 각 시료군마다 실시하며, 고농도의 시료를 분석한 다음에는 시약바탕시료를 측정하여 오염 여부를 점검한다. 이들에 대한 QA / QC 목표값은 다음과 같다.

항목	QA / QC 목표값
방법검출한계	5 mg / kg
정량한계	20 mg / kg
검정곡선	R^2: > 0.99 또는 감응계수의 RSD: < 20 %
정밀도	RSD: < 30 %
정확도	70 % ~ 130 %

시험결과의 계산

4-1. 바탕시험 값 보정 여부
4-2. 시험결과 및 계산과정(계산식)의 정확성
4-3. 결과표기의 적합성

해설

ES 12710.1(합성고무 바닥재 중 폼알데하이드 – 자외선 / 가시선 분광법) '8.0 결과보고'에 따라 정확하게 결과값을 도출하는지 확인한다.
추출액의 흡광도가 폼알데하이드가 아니라고 판단되면, 디메톤 에탄올 용액
을 사용하여 확인 시험을 하여야 하며, 디메톤에탄올 용액 확인시험은 시료 추출액 5 mL를 시험관에 넣고 아세틸아세톤, 아세트산암모늄 용액 대신에 디메틸에탄올 용액 5 mL를 가한 후 '7.2 측정법'에 따라 7.2.1 ~ 7.2.4의 과정을 거쳐 412 nm에서 흡광치를 측정하며 흡광치가 나타나지 않는 경우 불검출로 판정한다.

마. 환경유해인자-5(어린이 활동공간: 위생적관리(기생충란))

시료채취

1-1. 시료채취 및 기록

1-1-1. 시료채취 지점의 선정 등 채취기록부의 작성은 적절한가?

1-1-2. 채취한 시료의 보관방법은 적절한가?

1-1-3. 시료 채취량 및 분석용 시료의 조제 방법은 적절한가?

해설

ES 12711.1(모래 및 토양 중 기생충(란) 시험방법 – 현미경 계수법) '5.0 시료채취 및 관리'에 따라 어린이활동공간 바닥에 설치된 시설 중 모래, 흙 등으로 구성되어 있으며, 어린이가 가지고 놀거나 접촉 가능성이 높은 공간을 선정하고, 선정된 공간을 중심과 동, 서, 남, 북 등 5개 지역을 구분한 후, 각 지역 내 토양에서 동물의 분변이 확인된 곳 또는 동물 출입이 용이한 1곳을 시료채취 지점으로 선정한다.

선정된 각 채취지점으로부터 균등량으로 하여 약 250 g을 토양오염공정시험기준 ES 07130.b(시료의 채취 및 조제)에 따라 채취한다.

채취한 시료는 가능한 한 즉시 분석해야 하지만, 그렇지 못할 경우 (5 ± 3) ℃의 저온에서 보관한다.

전처리

2-1. 전처리에 필요한 물품 및 시약의 보유 여부

2-2. 전처리 과정의 적절성

해설

ES 12711.1(모래 및 토양 중 기생충(란) 시험방법 – 현미경 계수법) '7.1 전처리(부유법)'에 필요한 기구 및 시약을 보유하고 있어야 하며 다음과 같이 적절하게 전처리를 하여야 한다.

- 채취한 시료 100 g을 1 L 용량의 비커에 담고 정제수 500 mL을 넣어준 후 유리막대로 잘 섞어준다.
- 섞어준 시료는 부유물질을 제거하기 위해 시험용 체(망의 눈 크기가 0.5 mm) 또는 광목천을 여러 장 겹쳐서 여과한 후, 여과액을 30분간 방치한다.
- 여과액 중 약 200 mL가 남도록 상층액을 조심스럽게 버린다.
- 남은 여과액을 분액깔때기로 옮긴 후 30분간 정치한다.
- 분액깔때기의 하층에 있는 침전액 50 mL을 50 mL 용량의 원심분리용 튜브에 옮긴 후 1500 rpm으로 2분간 원심분리하고 상층액은 버린다.
- 남겨진 하층액에 다시 정제수를 넣어주고 2분간 원심분리한 후 상층액을 버린다.
- 하층액에 포화황산아연용액 또는 포화설탕용액을 넣어 50 mL로 한 후 1500 rpm 이상으로 1분간 원심분리하고 2분 ~ 5분간 정치한다.
- 백금이를 사용하여 원심분리튜브의 최상층액을 떠 슬라이드 글라스 위에 놓고 커버글라스를 덮어 슬라이드 표본을 만든다. 슬라이드 표본은 큐브 한 개당 2장 ~ 3장을 제작하여야 한다.

측정

3-1. 필요한 장비 또는 기기 및 물품 보유 여부

3-1-1. 광학현미경은 100배~400배로 검경이 가능한가?

3-1-2. 원심분리기와 시험용 체(눈 크기 0.5 mm)를 보유하고 있는가?

3-1-3. 원기생충(란)의 종류를 판독할 때 참고할 수 있는 자료를 보유하거나 관련 교육을 이수하였는가?

해설

ES 12711.1(모래 및 토양 중 기생충(란) 시험방법 – 현미경 계수법) '7.2 측정법'에 따라 측정할 수 있도록 적절한 기기를 보유하고 있어야 한다. 즉, 슬라이드 표본을 광학현미경에서 100배로 검경하여 기생충(란) 유사물체 여부를 확인하고, 유사물체가 관찰되면 400배로 확대하여 기생충(란)을 여부를 확인하여야 하므로 이에 맞는 광학현미경을 보유하고 있어야 한다.

원심분리기와 시험용 체는 위 '2-1. 전처리에 필요한 물품 및 시약의 보유 여부' 해설을 참조하라.

기생충의 판독은 다음 그림을 참조하고, 충분한 판독 능력이 있는지 확인한다.

회충(*Ascaris lumbricoides*)

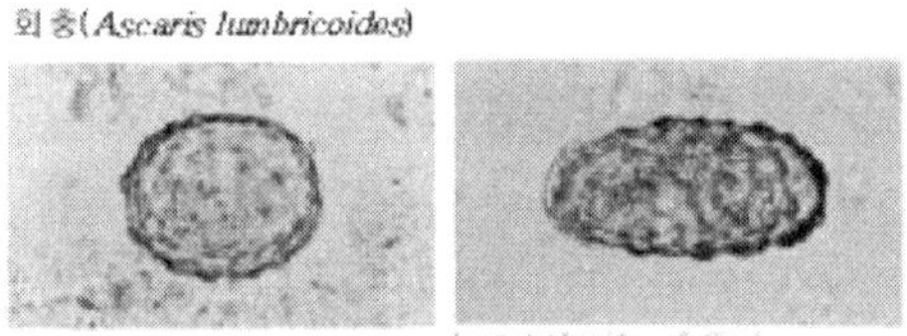

요충(*Enterobius vermiclularis*)

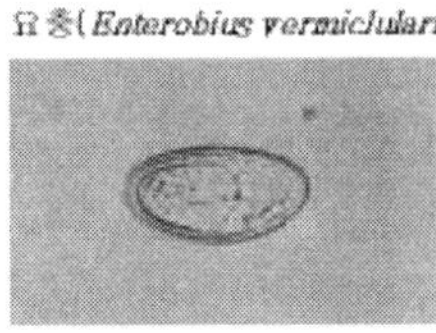

십이지장충, 두비니 구충(*Ancylostoma duodennale*)

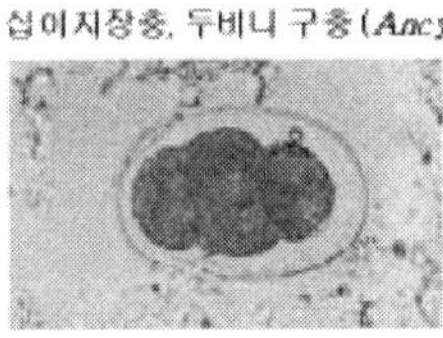

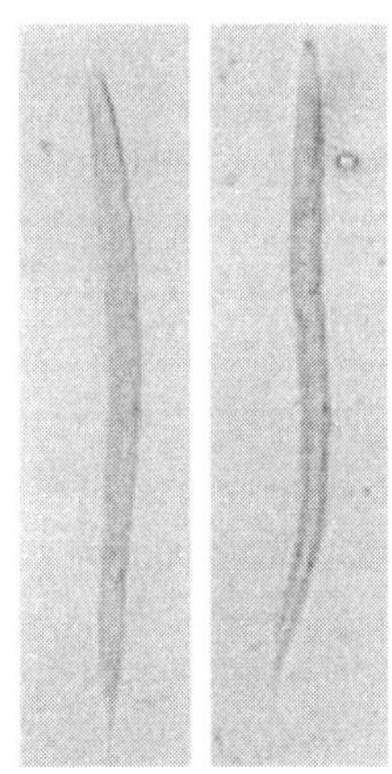

간상유충(rhabditoid larva)
: 비교적 긴 구강이 발달
(왼쪽그림 첫 번째)
사상유충(filariform larva)
: 뾰족한 꼬리(pointed tail)가 특징
(왼쪽 그림 두 번째)

개회충(*Toxocara canis*), 고양이 회충(*Toxocara cati*)

<u>두 종을 구분하는 것은 굉장히 어려우므로 *Toxocara* sp.로 확인</u>

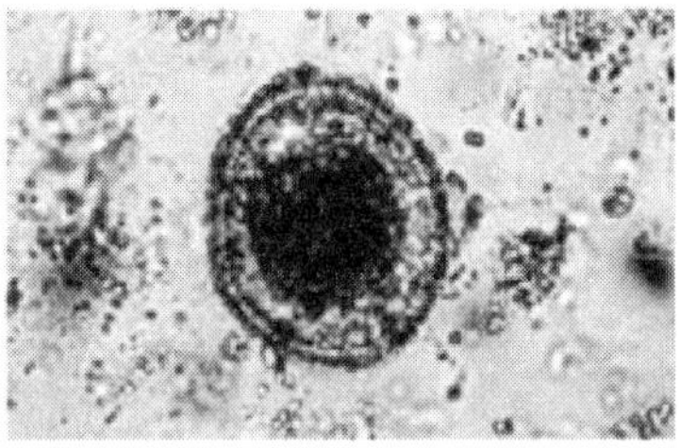

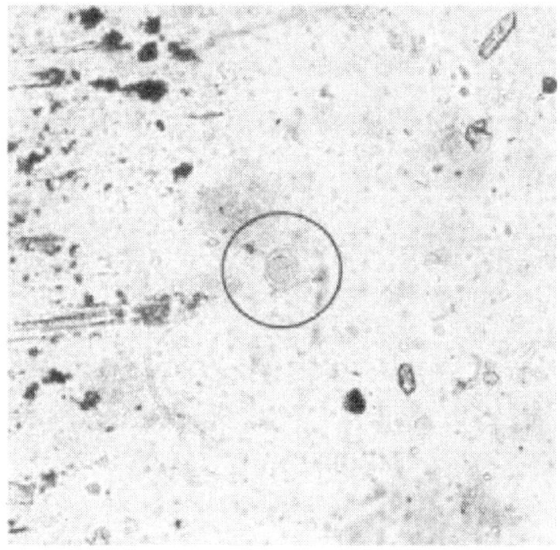

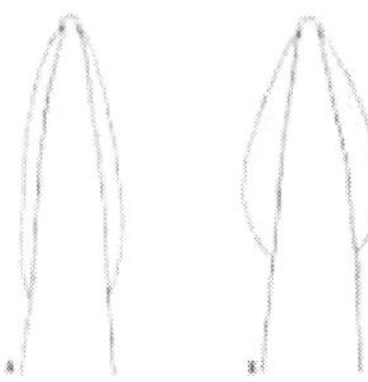

A : 개회충
B : 고양이회충

문선충(*Strongyloides stercoralis*)

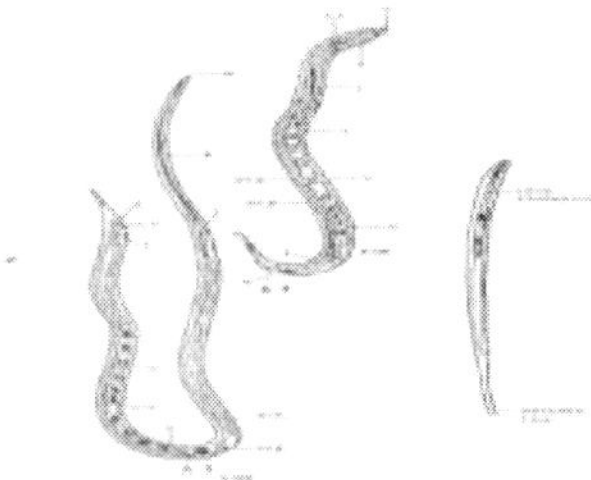

동양모양선충(*Trichostrongylus orientalis*)

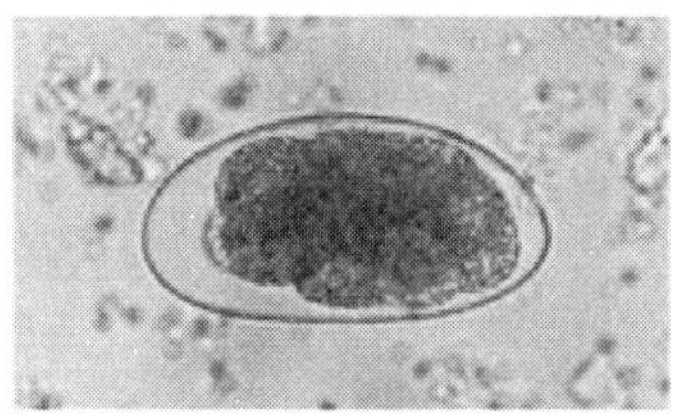

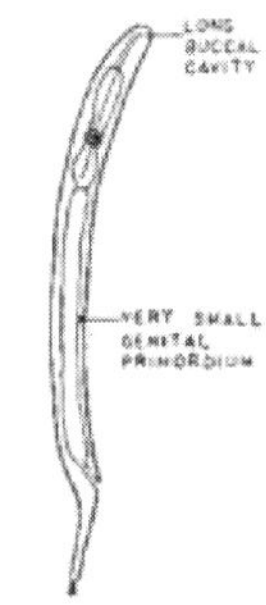

편충(*Trichuris trichiura*)

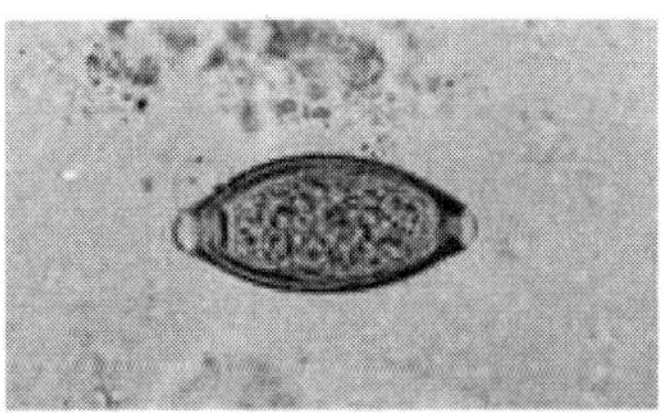

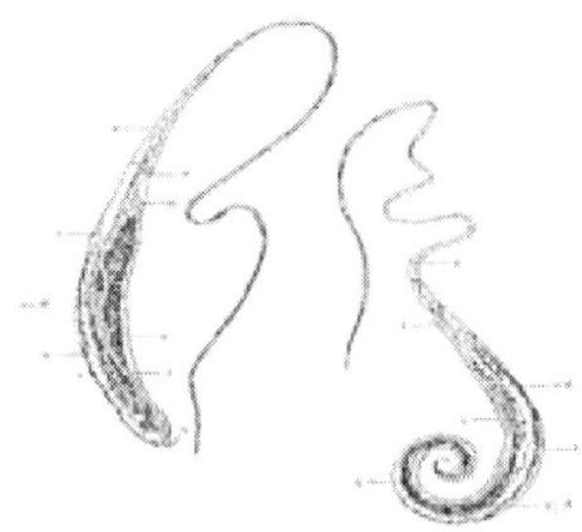

폐흡충(*Paragonimus westermani*)

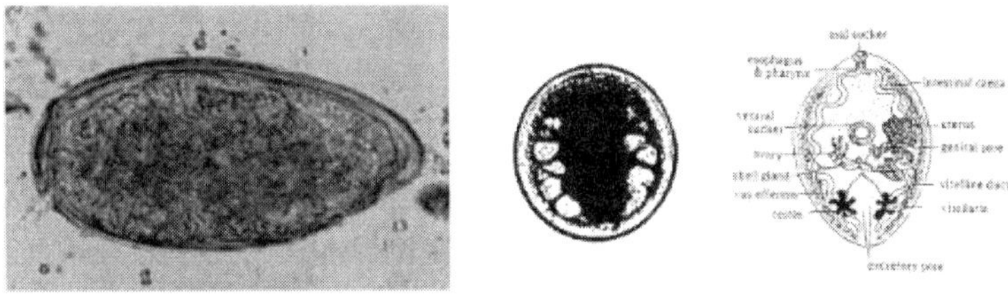

간흡충(*Clonorchis sinensis*)

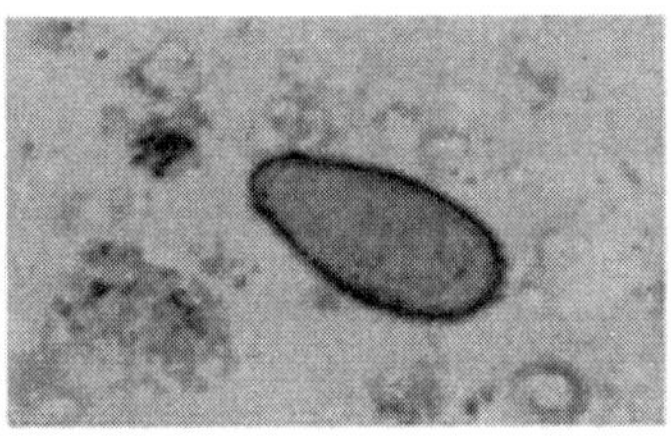

요꼬가와흡충(*Metagonimus yokogawai*)

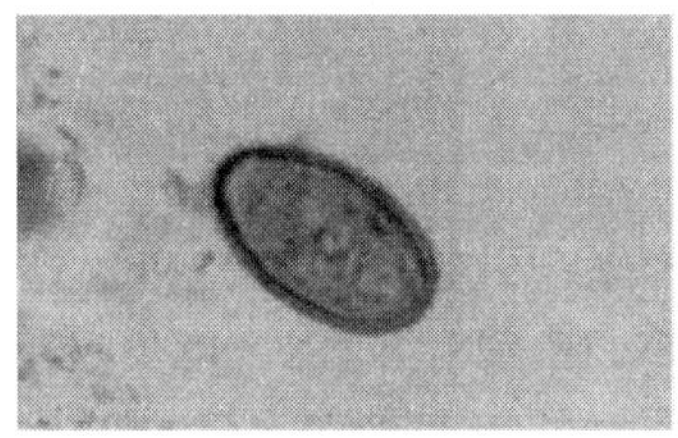

이질아메바(*Entamoeba histolytica*)

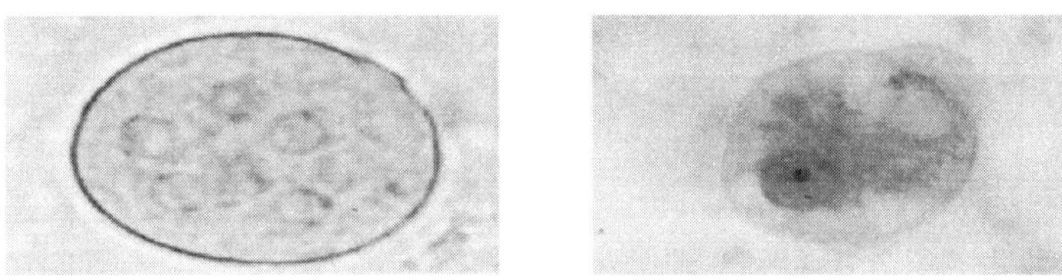

와포자충(*Cryptosporiduim* species)

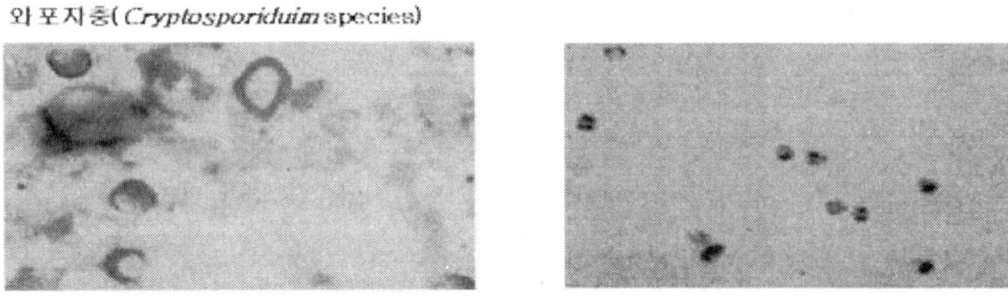

시험결과

4-1. 결과표현의 적합성

해설

ES 12711.1(모래 및 토양 중 기생충(란) 시험방법 – 현미경 계수법) '8.0 결과보고'에 따라 현미경 검경을 통해 제작한 슬라이드 표본 2장 ~ 3장에서 기생충(란)이 한 개라도 확인될 경우, "검출"로, 관찰되지 않은 경우 "검출 안 됨"으로 표기한다.

바. 환경유해인자-6(어린이 활동공간: 모래 등(Pb, Cd, Hg, As 등)[주1]

[주1] 어린이 활동공간의 바닥에 사용된 모래 등 토양에 대한 환경안전관리기준은 카드뮴, 비소, 수은, 납, 6가크롬에 국한하여 마련되어 있으며 이들 항목에 대한 측정은 「환경보건법 시행규칙」 제10조 별표2에 의거하여 토양오염공정시험기준 중 ES 07400.1b(금속류 - 원자흡수분광광도법) 및 ES 07400.2b(금속류 - 유도플라즈마 - 원자발광분광법)에 따라 시험한다.

시료채취

1-1. 시료채취의 대표성 확보

1-1-1. 어린이 활동공간에서 지그재그형으로 5개~10개 지점에서 시료를 채취하는가?

해설

ES 07130.b(시료의 채취 및 조제)에 따라 대상지역 내에서 지그재그 형으로 5개 ~ 10개 지점을 선정한다.

1-2. 시료채취

1-2-1. 플라스틱 재질의 모종삽 또는 삽을 사용하는가?

1-2-2. 채취한 시료는 폴리에틸렌 봉투에 보관하는가?

1-2-3. 시료채취량은 약 300 g 정도 되는가?

해설

지점이 선정되면 ES 07130.b(시료의 채취 및 조제)에 따라 토양오염도검사를 위해서 표토층(0 cm ~ 15 cm) 또는 필요에 따라 일정 깊이 이하의 토양시료를 채취할 수 있다. 토양시료 채취 시 토양표면의 잡초나 유기물 등 이물질층을 제거한 후 그림 1과 같은 토양시료채취기(sampler)로 약 0.5 kg 채취한다. 다만, 토양시료채취기가 없을 때는 조사대상 물질의 특성을 고려하여 결정한다. 중금속류의 분석을 위한 시료채취기는 플라스틱 재질이 적합하며 그림 2와 같이 A부분의 흙을 제거한 다음 B부분의 흙을 채취한다. 시료채취 시 토양에 직접 접촉하는 부분은 도색, 그리스 등의 화학약품이 처리되지 않은 기구를 사용한다.

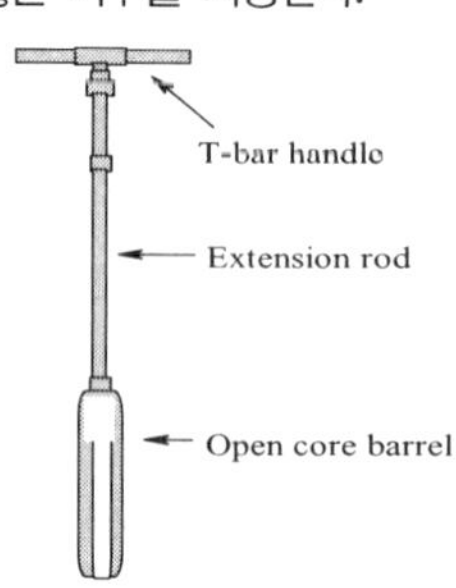

그림 1. 토양시료채취기

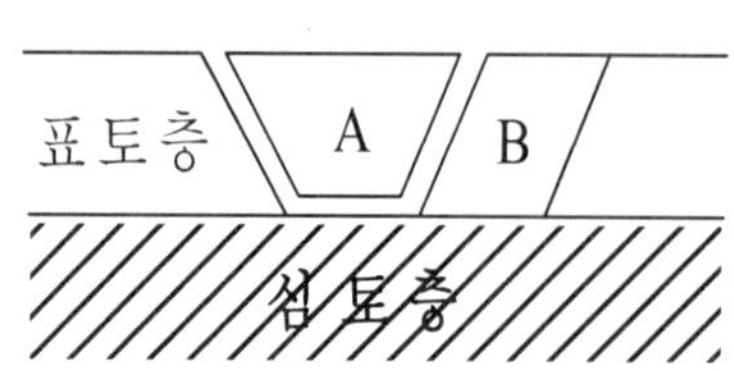

그림 2. 시료채취방법

채취한 토양시료 중 약 300 g을 분취하여 폴리에틸렌 봉투에 보관한다.

시료의 조제

2-1. 전처리에 필요한 물품 및 시약의 보유

2-1-1. 토양건조대 및 나무망치 등 건조토양 분쇄용 기구를 보유하고 있는가?

2-1-2. 분석용 시료는 균일하게 혼합한 후, 눈금간격 2 mm 체로 거른 후 다시 0.15 mm 체로 거르는가?

2-1-3. 풍건 시료의 사용이 어려운 경우, 건조기를 사용하되 총 무게 손실이 24시간 동안 5 % (중량) 이하일 때까지 건조하는가?

해설

ES 07130.b(시료의 채취 및 조제)에 따라 정확하게 분석용 시료를 조제를 하며, 시료 조제를 위한 시설 및 물품을 보유하고 있는지 확인한다.

- 각각의 채취지점에서 채취한 토양시료를 법랑제 또는 폴리에틸렌제 밧트(vat) 위에 균일한 두께로 하여 직사광선이 닿지 않는 장소에서 통풍이 잘 되도록 펼쳐 놓고 풍건시킨 다음, 나무망치 등으로 분쇄하여 6가크롬을 제외한 금속류 함량 분석대상 물질은 눈금간격 0.15 mm의 표준체(100메쉬)로 체거름하여 조제한다. 이때 해당 시험법 시료는 체거름하기 전 사분법에 따라 균일하게 혼합되도록 한 후 조제한다.

  만약, 풍건 시료 사용이 곤란한 경우, 수분 흡수와 오염 유발의 위험성이 없는 넓은 용기에 5 cm 이하의 두께로 토양 시료를 편 다음, 건조기(40 ℃ 이하)에서 토양 시료의 총 무게손실이 24시간 동안 5 %(중량 기준) 이하일 때까지 건조한 후 해당 분석용 시료로 조제한다.

  토양시료의 입자 차이가 크거나 밀도 차이가 있는 입자의 혼입으로 인하여 분석결과의 오차가 발생할 우려가 있을 경우에는 2 mm 표준체(10메쉬)로 체거름한 시료를 막자사발 등으로 분쇄한 다음 분석대상물질에 따라 해당 표준체로 체거름하여 분석용 시료로 조제한다.
- 6가크롬 시험용 시료는 채취지점에서 채취한 토양시료에서 돌, 나무 등 협잡물을 제거한 후 분석용 시료로 한다.

2-2. 전처리 과정의 적절성

해설

토양에 함유된 납, 카드뮴 등 금속류를 ES 07400.1b(금속류 - 원자흡수분광광도법) 또는 ES 07400.2b(금속류 - 유도결합플라스마 - 원자발광분광법)에 따라 분석하는 경우, ES 07130.b(시료의 채취 및 조제)에 따라 조제한 분석용 시료를 다음과 같이 적절히 전처리하는지 확인한다.

- 시료 3 g을 0.001 g까지 정확하게 취하여 250 mL 반응용기에 넣고 약 0.5 mL ~ 1 mL의 정제수로 시료를 적신 후 염산 21 mL를 첨가하면서 잘 섞은 다음 질산 7 mL를 가하여 잘 저어준다. 이때 거품의 발생을 줄이기 위해 필요하면 질산을 한 방울씩 떨어뜨린다.
- 흡수용기에 0.5 M 질산 15 mL를 붓고 흡수용기와 환류냉각관을 반응용기에 연결시킨 후 상온에서 2시간 이상 정치시켜 토양내의 유기물이 천천히 산화되도록 한다.
- 정치 후 반응혼합물의 온도를 서서히 올려 환류조건에 도달하도록 하고 2시간 동안 그 상태를 유지시킨다. 이때 환류냉각되는 부분이 냉각관 높이의 1 / 3보다 낮은 부분에서 이루어지도록 확인하면서 분해시킨다.

– 분해가 끝나면 반응용기를 냉각시킨다. 흡수용기내의 내용물을 환류냉각관을 통하여 반응용기에 첨가하고 흡수용기와 환류냉각관을 0.5 M 질산 10 mL로 씻어 반응용기에 넣는다.

– 반응용기를 정치시켜 대부분의 불용성 잔류물이 현탁액에서 침전되도록 한다. 상대적으로 고형분이 없는 위층을 조심스럽게 Whatman No. 40 또는 이와 동등한 여과지로 100 mL 부피플라스크에 여과하고 불용성 잔류물을 여과지 위에서 최소량의 0.5 M 질산을 이용하여 세척한 후 0.5 M 질산으로 표선까지 채워 시료용액으로 사용한다.

ES 07400.1b(금속류 – 원자흡수분광광도법)에 따르면 시약바탕시료를 시료군마다 1개씩 분석하도록 규정하고 있으며, 그 결과는 방법검출한계 이하인지 확인한다.

(기기) 분석

3 – 1. 분석장비 또는 물품 보유의 적합성

3 – 1 – 1. 모든 분석장비는 정상적으로 작동되고 있는가?

3 – 1 – 2. 수소화물발생장치를 보유하고 있는가(As 분석 시)

해설

토양 중의 중금속 성분을 분석하기 위한 분석기기는 토양오염공정시험기준에 의하면 원자흡수분광광도계와 유도결합플라즈마 원자발광분광광도계가 주로 사용되며 6가크롬을 분석하기 위해서는 자외선 / 가시선 분광광도계가 사용되고 있다. 따라서 이들 장비는 모두 정상적으로 가동되고 있어야 하며 이들 기기에는 결과를 인쇄할 수 있는 프린터 등이 연결되어 있어야 한다.

ES 07404.3(비소 – 수소화물생성 – 유도결합플라스마 – 원자발광분광법)을 적용하여 비소를 측정하는 경우, ICP – AWS와 함께 수소화물발생장치를 보유하고 있어야 한다.

분석기기는 사용 전에 미리 전원을 넣어 충분히 안정화한다. 원자흡수분광광도계를 사용하는 경우, 기기를 가동하여 속빈 음극램프에 전류가 흐르게 하고 에너지 레벨이 안정될 때까지 10분 ~ 20분간 예열하며, 최적 에너지 값(gain)을 얻도록 선택파장을 최적화한다. 유도결합플라스마 – 원자발광분광광도계를 이용하는 경우는 플라스마를 켜고 30분 ~ 60분간 불꽃을 안정화시킨 후, 기기업체에서 제공하는 매뉴얼에 따라 해당 표준물질을 사용하여 분석조건을 최적화한다

중금속류 분석에 분광광도계를 적용하는 경우에 사용되는 흡수셀은 시료액의 흡수파장이 약 370 nm 이상일 때는 석영 또는 경질유리 제품을, 약 370 nm 이하일 때는 석영 흡수셀을 사용한다. 따로 길이를 지정하지 않았을 때는 10 mm 흡수셀을 사용한다.

3 – 2. 분석조건의 적절성

3 – 2 – 1. 항목별 흡수파장 또는 발광파장 선택이 적절한가?

3 – 2 – 2. 연료기체의 혼합비율이 적절한가?

3 – 2 – 3. 사용되는 가스순도(아르곤 99.99 % 이상)는 적절한가?

해설

ES 07400.1b(금속류 – 원자흡수분광광도법)를 적용하는 경우, 원자흡수분관광도계에 불꽃을 만들기 위하여 구리, 납, 니켈, 아연, 카드뮴 등의 금속류는 공기– 아세틸렌 불꽃에 주입하여 분석한다.
일반적으로 금속류 – 유도결합플라스마 – 질량분석법에 사용되는 아르곤 기체는 액화 또는 압축 아르곤으로서 99.99 % 이상의 순도를 갖는 것이어야 한다.

◘ 원자흡수분광광도법에 의한 금속별 정량한계

금속종류	측정파장(nm)	불꽃기체	정량한계(mg / kg)
구리	324.7	A– Ac	1.0
납	283.3	A– Ac	4.0
니켈	232.0	A– Ac	4.0
아연	213.9	A– Ac	2.0
카드뮴	228.8	A– Ac	0.40

* A– Ac: 공기– 아세틸렌

◘ 유도결합플라스마 - 원자발광광도법에 의한 금속별 정량한계

금속종류	측정파장(nm)	제2측정파장(nm)	정량한계(mg / kg)
구리	324.754	219.96	1.0
납	220.353	216.999	1.5
니켈	231.604	221.647	0.4
비소	193.696	188.979	1.50
아연	213.856	206.200	1.0
카드뮴	226.502	214.438	0.10

3 - 3. 검정곡선의 작성

3 - 3 - 1. 검정곡선은 적정량의 표준용액으로 5점 이상(카드뮴, 아연은 3점 이상)으로 분석 시마다 작성하는가?

3 - 3 - 2. 검정곡선의 중간 농도에 해당하는 표준용액에 대한 측정값이 검정곡선 작성 시의 지시값과 10 % 이내인가?

3 - 3 - 3. 검정곡선의 결정계수가 0.98 이상인가? (또는 감응계수(RF)의 상대표준편차가 20 % 이하인가?)

해설

ES 07400.1b(금속류 – 원자흡수분광광도법)에 의하면 구리, 납, 니켈 표준용액(40.0 mg / L) 및 아연, 카드뮴 표준용액(10.0 mg / L) 0 mL ~ 20.0 mL를 단계적으로 취하여 100 mL 부피플라스크에 넣고 각각에 염산 21 mL와 질산 7 mL를 가한 후 정제수로 표선을 맞춘다. 단, 정량한계 이상 농도를 구리, 납, 니켈의 경우 5개 이상, 아연, 카드뮴의 경우 3개 이상 포함하여 검정곡선을 작성한다.
ES 07400.2b(금속류 – 유도결합플라스마 – 원자발광분광법)에서는 구리, 납, 니켈, 비소 표준용액(50 mg / L)과 아연, 카드뮴 표준용액(20.0 mg / L) 0 mL ~ 20.0 mL를 단계적으로 100 mL 부피플라스크에 넣고, 각각에 염산 21 mL와 질산 7 mL를 가한 후 정제수로 표선을 맞춘다. 단, 정량한계 이상 농도를 3개 이상으로 하여 검정곡선을 작성한다.
두 시험방법 모두, 검정곡선의 결정계수(R^2)는 0.98 이상 또는 감응계수(RF)의 상대표준편차가 20 % 이내여야 하며 결정계수나 감응계수의 상대표준편차가 허용범위를 벗어나면 검정곡선을 재작성한다.

3 – 4. 바탕시험 수행 여부

해설

시료군마다 1개의 시약바탕시료를 분석하여야 하며, 그 값은 방법검출한계 이하여야 한다.

3 – 5. 방법검출한계 및 정밀도 / 정확도 측정

3 – 5 – 1. 방법검출한계 및 정밀도 / 정확도는 연 1회 이상 측정하고 있는가?

3 – 5 – 2. 정밀도는 상대표준편차로 30 % 이내에 있는가?

3 – 5 – 3. 정확도는 70 % ~ 130 % 내에 존재하는가?

해설

ES 07400.1b(금속류 – 원자흡수분광광도법) 및 ES 07400.2b(금속류 – 유도결합플라스마 – 원자발광분광법) '6.5 내부정도관리 주기 및 목표'에 따라 방법검출한계, 정량한계, 정밀도 및 정확도는 연 1회 이상 산정하는 것을 원칙으로 하며, 분석자의 교체, 분석 장비의 수리 및 이동 등의 주요 변동사항이 생길 경우에는 다시 산정한다. QA / QC 목표값은 다음과 같다.

◘ 원자흡수분광광도법

항목	QA / QC 목표값
정량한계	구리 1.0 mg / kg, 납 4.0 mg / kg, 니켈 4.0 mg / kg 비소 1.5 mg / kg, 아연 1.0 mg / kg, 카드뮴 0.10 mg / kg
검정곡선	R^2: > 0.98 또는 감응계수의 RSD: < 20 %
정밀도	RSD: < 30 %
정확도	70 % ~ 130 %

◘ 유도결합플라스마 – 원자발광분광법

항목	QA / QC 목표값
정량한계	구리 1.0 mg / kg, 납 1.5 mg / kg, 니켈 0.4 mg / kg, 아연 2.0 mg / kg, 카드뮴 0.40 mg / kg
검정곡선	R^2: > 0.98 또는 감응계수의 RSD: < 20 %
정밀도	RSD: < 30 %
정확도	70 % ~ 130 %

ES 07400.1b(금속류 – 원자흡수분광광도법)에 의하면 정밀도는 상대표준편차로서 30 % 이내여야 하며, 정확도는 70 % ~ 130 %에 있어야 한다. 방법검출한계는 명시된 것이 없으나 정량한계 및 방법검출한계 도출방법을 적용할 때, 구리는 0.314 mg / kg, 납과 니켈은 1.256 mg / kg, 아연 0.628 mg / kg, 카드뮴 0.126 mg / kg이다.
ES 07400.2b(금속류 – 유도결합플라스마 – 원자발광분광법)에 의하면 정밀도는 상대표준편차로서 30 % 이내여야 하며, 정확도는 70 % ~ 130 %에 있어야 한다. 방법검출한계는 명시된 것이 없으나 정량한계 및 방법검출한계 도출방법을 적용할 때, 구리와 아연은 0.314 mg / kg, 납과 비소는 0.471 mg / kg, 니켈 0.126 mg / kg, 카드뮴 0.031 mg / kg이다.

시험결과의 계산

4 – 1. 시험결과 및 계산과정(계산식)

4 – 1 – 1. 시험결과의 계산은 정확한가?

4 – 1 – 2. 분석시료의 농도범위는 검정곡선의 범위에 있는가?

해설

ES 07400.1b(금속류 – 원자흡수분광광도법)에 의한 검정곡선 작성법에 따르면 구리, 납, 니켈은 8.0 mg / L 이내, 아연, 카드뮴은 2.0 mg / L 이내에서 금속류의 분석 결과값이 도출되어야 하며, ES 07400.2b(금속류 – 유도결합플라스마 – 원자발광분광법)에 의해서는 구리, 납, 니켈, 비소는 10 mg / L 이내, 아연, 카드뮴은 4 mg / L 이내에서 결과값이 도출되어야 한다.
각 시험방법별 각 항목별 정량한계는 '2–2 분석조건의 적절성' 해설을 참조하라.

4 – 2. 바탕시험 값 보정 여부

해설

시험결과의 계산에 바탕시험값을 제하고 결과를 도출한다.

4-3. 수분함량 보정의 적절성

해설

시험결과의 계산에 토양시료의 건조중량을 적용하므로 시료 중의 수분량을 보정하는지 확인한다.

4-4. 결과표기의 적합성

해설

시험결과는 각 시험방법의 '8.0 결과보고'에 따라 정확히 계산하는지 확인한다.

부록

1 ISO / IEC 17025(2017) 요건

ISO / IEC 17025(2005)에서는 시험기관에 대한 일반적 요구사항이 경영요건과 기술요건으로 구분되었으나 ISO / IEC 17025(2017)에서는 5개 요건으로 변경되었다.

1. 적용범위
2. 인용규격
3. 용어 및 정의
4. 일반 요건
   4.1 공평성
   4.2 기밀유지
5. 조직 요건
6. 자원 요건
   6.1 일반사항
   6.2 인력
   6.3 시설 및 환경조건
   6.4 장비
   6.5 측정소급성
   6.6 물품 구매 및 서비스
7. 프로세스 요건
   7.1 고객 요구, 제안, 계약
   7.2 시험방법의 선정, 검증 및 유효성 확인
   7.3 시료채취
   7.4 시료관리
   7.5 기술기록물

7.6 측정불확도의 평가

7.7 결과의 유효성

7.8 결과의 보고

7.9 고객불만

7.10 부적합 작업

7.11 데이터 관리 및 정보경영

8. 경영시스템 요건

8.1 선택사항

8.2 경영시스템 문서화(옵션 A)

8.3 경영시스템 문서 관리(옵션 A)

8.4 기록물 관리(옵션 A)

8.5 예방조치(옵션 A)

8.6 개선(옵션 A)

8.7 시정조치(옵션 A)

8.8 내부심사(옵션 A)

8.9 경영검토(옵션 A)

2 내부심사지침(KOLAS－G－007 : 2015)

1. 서론

1.1 시험 및 교정기관의 자격에 대한 일반 요구사항(KS Q ISO / IEC17025)에는 시험기관이 수행하는 시험 및 / 또는 교정 활동의 종류, 범위, 그리고 분량을 포함한 그의 활동 범위에 적절한 경영시스템을 수립하고, 이행하고 유지해야 한다는 것이 명시되어 있다. KS Q ISO / IEC 17020에는 검사기관에 대해 부여된 유사한 요건들이 명시되어 있다.

1.2 KS Q ISO / IEC 17025와 KS Q ISO / IEC 17020은 각각 시험 또는 검사기관이 주기적으로, 그리고 계획된 스케줄과 절차에 따라 그 운영이 경영시스템과 관련 규격의 요건에 지속적으로 적합하다는 것을 점검하기 위하여 그 활동에 대해 내부심사를 수행할 것을 요구하고 있다.

1.3 이 문서는 시험기관과 검사기관에게 내부심사 프로그램을 어떻게 수립하는지에 대한 지침을 제공하고자 작성되었다. 해당기관은 KS Q ISO / IEC 17025 또는 KS Q ISO / IEC 17020의 요건을 충족시키는 품질경영시스템을 실행해 온 것을 전제로 한다.

1.4 이 문서에 있는 지침은 일반적인 성질을 띠고 있다. 내부심사의 실제성과는 그 기관의 크기, 작업 범위 그리고 조직 구조에 달려있으며 이 문서에 기술된 많은 항목이 간소화된 방식으로 수행될 수 있다.

1.5 심사에 대한 추가적인 정보는 KS Q ISO 19011: 2002에 주어져 있다.

2. 용어

2.1 경영시스템

시험기관 운영을 위해 관리 운영하는 품질, 행정 및 기술적 시스템(KS Q ISO / IEC 17025)

2.2 품질경영시스템

품질에 관하여 조직을 지휘하고 관리하는 경영시스템(KS Q ISO 9000)

2.3 품질경영

품질에 관하여 조직을 지휘하고 관리하기 위해 조정되는 활동(KS Q ISO 9000)

2.4 품질보증

품질 요구사항이 충족될 것이라는 신뢰를 제공하는 데 중점을 둔 품질경영의 일부(KS Q ISO 9000)

2.5 품질책임자

시험기관의 품질경영시스템과 그 이행에 대해 책임을 지고 있으며 이와 관련하여 최고경영진에게 직접 보고하는 직원(어떤 직책이라도 상관없음)

2.6 경영검토

품질방침 및 품질목표와 관련하여 최고 경영진에 의한 품질경영의 적절성, 적합성, 효과성, 그리고 효율성의 정기적이고 체계적인 평가

2.7 심사

심사 기준이 충족되는 정도를 결정하기 위하여 심사 증거를 수집하고 개관적으로 평가하기 위한 체계적이고 독립적이며 문서화된 절차(KS Q ISO 9001)

[비고] 본 가이드에서 "내부심사"라는 용어는 심사가 조직 자체에 의해 수행된다는 것을 강조하기 위하여 사용되고 있다.

2.8 심사원

심사를 수행하기 위한 능력을 갖춘 자(KS Q ISO 9001)

2.9 심사 발견사항

심사기준에 부적합하다고 수집된 심사증거를 평가한 결과(KS Q ISO 9001)

[비고] 심사 발견사항은 심사 기준에 대한 적합/부적합 혹은 개선 기회를 지적할 수 있다.

2.10 심사 증거

심사 기준과 관련되고 검증할 수 있는 기록, 사실에 대한 진술, 또는 기타 정보(KS Q ISO 9000)

2.11 부적합

요구사항의 불충족(KS Q ISO 9000)

2.12 시험기관

본 가이드에서는 시험기관이 시험기관과 교정기관을 총칭

3. 내부심사의 목적

3.1 시험기관 또는 검사기관은 그 운영이 그 경영시스템의 요건에 지속적으로 부합한다는 것을 입증하기 위하여 그 활동에 대한 내부심사를 실시하여야 한다.

3.2 내부심사는 경영시스템이 해당되는 KS Q ISO / IEC 17025나 KS Q ISO / IEC 17020 요건을 충족시키고 있음을, 즉 적합함을 점검해야 한다.

3.3 내부심사는 조직의 품질 매뉴얼과 관련 문서에 명시된 요건이 모든 작업의 수준에서 적용되는지의 여부도 점검해야 한다.

3.4 내부심사에서 발견된 부적합은 그 조직의 품질시스템의 개선을 위해 가치있는 정보를 제공하므로 경영검토 자료로 활용되어야 한다.

4. 내부심사의 준비

4.1 내부심사는 문서화된 절차에 따라 12개월 이내에 수행되어야 한다.

4.2 내부심사는 품질경영시스템의 각 요소가 적어도 일 년에 한 번은 점검될 수 있도록 프로그램을 수립하여야 한다. 큰 시험기관이나 검사기관에서는 품질경영시스템의 다른 요소나 그 기관의 다른 부서를 연중으로 심사하는 계획을 수립하는 것이 유리할 수도 있다.

4.3 품질책임자는 통상적으로 그 내부심사 프로그램의 관리자이며 내부심사를 위한 준비과정 및 결과에 대한 책임이 있다.

4.4 품질책임자는 내부심사가 수립된 계획에 따라 실시된다는 것을 보장할 책임이 있다.

4.5 그러한 내부심사는 심사대상 작업에 대한 충분한 기술적 지식을 보유하고, 심사 기법과 절차에 관해서 특별히 훈련을 받은 자격 있는 사람이 수행하여야 한다. 이러한 사항은 문서화 되어야 한다.

4.6 품질책임자는 심사에 활용되는 사항이 그 기관의 경영시스템과 인정요건을 익숙하게 알고 4.5항에 기술된 요건에 충족한다면 심사 수행업무를 위임할 수 있다.

4.7 광범위한 기술분야에 걸쳐 교정 및/또는 시험 및/또는 검사를 수행하는 큰 조직에서의 내부심사는 품질책임자의 통제 하에서 여러 명으로 이루어진 팀에 의해 수행되는 것이 필요할 수 있다.

4.8 작은 조직의 경우, 내부심사는 품질책임자 단독으로 수행할 수 있다. 그러나 품질시스템이 만족스럽게 수행되고 있음을 보장하기 위해서 경영진은 품질책임자의 활동을 심사하는 임무는 다른 사람이 수행하도록 하여야만 한다.

4.9 자원이 허락한다면 항상, 심사원은 심사 대상 활동으로부터 독립적이어야 한다. 직원은 대안이 없거나 혹은 효과적인 심사가 수행될 수 있음을 증명할 수 있을 경우를 제외하고는 그들 자신의 활동이나 그들 자신의 직접적인 책임하에 있는 활동을 심사해서는 안 된다.

4.10 어떤 기관이 고객의 소재지에서 이루어지는 현장 교정 및/또는 시험 및/또는 검사에 대해 혹은 현장에서의 시료채취에 대한 인정을 받는다면 이런 활동들은 심사 프로그램에 포함되어야 한다.

4.11 고객이나 인정기구와 같은 다른 당사자에 의해 수행되는 심사를 적절한 내부심사로 간주하여서는 안 된다.

5. 내부심사에 대한 계획

5.1 품질책임자는 심사의 범위, 심사의 기준, 심사 스케줄, 기준 문서(조직의 품질 매뉴얼과 심사 절차서와 같은) 그리고 심사 팀원의 명단이 포함된 심사 계획을 수립해야 한다.

5.2 특수한 경영시스템 요소나 심사받아야 할 기능적 부서에 각각의 심사원을 배정하여야 한다. 이러한 배정은 심사반장이 관련 심사원와 협의하여 이루어져야 한다. 배정된 심사원은 심사하여야 할 부서에 대한 어느 정도의 기술적인 지식을 지니고 있어야 한다.

5.3 심사원의 조사를 용이하게 하고, 문서화하고, 결과를 보고하는 데 필요한 작업문서는 다음을 포함할 수 있다.

- KS Q ISO / IEC 17025 또는 KS Q ISO / IEC 17020과 같은 기준문서와 추가문서
- 시험기관 또는 검사기관의 매뉴얼 및 문서
- 품질경영시스템 요소를 평가하기 위해 사용되는 점검표(통상, 해당 특정 요소를 심사하도록 배정된 심사원이 준비)
- "부적합" 양식이나 "시정조치 요구서" 양식과 같은 심사 관찰사항 보고용 양식. 이것들은 "부적합"의 특성, 동의된 시정조치, 그리고 그 조치가 효과적으로 취해졌다는 종국적인 확인에 대한 기록을 가능하게 한다.

5.4 심사원은 원활하고 체계적인 심사의 진행을 보장하기 위해서 피심사자와 협의하여 심사 시간표를 작성해야 한다.

5.5 경영시스템 요건에 부합하는지 여부를 점검하고 심사할 핵심문제에 대한 점검 목록을 만들기 위하여, 실제적인 심사 전에 문서, 매뉴얼, 이전의 심사 보고서, 그리고 기록을 검토해야 한다.

6. 내부심사의 실시

6.1 내부심사의 핵심 단계는 계획, 조사, 분석, 보고, 사후 시정조치, 그리고 종결이다.

6.2 시작회의에서는 심사팀을 소개하고, 심사 기준을 확인하고, 심사의 적용범위를 검토하고, 심사 절차를 설명하고, 관련 세부사항에 대해 명확하게 설명하고, 종료회의 일시 및 참석자를 포함한 일정표를 확인하여야 한다.

6.3 객관적인 증거를 수집하기 위한 조사 과정은 질문, 활동 관찰, 시설조사, 기록의 검토를 포함한다. 심사원은 경영시스템에 대한 활동의 적합성을 조사한다.

6.4 심사원은 품질경영시스템 문서(품질 매뉴얼, 시스템 절차서, 시험방법, 작업 지시서 등)를 심사의 기준으로 사용하여, 품질경영시스템 문서에서 기술하고 있는 것과 실제 일어나고 있는 것을 비교하여야 한다.

6.5 내부심사 동안에 심사원은 경영시스템의 요건이 항상 충족되고 있다는 객관적인 심사 증거를 찾는다. 증거는 가능한 한 효과적이고, 효율적으로, 편견 없이 그리고 피심사자들을 당황시키지 않으면서 수집되어야 한다.

6.6 심사원은 부적합사항에 주목하고 근원적인 문제점을 파악하기 위하여 추가 조사를 실시하여야 한다.

6.7 모든 심사의 발견사항은 기록되어야 한다.

6.8 모든 활동 사항들을 심사하고 난 후에, 심사팀은 부적합사항으로 보고될 것과 개선을 위한 권고사항에 포함될 수 있는 것을 결정하기 위하여 그들의 모든 발견사항을 주의 깊게 검토하고 분석해야 한다.

6.9 심사팀은 객관적인 심사 증거를 첨부하여 부적합 사항과 개선을 위한 권고사항에 대하여 명확하고 간결한 보고서를 작성하여야 한다.

6.10 부적합 사항은 심사기준으로 사용한 조직의 품질 매뉴얼과 관련 문서의 특정 요구사항으로 식별되어야 한다.

6.11 심사팀은 조직의 상위 경영진과 심사대상 기능을 책임지고 있는 사람들과 함께 종료회의를 개최해야 한다. 이 회의의 주요 목적은 심사의 발견사항을 발표하고 상위 경영진에게 심사의 결과를 명확히 이해시키는데 있다.

6.12 심사반장은 그들이 인지한 중요도를 고려하여 관찰사항을 발표하여야 한다. 운영의 긍정적인 측면과 부정적인 측면 모두 발표되어야 한다.

6.13 심사반장은 심사 기준에 대한 품질경영시스템의 적합성과 품질경영시스템 운영의 적합성에 대한 심사팀의 결론을 발표하여야 한다.

6.14 심사 중에 확인된 부적합 사항에 주목하고, 적절한 시정조치와 시정 기간은 피심사자의 동의를 얻어 기록되어야 한다.

6.15 종료회의에 대한 기록을 보존하여야 한다.

7. 사후 시정조치와 종결

7.1 동의된 시정조치의 이행은 피심사자의 책임이다.

7.2 교정, 시험, 혹은 검사의 결과를 위태롭게 할 수 있는 부적합 사항이 발견될 때마다, 적절한 시정조치가 취해지고 만족스러운 결과에 도달할 때까지 해당 활동은 정지되어야 한다. 이외에도, 부적합 사항에 의해 영향을 받을 수 있는 결과를 조사하고 해당 교정, 시험 혹은 검사 증명서/보고서의 유효성이 의심스러운 경우에는 고객에게 통지해야 한다.

7.3 몇몇 문제점에 대한 근본적인 원인을 찾아내고 효과적인 시정 및 예방 조치를 이행하기 위하여 공식적인 시정조치 절차를 따를 필요가 있을 수 있다.

7.4 시정조치의 유효성은 합의된 기간이 경과한 이후에 가능한 한 빨리 심사원에 의해 점검되어야 한다. 품질책임자는 피심사자가 부적합 사항을 해결했음을 확인하고 종료하는데 대한 궁극적인 책임을 진다.

8. 내부심사의 기록과 보고

8.1 아무런 부적합 사항이 발견되지 않은 경우라 할지라도 심사에 대한 완전한 기록을 보관하여야 한다.

8.2 확인된 각각의 부적합 사항은 그 성질, 가능한 원인, 요구되는 시정조치, 그리고 해결을 위한 적절한 기간에 대해 상세하게 기록되어야 한다.

8.3 내부심사가 끝나고 나서 내부심사의 결과를 요약하고, 다음의 정보를 포함하는 최종보고서를 작성해야 한다:

(a) 심사원의 명단
(b) 심사 날짜
(c) 심사 분야
(d) 조사를 받는 모든 분야의 세부사항
(e) 활동의 긍정적인 혹은 우수한 측면;
(f) 관련 문서를 참조하여 확인된 부적합 사항;
(g) 개선을 위한 권고사항;

(h) 동의된 시정조치, 시정조치 완결을 위하여 동의된 기간, 그 조치를 취하는데 책임을 지는 사람;

(i) 취해진 시정조치;

(j) 시정조치의 완결 확인 날짜;

(k) 시정조치의 완결을 확인하는 품질책임자의 서명

8.4 모든 심사 기록은 합의된 기간 동안 보관되어야 한다.

8.5 품질책임자는 심사 보고서와 해당되는 경우 개별적인 부적합 사항이 그 기관의 상위 경영진에게 확인되었음을 보장해야 한다.

8.6 품질책임자는 내부심사와 시정조치의 결과에 대한 경향을 분석하고 차기 경영진 검토 회의에서 상위 경영진이 검토할 수 있도록 보고서를 작성해야 한다.

8.7 그러한 검토의 목적은 심사와 시정조치가 품질경영시스템의 지속적인 효과성에 전체적으로 기여하고 있음을 보장하기 위한 것이다.

9. 참고 규격

IAF / ILAC A4, ISO / IEC 17020 적용을 위한 가이드

KS Q ISO / IEC 17020, 적합성평가 — 검사기관 운영에 대한 요구사항

KS Q ISO / IEC 17025, 시험기관 및 교정기관의 자격에 대한 일반 요구사항

KS Q ISO 9001, 품질경영시스템 — 요구사항

KS Q ISO 9000, 품질경영시스템 — 기본사항 및 용어

3 경영검토지침(KOLAS－G－008 : 2015)

1. 서론

1.1 시험 및 교정 기관의 자격에 관한 일반 요건 KS Q ISO / IEC 17025에는 시험기관이 맡은 시험이나 교정 활동의 종류, 범위 그리고 분량을 포함한 활동의 적용범위에 적절한 하나의 품질경영시스템을 수립, 이행, 유지해야 한다는 것이 명시되어 있다. 또한, 검사기관에 해당하는 유사한 요건은 KS Q ISO / IEC 17020에 명시되어 있다.

1.2 KS Q ISO / IEC 17025와 KS Q ISO / IEC 17020에는 각각 시험, 교정 또는 검사기관의 경영진은 기관의 경영시스템과 시험이나 교정, 또는 검사 활동의 지속적인 적합성과 효과성을 보장하고 필요한 변경사항이나 개선사항을 도입하기 위하여 이들을 주기적으로 검토해야 한다고 요구하고 있다.

1.3 이 지침은 시험, 교정 및 검사기관에게 경영검토를 위한 프로그램을 수립하는 방법에 대한 지침을 제공하기 위하여 작성되었다. 그러한 기관들이 해당되는 KS Q ISO / IEC 17025 혹은 KS Q ISO / IEC 17020의 요건을 충족시키는 품질경영시스템을 실행해 온 것을 전제로 한다.

1.4 이 지침에서 제시된 가이드라인은 일반적인 것이다. 경영검토의 실질적인 수행은 기관의 크기, 적용범위, 그리고 조직 구조에 달려있으며 작은 조직은 이 문서에서 기술된 많은 사항을 좀 더 간소화된 방식으로 수행할 수 있다.

2. 용어

2.1 경영시스템

시험, 교정 및 검사기관의 운영을 관리하기 위한 품질, 행정 및 기술적 시스템(KS Q ISO / IEC 17025)

2.2 품질경영시스템

품질에 관하여 조직을 지휘하고 관리하는 경영시스템(KS Q ISO 9000)

2.3 품질 경영

품질에 관하여 조직을 지휘하고 관리하기 위해 조정되는 활동(KS Q ISO 9000)

2.4 경영 검토

품질 방침 및 품질 목표와 관련하여 최고 경영진에 의한 품질 경영의 적절성, 적합성, 효과성 그리고 효율성의 정기적이고 체계적인 평가.

2.5 품질 책임자

시험기관의 품질경영시스템과 그 이행에 대해 책임을 지고 있으며 이와 관련하여 최고 경영진에게 직접 보고하는 직원(어떤 직책이라도 상관없음)

2.6 시험소

시험기관과 교정기관의 총칭

3. 경영검토의 목적

3.1 시험기관, 교정기관 및 검사기관의 상위 경영진은 기관의 품질경영시스템과 시험이나 교정, 또는 검사 활동의 지속적인 적합성과 효과성을 보장하고 필요한 변경사항이나 개선사항을 도입하기 위하여 이들을 주기적으로 검토해야 한다.

3.2 경영검토는 조직의 품질시스템이 조직의 필요사항을 지속적으로 충족시키고 있음을 보장하는데 갖추어야 하는 필요한 어떠한 변경사항이라도, 그들을 확립하기 위해 기획되어야 한다. 검토는 또한 조직의 품질경영시스템이 KS Q ISO / IEC 17025나 KS Q ISO / IEC 17020의 해당요건을 지속적으로 따르고 있음을 보장하여야 한다.

3.3 경영검토는 시험기관이나 검사기관의 조직, 시설, 장비, 절차, 그리고 활동에 대해 이루어졌거나 필요한 변경사항에 주목해야 한다.

3.4 시스템의 변경 필요성은 내부나 외부심사, 시험기관간 비교 또는 숙련도 시험, 인정기구에 의한 사후관리 방문이나 평가 혹은 고객의 불만사항에서 발견된 사항에 대한 결과로서 야기될 수 있다.

3.5 품질방침과 목표는 검토되고 필요에 따라 개정되어야 한다. 차기년도의 품질목표와 조치 계획이 세워져야 한다.

4. 경영검토의 준비

4.1 조직의 상위 경영진은 경영시스템 검토를 이행할 책임이 있다.

4.2 조직의 경영시스템의 설계와 이행, 조직의 기술적 운영, 그리고 내부심사 및 외부 평가의 발견사항으로부터 초래된 결정에 대한 전체적인 책임을 지닌 상위 경영진 구성원은 경영검토에 참여해야 한다.

4.3 품질책임자는 모든 검토가 확립된 절차에 따라서 체계적인 방식으로 수행되고 경영검토의 결과가 기록됨을 보장할 책임이 있다.

4.4 품질책임자와 운영 책임자는 경영검토를 하는 동안에 파악된 조치가 합의된 시간 이내에 이행됨을 보장할 책임이 있다.

5. 경영검토의 기획

5.1 경영검토는 일 년마다 수행되어야 한다. 경영검토를 위한 프로그램을 만들어야 하고 행정 책임자, 상위 경영진, 품질책임자, 그리고 품질 매뉴얼의 발간 책임자는 회의에 참석하여야 한다. 조직의 장, 기술 경영진, 품질책임자, 그리고 모든 부서의 장이 참석하는 것이 필수적이다.

작은 조직에서는 한 사람이 위의 기능 중 하나 이상을 수행할 수도 있다.

6. 경영진 검토의 이행

6.1 경영검토는 공식 일정계획을 사용하여 체계적인 방식으로 수행되어야 한다.

6.2 검토는 적어도 다음의 사항을 포함하여야 한다.

(a) 이전의 경영검토에서 야기된 문제들;
(b) 품질방침과 중 · 장기 목표;
(c) (품질 매뉴얼을 포함한) 품질 시스템의 개정 필요성을 포함하여 품질 및 운영 절차의 적합성;
(d) 관리 및 감독 직원의 보고서;
(e) 최근의 경영검토 이래로 수행된 내부심사 결과와 사후 조치;
(f) 시정조치와 예방조치의 분석;
(g) 인정기구에 의해 수행된 감독 방문과 평가에 관한 보고서와 그 조직에 의한 후속 조치;
(h) 고객 혹은 다른 기관 등에 의한 심사 보고서와 후속 조치;

(i) 조직의 숙련도 시험이나 시험소 간 비교 프로그램의 참가 결과에 대한 경향분석과 교정 및 / 또는 시험의 기타 분야에의 참여 필요성;

(j) 조직 내 품질관리 점검 결과의 경향분석;

(k) 현재 인적 자원과 장비 자원의 적합성;

(l) 신규 업무, 신규(추가) 직원, 신규 장비, 변경된 시험방법 등에 대한 향후 계획과 의견;

(m) 신규 직원의 훈련과 기존 직원의 보수교육 필요성;

(n) 고객으로부터 나온 불만사항과 다른 피드백에 대한 경향 분석.

(o) 개선을 위한 권고사항

6.3 경영검토의 결과는 그 조직의 기획시스템에 투입되어야 하며 다음을 포함해야 한다.

(a) 품질 방침과 중 · 장기 목표의 개정;

(b) 차기 년도 목표 설정을 포함하여 예방조치에 대한 계획된 프로그램;

(c) 품질시스템 및 / 또는 조직 목표의 운영에 대하여 합의된 변경 사항의 이행 스케줄을 포함한 공식적인 조치 계획.

6.4 경영검토에서 발생된 모든 조치가 요구된 대로, 적절하게 합의된 기간 이내에 처리됨을 보장하는 것은 경영진의 책임이다. 조치와 그 효과성은 정기적인 경영진 회의에서 모니터링되어야 한다.

7. 경영검토의 기록

7.1 모든 경영검토에 대한 기록은 유지되어야 한다. 기록은 취해야 할 조치, 조치 담당자, 조치기간에 대한 명백한 지시가 포함된 검토회의 의사록의 형태를 취할 수 있다.

7.2 경영검토에서 발생된 모든 조치가 기록됨을 보장하는 것은 품질책임자의 책임이다.

7.3 기록은 쉽게 접근할 수 있어야 하며 동의된 시간 동안 보존되어야 한다.

8. 참고규격

KS Q ISO / IEC 17020 적합성평가 — 검사기관 운영에 대한 요구사항

KS Q ISO / IEC 17025 시험기관 및 교정기관의 자격에 대한 일반 요구사항

KS Q ISO 9001, 품질경영시스템 — 요구사항

KS Q 9000 품질경영시스템 — 기본사항 및 용어

부 칙

제1조(시행일) 이 고시는 고시한 날로부터 시행한다.

제2조(폐지고시) 이 기준의 시행과 동시에 종전의 경영검토 지침(기술표준원고시 제2012-0078호, 2012. 02. 17)은 폐지하며, 종전의 지침에 따른 기타 행위는 이 기준에 의하여 행한 것으로 본다.

4 공인기관 인정제도 운영요령(국가기술표준원 고시 제2015－275호, 2015.7.15.)

* 환경실험실에 대한 현장평가에 필요한 부분만 발췌 · 수록하였다.

제1장 총 칙

제1조(목적) 이 요령은 국가표준기본법(이하 "법"이라 한다) 제23조, 동 법 시행령(이하 "영"이라 한다.) 제16조 및 국제기준에 따라 국제적으로 공인되는 시험기관과 국가 공인 검사기관 인정제도를 합리적으로 시행하기 위한 세부사항에 대하여 규정함을 목적으로 한다.

제3장 인정기준 등

제14조(인정분야 및 인정범위) ①공인시험기관의 인정분야는 대분류, 중분류로 구분하고 분류는 별표 1의 가호에 따른다.

②공인검사기관의 인정분야는 대분류, 중분류로 구분하고 기타 인정기구의 장이 필요하다고 인정한 분야로 별표 1의 나호에 따른다.

③공인시험기관의 인정범위는 시험방법 및 시험항목, 시험품목 또는 시험범위 및 검출한계 등을 포함하며 신청기관이 시험결과에 대한 의견 및 해석을 할 수 있는 능력을 인정 받고자 할 경우 별도로 인정할 수 있다.

④공인검사기관의 인정범위는 검사기관의 유형, 검사품목, 검사분야(field), 검사범위(range), 검사방법(기준) 등을 포함한다.

⑤제3항 또는 제4항의 규정에 따라 시험 또는 검사방법, 시험 또는 검사항목 등을 정할 때는 다음 각 호에 따르는 것을 원칙으로 한다.

1. 국제표준, 한국산업표준 또는 인정기구의 장이 인정한 단체표준(해외 단체표준을 포함한다)에 규정된 항목 및 방법
2. 기타 개별 법령에 근거한 기술기준 등에 규정된 항목 및 방법

⑥제3항 또는 제4항의 규정에 따른 인정범위를 표시할 때 유사한 시험품목 또는 유사한 검사품목에 대해서는 포괄적으로 품목을 표시할 수 있다.

제15조(평가 및 인정기준) ①시험기관 평가 및 인정에 적용하는 기준은 법, 영 및 이 요령에서 정한 규정 이외에 다음 기준을 적용한다.

1. KS Q ISO / IEC 17025:2006(시험기관 및 교정기관의 자격에 대한 일반 요구사항, ISO / IEC 17025:2005)
2. 해당되는 경우, 분야별 추가 기술요건
3. 측정결과의 소급성 유지를 위한 지침
4. 측정결과의 불확도 추정 및 표현을 위한 지침
5. 숙련도시험 운영기준
6. 인정마크 사용 및 국제공인기관 표시를 위한 지침
7. KS Q ISO / IEC 17025:2006 해설서
8. 공인기관의 기술기록 관리에 관한 기본지침

②검사기관 평가 및 인정에 적용하는 기준은 법, 영 및 이 요령에서 정한 규정 이외에 다음 기준을 적용한다.

1. KS Q ISO / IEC 17020:2014(검사기관 운영에 대한 일반 기준, ISO / IEC 17020:2012)
2. KS Q ISO / IEC 17020 해설서
3. 해당되는 경우, 분야별 추가 기술요건
4. 측정결과의 소급성 유지를 위한 지침
5. 인정마크 사용 및 국제공인기관 표시를 위한 지침
6. 공인기관의 기술기록 관리에 관한 기본지침

③제1항 및 제2항에 규정된 기준 외에 국제표준화기구에서 정한 국제표준 또는 가이드, 또는 국제기구에서 정한 시험 / 검사기관 인정제도에 관한 지침문서 등을 추가로 적용해야 할 필요가 있을 경우에는 인정기구의 장이 별도로 정하여 고시할 수 있다.

④인정기구의 장은 제1항, 제2항 및 제3항에 기술된 기준 이외에 기술적 신뢰성을 제고하기 위하여 공인기관에 별도의 기술지침을 보급할 수 있다. 단, 이 지침은 인정을 위한 평가기준으로는 적용하지 아니한다.

제6장 기술책임자 등

제31조(기술책임자) ①공인기관은 공인분야의 업무수행능력과 경영시스템을 지속적으로 발전시키고 공인기관의 신뢰성을 향상시키기 위하여 해당분야별로 기술책임자와 관련 부책임자를 임명하여야 한다.

②기술책임자는 해당분야 성적서와 관련기록을 검토한 후, 적합하다고 판단될 경우에 한하여 성적서에 서명하여야 한다.

제32조(기술책임자의 자격기준) ①공인기관의 기술책임자 및 기술부책임자는 시험 또는 검사결과에 대한 기술적 검증능력을 보유하고 인정제도 및 해당분야의 전문기술에 관하여 충분한 지식과 경험을 갖추어야 한다.

②기술책임자 또는 기술부책임자로 등록하기 위해서는 인정기구의 장이 지정한 교육기관에서 필요한 교육을 이수하고, 소정에 시험을 합격한 자로서 별표2의 자격기준을 만족시켜야 한다.

제34조(품질책임자 및 내부심사자) ①공인기관의 경영시스템이 국제표준의 요건에 따라 이행되도록 보장하기 위하여 품질책임자와 관련 품질부책임자를 임명하여야 한다.

②품질책임자 및 품질부책임자는 인정기구의 장이 지정한 교육기관에서 필요한 교육을 이수하고 소정의 시험에 합격한 후, 별지 제10호 서식의 등록신청서와 필요한 서류를 갖추어 e-KOLAS 시스템에 신청하여야 한다.

③인정기구에 등록된 품질책임자 또는 품질부책임자를 변경하고자 할 때에도 제2항의 규정에 따른다.

④내부심사자는 해당 분야(시험, 검사 등)의 KOLAS 평가사 자격을 갖추거나 인정기구의 장이 지정한 교육기관에서 내부심사자 교육을 이수하고 소정의 시험에 합격하여야 한다.

[별표2] 기술책임자의 자격기준(제32조 관련)

기술책임자는 다음 요건들을 갖추어야 한다.

1. 기본요건

① 해당 법규 및 KS Q ISO / IEC 17025, KS Q ISO / IEC 17020 공인기관 인정기준을 충분히 숙지하여야 한다.

② 시험 방법 및 절차를 정확히 숙지하고 실무자의 실무교육 능력, 측정불확도 산출 및 검증 능력 등 시험결과에 대한 기술적 평가 능력이 있어야 한다.

③ 실무자의 오류를 검출할 수 있는 능력을 보유하고 있어야 한다.

2. 학력 및 경력요건

고등학교 졸업 후 8년, 전문학사학위 취득 후 6년, 학사학위 취득 후 4년, 석사 이상 학위 취득 후 2년 이상 해당 분야의 다음 업무에 실무경력을 갖추어야 하며 전문학사 이상은 과학기술계통의 학위이어야 한다. 의학분야는 진단검사의학과 전문의로서 해당 분야의 다음 업무에 관하여 충분한 지식과 경험을 갖추어야 한다. 단, 법에 의한 강제검사의 경우 해당 법에서 "국가기술자격 소지자"로 그 자격을 정한 경우에는 전공분야별 요건은 적용하지 않는다.

- 시험 · 검사 및 샘플링 업무
- 시험 · 검사관련 규격관리 업무
- 시험 · 검사기관 관리 업무

3. 교육 이수 요건

기술책임자는「KOLAS 교육기관 지정 및 교육과정 운영요령」에 따라 지정된 교육기관에서 해당 교육과정을 이수하고 소정의 시험에 합격하여야 한다.

5 국가교정기관 지정제도 운영요령(국가기술표준원 고시 제2016－398호, 2016.10.25)

* 환경실험실에 대한 현장평가에 필요한 부분만 발췌 · 수록하였다.

제 1 장 총칙

제 1 조(목적) 이 요령은 국가표준기본법(이하 "법"이라 한다), 동법 시행령(이하 "영"이라 한다) 및 국제기준에 따라 국가교정기관지정제도(이하 "인정업무"라 한다) 확립을 위하여 위임된 사항과 그 시행에 필요한 세부사항을 규정함을 목적으로 한다.

제9장 측정기의 정밀정확도 유지 등

제40조(교정대상 및 주기) ① 법 제14조제1항 및 제2항에서 규정된 국가측정표준과 국가사회의 모든 분야에서 사용하는 측정기기간의 소급성 제고를 위하여 측정기를 보유 또는 사용하는 자는 주기적으로 해당 측정기를 교정하여야 하며, 이를 위하여 합리적이고 적정한 주기로 수행될 수 있도록 교정대상 및 적용범위를 자체규정으로 정하여 운용할 수 있다.

②제1항의 규정에 의해 측정기를 보유 또는 사용하는 자가 자체적으로 교정주기를 설정하고자 할 때에는 측정기의 정밀정확도, 안정성, 사용목적, 환경 및 사용빈도 등을 감안하여 과학적이고 합리적으로 그 기준을 설정하여야 한다. 다만, 자체적인 교정주기를 과학적이고 합리적으로 정할 수 없을 경우에는 국가기술표준원장이 별도로 고시하는 교정주기를 준용한다.

③국가기술표준원장은 제2항의 규정에 의한 측정기의 교정대상 및 주기를 2년마다 검토하여 재 고시할 수 있다.

제41조(교정의 일반수칙) ① 산업체 또는 연구기관으로부터 의뢰받은 측정기의 교정을 실시할 때에는 국가측정표준에 소급된 상위 표준기를 사용하여야 한다. 이 경우 별도규정이 있는 경우를 제외하고는 법 제9조에 규정된 측정단위를 사용하여야 한다.

③제2항의 규정에 의한 내부교정은 교정에 필요한 교육 · 훈련을 받은 자가 적정한 환경조건하에서 유효성이 검증된 교정방법에 따라 적합하게 실시하여야 하며, 고정표준실이 아닌 현장에서 교정을 실시할 때에는 국가기술표준원장이 별도로 고시하는 현장교정 수행을 위한 추가 기술요건에 따라 실시하여야 한다.

④산업체 또는 연구기관 등으로부터 의뢰 받은 교정에 소요되는 비용은 한국계량측정협회(이하 "협회"라 한다)가 교정기관 등과 협의하여 정한다.

제42조(교정방법의 개발) ① 영 제18조에 규정된 협회는 산업구조 고도화를 촉진하고 정밀측정기술의 보급확산을 위하여 교정방법을 개발 · 보급할 수 있으며 이 경우 개발된 교정방법을 국가기술표준원장에게 제출한다.

②국가기술표준원장은 제1항의 규정에 의해 협회에서 제출한 교정방법이 KSQISO / IEC 17025(ISO / IEC 17025:2005)에 기술된 방법에 따라 유효성 검증이 적합하게 실시되었는지를 확인하여야 한다. 이때 교정방법의 내용 및 절차의 변경이 필요하다고 판단되는 경우에는 정정을 요구할 수 있다.

6 교정대상 및 주기설정을 위한 지침(국가기술표준원고시 제2015-499호, 2015.10.30.)

* 환경실험실에 대한 현장평가에 필요한 부분만 발췌 · 수록하였다.

제1조 적용 범위

이 기준은 국가표준기본법 제14조제1항, 제2항 및 국가교정기관지정제도운영요령 제40조(교정대상 및 주기) 규정에 의거 국가측정표준과 국가사회의 모든 분야에서 사용하는 측정기의 교정대상 및 교정주기를 설정하는데 적용한다. 교정기관 인정분야 분류표는 별표 1에 따른다. 다만, 추가로 분류할 필요가 있는 경우에는 신청자와 인정기구의 장이 협의하여 정한다.

제2조 인용 규격

ILAC-G24 측정기의 교정주기 결정에 관한 지침

ISO / IEC 10012 측정프로세스 및 측정장비에 대한 요구사항

KS Q ISO / IEC 17025 시험기관 및 교정기관의 자격에 대한 일반 요구사항

ANSI / ASQC B1-B3 Quality Control Chart Methodologies

ISO 9001 품질경영시스템-요구사항

ISO / IEC GUIDE 99 국제측정용어집(VIM)

* 발행연도가 명시되어 있지 않은 참고문헌에 대해서는 최신판을 적용한다.

제3조 교정 대상

교정대상은 별표 2에 규정되어 있는 측정, 시험, 검사장비를 주요 대상으로 한다. 그러나 사용 중인 측정, 시험, 검사장비가 별표 2의 목록에는 없는 장비일지라도 품질에 미치는 영향이 지대하다면 반드시 교정대상에 포함되어야 할 것이다. 특히, 제품시험 또는 검사의 합부 판정에 사용되는 장비, 안전기준 검사장비, 법정계량(벌금 또는 과태료 부과, 범칙 증거 재출용)에 사용되는 장비는 반드시 교정대상이 되어야 한다.

제4조 교정 주기

4.1 국가표준기본법 제14조제2항의 규정에 의거 측정현장에서 주기적인 교정을 실시하기 위해 적용하는 측정기의 교정주기는 별표 2에 규정된 주기(개월)를 준용한다.

다만, 이는 가장 보편적인 상황 하에서 측정기의 정확도가 유지될 수 있는 기간을 추정한 교정주기일 뿐이다. 따라서, 최적의 교정주기는 사용자가 요구되는 불확도, 측정기의 사용 빈도, 사용 방법, 장

비의 안정도 등을 감안하여 설정하는 것이 기본이다.

* 별표 2에 규정된 주기의 교정용 표준기는 국가측정표준의 소급성 유지를 위해 교정을 목적으로 사용하는 장비이며, 정밀계기는 교정목적이 아닌 정밀측정에 사용 하는 장비에 해당된다.

4.2 따라서, 측정기를 보유하거나 사용하는 자는 전후 교정성적서의 데이터 비교, 점검 표준 등을 활용한 측정데이터의 경향분석(Trend Analysis) 등을 통해 최적주기를 결정하여 사용하는 것이 바람직하다.

제5조 교정주기 설정을 위한 가이드

5.1 일반 개요

이 장은 OIML과 ILAC에 의해 공동으로 개발하여 제정한 ILAC－G24를 기초로 하여 최초 교정주기 설정 및 교정주기의 재설정을 위한 가이드로서 제시한다.

소급성이 있고 신뢰성이 있는 측정결과를 만들기 위해, 교정기관의 능력을 유지하는데 중요한 관점의 하나는, 사용되는 참조표준 또는 작업표준과 측정설비(교정대상 측정기)의 지속적 교정(재교정) 간에 허용할 수 있는 최장 주기의 결정이다. 다양한 국제규격에서는 그 점을 고려하고 있다.

예를 들면; ISO / IEC 17025:2005에는 다음 요구사항을 포함하고 있다.

5.5.2: 기기의 특성이 결과에 중대한 영향을 미치는 경우, 이 기기의 기본 양 또는 값에 대한 교정 프로그램을 수립하여야 한다.

5.5.8: 실행 가능한 경우, 해당기관의 관리 및 교정을 필요로 하는 모든 장비에 대하여 최근에 교정한 일자 및 재교정 상태를 나타내기 위한 라벨, 코드를 부착하거나 기타 다른 방식으로 식별하여야 한다.

5.6.1: 보조적인 측정장비(예: 환경조건 측정용 장비)를 포함하여, 시험 · 교정 또는 샘플링 결과의 정확성 또는 유효성에 중대한 영향을 미치는 모든 시험 및 / 또는 교정장비에 대해서는 작업에 투입하기 전에 교정하여야 한다. 해당기관은 장비의 교정을 위한 프로그램 및 절차를 수립하여야 한다.

비고: 이러한 프로그램에는 측정표준, 측정표준으로 사용하는 표준물질, 시험 및 / 또는 교정을 수행하는데 사용하는 측정 및 시험 장비에 대한 선정, 사용, 교정, 점검, 관리 및 유지하는 시스템을 포함하여야 한다.

ISO 9001:2008에 포함되어 있는 요구사항;

7.6: 유효한 결과를 보장하기 위해 필요한 경우 측정장비는 다음과 같아야 한다.

a) 규정된 주기 또는 사용 전에 국제표준 또는 국가표준에 소급 가능한 측정표준으로 교정 또는 검증하여야 한다. 그러한 표준이 없는 경우, 교정 또는 검증에 사용된 근거를 기록하여야 한다.

[주] 이 문서는 측정설비의 교정주기의 결정에 초점을 맞추었다. 기술한 방법은 교정기관의 관리 하에 있는 참조표준, 작업표준 등에 대해서도 적절한 수단으로 이용할 수 있다.

VIM에 따라 이 문서에서는 측정설비 대신에 측정기라는 용어를 사용한다.

주기적인 교정의 일반적 목적은

- 기준값과 측정기를 사용해서 얻어진 값 사이의 편차의 추정값을 향상시키고 측정기가 실제로 사용될 때 이러한 편차에서의 불확도를 향상시킨다.
- 측정기를 사용해서 달성할 수 있는 불확도를 재확인하는 것이다
- 경과기간 중에 얻어지는 결과에 대해 의심되는 측정기의 변화가 있는가를 확인하는 것이다.

교정에서 최고로 중요한 결정의 하나는, 언제하느냐? 와 얼마나 자주하느냐? 이다. 많은 요인이 허용되는 교정 주기와 교정기관에서 고려한 주기에 영향을 미친다.

가장 중요한 요인으로는;

- 교정기관이 필요로 하거나 선언하는 측정불확도
- 측정기 사용 중에 허용오차를 벗어날 위험
- 측정기가 장기간 적절하지 않았다고 판명될 때 필요한 시정조치의 비용
- 측정기의 형식
- 노후화 되고 드리프트 되는 현상
- 제조자 권장시항
- 사용 한계와 가혹한 정도
- 환경조건(기후조건, 진동, 전리방사선 등)
- 이전 교정기록으로부터 얻어지는 데이터 동향
- 유지보수에 관한 기록 이력
- 다른 표준기 또는 측정기로 크로스 체크한 회수
- 실시한 중간점검 횟수와 점검의 질
- 운반 장치와 그 위험성
- 서비스 직원의 훈련 정도

교정주기를 설정하는데 있어서 일반적으로 교정비용을 무시할 수는 없지만, 교정주기가 보다 길어지면 겉보기에는 고비용을 완화해 줄지 모르지만 반면에 측정의 불확도가 증가되어 측정의 질이나 서비스에서 위험은 더 높아진다.

5.3 교정주기의 검토 방법

정해진 원칙에 따라 한번 교정이 이루어지면, 교정주기의 조정은 앞에서 언급한 바와 같이 위험과 비용이 균형을 이루도록 가능한 최적화해야 한다.

최초 설정한 교정주기는 여러 가지 이유로 필요한 최적 결과를 주지 않을 수도 있다. 측정기는 기대하는 것보다 낮은 신뢰성을 보이며 취급이 예상한 것 같지는 않을 것이다.

예를 들면,

- 측정기가 기대하는 것 보다 신뢰성이 낮다.
- 사용법이 예상한 것과 다르다.
- 어떤 측정기는 전체 교정 대신에 한정된 교정으로 충분할 수도 있다.
- 측정기의 재교정으로 결정된 드리프트는 더 큰 위험 부담 없이도 교정주기가 길게 나타날 수도 있다.

교정주기 검토를 위한 방법의 범위는 여러 가지이며 다음에 따라 다르다

- 개별 또는 그룹으로 다루어지는 측정기(예: 제조모델 또는 형식)
- 기간 경과로 인한 드리프트 또는 사용상 교정을 벗어나는 측정기
- 불안정으로 다른 양상을 나타내는 측정기
- 조정으로 영향 받은 측정기(다른 방법으로 평가하여 이력기록을 만듦)
- 데이터가 이용가능하고 측정기의 중요 교정이력이 첨부된 측정기

최초 교정주기 설정에서 기술자의 직감이나 기술적 검토 없이 설정된 주기를 유지하는 시스템은 충분히 신뢰할 수 없다고 간주되므로 권고하지 않는다.

5.4 분석기기의 교정 및 성능점검

5.4.1 일반 개요

화학분석에 사용되는 분석기기는 주기적으로 비교에 의한 기법으로 교정되어야 한다. 즉 기기의 감응신호는 사용되는 표준물질의 농도 또는 분석량에 관련되기 때문이다. 많은 종류의 분석기기는 사용 전에 교정을 필요로 하며, 따라서 교정이 분석절차의 중요한 요소로 구성된다.

적합하게 교정하여 정확하게 사용해도 반드시 기기가 정확히 수행하고 있다고 보장할 수는 없다. 적절한 경우, 성능 특성들에 대하여 주기적인 점검을 하여야 한다. 이러한 기기들의 성능 특성, 예를 들어 감응, 소스의 안정성과 직선성, 센서 및 검출기, 크로마토그래피 시스템의 분리 능력, 스펙트로미터의 직선성과 파장 정확도 등이다.

이러한 점검 목적은 시험에 사용되는 기기가 필요로 하는 성능을 수행할 수 있는지를 검증하기 위한 것이다. 교정이나 성능시험은 일반적으로 시험소 직원에 의해 수행되며, 시험소는 충분한 기준물질 및 필요한 기기와 수행하는 직원의 숙련도, 경험 및 훈련이 필요하다

시험소는 필요한 환경에 적합하도록 교정 또는 성능 점검을 수행하고 문서화해야 한다. 분석기기의 작동에 필요한 표준방법의 이용이 불가하거나, 고도의 특정 방법을 적용할 때 시험소는 사용한 분석기기에 대해 문서화해야 한다.

여기에 포함되어야 하는 사항으로는 측정기의 조작에 대한 설명, 절차, 교정이나 성능점검에 대한 허용기준, 사용빈도, 시료품질관리상태, 유지절차 등이다.

시험소는 분석기기의 보증을 위하여 국가표준이나 국제표준 또는 국가표준물질이나 국제표준물질과 소급성을 보장하여야 한다.

5.4.2 분석기기의 교정

일반적으로 기기 제조사나 시험표준은 그들 자신이 교정절차나 요구사항을 규정하고 있다. 이용 가능한 경우 이러한 지시사항에 따라야 한다. 어떤 경우에는 교정의 유효성을 확인하기 위하여 분석하는 동안 점검 샘플이 사용된다. 이전의 교정이 더 이상 유효하지 않을 경우 재교정을 실시하여야 한다. 가능하다면 교정에 필요한 기준의 수용이나 재교정 기준은 시험표준을 근거로 하며, 그렇지 않을 경우 관련시험의 요구사항에 따라 설정해야 한다. 이러한 기준은 문서화되고 엄격히 적용해야 한다.

적용 가능하다면 교정에 관한 수용기준은 교정 기능의 수용성, 장비의 성능에 관한 사항을 포함해야 한다. 예를 들면 교정그래프의 선형 상관계수, 교정그래프의 기울기 또는 특정 분석수준의 검출기 감응량을 포함할 수 있다.

5.4.3 분석기기의 성능점검

성능점검 주기는 아래와 같이 여러 요인이 있으므로 점검에 대한 확고한 주기를 기술한다.

- 장비 유형
- 제조사의 권고사항
- 이전 성능점검 기록으로부터 얻어지는 추이 데이터
- 유지 / 수리의 이력 기록
- 사용 범위 및 가혹한 정도
- 노화 및 드리프트 되는 정도
- 다른 기준 표준으로 상호 점검 회수
- 환경조건(온도, 습도, 진동 등)
- 정확도와 허용오차 한계

5.4.4 분석기기의 교정 및 성능점검 예시

분석기기명	액체크로마토그래피
교정 주기	사용 시 교정. 1년마다 성능 점검
교정절차 또는 지침 문서	적합한 경우 아래 사항을 점검한다 i. 전체 시스템 실행 ii. 검출기 감도 iii 이동상 전달시스템(정밀도, 정확도, 펄스) 참고문서 OIML R112.

[별표2] 인정분야 세부분류 및 교정주기(운영요령 제40조 관련)

1. 길이 및 관련 량 (Length and related quantities)

106. 기타 길이 관련량 (Various dimensional)

분류 번호	소분류명	교정용 표준기	정밀 계기
10619	수위계 (Water level meters)	12	12

2. 질량 및 관련 량 (Mass and related quantities)

201. 질량 (Mass)

분류 번호	소분류명	교정용 표준기	정밀 계기
20109	전기식 지시 저울 (Electric balances)	24	12

206. 부피 (Volume)

분류 번호	소분류명	교정용 표준기	정밀 계기
20601	유리제 부피계; 타 재질 포함 (Volumetric glasswares)	60	36

5. 온도 및 습도 (Temperature & humidity)

501. 접촉식 온도 (Contact thermometry)

분류 번호	소분류명	교정용 표준기	정밀 계기
50102	온도 지시계; 지시 / 기록 / 조절계, 온도 교정기 등 (Temperature indicators / recorders / controllers, temperature calibrators)	12	12
50103	유리제 온도계; 유리제온도계, 벡크만 온도계 등 (Glass thermometers; liquid－in glass, Beckmann)	12	12
50104	저항식 온도계; 백금저항온도계, 측온저항체, 써미스터 등 (Resistance thermometers; SPRT, IPRT, thermistors, etc.)	24	12

7. 광량 (Photometry & radiometry)

703. 매질특성 (Property of materials)

분류 번호	소분류명	교정용 표준기	정밀 계기
70325	분광광도계; 푸리에 변환식 적외선 분광광도계 포함 (Spectrophotometers including FT－IR spectrophotometers)	24	12

9. 물질량 (Amount of substance)

901. 화학분석 (Chemical analysis)

분류 번호	소분류명	교정용 표준기	정밀 계기
90102	대기 가스 감시기 (Environmental air quality monitoring instruments)	－	12
90103	가스 분석기 (Gas analyzers)	－	12
90104	배기가스 측정기 (Exhaust gas test instruments)	－	12

7 공인기관 인정신청 및 평가수행 절차에 관한 규정(국가기술표준원 고시 제2015－275호, 2015.7.15.)

* 환경실험실에 대한 현장평가에 필요한 부분만 발췌 · 수록하였다.

1. 적용범위

이 규정은「공인기관 인정제도 운영요령」,「국가교정기관 지정제도 운영요령」,「공인메디컬 시험기관 인정제도 운영요령」,「표준물질 생산기관 인정제도 운영요령」 및「숙련도시험 운영기관 인정제도 운영요령」에서 규정하고 있는 시험기관, 검사기관, 교정기관, 메디컬 시험기관, 표준물질 생산기관 및 숙련도시험 운영기관의 인정신청 및 평가 등에 대한 기준과 절차에 대하여 적용한다. 단,「공인기관 인정제도 운영요령」 제24조 ⑥항 또는「국가교정기관 지정제도 운영요령」 제24조 ⑥항 또는「메디컬시험기관 인정제도 운영요령」 제24조 ⑥항 또는「표준물질 생산기관 인정제도 운영요령」 제24조 ⑥항 또는「숙련도시험 운영기관 인정제도 운영요령」 제24조 ⑥항에 의거 특별사후관리를 실시하는 경우, 필요에 따라 본 규정의 일부 평가 및 절차를 생략할 수 있다.

5. 평가업무 절차

5.1 평가일정 재확인

평가반장은 현장평가일 이전에 신청기관의 연락책임자와 일정을 재확인하여야 한다.

5.2 시작회의

5.2.1 평가반의 소개

평가반장은 신청기관의 해당 경영자 및 참석자에게 평가반을 소개하여야 한다.

5.2.2 신청기관의 현황보고

필요한 경우, 평가반장은 인정신청 범위를 포함한 신청기관의 사업현황에 대한 설명을 요청할 수 있다.

5.2.3 평가의 목적 및 범위 검토

평가반장은 신청기관의 경영자에게 평가의 목적 및 평가대상과 그것을 다루고 있는 업무 및 조직 체계에 대해 정확히 설명하고 확인 받는다. 또한 평가는 시스템 전반을 대상으로 하되 가능한 한 대표적인 표본을 선택하여 합리적인 결론을 이끌어 낼 것이라는 것을 경영진에게 주지시킨다.

5.2.4 평가계획의 합의

(1) 평가반장은 신청기관의 경영진과 평가계획을 합의하여야 하며, 이때 세부 시간 및 일정 계획을 설명하고 조정할 부분은 조정하여야 한다.

(2) 평가실행에 이용되는 방법과 절차의 간단한 요약을 제시하여야 한다.

(3) 평가반과 신청기관 사이의 공식 의사 전달체계를 수립하여야 한다.

(4) 평가반에 필요한 자원과 시설을 확정하여야 한다.

(5) 종료회의 날짜와 시간을 확정하여야 한다.

(6) 신청기관의 적극적인 참여를 요청(독려)하여야 한다.

(7) 평가반원은 평가업무의 신뢰성 및 공정성 확보를 위하여 평가를 실시하기 전에 별지 제8호 서식의 평가사서약서를 제출하여야 한다.

5.2.5 안내자 배정

평가반과 신청기관사이의 연락을 책임질 안내자를 배정 받는다.

5.2.6 물류의 결정

(1) 평가반의 회합장소

(2) 이동수단 (이동구간이 장거리인 경우)

(3) 보안요소에 접근하는 방법

(4) 안전용구

(5) 기타 합의에 의해 제공받기로 한 물류

5.3 현장순회

5.3.1 평가시작에 앞서 평가반 전체가 평가구역 및 시설배치를 확인하는 현장순회를 하여야 한다.

5.3.2 현장순회 소요시간은 최소화 하도록 하여야 한다.

5.4. 평가실시

5.4.1 일반사항

(1) 평가반원은 직접 작업이 이루어지는 현장을 안내 받아 평가계획을 해당분야의 책임자와 함께 검토하고, 신청기관의 담당자로부터 해당 분야에 대한 설명을 듣는다.

(2) 평가반원은 체크리스트를 이용하여 요건과의 일치여부를 확인하고, 관련된 다른 업무와의 접근을 요하거나 확인이 미흡한 점은 다른 평가사의 조사기록과 대조하거나 다음 평

가의 준비 자료로 활용한다. 또한 쉽게 시정 가능한 경미한 사항은 즉시 시정하도록 하는 방법으로 평가를 실시하여야 한다.

(3) 평가반원은 신청항목수가 많은 경우 평가항목을 조정하여 현장시험 · 검사 · 교정 등을 실시하고, 평가수행 항목에 대한 식별과 미 평가항목에 대한 차기 평가 시 수행을 위하여 별지 제9호 서식(신청분야 중 현장시험 · 검사 · 교정 · 표준물질생산 내용)을 작성하여 보고하여야 한다.

5.4.2 현장평가는 다음사항을 고려하여 검토하여야 한다.

(1) 직원과의 질의응답

(2) 작업의 입회

(3) 시설 및 기록의 조사

(4) 숙련도시험 및 측정심사 결과의 확인

(5) 이전 평가결과의 검증(해당되는 경우)

5.4.3 관찰사항 기록

평가 시 얻은 모든 정보는 재현성을 위하여 별지 제3호 서식의 평가일지에 기록을 하여야 하며, 기록내용에는 다음 요소를 포함할 수 있다.

- 관련문서
- 진술자 및 질의응답 내용
- 관련 샘플의 식별번호
- 기타 필요한 사항

5.4.4 평가 인터뷰

평기 시 인터뷰를 할 때는 공손함과 예의를 갖추어야 하며, 상대방에게 오해의 소지가 발생하지 않도록 주의해야 한다.

5.4.5 질문 기법

평가사는 평가 진행 시 신청기관들과의 인터뷰에서 정보를 알아내기 위해 올바른 질문을 해야 하며 가능한 다음 사항을 고려해야 한다.

- 주제가 뚜렷하여야 한다.
- 상대방의 의견을 유추시킬 수 있어야 한다.

- 조사의 성격을 갖추어야 한다.
- 상대방의 표정, 몸짓 등에도 유의하여야 한다.

5.4.6 검증

검증은 최종의 결론을 내리기 위한 것이며 이를 위해 평가사는 객관적인 증거 수집을 위한 조사를 하여야 한다.

5.4.7 현장 입회시험

현장평가 시 평가사 또는 KOLAS 사무국 직원은 신청자의 기술적인 사항을 확인하기 위하여 표준물질 또는 기준시료를 이용한 현장 입회시험을 실시할 수 있다.

5.4.8 평가 시 주의사항

(1) 시간계획을 엄수하여야 한다.
(2) 가능한 체크리스트에 따라 평가를 수행하여야 한다.
(3) 중요한 문제가 발생하여 그 부분에 대한 평가의 깊이를 가중시키고자 할 경우, 평가반장에게 즉시 연락을 취하고 진행방향을 결정하여야 한다.
(4) 평가반과 신청기관과의 의견이 상충되어 합의되지 못하는 사항이 발생될 경우, 평가반장은 해당 사항에 대한 무리한 결론을 정하지 말고 인정기구에 이를 보고하여야 하며 인정기구는 관련 위원회의 심의 등을 통하여 이를 결정하고 해당 신청기관 및 평가사에게 통보하여야 한다.
(5) 평가반은 신청분야에 치명결함 발견시는 해당분야 평가를 종료하고, 신청기관 경영진에 설명 후 즉시 KOLAS사무국에 통보하여야 한다. (객관적인 입증 자료를 부적합 보고서에 반드시 첨부)
(6) 평가반은 별지10호에 따른 중결함 발견 시 부적합 보고서를 작성, 시정조치를 요구하고 경결함에 대해서는 차기 평가 시 확인할 수 있도록 기록하여야 한다.

5.4.9 평가의 관리 및 중간회의

(1) 평가반장은 평가관리를 지속적으로 하여야 한다.
(2) 평가반장은 1일 평가반회의를 주관하고, 즉시 시정이 가능한 경미한 사항에 대하여는 종료회의 전까지 시정의 기회를 주어야 한다.

5.5 발견사항의 구분

(1) 평가반장은 평가관리를 지속적으로 하여야 한다.
평가결과 발견된 사항은 별지 제4호 및 제5호 서식의 평가점검표 양식에 따라 적합과 부적합으로 작성되며, 부적합사항에는 포함되지 않으나 경영시스템 향상을 위한 권고사항이 추가될 수 있다

5.6 부적합 보고

5.6.1 부적합

(1) 시험, 검사, 교정, 메디컬, 표준물질생산 및 숙련도시험 운영 결과의 신뢰성에 영향을 주는 환경, 설비, 방법, 요원의 능력이 해당 요건을 충족하지 못하는 사항
(2) 인정기구의 장이 정한 인정요건 또는 신청기관이 경영시스템 유지를 위해 내부적으로 설정한 기준을 충족하지 못하는 사항

5.6.2 부적합 보고 방법

부적합의 내용은 신청기관, 인정기구 및 인정위원회 등 모두에게 이해되어야 하므로 기록을 위한 다음의 사항을 고려하여야 한다.

• 발견된 정확한 사실
• 발견된 장소
• 발견된 증거
• 부적합의 근거(관련 문서 및 기준)
• 부적합을 발견한 평가사

5.6.3 부적합 사항은 해당 평가지역을 떠나기 전에 그 지역의 책임자의 동의를 얻도록 노력해야 힌다.

5.6.4 또한 충분한 사실에 근거하지 않고는 신청기관에 유리하게 조치되어야 한다.

5.7 종료회의 준비

5.7.1 실질적인 평가가 종료되면 평가반장은 종료회의를 계획하는 평가반 회의를 가져야 하며, 그 회의의 성격은 다음과 같다.

(1) 회의는 평가반장이 주관하여야 하며, 평가반원만 참석한다
(2) 평가반은 모든 부적합을 재검토하여야 한다.

(3) 평가사는 발견된 모든 부적합에 대하여 별지 제6호 서식의 부적합보고서를 작성하여야 한다.

(4) 평가사 및 평가반장은 평가결과를 정리하여 별지 제7호 서식의 종합평가보고서를 작성하여야 한다.

5.8 종료 회의

5.8.1 종료회의는 평가를 마감하는 회의이며 평가반은 평가의 결론과 발견사항들을 경영책임자 및 품질관련 임직원이 참석한 상태에서 공식적으로 제시하여야 한다.

5.8.2 사전 합의된 시간에 맞추어 신속히 진행하며, 평가반장이 주관하여야 한다.

5.8.3 종료 회의의 구성요소 및 내용은 다음과 같다.

(1) 관례적인 인사
신청기관에 인정평가에 협조해 준 것에 대한 감사를 표한다.

(2) 평가사 윤리규정
신청기관에 대한 평가 시 알게 된 모든 사항에 대한 기밀유지를 약속하여야 한다.

(3) 평가대상의 범위와 목적의 상기
평가의 목적과 평가대상의 범위를 다시 확실히 한다.

(4) 보고
평가의 보고방식을 간단히 설명한다.

(5) 제한성
평가가 샘플에 의한 것임을 설명한다.

(6) 부적합사항의 제시
평가사(팀)별로 발견한 부적합을 낭독한다.

5.8.4 요약

평가반장은 신청기관의 경영진과 대화를 통해 공인기관 인정요건의 적합성 평가 결과로써 부적합에 대한 전반적인 상황을 요약하여 전체 또는 부분에 대한 확인평가의 필요성 여부 및 문서상의 시정조치 내용을 평가보고서로 전달한다.

5.8.5 확인

신청기관에게 부적합 사항 및 그 근거에 관한 질문의 기회를 부여하여, 그 부적합을 명확히 하는 시간을 갖는다.

5.8.6 동의

(1) 발견된 부적합 사항들을 사실에 근거한 동의로서 신청기관에게 서명을 받고 그 사본을 교부한다.

단, 부적합보고서에 신청기관이 동의를 거부 할 때는 그 사유를 기록하여 KOLAS사무국에 보고한다.

5.8.7 평가 결론

평가 반장은 평가 결론을 다음과 같이 명확히 전달하여야 한다.

(1) 인정 추천

(2) 발견된 부적합 내용을 시정한 조치결과의 확인 후 인정

5.9 종료 및 출발

평가사들과 신청기관 사이의 모든 이해가 종결되면 그와 동시에 인사말을 하고 회의 장소를 떠난다.

6. 평가보고서

6.1 평가반장은 현장평가 완료 후, 신청기관과 인정기구의 장에게 평가보고서를 제출하여야 한다.

6.2 평가보고서에는 다음 사항들이 포함되어야 한다.

(1) 평가항목별 적합 또는 부적합이 표시된 평가점검표

(2) 교정, 시험, 검사과정 등 입회평가 점검표

(3) 교정, 시험, 검사 등 요원의 자격에 대한 적정성

(4) 부적합 사항 발견 시 부적합보고서 및 부적합 판정에 대한 증빙자료

(5) 치명결함 내용

(6) 현장평가 시 수행한 시험 · 검사 · 교정 내용

(7) 경영시스템 및 기술향상을 위한 권고사항

(8) 인정신청분야 및 범위(CMC 등) 검토 결과

(9) 종합평가의견

8 고압가스안전관리법 시행규칙

* 환경실험실에 대한 현장평가에 필요한 부분만 발췌 · 수록하였다.

제8조(고압가스제조 등의 시설기준과 기술기준 등) ① 법 제4조제4항에 따른 고압가스의 제조 · 저장 · 판매의 시설기준과 기술기준, 법 제5조의3제2항에 따른 고압가스 수입업의 시설기준과 기술기준, 법 제5조의4제2항에 따른 고압가스 운반차량의 시설기준과 기술기준은 다음 각 호와 같다. <개정 2010.10.13>

4. 고압가스저장의 시설기준과 기술기준: 별표 8

[별표 8]
고압가스 저장 · 사용의 시설 · 기술 · 검사 기준[9]
(제8조제1항제4호, 제28조제3항제4호, 제30조제3항제4호, 제31조제3항제4호, 제47조 및 제48조제5항 관련)

1. 고압가스 저장
 가. 시설기준
  1) 배치기준
   가) 가스설비 또는 저장설비는 그 외면으로부터 화기(그 설비 안의 것은 제외한다)를 취급하는 장소까지 2 m(가연성가스 또는 산소의 가스설비 또는 저장설비는 8 m) 이상의 우회거리를 유지해야 하고, 가스설비와 화기를 취급하는 장소와의 사이에는 그 가스설비로부터 누출된 가스가 유동하는 것을 방지하기 위한 적절한 조치를 할 것
   나) 고압가스의 저장설비(지하에 설치된 것은 제외한다)는 그 외면으로부터 보호시설(사업소 안에 있는 보호시설 및 전용공업지역 안에 있는 보호시설은 제외한다)까지 다음 표에서 정한 거리(시장 · 군수 또는 구청장이 필요하다고 인정하는 지역은 보호시설과의 거리에 일정거리를 더한 거리) 이상을 유지할 것

구분	저장능력	제1종보호시설	제2종보호시설
산소의 저장설비	1만 이하	12 m	8 m
독성가스 또는 가연성 가스의 저장설비	1만 이하	17 m	12 m
그 밖의 가스의 저장설비	1만 이하	8 m	5 m

9 '고압가스 저장 · 사용의 시설 · 기술 · 검사 기준'(2018. 3. 13 개정)의 일부 내용만 발췌하였음

[비고] 1. 위 표 중 각 저장능력란의 단위 및 X는 저장능력으로서 압축가스의 경우에는 m^3, 액화가스의 경우에는 kg으로 한다.
2. 한 사업소 안에 2개 이상의 저장설비가 있는 경우에는 그 저장능력별로 각각 안전거리를 유지해야 한다.

2) 기초기준

고압가스설비의 기초는 그 설비에 유해한 영향을 끼치지 않도록 필요한 조치를 마련할 것. 이 경우 저장탱크(저장능력 100 m^3 또는 1톤 이상의 것만을 말한다)의 받침대는 동일한 기초 위에 설치할 것

3) 저장설비기준

가) 저장탱크(가스홀더를 포함한다)의 구조는 그 저장탱크를 보호하고 그 저장탱크로부터의 가스누출을 방지하기 위하여 그 저장탱크에 저장하는 가스의 종류 · 온도 · 압력 및 그 저장탱크의 사용 환경에 따라 적절한 것으로 하고, 저장능력 5톤(가연성 또는 독성의 가스가 아닌 경우에는 10톤) 또는 500 m^3(가연성 또는 독성의 가스가 아닌 경우에는 1000 m^3) 이상인 저장탱크 및 압력용기(반응 · 분리 · 정제 · 증류를 위한 탑류로서 높이 5m 이상인 것만을 말한다)에는 지진 발생 시 저장탱크를 보호하기 위하여 내진성능 확보를 위한 조치 등 필요한 조치를 마련하며, 5 m^3 이상의 가스를 저장하는 것에는 가스방출장치를 설치할 것

나) 가연성가스저장탱크(저장능력이 300 m^3 또는 3톤 이상인 탱크만을 말한다)와 다른 가연성가스 저장탱크 또는 산소저장탱크 사이에는 두 저장탱크 최대지름을 더한 길이의 4분의 1 이상의 거리를 유지하는 등 하나의 저장탱크에서 발생한 위해요소가 다른 저장탱크로 전이되지 않도록 하고, 저장탱크를 지하 또는 실내에 설치하는 경우에는 그 저장탱크 설치실 안에서의 가스폭발을 방지하기 위하여 필요한 조치를 마련할 것

다) 저장실은 그 저장실에서 고압가스가 누출되는 경우 재해 확대를 방지할 수 있도록 설치할 것

라) 저장탱크에는 그 저장탱크를 보호하기 위하여 부압파괴방지 조치, 과충전 방지 조치 등 필요한 조치를 마련할 것

4) 가스설비기준

가) 가스설비의 재료는 그 고압가스의 취급에 적합한 기계적 성질 및 화학적 성분을 가지는 것일 것

나) 가스설비의 구조는 고압가스를 안전하게 취급할 수 있는 적절한 것일 것

다) 가스설비의 강도 및 두께는 그 고압가스를 안전하게 취급할 수 있는 적절한 것일 것
라) 가스설비는 그 고압가스를 안전하게 취급할 수 있는 적절한 성능을 가지는 것으로 할 것

5) 배관설비기준
가) 배관의 재료는 그 고압가스의 취급에 적합한 기계적 성질 및 화학적 성분을 가지는 것일 것
나) 배관의 구조는 고압가스를 안전하게 수송할 수 있는 적절한 것일 것
다) 배관의 강도 및 두께는 그 고압가스를 안전하게 취급할 수 있는 적절한 것일 것
라) 배관의 접합은 고압가스의 누출을 방지할 수 있도록 확실한 방법으로 하고, 이를 확인하기 위하여 필요한 경우에는 비파괴시험을 할 것
마) 배관은 신축 등으로 고압가스가 누출되는 것을 방지하기 위하여 필요한 조치를 할 것
바) 배관은 수송하는 가스의 특성 및 설치 환경조건을 고려하여 위해의 염려가 없도록 설치하고, 배관의 안전한 유지·관리를 위하여 필요한 설비를 설치하거나 필요한 조치를 할 것

6) 사고예방설비기준
가) 고압가스설비에는 그 설비 안의 압력이 상용압력을 초과하는 경우 즉시 그 압력을 상용압력 이하로 되돌릴 수 있는 안전장치를 설치하는 등 필요한 조치를 할 것
나) 독성가스 및 공기보다 무거운 가연성가스의 저장시설에는 가스가 누출될 경우 이를 신속히 검지하여 효과적으로 대응할 수 있도록 하기 위하여 필요한 조치를 할 것
다) 위험성이 높은 고압가스설비(내용적 5천 L 미만의 것은 제외한다)에 부착된 배관에는 긴급시 가스의 누출을 효과적으로 차단할 수 있는 조치를 할 것
라) 가연성가스(암모니아, 브롬화메탄 및 공기 중에서 자기 발화하는 가스는 제외한다)의 저장설비 중 전기설비는 그 설치장소 및 그 가스의 종류에 따라 적절한 방폭성능을 가진 것일 것
마) 가연성가스의 가스설비실 및 저장설비실에는 누출된 고압가스가 체류하지 않도록 환기구를 갖추는 등 필요한 조치를 할 것
바) 저장탱크 또는 배관에는 그 저장탱크가 부식되는 것을 방지하기 위하여 필요한 조치를 할 것
사) 가연성가스저장설비에는 그 설비에서 발생한 정전기가 점화원으로 되는 것을 방지하기 위하여 필요한 조치를 할 것

7) 피해저감설비기준
가) 가연성가스, 독성가스 또는 산소의 액화가스 저장탱크(가연성가스 또는 산소의 액화가스 저장탱크는 저장능력 1천 톤 이상, 독성가스의 액화가스 저장탱크는 저장능력 5톤 이상)의 주위에는 액상의 가스가 누출한 경우에 그 유출을 방지하기 위한 조치를 할 것

나) 저장설비와 사업소 안의 보호시설과의 사이에는 가스폭발에 따른 충격에 견딜 수 있는 방호벽[10](이하 "방호벽"이라 한다)을 설치할 것. 다만, 비가연성 · 비독성의 저온 또는 초저온가스의 경우는 경계책으로 대신할 수 있으며, 방호벽의 설치로 인하여 조업이 불가능할 정도로 특별한 사정이 있다고 시장 · 군수 또는 구청장이 인정하거나 1)나)에 규정된 안전거리 이상의 거리를 유지한 경우에는 방호벽을 설치하지 않을 수 있다.

다) 독성가스를 저장하는 시설에는 그 시설로부터 독성가스가 누출될 경우 그 독성가스로 인한 중독을 방지하기 위하여 필요한 조치를 할 것

라) 저장탱크 또는 배관에는 그 저장탱크 또는 배관을 보호하기 위하여 온도상승방지조치 등 필요한 조치를 할 것

8) 부대설비기준

고압가스저장시설에는 이상사태가 발생하는 것을 방지하고 이상사태 발생 시 그 확대를 방지하기 위하여 계측설비 · 비상전력설비 및 통신설비 등 필요한 설비를 설치할 것

9) 표시기준

고압가스저장시설의 안전을 확보하기 위하여 필요한 곳에는 고압가스를 취급하는 시설 또는 일반인의 출입을 제한하는 시설이라는 것을 명확하게 알아볼 수 있도록 경계표지, 식별표지 및 위험표지 등 적절한 표지를 하고, 외부인의 출입을 통제할 수 있도록 적절한 경계책을 설치할 것

10) 그 밖의 기준

가) 고압가스 저장시설에 설치 또는 사용하는 용기등이 법 제17조에 따라 검사를 받아야 하는 것인 경우에는 그 검사에 합격한 것일 것

나. 기술기준

1) 안전유지기준

가) 용기보관장소 또는 용기는 다음의 기준에 적합하게 할 것

① 충전용기와 잔가스용기는 각각 구분하여 용기보관장소에 놓을 것

② 가연성가스 · 독성가스 및 산소의 용기는 각각 구분하여 용기보관장소에 놓을 것

③ 용기보관장소에는 계량기 등 작업에 필요한 물건 외에는 두지 않을 것

---

10 '고압가스안전관리법 시행규칙'제2조에 의하면 "방호벽(防護壁)"이란 높이 2미터 이상, 두께 12센티미터 이상의 철근콘크리트 또는 이와 같은 수준 이상의 강도를 가지는 구조의 벽을 말한다.

④ 용기보관장소의 주위 2 m 이내에는 화기 또는 인화성물질이나 발화성물질을 두지 않을 것

⑤ 충전용기는 항상 40 ℃ 이하의 온도를 유지하고, 직사광선을 받지 않도록 조치할 것

⑥ 충전용기(내용적이 5 L 이하인 것은 제외한다)에는 넘어짐 등에 의한 충격 및 밸브의 손상을 방지하는 등의 조치를 하고 난폭한 취급을 하지 않을 것

⑦ 가연성가스 용기보관장소에는 방폭형 휴대용 손전등 외의 등화를 지니고 들어가지 않을 것

나) 밸브가 돌출한 용기(내용적이 5 L 미만인 용기는 제외한다)에는 용기의 넘어짐 및 밸브의 손상을 방지하는 조치를 할 것

다) 고압가스설비 중 진동이 심한 곳에는 진동을 최소한도로 줄일 수 있는 조치를 할 것

라) 고압가스설비를 이음쇠로 접속할 때에는 그 이음쇠와 접속되는 부분에 잔류응력이 남지 않도록 조립하고 이음쇠밸브류를 나사로 조일 때에는 무리한 하중이 걸리지 않도록 해야 하며, 상용압력이 19.6 MPa 이상이 되는 곳의 나사는 나사게이지로 검사한 것일

마) 저장설비에 설치한 밸브 또는 콕크(조작스위치에 의하여 그 밸브 또는 콕을 개폐하는 경우에는 그 조작스위치를 말한다. 이하 "밸브등"이라 한다)에는 다음의 기준에 따라 종업원이 그 밸브등을 적절히 조작할 수 있도록 조치할 것

① 밸브등에는 그 밸브 등의 개폐방향(조작스위치에 의하여 그 밸브등이 설치된 저장설비에 안전상 중대한 영향을 미치는 밸브등에는 그 밸브등의 개폐상태를 포함한다)이 표시되도록 할 것

② 밸브등(조작스위치로 개폐하는 것은 제외한다)이 설치된 배관에는 그 밸브등의 가까운 부분에 쉽게 알아볼 수 있는 방법으로 그 배관내의 가스, 그 밖의 유체의 종류 및 방향이 표시되도록 할 것

③ 조작함으로써 그 밸브등이 설치된 저장설비에 안전상 중대한 영향을 미치는 밸브등 중에서 항상 사용하지 않을 것(긴급 시에 사용하는 것은 제외한다)에는 자물쇠를 채우거나 봉인하는 등의 조치를 하여 둘 것

④ 밸브등을 조작하는 장소에는 그 밸브등의 기능 및 사용빈도에 따라 그 밸브등을 확실히 조작하는 데 필요한 발판과 조명도를 확보할 것

바) 안전밸브 또는 방출밸브에 설치된 스톱밸브는 그 밸브의 수리 등을 위하여 특별히 필요한 때를 제외하고는 항상 완전히 열어 놓을 것

사) 산소 외의 고압가스의 저장설비의 기밀시험이나 시운전을 할 때에는 산소 외의 고압가스를 사용하고, 공기를 사용할 때에는 미리 그 설비 중에 있는 가연성가스를 방출한 후에 실시해야 하며, 온도를 그 설비에 사용하는 윤활유의 인화점 이하로 유지할 것

아) 가연성가스 또는 산소의 가스설비의 부근에는 작업에 필요한 양 이상의 연소하기 쉬운 물질을 두지 않을 것

자) 석유류 · 유지류 또는 글리세린은 산소압축기의 내부윤활제로 사용하지 않고, 공기압축기의 내부윤활유는 재생유가 아닌 것으로서 사용 조건에 안전성이 있는 것일 것

차) 가연성가스 또는 독성가스의 저장탱크의 긴급차단장치에 딸린 밸브 외에 설치한 밸브 중 그 저장탱크의 가장 가까운 부근에 설치한 밸브는 가스를 송출 또는 이입하는 때 외에는 잠가 둘 것

카) 차량에 고정된 탱크(내용적이 2천 L 이상인 것만을 말한다)에 고압가스를 충전하거나 그로부터 가스를 이입받을 때에는 차량정지목을 설치하는 등 그 차량이 고정되도록 할 것

타) 차량에 고정된 탱크 및 용기에는 안전밸브 등 필요한 부속품이 장치되어 있어야 하며 그 부속품은 다음 기준에 적합할 것

① 가연성가스 또는 독성가스를 충전하는 차량에 고정된 탱크 및 용기(시안화수소의 용기 또는 24.5 MPa 이상의 압력으로 행한 내압시험에 합격한 소방설비 또는 항공기에 갖춰두는 탄산가스용기는 제외한다)에는 안전밸브가 부착되어 있고 그 성능이 그 탱크 또는 용기의 내압시험압력의 10분의 8 이하의 압력에서 작동할 수 있는 것일 것

② 긴급차단장치는 그 성능이 원격조작에 의하여 작동되고 차량에 고정된 탱크 또는 이에 접속하는 배관 외면의 온도가 110 ℃일 때에 자동적으로 작동할 수 있는 것일 것

③ 차량에 고정된 탱크에 부착되는 밸브 · 안전밸브 · 부속배관 및 긴급차단장치는 그 내압성능 및 기밀성능이 그 탱크의 내압시험압력 및 기밀시험압력 이상의 압력으로 행하는 내압시험 및 기밀시험에 합격될 수 있는 것일 것

2) 점검기준

가) 고압가스 저장설비의 사용개시 전 및 사용종료 후에는 반드시 그 저장설비에 속하는 저장시설의 이상 유무를 점검하는 것 외에 1일 1회 이상 저장설비의 작동상황에 대하여 점검 · 확인을 하고 이상이 있을 때에는 그 설비의 보수 등 필요한 조치를 할 것

나) 압력계는 3개월에 1회 이상 표준이 되는 압력계로 그 기능을 검사할 것

다) 안전밸브[액화산소저장탱크의 경우에는 안전장치를 말하며, 액체의 열팽창으로 인한 배관의 파열방지용 안전밸브는 제외한다. 이하 다)에서 같다] 중 압축기의 최종단에 설치한 것은 1년에 1회 이상, 그 밖의 안전밸브는 2년에 1회 이상 조정을 하여 고압가스설비가 파손되지 않도록 적절한 압력 이하에서 작동이 되도록 할 것. 다만, 법 제4조에 따라 고압가스 특정제조허가를 받은 시설에 설치된 안전밸브의 조정주기는 4년(압력용기에 설치된 안전밸브는 그 압력용기의 내부에 대한 재검사 주기)의 범위에서 연장할 수 있다.

라) 가연성가스, 독성가스 또는 산소가 통하는 설비를 수리 · 청소 및 철거할 때에는 그 작업의 안전 확보를 위하여 필요한 안전수칙을 준수하고, 작업 후에는 그 설비의 성능유지와 작동성 확인 등 안전 확보를 위하여 필요한 조치를 마련할 것

다. 검사기준

1) 중간검사 · 완성검사 · 정기검사 및 수시검사의 검사항목은 시설이 적합하게 설치 또는 유지 · 관리되고 있는지 확인하기 위하여 다음의 검사항목으로 할 것

검사종류	검사항목
가) 중간검사	가목의 시설기준에 규정된 항목 중 2)(저장탱크의 기초설치 공정으로 한정함), 3)가)(내진설계 대상 설비의 기초설치 공정으로 한정함), 3)나)(저장탱크를 지하에 매설하기 직전의 공정으로 한정함), 4)라)(가스설비의 설치가 완료되어 내압시험을 할 수 있는 상태의 공정으로 한정함), 5)바)(배관을 지하에 매설하는 경우 한국가스안전공사가 지정하는 부분을 매몰하기 직전의 공정으로 한정함), 7)나)(방호벽의 기초설치 공정으로 한정함)
나) 완성검사	가목의 시설기준에 규정된 항목. 다만, 중간검사에서 확인된 검사항목은 제외할 수 있다.
다) 정기검사	① 가목의 시설기준에 규정된 항목 중 해당사항 ② 나목의 기술기준에 규정된 항목[1)라), 1)사), 1)차)는 제외한다] 중 해당사항
라) 수시검사	각 시설별 정기검사 항목 중에서 다음에서 열거한 안전장치의 유지 · 관리 상태 중 필요한 사항과 법 제11조에 따른 안전관리규정 이행 실태 ① 안전밸브 ② 긴급차단장치 ③ 독성가스 제해설비 ④ 가스누출 검지경보장치 ⑤ 물분무장치(살수장치포함) 및 소화전 ⑥ 긴급이송설비 ⑦ 강제환기시설 ⑧ 안전제어장치 ⑨ 운영상태감시장치 ⑩ 안전용 접지기기, 방폭전기기기 ⑪ 그 밖에 안전관리상 필요한 사항

저자 소개

최성헌(崔聖憲)

공학박사.

환경측정분석사 제도를 기획하였고, 환경분야 정도관리제도를 현재의 ISO/IEC 17025개념이 도입된 제도로 전환하고 정착하게 하였다.

「환경시험검사 QA/QC핸드북」, 「환경실험실 운영관리 및 안전」, 「환경시험검사 용어집」, 환경시험검사에서의 단위체계 사용에 대한 지침서」, 「정도관리 현장평가 내용 해설」 등을 집필하였으며, 저서로는 「바이오 모니터링」, 「수질오염공정시험기준 해설 및 정도관리」, 「환경측정분석사 시험 대비 정도관리 예상문제」가 있다.

현재, 국립환경과학원 근무.

환경실험실 현장평가 가이드

저　자　최성헌

발 행 인　주정희

발 행 처　자유아카데미

주　소　경기도 파주시 회동길 37-42 파주출판도시

전　화　031-955-1321

팩　스　031-955-1322

홈페이지　www.freeaca.com

전자우편　main@freeaca.com (대표)
editor@freeaca.com (편집)
crm@freeaca.com (영업)

등　록　제406-2003-017호, 1980. 7. 12

제1판1쇄　2018년 6월 30일 발행

정　가　32,000원

저자와의 협의하에 인지생략

ISBN 979-11-5808-191-1 93400